第四次全国中药资源普查（湖北省）系列丛书

湖北中药资源典藏丛书

总 编 委 会

主　　任：涂远超

副 主 任：张定宇　姚　云　黄运虎

总 主 编：王　平　吴和珍

副总主编（按姓氏笔画排序）：

王汉祥　刘合刚　刘学安　李　涛　李建强　李晓东　余　坤

陈家春　黄必胜　詹亚华

委　　员（按姓氏笔画排序）：

万定荣　马　骏　王志平　尹　超　邓　娟　甘啓良　艾中柱

兰　州　邬　姗　刘　迪　刘　渊　刘军锋　芦　妤　杜鸿志

李　平　杨红兵　余　瑶　汪文杰　汪乐原　张志由　张美娅

陈林霖　陈科力　明　晶　罗晓琴　郑　鸣　郑国华　胡志刚

聂　晶　桂　春　徐　雷　郭承初　黄　晓　龚　玲　康四和

森　林　程桃英　游秋云　熊兴军　潘宏林

湖北新洲

药用植物志

主　编

张南方　　杨焰明　　徐红胜　　施秋林

副主编

刘新平　　潘金文　　韩顺意　　李志农　　程燕燕　　孟　春

陶双球　　熊楚含　　周国顺　　余春志

编　者

靖迎涛　　韩水波　　余春志　　汪正清　　李　琼　　张　鹏

张南方　　杨焰明　　施秋林　　刘新平　　徐红胜　　潘金文

韩顺意　　林荔红　　李志农　　程燕燕　　孟　春　　陶双球

熊楚含　　程　芳　　周国顺　　匡珍珠　　陈智玲

华中科技大学出版社
http://press.hust.edu.cn
中国·武汉

内容简介

本志是新洲区第一部资料齐全、内容翔实、分类系统的地方性专著和中药工具书。本志系统记载和论述了新洲区野生、常见栽培植物或试引种成功的植物，共收载药用植物 346 种，介绍其形态、生境、分布、药用部位及药材名、采收加工、性味与归经、功能主治等内容，并附有原植物彩色图片和标本图片。

本志图文并茂，具有地方性、实用性和科学性等特点。本志可供中药植物研究、教育、资源开发利用及科普等领域人员参考使用。

图书在版编目 (CIP) 数据

湖北新洲药用植物志 / 张南方等主编 . —武汉：华中科技大学出版社，2022.11
ISBN 978-7-5680-8881-7

Ⅰ.①湖… Ⅱ.①张… Ⅲ.①药用植物－植物志－新洲区 Ⅳ.① Q949.95

中国版本图书馆CIP数据核字(2022)第213023号

湖北新洲药用植物志　　　　　　　　　　　　　　张南方　杨焰明　徐红胜　施秋林　主编
Hubei Xinzhou Yaoyong Zhiwuzhi

策划编辑：周　琳
责任编辑：马梦雪　毛晶晶
封面设计：廖亚萍
责任校对：李　琴
责任监印：周治超
出版发行：华中科技大学出版社 (中国·武汉)　　　电话：(027)81321913
　　　　　武汉市东湖新技术开发区华工科技园　　　邮编：430223
录　　排：华中科技大学惠友文印中心
印　　刷：湖北恒泰印务有限公司
开　　本：889mm×1194mm　1/16
印　　张：28.25　插页：2
字　　数：775 千字
版　　次：2022 年 11 月第 1 版第 1 次印刷
定　　价：328.00 元

＼编写说明＼

一、本志收载湖北省武汉市新洲区野生、栽培或试引种成功的药用植物346种，包括菌类、蕨类和种子植物等。每种植物均附有原植物的彩色图片和标本图片。

二、本志收载的药用植物所属科按低等到高等顺序排列，蕨类植物按秦仁昌系统排列，裸子植物按郑万钧系统排列，被子植物按恩格勒系统（1964年版）排列，属及属以下按药用植物学名的首字母顺序排列。

三、本志中药用植物均按中文名称、拉丁学名、别名、形态、生境、分布、药用部位及药材名、采收加工、性味与归经、功能主治等项编写。

四、药用植物的中文名称和拉丁学名均采用《中国植物志》和《湖北植物志》所用的名称。

五、别名，选用本地较为习用或具有一定代表性的名称。

六、形态，主要描述药用植物显著的形态特征。

七、生境，主要记述药用植物野生状态下的生长环境。

八、分布，记述药用植物的自然分布区域，全县均有分布的写"产于新洲各地"，在某几个区域分布的则列出具体区域的名称，同时简要记述全国分布情况；栽培品种只记述本地是否有栽培。

九、药用部位及药材名，记述药用植物的药用部位或药材名。

十、采收加工，简要记述采收季节和产地加工方法，药材按传统加工方法，草药按产地加工习惯。

十一、性味与归经，先写味，后写性，如为有毒植物，则按毒性大小，写明小毒、有毒或大毒，以便引起注意。

十二、功能主治，功能记述该药用植物的主要功能，主治只记述其所治的主要病症；病症的术语，采用地方性医生常用的术语或中西医常用的术语。

十三、附注，记述禁忌及应用时的注意事项。

十四、索引分为中文名索引和拉丁名索引。中文名索引包括药用植物的正名，按拼音顺序排列；拉丁名索引按药用植物学名首字母顺序排列。

十五、本志所用的度量衡单位均采用米制。

\ 序 \

新洲区隶属湖北省武汉市，位于武汉市东北部，为武汉东部"水路门户"。新洲区是全国闻名的"双孢蘑菇之乡""建筑之乡"，是享誉荆楚大地的"教育之乡"和"民间艺术之乡"，也是原湖北省中药材公司中药材主要的生产基地之一。

新洲区属北亚热带季风气候区，四季分明，日照充足，雨量充沛，温暖湿润。优越的气候条件孕育出丰富的植物资源，据统计，全区现有植物资源1000余种，其中药用植物资源数百种。

根据《国家中医药管理局关于商请支持开展全国中药资源普查试点工作的函》（国中医药科技函〔2011〕108号）及《省卫生厅办公室关于印发〈湖北省中药资源普查试点工作方案〉的通知》（鄂卫办发〔2011〕180号）要求，新洲区为第四次全国中药资源普查湖北省第六批普查县市试点单位。在区委、区政府和各级主管部门的领导下，武汉市新洲区中医医院成立了中药资源普查领导小组和普查队。普查队队员冒酷暑、战严寒，经过近三年的努力奋战，对新洲区野生和人工种植的药用植物资源进行了全面的调查。通过野外实地调查、现场采访咨询等方式，采集制作了大量的药用植物标本，拍摄了万余张药用植物彩色图片，制作了大量的音频和视频，建立了药材标本馆。在此基础上，武汉市新洲区中医医院组织编写了《湖北新洲药用植物志》。本志有如下特点。

一、本志是编者根据新洲区历年记载的植物相关资料，查阅大量文献，结合本次中药资源普查成果编写而成的。志中每种药用植物的记述条文清晰有序，内容翔实，并配有原植物彩色图片和标本图片，图文并茂，具有地方性、实用性和科学性的特点。

二、本志是新洲区第一部药用植物志，填补了新洲区历史上从未出版药用植物志的空白。

三、本志对新洲区药用植物资源的种类、分布等进行了详细记述，为合理开发利用保护区内药用植物资源提供了科学依据。

四、本志对新洲区人工种植的道地药材及特色药材品种的生产技术进行了总结和提炼，形成了较规范的药材、生产技术体系，为当地政府部门发展中药材产业提供了参考依据。

衷心祝贺《湖北新洲药用植物志》出版发行！

刘合刚

湖北中医药大学教授

前 言

新洲区是武汉市的远城区之一，位于武汉市东北部、大别山余脉南端、长江中游北岸，地处东经 114°30′～115°5′，北纬 30°35′～30°2′，东邻团风县，西接黄陂区，南与洪山区隔江相望，北与红安县、麻城市毗邻交错。地势由东北向西南倾斜，山岗与河流呈"川"字形排列，俗称"一江（长江）、两湖（武湖、涨渡湖）、三河（举水河、倒水河、沙河）、四岗（楼寨岗、叶顾岗、长岭岗、仓阳岗）"，为武汉东部"水路门户"。1951 年 6 月建立新洲县，隶属黄冈地区；1998 年 9 月，撤县设区，仍以新洲命名，新洲区成为武汉市的一个新型城区。

区境以平原、岗地为主，自东北向西南倾斜。东北部为低山丘陵区，海拔 100～300 米；中部岗地、平原相间，海拔 30～100 米；西南部为滨江、滨湖平原和江湖水域，平原海拔在 20 米左右。举水河、倒水河、沙河纵贯区境，南入长江；南部滨江一带有武湖、柴泊湖、陶家大湖、涨渡湖等湖群。

新洲历来就有种植中药材的传统。1962 年，涨渡湖农场、龙王咀农场种植泽泻，总产量达 20 万斤；1974 年 4 月，徐古将军山成立药厂，种植杜仲、山茱萸、黄柏、红栀、银杏、桔梗、板蓝根、白术、厚朴、菊花、党参等；旧街街团上村肖家凹建立了药材厂，种植银杏、杜仲、板蓝根、黄柏等。1981 年湖北省中药材公司在团上村试种野生药材白前、板蓝根成功。1983 年 3 月开始在全村推广，125 户农户试种白前等十余种药材成功。仅白前单项总收入达 18 万余元，人均增收 200 余元。1987 年 1 月，团上村被省、县中药材公司共同确定为中药材试验科研生产基地，从此，团上村开始规模化的药材生产。改革开放以来，中药材的种植和加工逐步演变成特色产业，为新洲区的乡村振兴和农民增收做出了贡献，白前、射干、瞿麦、半枝莲、香薷、白花蛇舌草等中药材的种植已成规模，品质较优，部分品种已成为道地药材。

到了 20 世纪，新洲域内东半区旧街、徐古等地种植白前约 10000 亩，香薷约 600 亩，半枝莲约 500 亩，瞿麦 500 亩，射干约 50 亩，白花蛇舌草约 60 亩，年产值 5000 万元。三店、李集种植栝楼（瓜蒌）约 1000 亩，产值近 600 万元，三店、李集栽培桃树约 2000 亩，桃胶产值达 3000 万元，另有水域面积上万亩，莲子、芡实等中药材的种植初具规模，市场综合效益十分可观，中药材及深加工产品年产值达 7000 万元。

除 1970 年新洲县卫生局组织全县第一次中药资源普查，1984 年新洲县药检所组织对部分中药品种的资源普查外，近 30 年未对新洲区野生和家种中药资源进行普查；为进一步摸清全区中药资源分布情况，更好地发挥中药特色效用，更好地为老百姓提供更优质的中医药服务，按照国家中医药管理局和省、市卫健委的要求，新洲区承担了第四次全国中药资源普查湖北省第六批普查项目的工作。武汉市新洲区中医医院为项目依托单位，负责整个项目的实施，对普查所需设施、设备进行配置，负责标本的采集和制作，负责药材样本的收集，负责项目验收和音频、视频、图片、文字资料的收集和总结。

本次中药资源普查于 2020 年正式启动，普查队队员冒酷暑、战严寒，经过近三年的努力奋战，对新洲区 14 个样地进行勘察，对 15 条市场药材样线进行了踏勘，对家种药材（含道地药材）进行现场走访和入户调查，包括 4 个街镇，10 家农户，4 个合作社。通过样地勘察，共发现野生药用植物 106 科 284 属 346 种，其中重点品种 145 个，一般品种 198 个；采集药材标本 63 个，药材样品 63 个，种子样品 15 个。家种药材 4 个，种植面积 11000 余亩，道地药材和优良药材 4 个，拍摄普查图片 20000 余张。

本次中药资源普查初步调查了新洲区中药资源情况。近年来，因多种经济作物同步发展，人们种植药材的积极性增加，加之国家对环境保护力度的加大，很多野生中药资源得到修复，如垂盆草、香薷、桔梗、沙参、苍术、葛根、粉葛、金银花、山银花、金樱子、野山楂、仙鹤草、海金沙、夏枯草、野菊花、蒲公英等。家种药材，如白前、半枝莲、射干、瞿麦、栝楼等成为道地药材和优良品种，品质疗效也得到市场认可。

由于编者水平有限，书中难免存在一些疏漏和错误，恳请读者批评指正。

关于本志中提及的验方，在使用时应因人而异，需遵照医嘱，切勿擅自服用。

编　者

\ 目录 \

一、多孔菌科 Polyporaceae

1. 平盖灵芝 *Ganoderma applanatum*（Pers. ex Wallr.）Pat.

【别名】赤色老母菌、扁芝（《中国药用真菌》），梨菌、枫树芝（《中国药用真菌图鉴》），树耳朵（《西藏真菌》）。

【形态】子实体多年生，侧生无柄，木质或近木栓质。菌盖扁平，半圆形、扇形，大小为（5～30）厘米×（6～50）厘米，厚 2～15 厘米；表面灰白色至灰褐色，常覆有一层褐色孢子粉，有明显的同心环棱和环纹，常有大小不一的疣状突起，干后常有不规则的细裂纹；盖缘薄而锐，有时钝，全缘或波状。管口面初期白色，渐变为黄白色至灰褐色，受伤处立即变为褐色；管口圆形；菌管多层，在各层菌管间夹有

一层薄的菌丝层，老的菌管中充塞白色粉末状的菌丝。孢子卵圆形，一端有截头壁双层，外壁光滑，无色，内壁有刺状突起，褐色，（6.5～10）微米×（5～6.5）微米。

【生境】生于多种阔叶树的树干上。

【分布】产于新洲东部、北部山区林地。分布于全国各地，为世界广布种。

【药用部位及药材名】子实体（树舌）。

【采收加工】7—10 月采收成熟子实体，晒干。

【性味与归经】微苦，平。

【功能主治】抗癌。用于食管癌。

【用法用量】内服：煎汤，10～30 克。

二、灰包科 Lycoperdaceae

2. 紫色马勃 *Calvatia lilacina*（Mont. et Berk.）Lloyd.

【别名】杯形马勃。

【形态】子实体陀螺形，直径 5～12 厘米，不孕基部发达；包被薄，两层，上部常裂成小块，逐

渐脱落，内部紫色，孢子及孢丝散失后遗留的不孕基部呈杯状。孢子粉状，球形，直径 4～5.5 微米，上有小刺；孢丝很长，分枝，有横隔，互相交织，色淡，粗 2～5 微米。

【生境】生于旷野草地上。

【分布】产于新洲东北部低矮山区旷野草地。分布于内蒙古、河北、陕西、甘肃、新疆、江苏、安徽、湖北、湖南、贵州、辽宁、山西、青海等地。

【药用部位及药材名】干燥子实体（马勃）。

【采收加工】夏、秋二季子实体成熟时及时采收，除去泥沙，干燥。

【性味与归经】辛，平。归肺经。

【功能主治】清肺利咽，止血。用于风热郁肺咽痛，喑哑，咳嗽；外用于鼻衄，创伤出血。

【用法用量】内服：煎汤，1.5～6 克；或入丸、散。外用：适量，研末撒；或调敷，或作吹药。

三、木贼科 Equisetaceae

3. 节节草 *Equisetum ramosissimum* Desf.

【别名】通气草（《草木便方》），土木贼（《天宝本草》），眉毛草（《分类草药性》），锁眉草（《四川中药志》），节骨草（《湖南药物志》）。

【形态】中小型植物。根茎直立，横走或斜升，黑棕色，节和根疏生黄棕色长毛或光滑无毛。地上枝多年生。枝一型，高 20～60 厘米，中部直径 1～3 毫米，节间长 2～6 厘米，绿色，主枝多在下部分枝，常形成簇生状。主枝有脊 5～14 条，脊的背部弧形，有一行小瘤或有浅色小横纹；鞘筒狭长达 1 厘米，下部灰绿色，上部灰棕色；鞘齿 5～12 枚，三角形，灰白色或少数中央为黑棕色，边缘（有时上部）为膜质，基部扁平或弧形，早落或宿存，齿上气孔带明显或不明显。侧枝较硬，圆柱状，有脊 5～8 条，脊上平滑或有一行小瘤或有浅色小横纹；鞘齿 5～8 个，披针形，革质但边缘膜质，上部棕色，宿存。孢子

囊穗短棒状或椭圆形，长0.5～2.5厘米，中部直径0.4～0.7厘米，顶端有小尖突，无柄。

【生境】　生于海拔100～3300米的地区。

【分布】　产于新洲北部、东部丘陵及山区。分布于黑龙江、吉林、辽宁、内蒙古、北京、天津、河北、山西、陕西、宁夏、甘肃、青海、新疆、山东、江苏、上海、安徽、浙江、江西、福建、台湾、河南、湖北、湖南、广东、广西、海南、四川、重庆、贵州、云南、西藏等地。

【药用部位及药材名】　干燥全草（笔筒草）。

【采收加工】　7—11月采挖，鲜用或于通风处阴干。

【性味与归经】　甘、苦，微寒。

【功能主治】　清热明目，止血利尿。用于风热感冒，咳嗽，目赤肿痛，云翳，鼻衄，尿血，肠风下血，淋证，黄疸，带下，骨折。

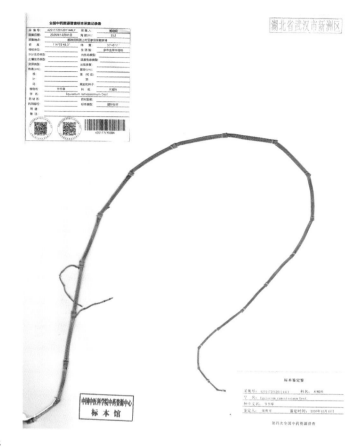

【用法用量】　内服：煎汤，9～30克（鲜品30～60克）。外用：适量，捣敷；或研末撒。

【验方】　①治慢性肝炎：节节草、络石藤、川楝子各9克，山栀子根、香茶菜各12克，水煎服。②治慢性支气管炎：节节草48克，加水700毫升，浸泡半小时，煎沸5～8分钟，1日分2～3次服。10日为1个疗程。

4. 笔管草 *Equisetum ramosissimum* subsp. *debile* (Roxb. ex Vauch.) Hauke

【别名】　纤弱木贼（《静生生物调查所汇报》），节节草（《滇南本草》），笔头草（《广西中药志》）。

【形态】　多年生草本植物。根茎直立和横走，黑棕色，节和根密生黄棕色长毛或光滑无毛。地上枝多年生，枝一型。高可达60厘米或更多，中部直径3～7毫米，节间长3～10厘米，绿色，成熟主枝有分枝，但分枝常不多。主枝有脊10～20条，脊的背部弧形，有一行小瘤或浅色小横纹；

鞘筒短，下部绿色，顶部略为黑棕色；鞘齿 10 ～ 22 枚，狭三角形，上部淡棕色，膜质，早落或有时宿存，下部黑棕色，革质，扁平，两侧有明显的棱角，齿上气孔带明显或不明显。侧枝较硬，圆柱状，有脊 8 ～ 12 条，脊上有小瘤或横纹；鞘齿 6 ～ 10 个，披针形，较短，膜质，淡棕色，早落或宿存。孢子囊穗短棒状或椭圆形，长 1 ～ 2.5 厘米，中部直径 0.4 ～ 0.7 厘米，顶端有小尖突，无柄。

【生境】 生于海拔 0 ～ 3200 米的地区。

【分布】产于新洲各地。分布于陕西、甘肃、山东、江苏、上海、安徽、浙江、江西、福建、台湾、河南、湖北、湖南、广东、香港、广西、海南、四川、重庆、贵州、云南、西藏等地。

【药用部位及药材名】 干燥全草（驳骨草）。

【采收加工】 9—10 月选择身老体大者采挖，鲜用或晒干。

【性味与归经】 甘、微苦，凉。

【功能主治】 清热，明目，利湿，止血。用于目赤肿痛，翳膜遮睛，湿热黄疸，五淋，崩漏带下。

【用法用量】 内服：煎汤，9 ～ 30 克（鲜品 30 ～ 60 克）。外用：适量，捣敷；或研末撒。

【验方】 ①治火眼：驳骨草、金钱草、四叶草、珍珠草、谷精草各五钱，水煎服。（《重庆草药》）②治眼雾：驳骨草适量，煎水洗并内服。（《重庆草药》）

四、紫萁科 Osmundaceae

5. 紫萁 *Osmunda japonica* Thunb.

【别名】 矛状紫萁（《中国植物志》），紫蕨（《本草纲目》）。

【形态】 植株高 50 ～ 80 厘米或更高。根状茎短粗，或呈短树干状而稍弯。叶簇生，直立，柄长 20 ～ 30 厘米，禾秆色，幼时被密茸毛，不久脱落；叶片为三角状广卵形，长 30 ～ 50 厘米，宽 25 ～ 40 厘米，顶部一回羽状，其下为二回羽状；羽片 3 ～ 5 对，对生，长圆形，长 15 ～ 25 厘米，基部宽 8 ～ 11

厘米，基部一对稍大，有柄（柄长 1～1.5 厘米），斜向上，奇数羽状；小羽片 5～9 对，对生或近对生，无柄，分离，长 4～7 厘米，宽 1.5～1.8 厘米，长圆形或长圆状披针形，先端稍钝或急尖，向基部稍宽，圆形或近截形，相距 1.5～2 厘米，向上部稍小，顶生的同型，有柄，基部往往有 1～2 片合生圆裂片，或阔披针形的短裂片，边缘有均匀的细锯齿。叶脉两面明显，自中肋斜向上，二回分歧，小脉平行，达于锯齿。叶为纸质，成长后光滑无毛，干后为棕绿色。孢子叶（能育叶）同营养叶等高，或经常稍高，羽片和小羽片均短缩，小羽片变成线形，长 1.5～2 厘米，沿中肋两侧背面密生孢子囊。孢子叶春、夏季抽出，深棕色，成熟后枯死。

【生境】生于林下或溪边酸性土壤中。

【分布】产于新洲东北部将军山一带。为我国暖温带、亚热带最常见的一种蕨类。北起山东（崂山），南达两广，东自海边，西迄云南、贵州、川西，向北至秦岭南坡。

【药用部位及药材名】干燥根茎和叶柄残基（紫萁贯众）。

【采收加工】春、秋二季采挖，洗净，除去须根，晒干。

【性味与归经】苦，微寒；有小毒。归肺、胃、肝经。

【功能主治】清热解毒，止血，杀虫。用于疫毒感冒，疮痈肿毒，泄泻，吐血，衄血，便血，崩漏，虫积腹痛。

【用法用量】内服：煎汤，3～15 克；或捣汁，或入丸、散。外用：适量，鲜品捣敷；或研末调敷。

【验方】①治尿血：贯众炭 50 克，乌贼骨、三七各 10 克，研为细末，水泛为丸，每次 6 克，每日 2 次。②治疗痈：贯众 30 克，蒲公英 20 克，冰片适量，香油不拘量。将上药研末，用香油调涂患处，每日 2 次。③治慢性乙型肝炎：贯众、田基黄、茵陈、升麻、连翘各 15 克，丹参 30 克。水煎服，每日 1 剂。④治慢性咽炎：贯众 15 克，金银花 15～20 克，黄芩 10 克，生甘草 5 克，研成粗末，每日 1 剂，置入热水瓶中，冲入沸水，浸泡约 15 分钟，频频饮用。⑤预防感冒：贯众、大青叶各 30 克，野菊花 9 克，桑叶 10 克，水煎代茶饮。⑥预防流感：贯众、板蓝根各 10 克，生姜 20 克，红糖适量。水煎服，每日 3 次，每日 1 剂，连服 7 剂。⑦预防麻疹：贯众 15 克，金银花 20 克，牛蒡子 12 克。水煎服，每日 1 剂，连用 3 日。⑧治流行性腮腺炎：贯众、紫草各 9 克，蒲公英、紫花地丁各 10 克，甘草 3 克，连翘 15 克。水煎服，每日 1 剂，连服 5 日。

五、海金沙科 Lygodiaceae

6. 海金沙 *Lygodium japonicum*（Thunb.）Sw.

【别名】 狭叶海金沙（《中国植物志》），左转藤灰（《四川中药志》）。

【形态】 植株高攀可为 1 ～ 4 米。叶轴上面有 2 条狭边，羽片多数，相距 9 ～ 11 厘米，对生于叶轴上的短距两侧，平展。距长达 3 毫米。先端有一丛黄色柔毛覆盖腋芽。不育羽片尖三角形，长、宽几相等，为 10 ～ 12 厘米或较狭，柄长 1.5 ～ 1.8 厘米，同羽轴一样多少被短灰毛，两侧并有狭边，二回羽状；一回羽片 2 ～ 4 对，互生，柄长 4 ～ 8 毫米，和小羽轴都有狭翅及短毛，基部一对卵圆形，长 4 ～ 8 厘米，宽 3 ～ 6 厘米，一回羽状；二回小羽片 2 ～ 3 对，卵状三角形，具短柄或无柄，互生，掌状三裂；末回裂片短阔，中央一条长 2 ～ 3 厘米，宽 6 ～ 8 毫米，基部楔形或心形，先端钝，顶端的二回羽片长 2.5 ～ 3.5 厘米，宽 8 ～ 10 毫米，波状浅裂；向上的一回小羽片近掌状分裂或不分裂，较短，叶缘有不规则的浅圆锯齿。主脉明显，侧脉纤细，从主脉斜上，一至二回二叉分歧，直达锯齿。叶纸质，干后绿褐色。两面沿中肋及脉上略有短毛。能育羽片卵状三角形，长、宽几相等，为 12 ～ 20 厘米，或长稍过于

宽，二回羽状；一回小羽片 4 ～ 5 对，互生，相距 2 ～ 3 厘米，长圆状披针形，长 5 ～ 10 厘米，基部宽 4 ～ 6 厘米，一回羽状；二回小羽片 3 ～ 4 对，卵状三角形，羽状深裂。孢子囊穗长 2 ～ 4 毫米，往往长远超过小羽片的中央不育部分，排列稀疏，暗褐色，无毛。

【生境】　生于阴湿山坡灌丛中或路边林缘。

【分布】　产于新洲各地。分布于江苏、浙江、安徽（南部）、福建、台湾、广东、香港、广西、湖南、贵州、四川、云南、陕西（南部）等地。

【药用部位及药材名】　干燥成熟孢子（海金沙）。

【采收加工】　秋季孢子未脱落时采割藤叶，晒干，搓揉或打下孢子，除去藤叶。

【性味与归经】　甘、咸，寒。归膀胱、小肠经。

【功能主治】　清利湿热，通淋止痛。用于热淋，石淋，血淋，膏淋，尿道涩痛。

【用法用量】　内服：6～15克，入煎剂宜包煎。

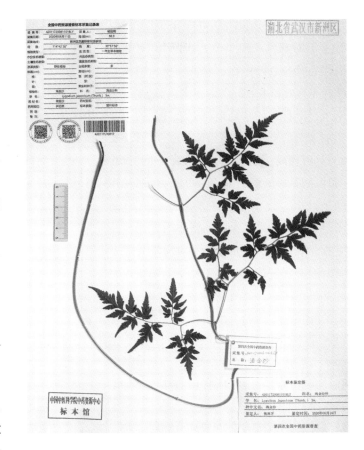

【验方】　①治小便不通，脐下满闷：海金沙一两，腊面茶半两。二味捣研令细。每服三钱，生姜、甘草汤调下。（《本草图经》）②治热淋涩痛：海金沙为末，生甘草汤冲服。（《泉州本草》）③治膏淋：海金沙、滑石各一两（为末），甘草二钱半（为末）。上研匀。每服二钱，食前，煎麦冬汤调服，灯心汤亦可。（《世医得效方》海金沙散）④治尿酸结石症：海金沙、滑石共研为末。以车前子、麦冬、木通煎水调药末，并加蜜少许，温服。（《广西中药志》）⑤治小便出血：海金沙为末，以新汲水调下。一方用砂糖水调下。（《普济方》）⑥治肝炎：海金沙五钱，阴行草一两，车前六钱。水煎服，每日一剂。（《江西草药》）⑦治脾湿太过通身肿满，喘不得卧，腹胀如鼓：牵牛一两（半生半炒），甘遂、海金沙各半两。上为细末。每服二钱，煎水一盏，食前调下，得利止后服。（《医学发明》海金沙散）⑧治脾湿胀满：海金沙一两，白术二钱，甘草五分，黑丑一钱五分，水煎服。（《泉州本草》）

六、凤尾蕨科　Pteridaceae

7. 井栏边草 *Pteris multifida Poir.*

【别名】　凤尾草（《植物名实图考》），井口边草（《本草拾遗》），山鸡尾（《生草药性备要》）。

【形态】　植株高 30～45 厘米。根状茎短而直立，粗 1～1.5 厘米，先端被黑褐色鳞片。叶多数，密而簇生，明显二型；不育叶柄长 15～25 厘米，粗 1.5～2 毫米，禾秆色或暗褐色而有禾秆色的边，稍有光泽，光滑；叶片卵状长圆形，长 20～40 厘米，宽 15～20 厘米，一回羽状，羽片通常 3 对，对生，斜向上，无柄，线状披针形，长 8～15 厘米，宽 6～10 毫米，先端渐尖，叶缘有不整齐的尖锯齿并有软骨质的边，下部 1～2 对通常分叉，有时近羽状，顶生 3 叉羽片及上部羽片的基部显著下延，在叶轴两侧形成宽 3～5 毫米的狭翅（翅的下部渐狭）；能育叶有较长的柄，羽片 4～6 对，狭线形，长 10～15 厘米，宽 4～7 毫米，仅不育部分具锯齿，余均全缘，基部 1 对有时近羽状，有长约 1 厘米的柄，余均无柄，下部 2～3 对通常 2～3 叉，上部几对的基部长下延，在叶轴两侧形成宽 3～4 毫米的翅。主脉两面均隆起，禾秆色，侧脉明显，稀疏，单一或分叉，有时在侧脉间具有或多或少的与侧脉平行的细条纹（脉状异形细胞）。叶干后草质，暗绿色，遍体无毛；叶轴禾秆色，稍有光泽。

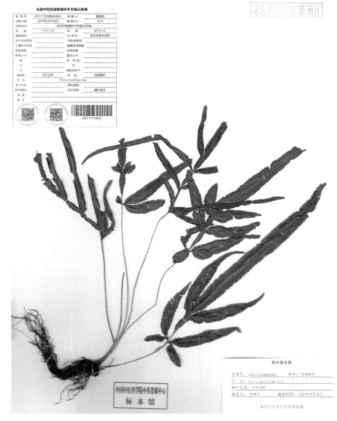

【生境】　生于墙壁、井边及石灰岩缝隙或灌丛下，海拔 1000 米以下。

【分布】　产于新洲各地。分布于河北（北戴河）、山东（泰山、崂山、鲁山）、河南（伏牛山、内乡、桐柏、商城）、陕西（秦岭）、重庆（奉节、城口、酉阳）、四川（江安、长宁、峨眉山、乐山、康定）、贵州（思南、松桃、兴仁、望谟、独山、册亨）、广西、广东、福建、台湾、浙江、江苏、安徽、江西、湖南、湖北等地。

【药用部位及药材名】　全草或根茎（凤尾草）。

【采收加工】　四季或夏、秋二季采收，晒干。

【性味与归经】　淡、微苦，寒。

【功能主治】　清热利湿，消肿解毒，凉血止血。用于痢疾，泄泻，淋浊，带下，黄疸，疔疮肿毒，喉痹乳蛾，瘰疬，腮腺炎，乳腺炎，高热抽搐，蛇虫咬伤，吐血，衄血，尿血，便血及外伤出血。

【用法用量】内服：煎汤，9 ～ 15 克（鲜品 30 ～ 60 克）；或捣汁。外用：适量，捣敷。

【验方】①治热性赤痢：凤尾草五份，铁线蕨一份，海金沙藤一份。炒黑，水煎服。（《广西药用植物图志》）②治痢疾：鲜凤尾草二至三两，水煎或擂汁服，每日三剂。（《江西草药》）③治急性肝炎：鲜凤尾草三两，捣汁服，每日三剂，五日为一个疗程。（《江西草药》）④治泌尿系炎症，尿血：鲜凤尾草二至四两，水煎服。（《常用中草药手册》）⑤治热淋，血淋：凤尾草七钱至一两，用米泔水（取第二次淘米水）煎服。（《江西民间草药》）⑥治带下及五淋白浊：凤尾草二至三钱，加车前草、白鸡冠花各三钱，萹蓄草、米仁根、贯众各五钱，同煎服。（《浙江民间草药》）⑦治崩漏：凤尾草一两，切碎，用水、酒各半煎服。（《广西中草药》）⑧治鼻衄：凤尾草七钱至一两，海带一两（洗净），水煎服。（《江西民间草药》）⑨治便血：凤尾草七钱至一两，同猪大肠炖熟去渣，食肠喝汤。（《江西民间草药》）⑩治肺热咳嗽：鲜凤尾草一两，洗净，煎汤调蜜服，日服两次。

七、金星蕨科 Thelypteridaceae

8. 渐尖毛蕨 *Cyclosorus acuminatus*（Houtt.）Nakai

【别名】尖羽毛蕨（《海南植物志》），小毛蕨、毛蕨（《台湾植物志》）。

【形态】植株高 70 ～ 80 厘米。根状茎长而横走，粗 2 ～ 4 毫米，深棕色，老则变褐棕色，先端密被棕色披针形鳞片。叶二列远生，相距 4 ～ 8 厘米；叶柄长 30 ～ 42 厘米，基部粗 1.5 ～ 2 毫米，褐色，无鳞片，向上渐变为深禾秆色，略有一二柔毛；叶片长 40 ～ 45 厘米，中部宽 14 ～ 17 厘米，长圆状披针形，先端尾状渐尖并羽裂，基部不变狭，二回羽裂；羽片 13 ～ 18 对，有极短柄，斜展或斜上，

有等宽的间隔分开（间隔宽约 1 厘米），互生，或基部的对生，中部以下的羽片长 7 ～ 11 厘米，中部宽 8 ～ 12 毫米，基部较宽，披针形，渐尖头，基部不等，上侧凸出，平截，下侧圆楔形或近圆形，羽裂达 1/2 ～ 2/3；裂片 18 ～ 24 对，斜上，略弯弓，彼此密接，基部上侧一片最长，为 8 ～ 10 毫米，披针形，下侧一片长不及 5 毫米，第二对以上的裂片长 4 ～ 5 毫米，近镰状披针形，尖头或骤尖头，全缘。叶脉下面隆起，清晰，侧脉斜上，每裂片 7 ～ 9 对，单一（基部上侧一片裂片有 13 对，多半 2 叉），基部一对出自主脉基部，其先端交接成钝三角形网眼，并自交接点向缺刻下的透明膜质连线伸出一条短的外行小脉，第二对和第三对的上侧一脉伸达透明膜质连线，即缺刻下有侧脉 $2\frac{1}{2}$ 对。叶坚纸质，干后灰绿色，除羽轴下面疏被针状毛外，羽片上面被极短的糙毛。孢子囊群圆形，生于侧脉中部以上，每裂片 5 ～ 8 对；

囊群盖大，深棕色或棕色，密生短柔毛，宿存。

【生境】生于灌丛、草地、田边、路边、沟旁湿地或山谷乱石中，海拔 40 ～ 2700 米。

【分布】产于新洲东部、北部丘陵及山区。分布于陕西、甘肃、河南、山东、安徽、江苏、浙江、江西、湖北、湖南、福建、台湾、广东、广西、贵州、四川（北部）、重庆、云南等地。

【药用部位及药材名】根茎或全草（渐尖毛蕨）。

【采收加工】7—10 月采收，晒干。

【性味与归经】微苦、涩，平。

【功能主治】清热解毒，祛风除湿，健脾。用于泄泻，痢疾，热淋，咽喉肿痛，风湿痹痛，小儿疳积，狂犬咬伤，烧烫伤。

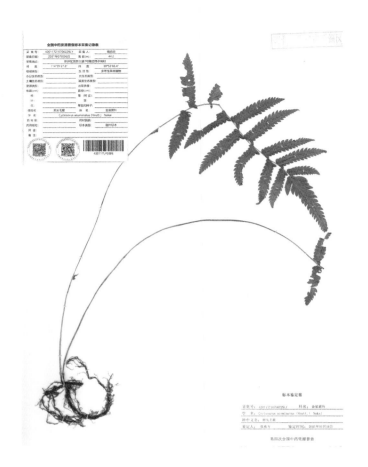

八、鳞毛蕨科 Dryopteridaceae

9. 长尾复叶耳蕨 *Arachniodes simplicior*（Makino）Ohwi

【别名】异羽复叶耳蕨（《植物研究》），稀羽复叶耳蕨（《植物学报》）。

【形态】植株高 75 厘米。叶柄长 40 厘米，粗约 3 毫米，禾秆色，基部被褐棕色、披针形鳞片，向上偶有 1 ～ 2 同型鳞片。叶片卵状五角形，长 35 厘米，宽约 20 厘米，顶部有一片具柄的顶生羽状羽片，与其下侧生羽片同型，基部近平截，三回羽状；侧生羽片 4 对，基部一对对生，向上

的互生，有柄，斜展，分开，基部一对最大，斜三角形，长 16 厘米，宽 8 厘米，渐尖头，基部不对称，斜楔形，基部二回羽状；小羽片 22 对，互生，有短柄，基部下侧一片特别伸长，披针形，长 8 厘米，基部宽 2.2 厘米，渐尖头，基部近圆形，羽状；末回小羽片约 16 对，互生，几无柄，长圆状，长 1.5 厘米，宽约 6 毫米，钝尖头，基部不对称，上侧截形，下侧斜切，边缘具有芒刺的尖锯齿；第二至第四对羽片披针形，羽状，基部上侧的小羽片较下侧的为大。叶干后纸质，灰绿色，光滑，叶轴和各回羽轴下面偶被褐棕色、钻形小鳞片。孢子囊群每小羽片 4～6 对（耳片 3～5 枚），略近叶边生；囊群盖深棕色，膜质，脱落。

【生境】　生于海拔 80～1800 米的山坡林下或溪沟边。

【分布】　产于新洲东部、北部丘陵及山区。分布于陕西（南部）、甘肃（东南部）、江苏（南部）、安徽（南部）、浙江、江西、福建、河南、湖北、湖南、广东、广西、四川、贵州等地。

【药用部位及药材名】　根茎（长尾复叶耳蕨）。

【采收加工】　全年均可采挖，除去须根，削去叶柄，晒干或鲜用。

【性味与归经】　苦，寒。归胃、肾经。

【功能主治】　清热解毒。用于内热腹痛。

10. 贯众 *Cyrtomium fortunei* J. Sm.

【别名】　宽羽贯众、多羽贯众（《中国植物志》）。

【形态】　植株高 25～50 厘米。根茎直立，密被棕色鳞片。叶簇生，叶柄长 12～26 厘米，基部直径 2～3 毫米，禾秆色，腹面有浅纵沟，密生卵形及披针形、棕色有时中间为深棕色鳞片，鳞片边缘有齿，有时向上部秃净；叶片矩圆状披针形，长 20～42 厘米，宽 8～14 厘米，先端钝，基部不变狭或略变狭，奇数一回羽状；侧

生羽片 7～16 对，互生，近平伸，柄极短，披针形，多少上弯成镰状，中部的长 5～8 厘米，宽 1.2～2 厘米，先端渐尖少数成尾状，基部偏斜，上侧近截形，有时略有钝的耳状突，下侧楔形，边缘全缘有时有前倾的小齿；具羽状脉，小脉联结成 2～3 行网眼，腹面不明显，背面微凸；顶生羽片狭卵形，下部有时有 1 或 2 个浅裂片，长 3～6 厘米，宽 1.5～3 厘米。叶为纸质，两面光滑；叶轴腹面有浅纵沟，疏生披针形及线形棕色鳞片。孢子囊群遍布羽片背面；囊群盖圆形，盾状，全缘。

【生境】　生于空旷地石灰岩缝、丘陵山区的溪边或林下，海拔 2400 米以下。

【分布】　产于新洲东部、北部丘陵及山区。分布于河北、山西（晋城）、陕西、甘肃（南部）、山东、江苏、安徽、浙江、江西、福建、台湾、河南、湖北、湖南、广东、广西、四川、贵州、云南等地。

【药用部位及药材名】　根茎（小贯众）。

【采收加工】　9—10 月采收，除去地上部分及须根后充分晒干。

【性味与归经】　苦，寒。

【功能主治】　清热，解毒，凉血，驱虫。用于感冒，热毒斑疹，白喉，乳痈，瘰疬，痢疾，黄疸，吐血，便血，崩漏，痔血，带下，跌打损伤，肠道寄生虫病。

【用法用量】　内服：煎汤，5～15 克；或入丸、散。外用：适量，研末调涂。

【验方】　①治崩漏：贯众、五灵脂、蒲黄各 15 克。炒黑研末，每次 5 克，每日 2 次，用温开水送服。②治尿血：贯众炭 50 克，乌贼骨、三七各 10 克，研为细末，水泛为丸，每次 6 克，每日 2 次。③治疔痈：贯众 30 克，蒲公英 20 克，冰片适量，香油不拘量。将上药研末，用香油调涂患处，每日 2 次。④治慢性乙肝：贯众、田基黄、茵陈、升麻、连翘各 15 克，丹参 30 克。水煎服，每日 1 剂。⑤治慢性咽炎：贯众 15 克，金银花 15～20 克，黄芩 10 克，生甘草 5 克。研成粗末，每日 1 剂，置热水瓶中，冲入沸水，浸泡约 15 分钟，频频饮用。⑥预防感冒：贯众、大青叶各 30 克，野菊花 9 克，桑叶 10 克。水煎代茶饮。⑦预防流感：贯众、板蓝根各 10 克，生姜 20 克，红糖适量。水煎服，每日 3 次，每日 1 剂，连服 7 剂。⑧预防麻疹：贯众 15 克，金银花 20 克，牛蒡子 12 克。水煎服，每日 1 剂，连用 3 日。⑨治流行性腮腺炎：贯众、紫草各 9 克，蒲公英、紫花地丁各 10 克，甘草 3 克，连翘 15 克。水煎服，每日 1 剂，连服 5 日。⑩治病毒性心肌炎：贯众、丹参、红花各 6 克，金银花、生黄芪、防风、沙参各 10 克。水煎服，每日 1 剂。⑪治淋巴结结核：贯众 15 克，浙贝母 10 克，皂角 30 克。水煎服，每日 1 剂，连服 2～3 个月。

11. 齿头鳞毛蕨 *Dryopteris labordei*（Christ）C. Chr.

【别名】　青溪鳞毛蕨（《中华本草》）。

【形态】　植株高 50～60 厘米。根状茎横卧或斜升，顶端及叶柄基部密被鳞片；鳞片披针形，黑色或黑棕色。叶簇生；叶柄长 25～35 厘米，粗 2～3 毫米，深禾秆色或淡紫色，最基部黑色并被黑色或黑棕色披针形鳞片，向上至叶轴均近光滑；叶片卵圆形或卵状披针形，长约 30 厘米，宽约 25 厘米，基部 1～2 对羽片最大并弯向叶尖而使叶片基部近圆形，二回羽状，基部的小羽片羽状深裂或达全裂；羽片约 10 对，近对生，基部的 3～4 对较大，基部 1 对最大，长 17～20 厘米，宽 6～9 厘米，基部具柄，顶端弯叶尖；小羽片约 10 对，披针形，基部羽片的下侧 1～2 对小羽片最大，长 6～7 厘米，宽约 2 厘米，基部截形，近无柄，顶端钝圆或短渐尖，边缘羽状深裂或偶为全裂，羽片基部下侧小羽片均弯向羽片顶端而远离叶轴；裂片顶端圆，在前方具 1～2 齿。小羽片的侧脉羽状，不达叶边。叶纸质，干后褐绿色，除羽轴和小羽片中脉的下面具稀疏的棕色泡状鳞片外，两面近光滑，叶轴和羽轴禾秆色。孢子囊群大，位于小羽片中脉与边缘之间或裂片的中脉两侧；囊群盖圆肾形，深棕色，全缘。

【生境】 生于林下。

【分布】 产于新洲东部、北部丘陵及山区。分布于安徽、浙江、江西、福建、台湾、湖北、湖南、广东、广西、四川、贵州、云南等地。

【药用部位及药材名】 根茎（齿头鳞毛蕨）。

【采收加工】 全年均可采挖，采挖后除去叶，洗净泥沙，鲜用或晒干。

【性味与归经】 微苦，凉。归肝、大肠经。

【功能主治】 清热利湿，活血调经。用于肠炎，痢疾，妇女痛经，月经不调。

【用法用量】 内服：煎汤，6 ～ 10 克。

九、水龙骨科 Polypodiaceae

12. 有柄石韦 *Pyrrosia petiolosa*（Christ）Ching

【别名】 金瓢羹（《四川中药志》），独叶草（《中草药学》），石英草（《广西药用植物名录》），长柄石韦（《贵州中草药名录》）。

【形态】 植株高 5 ～ 15 厘米。根状茎细长横走，幼时密被披针形棕色鳞片；鳞片长尾状渐尖，边缘具睫毛状毛。叶远生，一型；具长柄，通常等于叶片长度的 1/2 或为其 2 倍，基部被鳞片，向上被星状毛，棕色或灰棕色；叶片椭圆形，急尖短钝头，基部楔形，下延，干后厚革质，全缘，上面灰淡棕色，有洼点，疏被星状毛，下面被厚层星状毛，初为淡棕色，后为砖红色。主脉下面稍隆起，上面凹陷，侧脉和小脉均不明显。孢子囊群布满叶片下面，成熟时扩散并汇合。

【生境】 多附生于干旱裸露岩石上，海拔 250 ～ 2200 米。

【分布】 产于新洲东部山区。分布于

中国东北、华北、西北、西南和长江中下游各省区。

【药用部位及药材名】干燥叶（石韦）。

【采收加工】全年均可采收，除去根茎和根，晒干或阴干。

【性味与归经】甘、苦，微寒。归肺、膀胱经。

【功能主治】利尿通淋，清肺止咳，凉血止血。用于热淋，血淋，石淋，小便不通，淋漓涩痛，肺热喘咳，吐血，衄血，尿血，崩漏。

【用法用量】内服：煎汤，6～12克；或研末。外用：适量，研末涂敷。

【验方】①治小便淋痛：石韦、滑石各等份，为末。每饮服刀圭，最快。（《太平圣惠方》）②治小便转脬：石韦（去毛）、车前子各二钱半，水二盏，煎一盏，食前服。（《全生指迷方》）③治便前有血：石韦为末，茄子枝煎汤下二钱。（《普济方》）④治崩中漏下：石韦为末，每服三钱，温酒服，甚效。（《本草纲目》）

13. 金鸡脚假瘤蕨 *Selliguea hastata*（Thunberg）Fraser-Jenkins

【别名】辟瘟草、鸭脚金星草（《百草镜》），独脚金鸡（《本草纲目拾遗》），鸭脚掌、三叉剑（《江西民间草药》）。

【形态】土生植物。根状茎长而横走，粗约3毫米，密被鳞片；鳞片披针形，长约5毫米，棕色，顶端长渐尖，边缘全缘或偶有疏齿。叶远生；叶柄的长短和粗细均变化较大，长2～20厘米，直径0.5～2毫米，禾秆色，光滑无毛。叶片为单叶，形态变化极大，单叶不分裂，或戟状二至三分裂；单叶不分裂叶的形态变化亦极大，卵圆形至长条形，长2～20厘米，宽1～2厘米，顶端短渐尖或钝圆，基部楔形至圆形；分裂的叶片其形态也极其多样，常见的是戟状二至三分裂，裂片或长或短，或较宽，或较狭，但通常是中间裂片较长和较宽。叶片（或裂片）的边缘具缺刻和加厚的软骨质边，通直或呈波状。中脉和侧

脉两面明显，侧脉不达叶边；小脉不明显。叶纸质或草质，背面通常灰白色，两面光滑无毛。孢子囊群大，圆形，在叶片中脉或裂片中脉两侧各一行，着生于中脉与叶缘之间；孢子表面具刺状突起。

【生境】　生于林缘土坎上。

【分布】　产于新洲东部山区。分布于云南、西藏、四川、贵州、广西、广东、湖南、湖北、江西、福建、浙江、江苏、安徽、山东、辽宁、河南、陕西、甘肃、台湾等地。

【药用部位及药材名】全草（金鸡脚）。

【采收加工】　全年均可采收，鲜用或晒干。

【性味与归经】　苦、微辛，凉。

【功能主治】　祛风，清热，解毒，利湿。用于外感热病，肺热咳嗽，咽喉肿痛，小儿惊风，痈肿疮毒，痢疾，泄泻，小便淋浊，带下。

【用法用量】内服：煎汤，15～30克，大剂量可用至 60 克，鲜品加倍。外用：适量，研末撒；或鲜品捣敷。

十、银杏科 Ginkgoaceae

14. 银杏 *Ginkgo biloba* L.

【别名】　鸭脚子（《本草纲目》），公孙树（《汝南圃史》），白果（《植物名实图考》）。

【形态】　乔木，高达 40 米，胸径可达 4 米；幼树树皮浅纵裂，大树之皮呈灰褐色，深纵裂，粗糙；幼年及壮年树冠圆锥形，老则广卵形；枝近轮生，斜上伸展（雌株的大枝常较雄株开展）；一年生的长枝淡褐黄色，二年生以上变为灰色，并有细纵裂纹；短枝密被叶痕，黑灰色，短枝上亦可长出长枝；冬芽黄褐色，常为卵圆形，先端钝尖。叶扇形，有长柄，淡绿色，无毛，有多数叉状并列细脉，顶端宽 5～8 厘米，在短枝上常具波状缺刻，在长枝上常 2 裂，基部宽楔形，柄长 3～10 厘米（多为 5～8 厘米），幼树及萌生枝上的叶常较大而深裂（叶片长达 13 厘米，宽 15 厘米），有时裂片再分裂（这与较原始的化石种类之叶相似），叶在一年生长枝上螺旋状散生，在短枝上 3～8 叶呈簇生状，秋季落叶前变为黄色。

球花雌雄异株，单性，生于短枝顶端的鳞片状叶的腋内，呈簇生状；雄球花柔荑花序状，下垂，雄蕊排列疏松，具短梗，花药常2个，长椭圆形，药室纵裂，药隔不发达；雌球花具长梗，梗端常分2叉，稀3～5叉或不分叉，每叉顶生一盘状珠座，胚珠着生于其上，通常仅一个叉端的胚珠发育成种子，风媒传粉。种子具长梗，下垂，常为椭圆形、长倒卵形、卵圆形或近圆球形，长2.5～3.5厘米，直径为2厘米，外种皮肉质，熟时黄色或橙黄色，外被白粉，有臭味；中种皮白色，骨质，具2～3条纵脊；内种皮膜质，淡红褐色；胚乳肉质，味甘略苦；子叶2枚，稀3枚，发芽时不出土，初生叶2～5片，宽条形，长约5毫米，宽约2毫米，先端微凹，第4或第5片起之后生叶扇形，先端具一深裂及不规则的波状缺刻，叶柄长0.9～2.5厘米；有主根。花期3—4月，种子9—10月成熟。

【生境】 生于海拔1000米以下、酸性（pH 5～5.5）黄壤、排水良好的地带，常与柳杉、榧树、蓝果树等针阔叶树种混生，生长旺盛。

【分布】 新洲各地有栽培。银杏为中生代孑遗的稀有树种，系我国特产，仅浙江天目山有野生状态的树木分布。栽培区甚广，北自东北沈阳，南达广州，东起华东海拔40～1000米地带，西南至贵州、云南西部（腾冲）海拔2000米以下地带均有栽培。

【药用部位及药材名】 干燥成熟种子（白果）；干燥叶（银杏叶）。

【采收加工】 白果：秋季种子成熟时采收，除去肉质外种皮，洗净，稍蒸或略煮后，烘干。银杏叶：秋季叶尚绿时采收，及时干燥。

【性味与归经】 白果：甘、苦、涩、平；有毒。归肺、肾经。银杏叶：甘、苦、涩、平。归心、肺经。

【功能主治】 白果：敛肺定喘，止带缩尿。用于痰多喘咳，带下白浊，遗尿尿频。银杏叶：活血化瘀，通络止痛，敛肺平喘，化浊降脂。用于瘀血阻络，胸痹心痛，中风偏瘫，肺虚咳喘，高脂血症。

【用法用量】 白果：煎服，4.5～6克；或捣汁。外用适量，捣敷；或切片涂。银杏叶：煎服，

9～12克。

【验方】（1）白果：①治小便淋浊，妇女带下及眩晕：白果（炒熟）、山药各等份，焙干，研为细末，混匀。每日40克，分3～4次服，用米汤或温开水送下。②治小便频数或遗尿：白果14个，煨熟或煮熟，每日分2次食。③治慢性咳嗽，咳痰：白果、细茶叶、胡桃仁各120克。细茶叶微炒、研细末，白果、胡桃仁捣烂，加蜂蜜250克，于锅内煎炼成膏。每次服1茶匙，每日2～3次。④治大便下血：白果30克，藕节15克，共研末，每日分3次，用开水冲服。

（2）银杏叶：①治胸痹：鲜银杏叶洗净后蒸15分钟，晒干，放入铁器中储存，每次3～5片，用开水200毫升冲泡15分钟，代茶饮，上午、下午各1次。适用于胸闷、胸痛彻背、短气、喘息不得卧等。②治淋巴结结核破溃：银杏叶适量，用米醋浸泡1日，外敷患处，每日1次。③治心绞痛：银杏叶、瓜蒌、丹参各15克，薤白12克，郁金、甘草各10克，加300克水共煎汤，每日早、晚各服1次。（银杏叶丹参汤）

十一、松科 Pinaceae

15. 马尾松 *Pinus massoniana* Lamb.

【别名】枞松、山松、青松（《中国植物志》）。

【形态】乔木，高达45米，胸径1.5米；树皮红褐色，下部灰褐色，裂成不规则的鳞状块片；枝平展或斜展，树冠宽塔形或伞形，枝条每年生长一轮，但在广东南部则通常生长两轮，淡黄褐色，无白粉，稀有白粉，无毛；冬芽卵状圆柱形或圆柱形，褐色，顶端尖，芽鳞边缘丝状，先端尖或成渐尖的长尖头，微反曲。针叶2针一束，稀3针一束，长12～20厘米，细柔，微扭曲，两面有气孔线，边缘有细锯齿；横切面皮下层细胞单型，第一层连续排列，第二层由个别细胞断续排列而成，树脂道4～8个，在背面边生，或腹面也有2个边生；叶鞘初呈褐色，后渐变成灰黑色，宿存。雄球花淡红褐色，圆柱形，弯垂，长

1～1.5 厘米，聚生于新枝下部苞腋，穗状，长 6～15 厘米；雌球花单生或 2～4 个聚生于新枝近顶端，淡紫红色，一年生小球果圆球形或卵圆形，直径约 2 厘米，褐色或紫褐色，上部珠鳞的鳞脐具向上直立的短刺，下部珠鳞的鳞脐平钝无刺。球果卵圆形或圆锥状卵圆形，长 4～7 厘米，直径 2.5～4 厘米，有短梗，下垂，成熟前绿色，熟时栗褐色，陆续脱落；中部种鳞近矩圆状倒卵形，或近长方形，长约 3 厘米；鳞盾菱形，微隆起或平，横脊微明显，鳞脐微凹，无刺，生于干燥环境者常具极短的刺。种子长卵圆形，长 4～6 毫米，连翅长 2～2.7 厘米；子叶 5～8 枚；长 1.2～2.4 厘米；初生叶条形，长 2.5～3.6 厘米，叶缘具疏生刺毛状锯齿。花期 4—5 月，球果第二年 10—12 月成熟。

【生境】　阳性树种，不耐庇荫，喜光、喜温。生于向阳的石砾土、沙土、黏土、山脊和阳坡的冲刷薄地上以及陡峭的石山岩缝。喜微酸性土壤，怕水涝，不耐盐碱。

【分布】　生于新洲丘陵及山区地带。分布于江苏（六合、仪征）、安徽（淮河流域、大别山以南），河南西部峡口、陕西汉水流域以南、长江中下游各省区，南达福建、广东、台湾北部低山及西海岸，西至四川中部大相岭东坡，西南至贵州贵阳、毕节及云南富宁等地。在长江下游其垂直分布于海拔 700 米以下，在长江中游分布于海拔 1200 米以下，在西部分布于海拔 1500 米以下。

【药用部位及药材名】　干燥花粉（松花粉）；干燥瘤状节或分枝节（油松节）。

【采收加工】松花粉：春季花刚开时，采摘花穗，晒干，收集花粉，除去杂质。油松节：全年均可采收，锯取后阴干。

【性味与归经】　松花粉：苦、辛，温。归肝、肾经。油松节：苦、辛，温。归肝、肾经。

【功能主治】　松花粉：收敛止血，燥湿敛疮。用于外伤出血，湿疹，黄水疮，皮肤糜烂，脓水淋漓。油松节：祛风除湿，通络止痛。用于风寒湿痹，历节风痛，转筋挛急，跌打伤痛。

【用法用量】　松花粉：煎服，3～6 克；浸酒或调服。外用适量，干掺或调敷。油松节：9～15 克，煎汤内服；或浸酒、醋等。外用适量，浸酒涂擦。

十二、柏科 Cupressaceae

16. 侧柏 *Platycladus orientalis*（L.）Franco

【别名】 扁柏（《中国植物志》）。

【形态】 乔木，高达 20 余米，胸径 1 米；树皮薄，浅灰褐色，纵裂成条片；枝条向上伸展或斜展，幼树树冠卵状尖塔形，老树树冠则为广圆形；生鳞叶的小枝细，向上直展或斜展，扁平，排成一平面。叶鳞形，长 1～3 毫米，先端微钝，小枝中央的叶的露出部分呈倒卵状菱形或斜方形，背面中间有条状腺槽，两侧的叶船形，先端微内曲，背部有钝脊，尖头的下方有腺点。雄球花黄色，卵圆形，长约 2 毫米；雌球花近球形，直径约 2 毫米，蓝绿色，被白粉。球果近卵圆形，长 1.5～2（2.5）厘米，成熟前近肉质，蓝绿色，被白粉，成熟后木质，开裂，红褐色；中间两对种鳞倒卵形或椭圆形，鳞背顶端的下方有一向外弯曲的尖头，上部 1 对种鳞窄长，近柱状，顶端有向上的尖头，下部 1 对种鳞极小，长达 13 毫米，稀退化而不显著；种子卵圆形或近椭圆形，顶端微尖，灰褐色或紫褐色，长 6～8 毫米，稍有棱脊，无翅或有极窄之翅。花期 3—4 月，球果 10 月成熟。

【生境】 生于石灰岩山地、阳坡及平原。

【分布】 新洲各地有栽培。广布于内蒙古（南部）、吉林、辽宁、河北、山西、山东、江苏、浙江、福建、安徽、江西、河南、陕西、甘肃、四川、云南、贵州、湖北、湖南、广东（北部）及广西（北部）等地。

【药用部位及药材名】 干燥枝梢和叶（侧柏叶）；干燥成熟种仁（柏子仁）。

【采收加工】 侧柏叶：多在夏、秋二

季采收，阴干。柏子仁：秋、冬二季采收成熟种子，晒干，除去种皮，收集种仁。

【性味与归经】侧柏叶：苦、涩，寒。归肺、肝、脾经。柏子仁：甘，平。归心、肾、大肠经。

【功能主治】侧柏叶：凉血止血，化痰止咳，生发乌发。用于吐血，衄血，咯血，便血，崩漏下血，肺热咳嗽，血热脱发，须发早白。柏子仁：养心安神，润肠通便，止汗。用于阴血不足，虚烦失眠，心悸怔忡，肠燥便秘，阴虚盗汗。

【用法用量】侧柏叶：煎服，6～12克，或入丸、散。外用适量，煎水洗，捣敷或研末调敷。柏子仁：煎服，10～15克；便溏者制霜用；或入丸、散。外用适量，研末调敷；或鲜品捣敷。

【验方】（1）柏子仁：①治血虚失眠：柏子仁10克，丹参15克，酸枣仁15克，水煎服，每日1剂。②治自汗盗汗：柏子仁9克，糯稻根、浮小麦各15克，红枣5个，水煎服，每日1剂。③治肠燥便秘：柏子仁12克，火麻仁15克，水煎服，每日1剂；或研成细粉，分2次吞服。或柏子仁、大麻仁（火麻仁）、松子仁各50克，共研细粉，每次6克，饭前用温开水送服，每日2次，适用于老年人体虚便秘。或柏子仁粉末15克，每日2次，用开水冲服，用于津枯肠燥所致之大便下血。④治脱发：将柏子仁与当归各等份，用蜂蜜制成丸剂，每丸约重10克，每日服2次，每次服1丸。⑤治健忘：柏子养心丸有补气养血、宁心安神的功效。每次服用10克，每日2次。可用于气血亏损所致的心悸怔忡、健忘失眠、精神恍惚。

（2）侧柏叶：鲜侧柏叶二两，用60度白酒一斤，浸一个月后，每次用少许擦头，半小时后洗头。每日一次，擦完所浸之药为止。此方有生发乌发之作用。

十三、胡桃科 Juglandaceae

17. 枫杨 *Pterocarya stenoptera* C. DC.

【别名】麻柳、蜈蚣柳（《中国植物志》）。

【形态】大乔木，高达30米，胸径达1米；幼树树皮平滑，浅灰色，老时则深纵裂；小枝灰色至暗褐色，具灰黄色皮孔；芽具柄，密被锈褐色盾状着生的腺体。叶多为偶数或稀奇数羽状复叶，长8～16厘米（稀达25厘米），叶柄长2～5厘米，叶轴具翅至翅不甚发达，与叶柄一样被疏或密的短毛；小叶10～16枚（稀6～25枚），无小叶柄，对生或稀近对生，长椭圆形至长椭圆状披针形，长8～12厘米，宽2～3厘米，顶端常钝圆或稀急尖，基部歪斜，上方1侧楔形至阔楔形，下方1侧圆形，边缘有向内弯的细锯齿，上面被细小的浅色疣状突起，沿中脉及侧脉被极短的星芒状毛，下面幼时被散生的短柔

毛，成长后脱落而仅留有极稀疏的腺体及侧脉腋内留有1丛星芒状毛。雄性柔荑花序长6～10厘米，单独生于去年生枝条上叶痕腋内，花序轴常有稀疏的星芒状毛。雄花常具1（稀2或3）枚发育的花被片，雄蕊5～12枚。雌性柔荑花序顶生，长10～15厘米，花序轴密被星芒状毛及单毛，下端不生花的部分长达3厘米，具2枚长达5毫米的不孕性苞片。雌花几乎无梗，苞片及小苞片基部常有细小的星芒状毛，并密被腺体。果序长20～45厘米，果序轴常被宿存的毛。果实长椭圆形，长6～7毫米，基部常有宿存的星芒状毛；果翅狭，条形或阔条形，长12～20毫米，宽3～6毫米，具近于平行的脉。花期4—5月，果熟期8—9月。

【生境】 生于海拔1500米以下的沿溪涧河滩、阴湿山坡地的林中，现已广泛栽植作为庭园树或行道树。

【分布】 产于新洲各地。分布于陕西、河南、山东、安徽、江苏、浙江、江西、福建、台湾、广东、广西、湖南、湖北、四川、贵州、云南，华北和东北地区仅有栽培。

【药用部位及药材名】 树皮（枫柳皮）。

【采收加工】 6—9月剥取树皮，鲜用或晒干。

【性味与归经】 辛、苦，温。有小毒。

【功能主治】 祛风，止痛，杀虫。用于风湿骨痛，龋齿痛，疥癣，烫伤。

【用法用量】 外用：适量，煎水含漱或熏洗，或酒精浸搽。注意有毒，不宜内服。

【验方】 ①治牙痛：麻柳皮捣绒，塞患处或嚼用。（《四川中药志》）②治疥癣：枫杨皮、黎辣根、羊蹄根各适量，用酒精浸搽。（《湖南药物志》）③治头癣：枫杨鲜树皮四两，皂荚子二两（捣碎），煎水洗患处。（《福建中草药》）④治烫伤：枫杨树二层皮2斤，地榆根0.5斤，乌桕根皮0.5斤，加水适量，煎至500毫升，过滤。用药前应清洁创面，除去异物和脓性分泌物，剪除水疱，然后喷上药液。

18. 化香树 *Platycarya strobilacea* Sieb. et Zucc.

【别名】 还香树、皮杆条（《中国植物志》）。

【形态】 落叶小乔木，高2～6米；树皮灰色，老时则不规则纵裂。二年生枝条暗褐色，具细小皮孔；芽卵形或近球形，芽鳞阔，边缘具细短毛；嫩枝被褐色柔毛，不久即脱落而无毛。叶长15～30厘米，叶总柄显著短于叶轴，叶总柄及叶轴初时被稀疏的褐色短柔毛，后来脱落而近无毛，具7～23枚小叶；小叶纸质，侧生小叶无叶柄，对生或生于下端者偶尔为互生，卵状披针形至长椭圆状披针形，长4～11厘米，宽1.5～3.5厘米，不等边，上方一侧较下方一侧为阔，基部歪斜，顶端长渐尖，边缘有锯齿，顶生小叶具长2～3厘米的小叶柄，基部对称，圆形或阔楔形，小叶上面绿色，近无毛或脉上有褐色短柔毛，下面浅绿色，初时脉上有褐色柔毛，后来脱落，或在侧脉腋内、在基部两侧毛不脱落，甚或毛全不脱落，毛的疏密依不同个体及生境而变异较大。两性花序和雄花序在小枝顶端排列成伞房状花序束，直立；两性花序通常1条，着生于中央顶端，长5～10厘米，雌花序位于下部，长1～3厘米，雄花序部分位于上部，有时无雄花序而仅有雌花序；雄花序通常3～8条，位于两性花序下方四周，长4～10厘米。雄花：苞片阔卵形，顶端渐尖而向外弯曲，外面的下部、内面的上部及边缘生短柔毛，长2～3毫米；雄蕊6～8枚，花丝短，稍生细短柔毛，花药阔卵形，黄色。雌花：苞片卵状披针形，顶端长渐尖，硬而不外曲，长2.5～3毫米；花被2，位于子房两侧并贴于子房，顶端与子房分离，背部具翅状的纵向隆起，与子房一同增大。果序球果状、卵状椭圆形至长椭圆状圆柱形，长2.5～5厘米，直径2～3厘米；宿存苞片木质，略具弹性，长7～10毫米；果实小坚果状，背

腹压扁状，两侧具狭翅，长4～6毫米，宽3～6毫米。种子卵形，种皮黄褐色，膜质。5—6月开花，7—8月果成熟。

【生境】为中国原产树种。多生于向阳山坡或杂木林中。

【分布】产于新洲东部山区。分布于河南、陕西、甘肃、山东、江苏、安徽、浙江、江西、福建、湖北、湖南、四川、云南、广东、广西等地。

【药用部位及药材名】叶（化香树叶）；果实（化香树果）。

【采收加工】化香树叶：夏、秋二季采收，鲜用或晒干。化香树果：秋季果实近成熟时采收，晒干。

【性味与归经】化香树叶：辛，温。有毒。化香树果：辛，温。

【功能主治】化香树叶：解毒疗疮，杀虫止痒。用于疮痈肿毒，骨痛流脓，顽癣，阴囊湿疹，癞头疮。化香树果：活血行气，止痛，杀虫止痒。用于内伤胸腹胀痛，跌打损伤，筋骨疼痛，痈肿湿疮，疥癣。

【用法用量】化香树叶：不可内服。化香树果：煎服，10～20克。外用适量，煎水洗；或研末调敷。

【验方】（1）化香树叶：①治骨痛流脓日久不收口，有多骨：化香树叶半斤捣烂泡冷水，将患处浸入药水中数小时，用镊子拔出多骨，随用药水洗之。（《贵州民间药物》）②治癞头疮：化香树叶一两，石灰二钱。开水一杯泡两小时，蘸药外擦，每日两次。（《贵州民间药物》）③治痈疽疔毒类急性炎症：化香树叶、雷公藤叶、芹菜叶、大蒜各等份（均用鲜品），捣烂外敷。疮疡溃烂后不可使用。（《常用中草药配方》）

（2）化香树果：①治内伤胸胀，腹痛及筋骨疼痛：化香树干果序五至六钱，加山楂根等量，煎汁冲烧酒，早、晚空腹服。（《草药手册》）②治牙痛：化香树果数枚，水煎含服。（《草药手册》）③治脚生湿疮：化香树果序和盐研末搽。④治疥癣：化香树果序煎水洗。⑤消肿药膏（一般外科使用）：化香树果十斤，桉树叶五斤，鸭儿芹五斤，白叶野桐叶五斤，煎汁，熬缩成膏，净重二斤，再用凡士林配成10%软膏备用。（《常用中草药配方》）

十四、杨柳科 Salicaceae

19. 垂柳 *Salix babylonica* L.

【别名】柳树、水柳（《中国植物志》）。

【形态】乔木，高达18米，树冠开展而疏散。树皮灰黑色，不规则开裂；枝细，下垂，淡褐黄色、淡褐色或带紫色，无毛。芽线形，先端急尖。叶狭披针形或线状披针形，长9～16厘米，宽0.5～1.5厘米，先端长渐尖，基部楔形；两面无毛或微有毛，上面绿色，下面色较淡，锯齿缘；叶柄长（3）5～10毫米，有短柔毛；

托叶仅生在萌发枝上，斜披针形或卵圆形，边缘有齿。花序先于叶开放，或与叶同时开放；雄花序长1.5～2（3）厘米，有短梗，轴有毛；雄蕊2，花丝与苞片近等长或较长，基部多少有长毛，花药红黄色；苞片披针形，外面有毛；腺体2；雌花序长2～3（5）厘米，有梗，基部有3～4小叶，轴有毛；子房椭圆形，无毛或下部稍有毛，无柄或近无柄，花柱短，柱头2～4深裂；苞片披针形，长1.8～2（2.5）毫米，外面有毛；腺体1。蒴果长3～4毫米，带绿黄褐色。花期3—4月，果期4—5月。

【生境】生于水边、道旁，耐水湿、干旱。

【分布】 产于新洲各地。分布于长江流域与黄河流域，其他各地均有栽培。

【药用部位及药材名】 枝条（柳枝）；根及须状根（柳根）；茎枝蛀孔中的蛀屑（柳屑）；带毛种子（柳絮）。

【采收加工】 柳枝：全年可采，切段，晒干。柳根：4—10月采挖，鲜用或晒干。柳屑：6—10月采收，晒干。柳絮：4—5月果实将成熟时采收，干燥。

【性味与归经】 柳枝：苦，寒。归胃、肝经。柳根、柳屑：苦，寒。柳絮：苦，凉。

【功能主治】 柳枝：祛风利湿，解毒消肿。用于风湿痹痛，小便淋浊，黄疸，风疹瘙痒，疔疮，丹毒，龋齿，龈肿。柳根：利水通淋，祛风除湿，泻火解毒。用于淋证、白浊、水肿、黄疸、痢疾、带下、风湿疼痛、黄水疮、牙痛、烫伤、乳痈。柳屑：用于风瘙瘾疹。柳絮：凉血止血，解毒消痈。用于吐血，创伤出血，痈疽，恶疮。

【用法用量】 柳枝：煎服，15～30克。外用适量，煎水含漱；或熏洗。柳根：煎服，15～30克。外用适量，煎水熏或酒煮温熨。柳屑：外用适量，煎水洗浴或炒热熨敷。

【验方】 （1）柳枝：①治小便淋浊：柳枝一把，甘草9克，水煎服。②治风湿性关节炎：鲜柳枝30克，水煎，每日分2次服。③治慢性支气管炎：柳枝120克，洗净切碎，水煎服，每日1剂，10日为一个疗程。④治小儿口腔溃疡：嫩柳树皮200克，置干净瓦上焙成炭，加冰片10克，共研为细末。待患儿在吮乳或吃饭后，将药末涂于溃疡处，每日3～5次。⑤治急性黄疸性肝炎：嫩柳枝100克，水煎取汁加糖适量调匀，每日1剂，分2次口服；取3厘米以内的嫩柳枝60克，加水一升煎汁，每日分2次服。⑥治烧烫伤：鲜柳枝烧成炭，研为细末，过筛，以香油调成膏状涂敷创面，每日1～2次，勿包扎。上药后3～4小时创面结成痂并疼痛，此时可涂香油使之软润，切不可擦掉原药。此方对小面积烧烫伤效果好。

（2）柳根：①治黄水湿疮：水柳须烧存性，研末，麻油调涂。（《三年来的中医药实验研究》）②治耳痛有脓不出，及痛已结聚：柳根细切，熟捣，封之，以帛掩，燥即易之。（《斗门方》）③治痔疮：水柳须二三两，水煎滚，加入皮硝三钱，再煎数滚，倾入罐或盆内；另用圆桶一只，将罐放桶中，坐桶上，使药气熏入肛内，水冷为止，渣再煎，日熏两次。（《三年来的中医药实验研究》）④治风火牙痛：水柳须五至七钱，猪精肉二三两炖汤，以汤煎药服。（《三年来的中医药实验研究》）⑤治瘰病：柳根三十斤，以水一斛，煮得五斗，同米三斗酿之，酒成，先食服一升，日三。（《集验方》）

十五、桦木科 Betulaceae

20. 桤木 *Alnus cremastogyne* Burk.

【别名】 牛屎树、罗枴木（《贵州民间药物》），水青冈、水漆树（《秦岭巴山天然药物志》）。

【形态】 乔木，高可达40米；树皮灰色，平滑；枝条灰色或灰褐色，无毛；小枝褐色，无毛或幼时被淡褐色短柔毛；芽具柄，有2枚芽鳞。叶倒卵形、倒卵状矩圆形、倒披针形或矩圆形，长4～14厘米，宽2.5～8厘米，顶端骤尖或锐尖，基部楔形或微圆，边缘具几不明显而稀疏的钝齿，上面疏生腺点，幼时疏被长柔毛，下面密生腺点，几无毛，很少于幼时密被淡黄色短柔毛，脉腋间有时具簇生的毛，侧脉8～10对；叶柄长1～2厘米，无毛，很少于幼时具淡黄色短柔毛。雄花序单生，长3～4厘米。果序单生于叶腋，矩圆形，长1～3.5厘米，直径5～20毫米；序梗细瘦，柔软，下垂，长4～8厘米，无毛，很少于幼时被短柔毛；果苞木质，长4～5毫米，顶端具5枚浅裂片。小坚果卵形，长约3毫米，膜质翅宽仅为果的1/2。

【生境】 生于海拔300～3000米的山坡或岸边的林中，在海拔1500米地带可成纯林。

【分布】 产于新洲东部山区。为我国特有种，四川各地普遍分布，亦见于贵州北部、陕西南部、甘肃东南部。

【药用部位及药材名】 树皮（桤木皮）；嫩枝叶（桤木枝梢）。

【采收加工】 桤木皮：7—10月剥取树皮，除去杂质，鲜用或晒干。桤木枝梢：5—7月采集，鲜用或晒干。

【性味与归经】 桤木皮：涩，平。有小毒。桤木枝梢：苦、涩，凉。

【功能主治】桤木皮：凉血止血，清热解毒。用于吐血，衄血，崩漏，肠炎，痢疾，风火赤眼，黄水疮。桤木枝梢：清热凉血，解毒。用于腹泻，痢疾，吐血，衄血，黄水疮，毒蛇咬伤。

【用法用量】桤木皮：煎服，10～15克。外用鲜品适量，捣敷；或煎水洗。桤木枝梢：煎服，9～15克。外用鲜品适量，捣敷。

【验方】①治鼻衄：桤木枝梢、栀子花各适量，煎汤服。（《四川中药志》）②治水泻及痢疾：桤木枝梢、六合草各适量，煎汤服。（《四川中药志》）③治毒蛇咬伤：牛屎树嫩叶适量，捣敷伤处。（《贵州民间药物》）

十六、壳斗科 Fagaceae

21. 栗 *Castanea mollissima* Blume

【别名】板栗、栗子、毛栗、油栗（《中国植物志》）。

【形态】高达20米的乔木，胸径80厘米，冬芽长约5毫米，小枝灰褐色，托叶长圆形，长10～15毫米，被疏长毛及鳞腺。叶椭圆形至长圆形，长11～17厘米，宽稀达7厘米，顶部短至渐尖，基部近截平或圆，或两侧稍向内弯而呈耳垂状，常一侧偏斜而不对称，新生叶的基部常狭楔尖且两侧对称，叶背被星芒状伏贴茸毛或因毛脱落变为几无毛；叶柄长1～2厘米。雄花序长10～20厘米，花序轴被毛；花3～5朵聚生成簇，雌花1～3（5）朵发育结实，花柱下部被毛。成熟壳斗的锐刺有长有短，有疏有密，密时全遮蔽壳斗外壁，疏时则外壁可见，壳斗连刺直径4.5～6.5厘米；坚果高1.5～3厘米，宽1.8～3.5厘米。花期4—6月，果期8—10月。

【生境】生于平地至海拔2800米的山地。

【分布】新洲东部、北部丘陵及山区有栽培。除青海、宁夏、新疆、海南等地外广布南北各地，在广东止于广州近郊，在广西止于平果县，在云南东南部则越过河口向南至越南沙坝地区。仅见栽培。

【药用部位及药材名】种仁（栗子）；叶（栗叶）；外果皮（栗壳）；花或花序（栗花）；内果皮（栗莸）；总苞（栗毛球）；树皮（栗树皮）；树根或根皮（栗树根）。

【采收加工】栗子：总苞由青色转黄色、微裂时采收，放冷凉处散热，搭棚遮阴，棚四周夹墙，地面铺河沙，堆栗高30厘米，覆盖湿沙经常洒水保湿。10月下旬至11月入窖储藏；或剥出种子，晒干。栗叶：7—10月采集，多鲜用。栗壳：剥取种仁时收集，晒干。栗花：4—6月采集，鲜用或晒干。栗莸：剥取种仁时收集，阴干。

栗毛球：剥取果实时收集，晒干。栗树皮：7—10 月剥取树皮，除去杂质，鲜用或晒干。栗树根：7—10 月采挖根部，鲜用或晒干。

【性味与归经】栗子：甘、微咸，平。归脾、肺经。栗叶：微甘，平。栗壳：甘、涩，平。栗花：微苦、涩，平。栗荴：甘、涩，平。栗毛球：微甘、涩，平。栗树皮：微苦、涩，平。栗树根：甘、淡，平。

【功能主治】栗子：益气健脾，补肾强筋，活血止血。用于脾虚泄泻，反胃呕吐，脚膝酸软，跌打肿痛，瘰疬，吐血，衄血，便血。栗叶：清肺止咳，解毒消肿。用于百日咳，肺结核，咽喉肿痛，肿毒，漆疮。栗壳：降逆化痰，清热散结，止血。用于反胃，呕哕，消渴，咳嗽痰多，百日咳，腮腺炎，瘰疬，衄血，便血。栗花：清热燥湿，止血，散结。用于泄泻，痢疾，带下，便血，瘰疬，瘿瘤。栗荴：散结下气，养颜。用于骨鲠在喉，瘰疬，反胃，面有皱纹。栗毛球：清热散结，化痰，止血。用于丹毒，瘰疬，百日咳，中风不语，便血，鼻衄。栗树皮：解毒消肿，收敛止血。用于癞疮，丹毒，口疮，漆疮，便血，鼻衄，创伤出血，跌扑伤痛。栗树根：行气止痛，活血调经。用于疝气偏坠，牙痛，风湿痹痛，月经不调。

【用法用量】栗子：生食、煮食或炒存性研末服。外用适量，捣敷。栗叶：煎服，9 ～ 15 克。外用适量，煎汤洗；或烧存性研末敷。栗花：煎服，3 ～ 6 克；或研末。栗荴：煎服，3 ～ 5 克。外用适量，研末吹咽喉；或外敷。栗树皮：煎服，5 ～ 10 克。外用适量，煎水洗；或烧灰调敷。栗树根：煎服，15 ～ 30 克；或浸酒。

十七、榆科 Ulmaceae

22. 朴树 *Celtis sinensis* Pers.

【别名】黄果朴（《中国高等植物图鉴》），紫荆朴（《湖北植物志》）。

【形态】落叶乔木，高达 30 米，树皮灰白色；当年生小枝幼时密被黄褐色短柔毛，老后毛常脱落，去年生小枝褐色至深褐色，有时还可残留柔毛；冬芽棕色，鳞片无毛。叶纸质至近革质，通常为卵形或卵状椭圆形，长 5 ～ 13 厘米，宽 3 ～ 5.5 厘米，基部不偏斜或仅稍偏斜，先端尖至渐尖，不为尾状渐尖，边缘变异较大，近全缘至具钝齿，幼时叶背常和幼枝、叶柄一样，密生黄褐色短柔毛，老时或脱净或残存，变异也较大。果梗常 2～3 枚（少有单生）生于叶腋，其中 1 枚果梗（实为总梗）常有 2 果（少有多至 4 果），其他的具 1 果，无毛或被短柔毛，长 7～17 毫米；果成熟时黄色至橙黄色，近球形，直径 5～7 毫米；核近球形，具 4 条肋，表面有网孔状凹陷。花期 3—4 月，果期 9—10 月。

【生境】 多生于路旁、山坡、林缘，海拔 1500 米以下。

【分布】 散生于新洲各地。分布于山东（青岛、崂山）、河南、江苏、安徽、浙江、福建、江西、湖南、湖北、四川、贵州、广西、广东、台湾等地。

【药用部位及药材名】 叶（朴树叶）；树皮（朴树皮）；成熟果实（朴树果）；根皮（朴树根皮）。

【采收加工】 朴树叶：5—7 月采收，鲜用或晒干。朴树皮：5—9 月采剥，切片，晒干。朴树果：11—12 月果实成熟时采摘，晒干。朴树根皮：7—10 月采收，刮去粗皮，鲜用或晒干。

【性味与归经】 朴树叶：微苦，凉。朴树果：苦、涩，平。朴树根皮：苦、辛，平。

【功能主治】 朴树叶：清热，凉血，解毒。用于漆疮，荨麻疹。朴树皮：祛风透疹，消食化滞。用于麻疹透发不畅，消化不良。朴树果：清热利咽。朴树根皮：祛风透疹，消食止泻。用于麻疹透发不畅，消化不良，食积泄泻。

【用法用量】 朴树叶：外用适量，鲜品捣敷；或捣烂取汁涂敷。朴树果：煎服，3～6 克。朴树皮：煎服，15～60 克。朴树根皮：煎服，15～30 克。外用适量，鲜品捣敷。

23. 榆树 *Ulmus pumila* L.

【别名】 白榆、家榆、榆（《中国植物志》）。

【形态】 落叶乔木，高达 25 米，胸径 1 米，在干瘠之地长成灌木状；幼树树皮平滑，灰褐色或浅灰色，大树之皮暗灰色，不规则深纵裂，粗糙；小枝无毛或有毛，淡黄灰色、淡褐灰色或灰色，稀淡褐黄色或黄色，有散生皮孔，无膨大的木栓层及凸起的木栓翅；冬芽近球形或卵圆形，芽鳞背面无毛，内层芽鳞的边缘具白色长柔毛。叶椭圆状卵形、长卵形、椭圆状披针形或卵状披针形，长2～8厘米，宽1.2～3.5厘米，先端渐尖或长渐尖，基部偏斜或近对称，一侧楔形至圆形，另一侧圆形至半心形，叶面平滑无毛，叶背幼时有短柔毛，后变无毛或部分脉腋有簇生毛，边缘具重锯齿或单锯齿，侧脉每边9～16条，叶柄长4～10毫米，通常仅上面有短柔毛。花先于叶开放，在去年生枝的叶腋呈簇生状。翅果近圆形，稀倒卵状圆形，长1.2～2厘米，除顶端缺口柱头面被毛外，余处无毛，果核部分位于翅果的中部，上端不接近或接近缺口，成熟前后其色与果翅相同，初淡绿色，后白黄色，宿存花被无毛，4浅裂，裂片边缘有毛，果梗较花被为短，长1～2毫米，被（或稀无）短柔毛。花果期3—6月（东北地区较晚）。

【生境】 生于海拔2500米以下的山坡、山谷、川地、丘陵等处。

【分布】 产于新洲各地。分布于东北、华北、西北及西南各省区。长江下游各省有栽培。为华北及淮北平原农村的习见树木。

【药用部位及药材名】叶（榆叶）；花（榆花）；枝（榆枝）。

【采收加工】 榆叶：7—9月采叶，鲜用或晒干。榆花：3—4月采花，鲜用或晒干。榆枝：7—10月采收树枝，鲜用或晒干。

【性味与归经】 榆叶、榆花、榆枝：甘，平。

【功能主治】 榆叶：清热利尿。用于水肿，淋证。榆花：清热定惊，利尿，疗疮。用于小儿惊痫，癃闭，头疮。榆枝：利尿通淋。用于气淋。

【用法用量】 榆叶：煎服，5～10克；或入丸、散。外用适量，煎水洗。榆花：煎服，5～9克。外用适量，研末调敷。榆枝：煎服，9～15克。

十八、杜仲科 Eucommiaceae

24. 杜仲 *Eucommia ulmoides* Oliver

【别名】思仙（《神农本草经》），木棉（《名医别录》），扯丝皮（《湖南药物志》），丝连皮（《中药志》）。

【形态】落叶乔木，高达 20 米，胸径约 50 厘米；树皮灰褐色，粗糙，内含橡胶，折断拉开有多数细丝。嫩枝有黄褐色毛，不久变秃净，老枝有明显的皮孔。芽体卵圆形，外面发亮，红褐色，有鳞片 6 ～ 8 片，边缘有微毛。叶椭圆形、卵形或矩圆形，薄革质，长 6 ～ 15 厘米，宽 3.5 ～ 6.5 厘米；基部圆形或阔楔形，先端渐尖；上面暗绿色，初时有褐色柔毛，不久变秃净，老叶略有皱纹，下面淡绿色，初时有褐色毛，以后仅在脉上有毛；侧脉 6 ～ 9 对，与网脉在上面下陷，在下面稍凸起；边缘有锯齿；叶柄长 1 ～ 2 厘米，上面有槽，被散生长毛。花生于当年生枝基部，雄花无花被；花梗长约 3 毫米，无毛；苞片倒卵状匙形，长 6 ～ 8 毫米，顶端圆形，边缘有毛，早落；雄蕊长约 1 厘米，无毛，花丝长约 1 毫米，药隔凸出，花粉囊细长，无退化雌蕊。雌花单生，

苞片倒卵形，花梗长 8 毫米，子房无毛，1 室，扁而长，先端 2 裂，子房柄极短。翅果扁平，长椭圆形，长 3 ～ 3.5 厘米，宽 1 ～ 1.3 厘米，先端 2 裂，基部楔形，周围具薄翅；坚果位于中央，稍凸起，子房柄长 2 ～ 3 毫米，与果梗相接处有关节。种子扁平，线形，长 1.4 ～ 1.5 厘米，宽 3 毫米，两端圆形。早春开花，秋后果实成熟。

【生境】在自然状态下，生于海拔 300 ～ 500 米的低山、谷地或低坡的疏林里，对土壤的选择并不严格，在瘠薄的红土，或岩石峭壁均能生长。

【分布】产于新洲东部山区。分布于陕西、甘肃、河南、湖北、四川、云南、贵州、湖南及浙江等地，现各地广泛栽种。

【药用部位及药材名】干燥树皮（杜仲）。

【采收加工】4—6 月剥取，刮去粗皮，堆置"发汗"至内皮呈紫褐色，晒干。

【性味与归经】甘，温。归肝、肾经。

【功能主治】补肝肾，强筋骨，安胎。用于肝肾不足，腰膝酸痛，筋骨无力，头晕目眩，胎动不安。

【用法用量】内服：煎汤，6～9克；或浸酒；或入丸、散。

【验方】①治肾虚阳痿：杜仲300克，鹿茸60克，补骨脂300克，核桃仁30个，没药30克，研为细末，制成丸剂。每服9克，每日3次。②治高血压眩晕：杜仲15克，夏枯草15克，棕榈叶30克，煎汤代茶饮。并能预防中风。③治闪腰岔气，扭伤：杜仲15克，当归15克，水煎服，每日1剂。④治肾虚遗精：杜仲末6克，猪腰1具。将猪腰剖开，除去白色筋膜，杜仲末装入猪腰内，用湿纸包4～5层，放火上煨熟内服，每日2次。⑤治肾虚不孕：杜仲12克，香附20克，研为细末，调拌凡士林，敷贴双足心涌泉穴和腰眼穴。

十九、桑科 Moraceae

25. 构树 *Broussonetia papyrifera*（L.）L' Heritier ex Ventenat

【别名】毛桃（《中国植物志》），谷树（《诗经》），楮桃（《救荒本草》），褚（《植物名实图考》）。

【形态】乔木，高10～20米；树皮暗灰色；小枝密生柔毛。叶螺旋状排列，广卵形至长椭圆状卵形，长6～18厘米，宽5～9厘米，先端渐尖，基部心形，两侧常不相等，边缘具粗锯齿，不分裂或3～5裂，小树之叶常有明显分裂，表面粗糙，疏生糙毛，背面密被茸毛，基生叶脉三出，

侧脉 6 ～ 7 对；叶柄长 2.5 ～ 8 厘米，密被糙毛；托叶大，卵形，狭渐尖，长 1.5 ～ 2 厘米，宽 0.8 ～ 1 厘米。花雌雄异株；雄花序为柔荑花序，粗壮，长 3 ～ 8 厘米，苞片披针形，被毛，花被 4 裂，裂片三角状卵形，被毛，雄蕊 4，花药近球形，退化雌蕊小；雌花序球形头状，苞片棍棒状，顶端被毛，花被管状，顶端与花柱紧贴，子房卵圆形，柱头线形，被毛。聚花果直径 1.5 ～ 3 厘米，成熟时橙红色，肉质；瘦果具柄，表面有小瘤，龙骨双层，外果皮壳质。花期 4—5 月，果期 6—7 月。

【生境】 生于山坡林缘或村寨道旁。

【分布】 产于新洲各地。我国南北各地有分布。

【药用部位及药材名】 干燥成熟果实（楮实子）。

【采收加工】 秋季果实成熟时采收，洗净，晒干，除去灰白色膜状宿萼和杂质。

【性味与归经】 甘，寒。归肝、肾经。

【功能主治】 补肾清肝，明目，利尿。用于肝肾不足，腰膝酸软，虚劳骨蒸，头晕目昏，目生翳膜，水肿胀满。

【用法用量】 内服：煎汤，6 ～ 12 克。

26. 无花果 *Ficus carica* L.

【别名】 阿驲、红心果（《中国植物志》），阿驲（《酉阳杂俎》），密果（《群芳谱》）。

【形态】 落叶灌木，高 3 ～ 10 米，多分枝；树皮灰褐色，皮孔明显；小枝直立，粗壮。叶互生，厚纸质，广卵圆形，长、宽近相等，为 10 ～ 20 厘米，通常 3 ～ 5 裂，小裂片卵形，边缘具不规则钝齿，表面粗糙，背面密生细小钟乳体及灰色短柔毛，基部浅心形，基生侧脉 3 ～ 5 条，侧脉 5 ～ 7 对；叶柄长 2 ～ 5 厘米，粗壮；托叶卵状披针形，长约 1 厘米，红色。雌雄异株，雄花和瘿花同生于一榕果内壁，雄花生于内壁口部，

花被片 4 ～ 5，雄蕊 3，有时 1 或 5，瘿花花柱侧生，短；雌花花被与雄花同，子房卵圆形，光滑，花柱侧生，柱头 2 裂，线形。榕果单生于叶腋，大而呈梨形，直径 3 ～ 5 厘米，顶部下陷，成熟时紫红色或黄色，基生苞片 3，卵形；瘦果透镜状。花果期 5—7 月。

【生境】 生于向阳、土层深厚、疏松肥沃、排水良好的沙壤土或黏壤土中。

【分布】 新洲多地有栽培。原产于地中海沿岸。分布于土耳其至阿富汗。唐代即从波斯传入我国，现南北各地均有栽培，新疆南部尤多。

【药用部位及药材名】 果实（无花果）。

【采收加工】 果实呈绿色时，分批采摘；或拾取落地的未成熟果实，鲜果用开水烫后，晒干或烘干。本品易霉蛀，需储藏于干燥处或石灰缸内。

【性味与归经】 甘，凉。归肺、胃、大肠经。

【功能主治】 清热生津，健脾开胃，解毒消肿。用于咽喉肿痛，燥咳声嘶，乳汁稀少，肠热便秘，食欲不振，消化不良，泄泻，痢疾，痈肿，癣疾。

【用法用量】 内服：煎汤，50 ～ 100 克。

【验方】 ①治咽痛：无花果 7 个，金银花 15 克，水煎服。（《山东中草药手册》）②治肺热声嘶：无花果干果 15 克，水煎，调冰糖服。（《福建中草药》）③治干咳，久咳：无花果 9 克，葡萄干 15 克，甘草 6 克，水煎服。（《新疆中草药手册》）④治大便秘结：鲜无花果适量，嚼食或干果捣碎煎汤。加生蜂蜜适量，空腹时温服。（《安徽中草药》）⑤治久泻不止：无花果 5 ～ 7 枚，水煎服。（《湖南药物志》）

27. 葎草 *Humulus scandens*（Lour.）Merr.

【别名】 锯锯藤、割人藤、拉狗蛋（《中国植物志》），拉拉藤（《江苏野生植物志》），大叶五爪龙（《全国中草药汇编》）。

【形态】 缠绕草本，茎、枝、叶柄均具倒钩刺。叶纸质，肾状五角形，掌状 5 ～ 7 深裂，稀为 3 裂，长、宽为 7 ～ 10 厘米，基部心形，表面粗糙，疏生糙伏毛，背面有柔毛和黄色腺体，裂片卵状三角形，边缘具锯齿；叶柄长 5 ～ 10 厘米。雄花小，黄绿色，圆锥花序，长 15 ～ 25 厘米；雌花序球果状，直径约 5 毫米，苞片纸质，三角形，顶端渐尖，具白色茸毛；子房为苞片包围，柱头 2，伸出苞片外。瘦果成熟时露出苞片外。花期春、夏季，果期秋季。

【生境】常生于沟边、荒地、废墟、林缘边。

【分布】产于新洲各地。我国除新疆、青海外，南北各省区均有分布。

【药用部位及药材名】全草（葎草）。

【采收加工】夏、秋二季选晴天采收全草或割取地上部分，晒干。鲜用，生长期随时采收。

【性味与归经】甘、苦，寒。归肺、肾经。

【功能主治】清热解毒，利尿通淋。用于肺热咳嗽，肺痈，虚热烦渴，热淋，水肿，小便不利，湿热泄泻，热毒疮疡，皮肤瘙痒。

【用法用量】内服：煎汤，10～15克（鲜品30～60克）；或捣汁。外用：适量，捣敷；或煎水熏洗。

【验方】①治石淋：鲜葎草茎四至五两，捣烂，酌加开水擂汁服。（《草药手册》）②治痢疾或小便淋漓，尿血等：鲜葎草二至四两，水煎，饭前服，日两次。（《福建民间草药》）③治瘅，遍体皆疮者：葎草一担，以水二石，煮取一石，以渍疮。（《独行方》）④治皮肤瘙痒：葎草适量，煎水熏洗。（《江西草药》）⑤治痈毒初起（皮色不变，硬肿不痛）：葎草鲜叶一握，以冷开水洗净，加红糖捣烂，加热敷贴，日换两次。（《福建民间草药》）⑥治瘰疬：葎草鲜叶二两，黄酒二两，红糖四两。水煎，分三次饭后服。（《福建民间草药》）⑦治蛇咬伤，蝎蜇伤：葎草鲜叶一握，雄黄一钱，捣烂敷贴。（《福建民间草药》）⑧治痔疮脱肛：鲜葎草三两，煎水熏洗。（《闽东本草》）

28. 桑 *Morus alba* L.

【别名】桑树、家桑、蚕桑（《中国植物志》）。

【形态】乔木或为灌木，高3～10米或更高，胸径可达50厘米，树皮厚，灰色，具不规则浅纵裂；冬芽红褐色，卵形，芽鳞覆瓦状排列，灰褐色，有细毛；小枝有细毛。叶卵形或广卵形，长5～15厘米，宽5～12厘米，先端急尖、渐尖或圆钝，基部圆形至浅心形，边缘锯齿粗钝，有时叶为各种分裂，表面鲜绿色，无毛，背面沿脉有疏毛，脉腋有簇毛；叶柄长1.5～5.5厘米，具柔毛；托叶披针形，早落，外面密被细硬毛。花单性，腋生或生于芽鳞腋内，与叶同时生出；雄花序下垂，长2～3.5厘米，密被白色柔毛，雄花花被片宽椭圆形，淡绿色。花丝在芽时内折，花药2室，球形至肾形，纵裂；雌花序长1～2厘米，被毛，总花梗长5～10毫米，被柔毛，雌花无梗，花被片倒卵形，顶端圆钝，外面和边缘被毛，两侧紧抱子房，无花柱，柱头2裂，内面有乳头状突起。聚花果卵状椭圆形，长1～2.5厘米，成熟时红色或暗紫色。花期4—5月，果期5—8月。

【生境】 生于丘陵、山坡、村旁、田野等处，多为人工栽培。

【分布】 产于新洲各地。本种原产于我国中部和北部，现东北至西南各省区，西北至新疆均有栽培。

【药用部位及药材名】 干燥叶（桑叶）；干燥嫩枝（桑枝）；干燥果穗（桑椹）；干燥根皮（桑白皮）。

【采收加工】 桑叶：初霜后采收，除去杂质，晒干。桑枝：春末夏初采收，去叶，晒干，或趁鲜切片，晒干。桑椹：4—6月果实变红时采收，晒干，或略蒸后晒干。桑白皮：秋末叶落时至次春发芽前采挖根部，刮去黄棕色粗皮，纵向剖开，剥取根皮，晒干。

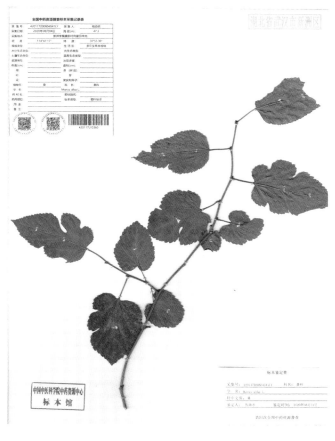

【性味与归经】 桑叶：甘、苦，寒。归肺、肝经。桑枝：微苦，平。归肝经。桑椹：甘、酸，寒。归心、肝、肾经。桑白皮：甘，寒。归肺经。

【功能主治】 桑叶：疏散风热，清肺润燥，清肝明目。用于风热感冒，肺热燥咳，头晕头痛，目赤昏花。桑枝：祛风湿，利关节。用于风湿痹病，肩臂、关节酸痛麻木。桑椹：滋阴补血，生津润燥。用于肝肾阴虚，眩晕耳鸣，心悸失眠，须发早白，津伤口渴，内热消渴，肠燥便秘。桑白皮：泻肺平喘，利水消肿。用于肺热咳喘，水肿胀满尿少，面目肌肤水肿。

【用法用量】 桑叶：煎服，4.5～9克；或入丸、散。外用适量，煎水洗或捣敷。桑枝：煎服，9～15

克。外用适量，煎水熏洗。桑椹：煎服，9～15克；熬膏、生啖或浸酒。外用适量，浸水洗。

【验方】（1）桑叶：①治热嗽：冬桑叶12克，麦冬6克（切碎），置杯中冲入鲜开水，焖约5分钟即可服用，也可泡茶代茶饮服。对因燥热伤肺所致的咽喉疼痛、咳嗽（干咳或咳痰少）、咽干等疗效显著，也可用于急慢性咽喉炎、支气管炎出现干咳少痰者。②治高血压：鲜桑叶、鲜菊花各10克，开水冲泡几分钟后，再加蜂蜜20克，搅匀即可服用。也可煎煮5分钟后除去药渣，再加入蜂蜜当茶频饮。本品能降压，适于高血压者服用，还能清肝明目、润肠通便。③治化脓性中耳炎：采鲜桑叶300克，用消毒过的器皿捣烂取汁，每次滴耳1～2滴，每日3次。鲜桑叶汁有较强的抑菌作用，据报道，有人采用上法治疗一位"内耳发炎、有脓液流出20天"的患儿，每日3次，2～3日即愈。④治盗汗，自汗：冬桑叶30～60克，加水适量煎煮，取药汁300毫升，分2～3次服，每日1剂，连服2～3剂。也可将桑叶焙干为末，每次取10～15克，以热米汤调服，每日2次。本方对各类不明原因的自汗、更年期汗多等也有良效。⑤治肥胖：每晚用温开水1杯浸泡10克干桑叶，第二日晨空腹服下（冬季可适当加温服），再用开水冲泡，白天当茶饮。据报道，有人坚持服用本方3～5个月，不仅可以减肥，还能使肥胖者兼四肢乏力、麻木、盗汗等症状得到明显改善。⑥治干眼症：霜桑叶30克，洗净，煎水去渣，放凉后用小毛巾浸药液敷眼；直接将霜桑叶煎水温洗也可，每日3次，能起润眼明目之功，对防治干眼症有效。⑦治烧烫伤：桑叶、地榆、黄连各等量，三味焙干后共研细末，装瓶备用，用时与香油调匀涂伤处，每日数次，至愈为止。本方能止痛、促进结痂脱落，适用于Ⅰ、Ⅱ度烧烫伤。⑧去头屑：桑叶、麻叶各等量，水煮（用淘米水更佳）去渣洗头，每日1次，连洗7次。此方能疏风清热，有去头屑及止痒功效，还有助生发、防止脱发的作用。

（2）桑椹：①治贫血：鲜桑椹60克，桂圆肉30克，炖烂食，每日2次。②治自汗，盗汗：桑椹10克，五味子10克，水煎服，每日2次。③治须发早白，眼目昏花，遗精：桑椹30克，枸杞子18克，水煎服，每日1次；或桑椹30克，首乌30克，水煎服，每日1次。④治肺结核，阴虚潮热，干咳少痰：鲜桑椹60克，地骨皮15克，冰糖15克，水煎服，每日早、晚各1次。⑤治神经衰弱，失眠健忘：桑椹30克，酸枣仁15克，水煎服，每晚1次。⑥治血虚腹痛，神经痛：鲜桑椹60克，水煎服；或桑椹膏，每日10～15克，用温开水加少量黄酒冲服。⑦治脱发：鲜桑椹100克，洗净后与茯苓粉20克、粳米100克，一并入锅，加水适量煮成粥，作早餐食用。每日1剂，连服10日。⑧解酒：鲜桑椹洗净，捣烂取汁，饮服50毫升，能解酒醉不醒。⑨治神经衰弱：鲜桑椹1千克，洗净，捣烂取汁，或取干桑椹300克煎取汁，与糯米500克一并煮熟，做成糯米干饭。候冷，加酒曲适量，拌匀，发酵成酒酿，每日随意食用。⑩治便秘：桑椹30克，蜜糖30克，水煎服，每日1次。

29. 构棘 *Maclura cochinchinensis*（Loureiro）Corner

【别名】　黄桑木、柘根、穿破石（《中国植物志》），山荔枝（《闽东本草》）。

【形态】　直立或攀援状灌木；枝无毛，具粗壮弯曲无叶的腋生刺，刺长约1厘米。叶革质，椭圆状披针形或长圆形，长3～8厘米，宽2～2.5厘米，全缘，先端钝或短渐尖，基部楔形，两面无毛，侧脉7～10对；叶柄长约1厘米。花雌雄异株，雌雄花序均为具苞片的球形头状花序，每花具2～4个苞片，苞片锥形，内面具2个黄色腺体，苞片常附着于花被片上；雄花序直径6～10毫米，花被片4，不相等，雄蕊4，花药短，在芽时直立，退化雌蕊锥形或盾形；雌花序微被毛，花被片顶部厚，分离或下部合生，基部有2黄色腺体。聚合果肉质，直径2～5厘米，表面微被毛，成熟时橙红色，核果卵圆形，成熟时褐色，光滑。花期4—5月，果期6—7月。

【生境】 多生于村庄附近或荒野。

【分布】 产于新洲各地。分布于我国东南部至西南部的亚热带地区。

【药用部位及药材名】 果实（山荔枝果）；根（穿破石）。

【采收加工】 山荔枝果：果实近成熟时采收，鲜用或晒干。穿破石：全年均可采挖，晒干或趁鲜切片后晒干，亦可鲜用。

【性味与归经】 山荔枝果：甘，温；无毒。穿破石：淡、微苦，凉。

【功能主治】 山荔枝果：行气，消积，利水。用于疝气，食积腹胀，小便不利。穿破石：祛风湿，清热，消肿。用于风湿痹痛，腰痛，跌打损伤，黄疸，癥瘕，痄腮，肺痨咯血，胃脘痛，淋浊，闭经，小儿心热，鹅口疮，瘰疬，疔疮痈肿，外痔出血。

【用法用量】 山荔枝果：内服，嚼食或煎汤，15～30克。穿破石：煎服，9～30克，鲜品可用至120克；或浸酒。外用适量，捣敷。

【验方】 ①治肺痨，风湿痹痛：穿破石、铁包金、甘草各适量，同煎服。（《广东中药》）②治体虚带下：柘根一两，水煎服。（《浙江民间常用草药》）③治挫伤：葨芝（构棘）根和糯米捣敷。（《浙江中药资源名录》）

30. 柘 *Maclura tricuspidata* Carriere

【别名】 柘树（《中国树木分类学》），棉柘（《救荒本草》），黄桑、灰桑（《中国植物志》），刺桑（《贵州草药》）。

【形态】 落叶灌木或小乔木，高1～7米；树皮灰褐色，小枝无毛，略具棱，有棘刺，刺长5～20毫米；冬芽赤褐色。叶卵形或菱状卵形，偶为3裂，长5～14厘米，宽3～6厘米，先端渐尖，基部楔形至圆形，表面深绿色，背面绿白色，无毛或被柔毛，侧脉4～6对；叶柄长1～2厘米，被微柔毛。

雌雄异株，雌雄花序均为球形头状花序，单生或成对腋生，具短总花梗；雄花序直径 0.5 厘米，雄花有苞片 2 枚，附着于花被片上，花被片 4，肉质，先端肥厚，内卷，内面有黄色腺体 2 个，雄蕊 4，与花被片对生，花丝在花芽时直立，退化雌蕊锥形；雌花序直径 1～1.5 厘米，花被片与雄花同数，花被片先端盾形，内卷，内面下部有 2 个黄色腺体，子房埋于花被片下部。聚花果近球形，直径约 2.5 厘米，肉质，成熟时橘红色。花期 5—6 月，果期 6—7 月。

【生境】生于海拔 400～1500（2200）米，阳光充足的山地或林缘。

【分布】产于新洲东部山区。分布于华北、华东、中南、西南各省区。

【药用部位及药材名】木材（柘木）；树皮或根皮（柘木白皮）；枝及叶（柘树茎叶）；果实（柘树果实）。

【采收加工】木材（柘木）：全年均可采收，砍取树干及粗枝，趁鲜剥去树皮，切段或切片，晒干。树皮或根皮（柘木白皮）：全年均可采收，剥取根皮和树皮，刮去栓皮，鲜用或晒干。枝及叶（柘树茎叶）：6—9 月采收，鲜用或晒干。果实（柘树果实）：果实将成熟时采收，切片，鲜用或晒干。

【性味与归经】柘木：甘，温。柘木白皮：甘、微苦，平。柘木茎叶：甘、微苦，凉。柘树果实：苦，平。

【功能主治】柘木：用于虚损，妇女崩中血结，疟疾。柘木白皮：补肾固精，利湿解毒，止血，化痰。用于肾虚耳鸣，腰膝冷痛，遗精，带下，黄疸，疮疖，呕血，咯血，崩漏，跌打损伤。柘树茎叶：清热解毒，舒筋活络。用于疔腮，痈肿，湿疹，跌打损伤，腰腿痛。柘树果实：清热凉血，舒筋活络。

【用法用量】柘木：煎服，15～60 克。外用适量，煎水洗。柘木白皮：煎服，15～30 克，大剂量可用至 60 克。外用适量，捣敷。柘树茎叶：煎服，9～15 克。外用适量，煎水洗；或捣敷。柘树果实：煎服，15～30 克；或研末。

【验方】（1）柘木：治月经过多，柘树、马鞭草、榆树各适量，水煎加红糖服。（《湖南药物志》）

（2）柘木白皮：①治腰痛：柘树根皮（鲜）四两，酒炒后，水煎服。②治咯血，呕血：柘树根皮（去粗皮）

一至二两，炒焦，水煎，加白糖，每日三次分服。③治跌打损伤：柘树根皮三至五钱，黄酒适量，煎服，连服二至三剂，重伤者连服五至七剂。或用根皮捣烂加酒外敷伤处。（①～③出自《浙江民间常用草药》）

二十、荨麻科 Urticaceae

31. 苎麻 *Boehmeria nivea*（L.）Gaudich.

【别名】野麻、野苎麻、青麻（《中国植物志》）。

【形态】亚灌木或灌木，高 0.5 ～ 1.5 米；茎上部与叶柄均密被开展的长硬毛和近开展和贴伏的短糙毛。叶互生；叶片草质，通常圆卵形或宽卵形，少数卵形，长 6 ～ 15 厘米，宽 4 ～ 11 厘米，顶端骤尖，基部近截形或宽楔形，边缘在基部之上有齿，上面稍粗糙，疏被短伏毛，下面密被雪白色毡毛，侧脉约 3 对；叶柄长 2.5 ～ 9.5 厘米；托叶分生，钻状披针形，长 7 ～ 11 毫米，背面被毛。圆锥花序腋生，或植株

上部的为雌性，其下的为雄性，或同一植株的全为雌性，长 2 ～ 9 厘米；雄团伞花序直径 1 ～ 3 毫米，有少数雄花；雌团伞花序直径 0.5 ～ 2 毫米，有多数密集的雌花。雄花：花被片 4，狭椭圆形，长约 1.5 毫米，合生至中部，顶端急尖，外面有疏柔毛；雄蕊 4，长约 2 毫米，花药长约 0.6 毫米；退化雌蕊狭倒卵球形，长约 0.7 毫米，顶端有短柱头。雌花：花被椭圆形，长 0.6 ～ 1 毫米，顶端有 2 ～ 3 小齿，外面有短柔毛，果期菱状倒披针形，长 0.8 ～ 1.2 毫米；柱头丝形，长 0.5 ～ 0.6 毫米。瘦果近球形，长约 0.6 毫米，光滑，基部突缩成细柄。花期 8—10 月。

【生境】生于山谷林边或草坡，海拔 200 ～ 1700 米。

【分布】产于新洲东部山区。分布于云南、贵州、广西、广东、福建、江西、台湾、浙江、湖北、四川、甘肃、陕西、河南（南部）等地。

【药用部位及药材名】花（苎麻花）；叶（苎麻叶）；茎皮（苎麻皮）；根和根茎（苎麻根）。

【采收加工】花（苎麻花）：9 月花盛期采收，鲜用或晒干。叶（苎麻叶）：春、夏、秋三季均可采收，鲜用或晒干。茎皮（苎麻皮）：5—10 月剥取茎皮，鲜用或晒干。根和根茎（苎麻根）：冬、春二季挖取，晒干。一般选择小指粗细的根，粗者不易切片，药效亦不佳。

【性味与归经】苎麻花：甘，寒。苎麻叶：甘、微苦，寒。苎麻皮：甘，寒。归胃、膀胱、肝经。苎麻根：甘，寒。归肝、心、膀胱经。

【功能主治】苎麻花：清心除烦，凉血透疹。用于心烦失眠，口舌生疮，麻疹透发不畅，风疹瘙痒。

苎麻叶：活血止血，解毒消肿。用于咯血，吐血，血淋，尿血，月经过多，外伤出血，跌扑肿痛，脱肛不收，丹毒，疮肿，乳痈，湿疹，蛇虫咬伤。苎麻皮：清热凉血，解毒利尿，安胎回乳。用于瘀热心烦，产后血晕、腹痛，跌打损伤，创伤出血，血淋，小便不通，肛门肿痛，胎动不安，乳房胀痛。苎麻根：凉血止血，清热安胎，利尿，解毒。用于血热妄行所致的咯血、吐血、衄血、血淋、便血、崩漏、紫癜，胎动不安，胎漏下血，小便淋漓，疮痈肿毒，虫蛇咬伤。

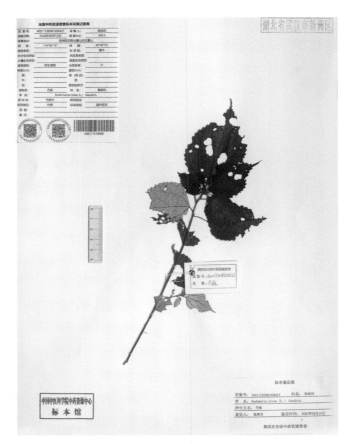

【用法用量】苎麻花：煎服，5～15克。苎麻叶：煎服，10～30克；或研末，或鲜品捣汁。外用适量，研末掺；或鲜品捣敷。苎麻皮：煎服，3～15克；或酒煎。外用适量，捣敷。苎麻根：煎服，5～30克；或捣汁。外用适量，鲜品捣敷；或煎汤熏洗。

【验方】（1）苎麻叶：①治外伤出血：苎麻叶、地衣毛，晒干研粉外用。（《单方验方调查资料选编》）②治乳痈初起：苎麻鲜叶、韭菜根、橘叶同酒糟捣烂，敷患处。（《福建中草药》）

（2）苎麻皮：①回乳：苎麻皮30～45克，水煎服。（《新中医》）②治漆疮：苎麻（家麻或野麻）茎上皮适量，水煎，待温，洗患处。洗时避风。（《战备草药手册》）

32. 悬铃叶苎麻 *Boehmeria tricuspis*（Hance）Makino

【别名】山麻、龟叶麻、野苎麻、八角麻（《中国植物志》）。

【形态】亚灌木或多年生草本；茎高50～150厘米，中部以上与叶柄和花序轴密被短毛。叶对生，稀互生；叶片纸质，扁五角形或扁圆卵形，茎上部叶常为卵形，长8～12（18）厘米，宽7～14（22）厘米，顶部三骤尖或三浅裂，基部截形、浅心形或宽楔形，边缘有粗齿，上面粗糙，有糙伏毛，下面密被短柔毛，侧脉2对；叶柄长1.5～6（10）厘米。穗状花序单生于叶腋，或同一植株的全为雌性，或茎上部的雌性，其下的为雄性，雌的长5.5～24厘米，分枝呈圆锥状或不分枝，雄的长8～17厘米，分枝呈圆

锥状；团伞花序直径 1 ～ 2.5 毫米。雄花：花被片 4，椭圆形，长约 1 毫米，下部合生，外面上部疏被短毛；雄蕊 4，长约 1.6 毫米，花药长约 0.6 毫米；退化雌蕊椭圆形，长约 0.6 毫米。雌花：花被椭圆形，长 0.5 ～ 0.6 毫米，齿不明显，外面有密柔毛，果期呈楔形至倒卵状菱形，长约 1.2 毫米；柱头长 1 ～ 1.6 毫米。花期 7—8 月。

【生境】　生于低山山谷疏林下、沟边或田边，海拔 300 ～ 1400 米。

【分布】　产于新洲东部山区。分布于广东、广西、贵州、湖南、江西、福建、浙江、江苏、安徽、湖北、四川（东部）、甘肃、陕西（南部）、河南（西部）、山西（晋城）、山东（东部）、河北（西部）等地。

【药用部位及药材名】　根或嫩茎叶（赤麻）。

【采收加工】　根或嫩茎叶（赤麻）：4—6 月、9—10 月采根；7—10 月采叶，鲜用或晒干。

【性味与归经】　涩、微苦，平。

【功能主治】　收敛止血，清热解毒。用于咯血、衄血、尿血、便血、崩漏、跌打损伤，无名肿毒，疮疡。

【用法用量】　内服：煎汤，6 ～ 15 克。外用：适量，捣敷；或研末调涂。

33. 糯米团 *Gonostegia hirta*（Bl.）Miq.

【别名】　糯米草、米浆藤（《贵州民间方药集》），糯米莲、糯米藤（《中国植物志》）。

【形态】　多年生草本，有时茎基部变木质；茎蔓生、铺地或渐升，长 50 ～ 100（160）厘米，基部粗 1 ～ 2.5 毫米，不分枝或分枝，上部带四棱形，有短柔毛。叶对生；叶片草质或纸质，宽披针形至狭披针形、狭卵形，稀卵形或椭圆形，长（1）3 ～ 10 厘米，宽（0.7）1.2 ～ 2.8 厘米，顶端长渐尖至短渐尖，基部浅心形或圆形，边缘全缘，上面稍粗糙，有稀疏短伏毛或近无毛，下面沿脉有疏毛或近无毛，基出脉3～5条；叶柄长1～4毫米；托叶钻形，长约2.5毫米。团伞花序腋生，通常两性，有时单性，雌雄异株，直径2～9毫米；苞片三角形，长约2毫米。雄花：花梗长1～4毫米；花蕾直径约2毫米，在内折线上有稀疏长柔毛；花被片5，分生，倒披针形，长2～2.5毫米，顶端短骤尖；雄蕊5，花丝条形，长2～2.5毫米，花药长约1毫米；退化雌蕊极小，圆锥状。雌花：花被菱状狭卵形，长约1毫米，顶端有2小齿，有疏毛，果期呈卵形，长约1.6毫米，有10条纵肋；柱头长约3毫米，有密毛。瘦果卵球形，长约1.5毫米，白色或黑色，有光泽。花期5—9月。

【生境】　生于丘陵或低山林中，灌丛中及沟边草地，海拔100～1000米，在云贵高原一带可达2700米。

【分布】　产于新洲东部山区。分布于西藏（东南部）、云南、陕西（南部）、河南（南部）以及华南地区。

【药用部位及药材名】　带根全草（糯米藤）。

【采收加工】　全年可采，鲜用或晒干。

【性味与归经】　甘、微苦，凉。

【功能主治】　清热解毒，健脾消食，利湿消肿，散瘀止血。用于乳痈，肿毒，痢疾，消化不良，食积腹痛，疳积，带下，水肿，小便不利，痛经，跌打损伤，咯血，吐血，外伤出血。

【用法用量】　内服：煎汤，30～60克。外用：适量，鲜全草或根捣烂敷患处。

二十一、蓼科 Polygonaceae

34. 何首乌 *Fallopia multiflora*（Thunb.）Harald.

【别名】　夜交藤、紫乌藤、多花蓼（《中国植物志》），山精（《本草纲目》）。

【形态】　多年生草本。块根肥厚，长椭圆形，黑褐色。茎缠绕，长2～4米，多分枝，具纵棱，无毛，微粗糙，下部木质化。叶卵形或长卵形，长3～7厘米，宽2～5厘米，顶端渐尖，基部心形或近心形，两面粗糙，边缘全缘；叶柄长1.5～3厘米；托叶鞘膜质，偏斜，无毛，长3～5毫米。花序圆锥状，顶生或腋生，长10～20厘米，分枝开展，具细纵棱，沿棱密被小突起；苞片三角状卵形，具小突起，顶端尖，每苞内具2～4花；花梗细弱，长2～3毫米，下部具关节，果时延长；花被5深裂，白色或淡绿色，花被片椭圆形，大小不相等，外面3片较大背部具翅，果时增大，花被果时外形近圆形，直径6～7毫米；雄蕊8，花丝下部较宽；花柱3，极短，柱头头状。瘦果卵形，具3棱，长2.5～3毫米，黑褐色，有光泽，包于宿存花被内。花期8—9月，果期9—10月。

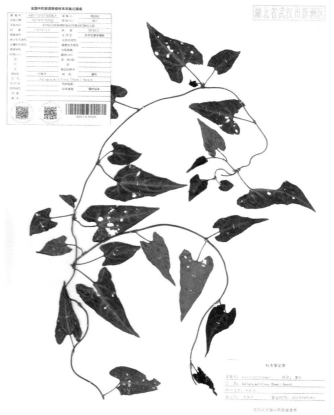

【生境】 生于山谷灌丛、山坡林下、沟边石隙，海拔30～3000米。

【分布】 产于新洲东部丘陵及山区。分布于陕西（南部）、甘肃（南部）、四川、云南、贵州，以及华东、华中、华南等地。

【药用部位及药材名】 干燥块根（何首乌）；藤（首乌藤）。

【采收加工】 秋、冬二季叶枯萎时采挖，削去两端，洗净，个大的切成块，干燥。

【性味与归经】 何首乌：苦、甘、涩，微温。归肝、心、肾经。首乌藤：甘，平。归心、肝经。

【功能主治】 何首乌：解毒，消痈，截疟，润肠通便。用于疮痈，瘰疬，风疹瘙痒，久疟体虚，肠燥便秘。首乌藤：养血安神，祛风通络。用于失眠多梦，血虚身痛，风湿痹痛；外用于皮肤瘙痒。

【用法用量】 何首乌：煎服，10～20克；熬膏、浸酒或入丸、散。外用适量，煎水洗、研末撒或调涂。首乌藤：煎服，9～15克；外用适量，煎水洗患处。

【验方】 （1）何首乌：①治高胆固醇血症：鲜何首乌900克，烘干，研细末，每次15克，温开水送服，每日2次，连服30日。②治肝肾亏虚，头晕眼花，腰酸腿痛：制何首乌15克，枸杞子10克，菟丝子10克，水煎服。③治高脂血症：制何首乌30克，加水300毫升，煎20分钟左右，取汁150～200毫升，分2次温服，每日1剂，20日为1个疗程。④治血虚便秘：制何首乌15克，桑椹15克，水煎服。⑤治血虚头发早白：制何首乌30克，鸡蛋1～2个。将制何首乌水煎2次，去渣，入鸡蛋煮熟服，每日

1 次，连服 30 ～ 60 日。

（2）首乌藤：①治失眠：夜交藤、当归、生地黄、百合各 15 克，酸枣仁、浮小麦各 30 克，炙甘草 6 克。水煎，每日 1 剂，早、晚分服。②治慢性咽炎：夜交藤、女贞子、连翘、牛蒡子各 10 克，薄荷、甘草各 6 克。每日 1 剂，水煎，分 3 次服。咽干者方中可加生地黄 15 克，元参 10 克，麦冬 10 克。③治慢性前列腺炎：夜交藤、知母、苦参各 12 克，熟地黄、茯苓、泽泻、山英肉、牡丹皮、川牛膝、菟丝子各 10 克，炙甘草 6 克。每日 1 剂，水煎，分早、晚 2 次服。④治荨麻疹：夜交藤 150 克，苍耳子、白蒺藜各 100 克，白鲜皮、蛇床子各 50 克，蝉蜕 20 克。加水 5000 毫升，煎煮 20 分钟，滤渣取液，待药液温度适宜后洗浴。每剂药可洗 3 ～ 5 次。洗浴时及洗浴后应避风寒。⑤治顽固性瘙痒：夜交藤、生地黄、当归、益母草各 20 克，牡蛎、珍珠母各 30 克，牡丹皮 15 克，防风 12 克，荆芥 10 克，蝉蜕 6 克，甘草 6 克。每日 1 剂，水煎，分 3 次服。⑥治脂溢性脱发：夜交藤 15 克，葛根 12 克，生地黄、蝉蜕、辛荑花、当归、仙灵脾、紫草、菟丝子各 10 克。水煎，每日 1 剂，早、晚分服。

35. 萹蓄 *Polygonum aviculare* L.

【别名】竹叶草、大蚂蚁草、扁竹（《中国植物志》）。

【形态】一年生草本。茎平卧、上升或直立，高 10 ～ 40 厘米，自基部多分枝，具纵棱。叶椭圆形、狭椭圆形或披针形，长 1 ～ 4 厘米，宽 3 ～ 12 毫米，顶端钝圆或急尖，基部楔形，边缘全缘，两面无毛，下面侧脉明显；叶柄短或近无柄，基部具关节；托叶鞘膜质，下部褐色，上部白色，撕裂脉明显。花单生或数朵簇生于叶腋，遍布于植株；苞片薄膜质；花梗细，顶部具关节；花被 5 深裂，花被片椭圆形，长

2 ～ 2.5 毫米，绿色，边缘白色或淡红色；雄蕊 8，花丝基部扩展；花柱 3，柱头头状。瘦果卵形，具 3 棱，长 2.5 ～ 3 毫米，黑褐色，密被由小点组成的细条纹，无光泽，与宿存花被近等长或稍超过。花期 5—7 月，果期 6—8 月。

【生境】生于田边、沟边湿地，海拔 10 ～ 4200 米。

【分布】产于新洲各地。分布于全国各地。

【药用部位及药材名】干燥地上部分（萹蓄）。

【采收加工】夏季叶茂盛时采收，除去根和杂质，晒干。

【性味与归经】苦，微寒。归膀胱经。

【功能主治】利尿通淋，杀虫，止痒。用于热淋涩痛，小便短赤，虫积腹痛，皮肤湿疹，阴痒带下。

【用法用量】内服：煎汤，10 ～ 15 克；或入丸、散。杀虫，单用 30 ～ 60 克，鲜品捣汁饮 50 ～ 100 克。外用：适量，煎水洗，捣烂敷或捣汁搽。

【验方】①治尿道炎：冬葵子 10 克，萹蓄 6 克，瞿麦 10 克，通草 6 克，石苇 6 克，车前子 10 克，

草薢 10 克，黄芩 6 克，桃仁 5 克。水煎，每日 1 剂。②治腮腺炎：鲜萹蓄 50 克，鲜蒲公英 30 克，洗净，捣成泥状，加入适量石灰水，再调鸡蛋清 1 个，涂敷患处。每日换药 1 次，连用 3 日即可治愈。③治阴囊鞘膜积液：萹蓄 15 克，猪苓、泽泻、生薏苡仁各 30 克。水煎服，每日 1 剂，连服 7 剂。④治乳糜尿：萹蓄 30 克，草薢 20 克，石见穿 15 克，败酱草 15 克，生姜适量。水煎服，每日 1 剂，连服 21 剂。⑤治湿疹：萹蓄 15 克，白鲜皮 12 克，苍术、苦参各 9 克，黄柏 6 克。水煎服，每日 1 剂。⑥治阴道炎：扁蓄 50 克，乌梅 10 克，苦参 25 克，白鲜皮 20 克。将上药水煎，先熏后洗，每次 20 ～ 30 分钟，早晚 2 次。连用 14 日。⑦治前列腺炎：萹蓄、瞿麦、车前子、冬葵子、丹参各 15 克，滑石、山栀、泽泻、王不留行、泽兰、川牛膝、桃仁各 10 克，通草、甘草各 5 克。水煎

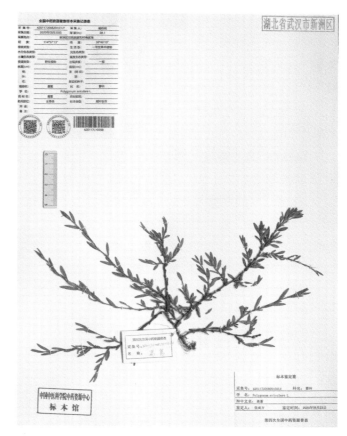

取药液约 2000 毫升，倾于盆内，先熏蒸，水温稍降后以毛巾浸渍药液熨洗会阴部，直至水凉为止，每日 2 次。

36. 长箭叶蓼 *Polygonum hastatosagittatum* Makino

【别名】无。

【形态】一年生草本。茎直立或下部近平卧，高 40 ～ 90 厘米，分枝，具纵棱，沿棱具倒生短皮刺，皮刺长 0.3 ～ 1 毫米。叶披针形或椭圆形，长 3 ～ 7（10）厘米，宽 1 ～ 2（3）厘米，顶端急尖或近渐尖，基部箭形或近戟形，上面无毛或被短柔毛，有时被短星状毛，下面有时被短星状毛，沿脉中脉具倒生皮刺，边缘具短缘毛；叶柄长 1 ～ 2.5 厘米，具倒生皮刺；托叶鞘筒状，膜质，长 1.5 ～ 2 厘米，顶端截形，具长缘毛。总状花序呈短穗状，长 1 ～ 1.5 厘米，顶生或腋生，花序梗二歧状分枝，密被短柔毛及腺毛；苞片宽椭圆形或卵形，长 2.5 ～ 3 毫米，具缘毛，每苞内通常具 2 花；花梗长 4 ～ 6 毫米，

密被腺毛，比苞片长；花被 5 深裂，淡红色，花被片宽椭圆形，长 3～4 毫米；雄蕊 7～8，花柱 3，中下部合生；柱头头状；瘦果卵形，具 3 棱，深褐色，具光泽，长 3～4 毫米，包于宿存花被内。花期 8—9 月，果期 9—10 月。

【生境】 生于水边、沟边湿地，海拔 50～3200 米。

【分布】 产于新洲东部、北部丘陵及山区。分布于河北，以及东北、华东、华中、华南及西南等地。

【药用部位及药材名】 全草。

【采收加工】 夏、秋二季采收，晒干。

【性味与归经】 酸、涩，平。

【功能主治】 祛风除湿，清热解毒。用于风湿性关节痛，毒蛇咬伤。

【用法用量】 内服：煎汤，6～15 克（鲜品 15～30 克）；全草捣烂取汁，每次服 1 小杯，每日 3 次。外用：适量，捣烂敷患处。

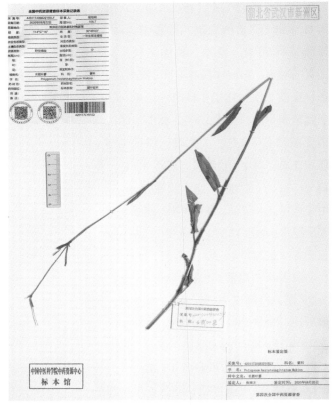

37. 水蓼 *Persicaria hydropiper*（L.）Spach

【别名】 辣柳菜（《中国植物志》），辣蓼、辣子草（《云南中草药》），辣蓼草（《本草求原》），水辣蓼（《浙江民间常用草药》）。

【形态】 一年生草本，高 40～70 厘米。茎直立，多分枝，无毛，节部膨大。叶披针形或椭圆状披针形，长 4～8 厘米，宽 0.5～2.5 厘米，顶端渐尖，基部楔形，边缘全缘，具缘毛，两面无毛，被褐色小点，有时沿中脉具短硬伏毛，具辛辣味，叶腋具闭花受精花；叶柄长 4～8 毫米；托叶鞘筒状，膜质，褐色，

长 1～1.5 厘米，疏生短硬伏毛，顶端截形，具短缘毛，通常托叶鞘内藏有花簇。总状花序呈穗状，顶生或腋生，长 3～8 厘米，通常下垂，花稀疏，下部间断；苞片漏斗状，长 2～3 毫米，绿色，边缘膜质，疏生短缘毛，每苞内具 3～5 花；花梗比苞片长；花被 5 深裂，稀 4 裂，绿色，上部白色或淡红色，被黄褐色透明腺点，花被片椭圆形，长 3～3.5 毫米；雄蕊 6，稀 8，比花被短；花柱 2～3，柱头头状。瘦果卵形，长 2～3

毫米，双凸透镜状或具 3 棱，密被小点，黑褐色，无光泽，包于宿存花被内。花期5—9 月，果期6—10 月。

【生境】 生于河滩、水沟边、山谷湿地，海拔 50 ～ 3500 米。

【分布】 产于新洲各地。分布于我国南北各省区。

【药用部位及药材名】 地上部分（水蓼）。

【采收加工】 7—8 月花期割取地上部分，铺地晒干或鲜用。

【性味与归经】 辛、苦，平。归脾、胃、大肠经。

【功能主治】 行滞化湿，散瘀止血，祛风止痒，解毒。用于湿滞内阻，脘腹胀痛，泄泻，痢疾，小儿疳积，崩漏，血滞闭经，痛经，跌打损伤，风湿痹痛，便血，外伤出血，皮肤瘙痒，湿疹，风疹，足癣，痈肿，毒蛇咬伤。

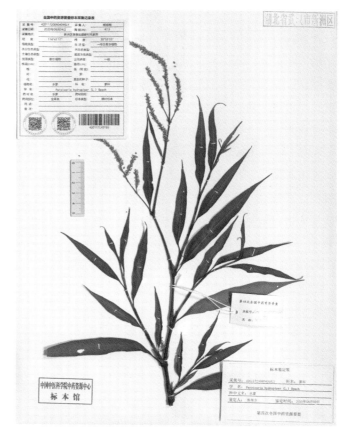

【用法用量】 内服：煎汤，15 ～ 30 克（鲜品 30 ～ 60 克）；或捣汁。外用：适量，煎水浸洗；或捣敷。

【验方】 ①治风寒发热：水蓼、淡竹叶、姜茅草各适量，煎服。（《四川中药志》）②治痢疾，肠炎：水蓼全草二两，水煎服，连服三日。（《浙江民间常用草药》）③治小儿疳积：水蓼全草五至六钱、麦芽四钱。水煎，早、晚饭前两次分服，连服数日。（《浙江民间常用草药》）④治脚痛成疮：水蓼（锉）煮汤，令温热得所，频频淋洗，候疮干自安。（《经验方》）⑤治毒蛇咬伤：水蓼茎、叶捣敷。

38. 红蓼 *Persicaria orientalis*（L.）Spach

【别名】 狗尾巴花、东方蓼、荭草、水红花（《中国植物志》）。

【形态】 一年生草本。茎直立，粗壮，高 1 ～ 2 米，上部多分枝，密被开展的长柔毛。叶宽卵形、宽椭圆形或卵状披针形，长 10 ～ 20 厘米，宽 5 ～ 12 厘米，顶端渐尖，基部圆形或近心形，微下延，边缘全缘，密生缘毛，两面密生短柔毛，叶脉上密生长柔毛；叶柄长 2 ～ 10 厘米，具开展的长柔毛；托叶鞘筒状，膜质，长 1 ～ 2 厘米，

被长柔毛，通常沿顶端具草质、绿色的翅。总状花序呈穗状，顶生或腋生，长3～7厘米，花紧密，微下垂，通常数个再组成圆锥状；苞片宽漏斗状，长3～5毫米，草质，绿色，被短柔毛，边缘具长缘毛，每苞内具3～5花；花梗比苞片长；花被5深裂，淡红色或白色；花被片椭圆形，长3～4毫米；雄蕊7，比花被长；花盘明显；花柱2，中下部合生，比花被长，柱头头状。瘦果近圆形，双凹，直径3～3.5毫米，黑褐色，有光泽，包于宿存花被内。花期6—9月，果期8—10月。

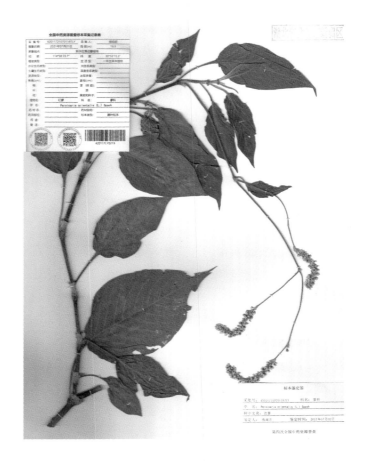

【生境】　生于沟边湿地、村边路旁，海拔30～2700米。

【分布】　产于新洲各地。除西藏外，广布于全国各地，野生或栽培。

【药用部位及药材名】　干燥成熟果实（水红花子）。

【采收加工】　秋季果实成熟时割取果穗，晒干，打下果实，除去杂质。

【性味与归经】　咸，微寒。归肝、胃经。

【功能主治】　散血消癥，消积止痛，利水消肿。用于癥瘕痞块，瘿瘤，食积不消，胃脘胀痛，水肿腹水。

【用法用量】　内服：煎汤，15～30克；研末、熬膏或浸酒。外用：适量，熬膏；或捣烂外敷。

【验方】　①治慢性肝炎，肝硬化腹水：水红花子五钱，大腹皮四钱，黑丑三钱，水煎服。（《新疆中草药手册》）②治脾大，肚子胀：水红花子一斤，水煎熬膏。每次一汤匙，每日两次，黄酒或开水送服。并用水红花子膏摊布上，外贴患部，每日换药一次。（《新疆中草药手册》）

39. 杠板归 *Persicaria perfoliata*（L.）H. Gross

【别名】　刺犁头（《植物名实图考》），蛇倒退、梨头刺、蛇不过、扛板归（《中国植物志》）。

【形态】　一年生草本。茎攀援，多分枝，长1～2米，具纵棱，沿棱具稀疏的倒生皮刺。叶三角形，长3～7厘米，宽2～5厘米，顶端钝或微尖，基部截形或微心形，薄纸质，上面无毛，下面沿叶脉疏生皮刺；叶柄与叶片近等长，具倒生皮刺，盾状着生于叶片的近基部；托叶鞘叶状，草质，绿色，圆形或近圆形，穿叶，直径1.5～3厘米。总状花序呈短穗状，不分枝顶生或腋生，长1～3厘米；苞片卵圆形，每苞片内具花2～4朵；花被5深裂，白色或淡红色，花被片椭圆形，长约3毫米，果时增大，呈肉质，深蓝色；雄蕊8，略短于花被；花柱3，中上部合生；柱头头状。瘦果球形，直径3～4毫米，黑色，有光泽，包于宿存花被内。花期6—8月，果期7—10月。

【生境】生于田边、路旁、山谷湿地，海拔50～2300米。

【分布】产于新洲各地。分布于黑龙江、吉林、辽宁、河北、山东、河南、陕西、甘肃、江苏、浙江、安徽、江西、湖南、湖北、四川、贵州、福建、台湾、广东、海南、广西、云南等地。

【药用部位及药材名】干燥地上部分（杠板归）。

【采收加工】夏季开花时采割，晒干。

【性味与归经】酸，微寒。归肺、膀胱经。

【功能主治】清热解毒，利水消肿，止咳。用于咽喉肿痛，肺热咳嗽，小儿顿咳，水肿尿少，湿热泄泻，湿疹，疖肿，蛇虫咬伤。

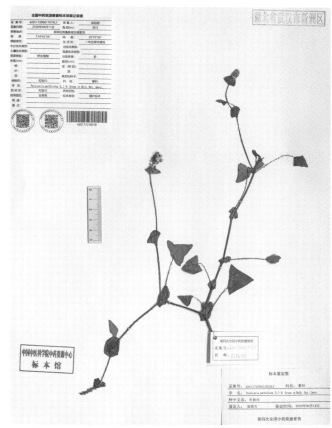

【用法用量】内服：煎汤，10～15克（鲜品20～45克）。外用：适量，捣敷，或研末调敷；或煎水熏洗。

【验方】①治缠腰火丹（带状疱疹）：鲜杠板归叶，捣烂绞汁，调雄黄末适量，涂患处，每日数次。（《江西民间草药》）②治瘰疬：杠板归七钱，野南瓜根三两，猪瘦肉四两炖汤，以汤煎药。孕妇忌服。（《江西民间草药》）③治乳痈痛结：鲜杠板归叶洗净杵烂，敷贴于委中穴；或与叶下红共捣烂，敷脚底涌泉穴，右痛敷左，左痛敷右。（《闽东本草》）④治慢性湿疹：鲜杠板归四两，煎水外洗，每日一次。（《单方验方调查资料选编》）⑤治痔漏：杠板归七钱至一两，猪大肠不拘量，同炖汤服。（《江西民间草药》）

40. 刺蓼 *Persicaria senticosa*（Meisn.）H. Gross ex Nakai

【别名】廊茵（《植物学大辞典》），蛇不钻（《湖南药物志》），猫舌草（《全国中草药汇编》），蛇倒退（《贵州中草药名录》）。

【形态】茎攀援，长1～1.5米，多分枝，被短柔毛，四棱形，沿棱具倒生皮刺。叶片三角形或长三角形，长4～8厘米，宽2～7厘米，顶端急尖或渐尖，基部戟形，两面被短柔毛，下面沿叶脉具稀疏的倒生皮刺，边缘具缘毛；叶柄粗壮，长 2～7 厘米，具倒生皮刺；托叶鞘筒状，边缘具叶状翅，翅肾圆形，草质，绿色，具短缘毛。花序头状，顶生或腋生，花序梗分枝，密被短腺毛；苞片长卵形，淡绿色，边缘膜质，具短缘毛，每苞内具花 2～3 朵；花梗粗壮，比苞片短；花被 5 深裂，淡红色，花被片椭圆形，长 3～4 毫米；雄蕊 8，成 2 轮，比花被短；花柱 3，中下部合生；柱头头状。瘦果近球形，微具 3 棱，黑褐色，无光泽，长 2.5～3 毫米，包于宿存花被内。花期 6—7 月，果期 7—9 月。

【生境】 生于山坡、山谷及林下，海拔 120～1500 米。

【分布】 产于新洲东部山区。分布于河北、河南、山东、江苏、浙江、安徽、湖南、湖北、台湾、福建、广东、广西、贵州、云南等地。

【药用部位及药材名】 全草（廊茵）。

【采收加工】 7—9 月采收全草，鲜用或晒干。

【性味与归经】 苦、酸、微辛，平。

【功能主治】 清热解毒，利湿止痒，散瘀消肿。用于痈疮疔疖，毒蛇咬伤，湿疹，黄水疮，带状疱疹，跌打损伤，内痔外痔。

【用法用量】 内服：煎汤，15～30 克；研末，1.5～3 克。外用：适量，鲜品捣敷；或榨汁涂，或煎水洗。

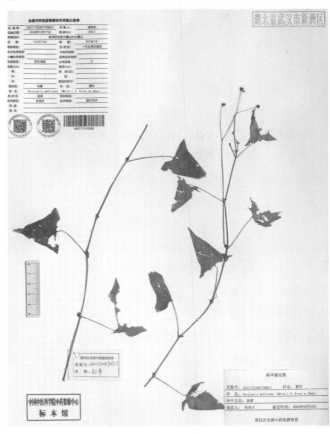

41. 虎杖 *Reynoutria japonica* Houtt.

【别名】 苦杖（《本草拾遗》），斑庄根（《滇南本草》），酸杆、斑根（《植物名实图考》），大接骨（《中国植物志》）。

【形态】 多年生草本。根状茎粗壮，横走。茎直立，高 1～2 米，粗壮，空心，具明显的纵棱，具小突起，无毛，散生红色或紫红色斑点。叶宽卵形或卵状椭圆形，长 5～12 厘米，宽 4～9 厘米，近革质，顶端渐尖，基部宽楔形、截形或近圆形，边缘全缘，疏生小突起，两面无毛，沿叶脉具小突起；叶柄长 1～2 厘米，具小突起；托叶鞘膜质，偏斜，长 3～5 毫米，褐色，具纵脉，无毛，顶端截形，无缘毛，常破裂，早落。花单性，雌雄异株，花序圆锥状，长 3～8 厘米，腋生；苞片漏斗状，长 1.5～2 毫米，顶端渐尖，无缘毛，每苞内具 2～4 花；花梗长 2～4 毫米，中下部具关节；花被 5 深裂，淡绿色，雄花花被片具绿色中脉，无翅，雄蕊 8，比花被长；雌花花被片外面 3 片背部具翅，果时增大，翅扩展下延，花柱 3，柱头流苏状。瘦果卵形，具 3 棱，长 4～5 毫米，黑褐色，有光泽，包于宿存花被内。花期 8—9 月，果期 9—10 月。

【生境】生于山坡灌丛、山谷、路旁、田边湿地，海拔 140～2000 米。

【分布】产于新洲东部丘陵及山区。分布于陕西（南部）、甘肃（南部）、四川、云南、贵州，以及华东、华中、华南等地。

【药用部位及药材名】干燥根茎和根（虎杖）。

【采收加工】春、秋二季采挖，除去须根，洗净，趁鲜切短段或厚片，晒干。

【性味与归经】微苦，微寒。归肝、胆、肺经。

【功能主治】利湿退黄，清热解毒，散瘀止痛，止咳化痰。用于湿热黄疸，淋浊，带下，风湿痹痛，痈肿疮毒，水火烫伤，闭经，癥瘕，跌打损伤，肺热咳嗽。

【用法用量】内服：煎汤，10～15克；或浸酒，或入丸、散。外用：适量，研末调敷；或煎浓汁湿敷，或熬膏涂擦。

【验方】①治湿热黄疸：虎杖 30 克（鲜品加倍），水煎，分 2～3 次服。②治慢性肝炎：虎杖 15克，板蓝根 15 克，牡丹皮 10 克，赤芍 10 克，黄芪 30 克，水煎服，连服 1 个月。③治乙肝病毒携带者：虎杖 30 克，白花蛇舌草 30 克，赤芍 12 克，土茯苓 12 克，水煎服。④治慢性支气管炎：虎杖 30 克，鱼腥草 30 克，功劳叶 30 克，水煎浓缩制成糖浆 200 毫升，每次 20 毫升，每日服 2 次。⑤治念珠菌性阴道炎：虎杖 60 克，加水 500 毫升，煎至 300 毫升。待温冲洗阴道，后用苦参栓或野菊花栓。每日 1 次，7 日为1 个疗程。

42. 酸模 *Rumex acetosa* L.

【别名】山大黄、当药（《本草拾遗》），山羊蹄、酸母（《本草纲目》）。

【形态】多年生草本。根为须根。茎直立，高 40～100 厘米，具深沟槽，通常不分枝。基生叶和茎下部叶箭形，长 3～12 厘米，宽 2～4 厘米，顶端急尖或圆钝，基部裂片急尖，全缘或微波状；叶柄长 2～10 厘米；茎上部叶较小，具短叶柄或无柄；托叶鞘膜质，易破裂。花序狭圆锥状，顶生，分枝稀疏；花单性，雌雄异株；花梗中部具关节；花被片 6，成 2 轮，雄花内花被片椭圆形，长约 3 毫米，外花被片较小，雄蕊 6；雌花内花被片果时增大，近圆形，直径 3.5～4 毫米，全缘，基部心形，网脉明显，基部具极小的小瘤，外花被片椭圆形，反折，瘦果椭圆形，具 3 锐棱，两端尖，长约 2 毫米，黑褐色，有光泽。花期 5—7 月，果期 6—8 月。

【生境】生于山坡、林缘、沟边、路旁。

【分布】产于新洲各地。分布于我国南北各省区。

【药用部位及药材名】根（酸模）。

【采收加工】夏季采收，晒干或鲜用。

【性味与归经】酸、微苦，寒。

【功能主治】凉血解毒，泄热通便，利尿杀虫。用于吐血，便血，月经过多，热痢，目赤，便秘，小便不通，淋浊，恶疮，疥癣，湿疹。

【用法用量】内服：煎汤，9～15 克；或捣汁。外用：适量，捣敷。

【验方】①治小便不通：酸模根三至四钱，水煎服。（《湖南药物志》）②治吐血，便血：酸模一钱五分，小蓟、地榆炭各四钱，炒黄芩三钱，水煎服。（《山东中草药手册》）③治目赤：酸模根一钱，研末，调入乳蒸过敷眼沿，同时取根三钱煎服。（《浙江民间

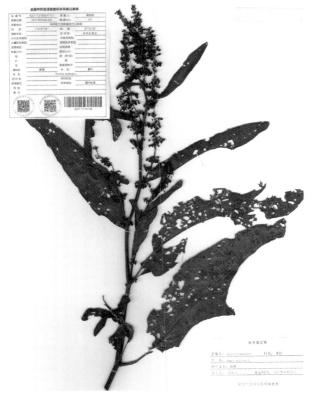

草药》）④治疗疮：酸模根适量，捣烂涂擦患处。（《浙江民间草药》）

二十二、商陆科 Phytolaccaceae

43. 垂序商陆 *Phytolacca americana* L.

【别名】洋商陆（《中国植物图鉴》），见肿消、红籽（《中国植物志》）。

【形态】多年生草本，高1～2米。根粗壮，肥大，倒圆锥形。茎直立，圆柱形，有时带紫红色。叶片椭圆状卵形或卵状披针形，长9～18厘米，宽5～10厘米，顶端急尖，基部楔形；叶柄长1～4厘米。总状花序顶生或侧生，长5～20厘米；花梗长6～8毫米；花白色，微带红晕，直径约6毫米；花被片5，雄蕊、心皮及花柱通常均为10，心皮合生。果序下垂；浆果扁球形，熟时紫黑色；种子肾圆形，直径约3毫米。花期6—8月，果期8—10月。

【生境】生于林下、路边及宅旁阴湿处。

【分布】产于新洲各地。原分布于北美，后引入栽培，1960年以后遍及河北、陕西、山东、江苏、浙江、江西、福建、河南、湖北、广东、四川、云南等地。

【药用部位及药材名】干燥根（商陆）。

【采收加工】秋季至次春采挖，除去须根和泥沙，切成块或片，晒干或阴干。

【性味与归经】苦，寒；有毒。归肺、脾、肾、大肠经。

【功能主治】逐水消肿，通利二便；外用解毒散结。用于水肿胀满，二便不通；外用于痈肿疮毒。

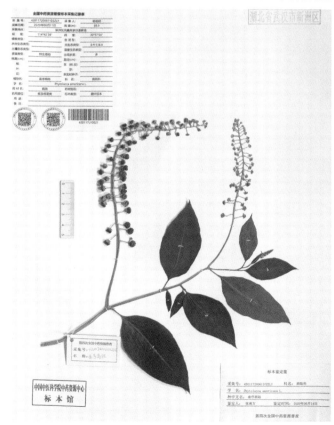

【用法用量】内服：煎汤，3～10克；或入散剂。外用：适量，捣敷。

【验方】①治淋巴结结核：商陆三钱，红糖为引，水煎服。（《云南中草药》）②治石痈坚如石，不作脓者：生商陆根捣敷之，干即易之，取软为度。又治湿漏诸痈疖。（《千金方》）

二十三、紫茉莉科 Nyctaginaceae

44. 紫茉莉 *Mirabilis jalapa* L.

【别名】胭脂花（《草花谱》），粉豆花（《植物名实图考》），野丁香（《滇南本草》），晚饭花、白开夜合（《中国植物志》）。

【形态】一年生草本，高可达1米。根肥粗，倒圆锥形，黑色或黑褐色。茎直立，圆柱形，多分枝，无毛或疏生细柔毛，节稍膨大。叶片卵形或卵状三角形，长3～15厘米，宽2～9厘米，顶端渐尖，基部截形或心形，全缘，两面均无毛，脉隆起；叶柄长1～4厘米，上部叶几无柄。花常数朵簇生于枝端；花梗长1～2毫米；总苞钟形，长约1厘米，5裂，裂片三角状卵形，顶端渐尖，无毛，具脉纹，果时宿存；花被紫红色、黄色、白色或杂色，高脚碟状，筒部长2～6厘米，檐部直径2.5～3厘米，5浅裂；花午后开放，有香气，次日午前凋萎；雄蕊5，花丝细长，常伸出花外，花药球形；花柱单生，线形，伸出花外，柱头头状。瘦果球形，直径5～8毫米，革质，黑色，表面具皱纹；种子胚乳白粉质。花期6—10月，果期8—11月。

【生境】栽于庭园，逸生于山坡、田野。

【分布】产于新洲各地，有栽培，也有逸为野生的。原产于热带美洲，现分布

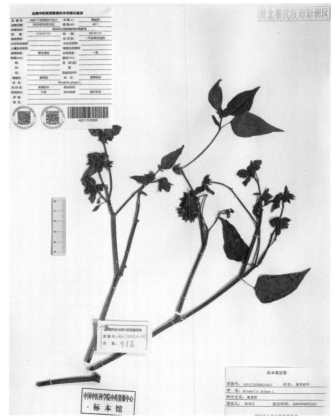

于我国南北各地。

【药用部位及药材名】果实（紫茉莉子）；叶（紫茉莉叶）；花（紫茉莉花）；根（紫茉莉根）。

【采收加工】果实（紫茉莉子）：9—10 月果实成熟时采收，晒干。叶（紫茉莉叶）：叶生长茂盛花未开时采摘，鲜用。花（紫茉莉花）：7—9 月花盛开时采收，鲜用或晒干。根（紫茉莉根）：10—11月挖取块根，晒干。

【性味与归经】紫茉莉子：微甘，凉。紫茉莉叶：甘、淡，凉。紫茉莉花：微甘，凉。紫茉莉根：甘、淡，微寒。

【功能主治】紫茉莉子：清热化痰，利湿解毒。用于面生斑痣，脓疱疮。紫茉莉叶：清热解毒，祛湿活血。用于痈肿疮毒，疥癣，跌打损伤。紫茉莉花：润肺，凉血。用于咯血。紫茉莉根：清热利湿，解毒活血。用于热淋，白浊，水肿，赤白带下，关节肿痛，疮痈肿毒，跌打损伤。

【用法用量】紫茉莉子：外用适量，去外壳研末搽；或煎水洗。紫茉莉叶：内服适量，鲜品捣敷或取汁外搽。紫茉莉根：煎服，15 ～ 30 克（鲜品 30 ～ 60 克）。外用适量，鲜品捣敷。

【验方】①治淋浊，带下：白花紫茉莉根一至二两（去皮，洗净，切片），茯苓三至五钱。水煎，饭前服，日服两次。（《福建民间草药》）②治带下：白胭脂花根一两，白木槿五钱，白芍五钱，炖肉吃。（《贵阳民间药草》）③治红崩：红胭脂花根二两，红鸡冠花根一两，蓝布正一两，兔耳风五钱，炖猪脚吃。（《贵阳民间药草》）④治急性关节炎：鲜紫茉莉根三两，水煎服。体热加豆腐，体寒加猪脚。（《中草药手册》）⑤治痈疽背疮：鲜紫茉莉根一株，去皮洗净，加红糖少许，共捣烂，敷患处，日换两次。（《福建民间草药》）

二十四、马齿苋科 Portulacaceae

45. 马齿苋 *Portulaca oleracea* L.

【别名】马苋（《名医别录》），五行草（《救荒本草》），长命菜、五方草（《本草纲目》），瓜子菜（《岭南采药录》）。

【形态】一年生草本，全株无毛。茎平卧或斜倚,伏地铺散,多分枝,圆柱形,长 10 ～ 15 厘米，淡绿色或带暗红色。叶互生，有时近对生，叶片扁平，肥厚，倒卵形，似马齿，长 1 ～ 3 厘米，宽 0.6 ～ 1.5厘米，顶端圆钝或平截，有时微凹，基部楔形，全缘，上面暗绿色，下面淡绿色或带暗红色，中脉微隆起；叶柄粗短。花无梗，直径 4 ～ 5 毫米，常 3 ～ 5 朵簇生于

枝端，午时盛开；苞片 2 ～ 6，叶状，膜质，近轮生；萼片 2，对生，绿色，盔形，左右压扁，长约 4 毫米，顶端急尖，背部具龙骨状突起，基部合生；花瓣 5，稀 4，黄色，倒卵形，长 3 ～ 5 毫米，顶端微凹，基部合生；雄蕊通常 8，或更多，长约 12 毫米，花药黄色；子房无毛，花柱比雄蕊稍长，柱头 4 ～ 6 裂，线形。蒴果卵球形，长约 5 毫米，盖裂；种子细小，多数，偏斜球形，黑褐色，有光泽，直径不及 1 毫米，具小疣状突起。花期 5—8 月，果期 6—9 月。

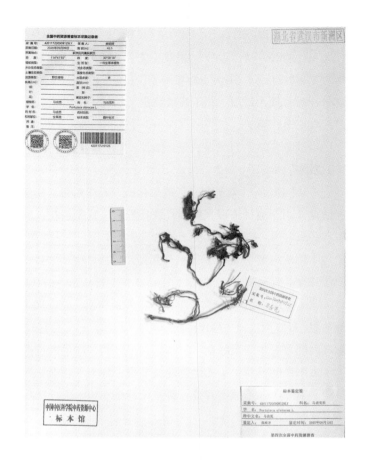

【生境】生于菜园、农田、路旁，性喜肥沃土壤、耐旱亦耐涝、活力强。

【分布】产于新洲各地。广布于我国南北各地。

【药用部位及药材名】干燥地上部分（马齿苋）。

【采收加工】夏、秋二季采收，除去残根和杂质，洗净，略蒸或烫后晒干。

【性味与归经】酸，寒。归肝、大肠经。

【功能主治】清热解毒，凉血止血，止痢。用于热毒血痢，痈肿疔疮，湿疹，丹毒，蛇虫咬伤，便血，痔血，崩漏下血。

【用法用量】内服：煎汤，10 ～ 15 克（鲜品 30 ～ 60 克）；或绞汁。外用：适量，捣敷；或烧灰研末调敷，或煎水洗。

【验方】①治急性细菌性痢疾：单味约 20 克水煎服，或同服大蒜 1 头。②治各种疮毒：单味约 20 克水煎服，或以鲜草洗净捣烂外敷；或马齿苋、蒲公英各 90 克，煎汤熏洗。③治湿疹，稻田性皮炎：单味约 30 克煎洗、湿敷。④治肛门脓肿：单味约 30 克煎洗。⑤治跌打损伤：马齿苋鲜品约 100 克，捣烂外敷。⑥治荨麻疹：马齿苋全草 200 ～ 300 克，加水约 1500 毫升，煎煮浓缩至 1000 毫升，弃去药渣，将接近体温的药液频频涂抹患处，每日 2 次。

46. 土人参 *Talinum paniculatum*（Jacq.）Gaertn.

【别名】栌兰（《植物学大辞典》《中国植物图鉴》），假人参、参草、土高丽参（《中国药用植物志》）。

【形态】一年生或多年生草本，全株无毛，高 30 ～ 100 厘米。主根粗壮，圆锥形，有少数分枝，皮黑褐色，断面乳白色。茎直立，肉质，基部近木质，多少分枝，圆柱形，有时具槽。叶互生或近对生，具短柄或近无柄，叶片稍肉质，倒卵形或倒卵状长椭圆形，长5～10厘米，宽2.5～5厘米，顶端急尖，有时微凹，具短尖头，基部狭楔形，全缘。圆锥花序顶生或腋生，常二叉状分枝，具长花序梗；花小，直径约6毫米；总苞片绿色或近红色，圆形，顶端圆钝，长3～4毫米；苞片2，膜质，披针形，顶端急尖，长约1毫米；花梗长5～10毫米；萼片卵形，紫红色，早落；花瓣粉红色或淡紫红色，长椭圆形、倒卵形或椭圆形，长6～12毫米，顶端圆钝，稀微凹；雄蕊（10）15～20，比花瓣短；花柱线形，长约2毫米，基部具关节；柱头3裂，稍开展；子房卵球形，长约2毫米。蒴果近球形，直径约4毫米，3瓣裂，坚纸质；种子多数，扁圆形，直径约1毫米，黑褐色或黑色，有光泽。花期6—8月，果期9—11月。

【生境】生于阴湿地。

【分布】产于新洲各地，有栽培，也有逸为野生的。原产于热带美洲，现分布于我国中部和南部。

【药用部位及药材名】根（土人参）。

【采收加工】8—9月采挖，除去细根，晒干或刮去外皮，蒸熟晒干。

【性味与归经】甘，平。

【功能主治】补中益气，养阴润肺，消肿止痛。用于脾虚食少乏力，泄泻，脱肛，肺痨咯血，潮热，盗汗，自汗，遗尿，产后乳汁不足，痈肿疮疖。

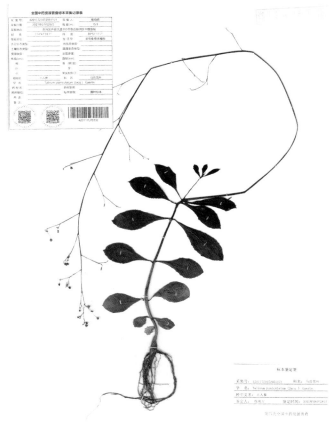

【用法用量】内服：煎汤，30～60克。外用：适量，捣敷。

【验方】①治肺虚咳嗽：土人参25克，川贝母5克，冰糖适量，炖服。②治脾虚泄泻：土人参、大枣各25克，水煎服。③治肾虚耳鸣：土人参50克，猪腰1对，炖服。④治自汗盗汗：土人参100克，猪肚1个，炖烂，分2～3日服。⑤治月经不调：土人参50克，益母草15克，水煎服。⑥治多尿症：土人参、金樱子各50克，水煎服。⑦治乳汁稀少：鲜土人参叶，用油炒当菜吃。⑧治痈疖疔疮：土人参叶、紫花地丁各等量，捣烂敷患处。

二十五、石竹科 Caryophyllaceae

47. 球序卷耳 *Cerastium glomeratum* Thuill.

【别名】婆婆指甲菜、瓜子草（《植物名实图考》），圆序卷耳（《西藏植物志》），高脚鼠耳菜（《浙江天目山药用植物志》）。

【形态】一年生草本，高 10～20 厘米。茎单生或丛生，密被长柔毛，上部混生腺毛。茎下部叶片匙形，顶端钝，基部渐狭成柄状；上部茎生叶叶片倒卵状椭圆形，长 1.5～2.5 厘米，宽 5～10 毫米，顶端急尖，基部渐狭成短柄状，两面皆被长柔毛，边缘具缘毛，中脉明显。聚伞花序呈簇生状或呈头状；花序轴密被腺柔毛；苞片草质，卵状椭圆形，密被柔毛；花梗细，长 1～3 毫米，密被柔毛；萼片 5，披针形，长约 4 毫米，顶端尖，外面密被长腺毛，边缘狭膜质；花瓣 5，白色，线状长圆形，与萼片近等长或微长，顶端 2 浅裂，基部被疏柔毛；雄蕊明显短于萼；花柱 5。蒴果长圆柱形，长于宿存萼，顶端 10 齿裂；种子褐色，扁三角形，具疣状突起。花期 3—4 月，果期 5—6 月。

【生境】生于山坡草地。

【分布】产于新洲各地。分布于山东、江苏、浙江、湖北、湖南、江西、福建、云南、西藏等地。

【药用部位及药材名】全草（婆婆指甲菜）。

【采收加工】3—6 月采集，鲜用或晒干。

【性味与归经】甘、微苦，凉。归肺、胃、肝经。

【功能主治】清热，利湿，凉血解毒。用于感冒发热，湿热泄泻，肠风下血，乳痈，疔疮，高血压。

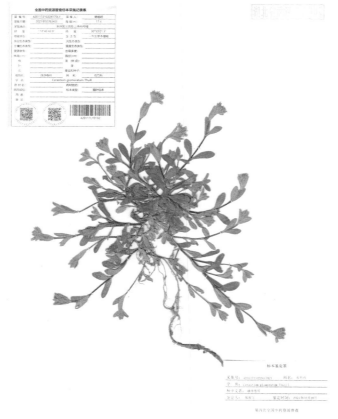

【用法用量】内服：煎汤，15～18克。外用：适量，捣敷。

【验方】①治妇女乳痈初起：鲜婆婆指甲菜捣烂，加酒糟做饼，烘热敷于腕部脉门上，左乳敷于右腕，右乳敷于左腕。（《浙江天目山药用植物志》）②治小儿风寒咳嗽、身热、鼻塞等症：婆婆指甲菜、芫荽各五至六钱，胡颓子叶二至三钱，水煎，冲红糖，每日早、晚饭前各一次。（《浙江天目山药用植物志》）③治疗疮：球序卷耳鲜全草加桐油捣烂，敷患处。（《草药手册》）

48. 瞿麦 *Dianthus superbus* L.

【别名】巨句麦（《神农本草经》），大兰（《名医别录》），山瞿麦（《千金方》），麦句姜（《本草纲目》）。

【形态】多年生草本，高50～60厘米，有时更高。茎丛生，直立，绿色，无毛，上部分枝。叶片线状披针形，长5～10厘米，宽3～5毫米，顶端锐尖，中脉特明显，基部合生成鞘状，绿色，有时带粉绿色。花1或2朵生于枝端，有时顶下腋生；苞片2～3对，倒卵形，长6～10毫米，约为花萼1/4，宽4～5毫米，顶端长尖；花萼圆筒形，长2.5～3厘米，直径3～6毫米，常染紫红色晕，萼齿披针形，长4～5毫米；花瓣长4～5厘米，爪长1.5～3厘米，包于萼筒内，瓣片宽倒卵形，边缘繸裂至中部或中部以上，通常淡红色或带紫色，稀白色，喉部具丝毛状鳞片；雄蕊和花柱微外露。蒴果圆筒形，与宿存萼等长或微长，顶端4裂；种子扁卵圆形，长约2毫米，黑色，有光泽。花期6—9月，果期8—10月。

【生境】生于海拔200～3700米丘陵山地疏林下、林缘、草甸、沟谷溪边。现有栽培。

【分布】产于新洲东部山区，旧街街道有栽培。分布于东北、华北、西北地区及山东、江苏、浙江、江西、河南、湖北、四川、贵州、新疆。

【药用部位及药材名】干燥地上部分（瞿麦）。

【采收加工】 夏、秋二季花果期采割，除去杂质，干燥。

【性味与归经】 苦，寒。归心、小肠经。

【功能主治】 利尿通淋，活血通经。用于热淋，血淋，石淋，小便不通，淋漓涩痛，闭经瘀阻。

【用法用量】 内服：煎汤，3～10克；或入丸、散。外用：适量，煎汤洗；或研末撒。

49. 蝇子草 *Silene gallica* L.

【别名】 鹤草、洒线草（《植物名实图考》），野蚊子草（《江苏药材志》），粘蝇花、苍蝇花（《中药志》）。

【形态】 一年生草本，高15～45厘米，全株被柔毛。茎单生，直立或上升，不分枝或分枝，被短柔毛和腺毛。叶片长圆状匙形或披针形，长1.5～3厘米，宽5～10毫米，顶端圆或钝，有时急尖，两面被柔毛和腺毛。单歧式总状花序；花梗长1～5毫米；苞片披针形，草质，长达10毫米；花萼卵形，长约8毫米，直径约2毫米，被稀疏长柔毛和腺毛，纵脉顶端多少联结，萼齿线状披针形，长约2毫米，顶端急尖，被腺毛；雌雄蕊柄几无；花瓣淡红色至白色，爪倒披针形，无毛，无耳，瓣片露出花萼，卵形或倒卵形，全缘，有时微凹缺；副花冠片小，线状披针形；雄蕊不外露或微外露，花丝下部具缘毛。蒴果卵形，长6～7毫米，比宿存萼微短或近等长；种子肾形，两侧耳状凹，长约1毫米，暗褐色。花期5—6月，果期6—7月。

【生境】 生于平原或低山草坡或灌丛。

【分布】 产于新洲东部山区。原分布于欧洲西部，现分布于我国长江流域和黄河流域南部，东达福建、台湾，西至四川和甘肃东南部，北抵山东、河北、山西和陕西南部等省区。

【药用部位及药材名】 干燥带根全草（脱力草、蝇子草）。

【采收加工】 8—10月采收，鲜用或

晒干。

【性味与归经】 辛、涩，凉。

【功能主治】 清热利湿，活血解毒。用于痢疾，肠炎，热淋，带下，咽喉肿痛，劳伤发热，跌打损伤，毒蛇咬伤。

【用法用量】 内服：煎汤，15～30 克；或捣汁。外用：适量，鲜品捣敷。

【验方】 ①治痢疾，嗜盐菌性肠炎：野蚊子草 30 克，加糖 30 克，水煎服。（《浙江民间常用草药》）②治尿路感染：野蚊子草 30～60 克，水煎服。（《浙江民间常用草药》）③治带下：野蚊子草 30 克，水煎服。或野蚊子草、金灯藤、金樱子、白毛藤各 30 克，白槿花 12 克，水煎服。（《浙江民间常用草药》）

50. 繁缕 *Stellaria media*（L.）Villars

【别名】 繁蒌（《名医别录》），鹅肠菜（《本草纲目》），五爪龙（《湖南药物志》），狗蚤菜（《广西药用植物名录》）。

【形态】 一年生或二年生草本，高 10～30 厘米。匍匐茎纤细平卧，节上生出多数直立枝，枝圆柱形，肉质多汁而脆，折断中空，茎表一侧有一行短柔毛，其余部分无毛。单叶对生；上部叶无柄，下部叶有柄；叶片卵圆形或卵形，长 1.5～2.5 厘米，宽 1～1.5 厘米，先端急尖或短尖，基部近截形或浅心形，全缘或呈波状，两面均光滑无毛。花两性；花单生于枝腋或成顶生的聚伞花序，花梗细长，一侧有毛；萼片 5，披针形，外面有白色短腺毛，边缘干膜质；花瓣 5，白色，短于萼，2 深裂直达基部；雄蕊 10，花药紫红色后变为蓝色；

子房卵形，花柱 3～4。蒴果卵形，先端 6 裂。种子多数，黑褐色；表面密生疣状突起。南方，花期 2—5 月，果期 5—6 月。北方，花期 7—8 月，果期 8—9 月。

【生境】 生于田间路边或溪旁草地。

【分布】 产于新洲各地。全国大部分地区有分布。

【药用部位及药材名】 全草（繁缕）。

【采收加工】 春、夏、秋三季花开时采集，去尽泥土，晒干。

【性味与归经】 微苦、甘、酸，凉。归肝、大肠经。

【功能主治】 清热解毒，凉血消痈，活血止痛，下乳。用于痢疾，肠痈，肺痈，乳痈，疔疮肿毒，痔疮肿毒，跌打伤痛，产后瘀滞腹痛，乳汁不下。

【用法用量】 内服：煎汤，15～30 克（鲜品 30～60 克）；或捣汁。外用：适量，捣敷；或烧存性研末调敷。

【验方】 ①治急、慢性阑尾炎，阑尾周围炎：a.繁缕鲜草洗净，切碎捣烂绞汁。每次约 1 杯，

用温黄酒冲服，每日 2 ～ 3 次。或干草
120 ～ 160 克，水煎去渣，以甜酒少许和
服。b.繁缕 120 克，大血藤 30 克，冬瓜
子 18 克。水煎去渣，每日 2 ～ 3 次分服。
（《全国中草药汇编》）②治子宫内膜炎，
宫颈炎，附件炎：繁缕 60 ～ 90 克，桃
仁 12 克，牡丹皮 9 克。水煎去渣，每日
2 次分服。（《全国中草药汇编》）③治
发背热毒肿痛不可忍：繁缕烧炭一升，
大麦面三合。上药以水和如膏，涂于肿上，
干即易之，以瘥为度。（《太平圣惠方》）
④治淋证：繁缕草满手两把，以水煮服之，
可常作饮。（《范东阳方》）⑤治头眩晕，
眼见黑花，恶心呕吐，饮食不下：鹅肠
菜不拘多少，猪肚一个，煮食两次痊愈。
或鹅肠菜不拘多少，煮鸡蛋食亦效。(《滇
南本草》)⑥乌须发：蘩缕为齑，久久食之。
（《太平圣惠方》）

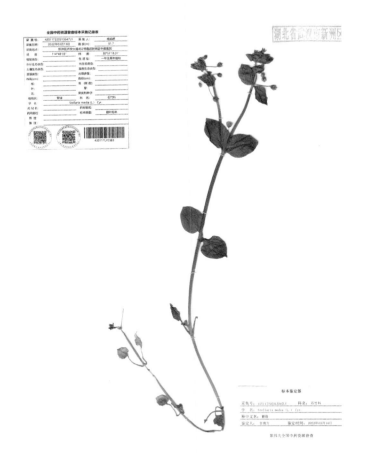

二十六、藜科 Chenopodiaceae

51. 藜 *Chenopodium album* L.

【别名】红落藜、灰菜（《救荒本
草》），灰藋、落藜、胭脂菜(《本草纲目》)。

【形态】一年生草本，高 30 ～ 150
厘米。茎直立，粗壮，具条棱及绿色或紫
红色色条，多分枝；枝条斜升或开展。叶
片菱状卵形至宽披针形，长 3 ～ 6 厘米，
宽 2.5 ～ 5 厘米，先端急尖或微钝，基部
楔形至宽楔形，上面通常无粉，有时嫩叶
的上面有紫红色粉，下面多少有粉，边缘
具不整齐锯齿；叶柄与叶片近等长，或为

叶片长度的 1/2。花两性，花簇生于枝上部排列成或大或小的穗状圆锥状或圆锥状花序；花被裂片 5，宽卵形至椭圆形，背面具纵隆脊，有粉，先端或微凹，边缘膜质；雄蕊 5，花药伸出花被外，柱头 2。果皮与种子贴生。种子横生，双凸透镜状，直径 1.2 ～ 1.5 毫米，边缘钝，黑色，有光泽，表面具浅沟纹；胚环形。花果期 5—10 月。

【生境】 生于路旁、荒地及田间。

【分布】 产于新洲各地。分布遍及全球温带及热带地区，我国各地均有分布。

【药用部位及药材名】幼嫩全草（藜）。

【采收加工】 春、夏二季割取全草，除去杂质，鲜用或晒干备用。

【性味与归经】 甘，平。有小毒。

【功能主治】 清热祛湿，解毒消肿，杀虫止痒。用于发热、咳嗽、痢疾、腹泻、腹痛、疝气、龋齿痛、湿疹、疥癣、白癜风、疮疡肿痛、毒虫咬伤。

【用法用量】 内服：煎汤，15 ～ 30克。外用：适量，煎水漱口或熏洗；或捣涂。

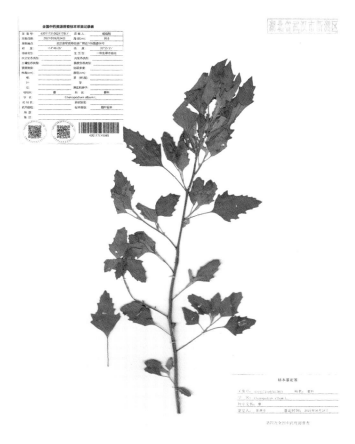

52. 土荆芥 *Chenopodium ambrosioides* L.

【别名】 杀虫芥、藜荆芥（《广东中药》），臭草（《福建民间草药》），鹅脚草（《新本草纲目》）。

【形态】 一年生或多年生草本，高 50 ～ 80 厘米，有强烈香味。茎直立，多分枝，有色条及钝条棱；枝通常细瘦，有短柔毛并兼有具节的长柔毛，有时近于无毛。叶片矩圆状披针形至披针形，先端急尖或渐尖，边缘具稀疏不整齐的大锯齿，基部渐狭具短柄，上面平滑无毛，下面散生油点并沿叶脉稍有毛，下部的叶长达 15 厘米，宽达 5 厘米，上部叶逐渐狭小而近全缘。花两性及雌性，通常 3 ～ 5 个团集，生于上部叶腋；花被裂片 5，较少为 3，绿色，果时通常闭合；雄蕊 5，花药长 0.5 毫米；花柱不明显，柱头通常 3，较少为 4，丝形，伸出花被外。胞果扁球形，完全包于花被内。种子横生或斜生，黑色或暗红色，平滑，有光泽，边缘钝，直径约 0.7 毫米。花期和果期的时间都很长。

【生境】 生于村旁、路边、河岸等处。

【分布】 产于新洲各地。原分布于热带美洲，现广布于广西、广东、福建、台湾、江苏、浙江、江西、湖南、四川等地。

【药用部位及药材名】 带果穗的全草（土荆芥）。

【采收加工】 8—9 月收割全草，摊放在通风处，或捆束悬挂阴干，避免日晒及雨淋。

【性味与归经】　辛、苦，微温。有大毒。

【功能主治】　祛风除湿，杀虫止痒，活血消肿。用于钩虫病，蛔虫病，蛲虫病，头虱，皮肤湿疹，疥癣，风湿痹痛，闭经，痛经，口舌生疮，咽喉肿痛，跌打损伤，蛇虫咬伤。

【用法用量】　内服：煎汤，3～9克（鲜品15～24克）；或入丸、散。外用：适量，煎水洗或捣敷。

【验方】　①治脱肛，子宫脱垂：土荆芥鲜草五钱，水煎，日服两次。（《湖南药物志》）②治风湿性关节痛：土荆芥鲜根五钱，水炖服。③治湿疹：土荆芥鲜全草适量，煎水洗患处。④治创伤出血：土荆芥干叶研敷患处。⑤治毒蛇咬伤：土荆芥鲜叶捣烂，敷患处。（②～⑤出自《福建中草药》）

53. 地肤 *Kochia scoparia*（L.）Schrad.

【别名】　地葵（《神农本草经》），扫帚菜、观音菜、孔雀松（《中国植物志》）。

【形态】　一年生草本，高50～100厘米。根略呈纺锤形。茎直立，圆柱状，淡绿色或带紫红色，有多数条棱，稍有短柔毛或下部几无毛；分枝稀疏，斜上。叶为平面叶，披针形或条状披针形，长2～5厘米，宽3～7毫米，无毛或稍有毛，先端短渐尖，基部渐狭入短柄，通常有3条明显的主脉，边缘有疏生的锈色绢状缘毛；茎上部叶较小，无柄，1脉。花两性或雌性，通常1～3个生于上部叶腋，构成疏穗状圆锥状花序，花下有时有锈色长柔毛；花被近球形，淡绿色，花被裂片近三角形，无毛或先端稍有毛；翅端附属物三角形至倒卵形，有时近扇形，膜质，脉不很明显，边缘微波状或具缺刻；花丝丝状，花药淡黄色；柱头2，丝状，紫褐色，花柱极短。胞果扁球形，果皮膜质，与种子离生。种子卵形，黑褐色，长1.5～2毫米，稍有光泽；胚环形，胚乳块状。花期6—9月，果期7—10月。

【生境】　生于田边、路旁、荒地等处。

【分布】产于新洲各地。广布于全国各地。

【药用部位及药材名】干燥成熟果实（地肤子）。

【采收加工】秋季果实成熟时采收植株，晒干，打下果实，除去杂质。

【性味与归经】辛、苦，寒。归肾、膀胱经。

【功能主治】清热利湿，祛风止痒。用于小便涩痛，阴痒带下，风疹，湿疹，皮肤瘙痒。

【用法用量】内服：煎汤，6～15克；或入丸、散。外用：适量，煎水洗。

【验方】①治皮肤湿疹：地肤子12克，水煎服；或地肤子30克，白鲜皮、莲房各15克，白矾24克，煎汤熏洗，每日2次。②治荨麻疹：地肤子、防风、蝉蜕、赤芍各9克，水煎服。③治尿路感染，小便不利：地肤子、滑石、萹蓄各12克，水煎服。

二十七、苋科 Amaranthaceae

54. 土牛膝 *Achyranthes aspera* L.

【别名】倒梗草、倒钩草、倒扣草（《中国植物志》）。

【形态】多年生草本，高20～120厘米；根细长，直径3～5毫米，土黄色；茎四棱形，有柔毛，节部稍膨大，分枝对生。叶片纸质，宽卵状倒卵形或椭圆状矩圆形，长1.5～7厘米，宽0.4～4厘米，顶端圆钝，具突尖，基部楔形或圆形，全缘或波状缘，两面密生柔毛，或近无毛；叶柄长 5～15 毫米，密生柔毛或近无毛。穗状花序顶生，直立，长 10～30 厘米，花期后反折；总花梗具棱角，粗壮，坚硬，密生白色伏贴或开展柔毛；花长 3～4 毫米，疏生；苞片披针形，长 3～4 毫米，顶端长渐尖，小苞片刺状，长 2.5～4.5 毫米，坚硬，光亮，常带紫色，基部两侧各有 1 个薄膜质翅，长 1.5～2 毫米，全缘，全部贴生在刺部，但易于分离；花被片披针形，长 3.5～5 毫米，长渐尖，花后变硬且锐尖，具 1 脉；雄蕊长 2.5～3.5 毫米；退化雄蕊顶端截状或细圆齿状，有具分枝流苏状长缘毛。胞果卵形，长 2.5～3 毫米。种子卵形，不扁压，长约 2 毫米，棕色。花期 6—8 月，果期 10 月。

【生境】 生于山坡疏林或村庄附近空旷地。

【分布】 产于新洲各地。广布于湖南、江西、福建、台湾、广东、广西、四川、云南、贵州等地。

【药用部位及药材名】 根及根茎（土牛膝）。

【采收加工】 9—11 月采收，鲜用或晒干。

【性味与归经】 甘、微苦、微酸，寒。归肝、脾经。

【功能主治】 活血祛瘀，泻火解毒，利尿通淋。用于闭经，跌打损伤，风湿性关节痛，痢疾，白喉，咽喉肿痛，痈疮，淋证，水肿。

【用法用量】 内服：煎汤，9～15 克（鲜品 30～60 克）。外用：适量，捣敷；或捣汁滴耳，或研末吹喉。

【验方】 ①治血滞闭经：鲜土牛膝一至二两，或加马鞭草鲜全草一两。水煎，调酒服。（《福建中草药》）②治风湿性关节痛：鲜土牛膝六钱至一两（干品四至六钱）和猪脚一个（七寸），红酒和水各半煎服。（《福建民间草药》）③治肝硬化水肿：鲜土牛膝六钱至一两（干品四至六钱）。水煎，饭前服，日服两次。（《福建民间草药》）④治痢疾：土牛膝五钱，地桃花根五钱，车前草三钱，青荔三钱。水煎，加蜜糖服。（《广西中草药》）⑤治扁桃体炎：土牛膝、百两金根各四钱，冰片二钱。研极细末，喷喉。

⑥治急性中耳炎：鲜土牛膝适量，捣汁，滴患耳。⑦治跌打损伤：土牛膝三至五钱，水煎，酒兑服。（⑤～⑦出自《江西草药》）

55. 喜旱莲子草 *Alternanthera philoxeroides*（Mart.）Griseb.

【别名】空心莲子草、革命草、空心苋（《中国植物志》），水花生（《全国中草药汇编》），水马齿苋（《湖南药物志》）。

【形态】多年生草本；茎基部匍匐，上部上升，管状，不明显 4 棱，长 55～120 厘米，具分枝，幼茎及叶腋有白色或锈色柔毛，茎老时无毛，仅在两侧纵沟内保留。叶片矩圆形、矩圆状倒卵形或倒卵状披针形，长 2.5～5 厘米，宽 7～20 毫米，顶端急尖或圆钝，具短尖，基部渐狭，全缘，两面无毛或上面有贴生毛及缘毛，下面有颗粒状突起；叶柄长 3～10 毫米，无毛或微有柔毛。花密生，成具总花梗的头状花序，单生于叶腋，球形，直径 8～15 毫米；苞片及小苞片白色，顶端渐尖，具 1 脉；苞片卵形，长 2～2.5 毫米，小苞片披针形，长 2 毫米；花被片矩圆形，长 5～6 毫米，白色，光亮，无毛，顶端急尖，背部侧扁；雄蕊花丝长 2.5～3 毫米，基部连合成杯状；退化雄蕊矩圆状条形，和雄蕊约等长，顶端裂成窄条；子房倒卵形，具短柄，背面侧扁，顶端圆形。果实未见。花期 5—10 月。

【生境】生于水沟、池塘及田野荒地等处。

【分布】产于新洲各地。分布于河北、江苏、安徽、浙江、江西、福建、湖南、湖北、广西等地，原产于巴西。

【药用部位及药材名】全草（空心苋）。

【采收加工】5—10 月采收，鲜用或晒干。

【性味与归经】苦、甘，寒。

【功能主治】清热凉血，解毒，利尿。用于咯血，尿血，感冒发热，麻疹，

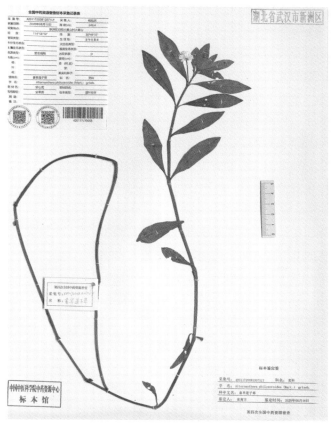

乙型脑炎，黄疸，淋浊，痄腮，湿疹，痈肿疔疮，毒蛇咬伤。

【用法用量】 内服：煎汤，30 ～ 60 克（鲜品加倍）；或捣汁。外用：适量，捣敷；或捣汁涂。

【验方】 ①治淋浊：鲜空心苋全草二两，水炖服。②治带状疱疹：鲜空心苋全草适量，加淘米水捣烂绞汁抹患处。③治疔疮：鲜空心苋全草捣烂调蜂蜜外敷。④治毒蛇咬伤：鲜空心苋全草四至八两，捣烂绞汁服，渣外敷。

56. 刺苋 *Amaranthus spinosus* L.

【别名】 勒苋菜（《中国植物志》），笕苋菜（《岭南采药录》），野苋菜、土苋菜（《福建民间草药》）。

【形态】 一年生草本，高 30 ～ 100厘米；茎直立，圆柱形或钝棱形，多分枝，有纵条纹，绿色或带紫色，无毛或稍有柔毛。叶片菱状卵形或卵状披针形，长 3 ～ 12 厘米，宽 1 ～ 5.5 厘米，顶端圆钝，具微凸头，基部楔形，全缘，无毛或幼时沿叶脉稍有柔毛；叶柄长 1 ～ 8 厘米，无毛，在其旁有 2 刺，刺长 5 ～ 10 毫米。圆锥花序腋生及顶生，长 3 ～ 25 厘米，下部顶生花穗常全部为雄花；苞片在腋生花簇及顶生花穗的基部者变成尖锐直刺，长 5 ～ 15 毫米，在顶生花穗的上部者狭披针形，长 1.5毫米，顶端急尖，具突尖，中脉绿色；小苞片狭披针形，长约 1.5 毫米；花被片绿色，顶端急尖，具突尖，边缘透明，中脉绿色或带紫色，在雄花者矩圆形，长 2 ～ 2.5毫米，在雌花者矩圆状匙形，长 1.5 毫米；雄蕊花丝略和花被片等长或较短；柱头 3，有时 2。胞果矩圆形，长 1 ～ 1.2 毫米，在中部以下不规则横裂，包裹在宿存花被片内。种子近球形，直径约 1 毫米，黑色或带棕黑色。花果期 7—11 月。

【生境】 野生于荒地或园圃。

【分布】 产于新洲各地。分布于陕西、河南、安徽、江苏、浙江、江西、湖南、湖北、四川、云南、贵州、广西、广东、福建、

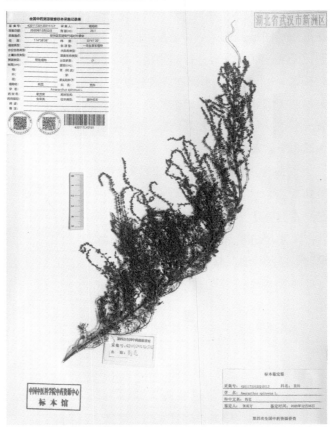

台湾等地。

【药用部位及药材名】 全草或根（簕苋菜）。

【采收加工】 春、夏、秋三季均可采收，鲜用或晒干。

【性味与归经】 甘，微寒。

【功能主治】 凉血止血，清利湿热，解毒消痈。用于胃出血，便血，痔血，胆囊炎，胆石症，痢疾，湿热泄泻，带下，小便涩痛，咽喉肿痛，湿疹，痈肿，牙龈糜烂，蛇咬伤。

【用法用量】 内服：煎汤，9～15克（鲜品30～60克）。外用：适量，捣敷；或煎汤熏洗。

57. 苋 *Amaranthus tricolor* L.

【别名】 老少年、十样锦（《本草纲目》），雁来红（《救荒本草》），三色苋、老来少（《华北经济植物志要》）。

【形态】 一年生草本，高80～150厘米；茎粗壮，绿色或红色，常分枝，幼时有毛或无毛。叶片卵形、菱状卵形或披针形，长4～10厘米，宽2～7厘米，绿色或常呈红色、紫色或黄色，或部分绿色夹杂其他颜色，顶端圆钝或尖，具突尖，基部楔形，全缘或波状缘，无毛；叶柄长2～6厘米，绿色或红色。花簇腋生，直到下部叶，或同时具顶生花簇，成下垂的穗状花序；花簇球形，直径5～15毫米，雄花和雌花混生；苞片及小苞片卵状披针形，长2.5～3毫米，透明，顶端有1长芒尖，背面具1绿色或红色隆起中脉；花被片矩圆形，长3～4毫米，绿色或黄绿色，顶端有1长芒尖，背面具1绿色或紫色隆起中脉；雄蕊比花被片长或短。胞果卵状矩圆形，长2～2.5毫米，环状横裂，包裹在宿存花被片内。种子近圆形或倒卵形，直径约1毫米，黑色或黑棕色，边缘钝。花期5—8月，果期7—9月。

【生境】 生于地势平坦、排灌方便、肥沃疏松的偏碱性的沙壤土或黏壤土中。

【分布】 产于新洲各地。全国各地均

有栽培，有时逸为半野生。

【药用部位及药材名】 茎叶（苋）；种子（苋实）；根（苋根）。

【采收加工】 茎叶（苋）：4—7月采收，鲜用或晒干。种子（苋实）：9—10月采收地上部分，晒后搓揉脱下种子，扬净，晒干。根（苋根）：春、夏、秋三季均可采挖，鲜用或晒干。

【性味与归经】 苋：甘，微寒。归大肠、小肠经。苋实：甘，寒。归肝、大肠、膀胱经。苋根：辛，微寒。

【功能主治】 苋：清热解毒，通利二便。用于痢疾，二便不通，蛇虫咬伤，疮毒。苋实：清肝明目，通利二便。用于青盲翳障，视物昏暗，二便不利。苋根：清热解毒，散瘀止痛。用于泄泻，痢疾，痔疮，牙痛，漆疮，阴囊肿痛，跌打损伤，崩漏，带下。

【用法用量】 苋：煎服，30～60克；或煮粥。外用适量，捣敷或煎液熏洗。苋实：煎服，6～9克；或研末。苋根：煎服，9～15克（鲜品15～30克）；或浸酒。外用适量，捣敷；煅存性研末干撒或调敷；或煎汤熏洗。

【验方】 ①治眼雾不明及白翳：苋实、青葙子、蝉花各适量，炖猪肝服。（《四川中药志》）②治红崩：苋实、红鸡冠花、红绫子各适量，炖肉服。（《四川中药志》）③治乳糜血尿：红苋菜种子炒至炸花，研成细末。每服三钱，糖水送服，每日三次。服几次后，如小便仍混浊不清，可用委陵菜一两，水煎服。（《单方验方新医疗法选编》）

58. 青葙 *Celosia argentea* L.

【别名】 狗尾草、百日红、野鸡冠花、指天笔（《中国植物志》）。

【形态】 一年生草本，高0.3～1米，全体无毛；茎直立，有分枝，绿色或红色，具明显条纹。叶片矩圆状披针形、披针形或披针状条形，少数卵状矩圆形，长5～8厘米，宽1～3厘米，绿色常带红色，顶端急尖或渐尖，具小芒尖，基部渐狭；叶柄长2～15毫米，或无叶柄。花多数，密生，在茎端或枝端成单一、无分枝的塔状或圆柱状穗状花序，长3～10厘米；苞片及小苞片

披针形，长3～4毫米，白色，光亮，顶端渐尖，延长成细芒，具1中脉，在背部隆起；花被片矩圆状披针形，长6～10毫米，初为白色顶端带红色，或全部粉红色，后呈白色，顶端渐尖，具1中脉，在背面凸起；花丝长5～6毫米，分离部分长2.5～3毫米，花药紫色；子房有短柄，花柱紫色，长3～5毫米。胞果卵形，长3～3.5毫米，包裹在宿存花被片内。种子凸透镜状肾形，直径约1.5毫米。花期5—8月，果期6—10月。

【生境】 生于平原、田边、丘陵、山坡。

【分布】 产于新洲北部丘陵及南部水域湿地岸边。分布几遍全国，野生或栽培。

【药用部位及药材名】 干燥成熟种子（青葙子）。

【采收加工】 秋季果实成熟时采割植株或摘取果穗，晒干，收集种子，除去杂质。

【性味与归经】 苦，微寒。归肝经。

【功能主治】 清肝泻火，明目退翳。用于肝热目赤，目生翳膜，视物昏花，肝火眩晕。

【用法用量】 内服：煎汤，9～15 克。

【验方】 ①治风热泪眼：青葙子五钱，与鸡肝同炖服。(《泉州本草》)②治夜盲症，目翳：青葙子五钱，乌枣一两。开水冲炖，饭前服。（《闽东本草》）③治头风痛：青葙子五钱至一两，水煎服。（《福建中草药》）

59. 鸡冠花 *Celosia cristata* L.

【别名】 鸡髻花、鸡公花（《闽东本草》），鸡冠头（《全国中草药汇编》），鸡骨子花（《新华本草纲要》）。

【形态】 一年生直立草本，高 30～80 厘米。全株无毛，粗壮。分枝少，近上部扁平，绿色或带红色，有棱纹凸起。单叶互生，具柄；叶片长椭圆形至卵状披针形，长 5～13 厘米，宽 2～6 厘米，先端渐尖或长尖，基部渐窄成柄，全缘。穗状花序顶生，成扁平肉质鸡冠状、卷冠状或羽毛状，中部以下多花；花被片淡红色至紫红色、黄白色或黄色；苞片、小苞片和花被片干膜质，宿存；花被片 5，椭圆

状卵形，先端尖，雄蕊 5，花丝下部合生成杯状。胞果卵形，长约 3 毫米，熟时盖裂，包于宿存花被内。种子肾形，黑色，有光泽。花期 5—8 月，果期 8—11 月。

【生境】 喜温暖湿润气候，生于排水良好的沙壤土中。

【分布】 产于新洲各地，多为栽培。我国南北各地均有栽培，广布于温暖地区。

【药用部位及药材名】干燥花序（鸡冠花）。

【采收加工】秋季花盛开时采收，晒干。

【性味与归经】甘、涩，凉。归肝、大肠经。

【功能主治】收敛止血，止带，止痢。用于吐血，崩漏，便血，痔血，赤白带下，久痢不止。

【用法用量】内服：煎汤，6～12克；或入丸、散。外用：适量，煎水熏洗。

【验方】①治吐血不止：白鸡冠花，醋浸煮七次，为末。每服二钱，热酒下。(《经验方》)②治咯血，吐血：鲜白鸡冠花五至八钱（干者二至五钱），和猪肺（不可灌水）冲开水炖一小时许，饭后分二三次服。(《泉州本草》)③治血淋：白鸡冠花一两，烧炭，米汤送下。(《湖南药物志》)④治妇人带下：白鸡冠花，晒干为末。每旦空心酒服三钱，赤带用红者。(《孙天仁集效方》)⑤治风疹：白鸡冠花、向日葵各三钱，冰糖一两，开水炖服。(《闽东本草》)⑥治青光眼：干鸡冠花、干艾根、干牡荆根各五钱，水煎服。(《福建中草药》)

二十八、木兰科 Magnoliaceae

60. 荷花玉兰 *Magnolia grandiflora* L.

【别名】广玉兰(《中国药用植物志》)，洋玉兰(《中国树木分类学》)，白玉兰(《中国植物志》)，百花果(《湖南药物志》)。

【形态】常绿乔木，在原产地高达30米；树皮淡褐色或灰色，薄鳞片状开裂；小枝粗壮，具有横隔的髓心；小枝、芽、叶下面、叶柄均密被褐色或灰褐色短茸毛（幼树的叶下面无毛）。叶厚革质，椭圆形、长圆状椭圆形或倒卵状椭圆形，长10～20厘米，宽4～7（10）厘米，先端钝或短钝尖，基部楔形，叶面深绿色，有光泽；侧脉每边8～10条；叶柄长1.5～4厘米，无托叶痕，具深沟。花白色，芳香，直径15～20厘米；花被片9～12，厚肉质，倒卵形，长6～10厘米，宽5～7厘米；

雄蕊长约 2 厘米，花丝扁平，紫色，花药内向，药隔伸出成短尖；雌蕊群椭圆体形，密被长茸毛；心皮卵形，长 1～1.5 厘米，花柱呈卷曲状。聚合果圆柱状长圆形或卵圆形，长 7～10 厘米，直径 4～5 厘米，密被褐色或淡灰黄色茸毛；蓇葖背裂，背面圆，顶端外侧具长喙；种子近卵圆形或卵形，长约 14 毫米，直径约 6 毫米，外种皮红色，除去外种皮的种子，顶端延长成短颈。花期 5—6 月，果期 9—10 月。

【生境】　生于肥沃、深厚、湿润而排水良好的酸性或中性土壤中。

【分布】　产于新洲多地，均系栽培。原产于北美洲东南部，现我国长江流域以南各城市有栽培，兰州及北京公园也有栽培。

【药用部位及药材名】　花和树皮（广玉兰）。

【采收加工】　采收未开放的花蕾，白天暴晒，晚上发汗，五成干时，堆放 1～2 日，再晒至全干。树皮随时可采。

【性味与归经】　微辛，温。无毒。

【功能主治】　祛风散寒，行气止痛。用于外感风寒，头痛鼻塞，脘腹胀痛，呕吐腹泻，高血压，偏头痛。

【用法用量】　内服：煎汤，花 3～10 克，树皮 6～12 克。外用：适量，捣敷。

61. 玉兰 *Yulania denudata*（Desr.）D. L. Fu

【别名】　应春花、白玉兰、迎春花、玉堂春（《中国植物志》）。

【形态】　落叶乔木，高达 25 米，胸径 1 米，枝广展形成宽阔的树冠；树皮深灰色，粗糙开裂；小枝稍粗壮，灰褐色；冬芽及花梗密被淡灰黄色长绢毛。叶纸质，倒卵形、宽倒卵形或倒卵状椭圆形，基部徒长枝叶椭圆形，长 10～15（18）厘米，宽 6～10（12）厘米，先端宽圆、平截或稍凹，具短突尖，中部以下渐狭成楔形，叶上面深绿色，嫩时被柔毛，后仅中脉及侧脉留有柔毛，下面淡绿色，沿脉上被柔毛，侧脉每边 8～10 条，网脉明显；叶柄长 1～2.5 厘米，被柔毛，上面具狭纵沟；托叶痕为叶

柄长的 1/4 ～ 1/3。花蕾卵圆形，花先于
叶开放，直立，芳香，直径 10 ～ 16 厘米；
花梗显著膨大，密被淡黄色长绢毛；花被
片 9 片，白色，基部常带粉红色，长圆状
倒卵形，长 6 ～ 8（10）厘米，宽 2.5 ～ 4.5
（6.5）厘米；雄蕊长 7 ～ 12 毫米，花药
长 6 ～ 7 毫米，侧向开裂；药隔宽约 5 毫
米，顶端伸出成短尖头；雌蕊群淡绿色，
无毛，圆柱形，长 2 ～ 2.5 厘米；雌蕊狭
卵形，长 3 ～ 4 毫米，具长 4 毫米的锥尖
花柱。聚合果圆柱形（庭园栽培种常因部
分心皮不育而弯曲），长 12 ～ 15 厘米，
直径 3.5 ～ 5 厘米；蓇葖厚木质，褐色，
具白色皮孔；种子心形，侧扁，高约 9 毫米，
宽约 10 毫米，外种皮红色，内种皮黑色。
花期 2—3 月（亦常于 7—9 月再开一次花），
果期 8—9 月。

【生境】 生于海拔 1200 米以下的常
绿阔叶树和落叶阔叶树混交林中，现庭园
普遍栽培。

【分布】 产于新洲各地，多为栽培。
分布于浙江、安徽、江西、湖南、广东等省区，
普遍栽培。

【药用部位及药材名】 干燥花蕾（辛
夷）。

【采收加工】 冬末春初花未开放时采
收，除去枝梗，阴干。

【性味与归经】 辛，温。归肺、胃经。

【功能主治】 散风寒，通鼻窍。用于
风寒头痛，鼻塞流涕，鼻衄，鼻渊。

【用法用量】 内服：煎汤，3 ～ 9 克；或入丸、散。外用：适量，研末塞鼻或水浸蒸馏滴鼻。

【验方】 ①治鼻炎，鼻窦炎：a. 辛夷三钱，鸡蛋三个，同煮，吃蛋饮汤。（《单方验方调查资料选
编》）b. 辛夷四份，鹅不食草一份。用水浸泡 4 ～ 8 小时，蒸馏，取芳香水，滴鼻。（《中草药处方选编》）
②治鼻塞不知香味：皂角、辛夷、石菖蒲各等份，为末，绵裹塞鼻中。（《梅氏验方新编》）③治鼻内
作胀或生疮（此系酒毒者多）：辛夷一两，川黄连五钱，连翘二两，俱微炒，研为末。每饭后服三钱，
白汤下。（《缪氏方选》）

二十九、蜡梅科 Calycanthaceae

62. 蜡梅 *Chimonanthus praecox*（L.）Link

【别名】腊梅（《植物学名词审查本》），狗矢蜡梅（《经济植物手册》），蜡木（《中草药手册》），大叶蜡梅（《新华本草纲要》）。

【形态】落叶灌木，高达4米；幼枝四方形，老枝近圆柱形，灰褐色，无毛或被疏微毛，有皮孔；鳞芽通常着生于第二年生的枝条叶腋内，芽鳞片近圆形，覆瓦状排列，外面被短柔毛。叶纸质至近革质，卵圆形、椭圆形、宽椭圆形至卵状椭圆形，有时长圆状披针形，长5～25厘米，宽2～8厘米，顶端急尖至渐尖，有时具尾尖，基部急尖至圆形，除叶背脉上被疏微毛外无毛。花着生于第二年生枝条叶腋内，先花后叶，芳香，直径2～4厘米；花被片圆形、长圆形、倒卵形、椭圆形或匙形，长5～20毫米，宽5～15毫米，无毛，内部花被片比外部花被片短，基部有爪；雄蕊长4毫米，花丝比花药长或等长，花药向内弯，无毛，药隔顶端短尖，退化雄蕊长3毫米；心皮基部被疏硬毛，花柱长达子房3倍，基部被毛。果托近木质化，坛状或倒卵状椭圆形，长2～5厘米，直径1～2.5厘米，口部收缩，并具有钻状披针形的被毛附生物。花期11月至翌年3月，果期4—11月。

【生境】生于山坡灌丛或水沟边。

【分布】产于新洲多地，多系栽培。野生于山东、江苏、安徽、浙江、福建、江西、湖南、湖北、河南、陕西、四川、贵州、云南等地，生于山地林中或山坡灌丛；各地有栽培。

【药用部位及药材名】花蕾（蜡梅花）。

【采收加工】移栽后3～4年开花。在花刚开放时采收，用无烟微火炕到表面显干燥时取出，等回潮后，行复炕，这样反复1～2次，炕到金黄色全干即成。

【性味与归经】 辛、甘、微苦，凉。有小毒。归肺、胃经。

【功能主治】 解暑清热，理气开郁。用于暑热烦渴，头晕，胸脘痞闷，梅核气，咽喉肿痛，百日咳，小儿麻疹，烫火伤。

【用法用量】 内服：煎汤，1～2钱。外用：适量，浸油涂。

【验方】 ①治久咳：蜡梅花9克，泡开水代茶饮。②治胃气痛：蜡梅花或根9～15克，泡茶或水煎服。③治风寒感冒：蜡梅根（干品）15克，生姜3～5片，水煎后加红糖适量服用。④治暑热，心烦头昏，头痛：蜡梅花、扁豆花、鲜荷叶各适量，水煎服。⑤治风火赤眼：蜡梅花10克，杭菊花10克，水煎，调入蜂蜜15克，饮服。⑥治咽喉肿痛：蜡梅花10克，大青叶10克，青果10克，胖大海5克，水煎服。⑦治梅核气：蜡梅花10克，玳玳花10克，开水泡冲，加糖代茶饮。⑧治烫伤，烧伤：鲜蜡梅花10克，捣烂取汁，外涂患处。

三十、樟科 Lauraceae

63. 樟 *Cinnamomum camphora*（L.）Presl

【别名】 樟木、油樟、香樟、樟树（《中国植物志》）。

【形态】 常绿大乔木，高可达30米，直径可达3米，树冠广卵形；枝、叶及木材均有樟脑气味；树皮黄褐色，有不规则的纵裂。顶芽广卵形或圆球形，鳞片宽卵形或近圆形，外面略被绢状毛。枝条圆柱形，淡褐色，无毛。叶互生，卵状椭圆形，长6～12厘米，宽2.5～5.5厘米，先端急尖，基部宽楔形至近圆形，边缘全缘，软骨质，有时呈微波状，上面绿色或黄绿色，有光泽，下面黄绿色或灰绿色，晦暗，两面无毛或下面幼时略被微柔毛，具离基三出脉，有时过渡到基部具不明显的5脉，中脉两面明显，上部每边有侧脉1～5（7）条；基生侧脉向叶缘一侧有少数支脉，侧脉及支脉脉腋上面明显隆起，下面有明显腺窝，窝内常被柔毛；叶柄纤细，长2～3厘米，腹凹背凸，无毛。圆锥花序腋生，

长 3.5～7 厘米，具梗，总梗长 2.5～4.5 厘米，与各级序轴均无毛或被灰白色至黄褐色微柔毛，被毛时往往在节上尤为明显。花绿白色或带黄色，长约 3 毫米；花梗长 1～2 毫米，无毛。花被外面无毛或被微柔毛，内面密被短柔毛，花被筒倒锥形，长约 1 毫米，花被裂片椭圆形，长约 2 毫米。能育雄蕊 9，长约 2 毫米，花丝被短柔毛。退化雄蕊 3，位于最内轮，箭头形，长约 1 毫米，被短柔毛。子房球形，长约 1 毫米，无毛，花柱长约 1 毫米。果卵球形或近球形，直径 6～8 毫米，紫黑色；果托杯状，长约 5 毫米，顶端截平，宽达 4 毫米，基部宽约 1 毫米，具纵向沟纹。花期 4—5 月，果期 8—11 月。

【生境】生于山坡或沟谷中，但多为栽培。

【分布】产于新洲各地，多为栽培。分布于南方及西南各省区。

【药用部位及药材名】木材（樟木）；根、干、枝、叶经蒸馏精制而成的颗粒状物（樟脑）；成熟果实（樟木子）。

【采收加工】木材（樟木）：定植 5～6 年成材后，通常于冬季砍伐树干，锯段，劈成小块，晒干。根、干、枝、叶经蒸馏精制而成的颗粒状物（樟脑）：一般在 9—12 月砍伐老树，取根、干、枝、叶置蒸馏器用水蒸馏得粗脑，再精馏得精脑。成熟果实（樟木子）：11—12 月采摘成熟果实，晒干。

【性味与归经】樟木：辛，温。归肝、脾经。樟脑：辛，热。有小毒。归心、脾经。樟木子：辛，温。气香。

【功能主治】樟木：祛风散寒，温中理气，活血通络。用于风寒感冒，胃寒胀痛，寒湿吐泻，风湿痹痛，脚气，跌打伤痛，疥癣风痒。樟脑：通窍辟秽，杀虫止痒，消肿止痛。用于热病神昏，寒湿脚气，疥疮顽癣，秃疮，冻疮，臁疮，水火烫伤，跌打伤痛，牙痛，风火赤眼。樟木子：散瘀消肿，祛风止痛。用于跌打肿痛，扭挫伤，骨折，风湿性关节痛。

【用法用量】樟木：煎服，10～20 克；研末，3～6 克；或泡酒饮。外用适量，煎水洗。樟脑：内服，入丸、散，0.06～0.15 克，不入煎剂。外用适量，研末，或溶于酒中，或入软膏敷搽。樟木子：煎服，10～15 克。外用适量，煎汤洗；或研末以水调敷患处。

64. 山橿 *Lindera reflexa* Hemsl.

【别名】野樟树（《植物名实图考》），铁脚樟、生姜树、木姜子（《中国植物志》）。

【形态】 落叶灌木或小乔木；树皮棕褐色，有纵裂及斑点。幼枝黄绿色，光滑，无皮孔，幼时有绢状柔毛，不久脱落。冬芽长角锥状，芽鳞红色。叶互生，通常卵形或倒卵状椭圆形，有时为狭倒卵形或狭椭圆形，长（5）9～12（16.5）厘米，宽（2.5）5.5～8（12.5）厘米，先端渐尖，基部圆形或宽楔形，有时稍心形，纸质，上面绿色，幼时在中脉上被微柔毛，不久脱落，下面带绿苍白色，被白色柔毛，后渐脱落成几无毛，羽状脉，侧脉每边6～8（10）条；叶柄长6～17（30）毫米，幼时被柔毛，后脱落。伞形花序着生于叶芽两侧，具总梗，长约3毫米，红色，密被红褐色微柔毛，果时脱落；总苞片4，内有花约5朵。雄花花梗长4～5毫米，密被白色柔毛；花被片6，黄色，椭圆形，近等长，长约2毫米，花丝无毛，第三轮的基部着生2个宽肾形具长柄腺体，柄基部与花丝合生；退化雌蕊细小，长约1.5毫米，狭角锥形。雌花花梗长4～5毫米，密被白色柔毛；花被片黄色，宽矩圆形，长约2毫米，外轮略小，外面在背脊部被白色柔毛，内面被稀疏柔毛；退化雄蕊条形，第一、第二轮长约1.2毫米，第三轮略短，基部着生2腺体，腺体几与退化雄蕊等大，下部分与退化雄蕊合生，有时仅见腺体而不见退化雄蕊；雌蕊长约2毫米，

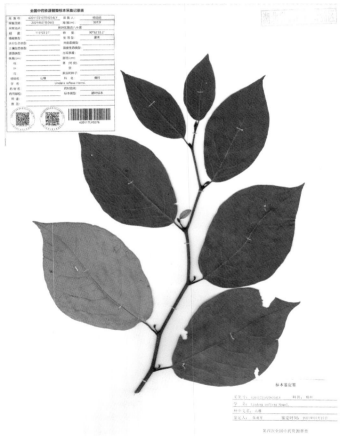

子房椭圆形，花柱与子房等长，柱头盘状。果球形，直径约7毫米，熟时红色；果梗无皮孔，长约1.5厘米，被疏柔毛。花期4月，果期8月。

【生境】 生于海拔1000米以下的山谷、山坡林下或灌丛中。

【分布】产于新洲东部山区。分布于河南、江苏、安徽、浙江、江西、湖南、湖北、贵州、云南、广西、广东、福建等地。

【药用部位及药材名】 根或根皮（山橿根）。

【采收加工】 全年均可采收，洗净，晒干或鲜用。

【性味与归经】 辛，温。

【功能主治】 止血消肿，行气止痛。用于疥癣，风疹，胃痛。

【用法用量】 内服：煎汤，根 6～15 克，果实 3～9 克。外用：适量，鲜根皮捣烂敷；或煎水熏洗。

三十一、毛茛科 Ranunculaceae

65. 威灵仙 *Clematis chinensis* Osbeck

【别名】 白钱草、青风藤（《中国植物志》），能消（《开宝本草》），铁脚威灵仙（《本草纲目》）。

【形态】 木质藤本。干后变黑色。茎、小枝近无毛或疏生短柔毛。一回羽状复叶有 5 小叶，有时 3 或 7，偶尔基部一对以至第二对 2～3 裂至 2～3 小叶；小叶片纸质，卵形至卵状披针形，或为线状披针形、卵圆形，长 1.5～10 厘米，宽 1～7 厘米，顶端锐尖至渐尖，偶有微凹，基部圆形、

宽楔形至浅心形，全缘，两面近无毛，或疏生短柔毛。常为圆锥状聚伞花序，多花，腋生或顶生；花直径 1～2 厘米；萼片 4（5），开展，白色，长圆形或长圆状倒卵形，长 0.5～1（1.5）厘米，顶端常突尖，外面边缘密生茸毛或中间有短柔毛，雄蕊无毛。瘦果扁，3～7 个，卵形至宽椭圆形，长 5～7 毫米，有柔毛，宿存花柱长 2～5 厘米。花期 6—9 月，果期 8—11 月。

【生境】 生于山坡、山谷灌丛或沟边、路旁草丛中。

【分布】 产于新洲东部山区。分布于云南（南部）、贵州、四川、陕西（南部）、广西、广东、湖南、湖北、河南、福建、台湾、江西、浙江、江苏（南部），以及安徽淮河以南等地。

【药用部位及药材名】 干燥根和根茎（威灵仙）。

【采收加工】 秋季采挖，除去泥沙，晒干。

【性味与归经】 辛、咸，温。归膀胱经。

【功能主治】 祛风湿，通经络。用于风湿痹痛，肢体麻木，筋脉拘挛，屈伸不利。

【用法用量】 内服：煎汤，6～9 克；消骨鲠可用至 30 克，或入丸、散。

【验方】 ①治风湿性关节炎：威灵仙 12 克，秦艽、防己、木瓜、千年健、苍术、制草乌、川牛膝各 10 克，水煎服。②治骨质增生：威灵仙、当归各 12 克，白芍 15 克，桂枝、木瓜、五加皮、陈皮、丝瓜络各 10 克，牛膝 15 克，秦艽 10 克，水煎服。③治尿路结石：肾结石者，可用威灵仙 15 克，金钱草、鸡内金各 30 克，冬葵子、怀牛膝各 10 克；输尿管或膀胱结石者，可用威灵仙、滑石各 15

克，海金沙 30 克，通草 10 克，水煎服。
④治肝胆结石（重用威灵仙治疗胆囊结石）：威灵仙 100 克，煎煮后当茶饮用。或用威灵仙、鸡内金、茵陈各 30 克，柴胡、白芍各 15 克，郁金、陈皮、炒莱菔子各 10 克，水煎服。对胆管结石、肝胆管泥沙样结石、胆囊结石有较好疗效。⑤治头痛：属于偏头痛者，取威灵仙、白芍各 15 克，白芷、白芥子、川芎、蜈蚣各 10 克；属于神经性头痛或三叉神经痛者，用威灵仙、葛根、丹参各 15 克，全蝎 10 克，制马钱子 6 克，水煎服。⑥治骨鲠在喉：威灵仙枝茎干品 250 克，野菊花 30 克，加水 1500 毫升，文火煎后取汁 500 毫升，加入食醋 30 毫升，每次服 60 毫升，每日 1 次，徐徐咽下，20 分钟内服完。⑦治食管癌：威灵仙、鲜荷叶各 30 克，加食醋 30 毫升，煎汤饮用，对消除吞咽困难、痰涎壅盛等症状有一定疗效。

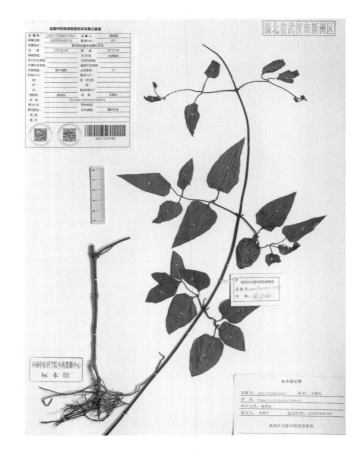

66. 小毛茛 *Ranunculus ternatus* Thunb.

【别名】猫爪草（《中国植物志》），猫爪儿草（《河南中药手册》），三散草（《浙江药用植物志》）。

【形态】一年生草本。簇生多数肉质小块根，块根卵球形或纺锤形，顶端质硬，形似猫爪，直径 3 ～ 5 毫米。茎铺散，高 5 ～ 20 厘米，多分枝，较柔软，大多无毛。基生叶有长柄；叶片形状多变，单叶或三出复叶，宽卵形至圆肾形，长 5 ～ 40 毫米，宽 4 ～ 25 毫米，小叶 3 浅裂至 3 深裂或多次细裂，末回裂片倒卵形至线形，无毛；叶柄长 6 ～ 10 厘米。茎生叶无柄，叶片较小，全裂或细裂，裂片线形，宽 1 ～ 3 毫米。花单生于茎顶和分枝顶端，直径 1 ～ 1.5 厘米；萼片 5 ～ 7，长 3 ～ 4 毫米，外面疏生柔毛；花瓣 5 ～ 7 或更多，黄色或后变白色，倒卵形，长 6 ～ 8 毫米，基部有长约 0.8 毫米的爪，蜜槽棱形；花药长约 1 毫米；花托无毛。聚合果近球形，直径约 6 毫米；瘦果卵球形，长约 1.5 毫

米，无毛，边缘有纵肋，喙细短，长约 0.5 毫米。花期早，春季 3 月开花，果期 4—7 月。

【生境】 生于平原湿草地或田边荒地。

【分布】 产于新洲中部、西部、南部河岸、湖泊湿地及田边荒地。分布于广西、台湾、江苏、浙江、江西、湖南、安徽、湖北、河南等地。

【药用部位及药材名】 干燥块根（猫爪草）。

【采收加工】 春季采挖，除去须根和泥沙，晒干。

【性味与归经】 甘、辛，温。归肝、肺经。

【功能主治】 化痰散结，解毒消肿。用于瘰疬痰核，疔疮肿毒，蛇虫咬伤。

【用法用量】内服：煎汤，15 ～ 30 克。外用：适量，研末敷。

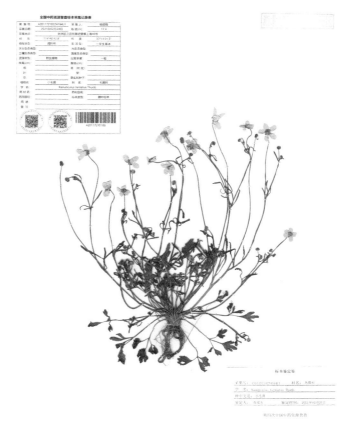

【验方】①治瘰疬：猫爪草、夏枯草各适量，水煮，过滤取汁，再熬成膏，贴患处。或猫爪草四两，加水煮沸后改用文火煎半小时，过滤取汁，加黄酒或江米甜酒（忌用白酒）为引，分 4 次服。第 2 日，用上法将原药再煎，不加黄酒服。两日 1 剂，连服 4 剂，间隔 3 ～ 5 日续服。（《河南中草药手册》）②治肺结核：猫爪草二两，水煎，分 2 次服。（《河南中草药手册》）③治肺癌：a. 猫爪草、夏枯草各 50 克。水煎服，每日 1 剂。加服小金丹，每次 3 克，每日 2 次。（《中国医学文摘（中医）》）b. 猫爪草、鱼腥草、仙鹤草、山海螺、蚤休各 30 克，天冬 20 克，生半夏、浙贝母各 15 克，葶苈子 12 克。水煎服，每日 1 剂，分 2 次服。（《抗肿瘤中药的治癌效验》）④治恶性淋巴瘤：猫爪草 15 ～ 30 克，蚤休 18 ～ 24 克、乌蔹莓、水红花、薏苡仁各 30 ～ 60 克，大黄 9 克，每日 1 剂，煎 2 次分服。（《抗肿瘤中药的治癌效验》）

67. 毛茛 *Ranunculus japonicus* Thunb.

【别名】 毛董（《本草纲目》），老虎脚迹草（《中国药用植物志》），辣子草（《民间常用草药汇编》），烂肺草（《中国药用植物图鉴》），五虎草（《中国植物志》）。

【形态】 多年生草本。须根多数簇生。茎直立，高 30 ～ 70 厘米，中空，有槽，具分枝，生开展或贴伏的柔毛。基生叶多数；叶片圆心形或五角形，长及宽为 3 ～ 10 厘米，基部心形或截形，通常 3 深裂不达基部，中裂片倒卵状楔形或宽卵圆形或菱形，3 浅裂，边缘有粗齿或缺刻，侧裂片不等地 2 裂，两面贴生柔毛，下面或幼时的毛较密；叶柄长达 15 厘米，生开展柔毛。下部叶与基生叶相似，渐向上叶柄变短，叶片较小，3 深裂，裂片披针形，有尖齿或再分裂；最上部叶线形，全缘，无柄。聚伞花序有多数花，疏散；花直径 1.5～2.2 厘米；花梗长达 8 厘米，贴生柔毛；萼片椭圆形，长 4～6 毫米，生白色柔毛；花瓣 5，倒卵状圆形，长 6～11 毫米，宽 4～8 毫米，基部有长约 0.5 毫米的爪，蜜槽鳞片长 1～2 毫米；花药长约 1.5 毫米；花托短小，无毛。聚合果近球形，直径 6～8 毫米；瘦果扁平，长 2～2.5 毫米，上部最宽处与长近相等，为厚的 5 倍以上，边缘有宽约 0.2 毫米的棱，无毛，喙短直或外弯，长约 0.5 毫米。花果期 4—9 月。

【生境】　生于田沟旁和林缘路边的湿草地上。

【分布】　产于新洲各地。除西藏外，我国各省区广布。

【药用部位及药材名】　全草及根（毛茛）。

【采收加工】　夏末秋初采收全草及根，阴干。鲜用可随采随用。

【性味与归经】　辛，温。有毒。

【功能主治】　退黄，定喘，截疟，镇痛，消翳。用于黄疸，哮喘，疟疾，偏头痛，牙痛，鹤膝风，风湿性关节痛，目生翳膜，瘰疬，疮痈肿毒。

【用法用量】　外用：适量，捣敷患处或穴位，使局部发赤起疱时取去；或煎水洗。

68. 天葵 *Semiaquilegia adoxoides*（DC.）Makino

【别名】　千年老鼠屎（《本草纲目拾遗》），紫背天葵、耗子屎、麦无踪（《中国植物志》）。

【形态】　块根长 1～2 厘米，粗 3～6 毫米，外皮棕黑色。茎 1～5 条，高 10～32 厘米，直径 1～2 毫米，被稀疏的白色柔毛，分歧。基生叶多数，为掌状三出复叶；叶片轮廓卵圆形至肾形，长 1.2～3 厘米；小叶扇状菱形或倒卵状菱形，长 0.6～2.5 厘米，宽 1～2.8 厘米，三深裂，深裂片又有 2～3 个小裂片，两面均无毛；叶柄长 3～12 厘米，基部扩大成鞘状。茎生叶与基生叶相似，唯较小。

花小，直径 4 ～ 6 毫米；苞片小，倒披针形至倒卵圆形，不裂或三深裂；花梗纤细，长 1 ～ 2.5 厘米，被伸展的白色短柔毛；萼片白色，常带淡紫色，狭椭圆形，长 4 ～ 6 毫米，宽 1.2 ～ 2.5 毫米，顶端急尖；花瓣匙形，长 2.5 ～ 3.5 毫米，顶端近截形，基部凸起呈囊状；退化雄蕊约 2 枚，线状披针形，白膜质，与花丝近等长；心皮无毛。蓇葖卵状长椭圆形，长 6 ～ 7 毫米，宽约 2 毫米，表面具凸起的横向脉纹，种子卵状椭圆形，褐色至黑褐色，长约 1 毫米，表面有许多小瘤状突起。3—4 月开花，4—5 月结果。

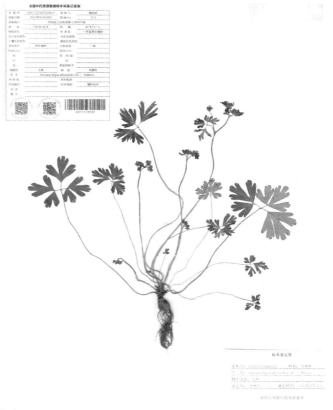

【生境】生于海拔 10 ～ 1050 米的疏林下、路旁或山谷地的较阴处。

【分布】产于新洲各地。分布于四川、贵州、湖北、湖南、广西（北部）、江西、福建、浙江、江苏、安徽、陕西（南部）等地。

【药用部位及药材名】全草（天葵）；干燥块根（天葵子）。

【采收加工】天葵：夏初采挖，洗净，干燥。天葵子：夏初采挖，洗净，干燥，除去须根。

【性味与归经】天葵：甘，寒。天葵子：甘，苦，寒。归肝、胃经。

【功能主治】天葵：消肿；解毒，利水。用于瘰疬，疝气，小便不利。天葵子：清热解毒，消肿散结。用于痈肿疔疮，乳痈，瘰疬，蛇虫咬伤。

【用法用量】天葵：煎服，9 ～ 15 克。外用，捣敷。天葵子：煎服，9 ～ 15 克。

【验方】（1）天葵：①治瘰疬：紫背天葵一两五钱，海藻、海带、昆布、贝母、桔梗各一两，海螵蛸五钱。上为细末，酒糊为丸，如梧桐子大。每服七十丸，食后温酒下。（《古今医鉴》天葵丸）。②治诸疝初起，发寒热，疼痛，欲成囊痈者：荔枝核十四枚，小茴香二钱，紫背天葵四两。蒸白酒两缸，频服。（《经验集》）③治毒蛇咬伤：天葵嚼烂，敷伤处，药干再换。④治缩阴症：天葵五钱，煮鸡蛋食。（③④出自《湖南药物志》）

（2）天葵子：①治痈疽肿毒：鲜天葵根适量，捣烂外敷。②治瘰疬，乳腺癌：天葵根 1.5 克，象贝 6 ～ 9 克，煅牡蛎 9 ～ 12 克，甘草 3 克，同煎服数次。③治蛇咬伤：天葵子 6 克，捣烂敷，每日换 1 次。④治

肺痨：天葵子 12 克，放入 1 个猪肚内，煮烂去渣吃，连吃 3 个。（①～④出自《贵阳民间药草》）

三十二、小檗科 Berberidaceae

69. 南天竹 *Nandina domestica* Thunb.

【别名】南天烛（《本草图经》），杨桐（《本草纲目》），蓝田竹、红天竺（《中国植物志》）。

【形态】常绿小灌木。茎常丛生而少分枝，高 1～3 米，光滑无毛，幼枝常为红色，老后呈灰色。叶互生，集生于茎的上部，三回羽状复叶，长 30～50 厘米；二至三回羽片对生；小叶薄革质，椭圆形或椭圆状披针形，长 2～10 厘米，宽 0.5～2 厘米，顶端渐尖，基部楔形，全缘，上面深绿色，冬季变红色，背面叶脉隆起，两面无毛；近无柄。圆锥花序直立，长 20～35 厘米；花小，白色，具芳香，直径 6～7 毫米；萼片多轮，外轮萼片卵状三角形，长 1～2 毫米，向内各轮渐大，最内轮萼片卵状长圆形，长 2～4 毫米；花瓣长圆形，长约 4.2 毫米，宽约 2.5 毫米，先端圆钝；雄蕊 6，长约 3.5 毫米，花丝短，花药纵裂，药隔延伸；子房 1 室，具 1～3 枚胚珠。果柄长 4～8 毫米；浆果球形，直径 5～8 毫米，熟时鲜红色，稀橙红色。种子扁圆形。花期 3—6 月，果期 5—11 月。

【生境】生于山地林下沟旁、路边或灌丛中，海拔 1200 米以下。

【分布】产于新洲各地。分布于福建、浙江、山东、江苏、江西、安徽、湖南、湖北、广西、广东、四川、云南、贵州、陕西、河南等地。

【药用部位及药材名】果实（南天竹子）；叶（南天竹叶）；根（南天竹根）；茎枝（南天竹梗）。

【采收加工】果实（南天竹子）：秋季果实成熟时或至翌年春季采收，剪取果枝，摘取果实，晒干。置干燥处，防蛀。叶（南天竹叶）：四季均可采叶，晒干。根（南天竹根）：9—10 月采收，晒干或鲜用。茎枝（南天竹梗）：全年可采，切段，晒干。

【性味与归经】南天竹子：酸、甘，平。有毒。归肺经。南天竹叶、南天竹根、南天竹梗：苦，寒。

【功能主治】南天竹子：敛肺止咳，平喘。用于久咳，气喘，百日咳。南天竹叶：清热利湿，泻火，解毒。用于肺热咳嗽，百日咳，热淋，尿血，目赤肿痛，疮痈，瘰疬。南天竹根：清热，止咳，除湿，解毒。用于肺热咳嗽，湿热黄疸，腹泻，风湿痹痛，疮疡，瘰疬。南天竹梗：清湿热，降逆气。用于湿热黄疸，泄泻，热淋，目赤肿痛，咳嗽。

【用法用量】南天竹子：煎服，6 ～ 15 克；或研末。南天竹叶：煎服，9 ～ 15 克。外用适量，捣敷或煎水洗。南天竹根：煎服，9 ～ 15 克（鲜品 30 ～ 60 克）；或浸酒。外用适量，煎水洗或点眼。南天竹梗：煎服，10 ～ 15 克。

三十三、木通科 Lardizabalaceae

70. 三叶木通 *Akebia trifoliata*（**Thunb.**）**Koidz.**

【别名】阴阳果、猪腰子、八月炸、八月瓜、八月楂（《中国植物志》）。

【形态】落叶木质藤本。茎皮灰褐色，有稀疏的皮孔及小疣点。掌状复叶互生或在短枝上的簇生；叶柄直，长 7 ～ 11 厘米；小叶 3 片，纸质或薄革质，卵形至阔卵形，长 4 ～ 7.5 厘米，宽 2 ～ 6 厘米，先端通常钝或略凹入，具小突尖，基部截平或圆形，边缘具波状齿或浅裂，上面深绿色，下面浅绿色；侧脉每边 5 ～ 6 条，与网脉同在两面略凸起；中央小叶柄长 2 ～ 4 厘米，侧生小叶柄长 6 ～ 12 毫米。总状花序自短枝上簇生叶中抽出，下部有 1 ～ 2 朵雌花，以上有 15 ～ 30 朵雄花，长 6 ～ 16 厘米；总花梗纤细，长约 5 厘米。雄花：花梗丝状，长 2 ～ 5 毫米；萼片 3，淡紫色，阔椭圆形或椭圆形，长 2.5 ～ 3 毫米；雄蕊 6，离生，排列为杯状，花丝极短，药室在开花时内弯；退化心皮 3，长圆状锥形。雌花：花梗稍较雄花的粗，长 1.5 ～ 3 厘米；萼片 3，紫褐色，近圆形，长 10 ～ 12 毫米，宽约 10 毫米，先端圆而略凹入，开花时广展反折；退化雄蕊 6 枚或更多，小，长圆形，无花丝；心皮 3 ～ 9 枚，离生，圆柱形，直，长（3）4 ～ 6 毫米，柱头头状，具乳突，橙黄色。果长圆形，长 6 ～ 8 厘米，直径 2 ～ 4 厘米，直或稍

弯，成熟时灰白色略带淡紫色；种子极多数，扁卵形，长 5 ～ 7 毫米，宽 4 ～ 5 毫米，种皮红褐色或黑褐色，稍有光泽。花期 4—5 月，果期 7—8 月。

【生境】 生于海拔 250 ～ 2000 米的山地沟谷边疏林或丘陵灌丛中。

【分布】 产于新洲东部山区。分布于河北、山西、山东、河南、陕西（南部）、甘肃（东南部）至长江流域各省区。

【药用部位及药材名】 干燥藤茎（木通）；干燥近成熟果实（预知子）。

【采收加工】 干燥藤茎（木通）：秋季采收，截取茎部，除去细枝，阴干。干燥近成熟果实（预知子）：夏、秋二季果实呈绿黄色时采收，晒干，或置沸水中略烫后晒干。

【性味与归经】 木通：苦，寒。归心、小肠、膀胱经。预知子：苦，寒。归肝、胆、胃、膀胱经。

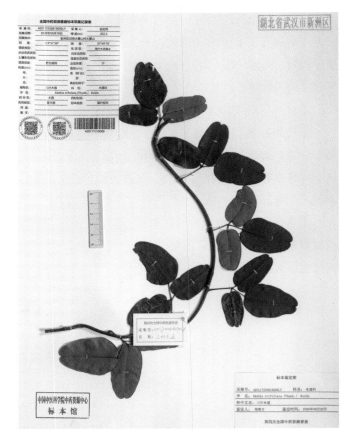

【功能主治】 木通：利尿通淋，清心除烦，通经下乳。用于淋证，水肿，心烦尿赤，口舌生疮，闭经乳少，湿热痹痛。预知子：疏肝理气，活血止痛，散结，利尿。用于脘胁胀痛，痰核痞块，小便不利。

【用法用量】 木通：煎服，3 ～ 6 克；或入丸、散。预知子：煎服，5 ～ 30 克，大剂量可用至 30 ～ 60 克；或浸酒。

【验方】 ①治中寒腹痛，疝痛：预知子 30 克，小茴香 12 克，水煎服。（《四川中药志》）②治输尿管结石：预知子配薏苡仁各 60 克，煎服。（《中药志》）③治淋巴结结核：预知子、金樱子、海金沙根各 120 克，天葵子 240 克，煎汤，分 3 日服。（《中草药手册》）④治肝癌：预知子、石燕、马鞭草各 30 克，水煎服。（《常用抗癌药物手册》）

71. 白木通 *Akebia trifoliata* (Thunb.) Koidz. var. *australis* (Diels) Rehd.

【别名】 拿藤（《植物名实图考》）。

【形态】 小叶革质，卵状长圆形或卵形，长 4 ～ 7 厘米，宽 1.5 ～ 3（5）厘米，先端狭圆，顶微凹入而具小突尖，基部圆形、阔楔形、截平或心形，边通常全缘；有时略具少数不规则的浅缺刻。总状花序长 7 ～ 9 厘米，腋生或生于短枝上。雄花：萼片长 2 ～ 3 毫米，紫色；雄蕊 6，离生，长约 2.5 毫米，红色或紫红色，干后褐色或淡褐色。雌花：直径约 2 厘米；萼片长 9 ～ 12 毫米，宽 7 ～ 10 毫米，暗紫色；心皮 5 ～ 7，紫色。果长圆形，长 6 ～ 8 厘米，直径 3 ～ 5 厘米，熟时黄褐色；种子卵形，黑褐色。花期 4—5 月，果期 6—9 月。

【生境】 生于海拔 300 ～ 2100 米的山坡灌丛或沟谷疏林中。

【分布】 产于新洲东部山区。分布于长江流域各省区，向北分布至河南、山西和陕西。

【药用部位及药材名】 干燥藤茎（木通）；干燥近成熟果实（预知子）。

【采收加工】 干燥藤茎（木通）：秋季采收，截取茎部，除去细枝，阴干。干燥近成熟果实（预知子）：夏、秋二季果实呈绿黄色时采收，晒干，或置沸水中略烫后晒干。

【性味与归经】 木通：苦，寒。归心、小肠、膀胱经。预知子：苦，寒。归肝、胆、胃、膀胱经。

【功能主治】 木通：利尿通淋，清心除烦，通经下乳。用于淋证，水肿，心烦尿赤，口舌生疮，闭经乳少，湿热痹痛。预知子：疏肝理气，活血止痛，散结，利尿。用于脘胁胀痛，痰核痞块，小便不利。

【用法用量】 木通：煎服，3 ～ 6 克；或入丸、散。预知子：煎服，5 ～ 30 克，大剂量可用至 30 ～ 60 克；或浸酒。

三十四、防己科 Menispermaceae

72. 木防己 *Cocculus orbiculatus*（L.）DC.

【别名】 土木香、牛木香（《浙江天目山药用植物志》），青藤仔、园藤根（《福建药物志》），青藤香（《中国植物志》）。

【形态】 木质藤本；小枝被茸毛至疏柔毛，或有时近无毛，有条纹。叶片纸质至近革质，形状变异极大，自线状披针形至阔卵状近圆形、狭椭圆形至近圆形、倒披针形至倒心形，有时卵状心形，顶端短尖或钝而有小突尖，有时微缺或 2 裂，边全缘或 3 裂，有时掌状 5 裂，通常长 3 ～ 8 厘米，很少超过 10 厘米，宽不等，两面被密柔毛至疏柔毛，有时除下面中脉外两面近无毛；掌状脉 3 条，很少 5 条，在下面微凸起；叶柄长 1 ～ 3 厘米，很少超过 5 厘米，被稍密的白色柔毛。聚伞花序少花，腋生，或排成多花，

狭窄聚伞圆锥花序，顶生或腋生，长可达10厘米或更长，被柔毛。雄花：小苞片2或1，长约0.5毫米，紧贴花萼，被柔毛；萼片6，外轮卵形或椭圆状卵形，长1～1.8毫米，内轮阔椭圆形至近圆形，有时阔倒卵形，长达2.5毫米或稍过之；花瓣6，长1～2毫米，下部边缘内折，抱着花丝，顶端2裂，裂片叉开，渐尖或短尖；雄蕊6，比花瓣短。雌花：萼片和花瓣与雄花相同；退化雄蕊6，微小；心皮6，无毛。核果近球形，红色至紫红色，直径通常7～8毫米；果核骨质，直径5～6毫米，背部有小横肋状雕纹。

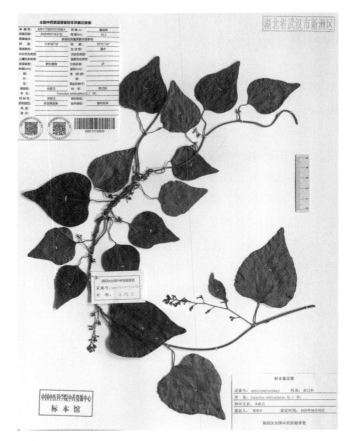

【生境】生于灌丛、村边、林缘等处。

【分布】产于新洲各地。我国大部分地区有分布（西北部和西藏尚未见），以长江流域中下游及其以南各省区常见。

【药用部位及药材名】根（木防己）。

【采收加工】9—10月采挖，刮去粗皮，切段，晒干。

【性味与归经】苦、辛，寒。归膀胱、肾、脾经。

【功能主治】祛风除湿，通经活络，解毒消肿。用于风湿痹痛，水肿，小便淋漓，闭经，跌打损伤，咽喉肿痛，疮疡肿痛，湿疹，毒蛇咬伤。

【用法用量】内服：煎汤，5～10克。外用：适量，煎水熏洗；或捣敷，或磨浓汁涂敷。

73. 千金藤 *Stephania japonica*（Thunb.）Miers

【别名】金线吊乌龟（《植物名实图考》），公老鼠藤、野桃草（《湖南药物志》），金丝荷叶、天膏药（《浙江民间常用草药》）。

【形态】稍木质藤本，全株无毛；根条状，褐黄色；小枝纤细，有直线纹。叶纸质或坚纸质，通常三角状近圆形或三角状阔卵形，长6～15厘米，通常不超过10厘米，长与宽近相等或略小，顶端有小突尖，基部通常微圆，下面粉白；

掌状脉 10～11 条，下面凸起；叶柄长 3～12 厘米，明显盾状着生。复伞形聚伞花序腋生，通常有伞梗 4～8 条，小聚伞花序近无柄，密集呈头状；花近无梗。雄花：萼片 6 或 8，膜质，倒卵状椭圆形至匙形，长 1.2～1.5 毫米，无毛；花瓣 3 或 4，黄色，稍肉质，阔倒卵形，长 0.8～1 毫米；聚药雄蕊长 0.5～1 毫米，伸出或不伸出。雌花：萼片和花瓣各 3～4 片，形状和大小与雄花的近似或较小；心皮卵状。果倒卵形至近圆形，长约 8 毫米，成熟时红色；果核背部有 2 行小横肋状雕纹，每行 8～10 条，小横肋常断裂，胎座迹不穿孔或偶有一小孔。

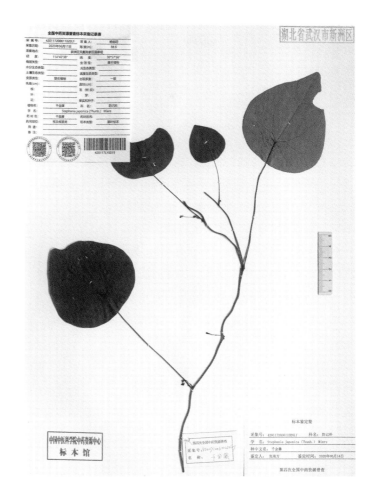

【生境】 生于村边或旷野灌丛中。

【分布】 产于新洲各地。我国多见于河南南部（鸡公山）、重庆（北碚）、四川、湖北、湖南、江苏、浙江、安徽、江西、福建等地。

【药用部位及药材名】 根或茎叶（千金藤）。

【采收加工】 7—8 月采收茎叶，10—11 月挖根，晒干。

【性味与归经】 苦、辛，寒。

【功能主治】 清热解毒，祛风止痛，利水消肿。用于咽喉肿痛，痈肿疮疖，毒蛇咬伤，风湿痹痛，胃痛，脚气水肿。

【用法用量】 内服：煎汤，9～12 克；或研末。外用：适量，捣敷或磨汁含咽。

【验方】①治疟疾：千金藤根五钱至一两，水煎服。（《湖南药物志》）②治痢疾：千金藤根五钱，水煎服。（《浙江民间常用草药》）③治风湿性关节炎，偏瘫：先用千金藤根五钱，水煎服，连服七日。然后用千金藤根一两，烧酒一斤，浸七日，每晚睡前服一小杯，连服十日。（《浙江民间常用草药》）④治腹痛：千金藤根五钱至一两，水煎服。（《湖南药物志》）⑤治脚气肿胀：千金藤根五钱，三白草根五钱，五加皮五钱，水煎服。（《草药手册》）⑥治痈肿疮毒：千金藤根研细末，每次一至二钱，开水送服。（《草药手册》）⑦治毒蛇咬伤：千金藤干根三至五分，研粉，开水冲服，另取鲜根捣烂外敷。（《浙江民间常用草药》）

三十五、睡莲科 Nymphaeaceae

74. 芡 *Euryale ferox* Salisb. ex DC

【别名】鸡头荷、鸡头莲、鸡头米、刺莲藕（《中国植物志》）。

【形态】一年生大型水生草本。沉水叶箭形或椭圆肾形，长4～10厘米，两面无刺；叶柄无刺；浮水叶革质，椭圆肾形至圆形，直径10～130厘米，盾状，有或无弯缺，全缘，下面带紫色，有短柔毛，两面在叶脉分枝处有锐刺；叶柄及花梗粗壮，长可达25厘米，皆有硬刺。花长约5厘米；萼片披针形，长1～1.5厘米，内面紫色，外面密生稍弯硬刺；花瓣矩圆状披针形或披针形，长1.5～2厘米，紫红色，成数轮排列，向内渐变成雄蕊；无花柱，柱头红色，成凹入的柱头盘。浆果球形，直径3～5厘米，污紫红色，外面密生硬刺；种子球形，直径10余毫米，黑色。花期7—8月，果期8—9月。

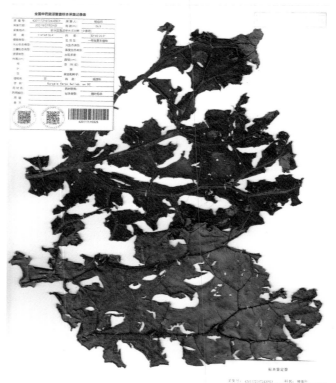

【生境】生于池塘、湖沼中。

【分布】产于新洲多地湖沼中。分布于我国南北各省，从黑龙江至云南、广东。

【药用部位及药材名】干燥成熟种仁（芡实）。

【采收加工】秋末冬初采收成熟果实，除去果皮，取出种子，洗净，再除去硬壳（外种皮），晒干。

【性味与归经】甘、涩，平。归脾、肾经。

【功能主治】益肾固精，补脾止泻，除湿止带。用于遗精滑精，遗尿尿频，脾虚久泻，白浊，带下。

【用法用量】内服：煎汤，9～15克；或入丸、散，亦可适量煮粥食。

【验方】①治贫血：芡实60克，红

枣 10 克，花生 30 克，煮熟后加入适量红糖食用，每日 1 次。②治慢性泄泻：芡实、莲肉、淮山药、白扁豆各等份，研成细粉，每次 30 ～ 60 克，加白糖蒸熟当点心吃。③治遗精：芡实、金樱子各等份，水泛为丸，每次服 9 克，每日 2 次。④治小儿消化不良：芡实 500 克，山药 500 克，糯米粉 500 克，白糖 500 克。先把芡实、山药一同晒干，再碾为细粉，与糯米粉及白糖一并拌和均匀，用时取混合粉适量，加水烧熟后食用。⑤治遗尿：生芡实 50 克，金樱子肉 20 克，糯米 100 克，加水慢火熬粥食用。

75. 莲 *Nelumbo nucifera* Gaertn.

【别名】荷（《诗经》），芙蕖（《尔雅》），莲花（《本草纲目》），荷花（《中国植物志》）。

【形态】多年生水生草本；根状茎横生，肥厚，节间膨大，内有多数纵行通气孔道，节部缢缩，上生黑色鳞叶，下生须状不定根。叶圆形，盾状，直径 25 ～ 90 厘米，全缘稍呈波状，上面光滑，具白粉，下面叶脉从中央射出，有 1 ～ 2 次叉状分枝；叶柄粗壮，圆柱形，长 1 ～ 2 米，中空，外面散生小刺。花梗和叶柄等长或稍长，也散生小刺；花直径 10 ～ 20 厘米，美丽，芳香；花瓣红色、粉红色或白色，矩圆状椭圆形至倒卵形，长 5 ～ 10 厘米，宽 3 ～ 5 厘米，由外向内渐小，有时变成雄蕊，先端圆钝或微尖；花药条形，花丝细长，着生在花托之下；花柱极短，柱头顶生；花托（莲房）直径 5 ～ 10 厘米。坚果椭圆形或卵形，长 1.8 ～ 2.5 厘米，果皮革质，坚硬，熟时黑褐色；种子（莲子）卵形或椭圆形，长 1.2 ～ 1.7 厘米，种皮红色或白色。花期 6—8 月，果期 8—10 月。

【生境】自生或栽培在池塘或水田内。

【分布】产于新洲各地。分布于我国南北各省。

【药用部位及药材名】干燥成熟种子（莲子）；成熟种子中的干燥幼叶及胚根（莲子心）；干燥花托（莲房）；干燥雄蕊（莲须）；干燥叶（荷叶）。

【采收加工】 干燥成熟种子（莲子）：秋季果实成熟时采割莲房，取出果实，除去果皮，干燥，或除去莲子心后干燥。成熟种子中的干燥幼叶及胚根（莲子心）：收集莲子心，晒干。干燥花托（莲房）：秋季果实成熟时采收，除去果实，晒干。干燥雄蕊（莲须）：夏季花开时选晴天采收，盖纸晒干或阴干。干燥叶（荷叶）：夏、秋二季采收，晒至七八成干时，除去叶柄，折成半圆形或折扇形，干燥。

【性味与归经】 莲子：甘、涩，平。归脾、肾、心经。莲子心：苦，寒。归心、肾经。莲房：苦、涩，温。归肝经。莲须：甘、涩，平。归心、肾经。荷叶：苦，平。归肝、脾、胃经。

【功能主治】 莲子：补脾止泻，止带，益肾涩精，养心安神。用于脾虚泄泻，带下，遗精，心悸失眠。莲子心：清心安神，交通心肾，涩精止血。用于热入心包，神昏谵语，心肾不交，失眠遗精，血热吐血。莲房：化瘀止血。用于崩漏，尿血，痔疮出血，产后瘀阻，恶露不净。莲须：固肾涩精。用于遗精滑精，带下，尿频。荷叶：清暑化湿，升发清阳，凉血止血。用于暑热烦渴，暑湿泄泻，脾虚泄泻，血热吐衄，便血崩漏。荷叶炭：收涩化瘀止血。用于出血症和产后血晕。

【用法用量】 莲子：煎服，6～15克；或入丸、散。莲子心：煎服，2～5克；或入散剂。莲房：煎服，4.5～9克；或入丸、散。莲须：煎服，3～9克；或入丸、散。荷叶：煎服，3～9克（鲜品15～30克）。荷叶炭：3～6克，入丸、散。

【验方】 ①治黄水疮：荷叶烧炭，研成细末，香油调匀，涂敷于患处，每日2次，有特效。②治暑湿泄泻：荷叶洗净，置锅内焖炒成炭，放凉研成细末，取10～15克用白糖冲服，日服3次，数日即愈。③治漆疮（对油漆过敏而致的过敏性皮炎）：干燥荷叶500克，用水5000毫升，煮至2500毫升，擦洗患处，并用贯众末和油涂患部，每日2次，数次即愈。④治水肿：枯萎荷叶，烧干研末，每次服10克，小米汤冲服，日服3次。适用于各种原因引起的颜面水肿、小便量少。⑤治痱子：荷叶适量，洗净，加水煮半小时，冷却后用来洗澡，不仅可以防治痱子，而且具有润肤美容的作用。⑥治崩中下血：荷叶（烧炭，研末）15克，黄芩、蒲黄各30克，共研为末，混匀。空腹米酒送服，每服9克。⑦减肥：荷叶60克，生山楂15克，生薏苡仁15克，橘皮5克，共切碎，研成细末，混匀，沸水冲泡，代茶饮，喝完可续加开水冲泡再服，每日1剂，晨起后空腹饮，连服3个月。

三十六、三白草科 Saururaceae

76. 蕺菜 *Houttuynia cordata* Thunb.

【别名】 鱼腥草（《本草纲目》），九节莲（《岭南采药录》），臭腥草（《泉州本草》），狗贴耳（《广州植物志》），臭草（《中国植物志》）。

【形态】 腥臭草本，高30～60厘米；茎下部伏地，节上轮生小根，上部直立，无毛或节上被毛，有时带紫红色。叶薄纸质，有腺点，背面尤甚，卵形或阔卵形，长4～10厘米，宽2.5～6厘米，顶端短渐尖，基部心形，两面有时除叶脉被毛外余均无毛，背面常呈紫红色；叶脉5～7条，全部基出或最内 1 对离基约 5 毫米从中脉发出，如为 7 脉，则最外 1 对很纤细或不明显；叶柄长 1～3.5 厘米，无毛；托叶膜质，长 1～2.5 厘米，顶端钝，下部与叶柄合生而成长 8～20 毫米的鞘，且常有缘毛，基部扩大，略抱茎。花序长约 2 厘米，宽 5～6 毫米；总花梗长 1.5～3 厘米，无毛；总苞片长圆形或倒卵形，长 10～15 毫米，宽 5～7 毫米，顶端钝圆；雄蕊长于子房，花丝长为花药的 3 倍。蒴果长 2～3 毫米，顶端有宿存的花柱。花期 4—7 月。

【生境】　生于沟边、溪边或林下湿地上。

【分布】　产于新洲各地。分布于我国中部、东南至西南部各省区，东起台湾，西南至云南、西藏，北达陕西、甘肃等地。

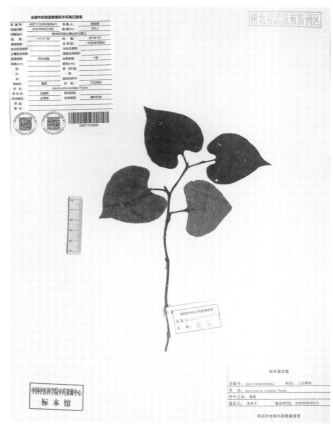

【药用部位及药材名】　新鲜全草或干燥地上部分（鱼腥草）。

【采收加工】　鲜品全年均可采割；干品夏季茎叶茂盛花穗多时采割，除去杂质，晒干。

【性味与归经】　辛，微寒。归肺经。

【功能主治】　清热解毒，消痈排脓，利尿通淋。用于肺痈吐脓，痰热咳喘，热痢，热淋，痈肿疮毒。

【用法用量】　内服：15～25 克，不宜久煎；鲜品用量加倍，水煎或捣汁服。外用：适量，捣敷或煎汤熏洗患处。

【验方】　①治扁桃体炎，咽炎：鲜鱼腥草泡水当茶饮，或烹食炒熟当菜吃。②治尿路感染，尿频涩痛：鲜鱼腥草 50 克或干品 30 克，煎服。③治肺脓疡：鲜鱼腥草洗净炒菜吃，或用鱼腥草 50 克，桔梗 12 克，甘草 6 克，水煎服。④治急性支气管炎，肺结核，咳嗽痰中带血：鱼腥草 30 克，甘草 6 克，车前草 30 克，水煎服。⑤治多种皮肤病：鲜品捣汁涂敷，或煎汁口服，均有清热消肿、除痱止痒的作用。用全草煎水外洗治天疱疮、脚癣。⑥治痈疽发背，疔疮肿毒（不论已破溃或未破溃）：用湿纸包裹鲜鱼腥草，置于灰火中煨熟，取出捣烂，涂敷患处。⑦治毒蛇咬伤：鱼腥草 62.5 克，盐肤木根 31.25 克，黄仔叶根 15.6 克，飞扬草 31.5 克，煎水外洗。

三十七、马兜铃科 Aristolochiaceae

77. 马兜铃 *Aristolochia debilis* Sieb. et Zucc.

【别名】青木香：马兜铃根（《肘后方》），土青木香、独行根、兜零根（《新修本草》），独行木香（《本草纲目》），青藤香（《草木便方》），蛇参根（《分类草药性》），百两金、土麝（《三年来的中医药实验研究》），铁扁担（《陕西中药志》）。

天仙藤：都淋藤、三百两银（《补辑肘后方》），兜铃苗（《太平圣惠方》），马兜铃藤（《普济方》），青木香藤（《本草备要》），长痧藤（《南京民间药草》），香藤（《浙江中药手册》），臭拉秧子、痒辣菜（《江苏省植物药材志》）。

马兜铃：马兜零（《蜀本草》），马兜苓（《珍珠囊》），水马香果（《江苏省植物药材志》），葫芦罐（《东北药用植物志》），臭铃铛（《河北药材》），蛇参果（《四川中药志》）。

【形态】草质藤本；根圆柱形，直径 3～15 毫米，外皮黄褐色；茎柔弱，无毛，暗紫色或绿色，有腐肉味。叶纸质，卵状三角形、长圆状卵形或戟形，长 3～6 厘米，基部宽 1.5～3.5 厘米，上部宽 1.5～2.5 厘米，顶端钝圆或短渐尖，基部心形，两侧裂片圆形，下垂或稍扩展，长 1～1.5 厘米，两面无毛；基出脉 5～7 条，邻近中脉的两侧脉平行向上，略开叉，其余向侧边延伸，各级叶脉在两面均明显；叶柄长 1～2 厘米，柔弱。花单生或 2 朵聚生于叶腋；花梗长 1～1.5 厘米，开花后期近顶端常稍弯，基部具小苞片；小苞片三角形，长 2～3 毫米，易脱落；花被长 3～5.5 厘米，基部膨大成球形，与子房连接处具关节，直径 3～6 毫米，向上收狭成

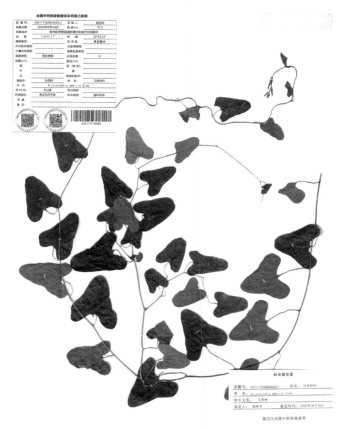

一长管，管长 2 ～ 2.5 厘米，直径 2 ～ 3 毫米，管口扩大成漏斗状，黄绿色，口部有紫斑，外面无毛，内面有腺体状毛；檐部一侧极短，另一侧渐延伸成舌片；舌片卵状披针形，向上渐狭，长 2 ～ 3 厘米，顶端钝；花药卵形，贴生于合蕊柱近基部，并单个与其裂片对生；子房圆柱形，长约 10 毫米，6 棱；合蕊柱顶端 6 裂，稍具乳头状突起，裂片顶端钝，向下延伸形成波状圆环。蒴果近球形，顶端圆形而微凹，长约 6 厘米，直径约 4 厘米，具 6 棱，成熟时黄绿色，由基部向上沿室间 6 瓣开裂；果梗长 2.5 ～ 5 厘米，常撕裂成 6 条；种子扁平，钝三角形，长、宽均约 4 毫米，边缘具白色膜质宽翅。花期 7—8 月，果期 9—10 月。

【生境】 生于海拔 40 ～ 1500 米的山谷、沟边、路旁阴湿处及山坡灌丛中。

【分布】 产于新洲东部、北部山区及丘陵。分布于长江流域以南各省区以及山东（蒙山）、河南（伏牛山）等地；广东、广西常有栽培。

【药用部位及药材名】 根（青木香）；干燥地上部分（天仙藤）；果实（马兜铃）。

【采收加工】 10—11 月未落叶时割取地上部分，晒干打捆。

【性味与归经】 青木香：辛、苦，寒。归肺、胃经。天仙藤：苦，温。归肝、脾、肾经。马兜铃：苦，微寒。归肺、大肠经。

【功能主治】 青木香：平肝止痛，解毒消肿。用于眩晕头痛，胸腹胀痛，痈肿疔疮，蛇虫咬伤。天仙藤：行气活血，利水消肿。用于脘腹刺痛，关节痹痛，妊娠水肿。马兜铃：清肺降气，止咳平喘，清肠消痔。用于肺热咳喘，痰中带血，肠热痔血，痔疮肿痛。

【用法用量】 青木香：煎服，3 ～ 9 克。外用适量，研末敷患处。天仙藤：煎服，4.5 ～ 9 克；或作散剂。外用适量，煎水洗或捣烂敷。马兜铃：煎服，3 ～ 9 克；或入丸、散。

【验方】 ①治乳腺炎：鲜天仙藤适量，揉软外敷，每日换药一次。（《江西草药》）②治毒蛇、毒虫咬伤，痔疮肿痛：天仙藤鲜品捣烂敷患处。（《东北常用中草药手册》）

【附注】 青木香、马兜铃、天仙藤的基源均为马兜铃同属植物的不同药用部位，由于其存在肾毒性《中国药典》均未收载。

78. 寻骨风 *Aristolochia mollissima* Hance

【别名】 绵毛马兜铃（《江苏南部种子植物手册》），毛风草（《新华本草纲要》），白面风、兔子草（《江西民间草药》）。

【形态】 木质藤本；根细长，圆柱形；嫩枝密被灰白色长绵毛，老枝无毛，干后常有纵槽纹，暗褐色。叶纸质，卵形、卵状心形，长 3.5 ～ 10 厘米，宽 2.5 ～ 8 厘米，顶端钝圆至短尖，基部心形，基部两侧裂片广展，弯缺深 1 ～ 2 厘米，边全缘，上面被糙伏毛，下面密被灰色或白色长绵毛，基出脉 5 ～ 7 条，侧脉每边 3 ～ 4 条；叶柄长 2 ～ 5 厘米，密

被白色长绵毛。花单生于叶腋，花梗长1.5～3厘米，直立或近顶端向下弯，中部或中部以下有小苞片；小苞片卵形或长卵形，长5～15毫米，宽3～10毫米，无柄，顶端短尖，两面被毛与叶相同；花被管中部弯曲，下部长1～1.5厘米，直径3～6毫米，弯曲处至檐部较下部短而狭，外面密生白色长绵毛，内面无毛；檐部盘状，圆形，直径2～2.5厘米，内面无毛或稍被微柔毛，浅黄色，并有紫色网纹，外面密生白色长绵毛，边缘浅3裂，裂片平展，阔三角形，近等大，顶端短尖或钝；喉部近圆形，直径2～3毫米，稍呈领状突起，紫色；花药长圆形，成对贴生于合蕊柱近基部，并与其裂片对生；子房圆柱形，长约8毫米，密被白色长绵毛；合蕊柱顶端3裂；裂片顶端钝圆，边缘向下延伸，并具乳头状突起。蒴果长圆状或椭圆状倒卵形，长3～5厘米，直径1.5～2厘米，具6条呈波

状或扭曲的棱或翅，暗褐色，密被细绵毛或毛常脱落而变无毛，成熟时自顶端向下6瓣开裂；种子卵状三角形，长约4毫米，宽约3毫米，背面平凸状，具皱纹和隆起的边缘，腹面凹入，中间具膜质种脊。花期4—6月，果期8—10月。

【生境】 生于海拔85～850米的山坡、草丛、沟边和路旁等处。

【分布】 产于新洲东部、北部山区及丘陵。分布于陕西（南部）、山西、山东、河南（南部）、安徽、湖北、贵州、湖南、江西、浙江和江苏等地。

【药用部位及药材名】 全草（寻骨风）。

【采收加工】 5月开花前连根挖出，切段，晒干。

【性味与归经】 辛、苦，平。归肝经。

【功能主治】 祛风除湿，通络止痛。用于风湿痹痛，肢体麻木，筋骨拘挛，脘腹疼痛，睾丸肿痛，跌打伤痛，乳痈。

【用法用量】 内服：煎汤，10～20克；或浸酒。

【验方】 ①治筋骨痛及肚子痛：全草浸酒服。（《南京民间草药》）②治风湿性关节痛：寻骨风全草五钱，五加根一两，地榆五钱。酒水各半，煎浓汁服。（《江西民间草药》）

【附注】 ①本品含有马兜铃酸，马兜铃酸有引起肾脏损害等不良反应的报道，用药时间不得超过2周。②儿童及老年人慎用。③肾脏病患者、孕妇及新生儿禁用。

三十八、猕猴桃科 Actinidiaceae

79. 中华猕猴桃 *Actinidia chinensis* Planch.

【别名】阳桃、羊桃、羊桃藤、藤梨、猕猴桃（《中国植物志》）。

【形态】大型落叶藤本；幼枝或厚或薄地被灰白色茸毛或褐色长硬毛或铁锈色硬毛状刺毛，老时秃净或留有断损残毛；花枝短的 4～5 厘米，长的 15～20 厘米，直径 4～6 毫米；隔年生枝完全秃净无毛，直径 5～8 毫米，皮孔长圆形，比较显著或不甚显著；髓白色至淡褐色，片层状。叶纸质，倒阔卵形至倒卵形或阔卵形至近圆形，长 6～17 厘米，宽 7～15 厘米，顶端截平并中间凹入或具突尖、急尖至短渐尖，基部钝圆形、截平至浅心形，边缘具脉出的直伸的睫毛状小齿，腹面深绿色，无毛或中脉和侧脉上有少量软毛或散被短糙毛，背面苍绿色，密被灰白色或淡褐色星状茸毛，侧脉 5～8 对，常在中部以上分歧成叉状，横脉比较发达，易见，网状小脉不易见；叶柄长 3～6（10）厘米，被灰白色茸毛或黄褐色长硬毛或铁锈色硬毛状刺毛。聚伞花序 1～3 花，花序柄长 7～15 毫米，花柄长 9～15 毫米；苞片小，卵形或钻形，长约 1 毫米，均被灰白色丝状茸毛或黄褐色茸毛；花初放时白色，后变淡黄色，有香气，直径 1.8～3.5 厘米；萼片 3～7 片，通常 5 片，阔卵形至卵状长圆形，长 6～10 毫米，两面密被压紧的黄褐色茸毛；花瓣 5 片，有时少至 3～4 片或多至 6～7 片，阔倒卵形，有短距，长 10～20 毫米，宽 6～17 毫米；雄蕊极多，花丝狭条形，长 5～10 毫米，花药黄色，长圆形，长 1.5～2 毫米，基部叉开或不叉开；子房球形，直径约 5 毫米，密被金黄色的压紧交织茸毛

或不压紧不交织的刷毛状糙毛，花柱狭条形。果黄褐色，近球形、圆柱形、倒卵形或椭圆形，长 4 ～ 6 厘米，被茸毛、长硬毛或刺毛状长硬毛，成熟时秃净或不秃净，具小而多淡褐色斑点；宿存萼片反折；种子纵径 2.5 毫米。

【生境】　生于海拔 200 ～ 600 米低山区的山林中，多出现于高草灌丛、灌木林或次生疏林中，喜欢腐殖质丰富、排水良好的土壤；分布于较北的地区者喜生于温暖湿润、背风向阳的环境。现多地有栽培。

【分布】　产于新洲多地，均系栽培。分布于陕西（南部）、湖北、湖南、河南、安徽、江苏、浙江、江西、福建、广东（北部）和广西（北部）等地。

【药用部位及药材名】　果实（猕猴桃）；根（猕猴桃根）；藤（猕猴桃藤）。

【采收加工】　果实（猕猴桃）：8—9 月果实成熟时采收，鲜用或晒干。根（猕猴桃根）：全年均可采挖，切段，晒干或鲜用。宜在栽种 10 年后轮流适当采挖。藤（猕猴桃藤）：全年均可采，鲜用或晒干，或鲜品捣汁。

【性味与归经】　猕猴桃：酸、甘，寒。归胃、肝、肾经。猕猴桃根：微甘、涩，凉。有小毒。

【功能主治】　猕猴桃：清热，止渴，和胃，通淋。用于烦热，消渴，消化不良，黄疸，石淋，痔疮。猕猴桃根：清热，利湿，活血，消肿。用于肝炎，痢疾，消化不良，水肿，淋浊，带下，风湿痹痛，跌打损伤，疮疖，瘰疬，结核病，胃肠道肿瘤，乳腺癌。猕猴桃藤：下石淋，主胃闭。用于消化不良，呕吐，黄疸。

【用法用量】　猕猴桃：煎汤，30 ～ 60 克；或生食，或榨汁饮。猕猴桃根：煎汤，30 ～ 60 克。外用适量，捣敷。猕猴桃藤：煎汤，15 ～ 30 克；或捣汁饮。

【验方】　（1）猕猴桃：①治食欲不振，消化不良：猕猴桃干果二两，水煎服。（《湖南药物志》）②治偏坠：猕猴桃一两，金橘根三钱。水煎去渣，冲入烧酒二两，分两次内服。（《闽东本草》）

（2）猕猴桃根：①治急性肝炎：猕猴桃根四两，红枣十二枚，水煎当茶饮。（《江西草药》）②治水肿：猕猴桃根三至五钱，水煎服。（《湖南药物志》）③治消化不良，呕吐：猕猴桃根五钱至一两，水煎服。（《浙江民间常用草药》）④治跌打损伤：猕猴桃鲜根白皮，加酒糟或白酒捣烂烘热，外敷伤处；同时用根二至三两，水煎服。（《浙江民间常用草药》）

三十九、藤黄科 Guttiferae

80. 金丝桃 *Hypericum monogynum* L.

【别名】　狗胡花、过路黄、金丝莲（《中国植物志》），土连翘（《湖南药物志》），金丝蝴蝶（《浙江药用植物志》）。

【形态】　灌木，高 0.5 ～ 1.3 米，丛状或通常有疏生的开展枝条。茎红色，幼时具 2（4）纵线棱及两侧压扁，很快为圆柱形；皮层橙褐色。叶对生，无柄或具短柄，柄长达 1.5 毫米；叶片倒披针形或椭圆形至长圆形，稀披针形至卵状三角形或卵形，长 2 ～ 11.2 厘米，宽 1 ～ 4.1 厘米，先端锐尖至圆形，通常具细小尖突，基部楔形至圆形或上部者有时截形至心形，边缘平坦，坚纸质，上面绿色，下面淡绿色但不呈灰白色，主侧脉 4～6 对，分枝，常与中脉分枝不分明，第三级脉网密集，不明显，腹腺体无，叶片腺体小而呈点状。花序具 1～15（30）花，自茎端第 1 节生出，疏松的近伞房状，有时亦自茎端 1～3 节生出，稀有 1～2 对次生分枝；花梗长 0.8～2.8（5）厘米；苞片小，线状披针形，早落。花直径 3～6.5

厘米，星状；花蕾卵珠形，先端近锐尖至钝形。萼片宽或狭椭圆形或长圆形至披针形或倒披针形，先端锐尖至圆形，边缘全缘，中脉分明，细脉不明显，有或多或少的腺体，在基部的线形至条纹状，向顶端的点状。花瓣金黄色至柠檬黄色，无红晕，开展，三角状倒卵形，长 2～3.4 厘米，宽 1～2 厘米，长为萼片的 2.5～4.5 倍，边缘全缘，无腺体，有侧生的小尖突，小尖突先端锐尖至圆形或消失。雄蕊 5 束，每束有雄蕊 25～35 枚，最长者长 1.8～3.2 厘米，与花瓣几等长，花药黄色至暗橙色。子房卵珠形或卵珠状圆锥形至近球形，长 2.5～5 毫米，宽 2.5～3 毫米；花柱长 1.2～2 厘米，长为子房的 3.5～5 倍，合生几达顶端然后向外弯或极偶有合生至全长之半；柱头小。蒴果宽卵珠形，稀卵珠状圆锥形至近球形，长 6～10 毫米，宽 4～7 毫米。种子深红褐色，圆柱形，长约 2 毫米，有狭的龙骨状突起，有浅的线状网纹至线状蜂窝纹。花期 5—8 月，果期 8—9 月。

【生境】 生于山坡、路旁或灌丛中，沿海地区海拔 0～150 米，山地可上升至 1500 米。

【分布】 产于新洲多地，多系栽培。分布于河北、陕西、山东、江苏、安徽、浙江、江西、福建、台湾、河南、湖北、湖南、广东、广西、四川及贵州等地。

【药用部位及药材名】 全株（金丝桃）。

【采收加工】 四季均可采收，晒干。

【性味与归经】 苦，凉。

【功能主治】 清热解毒，活血，祛风。用于肝炎，肝脾肿大，咽喉肿痛，疮疖肿毒，跌打损伤，风湿腰痛，蛇咬伤，蜂蜇伤。

【用法用量】 内服：煎汤，15～30 克。外用：鲜根或鲜叶适量，捣敷。

【验方】 ①治风湿腰痛：金丝桃根一两，鸡蛋两个，水煎两小时。吃蛋喝汤，一日两次分服。②治蝮蛇、银环蛇咬伤：鲜金丝桃根加食盐适量，捣烂，外敷伤处，一日换一次。③治疖肿：鲜金丝桃叶加食盐适量，捣烂，外敷患处。

81. 地耳草 *Hypericum japonicum* Thunb. ex Murray

【别名】 斑鸡窝、雀舌草（《植物名实图考》），小对叶草（《中国植物志》），田基黄（《生草药性备要》）。

【形态】 一年生或多年生草本，高 2～45 厘米。茎单一或多少簇生，直立或外倾或匍地而在基部生根，在花序下部不分枝或各式分枝，具4纵线棱，散布淡色腺点。叶无柄，叶片通常卵形或卵状三角形至长圆形或椭圆形，长 0.2 ～ 1.8 厘米，宽 0.1 ～ 1 厘米，先端近锐尖至圆形，基部心形抱茎至截形，边缘全缘，坚纸质，上面绿色，下面淡绿色但有时带苍白色，具 1 ～ 3 条基生主脉和 1 ～ 2 对侧脉，但无明显脉网，无边缘生的腺点，全面散布透明腺点。花序具 1 ～ 30 花，两歧状或多少呈单歧状，有或无侧生的小花枝；苞片及小苞片线形、披针形至叶状，微小至与叶等长。花直径 4 ～ 8 毫米，多少平展；花蕾圆柱状椭圆形，先端多少钝形；花梗长 2 ～ 5 毫米。萼片狭长圆形或披针形至椭圆形，长 2 ～ 5.5 毫米，宽 0.5 ～ 2 毫米，先端锐尖至钝形，全缘，无边缘生的腺点，全面散生透明腺点或腺条纹，果时直伸。花瓣白色、淡黄色至橙黄色，椭圆形或长圆形，长 2 ～ 5 毫米，宽 0.8 ～ 1.8 毫米，先端钝形，无腺点，宿存。雄蕊 5 ～ 30 枚，不成束，长约 2 毫米，宿存，花药黄色，具松脂状腺体。子房 1 室，长 1.5 ～ 2 毫米；花柱（2）3，长 0.4 ～ 1 毫米，自基部离生，开展。蒴果短圆柱形至圆球形，长 2.5 ～ 6 毫米，宽 1.3 ～ 2.8 毫米，无腺条纹。种子淡黄色，圆柱形，长约 0.5 毫米，两端锐尖，无龙骨状突起和顶端的附属物，全面有细蜂窝纹。花期 3—8 月，果期 6—10 月。

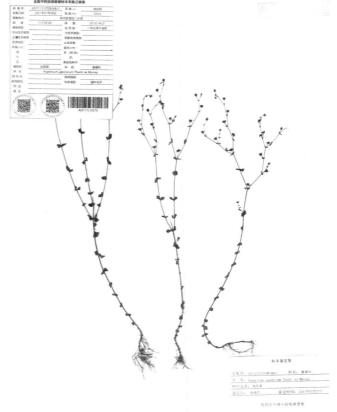

【生境】生于田边、沟边、草地以及荒地上，海拔 0 ～ 2800 米。

【分布】产于新洲各地。分布于辽宁、山东至长江以南各省区。

【药用部位及药材名】全草（田基黄）。

【采收加工】6—7 月开花时采收全草，晒干或鲜用。

【性味与归经】甘、微苦，凉。

【功能主治】清热利湿，解毒消肿。用于湿热黄疸，泄泻，痢疾，肠痈，肺痈，痈疖肿毒，乳蛾，口疮，目赤肿痛，毒蛇咬伤，跌打损伤。

【用法用量】内服：煎汤，15 ～ 30 克（鲜品 30 ～ 60 克），大剂量可用至 90 ～ 120 克；或捣汁。

外用：适量，捣烂外敷，或煎水洗。

【验方】①治疔疮，一切阳性肿毒：鲜田基黄适量，加食盐数粒同捣烂，敷患处，有黄水渗出，渐愈。（《江西民间草药验方》）②治乳腺炎：鲜田基黄适量，捣烂敷患处。（《福建中草药》）③治无名肿毒：田基黄叶捣烂加酒敷患处。（《岭南草药志》）④治乳蛾：鲜田基黄如鸡蛋大一团，放在瓷碗内，加好烧酒三两，同擂极烂，绞取药汁，分三次口含，每次含一二十分钟吐出。⑤治黄疸，水肿，小便不利：田基黄一两，白茅根一两，水煎，分两次用白糖调服。⑥治毒蛇咬伤：鲜田基黄一二两，捣烂绞汁，加甜酒一两调服，服后盖被入睡，以便出微汗。毒重的一日服两次，并用捣烂的鲜田基黄敷于伤口周围。（④～⑥出自《江西民间草药验方》）

四十、罂粟科 Papaveraceae

82. 伏生紫堇 *Corydalis decumbens*（Thunb.）Pers.

【别名】落水珠（《中国植物志》），夏天无（《浙江民间常用草药》），无柄紫堇（《浙江药用植物志》）。

【形态】块茎小，圆形或多少伸长，直径 4 ～ 15 毫米；新块茎形成老块茎顶端的分生组织和基生叶腋，向上常抽出多茎。茎高 10 ～ 25 厘米，柔弱，细长，不分枝，具 2 ～ 3 叶，无鳞片。叶二回三出，小叶片倒卵圆形，全缘或深裂成卵圆形或披针形的裂片。总状花序疏具 3 ～ 10 花。苞片小，卵圆形，全缘，长 5 ～ 8 毫米。花梗长 10 ～ 20 毫米。花近白色至淡粉红色或淡蓝色。萼片早落。外花瓣顶端下凹，

常具狭鸡冠状突起。上花瓣长 14 ～ 17 毫米，瓣片多少上弯；距稍短于瓣片，渐狭，平直或稍上弯；蜜腺体短，占距长的 1/3 ～ 1/2，末端渐尖。下花瓣宽匙形，通常无基生的小囊。内花瓣具超出顶端的宽而圆的鸡冠状突起。蒴果线形，多少扭曲，长 13 ～ 18 毫米，具 6 ～ 14 种子。种子具龙骨状突起和泡状小突起。

【生境】生于海拔 300 米以下的山坡草地、路边或河滩。

【分布】产于新洲东部、北部丘陵及中部、西部、南部河滩、路边。分布于江苏、安徽、浙江、福建、江西、湖南、湖北、山西、台湾。

【药用部位及药材名】干燥块茎（夏天无）。

【采收加工】春季或初夏出苗后采挖，除去茎、叶及须根，洗净，干燥。

【性味与归经】 苦、微辛，温。归肝经。

【功能主治】 活血止痛，舒筋活络，祛风除湿。用于中风偏瘫，头痛，跌扑损伤，风湿痹痛，腰腿疼痛。

【用法用量】 内服：煎汤，4.5～15克；或研末，1～3克；亦可制成丸剂。

【验方】 ①治高血压，脑瘤或脑栓塞所致偏瘫：鲜夏天无捣烂，每次大粒四至五粒，小粒八至九粒，每日一至三次，米酒或开水送服，连服三至十二个月。（《浙江民间常用草药》）②治各型高血压：夏天无研末冲服，每次二至四克。或夏天无、钩藤、桑白皮、夏枯草各适量，煎服。③治风湿性关节炎：夏天无粉每次服三钱，每日两次。④治腰肌劳损：夏天无全草五钱，煎服。（②～④出自《中草药学》）

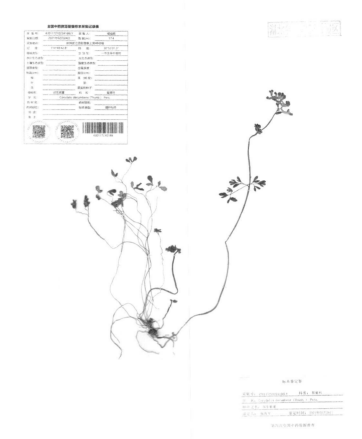

83. 博落回 *Macleaya cordata*（Willd.）R. Br.

【别名】 野麻杆、黄杨杆、号筒杆、大叶莲（《中国植物志》）。

【形态】 直立草本，基部木质化，具乳黄色浆汁。茎高1～4米，绿色，光滑，多白粉，中空，上部多分枝。叶片宽卵形或近圆形，长5～27厘米，宽5～25厘米，先端急尖、渐尖、钝或圆形，通常7或9深裂或浅裂，裂片半圆形、方形或其他形状，边缘波状、缺刻状或有粗齿或细齿，表面绿色，无毛，背面多白粉，被易脱落的细茸毛，基出脉通常5，侧脉2对，稀3对，细脉网状，常呈淡红色；叶柄长1～12厘米，上面具浅沟槽。大型圆锥花序多花，长15～40厘米，顶生和腋生；花梗长2～7毫米；苞片狭披针形。花芽棒状，近白色，长约1厘米；萼片倒卵状长圆形，长约1厘米，舟状，黄白色；花瓣无；雄蕊24～30，花丝丝状，长约5毫米，花药条形，与花丝等长；子房倒卵形至狭倒卵形，长2～4毫米，先端圆，基部渐狭，花柱长约1毫米，柱头2裂，下延于花柱上。蒴果狭倒卵形或倒披针形，长1.3～3厘米，粗5～7毫米，先端圆或钝，基部渐狭，无毛。种子4～6（8）枚，卵珠形，长1.5～2毫米，生于缝线两侧，无柄，

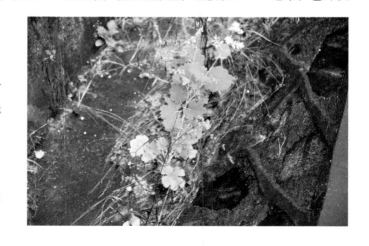

种皮具排成行的整齐的蜂窝状孔穴，有狭的种阜。花果期 6—11 月。

【生境】 生于海拔 100～830 米的丘陵或低山林中、灌丛中或草丛间。

【分布】 产于新洲东部山区。分布于我国长江以南、南岭以北的大部分省区，南至广东，西至贵州，西北达甘肃南部。

【药用部位及药材名】 根或全草（博落回）。

【采收加工】 9—12 月采收，根与茎叶分开，晒干。鲜用随时可采。

【性味与归经】 苦、辛，寒。有大毒。

【功能主治】 散瘀，祛风，止痛，解毒，杀虫。用于一切恶疮，顽癣，湿疹，蛇虫咬伤，跌打肿痛，风湿痹痛。

【用法用量】 外用：适量，捣敷；或煎水熏洗，或研末调敷。

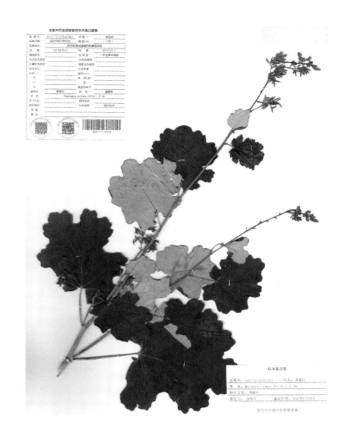

四十一、十字花科 Brassicaceae

84. 荠 *Capsella bursa-pastoris*（L.）Medic.

【别名】 净肠草（《植物名实图考》），护生草（《本草纲目》），地米菜（《中国植物志》）。

【形态】 一年生或二年生草本，高（7）10～50 厘米，无毛、有单毛或分叉毛；茎直立，单一或从下部分枝。基生叶丛生呈莲座状，大头羽状分裂，长可达 12 厘米，宽可达 2.5 厘米，顶裂片卵形至长圆形，长 5～30 毫米，宽 2～20 毫米，侧裂片 3～8 对，长圆形至卵形，长 5～15 毫米，顶端渐尖，浅裂，或有不规则粗锯齿或近全缘，叶柄长 5～40 毫米；茎生叶窄披针形或披针形，长 5～6.5 毫米，宽 2～15 毫米，

基部箭形，抱茎，边缘有缺刻或锯齿。总
状花序顶生及腋生，果期延长达 20 厘米；
花梗长 3～8 毫米；萼片长圆形，长 1.5～2
毫米；花瓣白色，卵形，长 2～3 毫米，
有短爪。短角果倒三角形或倒心状三角形，
长 5～8 毫米，宽 4～7 毫米，扁平，无毛，
顶端微凹，裂瓣具网脉；花柱长约 0.5 毫米；
果梗长 5～15 毫米。种子 2 行，长椭圆形，
长约 1 毫米，浅褐色。花果期 4—6 月。

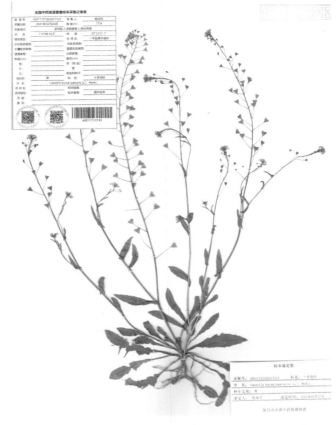

【生境】　生于山坡、田边及路旁。

【分布】　产于新洲各地。分布几遍全
国，全世界温带地区广布。野生，偶有栽培。

【药用部位及药材名】　全草（荠菜）；
花序（荠菜花）。

【采收加工】　3—5 月采收，晒干。

【性味与归经】　荠菜：甘、淡，凉。
归肝、脾、膀胱经。荠菜花：甘，凉。归
大肠经。

【功能主治】　荠菜：凉肝止血，平肝
明目，清热利湿。用于吐血，衄血，咯血，尿血，崩漏，目赤疼痛，高血压，赤白痢疾，肾炎水肿，乳糜尿。
荠菜花：凉血止血，清热利湿。用于痢疾，崩漏，尿血，吐血，咯血，衄血，小儿乳积，赤白带下。

【用法用量】　荠菜：煎汤，15～30 克（鲜品 60～120 克）；或入丸、散。外用适量，捣汁点眼。
荠菜花：煎汤，10～15 克；或研末。

【验方】　治崩漏：鲜荠菜花一两，水煎服；或配丹参二钱，当归四钱，水煎服。（《草药手册》）

85. 独行菜 *Lepidium apetalum* Willd.

【别名】　狗荠（《广雅》），腺茎独
行菜（《秦岭植物志》），辣辣菜、小辣辣、
辣麻麻（《中国植物志》）。

【形态】　一年生或二年生草本，高
5～30 厘米；茎直立，有分枝，无毛或具
微小头状毛。基生叶窄匙形，一回羽状浅
裂或深裂，长 3～5 厘米，宽 1～1.5 厘米；
叶柄长 1～2 厘米；茎上部叶线形，有疏
齿或全缘。总状花序在果期可延长至 5 厘
米；萼片早落，卵形，长约 0.8 毫米，外

面有柔毛；花瓣不存或退化成丝状，比萼片短；雄蕊 2 或 4。短角果近圆形或宽椭圆形，扁平，长 2～3 毫米，宽约 2 毫米，顶端微缺，上部有短翅，隔膜宽不到 1 毫米；果梗弧形，长约 3 毫米。种子椭圆形，长约 1 毫米，平滑，棕红色。花果期 5—7 月。

【生境】 生于海拔 2000 米以下山坡、山沟、路旁及村庄附近。

【分布】 产于新洲各地。分布于东北、华北、西北、西南地区，以及江苏、浙江、安徽等地。

【药用部位及药材名】 干燥成熟种子（葶苈子）。

【采收加工】 夏季果实成熟时采割植株，晒干，搓出种子，除去杂质。

【性味与归经】 辛、苦，大寒。归肺、膀胱经。

【功能主治】 泻肺平喘，行水消肿。用于痰涎壅肺，喘咳痰多，胸胁胀满，不得平卧，胸腹水肿，小便不利。

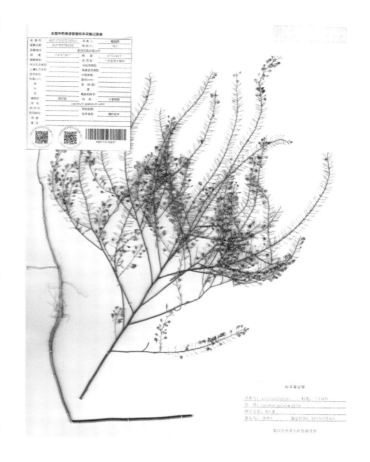

【用法用量】 内服：煎汤，3～9 克；或入丸、散。外用：适量，煎水洗或研末调敷。利水消肿宜生用；治痰饮喘咳宜炒用；治肺虚痰阴喘咳宜蜜炙用。

86. 风花菜 *Rorippa globosa*（Turcz.）Hayek

【别名】 银条菜（《植物名实图考》），圆果蔊菜（《广州植物志》），球果蔊菜（《江苏南部种子植物手册》）。

【形态】 一年生或二年生直立粗壮草本，高 20～80 厘米，植株被白色硬毛或近无毛。茎单一，基部木质化，下部被白色长毛，上部近无毛，分枝或不分枝。茎下部叶具柄，上部叶无柄，叶片长圆形至倒卵状披针形，长 5～15 厘米，宽 1～2.5 厘米，基部渐狭，下延成短耳状而半抱茎，

边缘具不整齐粗齿，两面被疏毛，尤以叶脉为显。总状花序多数，呈圆锥花序式排列，果期伸长。花小，黄色，具细梗，长 4～5 毫米；萼片 4，长卵形，长约 1.5 毫米，开展，基部等大，边缘膜质；花瓣 4，

倒卵形，与萼片等长或稍短，基部渐狭成短爪；雄蕊 6，四强或近于等长。短角果近球形，直径约 2 毫米，果瓣隆起，平滑无毛，有不明显网纹，顶端具宿存短花柱；果梗纤细，呈水平开展或稍向下弯，长 4 ～ 6 毫米。种子多数，淡褐色，极细小，扁卵形，一端微凹；子叶缘倚胚根。花期 4—6 月，果期 7—9 月。

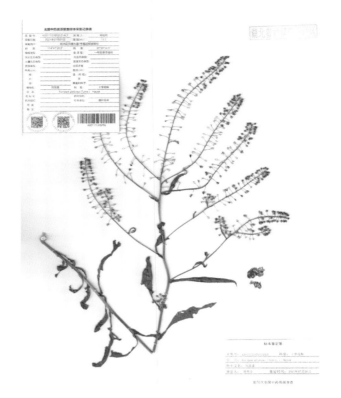

【生境】　生于河岸、湿地、路旁、沟边或草丛中，也生于干旱处，海拔 30 ～ 2500 米均有分布。

【分布】　产于新洲各主干河流两岸及湖泊湿地。分布于黑龙江、吉林、河北、山西、山东、安徽、江苏、浙江、湖北、湖南、江西、广东、广西、云南等地。

【药用部位及药材名】　全草（风花菜）。

【采收加工】　7—8 月采收全草，切段，晒干备用。

【性味与归经】　苦、辛，凉。归心、肝、肺经。

【功能主治】　清热利尿，解毒，消肿。用于黄疸，水肿，淋证，咽痛，痈肿，烫火伤。

【用法用量】　内服：煎汤，6 ～ 15 克。外用：适量，捣敷。

【验方】　①治黄疸，肝炎：风花菜配萹蓄、苦荞叶、茵陈，煎汤服。②治腹水过多：风花菜配播娘蒿子、大黄，煎汤服。③治无名肿毒及骨髓炎：风花菜配牛耳大黄、蒲公英、墨地叶，捣烂敷患处。（①～③出自《高原中草药治疗手册》）

87. 萝卜 *Raphanus sativus* L.

【别名】　莱菔、紫菘（《新修本草》），萝卜（《食疗本草》），蓝花子（《中国植物志》），菜头（《福建药物志》）。

【形态】　一年生或二年生草本，高 20 ～ 100 厘米；直根肉质，长圆形、球形或圆锥形，外皮绿色、白色或红色；茎有分枝，无毛，稍具粉霜。基生叶和下部茎生叶大头羽状半裂，长 8 ～ 30 厘米，宽 3 ～ 5 厘米，顶裂片卵形，侧裂片 4 ～ 6 对，长圆形，有钝齿，疏生粗毛，上部叶长圆形，有锯齿或近全缘。总状花序顶生及腋生；花白色或粉红色，直径 1.5 ～ 2 厘米；

花梗长 5～15 毫米；萼片长圆形，长 5～7 毫米；花瓣倒卵形，长 1～1.5 厘米，具紫纹，下部有长 5 毫米的爪。长角果圆柱形，长 3～6 厘米，宽 10～12 毫米，在相当种子间处缢缩，并形成海绵质横隔；顶端喙长 1～1.5 厘米；果梗长 1～1.5 厘米。种子 1～6 个，卵形，微扁，长约 3 毫米，红棕色，有细网纹。花期 4—5 月，果期 5—6 月。

【生境】 全国各地普遍栽培。

【分布】 产于新洲各地，均系栽培。分布于全国各地。

【药用部位及药材名】 干燥成熟种子（莱菔子）；老根（地骷髅）。

【采收加工】 夏季果实成熟时采割植株，晒干，搓出种子，除去杂质，再晒干。

【性味与归经】莱菔子：辛、甘，平。归肺、脾、胃经。地骷髅：甘、辛，平。归肺、肾经。

【功能主治】莱菔子：消食除胀，降气化痰。用于饮食停滞，脘腹胀痛，大便秘结，积滞泄泻，痰壅喘咳。地骷髅：行气消积，化痰，解渴，利水消肿。用于咳嗽痰多，食积气滞，腹胀痞满，痢疾，消渴，脚气，水肿。

【用法用量】 莱菔子：煎汤，4.5～9 克。地骷髅：煎汤，10～30 克；或入丸、散。

【验方】 ①治高血压：莱菔子 15 克，决明子 15 克，泡水代茶饮。②治便秘（实秘）：莱菔子 150 克，洗净泥土晾干，研为细末，过筛装瓶备用。3 岁以下者，每日 2.5 克，8 小时冲服一次；4～7 岁者，每日 4～6 克，12 小时冲服一次；8 岁以上者，每日 6～10 克，12 小时冲服一次。佐白糖适量调服。③治排尿功能障碍：莱菔子 10 克，炒熟后一次服下。④治癫狂、痰饮、眩晕、噎膈等见痰涎壅盛之症：生莱菔子 30～50 克，捣为细末，制成莱菔子散，空腹服下止吐。

四十二、金缕梅科 Hamamelidaceae

88. 檵木 *Loropetalum chinense*（R. Br.）Oliver

【别名】 鸡寄（《植物名实图考》），坚漆、檵宿（《浙江药用植物志》），白花树、桎木柴（《新华本草纲要》）。

【形态】 灌木，有时为小乔木，多分枝，小枝有星状毛。叶革质，卵形，长 2～5 厘米，宽 1.5～2.5

厘米，先端尖锐，基部钝，不等侧，上面略有粗毛或秃净，干后暗绿色，无光泽，下面被星状毛，稍带灰白色，侧脉约5对，在上面明显，在下面突起，全缘；叶柄长2～5毫米，有星状毛；托叶膜质，三角状披针形，长3～4毫米，宽1.5～2毫米，早落。花3～8朵簇生，有短花梗，白色，比新叶先开放，或与嫩叶同时开放，花序柄长约1厘米，被毛；苞片线形，长3毫米；萼筒杯状，被星状毛，萼齿卵形，长约2毫米，花后脱落；花瓣4片，带状，长1～2厘米，先端圆或钝；雄蕊4个，花丝极短，药隔突出成角状；退化雄蕊4个，鳞片状，与雄蕊互生；子房完全下位，被星状毛；花柱极短，长约1毫米；胚珠1个，垂生于心皮内上角。蒴果卵圆形，长7～8毫米，宽6～7毫米，先端圆，被褐色星状茸毛，萼筒长为蒴果的2/3。种子圆卵形，长4～5毫米，黑色，发亮。花期3—4月。

【生境】 常生于向阳山坡、路边、灌木林、丘陵及郊野溪沟边。

【分布】 产于新洲各地，多为栽培。分布于我国中部、南部及西南各省。

【药用部位及药材名】 叶（檵木叶）；根（檵木根）。

【采收加工】 叶（檵木叶）：全年均可采摘，晒干。根（檵木根）：全年均可采挖，切块，晒干或鲜用。

【性味与归经】 檵木叶：涩，凉。檵木根：苦、涩，平。

【功能主治】 檵木叶：收敛止血，清热解毒。用于吐血，便血，崩漏，产后恶露不净，紫癜，痢疾，跌打损伤，目赤，喉痛。

【用法用量】 内服：煎汤，花6～9克；根9～15克；叶3～30克。外用：适量，捣烂或干品研粉敷患处。

89. 枫香树 *Liquidambar formosana* Hance

【别名】 路路通、山枫香树（《中国植物志》）。

【形态】落叶乔木，高达30米，胸径最大可达1米，树皮灰褐色，方块状剥落；小枝干后灰色，被柔毛，略有皮孔；芽体卵形，长约1厘米，略被微毛，鳞状苞片敷有树脂，干后棕黑色，有光泽。叶薄革质，阔卵形，掌状3裂，中央裂片较长，先端尾状渐尖；两侧裂片平展；基部心形；上面绿色，干后灰绿色，不发亮；下面有短柔毛，或变秃净仅在脉腋间有毛；掌状脉3～5条，在上、下两面均显著，网脉明显可见；边缘有锯齿，齿尖有腺状突；叶柄长达11厘米，常有短柔毛；托叶线形，游离，或略与叶柄连生，长1～1.4厘米，红褐色，被毛，早落。雄性短穗状花序常多个排成总状，雄蕊多数，花丝不等长，花药比花丝略短。雌性头状花序有花24～43朵，花序柄长3～6厘米，偶有皮孔，无腺体；萼齿4～7个，针形，长4～8毫米，子房下半部藏在头状花序轴内，上半部游离，有柔毛，花柱长6～10毫米，先端常卷曲。头状果序圆球形，木质，直径3～4厘米；蒴果下半部藏于花序轴内，有宿存花柱及针刺状萼齿。种子多数，褐色，多角形或有窄翅。

【生境】性喜阳光，多生于平地、村落附近，以及低山的次生林。

【分布】产于新洲东部、北部丘陵及山区。分布于我国秦岭及淮河以南各省，北起河南、山东，东至台湾，西至四川、云南及西藏，南至广东。

【药用部位及药材名】干燥成熟果序（路路通）。

【采收加工】冬季果实成熟后采收，除去杂质，干燥。

【性味与归经】苦，平。归肝、肾经。

【功能主治】祛风活络，利水，通经。用于关节痹痛，麻木拘挛，水肿胀满，乳少，闭经。

【用法用量】内服：煎汤，6～10克；或煅存性研末。外用：适量，研末敷；或烧烟闻嗅。

【验方】①治风湿肢节痛：路路通、秦艽、桑枝、海风藤、橘络、薏苡仁各适量，水煎服。（《四

川中药志》）②治荨麻疹：枫球一斤，煎浓汁，每日三次，每次六钱，空心服。（《湖南药物志》）
③治耳内流黄水：路路通五钱，煎服。（《浙江民间草药》）

四十三、景天科 Crassulaceae

90. 费菜 *Phedimus aizoon*

【别名】土三七（《植物名实图考》），
六月淋（《秦岭植物志》），还阳草、金不换、
六月还阳（《湖北植物志》）。

【形态】多年生草本。根状茎短，
粗茎高 20 ～ 50 厘米，有 1 ～ 3 条茎，
直立，无毛，不分枝。叶互生，狭披针形、
椭圆状披针形至卵状倒披针形，长 3.5 ～ 8
厘米，宽 1.2 ～ 2 厘米，先端渐尖，基
部楔形，边缘有不整齐的锯齿；叶坚实，
近革质。聚伞花序有多花，水平分枝，
平展，下托以苞叶。萼片 5，线形，肉质，
不等长，长 3 ～ 5 毫米，先端钝；花瓣 5，
黄色，长圆形至椭圆状披针形，长 6 ～ 10
毫米，有短尖；雄蕊 10，较花瓣短；鳞
片 5，近正方形，长 0.3 毫米，心皮 5，
卵状长圆形，基部合生，腹面凸出，花
柱长钻形。蓇葖星芒状排列，长 7 毫米；
种子椭圆形，长约 1 毫米。花期 6—7 月，
果期 8—9 月。

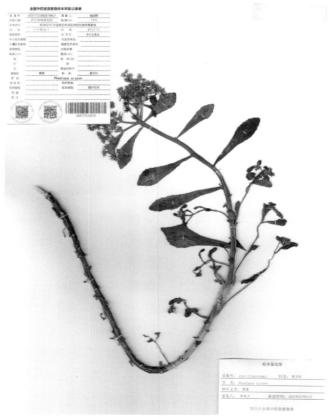

【生境】生于山间岩石上或较阴湿
处。

【分布】产于新洲东部、北部丘陵或
山区。分布于四川、湖北、江西、安徽、浙江、
江苏、青海、甘肃、内蒙古、宁夏、河南、
山西、陕西、河北、山东、辽宁、吉林、
黑龙江等地。

【药用部位及药材名】根或全草（景

天三七）。

【采收加工】9—11 月挖根，6—7 月采收全草，鲜用或晒干。

【性味与归经】甘、微酸，平。归心、肝经。

【功能主治】散瘀止血，安神，解毒。用于吐血，衄血，咯血，便血，尿血，崩漏，紫癜，外伤出血，跌打损伤，心悸，失眠，疮疖痈肿，烫火伤，毒虫咬伤。

【用法用量】内服：煎汤，15 ～ 30 克；或鲜品绞汁，30 ～ 60 克。外用：适量，鲜品捣敷；或研末撒敷。

【验方】①治吐血，咯血，鼻衄，牙龈出血，内伤出血：鲜土三七二至三两，水煎或捣汁服，连服数日。②治癔病，惊悸，失眠，烦躁惊狂：鲜土三七二至三两，猪心一个（不要剖割，保留内部血液），置瓦罐中炖熟，去草，当日分两次吃，连吃十至三十日。③治带下，崩漏：鲜土三七二至三两，水煎服。（①～③出自《浙江民间常用草药》）④治跌打损伤：鲜景天三七适量，捣烂外敷。（《上海常用中草药》）⑤治尿血：景天三七五钱，加红糖为引，水煎服。（《山西中草药》）

91. 垂盆草 *Sedum sarmentosum* Bunge

【别名】三叶佛甲草（《中国植物志》），豆瓣菜、狗牙瓣、佛甲草（《秦岭植物志》），狗牙草（《湖北植物志》）。

【形态】多年生草本。不育枝及花茎细，匍匐而节上生根，直到花序之下，长 10 ～ 25 厘米。3 叶轮生，叶倒披针形至长圆形，长 15 ～ 28 毫米，宽 3 ～ 7 毫米，先端近急尖，基部急狭，有距。聚伞花序，有 3 ～ 5 分枝，花少，宽 5 ～ 6 厘米；花无梗；萼片 5，披针形至长圆形，长 3.5 ～ 5 毫米，先端钝，基部无距；花瓣 5，黄色，披针形至长圆形，长 5 ～ 8 毫米，先端有稍长的短尖；雄蕊 10，较花瓣短；鳞片 10，楔状四方形，长 0.5 毫米，先端稍有微缺；心皮 5，长圆形，长 5 ～ 6 毫米，略叉开，有长花柱。种子卵形，长 0.5 毫米。花期 5—7 月，果期 8 月。

【生境】生于海拔 1600 米以下山坡阳处或石上。

【分布】产于新洲各地。分布于福建、贵州、四川、湖北、湖南、江西、安徽、浙江、江苏、甘肃、陕西、河南、山东、山西、河北、辽宁、吉林、北京等地。

【药用部位及药材名】干燥全草（垂盆草）。

【采收加工】夏、秋二季采收，除去杂质，干燥。

【性味与归经】甘、淡，凉。归肝、胆、小肠经。

【功能主治】利湿退黄，清热解毒。用于湿热黄疸，小便不利，痈肿疮疡。

【用法用量】内服：煎汤，15 ～ 30 克（鲜品 50 ～ 100 克）；或捣汁。外用：适量，捣敷；或研末调搽，或取汁外涂，或煎水湿敷。

【验方】①治湿毒疮：生垂盆草100克，紫花地丁30克，薏苡仁50克，黄柏30克。水煎，待冷外擦，每日1次，连用1周。②治急慢性肠炎：干垂盆草15克，白头翁10克，秦皮10克，白芍10克。水煎服，1剂，饭后温服。急性肠炎一般3剂起效，慢性肠炎一般7剂起效。③治急慢性副鼻窦炎：干垂盆草20克，野菊花20克，薏苡仁50克。水煎服，或泡水服，每日1次，饭后温服。急性副鼻窦炎一般3剂见效，慢性副鼻窦炎一般5剂见效。④治带状疱疹：生垂盆草100克，捣烂滤汁，少许涂擦疱疹；或晒干垂盆草20克，研细末，用少许点在疱疹周围；或干垂盆草15克，水煎服，每日1次。亦可外用、内服结合运用。⑤治急性尿道炎：晒干垂盆草15克，萹蓄10克，瞿麦12克，水煎服，每日1次，温服，一般3剂见效。

四十四、虎耳草科 Saxifragaceae

92. 溲疏 *Deutzia scabra* Thunb.

【别名】巨骨（《名医别录》），空木、卯花（《植物学大辞典》），野茉莉（《湖北中药资源名录》）。

【形态】落叶灌木，高达3米。小枝中空，赤褐色，幼时有星状毛，老时则光滑或呈薄片状剥落；芽具多数覆瓦状鳞片。叶对生；有短柄；叶片卵形至卵状披针形，先端尖至钝渐尖，基部稍圆，边缘具小齿，上面疏被辐射线5条的星状毛，下面被少而密的6～12条辐射线的星状毛。圆锥花序直立，具星状毛；萼杯状，有5齿，齿三角形；花瓣5，白色或外面有粉红色斑点，

长圆形或长圆状卵形，外面有星状毛；雄蕊10，外轮雄蕊较花瓣稍短，花丝顶端具 2 齿；子房下位，花柱 3，离生。蒴果近球形，先端扁平，有多数细小种子。花期 5—6 月，果期 7—10 月。

【生境】　生于海拔 1200 米以下的山坡灌丛或栽培于庭园。

【分布】　产于新洲东部山区。分布于江苏、浙江、安徽、江西、山东、湖北、四川、贵州等地。

【药用部位及药材名】　果实（溲疏）。

【采收加工】　7—10 月采收果实，晒干。

【性味与归经】　苦、辛，寒。有小毒。

【功能主治】　清热，利尿。用于发热，小便不利，遗尿。

【用法用量】　内服：煎汤，3 ～ 9 克；或作丸。外用：适量，煎水洗。

93. 绣球 *Hydrangea macrophylla*（Thunb.）Ser.

【别名】　八仙花、紫绣球（《植物名实图考》），粉团花（《本草拾遗》），八仙绣球（《植物分类学报》），紫阳花（《中国植物志》）。

【形态】　灌木，高 1 ～ 4 米；茎常于基部发出多数放射枝而形成一圆形灌丛；枝圆柱形，粗壮，紫灰色至淡灰色，无毛，具少数长形皮孔。叶纸质或近革质，倒卵形或阔椭圆形，长 6 ～ 15 厘米，宽 4 ～ 11.5 厘米，先端骤尖，具短尖头，基部钝圆或阔楔形，边缘于基部以上具粗齿，两面无毛或仅下面中脉两侧被稀疏卷曲短柔毛，脉腋间常具少许髯毛；侧脉 6 ～ 8 对，直，向上斜举或上部近边缘处微弯拱，上面平坦，下面微凸，小脉网状，两面明显；叶柄粗壮，长 1 ～ 3.5 厘米，无毛。伞房状聚伞花序近球形，直径

8～20 厘米，具短的总花梗，分枝粗壮，近等长，密被紧贴短柔毛，花密集，多数不育；不育花萼片 4，阔倒卵形、近圆形或阔卵形，长 1.4～2.4 厘米，宽 1～2.4 厘米，粉红色、淡蓝色或白色；孕性花极少数，具 2～4 毫米长的花梗；萼筒倒圆锥状，长 1.5～2 毫米，与花梗疏被卷曲短柔毛，萼齿卵状三角形，长约 1 毫米；花瓣长圆形，长 3～3.5 毫米；雄蕊 10 枚，近等长，不突出或稍突出，花药长圆形，长约 1 毫米；子房大半下位，花柱 3，结果时长约 1.5 毫米，柱头稍扩大，半环状。蒴果未成熟，长陀螺状，连花柱长约 4.5 毫米，顶端突出部分长约 1 毫米，约等于蒴果长度的 1/3；种子未熟。花期 6—8 月。

【生境】 野生于山谷溪旁或山顶疏林中，海拔 380～1700 米。庭园有栽培。

【分布】 野生于新洲东部山区，多地庭园有栽培。分布于山东、江苏、安徽、浙江、福建、河南、湖北、湖南、广东及其沿海岛屿、广西、四川、贵州、云南等地，野生或栽培。

【药用部位及药材名】 根、叶或花（绣球）。

【采收加工】 9—11 月挖根，6—10 月采叶，7—9 月采花，均晒干。

【性味与归经】 苦、微辛，寒。有小毒。

【功能主治】 抗疟，清热，解毒，杀虫。用于疟疾，心热惊悸，烦躁，喉痹，阴囊湿疹，疥癣。

【用法用量】 内服：煎汤，9～12 克。

四十五、蔷薇科 Rosaceae

94. 龙芽草 *Agrimonia pilosa* Ldb.

【别名】 瓜香草（《救荒本草》），老鹤嘴、毛脚茵（《植物名实图考》），石打穿（《本草纲目拾遗》），仙鹤草（《中国药学大辞典》）。

【形态】 多年生草本。根多呈块茎状，周围长出若干侧根，根茎短，基部常有 1 至数个地下芽。茎高 30～120 厘米，被疏柔毛及短柔毛，稀下部被稀疏长硬毛。叶为间断奇数羽状复叶，通常有小叶 3～4 对，稀 2 对，向上减少至 3 小叶，叶柄被稀疏柔毛或短柔毛；小叶片无柄或有短柄，倒卵形、倒卵状椭圆形或倒卵状披针形，长 1.5～5 厘米，宽 1～2.5 厘米，顶端急尖至圆钝，稀渐尖，基部楔形至宽楔形，边缘有急尖到圆钝锯齿，上面被疏柔毛，稀脱落几无毛，下面通常脉上伏生疏柔毛，稀脱落几无毛，有显著腺点；托叶草质，绿色，镰形，稀卵形，顶端急尖或渐尖，边缘有尖锐锯齿或裂片，稀全缘，茎下部托叶有时卵状披针形，常全缘。花序穗状总状顶生，分枝或不分枝，花序轴被柔毛，花梗长 1～5 毫米，被柔毛；苞片通常深 3 裂，裂片带形，小苞片对生，卵形，全缘或边缘分裂；花直径 6～9 毫米；萼片 5，三角状卵形；花瓣黄色，长圆形；雄蕊 5～15 枚；花柱 2，丝状，柱头头状。果实倒卵圆锥形，外面有 10 条肋，被疏柔毛，顶端有数层钩刺，幼时直立，成熟时靠合，连钩刺长 7～8 毫米，最宽处直径 3～4 毫米。花果期 5—12 月。

【生境】 常生于溪边、路旁、草地、灌丛，海拔 100～3800 米的林缘及疏林下。

【分布】 产于新洲东部、北部丘陵及山区。分布于我国南北各省区。

【药用部位及药材名】 干燥地上部分（仙鹤草）。

【采收加工】 夏、秋二季茎叶茂盛时采割，除去杂质，干燥。

【性味与归经】 苦、涩，平。归心、肝经。

【功能主治】 收敛止血，截疟，止痢，解毒，补虚。用于咯血，吐血，崩漏下血，疟疾，血痢，痈肿疮毒，阴痒带下，脱力劳伤。

【用法用量】 内服：煎汤，9～15

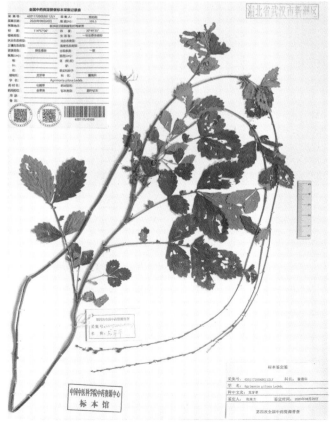

克（鲜品 15～30 克），捣汁或入散剂。外用：适量，捣敷。

【验方】①治肺痨咯血：鲜仙鹤草一两（干品六钱），白糖一两。将仙鹤草捣烂，加冷开水搅拌，榨取汁液，再加入白糖，一次服用。（《贵州民间方药集》）②治吐血：仙鹤草、鹿衔草、麦瓶草各适量，熬水服。（《四川中药志》）③治鼻衄及大便下血：仙鹤草、蒲黄、茅草根、大蓟各适量，煎服。（《四川中药志》）④治贫血衰弱，精力痿顿（民间治脱力劳伤）：仙鹤草一两，红枣十个，水煎，一日数回分服。（《现代实用中药》）⑤治跌伤红肿作痛：仙鹤草、小血藤、白花草（酒炒，外伤破皮者不用酒炒）各适量，捣绒外敷，并泡酒内服。（《四川中药志》）⑥治蛇咬伤：鲜龙芽草叶，洗净，捣烂贴伤处。（《福建民间草药》）

95. 桃 *Prunus persica* L.

【别名】桃子、油桃、盘桃（《中国植物志》）。

【形态】乔木，高 3～8 米；树冠宽广而平展；树皮暗红褐色，老时粗糙呈鳞片状；小枝细长，无毛，有光泽，绿色，向阳处转变成红色，具大量小皮孔；冬芽圆锥形，顶端钝，外被短柔毛，常 2～3 个簇生，中间为叶芽，两侧为花芽。叶片长圆状披针形、椭圆状披针形或倒卵状披针形，长 7～15 厘米，宽 2～3.5 厘米，先端渐尖，基部宽楔形，上面无毛，下面在脉腋间具少数短柔毛或无毛，叶边具细

锯齿或粗锯齿，齿端具腺体或无腺体；叶柄粗壮，长 1～2 厘米，常具 1 至数枚腺体，有时无腺体。花单生，先于叶开放，直径 2.5～3.5 厘米；花梗极短或几无梗；萼筒钟形，被短柔毛，稀几无毛，绿色而具红色斑点；萼片卵形至长圆形，顶端圆钝，外被短柔毛；花瓣长圆状椭圆形至宽倒卵形，粉红色，罕为白色；雄蕊 20～30，花药绯红色；花柱几与雄蕊等长或稍短；子房被短柔毛。果实形状和大小均有变异，卵形、宽椭圆形或扁圆形，直径（3）5～7（12）厘米，长几与宽相等，色泽变化由浅绿白色至橙黄色，常在向阳面具红晕，外面密被短柔毛，稀无毛，腹缝明显，果梗短而深入果洼；果肉白色、浅绿白色、黄色、橙黄色或红色，多汁有香味，甜或酸甜；核大，离核或粘核，椭圆形或近圆形，两侧扁平，顶端渐尖，表面具纵、横沟纹和孔穴；种仁味苦，稀味甜。花期 3—4 月，果实成熟期因品种而异，通常为 8—9 月。

【生境】喜温暖的气候，在肥沃高燥的沙壤土中生长最好。怕涝，在低洼碱性土壤中生长不良。

【分布】产于新洲多地，均系栽培。各省区广泛栽培。

【药用部位及药材名】干燥成熟种子（桃仁）。

【采收加工】果实成熟后采收，除去果肉和核壳，取出种子，晒干。

【性味与归经】苦、甘，平。归心、肝、大肠经。

【功能主治】活血祛瘀，润肠通便，止咳平喘。用于闭经痛经，癥瘕痞块，肺痈肠痈，跌扑损伤，咳嗽气喘。

【用法用量】内服：煎汤，4.5 ～ 9克；或入丸、散。外用：适量，捣敷。

【验方】①治哮喘：桃仁、李仁、白胡椒各 6 克，生糯米 10 粒，共研为细末，用鸡蛋清调匀，外敷双脚心和双手心。②治高血压：桃仁 10 克，决明子 12 ～ 20 克，水煎服，每日 1 剂。此方也可治头痛、便秘。③治胸中疼痛：桃仁 100 克，煮熟去皮、尖，取汁适量和白米一同煮粥食。可治血瘀心脉引起的胸中疼痛、口唇青紫。④治月经不调：桃仁 15 克，牡丹皮 10 ～ 15克，红花 5 ～ 10 克，以酒合煎，每日 1剂，分 2 次服。此方可治妇女月经不调、闭经腹痛、产后瘀血腹痛。⑤治血滞闭经：桃仁 10 克，乌贼（墨鱼）200 克，洗净切片，加水适量煮汤服。此方有活血祛瘀、滋阴养血之功效。⑥治跌打损伤：桃仁、生栀子、大黄、降南香各适量，共研为末，用米酒调敷患处。

96. 野山楂 *Crataegus cuneata* Sieb. et Zucc.

【别名】山梨、毛枣子、猴楂、大红子、红果子（《中国植物志》）。

【形态】落叶灌木，高达 15 米，分枝密，通常具细刺，刺长 5 ～ 8 毫米；小枝细弱，圆柱形，有棱，幼时被柔毛，一年生枝紫褐色，无毛，老枝灰褐色，散生长圆形皮孔；冬芽三角状卵形，先端圆钝，无毛，紫褐色。叶片宽倒卵形至倒卵状长圆形，长 2 ～ 6 厘米，宽 1 ～ 4.5 厘米，先端急尖，基部楔形，下延连于叶柄，边缘有不规则重锯齿，顶端常有 3 或稀 5 ～ 7 浅裂片，上面无毛，有光泽，下面具稀疏柔毛，沿叶脉较密，以后脱落，叶脉显著；叶柄两侧有叶翼，长 4 ～ 15 毫米；托叶大型，草质，镰刀状，边缘有齿。伞房花序，直径 2 ～ 2.5 厘米，具花 5 ～ 7 朵，总花梗和花梗均被柔毛。花梗长约 1 厘米；苞片草质，披针形，条裂或有锯齿，长 8 ～ 12 毫米，脱落很迟；花直径约 1.5 厘米；萼筒钟状，外被长柔毛，萼片三角状卵形，长约 4 毫米，约与萼筒等长，先端尾状渐尖，全缘或有齿，内、外两面均具柔毛；花瓣近圆形或倒卵形，长 6 ～ 7 毫米，白色，基部有短爪；雄蕊 20；花药红色；花柱 4 ～ 5，基部被茸毛。果实近球形或扁球形，直径 1 ～ 1.2 厘米，红色或黄色，常具有宿存反折萼片或 1 苞片；小核 4 ～ 5，内面两侧平滑。花期 5—6 月，果期 9—11 月。

【生境】生于山谷、多石湿地或山地灌丛中。

【分布】产于新洲东部、北部丘陵及山区。分布于河南、湖北、江西、湖南、安徽、江苏、浙江、云南、贵州、广东、广西、福建等地。

【药用部位及药材名】 果实（野山楂）。

【采收加工】 10—11月果实变红，果点明显时采收，横切成两半或切片后晒干。

【性味与归经】 酸、甘，微温。归肝、胃经。

【功能主治】 健脾消食，活血化瘀。用于食积肉滞，脘腹胀痛，产后瘀痛，漆疮，冻疮。

【用法用量】 内服：煎汤，6～12克；或入丸、散。外用：适量，煎水洗或捣敷。

【验方】 ①治小儿消化不良：山楂（去核）、山药、白糖各适量。将山楂、山药洗净蒸熟，冷后加白糖搅匀，压成薄饼食之。适用于小儿脾虚久泻、消化不良、食后腹胀、不思饮食等。②治肥胖：山楂、麦芽各30克，决明子15克，茶叶、荷叶各6克。先将山楂、麦芽、决明子置锅内，加水煎30分钟，然后加入茶叶、荷叶煮10分钟，倒出药汁备用；复加水煎取汁，将两次药汁混合，当茶饮。每日1剂，连服10日，有平肝泄热、消食调脂之功效。③治脑动脉硬化症：山楂、核桃肉、蜂蜜各30克。核桃肉加水浸泡30分钟，研磨成浆，备用。山楂加水煮熟过滤，去渣取汁，倒入锅中，加入蜂蜜搅拌，再缓缓倒入核桃浆，煮沸即成。每日1剂，有补肾健脑、调血脂、助消化之功效。

97. 枇杷 *Eriobotrya japonica*（Thunb.）Lindl.

【别名】 卢桔、卢橘、金丸（《中国植物志》）。

【形态】 常绿小乔木，高可达10米；小枝粗壮，黄褐色，密生锈色或灰棕色茸毛。叶片革质，披针形、倒披针形、倒卵形或椭圆状长圆形，长12～30厘米，宽3～9厘米，先端急尖或渐尖，基部楔形或渐狭成叶柄，上部边缘有疏锯齿，基部全缘，上面光亮，多皱，下面密生灰棕色茸毛，侧脉11～21对；叶柄短或几无柄，长6～10毫米，有灰棕色茸毛；托叶钻形，长1～1.5厘米，先端急尖，有毛。

圆锥花序顶生，长10～19厘米，具多花；总花梗和花梗密生锈色茸毛；花梗长2～8毫米；苞片钻形，长2～5毫米，密生锈色茸毛；花直径12～20毫米；萼筒浅杯状，长4～5毫米，萼片三角状卵形，长2～3毫米，先端急尖，萼筒及萼片外面有锈色茸毛；花瓣白色，长圆形或卵形，长5～9毫米，宽4～6毫米，基部具爪，有锈色茸毛；雄蕊20，远短于花瓣，花丝基部扩展；花柱5，离生，柱头头状，无毛，子房顶端有锈色柔毛，5室，每室有2胚珠。果实球形或长圆形，直径2～5厘米，黄色或橘黄色，外有锈色柔毛，不久脱落；种子1～5，球形或扁球形，直径1～1.5厘米，褐色，光亮，种皮纸质。花期10—12月，果期5—6月。

【生境】 喜光，稍耐阴，喜温暖气候和肥水湿润、排水良好的土壤，不耐严寒，生长缓慢。平均温度12℃以上，冬季不低于－5℃，花期、幼果期不低于0℃的地区，都能生长良好。常栽种于村边、平地或坡地。

【分布】 产于新洲各地，均系栽培。分布于甘肃、陕西、河南、江苏、安徽、浙江、江西、湖北、湖南、四川、云南、贵州、广西、广东、福建、台湾等地。各地广泛栽培，四川、湖北有野生者。

【药用部位及药材名】 干燥叶（枇杷叶）；果实（枇杷）。

【采收加工】 全年均可采收，晒至七八成干时，扎成小把，再晒干。

【性味与归经】 枇杷叶：苦，微寒。归肺、胃经。枇杷：甘、酸；凉；无毒。归脾、肺、肝经。

【功能主治】 枇杷叶：清肺止咳，降逆止呕。用于肺热咳嗽，气逆喘急，胃热呕逆，烦热口渴。枇杷：润肺下气，止渴。用于肺热咳喘，吐逆，烦渴。

【用法用量】 枇杷叶：煎汤，6～9克，大剂量可用至30克，鲜品15～30克；或熬膏，或入丸、散。枇杷：生食或煎汤，30～60克。

【验方】 ①治肺燥咳嗽：每次吃鲜枇杷果肉5个，每日2次。②治肺癌热性咳嗽、咳脓痰与咯血者：枇杷叶15克（鲜品60克），粳米100克，冰糖少许。将枇杷叶用布包入煎，取浓汁去渣。或取新鲜枇杷叶，刷尽枇杷叶背面的茸毛，切细后煎汁去渣，入粳米煮粥。粥成后入冰糖少许，佐膳服用。③治胃癌哕逆不止、饮食不入：枇杷叶 20 克，陈皮 25 克，炙甘草 15 克，生姜 3 片，水煎服，每日 2 次。

98. 委陵菜 *Potentilla chinensis* Ser.

【别名】黄州白头翁（《本草推陈（续编）》），翻白菜、根头菜（《中国药用植物志》），朝天委陵菜、天青地白、萎陵菜（《中国植物志》）。

【形态】多年生草本。根粗壮，圆柱形，稍木质化。花茎直立或上升，高 20 ～ 70 厘米，被稀疏短柔毛及白色绢状长柔毛。基生叶为羽状复叶，有小叶 5 ～ 15 对，间隔 0.5 ～ 0.8 厘米，连叶柄长 4 ～ 25 厘米，叶柄被短柔毛及绢状长柔毛；小叶对生或互生，上部小叶较长，向下逐渐减小，无柄，长圆形、倒卵形或长圆状披针形，长 1 ～ 5 厘米，宽 0.5 ～ 1.5 厘米，边缘羽状中裂，裂片三角状卵形、三角状披

针形或长圆状披针形，顶端急尖或圆钝，边缘向下反卷，上面绿色，被短柔毛或脱落几无毛，中脉下陷，下面被白色茸毛，沿脉被白色绢状长柔毛，茎生叶与基生叶相似，唯叶片对数较少；基生叶托叶近膜质，褐色，外面被白色绢状长柔毛，茎生叶托叶草质，绿色，边缘锐裂。伞房状聚伞花序，花梗长 0.5 ～ 1.5 厘米，基部有披针形苞片，外面密被短柔毛；花直径通常 0.8 ～ 1 厘米，稀达 1.3 厘米；萼片三角状卵形，顶端急尖，副萼片带形或披针形，顶端尖，比萼片短且狭窄，外面被短柔毛及少数绢状柔毛；花瓣黄色，宽倒卵形，顶端微凹，比萼片稍长；花柱近顶生，基部微扩大，稍有乳头或不明显，柱头扩大。瘦果卵球形，深褐色，有明显皱纹。花果期 4—10 月。

【生境】生于山坡草地、沟谷、林缘、灌丛或疏林下。

【分布】产于新洲各地。分布于黑龙江、吉林、辽宁、内蒙古、河北、山西、陕西、甘肃、山东、河南、江苏、安徽、江西、湖北、湖南、台湾、广东、广西、四川、贵州、云南、西藏等地。

【药用部位及药材名】干燥全草（委陵菜）。

【采收加工】春季未抽茎时采挖，除去泥沙，晒干。

【性味与归经】苦，寒。归肝、大肠经。

【功能主治】清热解毒，凉血止痢。用于赤痢腹痛，久痢不止，痔疮出血，痈肿疮毒。

【用法用量】内服：煎汤，15 ～ 30 克；或研末，或浸酒。外用：适量，煎水洗，或捣敷，或研末撒。

【验方】①治痢疾：天青地白根五钱，水煎服，一日三至四次，服二至三日。②治久痢不止：天青地白、白木槿花各五钱，水煎服。③治赤痢腹痛：天青地白细末五分，开水吞服，饭前服用。④治风湿麻木瘫痪，筋骨久痛：天青地白、大风藤、五香血藤、兔耳风各半斤，泡酒连续服用，每日早、晚各服一两。

99. 三叶委陵菜 *Potentilla freyniana* Bornm.

【别名】 三张叶(《中国植物志》),山蜂子(《贵州民间药物》),铁秤砣(《四川常用中草药》),地蜘蛛、三叶翻白草(《全国中草药汇编》)。

【形态】 多年生草本,有匍匐枝或不明显。根分枝多,簇生。花茎纤细,直立或上升,高 8 ～ 25 厘米,被平铺或开展疏柔毛。基生叶掌状三出复叶,连叶柄长 4 ～ 30 厘米,宽 1 ～ 4 厘米;小叶片长圆形、卵形或椭圆形,顶端急尖或圆钝,基部楔形或宽楔形,边缘有多数急尖锯齿,两面绿色,疏生平铺柔毛,下面沿脉较密;茎生叶 1 ～ 2,小叶与基生叶小叶相似,唯叶柄很短,叶边锯齿减少;基生叶托叶膜质,褐色,外面被稀疏长柔毛,茎生叶托叶草质,绿色,呈缺刻状锐裂,有稀疏长柔毛。伞房状聚伞花序顶生,多花,松散,花梗纤细,长 1 ～ 1.5 厘米,外被疏柔毛;花直径 0.8 ～ 1 厘米;萼片三角状卵形,顶端渐尖,副萼片披针形,顶端渐尖,与萼片近等长,外面被平铺柔毛;花瓣淡黄色,长圆状倒卵形,顶端微凹或圆钝;花柱近顶生,上部粗,基部细。成熟瘦果卵球形,直径 0.5 ～ 1 毫米,表面有显著脉纹。花果期 3—6 月。

【生境】 生于山坡草地、溪边及疏林下阴湿处。

【分布】 产于新洲东部、北部丘陵及山区。分布于黑龙江、吉林、辽宁、河北、山西、山东、陕西、甘肃、湖北、湖南、浙江、江西、福建、四川、贵州、云南等地。

【药用部位及药材名】 根及全草(地蜂子)。

【采收加工】 5—8 月采挖带根的全草,鲜用或晒干。

【性味与归经】 苦、涩,微寒。

【功能主治】 清热解毒,止血,止痛。用于痢疾、肠炎、发热、痈肿疔疮、烧烫伤、口舌生疮、骨髓炎、骨结核、瘰疬、痔疮、毒蛇咬伤、崩漏、月经过多、产后出血、外伤出血、胃痛出血、牙痛、胸骨痛、腰痛、痛经、跌打损伤、咳嗽、虚弱咳嗽盗汗。

【用法用量】 内服:煎汤,10 ～ 15 克;研末,1 ～ 3 克;或浸酒。外用:适量,

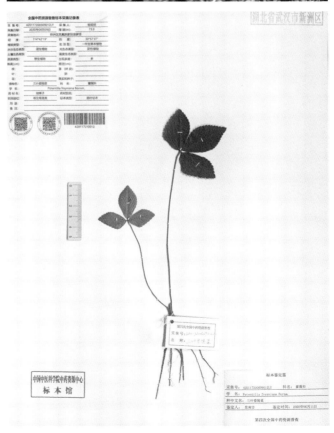

捣敷；或煎水洗，或研末敷。

　　【验方】①治骨结核：三叶委陵菜适量，加食盐少许，捣烂敷患处，每日换药一次。②治口腔炎：三叶委陵菜二至三钱，水煎服。③治痔疮：三叶委陵菜洗净，捣烂，冲入沸水浸泡，趁热坐熏。（①～③出自《中草药手册》）

100. 蛇含委陵菜 *Potentilla kleiniana* Wight et Arn.

　　【别名】 五皮草、五皮风、五爪龙、蛇含（《中国植物志》）。

　　【形态】 一年生、二年生或多年生宿根草本。多须根。花茎上升或匍匐，常于节处生根并发育出新植株，长 10～50 厘米，被疏柔毛或开展长柔毛。基生叶为近于鸟足状 5 小叶，连叶柄长 3～20 厘米，叶柄被疏柔毛或开展长柔毛；小叶几无柄，稀有短柄，小叶片倒卵形或长圆状倒卵形，长 0.5～4 厘米，宽 0.4～2 厘米，顶端圆钝，基部楔形，边缘有多数急尖或圆钝锯齿，两面绿色，被疏柔毛，有时上面脱落几无毛，或下面沿脉密被伏生长柔毛，下部茎生叶有 5 小叶，上部茎生叶有 3 小叶，小叶与基生小叶相似，唯叶柄较短；基生叶托叶膜质，淡褐色，外面被疏柔毛或脱落几无毛，茎生叶托叶草质，绿色，卵形至卵状披针形，全缘，稀有 1～2 齿，顶端急尖或渐尖，外被稀疏长柔毛。聚伞花序密集于枝顶呈假伞形，花梗长 1～1.5 厘米，密被开展长柔毛，下有茎生叶呈苞片状；花直径 0.8～1 厘米；萼片三角状卵圆形，顶端急尖或渐尖，副萼片披针形或椭圆状披针形，顶端急尖或渐尖，花时比萼片短，果时略长或近等长，外被稀疏长柔毛；花瓣黄色，倒卵形，顶端微凹，长于萼片；花柱近顶生，圆锥形，基部膨大，柱头扩大。瘦果近圆形，一面稍平，直径约 0.5 毫米，具皱纹。花果期 4—9 月。

【生境】　生于田边、水旁、草甸及山坡草地。

【分布】　产于新洲各地。分布于辽宁、陕西、山东、河南、安徽、江苏、浙江、湖北、湖南、江西、福建、广东、广西、四川、贵州、云南、西藏等地。

【药用部位及药材名】　带根全草（蛇含）。

【采收加工】　每年可收 2 次，在 5 月和 9—10 月挖取全草，晒干。

【性味与归经】　苦、辛，微寒，归肝、肺经。

【功能主治】　清热，解毒，消肿，止咳。用于高热惊风，疟疾，肺热咳嗽，百日咳，咽喉肿痛，痢疾，目赤肿痛，疮疖肿毒，风湿麻木。

【用法用量】　内服：煎汤，4.5～12 克（鲜品 30～60 克）。外用：适量，煎水洗，捣敷或煎水含漱。

101. 李 *Prunus salicina* Lindl.

【别名】　山李子（《中国植物志》）。

【形态】　落叶乔木，高 9～12 米；树冠广圆形，树皮灰褐色，起伏不平；老枝紫褐色或红褐色，无毛；小枝黄红色，无毛；冬芽卵圆形，红紫色，有数枚覆瓦状排列鳞片，通常无毛，稀鳞片边缘有极稀疏毛。叶片长圆状倒卵形、长椭圆形，稀长圆状卵形，长 6～8(12) 厘米，宽 3～5 厘米，先端渐尖、急尖或短尾尖，基部楔形，边缘有圆钝重锯齿，常混有单锯齿，幼时齿尖带腺，上面深绿色，有光泽，侧脉 6～10

对，不达到叶片边缘，与主脉成 45° 角，两面均无毛，有时下面沿主脉有稀疏柔毛或脉腋有髯毛；托叶膜质，线形，先端渐尖，边缘有腺，早落；叶柄长 1～2 厘米，通常无毛，顶端有 2 个腺体或无，有时在叶片基部边缘有腺体。花通常 3 朵并生；花梗长 1～2 厘米，通常无毛；花直径 1.5～2.2 厘米；萼筒钟状；萼片长圆状卵形，长约 5 毫米，先端急尖或圆钝，边有疏齿，与萼筒近等长，萼筒和萼片外面均无毛，内面在萼筒基部被疏柔毛；花瓣白色，长圆状倒卵形，先端啮蚀状，基部楔形，有明显带紫色脉纹，具短爪，着生在萼筒边缘，比萼筒长 2～3 倍；雄蕊多数，花丝长短不等，排成不规则 2 轮，比花瓣短；雌蕊 1，柱头盘状，花柱比雄蕊稍长。核果球形、卵球形或近圆锥形，直径 3.5～5 厘米，栽培品种可达 7 厘米，黄色或红色，有时为绿色或紫色，梗凹陷入，顶端微尖，基部有纵沟，外被蜡粉；核卵圆形或长圆形，有皱纹。花期 4 月，果期 7—8 月。

【生境】　生于山坡灌丛、山谷疏林或水边、沟底、路旁等处。

【分布】　产于新洲东部、北部丘陵及山区。分布于陕西、甘肃、四川、云南、贵州、湖南、湖北、江苏、浙江、江西、福建、广东、广西和台湾等地。

【药用部位及药材名】　果实（李子）；根（李根）；花（李子花）；树脂（李树胶）；种子（李核仁）；根皮（李根皮）。

【采收加工】 果实（李子）：7—8
月果实成熟时采摘，鲜用。根（李根）：
9—10 月采挖，刮去粗皮，切段，晒干或
鲜用。花（李子花）：4—5 月花盛开时采摘，
晒干。树脂（李树胶）：在李树生长繁茂
季节，采收树干分泌的胶质，晒干。种子（李
核仁）：7—8 月果实成熟时采摘，除去果
肉收果核，洗净，破核取仁，晒干。根皮（李
根皮）：9—10 月挖根，剥取根皮，晒干。

【性味与归经】 李子：甘、酸，平。
李根：甘，寒。李子花：苦，寒。无毒。
李树胶：苦，寒。无毒。李核仁：苦，平。
归肝、大肠经。李根皮：苦、咸，寒。归肝经。

【功能主治】 李子：清热，生津。用
于虚劳骨蒸，消渴。李根：清热解毒，利
湿。用于疮疡肿毒，热淋，痢疾。李子花：
令人面泽，去粉滓。李树胶：清热，透疹，
退翳。用于麻疹透发不畅，目生翳障。李
核仁：祛瘀，利水，润肠。用于血瘀疼痛，
跌打损伤，水肿，脚气，肠燥便秘。李根皮：清热，下气，解毒。用于气逆奔豚，湿热痢疾，赤白带下，
消渴，脚气，丹毒，疮痈。

【用法用量】 李子：煎汤，10 ～ 15 克；鲜品，生食，每次 100 ～ 300 克。李根：煎汤，3 ～ 10 克。
外用适量，煎水含漱；或洗浴。李树胶：煎汤，15 ～ 30 克。李核仁：煎汤，3 ～ 10 克；或入丸、散。

102. 火棘 *Pyracantha fortuneana*（Maxim.）Li

【别名】 赤阳子、红子、火把果、救命粮、救军粮（《中国植物志》）。

【形态】 常绿灌木，高达 3 米；侧枝
短，先端成刺状，嫩枝外被锈色短柔毛，
老枝暗褐色，无毛；芽小，外被短柔毛。
叶片倒卵形或倒卵状长圆形，长 1.5 ～ 6
厘米，宽 0.5 ～ 2 厘米，先端圆钝或微凹，
有时具短尖头，基部楔形，下延连于叶柄，
边缘有钝锯齿，齿尖向内弯，近基部全缘，
两面皆无毛；叶柄短，无毛或嫩时有柔毛。
花集成复伞房花序，直径 3 ～ 4 厘米，花
梗和总花梗近于无毛，花梗长约 1 厘米；

花直径约 1 厘米；萼筒钟状，无毛；萼片三角状卵形，先端钝；花瓣白色，近圆形，长约 4 毫米，宽约 3 毫米；雄蕊 20，花丝长 3～4 毫米，花药黄色；花柱 5，离生，与雄蕊等长，子房上部密生白色柔毛。果实近球形，直径约 5 毫米，橘红色或深红色。花期 3—5 月，果期 8—11 月。

【生境】 生于山地、丘陵阳坡灌丛及河沟路旁。

【分布】 产于新洲东部、北部丘陵及山区，多地有栽培。分布于陕西、河南、江苏、浙江、福建、湖北、湖南、广西、贵州、云南、四川、西藏等地。

【药用部位及药材名】 果实（赤阳子）。

【采收加工】 9—11 月果实成熟时采摘，晒干。

【性味与归经】 酸、涩，平。

【功能主治】 健脾消食，收涩止痢，止痛。用于食积停滞，脘腹胀满，痢疾，泄泻，崩漏，带下，跌打损伤。

【用法用量】 内服：煎汤，果 30 克，根 15～30 克。叶：外用适量，捣敷。

103. 月季花 *Rosa chinensis Jacq.*

【别名】 四季花（《益部方物略记》），月月红、胜春（《本草纲目》），月月花（《贵州民间方药集》）。

【形态】 直立灌木，高 1～2 米；小枝粗壮，圆柱形，近无毛，有短粗的钩状皮刺或无刺。小叶 3～5，稀 7，连叶柄长 5～11 厘米，小叶片宽卵形至卵状长圆形，长 2.5～6 厘米，宽 1～3 厘米，先端长渐尖或渐尖，基部近圆形或宽楔形，边缘有锐锯齿，两面近无毛，上面暗绿色，常带光泽，下面颜色较浅，顶生小叶片有柄，侧生小叶片近无柄，总叶柄较长，有散生皮刺和腺毛；托叶大部贴生于叶柄，仅顶端分离部分成耳状，边缘常有腺毛。花几朵集生，稀单生，直径 4～5 厘米；花梗长 2.5～6 厘米，近无毛或有

腺毛，萼片卵形，先端尾状渐尖，有时呈叶状，边缘常有羽状裂片，稀全缘，外面无毛，内面密被长柔毛；花瓣重瓣至半重瓣，红色、粉红色至白色，倒卵形，先端有凹缺，基部楔形；花柱离生，伸出萼筒口外，约与雄蕊等长。果卵球形或梨形，长 1～2 厘米，红色，萼片脱落。花期 4—9 月，果期 6—11 月。

【生境】生于质地松软、疏松，不板结黏重，排水能力强，肥沃、营养丰富的土壤，喜光照充足、温暖湿润的环境。

【分布】产于新洲各地，均系栽培。我国各地广布，多为栽培。

【药用部位及药材名】干燥花（月季花）；叶（月季花叶）；根（月季花根）。

【采收加工】月季花：全年均可采收，花微开时采摘，阴干或低温干燥。月季花叶：春季至秋季，树叶茂盛时均可采收，鲜用或晒干。月季花根：全年均可采挖，洗净，切段晒干。

【性味与归经】月季花：甘，温。归肝经。月季花叶：微苦，平。归肝经。月季花根：甘，温；无毒。归肝经。

【功能主治】月季花：活血调经，疏肝解郁。用于气滞血瘀，月经不调，痛经，闭经，胸胁胀痛。月季花叶：活血消肿，解毒，止血。用于疮疡肿毒，瘰疬，跌打损伤，腰膝肿痛，外伤出血。月季花根：活血调经，消肿散结，涩精止带。用于月经不调，痛经，闭经，血崩，跌打损伤，瘰疬，遗精，带下。

【用法用量】月季花：煎汤或开水泡服，3～6 克（鲜品 9～15 克）。外用适量，鲜品捣敷患处，或干品研末调搽患处。月季花叶：煎汤，3～9 克。外用适量，嫩叶捣敷。月季花根：煎汤，9～30 克。

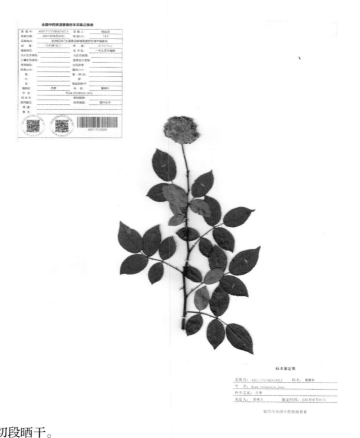

104. 金樱子 *Rosa laevigata* Michx.

【别名】刺梨子（《开宝本草》），山鸡头子、山石榴（《本草纲目》），和尚头、油饼果子（《中国植物志》）。

【形态】常绿攀援灌木，高可达 5 米；小枝粗壮，散生扁弯皮刺，无毛，幼时被腺毛，老时逐渐脱落减少。小叶革质，通常 3，稀 5，连叶柄长 5～10 厘米；小叶片椭圆状卵形、倒卵形或披针状卵形，

长 2～6 厘米，宽 1.2～3.5 厘米，先端急尖或圆钝，稀尾状渐尖，边缘有锐锯齿，上面亮绿色，无毛，下面黄绿色，幼时沿中肋有腺毛，老时逐渐脱落无毛；小叶柄和叶轴有皮刺和腺毛；托叶离生或基部与叶柄合生，披针形，边缘有细齿，齿尖有腺体，早落。花单生于叶腋，直径 5～7 厘米；花梗长 1.8～2.5 厘米，偶有长 3 厘米者，花梗和萼筒密被腺毛，随果实成长变为针刺；萼片卵状披针形，先端呈叶状，边缘羽状浅裂或全缘，常有刺毛和腺毛，内面密被柔毛，比花瓣稍短；花瓣白色，宽倒卵形，先端微凹；雄蕊多数；心皮多数，花柱离生，有毛，比雄蕊短很多。果梨形、倒卵形，稀近球形，紫褐色，外面密被刺毛，果梗长约 3 厘米，萼片宿存。花期 4—6 月，果期 7—11 月。

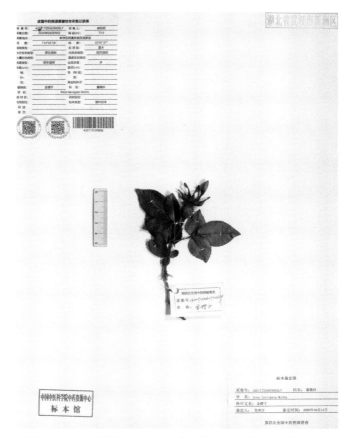

【生境】 喜生于向阳的山野、田边、溪畔灌丛中。

【分布】 产于新洲东部、北部丘陵及山区。分布于陕西、安徽、江西、江苏、浙江、湖北、湖南、广东、广西、台湾、福建、四川、云南、贵州等地。

【药用部位及药材名】 干燥成熟果实（金樱子）；根或根皮（金樱根）；花（金樱花）。

【采收加工】 金樱子：10—11 月果实成熟变红时采收，干燥，除去毛刺。

【性味与归经】 金樱子：酸、甘、涩，平。归肾、膀胱、大肠经。金樱根：酸、涩，平；无毒。归肾、大肠经。金樱花：酸、涩，平。归肺、肾、大肠经。

【功能主治】 金樱子：固精缩尿，固崩止带，涩肠止泻。用于遗精滑精，遗尿尿频，崩漏带下，久泻久痢。金樱根：收敛固涩，止血敛疮，祛风活血，止痛，杀虫。用于滑精，遗尿，痢疾，泄泻，咯血，便血，崩漏，带下，脱肛，子宫脱垂，风湿痹痛，跌打损伤，疮疡，烫伤，牙痛，胃痛，蛔虫病。金樱花：涩肠，固精，缩尿，止带，杀虫。用于久泻久痢，遗精，尿频，带下，绦虫病，蛔虫病，蛲虫病，须发早白。

【用法用量】 金樱子：煎汤，9～15 克；或入丸、散，或熬膏。金樱根：煎服，15～20 克。外用适量，捣敷，或煎水洗。金银花：煎服，3～9 克。

【验方】 ①治早泄：金樱子 15 克，水煎，去渣取汁，汁中放入粳米 100 克，煮粥，早、晚温热服食。②治妇女子宫脱垂：金樱子 30 克，黄芪 30 克，当归 10 克，升麻 6 克，水煎服。③治妇女月经不调：金樱子 30 克，鸡血藤 30 克，土党参 10 克，马鞭草 15 克，砂仁 10 克，生姜 3 片，水煎服。④治脾虚泄泻：金樱子 15 克，党参、白术、茯苓、诃子各 9 克，山药、芡实各 12 克，炙甘草 6 克，水煎服。⑤治盗汗：金樱根 60 克，猪瘦肉适量，共炖，每晚临睡前 1 小时服 1 次。⑥治小儿遗尿、肾虚不固者：金樱子 30 克，取上药，与适量白米共煮成粥，食用。

105. 山莓 *Rubus corchorifolius* L. f.

【别名】 树莓（《日华子本草》），山莓悬钩子（《华北树木志》），泡儿刺、三月泡（《中国植物志》）。

【形态】 直立灌木，高 1～3 米；枝具皮刺，幼时被柔毛。单叶，卵形至卵状披针形，长 5～12 厘米，宽 2.5～5 厘米，顶端渐尖，基部微心形，有时近截形或近圆形，上面色较浅，沿叶脉有细柔毛，下面色稍深，幼时密被细柔毛，逐渐脱落至老时近无毛，沿中脉疏生小皮刺，边缘不分裂或 3 裂，通常不育枝上的叶 3 裂，有不规则锐锯齿或重锯齿，基部具 3 脉；叶柄长 1～2 厘米，疏生小皮刺，幼时密生细柔毛；托叶线状披针形，具柔毛。花单生或少数生于短枝上；花梗长 0.6～2 厘米，具细柔毛；花直径可达 3 厘米；花萼外密被细柔毛，无刺；萼片卵形或三角状卵形，长 5～8 毫米，顶端急尖至短渐尖；花瓣长圆形或椭圆形，白色，顶端圆钝，长 9～12 毫米，宽 6～8 毫米，长于萼片；雄蕊多数，花丝宽扁；雌蕊多数，子房有柔毛。果实由很多小核果组成，近球形或卵球形，直径 1～1.2 厘米，红色，密被细柔毛；核具皱纹。花期 2—3 月，果期 4—6 月。

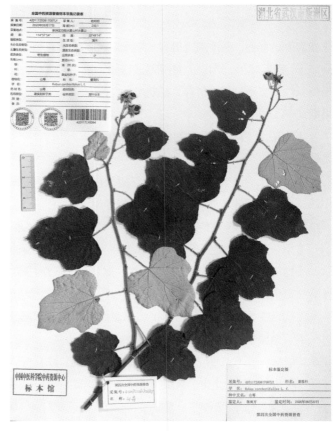

【生境】 普遍生于向阳山坡、溪边、山谷、荒地和疏密灌丛中潮湿处，海拔 200～2200 米。

【分布】 产于新洲东部山区。除东北、甘肃、青海、新疆、西藏外，全国均有分布。

【药用部位及药材名】 果实（山莓）。根和叶亦可作药用。

【采收加工】 果实饱满、外皮呈绿色时采收。用酒蒸晒干，或用开水浸 1～2 分钟再晒干。

【性味与归经】 山莓：酸、微甘，平。山莓根：苦、涩，平。山莓叶：苦，凉。

【功能主治】 山莓：醒酒止渴，化痰解毒，收涩。用于醉酒，痛风，丹毒，烫火伤，遗精，遗尿。山莓根：活血，止血，祛风利湿。用于吐血，便血，肠炎，痢疾，风湿性关节痛，跌打损伤，月经不调，带下。山莓叶：消肿解毒。外用于痈疖肿毒。

【用法用量】山莓根：煎服，15～30克。山莓叶：外用适量，鲜品捣烂敷患处。

106. 插田泡 *Rubus coreanus* Miq.

【别名】高丽悬钩子（《华北经济植物志要》），插田薦（《经济植物手册》）。

【形态】灌木，高1～3米；枝粗壮，红褐色，被白粉，具近直立或钩状扁平皮刺。小叶通常5枚，稀3枚，卵形、菱状卵形或宽卵形，长（2）3～8厘米，宽2～5厘米，顶端急尖，基部楔形至近圆形，上面无毛或仅沿叶脉有短柔毛，下面被稀疏柔毛或仅沿叶脉被短柔毛，边缘有不整齐粗锯齿或缺刻状粗锯齿，顶生小叶顶端有时3浅裂；叶柄长2～5厘米，顶生小叶柄长1～2厘米，侧生小叶近无柄，与叶轴均被短柔毛和疏生钩状小皮刺；托叶线状披针形，有柔毛。伞房花序生于侧枝顶端，具花数朵至30余朵，总花梗和花梗均被灰白色短柔毛；花梗长5～10毫米；苞片线形，有短柔毛；花直径7～10毫米；花萼外面被灰白色短柔毛；萼片长卵形至卵状披针形，长4～6毫米，顶端渐尖，边缘具茸毛，花时开展，果时反折；花瓣倒卵形，淡红色至深红色，与萼片近等长或稍短；雄蕊比花瓣短或近等长，花丝带粉红色；雌蕊多数；花柱无毛，子房被稀疏短柔毛。果实近球形，直径5～8毫米，深红色至紫黑色，无毛或近无毛；核具皱纹。花期4—6月，果期6—8月。

【生境】生于海拔30～1700米的山坡灌丛或山谷、河边、路旁。

【分布】产于新洲各地。分布于陕西、甘肃、河南、江西、湖北、湖南、江苏、浙江、福建、安徽、四川、贵州、新疆等地。

【药用部位及药材名】叶（插田泡叶）；果实（插田泡果）；根（倒生根）。

【采收加工】叶（插田泡叶）：5—7月采收，鲜用或晒干。果实（插田泡果）：6—8月果实成熟时采收，鲜用或晒干。

【性味与归经】插田泡叶：苦、涩，凉。插田泡果：甘、酸，温。归肝、肾经。

倒生根：苦，凉。归肝、肾经。

【功能主治】 插田泡叶：祛风明目，除湿解毒。用于风眼流泪，风湿痹痛，狗咬伤。插田泡果：补肾固精，平肝明目。用于阳痿，遗精，遗尿，带下，不孕症，胎动不安，风眼流泪，目生翳障。倒生根：调经活血，止血止痛。用于跌打损伤，骨折，月经不调；外用于外伤出血。

【用法用量】 倒生根：煎服，6 ～ 15 克。外用适量，鲜根捣烂敷患处。

107. 地榆 *Sanguisorba officinalis* L.

【别名】 一串红、山枣子、玉札、黄爪香、豚榆系（《中国植物志》）。

【形态】 多年生草本，高 30 ～ 120 厘米。根粗壮，多呈纺锤形，稀圆柱形，表面棕褐色或紫褐色，有纵皱纹及横裂纹，横切面黄白色或紫红色，较平正。茎直立，有棱，无毛或基部有稀疏腺毛。基生叶为羽状复叶，有小叶 4 ～ 6 对，叶柄无毛或基部有稀疏腺毛；小叶片有短柄，卵形或长圆状卵形，长 1 ～ 7 厘米，宽 0.5 ～ 3 厘米，顶端圆钝，稀急尖，基部心形至浅心形，边缘有多数粗大圆钝，稀急尖的锯齿，两面绿色，无毛；茎生叶较少，小叶片有短柄至几无柄，长圆形至长圆状披针形，狭长，基部微心形至圆形，顶端急尖；基生叶托叶膜质，褐色，外面无毛或被稀疏腺毛；茎生叶托叶大，草质，半卵形，外侧边缘有尖锐锯齿。穗状花序椭圆形、圆柱形或卵球形，直立，通常长 1 ～ 3（4）厘米，横径 0.5 ～ 1 厘米，从花序顶端向下开放，花序梗光滑或偶有稀疏腺毛；苞片膜质，披针形，顶端渐尖至尾尖，比萼片短或近等长，背面及边缘有柔毛；萼片 4 枚，紫红色，椭圆形至宽卵形，背面被疏柔毛，中央微有纵棱脊，顶端常具短尖头；雄蕊 4 枚，花丝丝状，不扩大，与萼片近等长或稍短；子房外面无毛或基部微被毛，柱头顶端扩大，盘形，边缘具流苏状乳头。果实包藏在宿存萼筒内，外面有 4 棱。花果期 7—10 月。

【生境】 生于草原、草甸、山坡草地、灌丛、疏林下，海拔 30 ～ 3000 米。

【分布】 产于新洲东部、北部丘陵及山区。分布于黑龙江、吉林、辽宁、内蒙古、河北、山西、陕西、甘肃、青海、新疆、山东、河南、江西、江苏、浙江、安徽、湖南、湖北、广西、四川、贵州、云南、西藏等地。

【药用部位及药材名】 干燥根（地榆）。

【采收加工】 春季将发芽时或秋季植株枯萎后采挖，除去须根，洗净，干燥，或趁鲜切片，干燥。

【性味与归经】 苦、酸、涩、微寒。归肝、大肠经。

【功能主治】 凉血止血，解毒敛疮。用于便血，痔血，血痢，崩漏，水火烫伤，痈肿疮毒。

【用法用量】 内服：煎汤，9～15 克。外用：适量，研末涂敷患处。

【验方】 ①治带下：鲜地榆 60 克，鸭跖草 60 克，小蓟 30 克，车前 15 克，水煎服。②治赤带：地榆、白及各 10 克，侧柏叶 3 克，水煎服。③治阑尾炎：地榆、槐花、鲜生地黄各 30 克，连根葱 20 根，半枝莲 15 克，甘草 2.5 克，水煎服。④治痢疾：地榆 15 克，地肤子 20～30 克，石榴皮 6 克，水煎，每日分 2～3 次服。⑤治手癣：地榆 30 克，轻粉 1.5 克，共研末，用醋调匀，涂敷患处，包扎好，一昼夜后去掉。⑥治烧烫伤：地榆 15 克，薄荷叶 9 克，用香油或菜油调敷患处。

四十六、豆科 Leguminosae

108. 合萌 *Aeschynomene indica* L.

【别名】 田皂角（《植物名实图考》），合明草（《本草拾遗》），镰刀草（《中国植物志》），野皂角（《中国药用植物志》），梳子草（《江西民间草药》）。

【形态】 一年生草本或亚灌木状，茎直立，高 0.3～1 米。多分枝，圆柱形，无毛，具小凸点而稍粗糙，小枝绿色。叶具 20～30 对小叶或更多；托叶膜质，卵形至披针形，长约 1 厘米，基部下延成耳状，通常有缺刻或啮蚀状；叶柄长约 3 毫米；小叶近无柄，薄纸质，线状长圆形，长 5～10（15）毫米，宽 2～2.5（3.5）毫米，上面密布腺点，下面稍带白粉，先端钝圆或微凹，具细刺尖头，基部歪斜，全缘；小托叶极小。总状花序比叶短，腋生，长 1.5～2 厘米；总花梗长 8～12 毫米；花梗长约 1 厘米；

小苞片卵状披针形，宿存；花萼膜质，具纵脉纹，长约 4 毫米，无毛；花冠淡黄色，具紫色的纵脉纹，易脱落，旗瓣大，近圆形，基部具极短的瓣柄，翼瓣篦状，龙骨瓣比旗瓣稍短，比翼瓣稍长或近相等；雄蕊二体；子房扁平，线形。荚果线状长圆形，直或弯曲，长 3～4 厘米，宽约 3 毫米，腹缝直，背缝多少呈波状；荚节 4～8（10），平滑或中央有小疣突，不开裂，成熟时逐节脱落。种子黑棕色，肾形，长 3～3.5 毫米，宽 2.5～3 毫米。花期 7—8 月，果期 8—10 月。

【生境】 生于潮湿地或水边。

【分布】 产于新洲各地。分布于华北、华东、中南、西南等地，除草原、荒漠外，全国林区及其边缘均有分布。

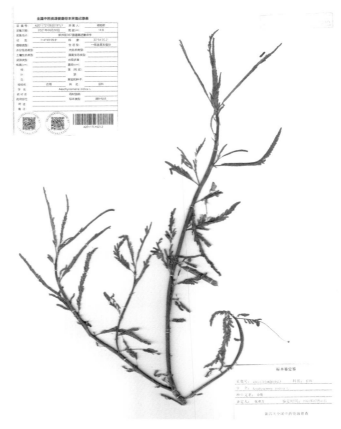

【药用部位及药材名】 地上部分（梗通草）。

【采收加工】 9—10 月采收，连根拔起，除去枝叶、根和茎的顶端部分，剥去茎皮，取髓状的木质部，晒干。

【性味与归经】 淡、微苦，凉。归肝、膀胱经。

【功能主治】 清热利湿，明目，消肿。用于热淋，血淋，黄疸，痢疾，小儿疳积，夜盲症，肿毒，湿疹。

【用法用量】 内服：煎汤，6～15 克。

109. 合欢 *Albizia julibrissin* Durazz.

【别名】 马缨花、绒花树、夜合合、合昏、鸟绒树（《中国植物志》）。

【形态】 落叶乔木，高可达 16 米，树冠开展；小枝有棱角，嫩枝、花序和叶轴被茸毛或短柔毛。托叶线状披针形，较小叶小，早落。二回羽状复叶，总叶柄近基部及最顶一对羽片着生处各有 1 枚腺体；羽片 4～12 对，栽培的有时达 20 对；小叶 10～30 对，线形至长圆形，长 6～12 毫米，宽 1～4 毫米，向上偏斜，先端有小尖头，有缘毛，有时在下面或仅中脉上有短柔毛；中脉紧靠上边缘。头状花序于枝顶排成圆锥花序；花粉红色；花萼管状，长 3 毫米；花冠长 8 毫米，裂片三角形，长 1.5 毫米，花萼、花冠外均被短柔毛；花丝长 2.5 厘米。荚果带状，长 9 ～ 15 厘米，宽 1.5 ～ 2.5 厘米，嫩荚有柔毛，老荚无毛。花期 6—7 月，果期 8—10 月。

【生境】生于山坡或栽培，生长迅速，能耐沙土及干燥气候，开花如绒簇，十分可爱，常植为城市行道树、观赏树。

【分布】产于新洲各地，多为栽培。分布于我国东北至华南及西南各省区。

【药用部位及药材名】干燥花序或花蕾（合欢花）；干燥树皮（合欢皮）。

【采收加工】合欢花：夏季花开放时择晴天采收或花蕾形成时采收，及时晒干。前者习称"合欢花"，后者习称"合欢米"。合欢皮：夏、秋二季剥取，晒干。

【性味与归经】合欢花：甘，平。归心、肝经。合欢皮：甘，平。归心、肝、肺经。

【功能主治】合欢花：解郁安神。用于心神不安，忧郁失眠。合欢皮：解郁安神，活血消肿。用于心神不安，忧郁失眠，肺痈，疮肿，跌扑伤痛。

【用法用量】合欢花：煎汤，4.5 ～ 9 克；或入丸、散。合欢皮：煎汤，6 ～ 12 克。外用适量，研末调敷。

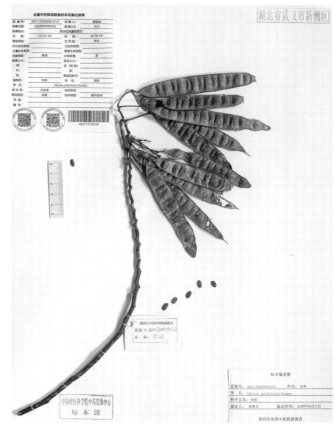

【验方】（1）合欢花：①治心肾不交失眠：合欢花、官桂、黄连、夜交藤各适量，煎服。②治风火眼疾：合欢花配鸡肝、羊肝或猪肝，蒸服。③治眼雾不明：合欢花、一朵云各适量，泡酒服。（①～③出自《四川中药志》）

（2）合欢皮：①治心烦失眠：合欢皮 9 克，夜交藤 15 克，水煎服。（《浙江药用植物志》）②治肺痈久不敛口：合欢皮、白蔹，二味同煎服。（《景岳全书》合欢饮）③治夜盲症：合欢皮、千层塔各 9 克，水煎服。（《青岛中草药手册》）

110. 紫荆 *Cercis chinensis* Bunge

【别名】紫珠（《本草拾遗》），裸枝树（《中国主要植物图说》），满条红、短毛紫荆、老茎生花（《中国植物志》）。

【形态】丛生或单生灌木，高 2～5 米；树皮和小枝灰白色。叶纸质，近圆形或三角状圆形，长 5～10 厘米，宽与长相等或略短于长，先端急尖，基部浅至深心形，两面通常无毛，嫩叶绿色，仅叶柄略带紫色，叶缘膜质透明，新鲜时明显可见。花紫红色或粉红色，2～10 朵成束，簇生于老枝和主干上，尤以主干上花束较多，越到上部幼嫩枝条则花越少，通常先于叶开放，但嫩枝或幼株上的花则与叶同时开放，花长 1～1.3 厘米；花梗长 3～9 毫米；龙骨瓣基部具深紫色斑纹；子房嫩绿色，花蕾时光亮无毛，后期则密被短柔毛，有胚珠 6～7 颗。荚果扁狭长形，绿色，长 4～8 厘米，宽 1～1.2 厘米，翅宽约 1.5 毫米，先端急尖或短渐尖，喙细而弯曲，基部长渐尖，两侧缝线对称或近对称；果颈长 2～4 毫米。种子 2～6 颗，阔长圆形，长 5～6 毫米，宽约 4 毫米，黑褐色，光亮。花期 3—4 月，果期 8—10 月。

【生境】为常见栽培植物，多植于庭园、屋旁、寺街边，少数生于密林或石灰岩地区。

【分布】产于新洲各地，多为栽培。分布于我国东南部，北至河北，南至广东、广西，西至云南、四川，西北至陕西，东至浙江、江苏和山东等地。

【药用部位及药材名】木部（紫荆木）；树皮（紫荆皮）；花（紫荆花）；果实（紫荆果）；根或根皮（紫荆根）。

【采收加工】紫荆木：全年均可采收，鲜时切片，晒干。紫荆皮：全年可采，晒干。紫荆花：4—5 月采收，晒干。紫荆果：5—7 月采收荚果，晒干。紫荆根：全年均可采挖，剥皮，鲜用或切片晒干。

【性味与归经】紫荆木：苦，平。无毒。紫荆皮：苦，平。归肝经。紫荆根：苦，平。

【功能主治】紫荆木：活血，通淋。用于妇女月经不调，瘀滞腹痛，小便淋漓涩痛。紫荆皮：活血，通淋，解毒。用于妇女月经不调，瘀滞腹痛，风湿痹痛，小便淋痛，喉痹，痈肿，疥癣，跌打损伤，蛇虫咬伤。紫荆花：清热凉血，通淋解毒。用于热淋，血淋，疮疡，风湿筋骨痛。紫荆果：用于咳嗽及孕妇心痛。紫荆根：活血化瘀，消痈解毒。用于妇女月经不调，瘀滞腹痛，痈肿疮毒，痄腮，狂犬咬伤。

【用法用量】 紫荆木：煎服，9～15克。紫荆果：煎服，6～12克。紫荆花：煎服，3～6克。外用适量，研末敷。紫荆根：煎服，2～4钱。外用适量，捣敷。

【验方】 ①治疯狗咬伤：鲜紫荆根皮酌加砂糖捣烂，敷伤口周围。②治妇人遗尿：紫荆根皮五至八钱，酒水各半炖服。

111. 紫花野百合 *Crotalaria sessiliflora* L.

【别名】野百合（《植物名实图考》），野芝麻（《浙江民间常用草药》），狸豆（《植物学大辞典》），狗铃草（《中国主要植物图说：豆科》），羊屎蛋、农吉利（《中国植物志》）。

【形态】直立草本，体高30～100厘米，基部常木质，单株或茎上分枝，被紧贴粗糙的长柔毛。托叶线形，长2～3毫米，宿存或早落；单叶，叶片形状常变异较大，通常为线形或线状披针形，两端渐尖，长3～8厘米，宽0.5～1厘米，上面近无毛，下面密被丝质短柔毛；叶柄近无。总状花序顶生、腋生或密生于枝顶成头状，亦有叶腋生出单花，花多数；苞片线状披针形，长4～6毫米，小苞片与苞片同型，成对生于萼筒部基部；花梗短，长约2毫米；花萼二唇形，长10～15毫米，密被棕褐色长柔毛，萼齿阔披针形，先端渐尖；花冠蓝色或紫蓝色，包被萼内，旗瓣长圆形，长7～10毫米，宽4～7毫米，先端钝或凹，基部具胼胝体2枚，翼瓣长圆形或披针状长圆形，约与旗瓣等长，龙骨瓣中部以上变狭，形成长喙；子房无柄。荚果短圆柱形，长约10毫米，苞被萼内，下垂紧贴于枝，秃净无毛；种子10～15颗。花果期5月至翌年2月。

【生境】 生于荒地路旁及山谷草地，海拔70～1500米。

【分布】 产于新洲东部、北部丘陵及山区。分布于辽宁、河北、山东、江苏、安徽、浙江、江西、福建、台湾、湖南、湖北、广东、海南、广西、四川、贵州、云南、西藏。

【药用部位及药材名】全草（农吉利）。

【采收加工】 7—10月采收，鲜用或切

段晒干。

【性味与归经】甘、淡，平。有毒。

【功能主治】清热，利湿，解毒，消积。用于痢疾，热淋，咳喘，风湿痹痛，疔疮疖肿，毒蛇咬伤，小儿疳积，恶性肿瘤。

【用法用量】内服：煎汤，15～30克。外用：适量，捣敷。

112. 中南鱼藤 *Derris fordii* Oliv. var. *fordii*

【别名】霍氏鱼藤（《植物分类学报》）。

【形态】攀援状灌木。羽状复叶长15～28厘米；小叶2～3对，厚纸质或薄革质，卵状椭圆形、卵状长椭圆形或椭圆形，长4～13厘米，宽2～6厘米，先端渐尖，略钝，基部圆形，两面无毛，侧脉6～7对，纤细，两面均隆起；小叶柄长4～6毫米，黑褐色。圆锥花序腋生，稍短于复叶；花序轴和花梗有极稀少的黄褐色短硬毛；花数朵生于短小枝上，花梗通常长3～5毫米；小苞片2，长约1毫米，生于花萼的基部，外被微柔毛；花萼钟状，长2～3毫米，上部被极稀疏的柔毛，萼齿短，圆形或三角形；花冠白色，长约10毫米，旗瓣阔倒卵状椭圆形，有短柄，翼瓣一侧有耳，龙骨瓣基部具尖耳；雄蕊单体；子房无柄，被白色长柔毛。荚果薄革质，长椭圆形至舌状长椭圆形，长4～10厘米，宽1.5～2.3厘米，扁平，无毛，腹缝翅宽2～3毫米，背缝翅宽不及1毫米，有种子1～4粒。种子褐红色，长肾形，长14～18毫米，宽约10毫米。花期4—5月，果期10—11月。

【生境】生于山地路旁或山谷的灌木林或疏林中。

【分布】产于新洲东部山区。分布于浙江、江西、福建、湖北、湖南、广东、广西、贵州、云南等地。

【药用部位及药材名】 茎（中南鱼藤）。

【采收加工】 夏、秋二季采收，晒干。

【性味与归经】 苦，寒。归心经。

【功能主治】 清热解毒。用于痈疽疮疡，疥疮，疥癣，丹毒，无名肿毒，虫蛇咬伤，皮肤红肿热痛。

【用法用量】 外用：适量，煎水洗，或研末敷。不可内服。

【验方】 治游走性关节炎：中南鱼藤五钱，南天仙子（进口品种）适量，共研末，先将中南鱼藤以开水一杯浸渍，后入南天仙子粉，敷于患处。（《湖南药物志》）

113. 皂荚 *Gleditsia sinensis* Lam.

【别名】 皂角（《中国高等植物图鉴》），刀皂、猪牙皂、皂荚树、三刺皂角（《中国植物志》）。

【形态】 落叶乔木或小乔木，高可达30米；枝灰色至深褐色；刺粗壮，圆柱形，常分枝，多呈圆锥状，长达16厘米。叶为一回羽状复叶，长10～18（26）厘米；小叶（2）3～9对，纸质，卵状披针形至长圆形，长2～8.5（12.5）厘米，宽1～4（6）厘米，先端急尖或渐尖，顶端圆钝，具小尖头，基部圆形或楔形，有时稍歪斜，边缘具细锯齿，上面被短柔毛，下面中脉上稍被柔毛；网脉明显，在两面凸起；小叶柄长1～2（5）毫米，被短柔毛。花杂性，黄白色，组成总状花序；花序腋生或顶生，长5～14厘米，被短柔毛。雄花：直径9～10毫米；花梗长2～8（10）毫米；花托长2.5～3毫米，深棕色，外面被柔毛；萼片4，三角状披针形，长3毫米，两面被柔毛；花瓣4，长圆形，长4～5毫米，被微柔毛；雄蕊8（6）；退化雌蕊长2.5毫米。两性花：直径10～12毫米；花梗长2～5毫米；萼、花瓣与雄花的相似，唯萼片长4～5毫米，花瓣长5～6毫米；雄蕊8；子房缝线上及基部被毛（偶有少数湖北标本子房全体被毛），柱头浅2裂；胚珠多数。荚果带状，长12～37厘米，

宽2～4厘米，劲直或扭曲，果肉稍厚，两面鼓起，或有的荚果短小，多少呈柱形，长5～13厘米，宽1～1.5厘米，弯曲作新月形，通常称猪牙皂，内无种子；果颈长1～3.5厘米；果瓣革质，褐棕色或红褐色，常被白色粉霜；种子多颗，长圆形或椭圆形，长11～13毫米，宽8～9毫米，棕色，光亮。花期3—5月，果期5—12月。

【生境】　生于山坡林中或谷地、路旁，海拔自平地至2500米。常栽培于庭园或宅旁。

【分布】　产于新洲东部、北部丘陵及山区，多为栽培。分布于河北、山东、河南、山西、陕西、甘肃、江苏、安徽、浙江、江西、湖南、湖北、福建、广东、广西、四川、贵州、云南等地。

【药用部位及药材名】　干燥棘刺（皂角刺）；干燥不育果实（猪牙皂）。

【采收加工】　干燥棘刺（皂角刺）：全年均可采收，干燥；或趁鲜切片，干燥。干燥不育果实（猪牙皂）：秋季采收，除去杂质，干燥。

【性味与归经】　皂角刺：辛，温。归肝、胃经。猪牙皂：辛、咸，温；有小毒。归肺、大肠经。

【功能主治】　皂角刺：消肿托毒，排脓，杀虫。用于痈疽初起或脓成不溃；外用于疥癣麻风。猪牙皂：祛痰开窍，散结消肿。用于中风口噤，昏迷不醒，癫痫痰盛，关窍不通，喉痹痰阻，顽痰喘咳，咳痰不爽，大便燥结；外用于痈肿。

【用法用量】　皂角刺：煎汤，3～9克；或入丸、散。外用适量，醋煎涂；或研末撒，或调敷。猪牙皂：内服，1～3克，多入丸、散。外用适量，研末搐鼻；或煎水洗，或研末掺，或调敷，或熬膏涂，或烧烟熏。

114. 长柄山蚂蝗 *Hylodesmum podocarpum* （Candolle） H. Ohashi & R. R. Mill

【别名】　圆菱叶山蚂蝗（《中国主要植物图说：豆科》），小粘子草（《贵州草药》）。

【形态】　直立草本，高50～100厘米。根茎稍木质；茎具条纹，疏被伸展短柔毛。叶为羽状三出复叶，小叶3；托叶钻形，长约7毫米，基部宽0.5～1毫米，外面与边缘被毛；叶柄长2～12厘米，着生于茎上部的叶柄较短，茎下部的叶柄较长，疏被伸展短柔毛；小叶纸质，顶生小叶宽倒卵形，长4～7厘米，宽3.5～6厘米，先端突尖，基部楔形或宽楔形，全缘，两面疏被短柔毛或几无毛，侧脉每边约4条，直达叶缘，侧生小叶斜卵形，较小，偏斜，小托叶丝状，长1～4毫米；小叶柄长1～2厘米，被伸展短柔毛。总状花序或圆锥花序，顶生或顶生和腋生，长20～30厘米，结果时延长至40厘米；总花梗被柔毛和钩状毛；通常每节生2花，花梗长2～4毫米，结果时增长至5～6毫米；苞片早落，窄卵形，长3～5毫米，宽约1毫米，被柔毛；花萼钟形，长约2毫米，裂片极短，较萼筒短，被小钩状毛；花冠紫红色，长约4毫米，旗瓣宽倒卵形，翼瓣窄椭圆形，龙骨瓣与翼瓣相似，均无瓣柄；雄蕊单体；雌蕊长约3毫米，子房具子房柄。荚果长约1.6厘米，通常有荚节2，背缝线弯曲，节间深凹入达腹缝线；荚节略呈宽半倒卵

形，长 5 ～ 10 毫米，宽 3 ～ 4 毫米，先端截形，基部楔形，被钩状毛和小直毛，稍有网纹；果梗长约 6 毫米；果颈长 3 ～ 5 毫米。花果期 8—9 月。

【生境】生于山坡路旁、草坡、次生阔叶林下或高山草甸处，海拔 120 ～ 2100 米。

【分布】产于新洲东部山区。分布于河北、江苏、浙江、安徽、江西、山东、河南、湖北、湖南、广东、广西、四川、贵州、云南、西藏、陕西、甘肃等地。

【药用部位及药材名】根、叶（菱叶山蚂蝗）。

【采收加工】7—10 月采收，鲜用或切段晒干。

【性味与归经】苦，温。

【功能主治】发表散寒，止血。用于感冒，咳嗽，刀伤。

【用法用量】内服：煎汤，9 ～ 15 克。外用：适量，捣敷。

115. 苏木蓝 *Indigofera carlesii* Craib.

【别名】山豆根（《贵州草药》），木蓝叉（《中草药土方土法（战备专辑）》）。

【形态】灌木，高达 1.5 米。茎直立，幼枝具棱，后呈圆柱形，幼时疏生白色丁字毛。羽状复叶长 7 ～ 20 厘米；叶柄长 1.5 ～ 3.5 厘米，叶轴上面有浅槽，被紧贴白色丁字毛，后多少变无毛；托叶线状披针形，长 0.7 ～ 1 厘米，早落；小叶 2 ～ 4（6）对，对生，稀互生，坚纸质，椭圆形或卵状椭圆形，稀阔卵形，长 2 ～ 5 厘米，宽 1 ～ 3 厘米，先端钝圆，有针状小尖头，基部圆钝或阔楔形，上面绿色，下面灰绿色，两面密被白色短丁字毛，中脉上面凹入，下面隆起，侧脉 6 ～ 10 对，下面较上面明显；小叶柄长 2 ～ 4 毫米；小托叶钻形，与小叶柄等长或略长，均被白色毛。总状花序长 10 ～ 20 厘米；总花梗长约 1.5 厘米，花序轴有棱，被疏短丁字毛；苞片卵形，长 2 ～ 4 毫米，早落；花梗长 2 ～ 4 毫米；花萼杯状，

长 4～4.5 毫米，外面被白色丁字毛，萼齿披针形，下萼齿与萼筒等长；花冠粉红色或玫瑰红色，旗瓣近椭圆形，长 1.3～1.5（1.8）厘米，宽 7～9 毫米，先端圆形，外面被毛，翼瓣长 1.3 厘米，边缘有毛，龙骨瓣与翼瓣等长，有缘毛，距长约 1.5 毫米；花药卵形，两端有毛；子房无毛。荚果褐色，线状圆柱形，长 4～6 厘米，顶端渐尖，近无毛，果瓣开裂后旋卷，内果皮具紫色斑点；果梗平展。花期 4—6 月，果期 8—10 月。

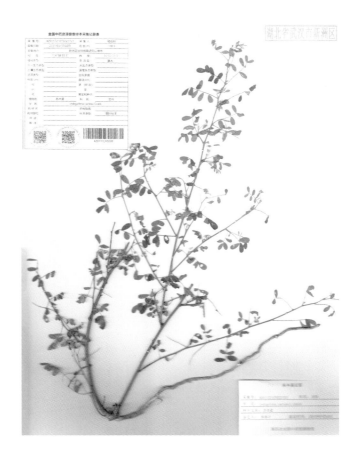

【生境】 生于山坡路旁及丘陵灌丛中。

【分布】 产于新洲东部丘陵及山区。分布于陕西、江苏、安徽、江西、河南、湖北等地。

【药用部位及药材名】 根（苏木蓝）。

【采收加工】 秋季挖根，洗净晒干或先除去心部再晒干备用。

【性味与归经】 微苦，平。

【功能主治】 止咳，止血，敛汗。用于咳嗽，自汗；外用于外伤出血。

【用法用量】 内服：煎汤，9～15 克。外用：适量，研粉撒。

【验方】 ①治喉痒咳嗽：山豆根三钱，一朵云一钱，水煎服。②治虚汗：山豆根五钱，炖肉吃。（①②出自《贵州草药》）③治外伤出血：苏木蓝根研末外敷。（《中草药土方土法（战备专辑）》）

116. 宜昌木蓝 *Indigofera decora* var. *ichangensis*（Craib）Y. Y. Fang et C. Z. Zheng

【别名】 山豆根、豆根（《河南植物志》）。

【形态】 直立亚灌木，高 0.5～1 米；分枝少。幼枝有棱，扭曲，被白色丁字毛。羽状复叶长 2.5～11 厘米；叶柄长 1.3～2.5 厘米，叶轴上面扁平，有浅槽，被丁字毛，托叶钻形，长约 2 毫米；小叶 3～6 对，对生，倒卵状长圆形或倒卵形，长 1.5～3 厘米，宽 0.5～1.5 厘米，先端圆钝或微凹，基部阔楔形或圆形，两面有毛，中脉上面凹入，侧脉不明显；小叶柄长约 2 毫米；小托叶

钻形。总状花序长 2.5 ～ 5（9）厘米，花疏生，近无总花梗；苞片钻形，长 1 ～ 1.5 毫米；花梗长 4 ～ 5 毫米；花萼钟状，长约 1.5 毫米，萼齿三角形，与萼筒近等长，外面有丁字毛；花冠伸出萼外，红色，旗瓣阔倒卵形，长 4 ～ 5 毫米，外面被毛，瓣柄短，翼瓣长约 4 毫米，龙骨瓣与旗瓣等长；花药心形；子房无毛。荚果线形，长 2.5 ～ 3 厘米，种子间缢缩，外形似串珠，有毛或无毛，有种子 5 ～ 10 粒，内果皮具紫色斑点；果梗下弯。种子近方形，长约 1.5 毫米。花期几乎全年，果期 10 月。

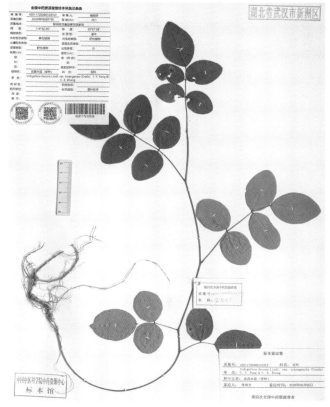

【生境】　生于灌丛或杂木林中。

【分布】　产于新洲东部丘陵及山区。分布于安徽、浙江、江西、福建、湖北、湖南、广东、广西、贵州等地。

【药用部位及药材名】　根（木蓝山豆根）。

【采收加工】　9—10 月采收，鲜用或晒干。

【性味与归经】　苦，寒。

【功能主治】　清热利咽，解毒，通便。用于暑湿，热结便秘，咽喉肿痛，肺热咳嗽，黄疸，痔疮，秃疮，蛇、虫、犬咬伤。

【用法用量】　内服：煎汤，3 ～ 6 克。

117. 鸡眼草 *Kummerowia striata*（Thunb.）Schindl.

【别名】　公母草、掐不齐、三叶人字草、鸡眼豆（《中国植物志》）。

【形态】　一年生草本，披散或平卧，多分枝，高（5）10 ～ 45 厘米，茎和枝上被倒生的白色细毛。叶为三出羽状复叶；托叶大，膜质，卵状长圆形，比叶柄长，长 3 ～ 4 毫米，具条纹，有缘毛；叶柄极短；小叶纸质，倒卵形、长倒卵形或长圆形，较小，长 6 ～ 22 毫米，宽 3 ～ 8 毫米，先端圆形，稀微缺，基部近圆形或宽楔形，全缘；两面沿中脉及边缘有白色粗毛，但上面毛较稀少，侧脉多而密。花小，单生或 2 ～ 3

朵簇生于叶腋；花梗下端具 2 枚大小不等的苞片，萼基部具 4 枚小苞片，其中 1 枚极小，位于花梗关节处，小苞片常具 5 ～ 7 条纵脉；花萼钟状，带紫色，5 裂，裂片宽卵形，具网状脉，外面及边缘具白色毛；花冠粉红色或紫色，长 5 ～ 6 毫米，较萼约长 1 倍，旗瓣椭圆形，下部渐狭成瓣柄，具耳，龙骨瓣比旗瓣稍长或近等长，翼瓣比龙骨瓣稍短。荚果圆形或倒卵形，稍侧扁，长 3.5 ～ 5 毫米，较萼稍长或长达 1 倍，先端短尖，被小柔毛。花期 7—9 月，果期 8—10 月。

【生境】 生于路旁、田边、溪旁或缓山坡草地，海拔 500 米以下。

【分布】 产于新洲各地。分布于我国东北、华北、华东、中南、西南等省区。

【药用部位及药材名】 全草（鸡眼草）。

【采收加工】 7—8 月采收，鲜用或晒干。

【性味与归经】 甘、辛、微苦，平。

【功能主治】 清热利湿，解毒消肿。用于感冒，暑湿吐泻，黄疸，痢疾，疳积，痈疖疔疮，血淋，咯血，衄血，跌打损伤，赤白带下。

【用法用量】 内服：煎汤，9 ～ 30 克（鲜品 30 ～ 60 克）；捣汁或研末。外用：适量，捣敷。

【验方】 ①治突然吐泻腹痛：土文花（鸡眼草）嫩尖叶，口中嚼之，其汁咽下。（《贵州民间药物》）②治中暑发痧：鲜鸡眼草三至四两，捣烂冲开水服。（《福建中草药》）③治湿热黄疸，暑泻，肠风便血：公母草七钱至一两，水煎服。年久肠风，须久服有效。（《三年来的中医药实验研究》）④治赤白久痢：鲜鸡眼草二两，凤尾蕨五钱。水煎，饭前服。（《浙江民间常用草药》）⑤治小儿疳积：鸡眼草五钱，水煎服。（《浙江民间常用草药》）⑥治胃痛：鸡眼草一两，水煎温服。（《福建中草药》）⑦治跌打损伤：鸡眼草捣烂外敷。（《湖南药物志》）

118. 胡枝子 *Lespedeza bicolor* Turcz.

【别名】 随军茶（《救荒本草》），萩（《中国植物志》），野花生（《福建民间草药》），羊角梢、豆叶柴（《江西民间草药》）。

【形态】 直立灌木，高 1 ～ 3 米，多分枝，小枝黄色或暗褐色，有条棱，被疏短毛；芽卵形，长 2 ～ 3 毫米，具数枚黄褐色鳞片。羽状复叶具 3 小叶；托叶 2 枚，线状披针形，长 3 ～ 4.5 毫米；叶柄长 2 ～ 7

（9）厘米；小叶质薄，卵形、倒卵形或卵状长圆形，长 1.5 ～ 6 厘米，宽 1 ～ 3.5 厘米，先端钝圆或微凹，稀稍尖，具短刺尖，基部近圆形或宽楔形，全缘，上面绿色，无毛，下面色淡，被疏柔毛，老时渐无毛。总状花序腋生，比叶长，常构成大型、较疏松的圆锥花序；总花梗长 4 ～ 10 厘米；小苞片 2，卵形，长不到 1 厘米，先端钝圆或稍尖，黄褐色，被短柔毛；花梗短，长约 2 毫米，密被毛；花萼长约 5 毫米，5 浅裂，裂片通常短于萼筒，上方 2 裂片合生成 2 齿，裂片卵形或三角状卵形，先端尖，外面被白色毛；花冠红紫色，极稀白色，长约 10 毫米，旗瓣倒卵形，先端微凹，翼瓣较短，近长圆形，基部具耳和瓣柄，龙骨瓣与旗瓣近等长，先端钝，基部具较长的瓣柄；子房被毛。荚果斜倒卵形，稍扁，长约 10 毫米，宽约 5 毫米，表面具网纹，密被短柔毛。花期 7—9 月，果期 9—10 月。

【生境】 生于海拔 50 ～ 1000 米的山坡、林缘、路旁、灌丛及杂木林间。

【分布】 产于新洲东部、北部丘陵及山区。分布于黑龙江、吉林、辽宁、河北、内蒙古、山西、陕西、甘肃、山东、江苏、安徽、浙江、福建、台湾、河南、湖南、广东、广西等地。

【药用部位及药材名】 枝叶（胡枝子）。

【采收加工】 6—9 月采收，鲜用或切段晒干。

【性味与归经】 甘，平。

【功能主治】 润肺解热，利尿止血。用于感冒发热，咳嗽，眩晕头痛，小便不利，便血，尿血，吐血。

【用法用量】 内服：煎汤，9 ～ 15 克（鲜品 30 ～ 60 克）；或泡作茶饮。

【验方】 ①治肺热咳嗽，百日咳：胡枝子鲜全草一至二两，冰糖五钱。酌冲开水炖一小时服，日服三次。（《福建民间草药》）②治鼻衄：胡枝子加冰糖炖服。（《闽东本草》）③治小便淋漓：胡枝子鲜全草一至二两，车前草五至八钱，冰糖一两。酌加水煎，日服两次。（《福建民间草药》）

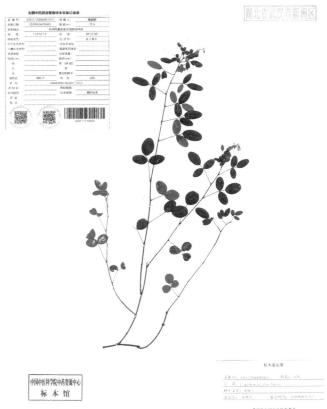

119. 截叶铁扫帚 *Lespedeza cuneata*（Dum.-Cours.）G. Don

【别名】 铁扫帚（《救荒本草》），野鸡草（《植物名实图考》），闭门草（《福建民间草药》），铁杆蒿（《河南中草药》），蛇药草（《神农架中草药》）。

【形态】 小灌木，高达1米。茎直立或斜升，被毛，上部分枝；分枝斜上举。叶密集，柄短；小叶楔形或线状楔形，长1～3厘米，宽2～5（7）毫米，先端截形，具小刺尖，基部楔形，上面近无毛，下面密被伏毛。总状花序腋生，具2～4朵花；总花梗极短；小苞片卵形或狭卵形，长1～1.5毫米，先端渐尖，背面被白色伏毛，边具缘毛；花萼狭钟形，密被伏毛，5深裂，裂片披针形；花冠淡黄色或白色，旗瓣基部有紫斑，有时龙骨瓣先端带紫色，翼瓣与旗瓣近等长，龙骨瓣稍长；闭锁花簇生于叶腋。荚果宽卵形或近球形，被伏毛，长2.5～3.5毫米，宽约2.5毫米。花期7—8月，果期9—10月。

【生境】 生于海拔2500米以下的山坡路旁。

【分布】 产于新洲各地。分布于陕西、甘肃、山东、台湾、河南、湖北、湖南、广东、四川、云南、西藏等地。

【药用部位及药材名】 全草或根（夜关门）。

【采收加工】 9—10月果盛时采收，晒干或鲜用。

【性味与归经】 苦、涩，凉。归肺、肝、肾经。

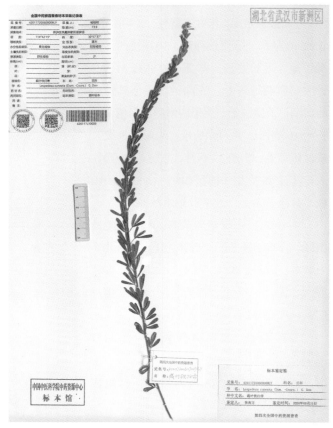

【功能主治】 补肾涩精，健脾利湿，祛痰止咳，清热解毒。用于肾虚遗精，遗尿，尿频，白浊，带下，泄泻，痢疾，水肿，小儿疳积，咳嗽气喘，跌打损伤，目赤肿痛，疮痈肿毒，毒虫咬伤。

【用法用量】 内服：煎汤，15～30克（鲜品30～60克）；或炖肉。外用：适量，煎水熏洗，或捣敷。

【验方】 ①治遗精：退烧草（夜关门）一两，炖猪肉服，早、晚各服一次。（《贵州民间药物》）②治老人肾虚遗尿：夜关门、竹笋、黑豆、糯米、胡椒共炖猪小肚服。（《四川中药志》）③治糖尿病：

截叶铁扫帚鲜全草四两，酌加鸡肉，水炖服；另用铁苋菜干全草一至二两，水煎代茶饮。（《福建中草药》）④治慢性白浊：夜关门、梦花根、白鲜皮各适量，炖五花肉服。（《四川中药志》）⑤治溃疡：乌药三钱，截叶铁扫帚三钱，仙鹤草一两。水煎，每日一剂，分两次服。忌辛辣刺激食物。（《单方验方调查资料选编》）⑥治胃痛，肾炎水肿：铁扫帚三至五钱（大剂量可用至一两），水煎服。（《上海常用中草药》）

120. 细齿草木樨 *Melilotus dentatus*（Waldst. et Kit.）Pers.

【别名】 黄花草木樨（《中药大辞典》）。

【形态】 二年生草本，高 20～50（80）厘米。茎直立，圆柱形，具纵长细棱，无毛。羽状三出复叶；托叶较大，披针形至狭三角形，长 6～12 毫米，先端长锥尖，基部半戟形，具 2～3 尖齿或缺裂；叶柄细，通常比小叶短；小叶长椭圆形至长圆状披针形，长 20～30 毫米，宽 5～13 毫米，先端圆，中脉从顶端伸出成细尖，基部阔楔形或钝圆，上面无毛，下面稀被细柔毛，侧脉 15～20 对，平行分叉直伸出叶缘成尖齿，两面均隆起，尤在近边缘处更明显，顶生小叶稍大，具较长的小叶柄。总状花序腋生，长 3～5 厘米，果期伸展到 8～10 厘米，具花 20～50 朵，排列疏松；苞片刺毛状，被细柔毛；花长 3～4 毫米；花梗长约 1.5 毫米；萼钟形，长近 2 毫米，萼齿三角形，比萼筒短或等长；花冠黄色，旗瓣长圆形，稍长于翼瓣和龙骨瓣；子房卵状长圆形，无毛，上部渐窄至花柱，花柱稍短于子房；有胚珠 2 粒。荚果近圆形至卵形，长 4～5 毫米，宽 2～2.5 毫米，先端圆，表面具网状细脉纹，腹缝呈明显的龙骨状增厚，褐色；有种子 1～2 粒。种子圆形，直径约 1.5 毫米，呈橄榄绿。花期 7—9 月。

【生境】 生于草地、林缘及盐碱草甸。本种适应于湿润的低湿地区，耐旱、耐盐碱。

【分布】 产于新洲各地。分布于华北、东北各地。

【药用部位及药材名】 全草（草木樨）。

【采收加工】 8—9 月果实大部分成熟时采收，割取全株，晒干即成。

【性味与归经】 辛，平。

【功能主治】 和中健胃，清热化湿，利尿。用于暑湿胸闷，口臭，赤白痢，淋证，疮疖。

【用法用量】 内服：煎汤，4.5～9克。

121. 常春油麻藤 *Mucuna sempervirens* Hemsl.

【别名】 棉麻藤、油麻藤（《中国植物志》），常绿油麻藤（《经济植物手册》），常绿黎豆（《贵州植物志》），黎豆（《湖北中草药志》）。

【形态】 常绿木质藤本，长可达25米。老茎直径超过30厘米，树皮有皱纹，幼茎有纵棱和皮孔。羽状复叶具3小叶，叶长21～39厘米；托叶脱落；叶柄长7～16.5厘米；小叶纸质或革质，顶生小叶椭圆形、长圆形或卵状椭圆形，长8～15厘米，宽3.5～6厘米，先端渐尖头可达15厘米，基部稍楔形，侧生小叶极偏斜，长7～14厘米，无毛；侧脉4～5对，在两面明显，下面凸起；小叶柄长4～8毫米，膨大。总状花序生于老茎上，长10～36厘米，每节上有3花，无香气或有臭味；苞片和小苞片不久脱落，苞片狭倒卵形，长、宽各15毫米；花梗长1～2.5厘米，具短硬毛；小苞片卵形或倒卵形；花萼密被暗褐色伏贴短毛，外面被稀疏的金黄色或红褐色脱落的长硬毛，萼筒宽杯形，长8～12毫米，宽18～25毫米；花冠深紫色，干后黑色，长约6.5厘米，旗瓣长3.2～4厘米，圆形，先端凹达4毫米，基部耳长1～2毫米，翼瓣长4.8～6厘米，宽1.8～2厘米，龙骨瓣长6～7厘米，基部瓣柄长约7毫米，耳长约4毫米；雄蕊管长约4厘米，花柱下部和子房被毛。果木质，带形，长30～60厘米，宽3～3.5厘米，厚1～1.3

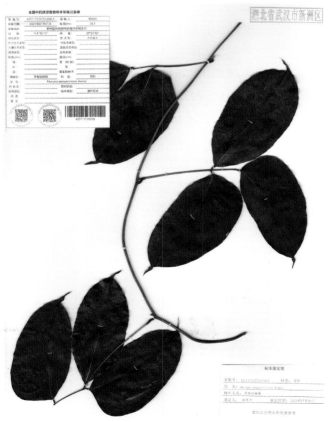

厘米，种子间缢缩，近念珠状，边缘多数加厚，凸起为一圆形脊，中央无沟槽，无翅，具伏贴红褐色短毛和长的脱落红褐色刚毛。种子4～12颗，内部隔膜木质，带红色、褐色或黑色，扁长圆形，长2.2～3厘米，宽2～2.2厘米，厚1厘米，种脐黑色，包围着种子周长的3/4。花期4～5月，果期8—10月。

【生境】　生于海拔3000米以下的亚热带森林、灌丛、溪谷、河边。多地有栽培。

【分布】　产于新洲各地，多为栽培。分布于四川、贵州、云南、陕西（南部）、湖北、浙江、江西、湖南、福建、广东、广西等地。

【药用部位及药材名】　茎（牛马藤）。

【采收加工】　9—10月采收，晒干。

【性味与归经】　甘、微苦，温。

【功能主治】　养血活血，通经活络。用于月经不调，痛经，闭经，产后血虚，贫血，风湿痹痛，四肢麻木，跌打损伤。

【用法用量】　内服：煎汤，15～30克；或浸酒。外用：适量，捣敷。

【验方】　①治再生障碍性贫血：a. 油麻藤一至二两，首乌、地稔各五钱至一两。水煎，一日三次分服。b. 油麻藤一至二两，黄芪一两，龟甲、鳖甲各三至五钱。水煎，一日三次分服。（《中草药资料》）②治妇女闭经：常绿油麻藤茎五钱至一两，水煎服。（《草药手册》）

122. 野葛 *Pueraria lobata*（Willd.）Ohwi

【别名】　葛（《神农本草经》），鹿藿、黄斤（《名医别录》），葛藤（《中国高等植物图鉴》）。

【形态】　粗壮藤本，长可达8米，全体被黄色长硬毛，茎基部木质，有粗厚的块状根。羽状复叶具3小叶；托叶背着，卵状长圆形，具线条；小托叶线状披针形，与小叶柄等长或较长；小叶3裂，偶尔全缘，顶生小叶宽卵形或斜卵形，长7～15（19）厘米，宽5～12（18）厘米，先

端长渐尖，侧生小叶斜卵形，稍小，上面被淡黄色、平伏的疏柔毛。下面较密；小叶柄被黄褐色茸毛。总状花序长15～30厘米，中部以上有颇密集的花；苞片线状披针形至线形，远比小苞片长，早落；小苞片卵形，长不及2毫米；花2～3朵聚生于花序轴的节上；花萼钟形，长8～10毫米，被黄褐色柔毛，裂片披针形，渐尖，比萼管略长；花冠长10～12毫米，紫色，旗瓣倒卵形，基部有2耳及一黄色硬痂状附属体，具短瓣柄，翼瓣镰状，较龙骨瓣为狭，基部有线形、向下的耳，龙骨瓣镰状长圆形，基部有极小、急尖的耳；对旗瓣的1枚雄蕊仅上部离生；子房线形，被毛。荚果长椭圆形，长5～9厘米，宽8～11毫米，扁平，被褐色长硬毛。花期9—10月，果期11—12月。

【生境】　生于山地疏林或密林中。

【分布】　产于新洲东部、北部丘陵及山区。分布于我国南北各地，除新疆、青海及西藏外，分布几

遍全国。

【药用部位及药材名】 干燥根（葛根）。

【采收加工】 秋、冬二季采挖，趁鲜切成厚片或小块，干燥。

【性味与归经】 甘、辛，凉。归脾、胃、肺经。

【功能主治】 解肌退热，生津止渴，透疹，升阳止泻，通经活络，解酒毒。用于外感发热头痛，项背强痛，口渴，消渴，麻疹不透，热痢，泄泻，眩晕头痛，中风偏瘫，胸痹心痛。

【用法用量】 内服：煎汤，10～15克；或捣汁。外用：适量，捣敷。

【验方】 ①治感冒发热：葛根10克，柴胡10克，黄芩10克，生石膏15克，知母6克，水煎服。②治脾虚泄泻：葛根10克，黄连6克，白术15克，山药15克，莲肉10克，水煎服。③治项背强痛：葛根10克，桂枝6克，木瓜10克，羌活10克，白芍10克，水煎服。④治突发性耳聋：葛根100克，研末，装入胶囊，每次2克，每日3次。亦用于神经性头痛。

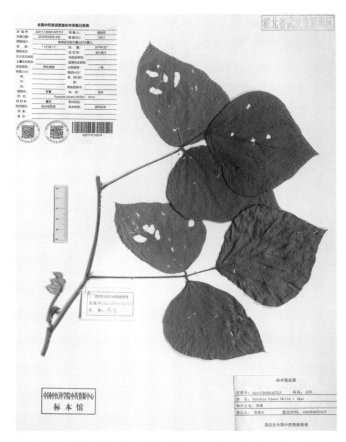

123. 甘葛藤 *Pueraria thomsonii* Benth.

【别名】 甘葛、葛藤、食用葛藤。

【形态】 藤本，具块根，茎被稀疏的棕色长硬毛。羽状复叶具3小叶；托叶背着，箭头形，上部裂片长5～11毫米，基部2裂片长3～8毫米，具条纹及长缘毛；小托叶披针形，长5～7毫米；顶生小叶卵形，长9～15厘米，宽6～10厘米，3裂，侧生的斜宽卵形，稍小，多少2裂，先端短渐尖，基部截形或圆形，两面被短柔毛；小叶柄及总叶柄均密被长硬毛，总叶柄长3.5～16厘米。总状花序腋生，长达30厘米，不分枝或具1分枝；花3朵生于花序轴的每节上；苞片卵形，长4～6毫米，无毛或具缘毛；小苞片每花2枚，卵形，长2～3毫米，无毛或被很少的长硬毛；花梗纤细，长达7毫米，无毛。花

紫色或粉红色；花萼钟状，内外被毛或外面无毛，萼管长3～5毫米，萼裂片4，披针形，长4～7毫米，近等长，上方一片较宽；旗瓣近圆形，长14～18毫米，顶端微缺，基部有2耳及痂状体，具长约3.5毫米的瓣柄，翼瓣倒卵形，长约16毫米，具瓣柄及耳，龙骨瓣偏斜，腹面贴生；雄蕊单体，花药同型；子房被短硬毛，几无柄。荚果带形，长5.5～6.5（9）厘米，宽约1厘米，被极稀疏的黄色长硬毛，缝线增粗，被稍密的毛，有种子9～12颗；种子卵形，扁平，长约4毫米，宽约2.5毫米，红棕色。花期9月，果期10月。

【生境】 生于山坡、路边草丛及较阴湿的地方。栽培或野生于山野灌丛和疏林中。

【分布】 产于新洲东部山区，多地有栽培。除新疆、西藏外，全国各地均有分布。

【药用部位及药材名】 干燥根（粉葛）。

【采收加工】 秋、冬二季采挖，除去外皮，稍干，截段或再纵切两半或斜切成厚片，干燥。

【性味与归经】 甘、辛，凉。归脾、胃经。

【功能主治】 解肌退热，生津止渴，透疹，升阳止泻，通经活络，解酒毒。用于外感发热头痛，项背强痛，口渴，消渴，麻疹不透，热痢，泄泻，眩晕头痛，中风偏瘫，胸痹心痛，酒毒伤中。

【用法用量】 内服：煎汤，10～15克；或捣汁。外用：适量，捣敷。

124. 鹿藿 *Rhynchosia volubilis* Lour.

【别名】 野绿豆（《本草纲目》），痰切豆（《中国植物志》），野黄豆（《中国主要植物图说》），老鼠豆（《湖南药物志》），老鼠眼（《广州植物志》）。

【形态】 缠绕草质藤本。全株各部多少被灰色至淡黄色柔毛；茎略具棱。叶为羽状或有时近指状3小叶；托叶小，披针形，长3～5毫米，被短柔毛；叶柄长2～5.5厘米；小叶纸质，顶生小叶菱形或倒卵状菱形，长3～8厘米，宽3～5.5厘米，先端钝，或为急尖，常有小突尖，基部圆形或阔楔形，两

面均被灰色或淡黄色柔毛，下面尤密，并被黄褐色腺点；基出脉 3；小叶柄长 2 ～ 4 毫米，侧生小叶较小，常偏斜。总状花序长 1.5 ～ 4 厘米，1 ～ 3 个腋生；花长约 1 厘米，排列稍密集；花梗长约 2 毫米；花萼钟状，长约 5 毫米，裂片披针形，外面被短柔毛及腺点；花冠黄色，旗瓣近圆形，有宽而内弯的耳，翼瓣倒卵状长圆形，基部一侧具长耳，龙骨瓣具喙；雄蕊二体；子房被毛及密集的小腺点，胚珠 2 颗。荚果长圆形，红紫色，长 1 ～ 1.5 厘米，宽约 8 毫米，极扁平，在种子间略收缩，稍被毛或近无毛，先端有小喙；种子通常 2 颗，椭圆形或近肾形，黑色，光亮。花期 5—8 月，果期 9—12 月。

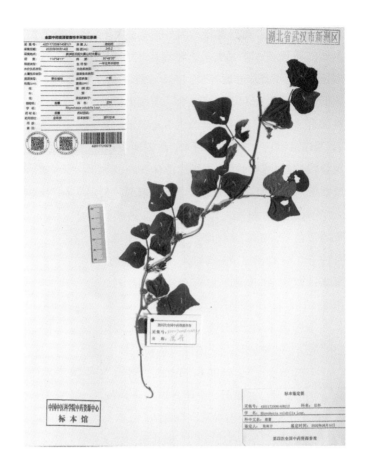

【生境】常生于山坡路旁草丛中。

【分布】产于新洲各地。分布于长江中下游各省。

【药用部位及药材名】茎叶（鹿藿）；根（鹿藿根）。

【采收加工】5—6 月采收，鲜用或晒干，储干燥处。

【性味与归经】鹿藿：苦、辛，平。归脾、肝经。鹿藿根：苦，平。归大肠、脾、肺经。

【功能主治】鹿藿：祛风，止痛，活血，解毒。用于风湿痹痛，头痛，牙痛，腰脊疼痛，产后瘀血腹痛，产褥热，瘰疬，痈肿疮毒，跌打损伤。鹿藿根：活血止痛，解毒，消积。用于痛经，瘰疬，疖肿，小儿疳积。

【用法用量】鹿藿：煎服，9 ～ 30 克。外用适量，捣敷。鹿藿根：煎服，9 ～ 15 克。外用适量，捣敷。

【验方】①治小儿疳积：鹿藿根三钱，水煎服。（《湖南药物志》）②治痛经：鹿藿根三钱，川芎三钱，木防己四钱，算盘子根三钱，水煎服。（《湖南药物志》）③治疖肿：鹿藿根煨熟，加盐捣烂涂敷。（《浙江天目山药用植物志》）④治蛇咬伤：鹿藿根捣烂敷伤处。（《浙江天目山药用植物志》）⑤治瘰疬：鹿藿根五钱，用瘦肉二两煮汤，以汤煎药服。（《草药手册》）

125. 决明 *Senna tora*（L.）Roxburgh

【别名】马蹄决明（《本草经集注》），草决明、羊明（《吴普本草》），狗屎豆（《生草药性备要》），假绿豆（《中国药用植物志》）。

【形态】直立、粗壮、一年生亚灌木状草本，高 1 ～ 2 米。叶长 4 ～ 8 厘米；叶柄上无腺体；叶轴上每对小叶间有棒状的腺体 1 枚；小叶 3 对，膜质，倒卵形或倒卵状长椭圆形，长 2 ～ 6 厘米，宽 1.5 ～ 2.5 厘米，顶端圆钝而有小尖头，基部渐狭，偏斜，上面被稀疏柔毛，下面被柔毛；小叶柄长 1.5 ～ 2 毫米；

托叶线状，被柔毛，早落。花腋生，通常2朵聚生；总花梗长6～10毫米；花梗长1～1.5厘米，丝状；萼片稍不等大，卵形或卵状长圆形，膜质，外面被柔毛，长约8毫米；花瓣黄色，下面两片略长，长12～15毫米，宽5～7毫米；能育雄蕊7枚，花药四方形，顶孔开裂，长约4毫米，花丝短于花药；子房无柄，被白色柔毛。荚果纤细，近四棱形，两端渐尖，长达15厘米，宽3～4毫米，膜质；种子约25颗，光亮。花果期8—11月。

【生境】　生于山坡、旷野及河滩沙地上。

【分布】　产于新洲各地，多为栽培。我国长江以南各省区普遍分布。

【药用部位及药材名】　干燥成熟种子（决明子）。

【采收加工】　秋季采收成熟果实，晒干，打下种子，除去杂质。

【性味与归经】　甘、苦、咸，微寒。归肝、大肠经。

【功能主治】　清热明目，润肠通便。用于目赤涩痛，羞明多泪，头痛眩晕，目暗不明，大便秘结。

【用法用量】　内服：煎汤，9～15克。

【验方】　①治急性结膜炎：决明子、菊花各三钱，蔓荆子、木贼各二钱，水煎服。（《河北中药手册》）②治高血压：决明子五钱，炒黄，水煎代茶饮。（《江西草药》）③治小儿疳积：决明子三钱，研末，鸡肝一个，捣烂，白酒少许，调和成饼，蒸熟服。（《江西草药》）④治眼睛红肿：决明子炒过，研细，加茶调匀敷太阳穴，药干即换，一夜肿消。（《神农本草经》）

126. 苦参 *Sophora flavescens* Alt.

【别名】　地槐、苦骨（《本草纲目》），野槐、山槐（《中国植物志》），牛参（《湖南药物志》）。

【形态】　草本或亚灌木，稀呈灌木状，通常高1米左右，稀达2米。茎具纹棱，幼时疏被柔毛，后无毛。羽状复叶长达 25 厘米；托叶披针状线形，渐尖，长 6 ～ 8 毫米；小叶 6 ～ 12 对，互生或近对生，纸质，形状多变，椭圆形、卵形、披针形至披针状线形，长 3 ～ 4（6）厘米，宽（0.5）1.2 ～ 2 厘米，先端钝或急尖，基部宽楔形或浅心形，上面无毛，下面疏被灰白色短柔毛或近无毛。中脉下面隆起。总状花序顶生，长 15 ～ 25 厘米；花多数，疏或稍密；花梗纤细，长约 7 毫米；苞片线形，长约 2.5 毫米；花萼钟状，明显歪斜，具不明显波状齿，完全发育后近截平，长约 5 毫米，宽约 6 毫米，疏被短柔毛；花冠比花萼长 1 倍，白色或淡黄白色，旗瓣倒卵状匙形，长 14 ～ 15 毫米，宽 6 ～ 7 毫米，先端圆形或微缺，基部渐狭成柄，柄宽 3 毫米，翼瓣单侧生，强烈皱褶几达瓣片的顶部，柄与瓣片近等长，长约 13 毫米，龙骨瓣与翼瓣相似，稍宽，宽约 4 毫米，雄蕊 10，分离或近基部稍连合；子房近无柄，被淡黄白色柔毛，花柱稍弯曲，胚珠多数。荚果长 5 ～ 10 厘米，种子间稍缢缩，呈不明显串珠状，稍四棱形，疏被短柔毛或近无毛，成熟后开裂成 4 瓣，有种子 1 ～ 5 粒；种子长卵形，稍压扁，深红褐色或紫褐色。花期 6—8 月，果期 7—10 月。

【生境】　生于山坡、沙地草坡灌木林中或田野附近，海拔 1500 米以下。

【分布】　产于新洲东部山区。分布于我国南北各省区。

【药用部位及药材名】　干燥根（苦参）。

【采收加工】　春、秋二季采挖，除去根头和小支根，洗净，干燥，或趁鲜切片，干燥。

【性味与归经】　苦，寒。归心、肝、胃、大肠、膀胱经。

【功能主治】　清热燥湿，杀虫，利尿。用于热痢，便血，黄疸尿闭，赤白带下，阴肿阴痒，湿疹，湿疮，皮肤瘙痒，疥癣麻风；外用于滴虫性阴道炎。

【用法用量】　内服：煎汤，4.5 ～ 9 克；或入丸、散。外用：适量，煎水洗。

【验方】　①治湿热黄疸：苦参 15 克，赤芍 20 克，茵陈 30 克。每日 1 剂，水煎服，有清热利湿、活血退黄之功。②治湿热痢疾：苦参 15 克，白头翁 15 克，土茯苓 20 克。每日 1 剂，水煎服，有清热除湿、凉血止痢之功。③治带下，皮肤瘙痒：苦参15克，黄柏6克，蛇床子15克，地肤子10克。每日1剂，水煎内服或外洗，有清热除湿、杀虫止痒之功。④治疥疮：苦参15克，硫黄5克，苍术15克，黄柏9克，共研末制成软膏，外涂患处可杀灭疥螨。⑤治小便黄赤、淋漓涩痛：苦参15克，石苇10克，小蓟20克，白茅根25克。每日1剂，水煎服，有清热凉血、利尿通淋之功。

127. 槐 *Sophora japonica* L.

【别名】国槐、豆槐、槐花树、槐树（《中国植物志》）。

【形态】乔木，高达25米；树皮灰褐色，具纵裂纹。当年生枝绿色，无毛。羽状复叶长达25厘米；叶轴初被疏柔毛，旋即秃净；叶柄基部膨大，包裹着芽；托叶形状多变，有时呈卵形、叶状，有时呈线形或钻状，早落；小叶4～7对，对生或近互生，纸质，卵状披针形或卵状长圆形，长2.5～6厘米，宽1.5～3厘米，先端渐尖，具小尖头，基部宽楔形或近圆形，稍偏斜，下面灰白色，初被疏短柔毛，旋变无毛；小托叶2枚，钻状。圆锥花序顶生，常呈金字塔形，长达30厘米；花梗比花萼短；小苞片2枚，形似小托叶；花萼浅钟状，长约4毫米，萼齿5，近等大，圆形或钝三角形，被灰白色短柔毛，萼管近无毛；花冠白色或淡黄色，旗瓣近圆形，长和宽约11毫米，具短柄，有紫色脉纹，先端微缺，基部浅心形，翼瓣卵状长圆形，长10毫米，宽4毫米，先端浑圆，基部斜戟形，无皱褶，龙骨瓣阔卵状长圆形，与翼瓣等长，宽达6毫米；雄蕊近分离，宿存；子房近无毛。荚果串珠状，长2.5～5厘米或稍长，直径约10毫米，种子间缢缩不明显，种子排列较紧密，具肉质果皮，成熟后不开裂，具种子1～6粒；种子卵球形，淡黄绿色，干后黑褐色。花期7—8月，果期8—10月。

【生境】对气候适应性较强，在土层

较深厚的地方均可栽培，以湿润、深厚、肥沃、排水良好的沙壤土为佳，在石灰性及轻度盐碱地上也能正常生长。常栽培于屋旁、路边。

【分布】产于新洲各地，均为栽培。原广布于中国，现南北各省区广泛栽培，华北地区和黄土高原尤为多见。

【药用部位及药材名】干燥花及花蕾（槐花）；干燥成熟果实（槐角）。

【采收加工】干燥花及花蕾（槐花）：夏季花开放或花蕾形成时采收，及时干燥，除去枝、梗及杂质。干燥成熟果实（槐角）：冬季采收，除去杂质，干燥。

【性味与归经】槐花：苦，微寒。归肝、大肠经。槐角：苦，寒。归肝、大肠经。

【功能主治】槐花：凉血止血，清肝泻火。用于便血，痔血，血痢，崩漏，吐血，肝热目赤，头痛眩晕。槐角：清热泻火，凉血止血。用于肠热便血，痔肿出血，肝热头痛，眩晕目赤。

【用法用量】槐花：煎汤，5～9克；或入丸、散。外用适量，煎水熏洗或研末撒。槐角：6～9克，煎汤；或入丸、散；或嫩角捣汁。外用适量，煎水洗；或研末调敷。

【验方】①治咯血，吐血：槐花适量炒炭研末，用糯米汤调食。②防治动脉硬化：槐花15克，水煎当茶常饮。③治头晕目赤：槐花12克，菊花15克，草决明12克。水煎服，每日1剂。④治银屑病：槐花炒黄研成细粉，每次3克，每日2次，饭后温开水送服。⑤治便血，痔疮出血：猪肠1条，槐花适量炒炭研末，填入猪肠内，用米醋炒后煮食。⑥治黄水疮：槐花15克，研为极细末，将药末与香油调成糊状，患处消毒后涂药，隔日换药1次。一般用药2～3次可愈。（①～⑥出自《中国中医药报》）⑦治烫伤：槐角烧存性，用麻油调敷患处。（《验方选集》）⑧治尿血：槐角三钱，车前、茯苓、木通各二钱，甘草七分，水煎服。（《杨氏简易方》）

128. 白车轴草 *Trifolium repens* L.

【别名】白花苜蓿、三消草、螃蟹花、金花草、菽草翘摇（《全国中草药汇编》）。

【形态】短期多年生草本，生长期达5年，高10～30厘米。主根短，侧根和须根发达。茎匍匐蔓生，上部稍上升，节上生根，全株无毛。掌状三出复叶；托叶卵状披针形，膜质，基部抱茎成鞘状，离生部分锐尖；叶柄较长，长10～30厘米；小叶倒卵形至近圆形，长8～20（30）毫米，宽8～16（25）毫米，先端凹头

至钝圆，基部楔形渐窄至小叶柄，中脉在下面隆起，侧脉约13对，与中脉成50°角展开，两面均隆起，近叶边分叉并伸达锯齿齿尖；小叶柄长1.5毫米，微被柔毛。花序球形，顶生，直径15～40毫米；总花梗甚长，比叶柄长近1倍，具花20～50（80）朵，密集；无总苞；苞片披针形，膜质，锥尖；花长7～12毫米；花梗比花萼稍长或等长，开花立即下垂；萼钟形，具脉纹10条，萼齿5，披针形，稍不等长，短于萼筒，萼喉开展，无毛；花冠白色、乳黄色或淡红色，具香气。旗瓣椭圆形，比翼瓣

和龙骨瓣长近 1 倍，龙骨瓣比翼瓣稍短；子房线状长圆形，花柱比子房略长，胚珠 3～4 粒。荚果长圆形。种子通常 3 粒，阔卵形。花果期 5—10 月。

【生境】 多为栽培，并在湿润草地、河岸、路边呈半自生状态。

【分布】 产于新洲各地，多为栽培或逸生。原产于欧洲和北非，现我国南北各地均有栽培或逸生者。

【药用部位及药材名】 全草（三消草）。

【采收加工】 夏、秋二季花盛期采收，晒干。

【性味与归经】 微甘，平。归心、脾经。

【功能主治】 清热，凉血，宁心。用于癫痫，痔疮出血，硬结肿块。

【用法用量】 内服：煎汤，15～30克。外用：适量，捣敷。

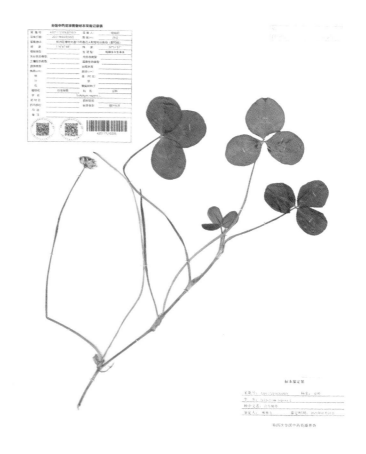

129. 绿豆 *Vigna radiata* （L.）Wilczek

【别名】 青小豆（《太平圣惠方》）。

【形态】 一年生直立草本，高 20～60 厘米。茎被褐色长硬毛。羽状复叶具 3 小叶；托叶盾状着生，卵形，长 0.8～1.2 厘米，具缘毛；小托叶显著，披针形；小叶卵形，长 5～16 厘米，宽 3～12 厘米，侧生的多少偏斜，全缘，先端渐尖，基部阔楔形或浑圆，两面多少被疏长毛，基部三脉明显；叶柄长 5～21 厘米；叶轴长 1.5～4 厘米；小叶柄长 3～6 毫米。总状花序腋生，有花 4 至数朵，最多可达 25 朵；总花梗长 2.5～9.5 厘米；花梗长 2～3 毫米；小苞片线状披针形或长圆形，长 4～7 毫米，有线条，近宿存；萼管无毛，长 3～4 毫米，裂片狭三角形，长 1.5～4 毫米，具缘毛，上方的一对合生成一先端 2 裂的裂片；旗瓣近方形，长 1.2 厘米，宽 1.6 厘米，外面黄绿色，里面有时粉红色，顶端微凹，内弯，无毛；翼瓣卵形，黄色；龙骨瓣镰刀状，绿色而染粉红色，右侧有显著的囊。荚果线状圆柱形，平展，长 4～9 厘米，宽 5～6

毫米，被淡褐色、散生的长硬毛，种子间多少缢缩；种子8～14颗，淡绿色或黄褐色，短圆柱形，长2.5～4毫米，宽2.5～3毫米，种脐白色而不凹陷。花期初夏，果期6—8月。

【生境】 喜温，适宜的出苗和生长温度为15～18℃，生育期需要较高的温度。在8～12℃时开始发芽。开花结荚期以18～20℃最为适宜。温度过高，茎叶生长过旺，会影响开花结荚。绿豆在生育后期不耐霜冻，气温降至0℃以下，植株会冻死，种子的发芽率也低。

【分布】 产于新洲各地，均系栽培。我国南北各地均有栽培。

【药用部位及药材名】 种子（绿豆）。

【采收加工】 立秋后种子成熟时采收，拔起全株，晒干，打下种子。

【性味与归经】 甘，寒。归心、肝、胃经。

【功能主治】 清热，消暑，利水，解毒。用于暑热烦渴，感冒发热，霍乱吐泻，痰热哮喘，头痛目赤，口舌生疮，水肿尿少，疮疡痈肿，风疹丹毒，药物及食物中毒。

【用法用量】 内服：煎汤，15～30克；研末或生研绞汁。外用：适量，研末调敷。

130. 赤小豆 *Vigna umbellata*（Thunb.）Ohwi et Ohashi

【别名】 饭豆、米豆、小红豆、羊牯苏（《中国植物志》）。

【形态】 一年生草本。茎纤细，长达1米或过之，幼时被黄色长柔毛，老时无毛。羽状复叶具3小叶；托叶盾状着生，披针形或卵状披针形，长10～15毫米，两端渐尖；小托叶钻形，小叶纸质，卵形或披针形，长10～13厘米，宽（2）5～7.5厘米，先端急尖，基部宽楔形或钝，全缘或微3裂，沿两面脉上薄被疏毛，有基出脉3条。总状花序腋生，短，有花2～3朵；苞片披针形；花梗短，着生处有腺体；花黄色，长约1.8厘米，宽约1.2厘米；龙骨瓣右侧具长角状附属体。荚果线状圆柱形，下垂，长6～10厘米，宽约

5毫米，无毛。种子6～10颗，长椭圆形，通常暗红色，有时为褐色、黑色或草黄色，直径3～3.5毫米，种脐凹陷。花期5—8月。

【生境】适应性强，一般农田可栽种。以向阳，土壤疏松，中等肥力（过肥易徒长，结荚少）为好，不宜连作。

【分布】产于新洲各地，均系栽培，也有野生种。分布于浙江、江西、湖南、广东、广西、贵州、云南等地。

【药用部位及药材名】干燥成熟种子（赤小豆）。

【采收加工】秋季果实成熟而未开裂时拔取全株，晒干，打下种子，除去杂质，再晒干。

【性味与归经】甘、酸，平。归心、小肠经。

【功能主治】利水消肿，解毒排脓。用于水肿胀满，黄疸尿赤，风湿热痹，痈肿疮毒，肠痈腹痛。

【用法用量】内服：煎汤，9～30克。外用：适量，研末调敷。

【验方】①治肾炎水肿偏方：赤小豆30克，西瓜皮15克，玉米须15克，冬瓜皮15克。将所有配料捣烂，放入砂锅，用水煎煮2次，每次30分钟，合并汁液，取300毫升。每日3次，每次100毫升。②治营养不良性水肿偏方：赤小豆30克，红豇豆30克，红枣20枚。将配料放入砂锅中，用旺火煮沸后改用小火煮烂即可。每日早、晚食用。③养颜解毒偏方：赤小豆30克，鸡内金10克。先将鸡内金研末，然后按照平常方法煮赤小豆，于赤小豆将熟时，放入鸡内金末调匀，可作早餐食用。

131. 紫藤 *Wisteria sinensis*（Sims）DC.

【别名】小黄藤（《植物名实图考》），藤花菜（《救荒本草》），藤萝（《普济方》），招豆藤（《本草拾遗》），紫金藤（《江苏药材志》）。

【形态】落叶藤本。茎左旋，枝较粗壮，嫩枝被白色柔毛，后秃净；冬芽卵形。奇数羽状复叶长15～25厘米；托叶线形，早落；小叶3～6对，纸质，卵状椭圆形至卵状披针形，上部小叶较大，基部1对

最小，长 5～8 厘米，宽 2～4 厘米，先端渐尖至尾尖，基部钝圆或楔形，或歪斜，嫩叶两面被平伏毛，后秃净；小叶柄长 3～4 毫米，被柔毛；小托叶刺毛状，长 4～5 毫米，宿存。总状花序发自去年生短枝的腋芽或顶芽，长 15～30 厘米，直径 8～10 厘米，花序轴被白色柔毛；苞片披针形，早落；花长 2～2.5 厘米，芳香；花梗细，长 2～3 厘米；花萼杯状，长 5～6 毫米，宽 7～8 毫米，密被细绢毛，上方 2 齿甚钝，下方 3 齿卵状三角形；花冠被细绢毛，上方 2 齿甚钝，下方 3 齿卵状三角形；花冠紫色，旗瓣圆形，先端略凹陷，花开后反折，基部有 2 胼胝体，翼瓣长圆形，基部圆，龙骨瓣较翼瓣短，阔镰形，子房线形，密被茸毛，花柱无毛，上弯，胚珠 6～8 粒。荚果倒披针形，长 10～15 厘米，宽 1.5～2 厘米，密被茸毛，悬垂枝上不脱落，有种子 1～3 粒；种子褐色，具光泽，圆形，宽 1.5 厘米，扁平。花期 4 月中旬至 5 月上旬，果期 5—8 月。

【生境】　生于山坡、疏林缘、溪谷两旁和空旷草地，庭园内也有栽培。

【分布】　产于新洲东部山区，多地有栽培。分布于河北以南黄河长江流域及陕西、河南、广西、贵州、云南等地。

【药用部位及药材名】　茎或茎皮（紫藤）；种子（紫藤子）。

【采收加工】　全年可采，切段，晒干。

【性味与归经】　紫藤：甘、苦，温。有小毒。紫藤子：甘，微温。有小毒。归肝、胃、大肠经。

【功能主治】　紫藤：利水，除痹，杀虫。用于水肿，关节疼痛，肠道寄生虫病。紫藤子：活血，通络，解毒，驱虫。用于筋骨疼痛，腹痛吐泻，小儿蛲虫病。

【用法用量】　紫藤：煎服，9～15 克。紫藤子：煎汤（炒熟），15～30 克；或浸酒。

四十七、酢浆草科 Oxalidaceae

132. 酢浆草 *Oxalis corniculata* L.

【别名】　三叶酸草（《千金方》），酸浆（《本草图经》），三叶酸（《本草纲目》），酸味草（《生草药性备要》），三叶酸浆（《植物名实图考》）。

【形态】草本，高 10 ～ 35 厘米，全株被柔毛。根茎稍肥厚。茎细弱，多分枝，直立或匍匐，匍匐茎节上生根。叶基生或茎上互生；托叶小，长圆形或卵形，边缘被密长柔毛，基部与叶柄合生，或同一植株下部托叶明显而上部托叶不明显；叶柄长 1 ～ 13 厘米，基部具关节；小叶 3，无柄，倒心形，长 4 ～ 16 毫米，宽 4 ～ 22 毫米，先端凹入，基部宽楔形，两面被柔毛或表面无毛，沿脉被毛较密，边缘具贴伏缘毛。花单生或数朵集为伞形花序状，腋生，总花梗淡红色，与叶近等长；花梗长 4 ～ 15 毫米，果后延伸；小苞片 2，披针形，长 2.5 ～ 4 毫米，膜质；萼片 5，披针形或长圆状披针形，长 3 ～ 5 毫米，背面和边缘被柔毛，宿存；花瓣 5，黄色，长圆状倒卵形，长 6 ～ 8 毫米，宽 4 ～ 5 毫米；雄蕊 10，花丝白色，半透明，有时被疏短柔毛，基部合生，长、短互间，长者花药较大且早熟；子房长圆形，5 室，被短伏毛，花柱 5，柱头头状。蒴果长圆柱形，长 1 ～ 2.5 厘米，5 棱。种子长卵形，长 1 ～ 1.5 毫米，褐色或红棕色，具横向肋状网纹。花果期 2—9 月。

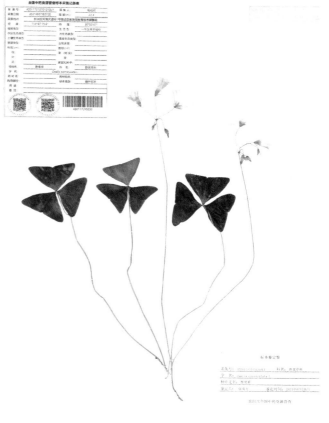

【生境】生于山坡草池、河谷沿岸、路边、田边、荒地或林下阴湿处等。

【分布】产于新洲各地。全国广布。

【药用部位及药材名】全草（酢浆草）。

【采收加工】7—9 月采收，鲜用或晒干。

【性味与归经】酸，寒。归肝、肺、膀胱经。

【功能主治】清热利湿，凉血散瘀，解毒消肿。用于湿热泄泻，痢疾，黄疸，淋证，带下，吐血，衄血，尿血，月经不调，跌打损伤，咽喉肿痛，痈肿疔疮，丹毒，湿疹，疥癣，痔疮，麻疹，烫火伤，蛇虫咬伤。

【用法用量】内服：煎汤，6 ～ 12 克（鲜品 50 ～ 100 克）；捣汁或研末。外用：适量，煎水洗；或捣敷、捣汁涂、调敷或煎水漱口。

【验方】①治水泻：酸浆草三钱，加红糖蒸服。（《云南中医验方》）②治痢疾：酢浆草研末，每服五钱，开水送服。（《湖南药物志》）③治湿热黄疸：酢浆草一两至一两五钱，水煎两次，分服。（《江西民间草药》）④治尿淋：酸浆草二两，甜酒二两，水煎服，日服三次。（《贵阳民间药草》）⑤治鼻衄：鲜酢浆草杵烂，揉作小丸，塞鼻腔内。（《江西民间草药》）

四十八、牻牛儿苗科 Geraniaceae

133. 野老鹳草 *Geranium carolinianum* L.

【别名】鹭嘴草（《中药大辞典》）。

【形态】一年生草本，高20～60厘米，根纤细，单一或分枝，茎直立或仰卧，单一或多数，具棱角，密被倒向短柔毛。基生叶早枯，茎生叶互生或最上部对生；托叶披针形或三角状披针形，长5～7毫米，宽1.5～2.5毫米，外被短柔毛；茎下部叶具长柄，柄长为叶片的2～3倍，被倒向短柔毛，上部叶柄渐短；叶片圆肾形，长2～3厘米，宽4～6厘米，基部心形，掌状5～7裂近基部，裂片楔状倒卵形或菱形，下部楔形、全缘，上部羽状深裂，小裂片条状矩圆形，先端急尖，表面被短伏毛，背面主要沿脉被短伏毛。花序腋生和顶生，长于叶，被倒生短柔毛和开展的长腺毛，每总花梗具2花，顶生总花梗常数个集生，花序呈伞状；花梗与总花梗相似，等于或稍短于花；苞片钻状，长3～4毫米，被短柔毛；萼片长卵形或近椭圆形，长5～7毫米，宽3～4毫米，先端急尖，具长约1毫米尖头，外被短柔毛或沿脉被开展的糙柔毛和腺毛；花瓣淡紫红色，倒卵形，稍长于萼，先端圆形，基部宽楔形，雄蕊稍短于萼片，中部以下被长糙柔毛；雌蕊稍长于雄蕊，密被糙柔毛。蒴果长约2厘米，被短糙毛，果瓣由喙上部先裂向下卷曲。花期4—7月，果期5—9月。

【生境】生于平原和低山荒坡杂草丛

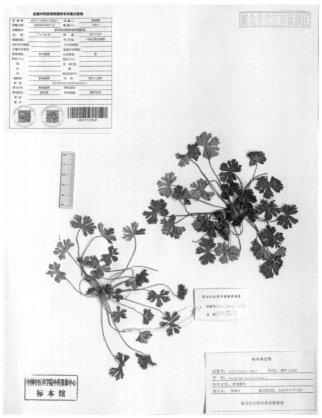

中。原产于美洲，我国为逸生。

【分布】产于新洲各地。分布于山东、安徽、江苏、浙江、江西、湖南、湖北、四川和云南等地。

【药用部位及药材名】干燥地上部分（老鹳草）。

【采收加工】夏、秋二季果实近成熟时采割，捆成把，晒干。

【性味与归经】辛、苦，平。归肝、肾、脾经。

【功能主治】祛风湿，通经络，止泄泻。用于风湿痹痛，麻木拘挛，筋骨酸痛，泄泻痢疾。

【用法用量】内服：煎汤，9～15克；或浸酒，或熬膏。外用：适量，捣烂加酒炒热外敷或制成软膏涂敷。

【验方】①治筋骨瘫痪：老鹳草、舒筋草各适量，炖肉服。（《四川中药志》）②治筋骨疼痛，通行经络，去诸风：新鲜老鹳草洗净，置一百斤铜锅内，加水煎煮两次，过滤，再将滤液浓缩至约三十斤，加饮用酒五两，煮十分钟，最后加入熟蜂蜜六斤，混合拌匀，煮二十分钟，待冷装罐。（《中药形性经验鉴别法》老鹳草膏）③治腰扭伤：老鹳草根一两，苏木五钱，煎汤，血余炭三钱冲服，每日一剂，日服两次。（《中草药新医疗法资料选编》）④治肠炎，痢疾：老鹳草一两，凤尾草一两，煎成90毫升，一日三次分服，连服一至二剂。（《浙江省中草药抗菌消炎经验交流会资料选编》）

四十九、大戟科 Euphorbiaceae

134. 铁苋菜 *Acalypha australis* L.

【别名】海蚌含珠、人苋（《植物名实图考》），蚌壳草（《四川中药志》），痢疾草（《江西民间草药》）。

【形态】一年生草本，高 0.2～0.5 米，小枝细长，被贴生柔毛，毛逐渐稀疏。叶膜质，长卵形、近菱状卵形或阔披针形，长 3～9 厘米，宽 1～5 厘米，顶端短渐尖，基部楔形，稀圆钝，边缘具圆锯，上面无毛，下面沿中脉具柔毛；基出脉 3 条，侧脉 3 对；叶柄长 2～6 厘米，具短柔毛；托叶披针形，长 1.5～2 毫米，具短柔毛。雌雄花同序，花序腋生，稀顶生，长 1.5～5 厘米，花序梗长 0.5～3 厘米，花序轴具短毛，雌花苞片 1～2（4）枚，卵状心形，花后增大，长 1.4～2.5 厘米，宽 1～2 厘米，边缘具三角形齿，外面沿掌状脉具疏柔毛，苞腋具雌花 1～3 朵；花梗无；雄花生于花序上部，排列成穗状或头状，雄花苞片卵形，长约 0.5 毫米，苞腋具雄花 5～7 朵，簇生；花梗长 0.5 毫米。雄花：花蕾时近球形，无毛，花萼裂片 4 枚，卵形，长约 0.5 毫米；雄蕊 7～8 枚。雌花：萼片

3 枚，长卵形，长 0.5～1 毫米，具疏毛；子房具疏毛，花柱 3 枚，长约 2 毫米，撕裂 5～7 条。蒴果直径 4 毫米，具 3 个分果爿，果皮具疏生毛和毛基变厚的小瘤体；种子近卵状，长 1.5～2 毫米，种皮平滑，假种阜细长。花果期 4—12 月。

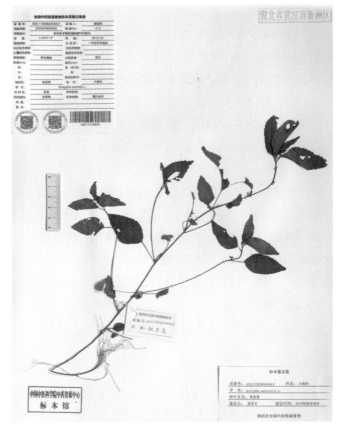

【生境】生于海拔 20～1200（1900）米平原或山坡较湿润耕地和空旷草地，有时生于石灰岩山地疏林下。

【分布】产于新洲各地。我国除西部高原或干燥地区外，大部分省区有分布。

【药用部位及药材名】全草（铁苋）。

【采收加工】7—10 月采收全草，晒干或趁鲜切段晒干。

【性味与归经】苦、涩，凉。归心、肺、大肠、小肠经。

【功能主治】清热利湿，凉血解毒，消积。用于痢疾，泄泻，吐血，衄血，尿血，便血，崩漏，小儿疳积，痈疖疮疡，皮肤湿疹。

【用法用量】内服：煎汤，10～30 克。外用：鲜品适量，捣烂敷患处。

【验方】①治月经不调：a.鲜铁苋菜二两，水煎服。（《青海常用中草药手册》）b.铁苋菜全草熬膏，每次服一至二钱，早晚服。（《内蒙古中草药》）②治崩漏：铁苋菜、蒲黄炭各三钱，藕节炭五钱，水煎服。（《青海常用中草药手册》）③治吐血，衄血：铁苋菜、白茅根各一两，水煎服。（《内蒙古中草药》）④治血淋：鲜铁苋菜一两，蒲黄炭、小蓟、木通各三钱，水煎服。（《青海常用中草药手册》）⑤治疮痈肿毒，蛇虫咬伤：鲜铁苋菜适量，捣烂外敷。（《内蒙古中草药》）

135. 泽漆 *Euphorbia helioscopia* L.

【别名】猫儿眼睛草（《履巉岩本草》），五盏灯、五朵云（《贵州民间方药集》），一把伞（《四川中药志》），灯台草（《山西中草药》）。

【形态】一年生草本。根纤细，长 7～10 厘米，直径 3～5 毫米，下部分枝。茎直立，单一或自基部多分枝，分枝斜展向上，高 10～30（50）厘米，直径 3～5（7）毫米，光滑无毛。叶互生，倒卵形或匙形，

长1～3.5厘米，宽5～15毫米，先端具齿，中部以下渐狭或呈楔形；总苞叶5枚，倒卵状长圆形，长3～4厘米，宽8～14毫米，先端具齿，基部略渐狭，无柄；总伞幅5枚，长2～4厘米；苞叶2枚，卵圆形，先端具齿，基部呈圆形。花序单生，有柄或近无柄；总苞钟状，高约2.5毫米，直径约2毫米，光滑无毛，边缘5裂，裂片半圆形，边缘和内侧具柔毛；腺体4，盘状，中部内凹，基部具短柄，淡褐色。雄花数枚，明显伸出总苞外；雌花1枚，子房柄略伸出总苞边缘。蒴果三棱状阔圆形，光滑，无毛；具明显的三纵沟，长2.5～3毫米，直径3～4.5毫米；成熟时分裂为3个分果爿。种子卵状，长约2毫米，直径约1.5毫米，暗褐色，具明显的脊网；种阜扁平状，无柄。花果期4—10月。

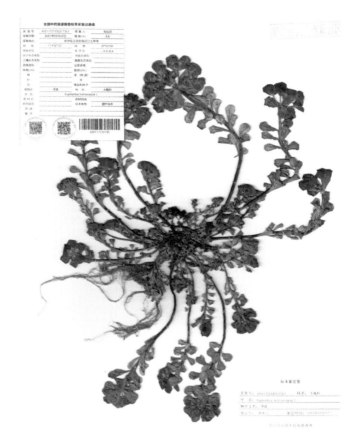

【生境】生于山沟、路旁、荒野和山坡，较常见。

【分布】产于新洲各地。广布于全国（除黑龙江、吉林、内蒙古、广东、海南、台湾、新疆、西藏外）。

【药用部位及药材名】全草（泽漆）。

【采收加工】4—5月开花时采收地上部分，晒干。

【性味与归经】辛、苦，微寒。有毒。归肺、大肠、小肠经。

【功能主治】利水消肿，化痰止咳，解毒杀虫。用于水气肿满，痰饮喘咳，疟疾、细菌性痢疾，瘰疬，结核性瘘管，骨髓炎。

【用法用量】内服：煎汤，3～9克；熬膏或入丸、散。外用：适量，煎水洗、熬膏涂或研末调敷。

【验方】①治肺源性心脏病：鲜泽漆茎叶二两，洗净切碎，加水一斤，放鸡蛋两个煮熟，去壳刺孔，再煮数分钟。先吃鸡蛋后服汤，一日一剂。（《草药手册》）②治骨髓炎：泽漆、秋牡丹根、铁线莲、蒲公英、紫堇、甘草各适量，煎服。（《高原中草药治疗手册》）③治神经性皮炎：鲜泽漆白浆敷癣上或用楮树叶捣碎同敷。（《兄弟省市中草药单方验方、新医疗法选编》）

136. 飞扬草 *Euphorbia hirta* L.

【别名】大飞羊（《生草药性备要》），飞相草、大飞扬（《中国植物志》），乳籽草（《台湾植物志》），大乳草（《福建民间草药》）。

【形态】一年生草本。根纤细，长5～11厘米，直径3～5毫米，常不分枝，偶3～5分枝。茎单一，自中部向上分枝或不分枝，高30～60（70）厘米，直径约3毫米，被褐色或黄褐色的多细胞粗硬毛。叶

对生，披针状长圆形、长椭圆状卵形或卵
状披针形，长 1～5 厘米，宽 5～13 毫米，
先端极尖或钝，基部略偏斜；边缘于中部
以上有细锯齿，中部以下较少或全缘；叶
面绿色，叶背灰绿色，有时具紫色斑，两
面均具柔毛，叶背面脉上的毛较密；叶柄
极短，长 1～2 毫米。花序多数，于叶腋
处密集成头状，基部无梗或仅具极短的柄，
变化较大，且具柔毛；总苞钟状，高与直
径各约 1 毫米，被柔毛，边缘 5 裂，裂片
三角状卵形；腺体 4，近于杯状，边缘具
白色附属物；雄花数枚，微达总苞边缘；
雌花 1 枚，具短梗，伸出总苞之外；子房
三棱状，被少许柔毛；花柱 3，分离；柱
头 2 浅裂。蒴果三棱状，长与直径均 1～1.5
毫米，被短柔毛，成熟时分裂为 3 个分果爿。
种子近圆状四棱，每个棱面有数个纵槽，
无种阜。花果期 6—12 月。

【生境】 生于路旁、草丛、灌丛及山
坡，多见于沙壤土。

【分布】产于新洲各地。分布于江西、
湖南、福建、台湾、广东、广西、海南、四川、
贵州和云南等地。

【药用部位及药材名】 干燥全草（飞
扬草）。

【采收加工】 夏、秋二季采挖，洗净，
晒干。

【性味与归经】 辛、酸，凉；有小毒。
归肺、膀胱、大肠经。

【功能主治】 清热解毒，利湿止痒，通乳。用于肺痈，乳痈，疔疮肿毒，牙疳，痢疾，泄泻，热淋，
尿血，湿疹，脚癣，皮肤瘙痒，产后少乳。

【用法用量】 内服：煎汤，15～30 克。外用：适量，鲜品捣烂敷患处或煎水洗。

【验方】 ①治细菌性痢疾，急性肠炎，消化不良，肠道滴虫病：飞扬草 2～10 两，水煎，分 2～4
次口服。②治慢性支气管炎：鲜飞扬草 4 两，桔梗 3 钱。水煎 2 次，每次煎沸 2 小时，过滤，两次滤液
混合浓缩至 60 毫升，加白糖适量。每次服 20 毫升，每日 3 次。10 日为一个疗程，连服两个疗程。③治
湿疹：飞扬草 2 斤，黑面叶 4 斤，毛麝香半斤。加水 45 升，煎成 15 升。根据湿疹部位可选择坐浴、湿
敷或外涂。④治脚癣：飞扬草 330 克，白花丹 220 克，小飞扬、乌桕叶、五色梅、扛板归各 110 克。水

煎 2 次，过滤去渣，浓缩成 1000 毫升，搽患处。（①～④出自《全国中草药汇编》）

137. 地锦草 *Euphorbia humifusa* Willd.

【别名】 千根草、草血竭、小红筋草、奶汁草、红丝草（《中国植物志》）。

【形态】 一年生草本。根纤细，长 10 ～ 18 厘米，直径 2 ～ 3 毫米，常不分枝。茎匍匐，自基部以上多分枝，偶先端斜向上伸展，基部常呈红色或淡红色，长达 20（30）厘米，直径 1 ～ 3 毫米，被柔毛或疏柔毛。叶对生，矩圆形或椭圆形，长 5 ～ 10 毫米，宽 3 ～ 6 毫米，先端钝圆，基部偏斜，略渐狭，边缘常于中部以上具细锯齿；叶面绿色，叶背淡绿色，有时淡红色，两面被疏柔毛；叶柄极短，长 1 ～ 2 毫米。花序单生于叶腋，基部具 1 ～ 3 毫米的短柄；总苞陀螺状，高与直径各约 1 毫米，边缘 4 裂，裂片三角形；腺体 4，矩圆形，边缘具白色或淡红色附属物。雄花数枚，近与总苞边缘等长；雌花 1 枚，子房柄伸出至总苞边缘；子房三棱状卵形，光滑无毛；花柱 3，分离；柱头 2 裂。蒴果三棱状卵球形，长约 2 毫米，直径约 2.2 毫米，成熟时分裂为 3 个分果爿，花柱宿存。种子三棱状卵球形，长约 1.3 毫米，直径约 0.9 毫米，灰色，每个棱面无横沟，无种阜。花果期 5—10 月。

【生境】 生于原野荒地、路旁、田间、沙丘、海滩、山坡等地，较常见，特别是长江以北地区。

【分布】 产于新洲各地。除海南外，分布于全国。

【药用部位及药材名】 干燥全草（地锦草）。

【采收加工】 夏、秋二季采收，除去杂质，晒干。

【性味与归经】 辛，平。归肝、大肠经。

【功能主治】 清热解毒，凉血止血，利湿退黄。用于痢疾、泄泻，咯血，尿血，便血，崩漏，疮疖痈肿，湿热黄疸。

【用法用量】 内服：煎汤，9 ～ 20 克（鲜品 30 ～ 60 克）。外用：适量，捣敷。

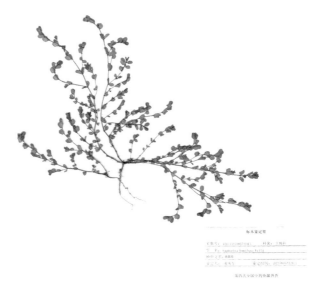

【验方】①治细菌性痢疾：地锦草一两，铁苋菜一两，凤尾草一两，水煎服。（《单方验方调查资料选编》）②治胃肠炎：鲜地锦草一至二两，水煎服。③治感冒咳嗽：鲜地锦草一两，水煎服。④治咯血，吐血，便血，崩漏：鲜地锦草一两，水煎或调蜂蜜服。（②～④出自《福建中草药》）⑤治功能性子宫出血：地锦草二斤，水煎去渣熬膏。每日两次，每服一钱半，白酒送服。（《中草药新医疗法资料选编》）⑥治湿热黄疸：地锦全草五六钱，水煎服。⑦治乳汁不通：地锦草七钱，用公猪前蹄一只炖汤，以汤煎药，去渣，兑甜酒二两，温服。（⑥⑦出自《江西民间草药》）⑧治蛇咬伤：鲜地锦草捣敷。（《湖南药物志》）

138. 通奶草 *Euphorbia hypericifolia* L.

【别名】小飞扬草（《中国植物志》），小飞羊草（《生草药性备要》），乳汁草（《岭南草药志》），痢疾草（《广东中药》），小奶浆藤（《云南药用植物名录》）。

【形态】一年生草本，根纤细，长10～15厘米，直径2～3.5毫米，常不分枝，少数由末端分枝。茎直立，自基部分枝或不分枝，高15～30厘米，直径1～3毫米，无毛或被少许短柔毛。叶对生，狭长圆形或倒卵形，长1～2.5厘米，宽4～8毫米，先端钝或圆，基部圆形，通常偏斜，不对称，边缘全缘或基部以上具细锯齿，上面深绿色，下面淡绿色，有时略带紫红色，两面被稀疏的柔毛，或上面的毛早脱落；叶柄极短，长1～2毫米；托叶三角形，分离或合生。苞叶2枚，与茎生叶同型。花序数个簇生于叶腋或枝顶，每个花序基部具纤细的柄，柄长3～5毫米；总苞陀螺状，高与直径各约1毫米或稍大；边缘5裂，裂片卵状三角形；腺体4，边缘具白色或淡粉色附属物。雄花数枚，微伸出总苞外；雌花1枚，子房柄长于总苞；子房三棱状，无毛；花柱3，分离；柱头2浅裂。蒴果三棱状，长约1.5毫米，直径约2毫米，无毛，成熟时分裂为3个分果爿。种子卵棱状，长约1.2毫米，直径约0.8毫米，每个棱面具数个皱纹，无种阜。花果期8—12月。

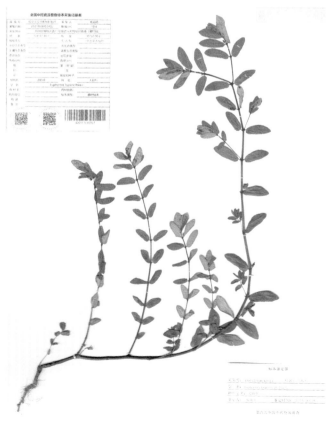

【生境】生于旷野荒地、路旁、灌丛及田间。

【分布】产于新洲各地。分布于长江以南的江西、台湾、湖南、广东、广西、海南、四川、贵州和云南；近年在我国北京发现逸为野生的现象。

【药用部位及药材名】干燥全草（大飞扬草）。

【采收加工】夏、秋二季采挖，洗净，晒干。

【性味与归经】微酸、涩，微凉。

【功能主治】清热利湿，收敛止痒。用于细菌性痢疾，肠炎腹泻，痔疮出血；外用于湿疹，过敏性皮炎，皮肤瘙痒。

【用法用量】内服：煎汤，6～9克（鲜品30～60克）。外用：适量，捣敷；或煎水洗。

【验方】①治赤白痢疾：大飞扬草五至八钱，赤痢加白糖，白痢加红糖，用开水炖服。②治小便不通，血淋：鲜大飞扬草一至二两，酌加水煎服，日服两次。③治疔疮：大飞扬草鲜叶一握，加食盐、乌糖各少许，捣烂外敷。④治肺痈：鲜大飞扬全草一握，捣烂，绞汁半盏，开水冲服。⑤治乳痈：大飞扬草全草二两和豆腐四两炖服；另取鲜草一握，加食盐少许，捣烂加热水外敷。（①～⑤出自《福建民间草药》）⑥治脚癣：鲜大飞扬草三两，加75%酒精500毫升，浸泡三至五日，取浸液外擦。

139. 斑地锦 *Euphorbia maculata* L.

【别名】草血竭（《世医得效方》），铁线草（《救荒本草》），奶花草（《植物名实图考》），蚂蚁草（《本草纲目》），斑鸠窝（《民间常用草药汇编》），斑地锦草（《中国植物志》）。

【形态】一年生草本。根纤细，长4～7厘米，直径约2毫米。茎匍匐，长10～17厘米，直径约1毫米，被白色疏柔毛。叶对生，长椭圆形至肾状长圆形，长6～12毫米，宽2～4毫米，先端钝，基部偏斜，不对称，略呈渐圆形，边缘中部以下全缘，中部以上常具细小疏锯齿；叶面绿色，中部常具有一个长圆形的紫色斑点，叶背淡绿色或灰绿色，新鲜时可见紫色斑，干时不清楚，两面无毛；叶柄极短，长约1毫米；托叶钻状，不

分裂，边缘具毛。花序单生于叶腋，基部具短柄，柄长1～2毫米；总苞狭杯状，高0.7～1毫米，直径约0.5毫米，外部具白色疏柔毛，边缘5裂，裂片三角状圆形；腺体4，黄绿色，横椭圆形，边缘具白色附属物。雄花4～5，微伸出总苞外；雌花1，子房柄伸出总苞外，且被柔毛；子房被疏柔毛；花柱短，近基部合生；柱头2裂。蒴果三角状卵形，长约2毫米，直径约2毫米，被稀疏柔毛，成熟时易分裂为3个分果爿。种子卵状四棱形，长约1毫米，直径约0.7毫米，灰色或灰棕色，每个棱面具5个横沟，无种阜。花果期4—9月。

【生境】 生于平原或低山坡的路旁。

【分布】 产于新洲各地。分布于江苏、江西、浙江、湖北、河南、河北和台湾等地。

【药用部位及药材名】 干燥全草（地锦草）。

【采收加工】 夏、秋二季采收，除去杂质，晒干。

【性味与归经】 辛，平。归肝、大肠经。

【功能主治】 清热解毒，凉血止血，利湿退黄。用于痢疾，泄泻，咯血，尿血，便血，崩漏，疮疖痈肿，湿热黄疸。

【用法用量】 内服：煎汤，9 ～ 20克（鲜品 30 ～ 60 克）。外用：适量，捣敷。

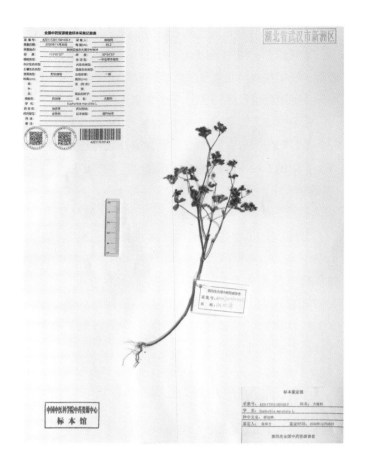

140. 一叶萩 *Flueggea suffruticosa*（Pall.）Baill.

【别名】叶底珠（《中国高等植物图鉴》），小孩拳（《中国药用植物志》），山扫条、老米饮（《全国中草药汇编》）。

【形态】灌木，高 1 ～ 3 米，多分枝；小枝浅绿色，近圆柱形，有棱槽，有不明显的皮孔；全株无毛。叶片纸质，椭圆形或长椭圆形，稀倒卵形，长 1.5 ～ 8 厘米，宽 1 ～ 3 厘米，顶端急尖至钝，基部钝至楔形，全缘或中间有不整齐的波状齿或细锯齿，下面浅绿色；侧脉每边 5 ～ 8 条，两面凸起，网脉略明显；叶柄长 2 ～ 8 毫米；托叶卵状披针形，长 1 毫米，宿存。花小，雌雄异株，簇生于叶腋。雄花：3 ～ 18 朵簇生；花梗长 2.5 ～ 5.5 毫米；萼片通常 5，椭圆形、卵形或近圆形，长 1 ～ 1.5 毫米，宽 0.5 ～ 1.5 毫米，全缘或具不明显的细齿；雄蕊 5，花丝长 1 ～ 2.2 毫米，花药卵圆形，长 0.5 ～ 1 毫米；花盘腺体 5；退化雌蕊圆柱形，高 0.6 ～ 1 毫米，顶端 2 ～ 3 裂。雌花：花梗长 2 ～ 15 毫米；

萼片5，椭圆形至卵形，长1～1.5毫米，近全缘，背部呈龙骨状凸起；花盘盘状，全缘或近全缘；子房卵圆形，3（2）室，花柱3，长1～1.8毫米，分离或基部合生，直立或外弯。蒴果三棱状扁球形，直径约5毫米，成熟时淡红褐色，有网纹，3片裂；果梗长2～15毫米，基部常有宿存的萼片；种子卵形而一侧扁压状，长约3毫米，褐色而有小疣状突起。花期3—8月，果期6—11月。

【生境】生于山坡灌丛或山沟、路边，海拔400～2500米。

【分布】产于新洲东部山区。除西北地区尚未发现外，全国各省区均有分布。

【药用部位及药材名】嫩枝叶或根（一叶萩）。

【采收加工】嫩枝叶：以5—7月采收为好，割取连叶的绿色嫩枝，扎成小把，阴干。根：全年均可采挖，切片、晒干。

【性味与归经】辛、苦，微温。有小毒。归肝、肾、脾经。

【功能主治】祛风活血，益肾强筋。用于风湿腰痛，阳痿，眩晕，耳鸣，耳聋，面瘫，小儿麻痹后遗症。

【用法用量】内服：煎汤，6～9克。

【验方】治阳痿：一叶萩根五至六钱，水煎服。（《湖南药物志》）

141. 算盘子 *Glochidion puberum*（L.）Hutch.

【别名】算盘珠（《福建民间草药》），野南瓜、柿子椒（《植物名实图考》），狮子滚球（《岭南草药志》）。

【形态】直立灌木，高1～5米，多分枝；小枝灰褐色；小枝、叶片下面、萼片外面、子房和果实均密被短柔毛。叶片纸质或近革质，长圆形、长卵形或倒卵状长圆形，稀披针形，长3～8厘米，宽1～2.5厘米，顶端钝、急尖、短渐尖或圆，基部楔形至钝，上面灰绿色，仅中脉被疏短柔毛或几无毛，下面粉绿色；侧脉每边5～7条，下面凸起，网脉明显；叶柄长1～3

毫米；托叶三角形，长约 1 毫米。花小，雌雄同株或异株，2 ～ 5 朵簇生于叶腋内，雄花束常着生于小枝下部，雌花束则在上部，或有时雌花和雄花同生于一叶腋内。雄花：花梗长 4 ～ 15 毫米；萼片 6，狭长圆形或长圆状倒卵形，长 2.5 ～ 3.5 毫米；雄蕊 3，合生成圆柱状。雌花：花梗长约 1 毫米；萼片 6，与雄花的相似，但较短而厚；子房圆球状，5 ～ 10 室，每室有 2 颗胚珠，花柱合生成环状，长、宽与子房几相等，与子房接连处缢缩。蒴果扁球状，直径 8 ～ 15 毫米，边缘有 8 ～ 10 条纵沟，成熟时带红色，顶端具有环状而稍伸长的宿存花柱。种子近肾形，具 3 棱，长约 4 毫米，朱红色。花期 4—8 月，果期 7—11 月。

【生境】 生于海拔 60 ～ 2200 米的山坡、溪旁灌丛中或林缘。

【分布】 产于新洲东部、北部丘陵及山区。分布于陕西、甘肃、江苏、安徽、浙江、江西、福建、台湾、河南、湖北、湖南、广东、海南、广西、四川、贵州、云南和西藏等地。

【药用部位及药材名】 果实（算盘子）；叶（算盘子叶）；根（算盘子根）。

【采收加工】 果实（算盘子）：9—12 月采摘，晒干。叶（算盘子叶）：7—9 月采收，鲜用或晒干。根（算盘子根）：秋、冬二季采挖，鲜用或晒干。

【性味与归经】 算盘子：苦，凉。有小毒。归肾经。算盘子叶：苦、涩，凉。有小毒。归大肠、肝、肺经。算盘子根：苦，凉。有小毒。归大肠、肝、肺经。

【功能主治】 算盘子：清热利湿，解毒利咽，行气活血。用于痢疾，泄泻，黄疸，疟疾，淋浊，带下，咽喉肿痛，牙痛，疝痛，产后腹痛。算盘子叶：清热利湿，解毒消肿。用于湿热泄泻，黄疸，淋浊，带下，发热，咽喉肿痛，痈疮疖肿，漆疮，湿疹，虫蛇咬伤。算盘子根：清热利湿，行气活血，解毒消肿。用于感冒发热，咽喉肿痛，咳嗽，牙痛，湿热泄泻，黄疸，淋浊，带下，风湿痹痛，腰痛，疝气，痛经，闭经，跌打损伤，痈肿，瘰疬，蛇虫咬伤。

【用法用量】 算盘子：煎服，9 ～ 15 克。算盘子叶：煎服，6 ～ 9 克（鲜品 30 ～ 60 克）；或焙干研末，或绞汁。外用适量，煎水熏洗；或捣烂敷。算盘子根：煎服，15 ～ 30 克。外用适量，煎水熏洗。

【验方】 ①治疝气初起：野南瓜五钱，水煎服。②治睾丸炎：鲜野南瓜三两，鸡蛋两个。先将药煮成汁，再以药汁煮鸡蛋，一日两次，连服两日。（①②出自《草药手册》）③治皮疹瘙痒：算盘子叶煎汤洗患处。（《泉州本草》）④治疖肿，乳腺炎：算盘子鲜叶捣烂外敷，同时用根一至二两，水煎服。（《浙江民间常用草药》）

142. 白背叶 *Mallotus apelta*（Lour.）Muell. Arg.

【别名】 酒药子树（《植物名实图考》），白背木、白面虎、白面戟（《中国植物志》），白叶野桐（《中国经济植物志》）。

【形态】 灌木或小乔木，高1～3（4）米；小枝、叶柄和花序均密被淡黄色星状柔毛和散生橙黄色颗粒状腺体。叶互生，卵形或阔卵形，稀心形，长和宽均6～16（25）厘米，顶端急尖或渐尖，基部截平或稍心形，边缘具疏齿，上面干后黄绿色或暗绿色，无毛或被疏毛，下面被灰白色星状茸毛，散生橙黄色颗粒状腺体；基出脉5条，最下一对常不明显，侧脉6～7对；基部近叶柄处有褐色斑状腺体2个；叶柄长5～15厘米。花雌雄异株，雄花序为开展的圆锥花序或穗状，长15～30厘米，苞片卵形，长约1.5毫米，雄花多朵簇生于苞腋。雄花：花梗长1～2.5毫米；花蕾卵形或球形，长约2.5毫米，花萼裂片4，卵形或卵状三角形，长约3毫米，外面密生淡黄色星状毛，内面散生颗粒状腺体；雄蕊50～75枚，长约3毫米；雌花序穗状，长15～30厘米，稀有分枝，花序梗长5～15厘米，苞片近三角形，长约2毫米。雌花：花梗极短；花萼裂片3～5枚，卵形或近三角形，长2.5～3毫米，外面密生灰白色星状毛和颗粒状腺体；花柱3～4枚，长约3毫米，基部合生，柱头密生羽毛状突起。蒴果近球形，密生被灰白色星状毛的软刺，软刺线形，黄褐色或浅黄色，长5～10毫米。种子近球形，直径约3.5毫米，褐色或黑色，具皱纹。花期6—9月，果期8—11月。

【生境】 生于海拔30～1000米的山坡或山谷灌丛中。

【分布】 产于新洲东部山区。分布于云南、广西、湖南、江西、福建、广东和海南等地。

【药用部位及药材名】 叶（白背叶）。

【采收加工】 全年均可采收，鲜用或晒干。

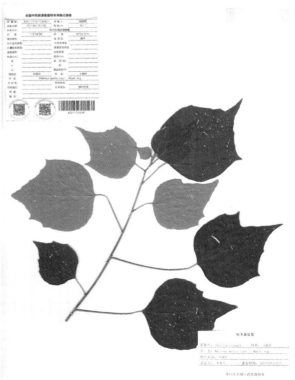

【性味与归经】 微苦、涩，平。

【功能主治】 清热，解毒，祛湿，止血。用于疮疖，中耳炎，鹅口疮，湿疹，跌打损伤，外伤出血。

【用法用量】 内服：煎汤，4.5～9克。外用：适量，研末撒或煎水洗。

【验方】 ①治鹅口疮：白背叶适量蒸水，用消毒棉签蘸水拭抹患处，一日三次，连抹两日。（《岭南草药志》）②治皮肤湿痒：白背叶煎水洗。（《福建中草药》）③治溃疡：白背叶鲜叶捣烂，以麻油或菜油调敷。（《草药手册》）④治跌打扭伤：鲜白背叶适量，捣敷。（《中草药手册》）

143. 叶下珠 *Phyllanthus urinaria* L.

【别名】 阴阳草、假油树（《本草纲目拾遗》），日开夜闭、珍珠草（《生草药性备要》），夜合草（《江西民间草药》）。

【形态】 一年生草本，高 10～60 厘米，茎通常直立，基部多分枝，枝倾卧而后上升；枝具翅状纵棱，上部被一纵列疏短柔毛。叶片纸质，因叶柄扭转而呈羽状排列，长圆形或倒卵形，长 4～10 毫米，宽 2～5 毫米，顶端圆、钝或急尖而有小尖头，下面灰绿色，近边缘或边缘有 1～3 列短粗毛；侧脉每边 4～5 条，明显；叶柄极短，托叶卵状披针形，长约 1.5 毫米。花雌雄同株，直径约 4 毫米。雄花：2～4 朵簇生于叶腋，通常仅上面 1 朵开花，下面的很小；花梗长约 0.5 毫米，基部有苞片 1～2 枚；萼片 6，倒卵形，长约 0.6 毫米，顶端钝；雄蕊 3，花丝全部合生成柱状；花粉粒长球形，通常具 5 孔沟，少数为 3、4、6 孔沟，内孔横长椭圆形；花盘腺体 6，分离，与萼片互生。雌花：单生于小枝中下部的叶腋内；花梗长约 0.5 毫米；萼片 6，近相等，卵状披针形，长约 1 毫米，边缘膜质，黄白色；花盘圆盘状，边全缘；子房卵状，有鳞片状突起，花柱分离，顶端 2 裂，裂片弯卷。蒴果圆球状，直径 1～2 毫米，红色，表面具小凸刺，有宿存的花柱和萼片，开裂后轴柱宿存；种子长 1.2 毫米，橙黄色。花期 4—6 月，果期 7—11 月。

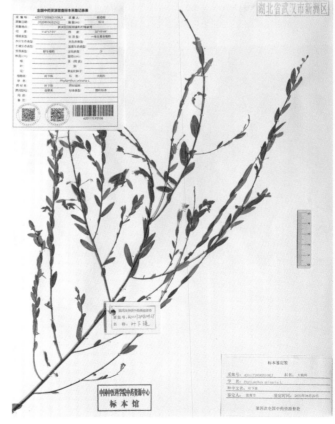

【生境】　通常生于海拔 500 米以下的旷野平地、旱田、山地路旁或林缘，在云南海拔 1100 米的湿润山坡草地亦见其生长。

【分布】　产于新洲东部、北部丘陵及山区。分布于河北、山西、陕西，以及华东、华中、华南、西南等地。

【药用部位及药材名】　带根全草（叶下珠）。

【采收加工】　5—7 月采收，鲜用或切段晒干。

【性味与归经】　苦，温。有小毒。

【功能主治】　祛风除湿，散瘀止血，消肿散结。用于风湿痹痛，血瘀闭经，跌打损伤，骨折肿痛，外伤出血，瘰疬，风寒喘咳。

【用法用量】　内服：煎汤，15～30 克（鲜品 30～60 克）；或捣汁。外用：适量，捣敷。

【验方】　①治红白痢疾：叶下珠鲜草一至二两，水煎，赤痢加白糖，白痢加红糖调服。（《福建中草药》）②治传染性肝炎：鲜叶下珠一至二两，水煎服，一日一剂，连服一周。（《单方验方新医疗法选编》）③治小儿疳积，夜盲症：叶下珠五至七钱，鸡、猪肝酌量，水炖服。（《福建中草药》）

144. 蓖麻 *Ricinus communis* L.

【别名】　草麻（《新修本草》），牛蓖子草、红蓖麻、红骨蓖麻、草麻（《中药大辞典》）。

【形态】　一年生粗壮草本或草质灌木，高达 5 米；小枝、叶和花序通常被白霜，茎多汁液。叶轮廓近圆形，长和宽达 40 厘米或更大，掌状 7～11 裂，裂缺几达中部，裂片卵状长圆形或披针形，顶端急尖或渐尖，边缘具锯齿；掌状脉 7～11 条。网脉明显；叶柄粗壮，中空，长可达

40 厘米，顶端具 2 枚盘状腺体，基部具盘状腺体；托叶长三角形，长 2～3 厘米，早落。总状花序或圆锥花序，长 15～30 厘米或更长；苞片阔三角形，膜质，早落。雄花：花萼裂片卵状三角形，长 7～10 毫米；雄蕊束众多。雌花：萼片卵状披针形，长 5～8 毫米，凋落；子房卵状，直径约 5 毫米，密生软刺或无刺，花柱红色，长约 4 毫米，顶部 2 裂，密生乳头状突起。蒴果卵球形或近球形，长 1.5～2.5 厘米，果皮具软刺或平滑。种子椭圆形，微扁平，长 8～18 毫米，平滑，斑纹淡褐色或灰白色；种阜大。花期几全年或 6—9 月（栽培）。

【生境】　宜栽培于土层深厚、疏松肥沃、排水良好的土壤。

【分布】　产于新洲各地，均系栽培。全国大部分地区有栽培。

【药用部位及药材名】　干燥成熟种子（蓖麻子）；蓖麻的根（蓖麻根）。

【采收加工】　秋季采摘成熟果实，晒干，除去果壳，收集种子。

【性味与归经】　蓖麻子：甘、辛，平；有毒。归大肠、肺经。蓖麻根：辛，平；有小毒。归心、

肝经。

【功能主治】蓖麻子：泻下通滞，消肿拔毒。用于大便燥结，痈疽肿毒，喉痹，瘰疬。蓖麻根：祛风解痉，活血消肿。用于破伤风，癫痫，风湿痹痛，痈肿瘰疬，跌打损伤，脱肛，子宫脱垂。

【用法用量】蓖麻子：外用适量，捣敷或调敷。内服，入丸剂、生研或炒食。蓖麻根：煎服，15～30克。外用适量，捣敷。

【验方】①治风湿性关节炎，风瘫，四肢酸痛，癫痫：蓖麻根五钱至一两，水煎服。（《常用中草药手册》）②治风湿骨痛，跌打瘀痛：干蓖麻根三至四钱，与他药配伍，水煎服。（《常用中草药手册》）③治瘰疬：白茎蓖麻根一两，冰糖一两，豆腐一块。开水炖服，渣捣烂敷患处。（《福建中草药》）

145. 乌桕 *Triadica sebifera*（L.）Small

【别名】木子树、柏子树、腊子树、米柏、糠柏（《中国植物志》）。

【形态】乔木，高5～10米，各部均无毛；枝带灰褐色，具细纵棱，有皮孔。叶互生，纸质，叶片阔卵形，长6～10厘米，宽5～9厘米，顶端短渐尖，基部阔而圆、截平或有时微凹，全缘，近叶柄处常向腹面微卷；中脉两面微凸起，侧脉7～9对，互生或罕有近对生，平展或略斜上升，离缘2～5毫米弯拱网结，网脉明显；叶柄纤弱，长2～6厘米，顶端具2腺体；托叶三角形，长1～1.5毫米。

花单性，雌雄同株，聚集成顶生、长3～12毫米的总状花序，雌花生于花序轴下部，雄花生于花序轴上部或有时整个花序全为雄花。雄花：花梗纤细，长1～3毫米；苞片卵形或阔卵形，长1.5～2毫米，宽1.5～1.8毫米，顶端短尖至渐尖，基部两侧各具一肾形的腺体，每苞片内有5～10朵花；小苞片长圆形，蕾期紧抱花梗，长1～1.5毫米，顶端浅裂或具齿；花萼杯状，具不整齐的小齿；雄蕊2枚，罕有3枚，

伸出花萼之外，花丝分离，与近球形的花药近等长。雌花：花梗圆柱形，粗壮，长2～5毫米；苞片和小苞片与雄花的相似；花萼3深裂几达基部，裂片三角形，长约2毫米，宽近1毫米；子房卵状球形，3室，花柱合生部分与子房近等长，柱头3，外卷。蒴果近球形，成熟时黑色，横切面呈三角形，直径3～5毫米，外薄被白色、蜡质的假种皮。花期5—7月。

【生境】 生于山坡或山顶疏林中。

【分布】 产于新洲北部、东部丘陵及山区。分布于甘肃（南部）、四川、湖北、贵州、云南和广西等地。

【药用部位及药材名】 种子（乌桕子）；叶（乌桕叶）；根皮或树皮（乌桕木根皮）。

【采收加工】 种子（乌桕子）：果熟时采摘，取出种子，鲜用或晒干。叶（乌桕叶）：四季均可采收，鲜用或晒干。

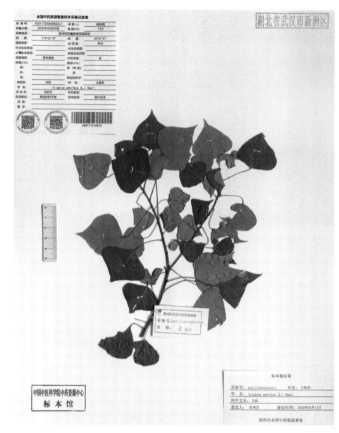

【性味与归经】乌桕子：甘，凉。有毒。归肾、肺经。乌桕叶：苦，微温。有毒。归心经。乌桕木根皮：苦，微温。有毒。归大肠、胃经。

【功能主治】 乌桕子：拔毒消肿，杀虫止痒。用于湿疹，疥癣，皮肤皲裂，水肿，便秘。乌桕叶：泻下逐水，消肿散瘀，解毒杀虫。用于水肿，腹水，大、小便不利，湿疹疥癣，痈肿疮毒，跌打损伤，毒蛇咬伤。乌桕木根皮：泻下逐水，消肿散结，解蛇虫毒。用于水肿，癥瘕积聚，臌胀，大、小便不利，疔毒痈肿，湿疹，疥癣，毒蛇咬伤。

【用法用量】 乌桕子：外用适量，榨油涂、捣烂敷擦或煎水洗。煎服，3～6克。乌桕叶：外用适量，捣敷或煎水洗。煎服，4.5～12克；或捣汁冲酒。乌桕木根皮：煎汤，9～12克；或入丸、散。外用适量，煎水洗或研末调敷。

【验方】 ①治湿疹：乌桕子（鲜）杵烂，包于纱布内，擦患处。（《闽东本草》）②治手足皲裂：乌桕子煎水洗。（《草药手册》）③治脚癣：乌桕叶煎汁洗之，止痒极效。（《岭南草药志》）

146. 油桐 *Vernicia fordii* （Hemsl.）Airy Shaw

【别名】桐油树、桐子树、罂子桐（《本草拾遗》），荏桐（《本草衍义》），三年桐（《中国植物志》）。

【形态】 落叶乔木，高达10米；树皮灰色，近光滑；枝条粗壮，无毛，具明显皮孔。叶卵圆形，长8～18厘米，宽6～15厘米，顶端短尖，基部截平至浅心形，全缘，稀1～3浅裂，嫩叶上面被很快脱落的微柔毛，下面被渐脱落棕褐色微柔毛，成长叶上面深绿色，无毛，下面灰绿色，被贴伏微柔毛；

掌状脉 5（7）条；叶柄与叶片近等长，几无毛，顶端有 2 枚扁平、无柄腺体。花雌雄同株，先于叶或与叶同时开放；花萼长约 1 厘米，2（3）裂，外面密被棕褐色微柔毛；花瓣白色，有淡红色脉纹，倒卵形，长 2～3 厘米，宽 1～1.5 厘米，顶端圆形，基部爪状。雄花：雄蕊 8～12 枚，2 轮；外轮离生，内轮花丝中部以下合生。雌花：子房密被柔毛，3～5（8）室，每室有 1 颗胚珠，花柱与子房室同数，2 裂。核果近球状，直径 4～6（8）厘米，果皮光滑；种子 3～4（8）颗，种皮木质。花期 3—4 月，果期 8—9 月。

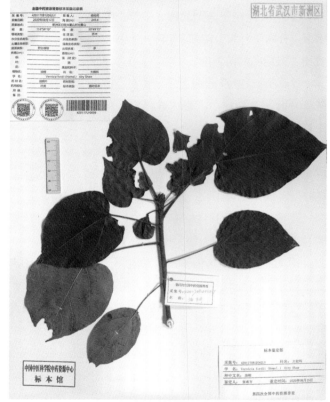

【生境】 通常栽培于海拔 1000 米以下的丘陵山地。

【分布】 产于新洲东部、北部山地及丘陵，多为栽培。分布于陕西、河南、江苏、安徽、浙江、江西、福建、湖南、湖北、广东、海南、广西、四川、贵州、云南等地。

【药用部位及药材名】 种子（油桐子）；叶（油桐叶）；根（油桐根）。

【采收加工】 种子（油桐子）：果实成熟时采收，将其堆积于潮湿处，泼水，覆以干草，经 10 日左右外壳腐烂，除去外皮，收集种子，晒干。叶（油桐叶）：5—10 月采收，晒干。根（油桐根）：全年均可采挖，鲜用或晒干。

【性味与归经】 油桐子：甘、微辛，寒。有大毒。油桐叶：甘、微辛，寒。有大毒。油桐根：甘、微辛，寒。有毒。

【功能主治】 油桐子：吐风痰，消肿毒，利二便。用于风痰喉痹，痰火瘰疬，食积腹胀，大小便不通，丹毒，疥癣，烫伤，急性软组织炎症，寻常疣。油桐叶：清热消肿，解毒杀虫。用于肠炎，痢疾，痈肿，臁疮，疥癣，漆疮，烫伤。油桐根：下气消积，利水化痰，驱虫。用于食积痞满，水肿，哮喘，瘰疬，蛔虫病。

【用法用量】 油桐子：外用适量，研末吹喉、捣敷或磨水涂。油桐叶：煎汤，1～2 枚；磨水或捣烂冲水服。外用适量，捣敷或烧灰研末撒。油桐根：煎汤，12～24 克（鲜品 30～60 克）；研末、炖肉或浸酒。

五十、芸香科 Rutaceae

147. 柑橘 *Citrus reticulata* Blanco

【别名】 黄橘（《本草图经》），橘子（《中药大辞典》）。

【形态】 小乔木。分枝多，枝扩展或略下垂，刺较少。单身复叶，翼叶通常狭窄，或仅有痕迹，叶片披针形、椭圆形或阔卵形，大小变异较大，顶端常有凹口，中脉由基部至凹口附近成叉状分枝，叶缘上半段通常有钝或圆裂齿，很少全缘。花单生或 2～3 朵簇生；花萼不规则 3～5 浅裂；花瓣通常长 1.5 厘米以内；雄蕊 20～25 枚，花柱细长，柱头头状。果形种种，通常扁圆形至近圆球形，果皮甚薄而光滑，或厚而粗糙，淡黄色、朱红色或深红色，甚易或稍易剥离，橘络甚多或较少，呈网状，易分离，通常柔嫩，中心柱大而常空，稀充实，瓤囊 7～14 瓣，稀较多，囊壁薄或略厚，柔嫩或颇韧，汁胞通常纺锤形，短而膨大，稀细长，果肉酸或甜，或有苦味，或另有特异气味；种子或多或少数，稀无籽，通常卵形，顶部狭尖，基部浑圆，子叶深绿色、淡绿色或间有近于乳白色，合点紫色，多胚，少有单胚。花期 4—5 月，果期 10—12 月。

【生境】 栽培于丘陵、低山地带、江河湖泊沿岸或平原。

【分布】 产于新洲各地，均系栽培。分布于江苏、浙江、安徽、江西、湖北、湖南、广东、广西、海南、四川、贵州、云南、台湾等地，多系栽培。

【药用部位及药材名】 干燥成熟果皮（陈皮）。

【采收加工】 采摘成熟果实，剥取果皮，晒干或低温干燥。

【性味与归经】 苦、辛，温。归肺、脾经。

【功能主治】　理气健脾，燥湿化痰。用于脘腹胀满，食少吐泻，咳嗽痰多。

【用法用量】　内服：煎汤，3～9克；或入丸、散。

【验方】　①治慢性支气管炎：橘皮5～15克，泡水当茶饮。②治便秘：鲜橘皮12克或干橘皮6克，煎汤服用。③治口臭：将一小块橘皮含在口中，或嚼一小块鲜橘皮。④治冻疮：将橘皮用火烤焦，研成粉末，再用植物油调均匀，抹在患处。⑤治胃寒呕吐：将橘皮和生姜片加水同煎，饮其汤。⑥理气消胀：鲜橘皮泡开水，加适量白糖，饮后可理气消胀，生津润喉。

148. 竹叶花椒 *Zanthoxylum armatum* DC.

【别名】　崖椒、秦椒（《植物名实图考》），土花椒、狗花椒、竹叶椒（《中国植物志》）。

【形态】　落叶小乔木，高3～5米；茎枝多锐刺，刺基部宽而扁，红褐色，小枝上的刺劲直，水平抽出，小叶背面中脉上常有小刺，仅叶背基部中脉两侧有丛状柔毛，或嫩枝梢及花序轴均无毛。叶有小叶3～9片，稀11片，翼叶明显，稀仅有痕迹；小叶对生，通常披针形，长3～12厘米，宽1～3厘米，两端尖，有时基部宽楔形，干后叶缘略向背卷，叶面稍粗皱；或为椭圆形，长4～9厘米，宽2～4.5厘米，

顶端中央一片最大，基部一对最小；有时为卵形，叶缘有甚小且疏离的裂齿，或近于全缘，仅在齿缝处或沿小叶边缘有油点；小叶柄甚短或无柄。花序近腋生或同时生于侧枝之顶，长2～5厘米，有花约30朵；花被片6～8片，形状与大小几相同，长约1.5毫米；雄花的雄蕊5～6枚，药隔顶端有1干后变褐黑色油点；不育雌蕊垫状凸起，顶端2～3浅裂；雌花有心皮2～3个，背部近顶侧各有1油点，花柱斜向背弯，不育雄蕊短线状。果紫红色，有少数微凸起油点，单个分果瓣直径4～5毫米；种子直径3～4毫米，褐黑色。花期4—5月，果期8—10月。

【生境】　见于低丘陵坡地至海拔2200米山地的多类生境，石灰岩山地亦常见。

【分布】　产于新洲北部、东部丘陵及山区。分布于山东以南，南至海南，东南至台湾，西南至西藏东南部等地。

【药用部位及药材名】　果实（竹叶椒）；成熟种子（竹叶椒子）；叶（竹叶椒叶）；根皮或根（竹叶椒根）。

【采收加工】　果实（竹叶椒）：果实成熟时采收，将果皮晒干，除去种子备用。成熟种子（竹叶椒子）：果实成熟时采收，晒干，除去果皮，留取种子。叶（竹叶椒叶）：全年均可采收，鲜用或晒干。根皮或根（竹叶椒根）：9—10月采挖，根皮鲜用或连根切片，晒干备用。

【性味与归经】　竹叶椒：辛、微苦，温。有小毒。竹叶椒子：苦、辛，温。竹叶椒叶：辛、微苦，温。有小毒。竹叶椒根：辛、微苦，温。有小毒。

【功能主治】　竹叶椒：温中燥湿，散寒止痛，驱虫止痒。用于脘腹冷痛，寒湿吐泻，蛔厥腹痛，龋

齿痛，湿疹，疥癣。竹叶椒子：用于风寒湿痹，肺气上逆，四肢历节疼痛。竹叶椒叶：理气止痛，活血消肿，解毒止痒。用于脘腹胀痛，跌打损伤，疮痈肿毒，毒蛇咬伤，皮肤瘙痒。竹叶椒根：祛风散寒，温中理气，活血止痛。用于感冒头痛，风湿痹痛，胃脘冷痛，泄泻，痢疾，牙痛，跌打损伤，痛经，刀伤出血，顽癣，毒蛇咬伤。

【用法用量】竹叶椒：煎汤，6～9克；研末服，每次 1.5～3 克。外用适量，煎水洗。竹叶椒根：煎汤，3～30克；或泡酒。外用适量，捣敷或研末撒。竹叶椒叶：煎汤，3～5克；研末服，1克。外用适量，煎水洗。

【验方】①治胃痛，牙痛：竹叶椒一至二钱，山姜根三钱，研末，温开水送服。（《江西草药》）②治痧证腹痛：竹叶椒三至五钱，水煎服；或研末，每次五分至一钱，黄酒送服。竹叶椒根皮、南五味子根皮各六钱，细辛三钱，研细末，每用温开水送服三至五分。（《江西草药》）③治风湿性关节痛，腰痛：鲜竹叶椒根二至三两，水煎调酒服。（《福建中草药》）④治龋齿痛：a. 竹叶椒根皮，研末，以适量放入龋齿孔内。（《贵州草药》）b. 竹叶椒根皮七钱至一两，煎水频频含漱。（《草药手册》）⑤治跌打损伤：鲜竹叶椒根四两，白酒半斤，浸七日；取浸液擦伤处。（《福建中草药》）⑥治皮肤瘙痒：鲜竹叶椒叶、桉树鲜叶各半斤，煎水洗。（《福建中草药》）

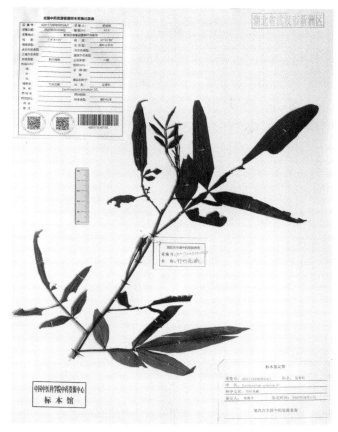

149. 野花椒 *Zanthoxylum simulans* Hance

【别名】香椒、黄椒、刺椒、天角椒、大花椒（《中国植物志》）。

【形态】灌木或小乔木；枝干散生基部宽而扁的锐刺，嫩枝及小叶背面沿中脉或仅中脉基部两侧或有时及侧脉被短柔毛，或各部均无毛。叶有小叶 5～15 片；叶轴有狭窄的叶质边缘，腹面呈沟状凹陷；小叶对生，无柄或位于叶轴基部的有甚短的小叶柄，卵形、卵状椭圆形或披针形，长 2.5～7 厘米，宽 1.5～4 厘米，两侧略不对称，顶部急尖或短尖，常有凹口，油点多，干后半透明且常微凸起，间有窝状凹陷，叶面常有刚毛状细刺，中脉凹陷，叶缘有疏离而浅的钝裂齿。花序顶生，长 1～5 厘米；花被片 5～8 片，狭披针形、宽卵形或近于三角形，大小及形状有时不相同，长约 2 毫米，淡黄绿色；雄花的雄蕊 5～8（10）枚，花丝及半圆形凸起的退化雌蕊均淡绿色，药隔顶端有 1 干后呈暗褐黑色的油点；雌花的花被片为狭长披针形；心皮 2～3 个，花柱斜向背弯。果红褐色，分果瓣基部变狭窄且略延长 1～2 毫米成柄状，油点多，微凸起，单个分果瓣直径约 5 毫米；种子长 4～4.5 毫米。花期 3—5 月，果期 7—9 月。

【生境】生于平地、丘陵或略高的山地疏林或密林下，喜阳光，耐干旱。

【分布】产于新洲北部、东部丘陵及山区。分布于青海、甘肃、山东、河南、安徽、江苏、浙江、湖北、江西、台湾、福建、湖南及贵州（东北部）等地。

【药用部位及药材名】果实（野花椒）；茎皮或根皮（野花椒皮）；叶（野花椒叶）。

【采收加工】7—8月采收成熟的果实，晒干。

【性味与归经】野花椒：辛，温。有毒。野花椒皮：辛，温。野花椒叶：辛，温。

【功能主治】野花椒：温中止痛，杀虫止痒。用于脘腹冷痛，呕吐，泄泻，蛔虫腹痛，寒饮咳嗽，湿疹，皮肤瘙痒，阴痒，龋齿痛。野花椒皮：祛风除湿，散寒止痛，解毒。用于风寒湿痹，筋骨麻木，脘腹冷痛，吐泻，牙痛，皮肤疮疡，毒蛇咬伤。野花椒叶：祛风除湿，活血通络。用于风寒湿痹，闭经，跌打损伤，阴疽，皮肤瘙痒。

【用法用量】野花椒：煎汤，3～6克；或研粉，1～2克。外用适量，煎水洗或含漱，或研末调敷。野花椒皮：煎汤，6～9克；或研末，2～3克。外用适量，煎水洗或含漱，或研末调敷，或鲜品捣敷。野花椒叶：煎汤，9～15克；或泡酒。外用适量，鲜叶捣敷。

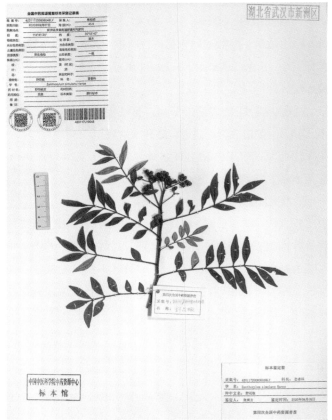

五十一、苦木科 Simaroubaceae

150. 臭椿 *Ailanthus altissima*（Mill.）Swingle

【别名】樗、椿树、黑皮椿树（《中国植物志》）。

【形态】　落叶乔木，高可达20米，树皮平滑而有直纹；嫩枝有髓，幼时被黄色或黄褐色柔毛，后脱落。叶为奇数羽状复叶，长40～60厘米，叶柄长7～13厘米，有小叶13～27；小叶对生或近对生，纸质，卵状披针形，长7～13厘米，宽2.5～4厘米，先端长渐尖，基部偏斜，截形或稍圆，两侧各具1或2个粗锯齿，齿背有腺体1个，叶面深绿色，背面灰绿色，揉碎后具臭味。圆锥花序长10～30厘米；花淡绿色，花梗长1～2.5毫米；萼片5，覆瓦状排列，裂片长0.5～1毫米；花瓣5，长2～2.5毫米，基部两侧被硬粗毛；雄蕊10，花丝基部密被硬粗毛，雄花中的花丝长于花瓣，雌花中的花丝短于花瓣；花药长圆形，长约1毫米；心皮5，花柱黏合，柱头5裂。翅果长椭圆形，长3～4.5厘米，宽1～1.2厘米；种子位于翅的中间，扁圆形。花期4—5月，果期8—10月。

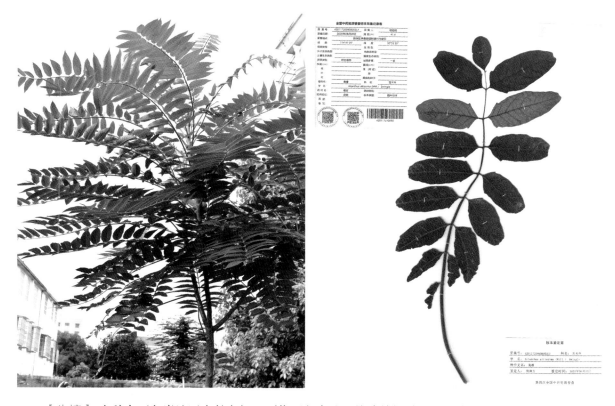

【生境】　本种在石灰岩地区生长良好，可作石灰岩地区的造林树种，也可作园林风景树和行道树。

【分布】　产于新洲各地，多为栽培。我国除黑龙江、吉林、新疆、青海、宁夏、甘肃和海南外，各地均有分布，广为栽培。

【药用部位及药材名】　干燥根皮或干皮（椿皮）；果实（凤眼草）。

【采收加工】　椿皮：全年均可剥取，晒干，或刮去粗皮晒干。凤眼草：果实成熟时采收，除去果柄，晒干。

【性味与归经】　椿皮：苦、涩，寒。归大肠、胃、肝经。凤眼草：苦、涩，凉。

【功能主治】　椿皮：清热燥湿，收涩止带，止泻，止血。用于赤白带下，湿热泄泻，久泻久痢，便血，崩漏。凤眼草：清热燥湿，止痢，止血。用于痢疾，白浊，带下，便血，尿血，崩漏。

【用法用量】　椿皮：煎汤，6～9克。凤眼草：煎汤，3～9克；或研末。外用适量，煎水洗。

五十二、楝科 Meliaceae

151. 楝 *Melia azedarach* L.

【别名】 苦楝树、森树、紫花树、楝树、苦楝（《中国植物志》）。

【形态】 落叶乔木，高 10 余米；树皮灰褐色，纵裂。分枝广展，小枝有叶痕。叶为二至三回奇数羽状复叶，长 20 ～ 40 厘米；小叶对生，卵形、椭圆形至披针形，顶生一片通常略大，长 3 ～ 7 厘米，宽 2 ～ 3 厘米，先端短渐尖，基部楔形或宽楔形，多少偏斜，边缘有钝锯齿，幼时被星状毛，后两面均无毛，侧脉每边 12 ～ 16 条，广展，向上斜举。圆锥花序约与叶等长，无毛或幼时被鳞片状短柔毛；花芳香；花萼 5 深裂，裂片卵形或长圆状卵形，先端急尖，外面被微柔毛；花瓣淡紫色，倒卵状匙形，长约 1 厘米，两面均被微柔毛，通常外面较密；雄蕊管紫色，无毛或近无毛，长 7 ～ 8 毫米，有纵细脉，管口有钻形、2 ～ 3 齿裂的狭裂片 10 枚，花药 10 枚，着生于裂片内侧，且与裂片互生，长椭圆形，顶端微突尖；子房近球形，5 ～ 6 室，无毛，每室有胚珠 2 颗，花柱细长，柱头头状，顶端具 5 齿，不伸出雄蕊管。核果球形至椭圆形，长 1 ～ 2 厘米，宽 8 ～ 15 毫米，内果皮木质，4 ～ 5 室，每室有种子 1 颗；种子椭圆形。花期 4—5 月，果期 10—12 月。

【生境】 生于低海拔旷野、路旁或疏林中，目前已广泛引为栽培。

【分布】 产于新洲各地，多系栽培。分布于我国黄河以南各省区，较常见。

【药用部位及药材名】 干燥树皮和根皮（苦楝皮）；果实（苦楝子）。

【采收加工】 苦楝皮：春、秋二季剥取，晒干，或除去粗皮，晒干。苦楝子：

果实成熟呈黄色时采收，或收集落下的果实，晒干。

【性味与归经】苦楝皮：苦，寒；有毒。归肝、脾、胃经。苦楝子：苦，寒；有小毒。归肝、胃经。

【功能主治】苦楝皮：杀虫，疗癣。用于蛔虫病，虫积腹痛；外用于疥癣瘙痒。苦楝子：行气止痛，杀虫。用于脘腹胁肋疼痛，疝痛，虫积腹痛，头癣，冻疮。

【用法用量】苦楝皮：煎汤，6～15克（鲜品15～30克）；或入丸、散。外用适量，煎水洗；或研末调敷。苦楝子：煎汤，3～10克。外用适量，研末调涂。行气止痛宜炒用，杀虫宜生用。

【验方】治顽固性湿癣：苦楝皮，洗净晒干烧灰，调茶油涂抹患处，隔日洗去再涂，如此三四次。（《福建中医药》）

152. 香椿 *Toona sinensis*（A. Juss.）Roem.

【别名】椿（《新修本草》），猪椿（《食疗本草》），红椿（《植物名实图考》），大红椿树（《台湾药用植物志》），湖北香椿（《中国植物志》）。

【形态】乔木，树皮粗糙，深褐色，片状脱落。叶具长柄，偶数羽状复叶，长30～50厘米或更长；小叶16～20，对生或互生，纸质，卵状披针形或卵状长椭圆形，长9～15厘米，宽2.5～4厘米，先端尾尖，基部一侧圆形，另一侧楔形，不对称，边全缘或有疏离的小锯齿，两面均无毛，无斑点，背面常呈粉绿色，侧脉每边18～24条，平展，与中脉几成直角开出，背面略凸起；小叶柄长5～10毫米。

圆锥花序与叶等长或更长，被稀疏的锈色短柔毛或有时近无毛，小聚伞花序生于短的小枝上，多花；花长4～5毫米，具短花梗；花萼5齿裂或浅波状，外面被柔毛；花瓣5，白色，长圆形，先端钝，长4～5毫米，宽2～3毫米，无毛；雄蕊10枚，其中5枚能育，5枚退化；花盘无毛，近念珠状；子房圆锥形，有5条细沟纹，无毛，每室有胚珠8颗，花柱比子房长，柱头盘状。蒴果狭椭圆形，长2～3.5厘米，深褐色，有小而苍白色的皮孔，果瓣薄；种子基部通常钝，上端有膜质的长翅，下端无翅。花期6—8月，果期10—12月。

【生境】生于山地杂木林或疏林中，各地广泛栽培。

【分布】产于新洲各地，多为栽培。分布于华北、华东、中部、南部和西南部各省区。

【药用部位及药材名】叶（椿叶）；树皮或根皮（椿白皮）；花（椿树花）；果实（香椿子）。

【采收加工】叶（椿叶）：4—6月采收，多鲜用。树皮或根皮（椿白皮）：全年均可采，树皮可从树上剥下，鲜用或晒干；根皮须先将树根挖出，刮去外面黑皮，以木槌轻捶之，使皮部与木质部分离，再行剥取，并且仰面晒干，以免发霉发黑，亦可鲜用。花（椿树花）：5—6月采花，晒干。果实（香椿子）：果期采收，晒干。

【性味与归经】椿叶：辛、苦，平。归脾、胃经。椿白皮：苦、涩，微寒。归大肠、胃经。椿树花：

辛、苦，温。无毒。归肝、肺经。香椿子：辛、苦，温。归肝、肺经。

【功能主治】椿叶：祛暑化湿，解毒，杀虫。用于暑湿伤中，呕吐，泄泻，痢疾，痈疽肿毒，疥疮，白秃疮。椿白皮：清热燥湿，止血，杀虫。用于泄泻，痢疾，吐血，胃及十二指肠溃疡，肠风便血，崩漏，带下，蛔虫病，丝虫病，疥疮癣癞。椿树花：祛风散寒，止痛，止血。用于外感风寒头痛，身痛，风湿性关节痛，肠风便血。香椿子：祛风散寒，止痛。用于外感风寒，风湿痹痛，胃痛，疝气痛，痢疾。

【用法用量】椿叶：煎汤，鲜品60～120克。椿白皮：煎汤，6～12克；或入丸、散。外用适量，煎水洗或熬膏涂。椿树花：煎汤，6～15克。外用适量，煎水洗。香椿子：煎汤，6～15克；或研末。

【验方】①治风寒外感：香椿子、鹿衔草各适量，水煎服。(《四川中药志》)②治胸痛：香椿子、龙骨各适量，研末冲开水服。(《湖南药物志》)③治风湿性关节痛：香椿子炖猪肉或羊肉服。(《四川中药志》)④治疝气痛：香椿子五钱，水煎服。(《湖南药物志》)⑤治痔漏：香椿子、饴糖各适量，蒸服。(《贵州省中医验方秘方》)

五十三、漆树科 Anacardiaceae

153. 盐肤木 *Rhus chinensis* Mill.

【别名】盐麸树(《开宝本草》)，肤木(《本草图经》)，盐霜柏(《生草药性备要》)，五倍子树(《中国高等植物图鉴》)，盐麸木(《中国植物志》)。

【形态】落叶小乔木或灌木，高2～10米；小枝棕褐色，被锈色柔毛，具圆形小皮孔。奇数羽状复叶有小叶(2)3～6对，叶轴具宽的叶状翅，小叶自下而上逐渐增大，叶轴和叶柄密被锈色柔毛；小叶多形，卵形或椭圆状卵形或长圆形，长6～12厘米，宽3～7厘米，先端急尖，基部圆形，顶生小叶基部楔形，边缘具粗锯齿或圆齿，叶面暗绿色，叶背粉绿色，被白粉，叶面沿中脉疏被柔毛或近无毛，叶背被锈色柔毛，脉上较密，侧脉和细脉在叶面凹陷，在叶背凸起；小叶无柄。圆锥花序宽大，多分枝，雄花序长 30 ～ 40 厘米，雌花序较短，密被锈色柔毛；苞片披针形，长约 1 毫米，被微柔毛，小苞片极小，花白色，花梗长约 1 毫米，被微柔毛。雄花：花萼外面被微柔毛，裂片长卵形，长约 1 毫米，边缘具细毛；花瓣倒卵状长圆形，长约 2 毫米，开花时外卷；雄蕊伸出，花丝线形，长约 2 毫米，无毛，花药卵形，长约 0.7 毫米；子房不育。雌花：花萼裂片较短，长约 0.6 毫米，外面被微柔毛，边缘具细毛；花瓣椭圆状卵形，长约 1.6 毫米，边缘具细毛，里面下部被柔毛；雄蕊极短；花盘无毛；子房卵形，长约 1 毫米，密被白色微柔毛，花柱 3，柱头头状。核果球形，略压扁，直径 4 ～ 5 毫米，被具节柔毛和腺毛，成熟时红色，果核直径 3 ～ 4 毫米。花期 8—9 月，果期 10 月。

【生境】 生于海拔 80 ～ 2700 米的向阳山坡、沟谷、溪边的疏林或灌丛中。

【分布】 产于新洲北部、东部丘陵及山区。我国除东北、内蒙古和新疆外，其余省区均有分布。

【药用部位及药材名】 果实（盐肤子）；叶（盐肤叶）；花（盐肤木花）；根（盐肤木根）。

【采收加工】 果实（盐肤子）：10 月采收成熟的果实，鲜用或晒干。叶（盐肤叶）：6—10 月采收，随采随用。花（盐肤木花）：8—9 月采花，鲜用或晒干。根（盐肤木根）：全年均可采，鲜用或切片晒干。

【性味与归经】 盐肤子：酸、咸，凉。盐肤叶：酸、微苦，凉。盐肤木花：酸、咸，微寒。盐肤木根：酸、咸，平。

【功能主治】 盐肤子：生津，化痰，敛汗，止痢。用于肺虚久咳，痰嗽，胸痛，喉痹，黄疸，盗汗，痢疾，胃痛，顽癣，痈毒，白屑风，毒蛇咬伤。盐肤叶：止咳，止血，收敛，解毒。用于痰嗽，便血，血痢，盗汗，痈疽，疮疡，湿疹，疥疮，漆疮，蛇虫咬伤。盐肤木根：祛风湿，利水消肿，活血散毒。用于风湿痹痛，水肿，咳嗽，跌打肿痛，乳痈，癣疮。盐肤木花：清热解毒，敛疮。用于疮疡久不收口，小儿鼻下两旁生疮，色红瘙痒，渗液浸淫糜烂。

【用法用量】盐肤子：煎汤，9～15克；或研末。外用适量，煎水洗；捣敷或研末调敷。盐肤叶：煎汤，鲜品30～60克。外用适量，捣敷或捣汁涂。盐肤木根：煎汤，9～15克（鲜品30～60克）。外用适量，研末调敷；或煎水洗，或鲜品捣敷。

五十四、无患子科 Sapindaceae

154. 无患子 *Sapindus saponaria* L.

【别名】桓（《山海经》），噤娄（《本草拾遗》），卢鬼木（本草纲目》），油患子、木患子（《中国植物志》）。

【形态】落叶大乔木，高可达20米，树皮灰褐色或黑褐色；嫩枝绿色，无毛。叶连柄长25～45厘米或更长，叶轴稍扁，上面两侧有直槽，无毛或被微柔毛；小叶5～8对，通常近对生，叶片薄纸质，长椭圆状披针形或稍呈镰形，长7～15厘米或更长，宽2～5厘米，顶端短尖或短渐尖，基部楔形，稍不对称，腹面有光泽，两面无毛或背面被微柔毛；侧脉纤细而密，15～17对，近平行；小叶柄长约5毫米。花序顶生，圆锥形；花小，辐射对称，花梗常很短；萼片卵形或长圆状卵形，大的长约2毫米，外面基部被疏柔毛；花瓣5，披针形，有长爪，长约2.5毫米，外面基部被长柔毛或近无毛，鳞片2个，小耳状；花盘碟状，无毛；雄蕊8，伸出，花丝长约3.5毫米，中部以下密被长柔毛；子房无毛。果的发育分果爿近球形，直径2～2.5厘米，橙黄色，干时变黑。花期春季，果期夏、秋季。

【生境】各地寺庙、庭园和村边常见栽培。

【分布】产于新洲多地，均为栽培。

分布于我国东部、南部至西南部各地。

【药用部位及药材名】种子（无患子）；叶（无患子叶）；树皮（无患子树皮）。

【采收加工】种子（无患子）：9—10月采收成熟果实，除去果肉和果皮，取种子晒干。叶（无患子叶）：夏、秋季采收，鲜用或晒干。树皮（无患子树皮）：全年均可采剥树皮，晒干。

【性味与归经】无患子：苦、辛，寒。有小毒。无患子叶：苦，寒。归心、肺经。无患子树皮：苦、辛，平。

【功能主治】无患子：清热祛痰，消积杀虫。用于喉痹肿痛，肺热咳喘，食滞，疳积，蛔虫腹痛，滴虫性阴道炎，癣疾，肿毒。无患子叶：解毒，镇咳。用于毒蛇咬伤，百日咳。无患子树皮：解毒，利咽，祛风杀虫。用于白喉，疥癣，疳疮。

【用法用量】无患子：煎汤，3～6克；研末或煨食。外用适量，研末吹喉、擦牙，或煎汤洗、熬膏涂。无患子叶：煎汤，6～15克。外用适量，捣敷。无患子树皮：外用适量，煎汤洗；或熬膏贴，或研末撒，或煎水含漱。

【验方】①治哮喘：无患子煅灰，开水冲服，小儿每次六分，成人每次二钱，每日一次，连服数日。《岭南草药志》）②治虫积食滞：无患子五至七粒，煨熟吃，每日一次，可连服数日。（《广西民间常用草药》）③治牛皮癣：无患子酌量，用好醋煎沸，趁热搽洗患处。（《岭南草药志》）④祛风明目：无患子皮、皂角、胡饼、草菖蒲同捶碎，加浆水调作弹子大，取以泡汤洗头。⑤洗面去斑：无患子捣烂，加白面和为丸，每日取以洗面，去垢及斑，甚效。（④⑤出自《本草纲目》）

五十五、凤仙花科 Balsaminaceae

155. 凤仙花 *Impatiens balsamina* L.

【别名】染指甲草（《救荒本草》），旱珍珠（《本草纲目》），指甲花、急性子、凤仙透骨草（《中国植物志》）。

【形态】一年生草本，高60～100厘米。茎粗壮，肉质，直立，不分枝或有分枝，无毛或幼时被疏柔毛，基部直径可达8毫米，具多数纤维状根，下部节常膨大。叶互生，最下部叶有时对生；叶片披针形、狭椭圆形或倒披针形，长4～12厘米，宽1.5～3厘米，先端尖或渐尖，基部楔形，边缘有锐锯齿，向基部常有数对无柄的黑色腺体，两面无毛或被疏柔毛，侧脉4～7对；叶柄长1～3厘米，上面有浅沟，两侧具数对具柄的腺体。花单生或2～3朵簇生于叶腋，无总花梗，白色、粉红色或紫色，单瓣或重瓣；花梗长2～2.5厘米，密被柔毛；苞片线形，位于花梗的基部；侧生萼片2，卵形或卵状披针形，长2～3毫米，唇瓣深舟状，长13～19毫米，宽4～8毫米，被柔毛，基部急尖成长1～2.5厘米内弯的距；旗瓣圆形，兜状，先端微凹，背面中肋具狭龙骨状突起，顶端具小尖，翼瓣具短柄，长23～35毫米，2裂，下部裂片小，倒卵状长圆形，上部裂片近圆形，先端2浅裂，外缘近基部具小耳；雄蕊5，花丝线形，花药卵球形，顶端钝；子房纺锤形，密被柔毛。蒴果宽纺锤形，长 10 ～ 20 毫米；两端尖，密被柔毛。种子多数，圆球形，直径 1.5 ～ 3 毫米，黑褐色。花期 7—10 月。

【生境】 适应性较强，在多种气候条件下能生长，一般土壤中可种植，但以疏松肥沃的壤土为好，涝洼地或干旱瘠薄地生长不良。

【分布】 产于新洲各地，均系栽培。我国各地庭园广泛栽培，为习见的观赏花卉。

【药用部位及药材名】 干燥成熟种子（急性子）；茎（凤仙透骨草）。

【采收加工】 急性子：夏、秋季果实即将成熟时采收，晒干，除去果皮和杂质。凤仙透骨草：夏、秋季植株生长茂盛时割取地上部分，除去叶及花果，晒干。

【性味与归经】 急性子：微苦、辛，温；有小毒。归肺、肝经。凤仙透骨草：辛，温。归肺、肝经。

【功能主治】 急性子：破血，软坚，消积。用于癥瘕痞块，闭经，噎膈。凤仙透骨草：祛风除湿，舒筋活血，散瘀消肿，解毒止痛。用于风湿痹痛，筋骨挛缩，寒湿脚气，腰部扭伤，瘫痪，闭经，阴囊湿疹，疮疖肿毒。

【用法用量】 急性子：煎服，3 ～ 4.5 克。凤仙透骨草：煎汤，9 ～ 15 克；或入丸、散。外用适量，煎水熏洗。

【验方】 ①治风湿关节痛：凤仙透骨草 30 克，水煎服。②治小儿全身瘙痒，湿疹：凤仙透骨草全株适量，煎水洗患处。③治跌打损伤：凤仙透骨草根 9 ～ 12 克，煎服，或凤仙透骨草 60 克，加入白酒一斤，浸泡 5 ～ 7 日，每服 10 毫升，每日 3 次。

五十六、冬青科 Aquifoliaceae

156. 刺叶冬青 *Ilex bioritsensis* Hayata

【别名】双子冬青(《峨眉植物图志》),壮刺冬青(《四川植物志》),耗子刺(《中国植物志》),苗栗冬青(《台湾植物志》)。

【形态】常绿灌木或小乔木,高1.5～10米;小枝近圆形,灰褐色,疏被微柔毛或变无毛,平滑,皮孔不明显;顶芽圆锥形,顶端急尖,被微柔毛,芽鳞具缘毛。叶生于1～4年生枝上,叶片革质,卵形至菱形,长2.5～5厘米,宽1.5～2.5厘米,先端渐尖,且具长3毫米的刺,基部圆形或截形,边缘波状,具3或4对硬刺齿,叶面深绿色,具光泽,背面淡绿色,无毛,主脉在叶面凹陷,被微柔毛,背面隆起,无毛,侧脉4～6对,上面明显凹入,背面不明显或稍凸起,细网脉两面不明显;叶柄长约3毫米,被短柔毛;托叶小,卵形,急尖。花簇生于2年生枝的叶腋内,花梗长约2毫米,小苞片卵形,具缘毛;花2～4基数,淡黄绿色。雄花:花梗长2毫米,无毛,近顶部具2卵形小苞片;花萼盘状,直径约3毫米,裂片宽三角形,具缘毛;花瓣阔椭圆形,长约3毫米,基部稍合生;雄蕊长于花瓣,花药长圆形;不育子房卵球形,直径约1毫米。雌花:花梗长约2毫米,近基部具2小苞片,无毛;花萼像雄花,花瓣分离;退化雄蕊长为花瓣的1/2,败育花药心形;子房长圆状卵形,长2～3毫米,柱头薄盘状。果椭圆形,长8～10毫米,直径约7毫米,成熟时红色,宿存花萼平展,宿存柱头盘状;分核2,背腹扁,卵形或近圆形,长5～6毫米,宽4～5毫米,背部稍凸,具掌状

棱和浅沟（7～8条），腹面具条纹，内果皮木质。花期4—5月，果期8—10月。

【生境】 生于海拔50～3200米的山地常绿阔叶林或杂木林中。

【分布】产于新洲东部山区。分布于台湾（中部）、湖北、四川、贵州和云南（西北部及东北部）等地。

【药用部位及药材名】 根（刺叶冬青根）。

【采收加工】 全年可采。

【性味与归经】 甘，平。归肝、脾经。

【功能主治】 祛风除湿，消肿止痛。用于风湿痹痛，跌打损伤。

157. 冬青 *Ilex chinensis* Sims

【别名】冻青、冻生（《本草拾遗》），冬青木（《本草图经》），万年枝（《群芳谱》），大叶冬青（《医林纂要》）。

【形态】 常绿乔木，高达13米；树皮灰黑色，当年生小枝浅灰色，圆柱形，具细棱；二至多年生枝具不明显的小皮孔，叶痕新月形，凸起。叶片薄革质至革质，椭圆形或披针形，稀卵形，长5～11厘米，宽2～4厘米，先端渐尖，基部楔形或钝，边缘具圆齿，或有时在幼叶为锯齿，叶面绿色，有光泽，干时深褐色，背面淡绿色，主脉在叶面平，背面隆起，侧脉6～9对，在叶面不明显，叶背明显，无毛，或有时在雄株幼枝顶芽、幼叶叶柄及主脉上有长柔毛；叶柄长8～10毫米，上面平或有时具窄沟。雄花：花序具三至四回分枝，总花梗长7～14毫米，二级轴长2～5毫米，花梗长2毫米，无毛，每分枝具花7～24朵；花淡紫色或紫红色，4～5基数；花萼浅杯状，裂片阔卵状三角形，具缘毛；花冠辐状，直径约5毫米，花瓣卵形，长2.5毫米，宽约2毫米，开放时反折，基部稍合生；雄蕊短于花瓣，长1.5毫米，花药椭圆形；退化子房圆锥状，长不足1毫米。雌花：花序具一至二回分枝，具花3～7朵，总花梗长3～10毫米，扁，二级轴发育不好；花梗长6～10毫米；

花萼和花瓣同雄花，退化雄蕊长约为花瓣的 1/2，败育花药心形；子房卵球形，柱头具不明显的 4～5 裂，厚盘形。果长球形，成熟时红色，长 10～12 毫米，直径 6～8 毫米；分核 4～5，狭披针形，长 9～11 毫米，宽约 2.5 毫米，背面平滑，凹形，断面呈三棱形，内果皮厚革质。花期 4—6 月，果期 7—12 月。

【生境】　生于海拔 1000 米以下的山坡常绿阔叶林中和林缘。

【分布】　产于新洲北部、东部丘陵及山区，多为栽培。分布于江苏、安徽、浙江、江西、福建、台湾、河南、湖北、湖南、广东、广西和云南等地。

【药用部位及药材名】　干燥叶（四季青）；果实（冬青子）。

【采收加工】　干燥叶（四季青）：秋、冬二季采收，晒干。果实（冬青子）：果实成熟时采摘，晒干。

【性味与归经】　四季青：苦、涩，凉。归肺、大肠、膀胱经。冬青子：甘、苦，凉。归肝、肾经。

【功能主治】　四季青：清热解毒，消肿祛瘀。用于肺热咳嗽，咽喉肿痛，痢疾，胁痛，热淋；外用于烧烫伤，皮肤溃疡。冬青子：补肝肾，祛风湿，止血敛疮。用于须发早白，风湿痹痛，消化性溃疡出血，痔疮，溃疡不敛。

【用法用量】四季青：煎服，15～60 克；外用适量，鲜品捣敷；或煎水洗、涂。冬青子：煎汤，4.5～9 克；或浸酒。

【验方】①治感冒，扁桃体炎，急慢性支气管炎：四季青、三脉叶马兰各 30 克，制成煎液 90 毫升，每日 3 次分服。（《新医药资料》）②治乳腺炎：四季青 60 克，夏枯草、木芙蓉各 45 克，捣烂如泥敷患处，干后加水调湿再敷。（《全国中草药汇编》）③治烫伤：四季青水煎浓缩成药液，伤口清创后，用棉球蘸药液反复涂搽，如痂膜下有分泌物出现，可去痂后再行涂搽，直至痊愈。（《浙江药用植物志》）④治皮肤皲裂，瘢痕：四季青适量，烧灰加凡士林、面粉各适量，调成软膏外涂，每日 3～5 次。（《青岛中草药手册》）

158. 枸骨 *Ilex cornuta* Lindl. et Paxt.

【别名】　猫儿刺（《本草纲目》），老虎刺（《中国高等植物图鉴》），鸟不宿（《云南植物志》），猫儿香、老鼠树（《江苏植物志》）。

【形态】　常绿灌木或小乔木，高 (0.6)1～3 米；幼枝具纵脊及沟，沟内被微柔毛或变无毛，二年生枝褐色，三年生枝灰白色，具纵裂缝及隆起的叶痕，无皮孔。叶片厚革质，二型，四角状长圆形或卵形，长 4～9 厘米，宽 2～4 厘米，先端具 3 枚尖硬刺齿，中央刺齿常反曲，基部圆形或近截形，两侧各具 1～2 刺齿，有时全缘（此情况常出现在卵形叶）。叶面深绿色，具光泽，背淡绿色，无光泽，两面无毛，主脉在上面凹下，背面隆起，侧脉 5 或 6 对，于叶缘附近网结，在叶面不明显，在背面凸起，网状脉两面不明显；叶柄长 4～8 毫米，上面具狭沟，被微柔毛；托叶胼胝质，宽三角形。花

序簇生于二年生枝的叶腋内，基部宿存鳞片近圆形，被柔毛，具缘毛；苞片卵形，先端钝或具短尖头，被短柔毛和缘毛；花淡黄色，4 基数。雄花：花梗长 5 ～ 6 毫米，无毛，基部具 1 ～ 2 枚阔三角形的小苞片；花萼盘状；直径约 2.5 毫米，裂片膜质，阔三角形，长约 0.7 毫米，宽约 1.5 毫米，疏被微柔毛，具缘毛；花冠辐状，直径约 7 毫米，花瓣长圆状卵形，长 3 ～ 4 毫米，反折，基部合生；雄蕊与花瓣近等长或稍长，花药长圆状卵形，长约 1 毫米；退化子房近球形，先端钝或圆形，不明显的 4 裂。雌花：花梗长 8 ～ 9 毫米，果期长达 14 毫米，无毛，基部具 2 枚小的阔三角形苞片；花萼与花瓣像雄花；退化雄蕊长为花瓣的 4/5，略长于子房，败育花药卵状箭头形；子房长圆状卵球形，长 3 ～ 4 毫米，直径 2 毫米，柱头盘状，4 浅裂。果球形，直径 8 ～ 10 毫米，

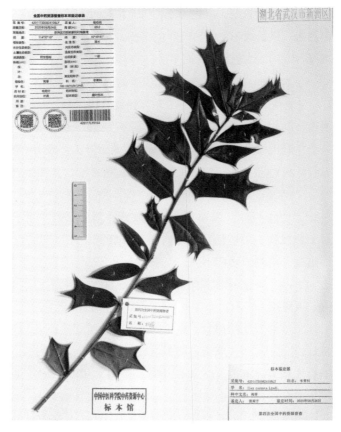

成熟时鲜红色，基部具四角形宿存花萼，顶端宿存柱头盘状，明显 4 裂；果梗长 8 ～ 14 毫米。分核 4，轮廓倒卵形或椭圆形，长 7 ～ 8 毫米，背部宽约 5 毫米，遍布皱纹和皱纹状纹孔，背部中央具 1 纵沟，内果皮骨质。花期 4—5 月，果期 10—12 月。

【生境】 生于海拔 60 ～ 1900 米的山坡、丘陵等的灌丛中、疏林中以及路边、溪旁和村舍附近。

【分布】 产于新洲北部、东部丘陵及山区。分布于江苏、安徽、浙江、江西、湖北、湖南等地。

【药用部位及药材名】 干燥叶（枸骨叶）；果实（枸骨子）；树皮（枸骨树皮）；嫩叶（苦丁茶）。

【采收加工】 枸骨叶：秋季采收，除去杂质，晒干。枸骨子：冬季采摘成熟的果实，拣去果柄杂质，晒干。枸骨树皮：全年均可采剥，去净杂质，晒干。苦丁茶：清明节前后采摘嫩叶，干燥。

【性味与归经】 枸骨叶：苦，凉。归肝、肾经。枸骨子：苦，涩，微温。归肝、肾经。枸骨树皮：苦，凉。归肝、肾经。苦丁茶：甘，苦，寒。归肝、肺、胃经。

【功能主治】 枸骨叶：清热养阴，益肾，平肝。用于肺痨咯血，骨蒸潮热，头晕目眩。枸骨子：补肝肾，强筋活络，固涩下焦。用于体虚低热，筋骨疼痛，崩漏，带下，泄泻。枸骨树皮：补肝肾，强腰膝。用于肝血不足，肾痿。苦丁茶：疏风清热，明目生津。用于风热头痛，齿痛，目赤，口疮，热病烦渴，泄泻，痢疾。

【用法用量】 枸骨叶：煎服，9 ～ 15 克。枸骨子：煎服，6 ～ 10 克；或泡酒。枸骨树皮：煎服，15 ～ 30 克；或浸酒。苦丁茶：煎服，3 ～ 9 克；或入丸剂。外用适量，煎水熏洗，或涂搽。

五十七、卫矛科 Celastraceae

159. 白杜 *Euonymus maackii* Rupr

【别名】 明开夜合（《中国植物志》），丝绵木（《贵州民间药物》），华北卫矛、桃叶卫矛（《中国树木分类学》），白皂树（《中国树木志》）。

【形态】 小乔木，高达 6 米。叶卵状椭圆形、卵圆形或窄椭圆形，长 4～8 厘米，宽 2～5 厘米，先端长渐尖，基部阔楔形或近圆形，边缘具细锯齿，有时极深而锐利；叶柄通常细长，常为叶片的 1/4～1/3，但有时较短。聚伞花序 3 至多花，花序梗略扁，长 1～2 厘米；花 4 数，淡白绿色或黄绿色，直径约 8 毫米；小花梗长 2.5～4 毫米；雄蕊花药紫红色，花丝细长，长 1～2 毫米。蒴果倒圆心状，4 浅裂，长 6～8 毫米，直径 9～10 毫米，成熟后果皮粉红色；种子长椭圆状，长 5～6 毫米，直径约 4 毫米，种皮棕黄色，假种皮橙红色，全包种子，成熟后顶端常有小口。花期 5—6 月，果期 9 月。

【生境】 生于山坡林缘、山麓、山溪路旁。

【分布】 产于新洲东部山区。我国分布区域广阔，北起黑龙江包括华北地区，南到长江南岸各省区，西至甘肃，除陕西、西南地区和两广地区未见野生外，其他各省区均有，但长江以南常以栽培为主。

【药用部位及药材名】 根、树皮（丝棉木）；叶（丝棉木叶）。

【采收加工】 根、树皮（丝棉木）：9—10 月可采，切片，晒干。叶（丝棉木叶）：4—6 月采收，晒干。

【性味与归经】丝棉木：苦、辛，凉。丝棉木叶：苦，寒。

【功能主治】丝棉木：祛风除湿，活血，止血。用于风湿痹痛，腰痛，跌打损伤，肺痈，衄血，疔疮肿毒。丝棉木叶：清热解毒。用于漆疮，痈肿。

【用法用量】内服：煎汤，30～60克；或浸酒。外用：适量，煎水熏洗。

【验方】①治风湿性关节炎：丝棉木、虎杖根各一两，红木香、五加皮各五钱，烧酒一斤半至二斤，冬天浸一周（夏季酌减），每次服一至二两。（《浙江民间常用草药》）②治膝关节酸疼：丝棉木三至四两，加红牛膝二至三两，钻地枫一至二两。水煎，冲黄酒、红糖，早、晚空腹服。（《浙江天目山药用植物志》）③治腰痛：丝棉木四钱至一两，水煎服。（《浙江民间常用草药》）④治衄血：丝棉木果实及根各二钱，水煎服。（《贵州民间药物》）⑤治痔疮：丝棉木、桂圆肉各四两，水煎服。（《浙江民间常用草药》）

五十八、省沽油科 Staphyleaceae

160. 野鸦椿 *Euscaphis japonica*（Thunb.）Dippel

【别名】红椋、芽子木（《中国植物志》），鸡矢柴、夜夜椿（《湖北中草药志》）。

【形态】落叶小乔木或灌木，高2～6(8)米，树皮灰褐色，具纵条纹，小枝及芽红紫色，枝叶揉碎后发出恶臭气味。叶对生，奇数羽状复叶，长(8)12～32厘米，叶轴淡绿色，小叶5～9，稀3～11，厚纸质，长卵形或椭圆形，稀为圆形，长4～6(9)厘米，宽2～3(4)厘米，先端渐尖，基部钝圆，边缘具疏短锯齿，齿尖有腺体，两面除背面沿脉有白色小柔毛外余无毛，主脉在上面明显，在背面凸出，侧脉8～11，

在两面可见，小叶柄长1～2毫米，小托叶线形，基部较宽，先端尖，有微柔毛。圆锥花序顶生，花梗长达21厘米，花多，较密集，黄白色，直径4～5毫米，萼片与花瓣均为5，椭圆形，萼片宿存，花盘盘状，心皮3，分离。蓇葖果长1～2厘米，每朵花发育为1～3个蓇葖，果皮软革质，紫红色，有纵脉纹。种子近圆形，直径约5毫米，假种皮肉质，黑色，有光泽。花期5—6月，果期8—9月。

【生境】生于山坡、山谷、河边的丛林或灌丛中，亦有栽培。

【分布】产于新洲东部山区。除西北各省外，全国各省区均有分布。

【药用部位及药材名】果实或种子（野鸦椿子）；叶（野鸦椿叶）；茎皮（野鸦椿皮）；花（野鸦椿花）；根或根皮（野鸦椿根）。

【采收加工】果实或种子（野鸦椿子）：9—10月采收成熟果实或种子，晒干。叶（野鸦椿叶）：

全年均可采，鲜用或晒干。茎皮（野鸦椿皮）：全年可采，剥取茎皮，晒干。花（野鸦椿花）：5—6 月采收，晾干。根或根皮（野鸦椿根）：9—10 月挖根，切片，鲜用或晒干，或剥取根皮用。

【性味与归经】野鸦椿子：辛、微苦，温。野鸦椿叶：苦、微辛，微温。野鸦椿皮：辛，温。野鸦椿花：甘，平。野鸦椿根：苦、微辛，平。

【功能主治】野鸦椿子：祛风散寒，行气散结。用于偏头痛，胃痛，寒疝疼痛，痢疾，脱肛，月经不调，子宫脱垂，睾丸肿痛。野鸦椿叶：用于妇女阴痒。野鸦椿皮：理气，发散。用于眼起白膜，小儿水痘及疝气。野鸦椿花：祛风止痛。用于头痛，眩晕。野鸦椿根：祛风解表，清热利湿。用于外感头痛，风湿腰痛，痢疾，泄泻，跌打损伤。

【用法用量】野鸦椿子：煎服，9～15 克；或浸酒。野鸦椿叶：外用适量，煎汤洗。野鸦椿皮：煎服，9～15 克。外用适量，煎汤洗。野鸦椿根：煎服，0.5～2 两；或浸酒。外用适量，捣敷。

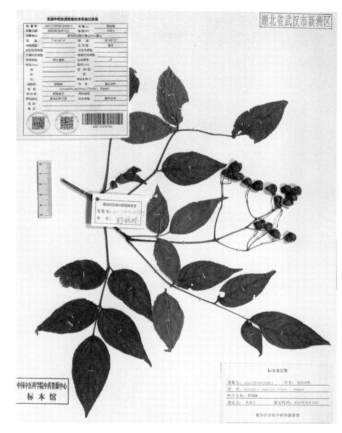

【验方】①治泄泻，痢疾：野鸦椿根一至二两，水煎服。②治妇女血崩：野鸦椿根四两，桂圆一两，水煎服。③治外伤肿痛：鲜野鸦椿根皮和酒捣烂，烘热敷患处。（《浙江天目山药用植物志》）④治产褥热：野鸦椿根、白英各三钱，梵天花五钱，羊耳菊、蛇莓各二钱。用酒、水各半煎，加红糖一两冲服。（《浙江民间常用草药》）⑤治风湿腰痛，产后伤风：野鸦椿鲜根一至三两，水煎调酒服。（《福建中草药》）⑥治偏头痛：野鸦椿根、鸡儿肠、金银花根、单叶铁线莲各五钱，黄酒煎服。（《浙江民间常用草药》）

五十九、鼠李科 Rhamnaceae

161. 光枝勾儿茶 *Berchemia polyphylla* var. *leioclada* Hand.-Mazz.

【别名】乌饭藤、糯米茶叶（《湖南药物志》）。

【形态】藤状灌木，高 3～4 米。小枝、花序轴及果梗均无毛。叶互生；叶柄长 3～6 毫米，上面被疏短柔毛；叶片纸质，卵状椭圆形，先端圆形或锐尖，基部圆形。花两性，浅绿色或白色，无毛，通常 2～10 个簇生，排成具短总梗的聚伞总状花序，或稀下部具短分枝的窄聚伞圆锥花序，顶生，花 5 基数；萼片卵状三角形或三角形，先端尖；花瓣近圆形。核果圆柱形，顶端尖，成熟时红色，后变黑色，基部有宿存的花盘和萼筒。花期夏、秋季，果期 7—11 月。

【生境】 生于海拔 100～2100 米的山坡、沟边灌丛或林缘。

【分布】 产于新洲东部山区。分布于西南地区及福建、湖北、湖南、广东、广西、海南、陕西等地。

【药用部位及药材名】 茎藤或根（铁包金）。

【采收加工】 7—8 月孕蕾前割取嫩茎枝，切碎，鲜用或晒干；9—11 月采根，鲜用或切片晒干。

【性味与归经】 苦、微涩，平。归肝、肺经。

【功能主治】 消肿解毒，止血镇痛，祛风除湿。用于痈疽疔毒，咳嗽咯血，消化道出血，跌打损伤，烫伤，风湿骨痛，风火牙痛。

【用法用量】内服：煎汤，15～30 克（鲜品 30～60 克）。外用：适量，捣敷。

【验方】①治外痔：铁包金 30 克（洗净，切片），猪尾 1 节。水适量炖服，对于外痔有明显的治疗效果。（《闽南民间草药》）②治烫伤：铁包金适量，捣烂，调茶油外敷患处。（《岭南草药志》）③治跌打肿痛：光枝勾儿茶鲜根皮，捣烂外敷，或浸酒外搽。（《湖南药物志》）④治风湿性关节痛，流火：铁包金 60～90 克，水煎加黄酒冲服。（《福建中草药》）

162. 马甲子 *Paliurus ramosissimus*（Lour.）Poir.

【别名】 白棘（《神农本草经》），雄虎刺、马鞍树、铜钱树、铁篱笆（《中国植物志》）。

【形态】 灌木，高达 6 米；小枝褐色或深褐色，被短柔毛，稀近无毛。叶互生，纸质，宽卵形、卵状椭圆形或近圆形，长 3～5.5（7）厘米，宽 2.2～5 厘米，顶端钝或圆形，基部宽楔形、楔形或近圆形，稍偏斜，边缘具钝细锯齿或细锯齿，稀上部近全缘，上面沿脉被棕褐色短柔毛，幼叶下面密生棕褐色细柔毛，后渐脱落仅沿脉被短柔毛或无毛，基生三出脉；叶柄长 5～9 毫米，被毛，基部有 2 个紫红色斜向直立的针刺，长 0.4～1.7 厘米。腋生聚伞花序，被黄色茸毛；萼片宽卵形，长 2 毫米，宽 1.6～1.8 毫米；花瓣匙形，短于萼片，长 1.5～1.6 毫米，宽 1 毫米；雄蕊与花瓣等长或略长于花瓣；花盘圆形，边缘 5 或 10 齿裂；子房 3 室，每室具 1 胚珠，花柱 3 深裂。核果杯状，被黄褐色或棕褐色茸毛，周围具木栓质 3 浅裂的窄翅，直径 1～1.7 厘米，长 7～8 毫米；果梗被棕褐色茸毛；种子紫红色或红褐色，扁圆形。花期 5—8 月，果期 9—10 月。

【生境】生于海拔 2000 米以下的山地和平原，野生或栽培。

【分布】产于新洲北部、东部丘陵及山区。分布于江苏、浙江、安徽、江西、湖南、湖北、福建、台湾、广东、广西、云南、贵州、四川等地。

【药用部位及药材名】叶（马甲子叶）；根（马甲子根）。

【采收加工】马甲子叶：夏季采收，晒干。马甲子根：全年可采，晒干。

【性味与归经】马甲子叶：苦，凉。归心、肝经。马甲子根：苦，平。归肺、胃、肝经。

【功能主治】马甲子叶：清热解毒。用于火热毒盛，壅于肌表，痈疽肿痛，久不溃散，或湿疮瘙痒无度，流汁绵绵。马甲子根：祛风散瘀，解毒消肿。用于风湿痹痛，跌打损伤，咽喉肿痛，痈疽。

【用法用量】马甲子根：煎汤，6～9 克（鲜品 30～60 克）；或浸酒。外用适量，浸酒涂擦。

【验方】①治肠风下血：马甲子根一至二两，同猪肉煲服。（《广西中药志》）②治风湿痛：马甲子根浸酒，内服外擦。（《广西中药志》）

163. 猫乳 *Rhamnella franguloides*（Maxim.）Weberb.

【别名】鼠矢枣、山黄（《中国植物志》），长叶绿柴（《中国树木分类学》）。

【形态】落叶灌木或小乔木，高 2～9 米；幼枝绿色，被短柔毛或密柔毛。叶倒卵状矩圆形、倒卵状椭圆形、矩圆形、长椭圆形，稀倒卵形，长 4～12 厘米，宽 2～5 厘米，顶端尾状渐尖、渐尖或骤然收缩成短渐尖，基部圆形，稀楔形，稍偏斜，边缘具细锯齿，上面绿色，无毛，下面黄绿色，被柔毛或仅沿脉被柔毛，侧脉每边 5～11（13）条；叶柄长 2～6 毫米，被密柔毛；托叶披针形，长 3～4 毫米，基部与茎离生，宿存。花黄绿色，两性，6～18 个排成腋生聚伞花序；总花梗长 1～4 毫米，被疏柔毛或无毛；萼片三角状卵形，边缘被疏短毛；花瓣宽倒卵形，顶端微凹；花梗长 1.5～4 毫米，被疏毛或无毛。核果圆柱形，长 7～9 毫米，直径 3～4.5 毫米，成熟时红色或橘红色，干后变黑色或紫黑色；果梗长 3～5 毫米，被疏柔毛或无毛。花期 5—7 月，果期 7—10 月。

【生境】 生于海拔 1100 米以下的山坡、路旁或林中。

【分布】 产于新洲北部、东部丘陵及山区。分布于陕西（南部）、山西（南部）、河北、河南、山东、江苏、安徽、浙江、江西、湖南、湖北等地。

【药用部位及药材名】 果实或根（鼠矢枣）。

【采收加工】 秋冬至次春采挖。

【性味与归经】 苦，平。

【功能主治】 补脾益肾，疗疮。用于体质虚弱，劳伤乏力，疥疮。

【用法用量】 内服：煎汤，6～15 克。外用：适量，煎水洗。

164. 冻绿 *Rhamnus utilis* Decne.

【别名】 红冻、黑狗丹、狗李、油葫芦子（《中国植物志》）。

【形态】 灌木或小乔木，高达 4 米；幼枝无毛，小枝褐色或紫红色，稍平滑，对生或近对生，枝端常具针刺；腋芽小，长 2～3 毫米，有数个鳞片，鳞片边缘有白色缘毛。叶纸质，对生或近对生，或在短枝上簇生，椭圆形、矩圆形或倒卵状椭圆形，长4～15厘米，宽2～6.5厘米，顶端突尖或锐尖，基部楔形或稀圆形，边缘具细锯齿或圆齿状锯齿，上面无毛或仅中脉具疏柔毛，下面干后常变黄色，沿脉或脉腋有金黄色柔毛，侧脉每边通常5～6条，两面均凸起，具明显的网脉，叶柄长0.5～1.5厘米，上面具小沟，有疏微毛或无毛；托叶披针形，常具疏毛，宿存。花单性，雌雄异株，4基数，具花瓣；花梗长5～7毫米，无毛；雄花数个簇生于叶腋，或10～30个聚生于小枝下部，有退化的雌蕊；雌花2～6个簇生于叶腋或小枝下部；退化雄蕊小，花柱较长，2浅裂或半裂。核果圆球形或近球形，成熟时黑色，具2分核，基部有宿存的萼筒；梗长5～12毫米，无毛；种子背侧基部有短沟。花期4—6月，果期5—8月。

【生境】　常生于海拔1500米以下的山地、丘陵、山坡草丛、灌丛或疏林下。

【分布】　产于新洲北部、东部丘陵及山区。分布于甘肃、陕西、河南、河北、山西、安徽、江苏、浙江、江西、福建、广东、广西、湖北、湖南、四川、贵州等地。

【药用部位及药材名】　果实（鼠李）。

【采收加工】　7—9月果实成熟时采收，除去果柄，鲜用或微火烘干。

【性味与归经】　苦、甘，凉。归肝、胃经。

【功能主治】　清热利湿，消积通便。用于水肿腹胀，癥瘕，瘰疬，疮疡，便秘。

【用法用量】　内服：煎汤，6～12克；研末或熬膏。外用：适量，捣敷。

165. 枣 *Ziziphus jujuba* Mill.

【别名】　枣树、枣子、大枣、枣子树（《中国植物志》）。

【形态】　落叶小乔木，稀灌木，高达10米；树皮褐色或灰褐色；有长枝，短枝和无芽小枝（即新枝）比长枝光滑，紫红色或灰褐色，呈"之"字形曲折，具2个托叶刺，长刺可达3厘米，粗直，短刺下弯，长 4～6 毫米；短枝短粗，矩状，自老枝发出；当年生小枝绿色，下垂，单生或 2～7 个簇生于短枝上。叶纸质，卵形、卵状椭圆形，或卵状矩圆形；长 3～7 厘米，宽 1.5～4 厘米，顶端钝或圆形，稀锐尖，具小尖头，基部稍不对称，近圆形，边缘具圆齿状锯齿，上面深绿色，无毛，下面浅绿色，无毛或仅沿脉多少被疏微毛，基生三出脉；叶柄长 1～6 毫米，或在长枝上的可达 1 厘米，无毛或有疏微毛；托叶刺纤细，后期常脱落。花黄绿色，两性，5 基数，无毛，具短总花梗，单生或 2～8 个密集成腋生聚伞花序；花梗长 2～3 毫米；萼片卵状三角形；花瓣倒卵圆形，基部有爪，与雄蕊等长；花盘厚，肉质，圆形，5 裂；子房下部藏于花盘内，与花盘合生，2 室，每室有 1 胚珠，花柱 2 半裂。核果矩圆形或长卵圆形，长 2～3.5 厘米，直径 1.5～2 厘米，成熟时红色，后变红紫色，中果皮肉质，厚，味甜，核顶端锐尖，基部锐尖或钝，2 室，具 1 或 2 颗种子，果梗长 2～5 毫米；种子扁椭圆形，长约 1 厘米，宽 8 毫米。花期 5—7 月，果期 8—9 月。

【生境】 生于海拔 1700 米以下的山区、丘陵或平原。广为栽培。

【分布】 产于新洲各地，多为栽培。分布于吉林、辽宁、河北、山东、山西、陕西、河南、甘肃、新疆、安徽、江苏、浙江、江西、福建、广东、广西、湖南、湖北、四川、云南、贵州等地。

【药用部位及药材名】 干燥成熟果实（大枣）；树皮（枣树皮）；根（枣树根）。

【采收加工】 大枣：秋季果实成熟时采收，晒干。枣树皮：全年可采，从主干上将老皮刮下，晒干。枣树根：秋后采挖，鲜用或切片晒干。

【性味与归经】 大枣：甘，温。归脾、胃、心经。枣树皮：苦、涩，温。归肺、大肠经。枣树根：甘，温。归肝、脾、肾经。

【功能主治】 大枣：补中益气，养血安神。用于脾虚食少，乏力便溏，妇人脏躁。枣树皮：消炎，止血，止泻。用于气管炎，肠炎，痢疾，崩漏；外用于外伤出血。枣树根：行气，活血，调经。用于月经不调，红崩，带下。

【用法用量】大枣：煎服，6～15克。枣树皮：煎服，6～9克；研末，1.5～3克。外用适量，煎水洗；或研末撒。枣树根：煎服，10～30克。外用适量，煎水洗。

【验方】①治腹泻：枣树皮一束，炒焦为末。车前子三钱煎汤送下，早、晚各服五分，饭前服。（《中医药通报》）②治细菌性痢疾，肠炎：老枣树皮，除去泥垢，研成细粉。每次冲服三分，每日三次。（《全展选编·传染病》）③治荨麻疹：枣树根同樟树皮煎水洗浴，每日两次。（《四川中药志》）④治关节酸痛：枣树根一两，五加皮五钱，水煎服。（《草药手册》）⑤治胃痛：鲜枣树根二两，猪舌头一个，炖熟吃。（《草药手册》）⑥治烧烫伤：枣树皮，烘干研粉，加倍量的50%～60%酒精浸泡24小时，过滤。滤液每100毫升加樟脑5克，蟾酥2.5克。用时喷雾于伤面，或用棉球轻轻擦拭。（《中草药新医疗法资料选编》）

六十、葡萄科 Vitaceae

166. 蛇葡萄 *Ampelopsis glandulosa*（Wall.）Momiy.

【别名】酸藤（《植物名实图考》），山葡萄（《植物名汇》），烟火藤（《江苏药材志》），酸古藤（《江西草药》），锈毛蛇葡萄（《中国植物志》）。

【形态】木质藤本。小枝圆柱形，有纵棱纹，被疏柔毛。卷须2～3叉分枝，相隔2节间断与叶对生。叶为单叶，心形或卵形，3～5中裂，常混生有不分裂者，长3.5～14厘米，宽3～11厘米，顶端急尖，基部心形，基缺近呈钝角，稀圆形，边缘有急尖锯齿，上面绿色，下面浅绿色，基出脉5，中央脉有侧脉4～5对，网脉不明显凸出；叶柄长1～7厘米；花序梗长1～2.5厘米；小枝、叶柄、叶下面被锈色

长柔毛；花梗长1～3毫米，疏生短柔毛；花蕾卵圆形，高1～2毫米，顶端圆形；萼碟形，边缘具波状浅齿；花瓣5，卵椭圆形，高0.8～1.8毫米，外面几无毛；雄蕊5，花药长椭圆形，长甚于宽；花盘明显，边缘浅裂；子房下部与花盘合生，花柱明显，基部略粗，柱头不扩大；花轴被锈色长柔毛，花梗、花萼和花瓣被锈色短柔毛。果实近球形，直径0.5～0.8厘米，有种子2～4颗；种子长椭圆形，顶端近圆形，基部有短喙，种脐在种子背面下部向上渐狭呈卵状椭圆形，上部背面种脊凸出，腹部中棱脊凸出，两侧洼穴呈狭椭圆形，从基部向上斜展达种子顶端。花期6—8月，果期9月至翌年1月。

【生境】生于山谷林中或山坡灌丛阴处，海拔40～2200米。

【分布】产于新洲北部、东部丘陵及山区。分布于安徽、浙江、江西、河北、河南、福建、广东、

广西、四川、贵州、云南等地。

【药用部位及药材名】 茎叶（蛇葡萄）；根或根皮（蛇葡萄根）。

【采收加工】 7—9月采收茎叶，鲜用或晒干。秋季采挖根部，洗净泥土，切片，或剥取根皮，切片，晒干。

【性味与归经】 蛇葡萄：苦，凉。蛇葡萄根：辛、苦，凉。归肺、肝、大肠经。

【功能主治】 蛇葡萄：清热，利湿，止血，解毒。用于肾炎水肿，小便不利，风湿痹痛，跌打瘀肿，吐血，尿血，外伤出血，肿毒。蛇葡萄根：清热解毒，祛风除湿，活血散结。用于肺痈吐脓，肺痨咯血，风湿痹痛，跌打损伤，痈肿疮毒，瘰疬，癌肿。

【用法用量】 蛇葡萄：煎服，15～30克，鲜品加倍；或泡酒。外用适量，捣敷研；或煎水洗，或研末撒。蛇葡萄根：煎服，15～30克，鲜品加倍。外用适量，捣烂或研末调敷。

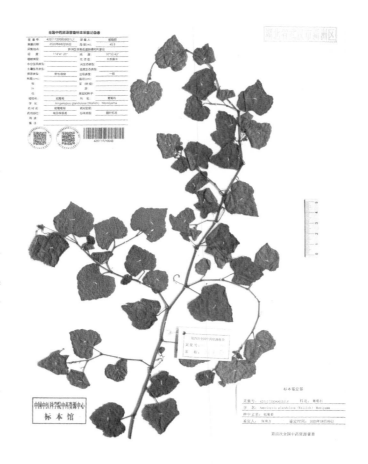

【验方】 治带状疱疹：蛇葡萄根切成短棒状，水煎后剥去外皮，取下黄白色的内皮，除去木质部，切碎加水2500毫升，煎沸后用微火再煮60分钟，然后用铜药罐将煮烂的内皮捣碎，再煎煮30～60分钟，待形成糊状物即可，用时先清洗局部，再涂搽2%龙胆紫溶液，干燥后将蛇葡萄糊状物涂抹在灭菌布上，敷贴于皮损处，用绷带包扎，每日1次，连敷4日。

167. 白蔹 *Ampelopsis japonica*（Thunb.）Makino

【别名】鹅抱蛋（《植物名实图考》），猫儿卵（《本草纲目》），五爪藤（《名医别录》），黄狗蛋（《中国植物志》）。

【形态】 木质藤本。小枝圆柱形，有纵棱纹，无毛。卷须不分枝或卷须顶端有短的分叉，相隔3节以上间断与叶对生。叶为掌状3～5小叶，小叶片羽状深裂或小叶边缘有深锯齿而不分裂，羽状分裂者裂片宽0.5～3.5厘米，顶端渐尖或急尖，掌状5小叶者中央小叶深裂至基部并有

1～3个关节，关节间有翅，翅宽2～6毫米，侧小叶无关节或有1个关节，3小叶者中央小叶有1个或无关节，基部狭窄呈翅状，翅宽2～3毫米，上面绿色，无毛，下面浅绿色，无毛或有时在脉上被稀疏短柔毛；叶柄长1～4厘米，无毛；托叶早落。聚伞花序通常集生于花序梗顶端，直径1～2厘米，通常与叶对生；花序梗长1.5～5厘米，常呈卷须状卷曲，无毛；花梗极短或几无梗，无毛；花蕾卵球形，高1.5～2毫米，顶端圆形；萼碟形，边缘呈波状浅裂，无毛；花瓣5，卵圆形，高1.2～2.2毫米，无毛；雄蕊5，花药卵圆形，长、宽近相等；花盘发达，边缘波状浅裂；子房下部与花盘合生，花柱短棒状，柱头不明显扩大。果实球形，直径0.8～1厘米，成熟后带白色，有种子1～3颗；种子倒卵形，顶端圆形，基部喙短钝，种脐在种子背面中部呈带状椭圆形，向上渐狭，表面无肋纹，

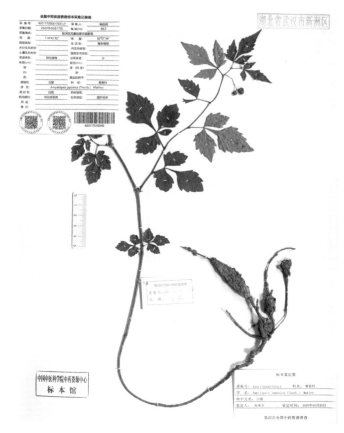

背部种脊凸出，腹部中棱脊凸出，两侧洼穴呈沟状，从基部向上达种子上部1/3处。花期5—6月，果期7—9月。

【生境】 生于山坡地边、灌丛或草地，海拔80～900米。

【分布】 产于新洲北部、东部丘陵及山区。分布于辽宁、吉林、河北、山西、陕西、江苏、浙江、江西、河南、湖北、湖南、广东、广西、四川等地。

【药用部位及药材名】 干燥块根（白蔹）。

【采收加工】 春、秋二季采挖，除去泥沙和细根，切成纵瓣或斜片，晒干。

【性味与归经】 苦，微寒。归心、胃经。

【功能主治】 清热解毒，消痈散结，敛疮生肌。用于痈疽发背，疔疮，烧烫伤。

【用法用量】 内服：煎汤，4.5～9克。外用：适量，煎汤洗或研成极细粉敷患处。

168. 乌蔹莓 *Cayratia japonica*（Thunb.）Gagnep.

【别名】 五爪龙（《中国植物志》），乌蔹草（《蜀本草》），五叶藤（《履巉岩本草》），五龙草（《本草述》），五叶莺（《现代实用中药》）。

【形态】 草质藤本。小枝圆柱形，有纵棱纹，无毛或微被疏柔毛。卷须2～3叉分枝，相隔2节间断与叶对生。叶为鸟足状5小叶，中央小叶长椭圆形或椭圆状披针形，长2.5～4.5厘米，宽1.5～4.5厘米，顶端急尖或渐尖，基部楔形，侧生小叶椭圆形或长椭圆形，长1～7厘米，宽0.5～3.5厘米，顶端急尖

或圆形，基部楔形或近圆形，边缘每侧有6～15个锯齿，上面绿色，无毛，下面浅绿色，无毛或微被毛；侧脉5～9对，网脉不明显；叶柄长1.5～10厘米，中央小叶柄长0.5～2.5厘米，侧生小叶无柄或有短柄，侧生小叶总柄长0.5～1.5厘米，无毛或微被毛；托叶早落。花序腋生，复二歧聚伞花序；花序梗长1～13厘米，无毛或微被毛；花梗长1～2毫米，几无毛；花蕾卵圆形，高1～2毫米，顶端圆形；萼碟形，边缘全缘或波状浅裂，外面被乳突状毛或几无毛；花瓣4，三角状卵圆形，高1～1.5毫米，外面被乳突状毛；雄蕊4，花药卵圆形，长、宽近相等；花盘发达，4浅裂；子房下部与花盘合生，花柱短，柱头微扩大。果实近球形，直径约1厘米，有种子2～4颗；种子三角状倒卵形，顶端微凹，基部有短喙，种脐在种子背面近中部呈带状椭圆形，上部种脊突出，表面有突出肋纹，腹部中棱脊突出，两侧洼穴呈半月形，从近基部向上达种子近顶端。花期3—8月，果期8—11月。

【生境】 生于山谷林中或山坡灌丛，海拔100～2500米。

【分布】 产于新洲北部、东部丘陵及山区。分布于陕西、河南、山东、安徽、江苏、浙江、湖北、湖南、福建、台湾、广东、广西、海南、四川、贵州、云南等地。

【药用部位及药材名】 全草或根（乌蔹莓）。

【采收加工】 夏、秋二季割取藤茎或挖取根部，切段，晒干或鲜用。

【性味与归经】 苦、酸，寒。归心、肝、胃经。

【功能主治】 清热利湿，解毒消肿。用于热毒痈肿，疔疮，丹毒，咽喉肿痛，蛇虫咬伤，水火烫伤，风湿痹痛，黄疸，泄泻，白浊，尿血。

【用法用量】 内服：煎汤，15～30克；研末、浸酒或捣汁。外用：适量，捣敷。

【验方】 ①治发背、臀痈、便毒：乌蔹莓全草水煎两次过滤，将两次煎汁合并一处，再隔水煎浓缩成膏，涂纱布上，贴敷患处，每日换一次。（《江西民间草药》）②治风湿性关节痛：乌蔹莓根一两，泡酒服。（《贵州草药》）③治蜂蜇伤：五爪龙鲜叶，煎水洗。（《草药手册》）④治跌打接骨：血五甲（乌蔹莓）根晒干，研细，用开水调红糖包患处。（《贵州省中医验方秘方》）⑤治无名肿毒：乌蔹莓叶捣烂，炒热，用醋泼过，罨患处。（《浙江民间草药》）

169. 地锦 *Parthenocissus tricuspidata*（Sieb. & Zucc.）Planch.

【别名】爬墙虎、铺地锦（《中国植物志》），土鼓藤（《植物名实图考》），爬山虎（《经济植物手册》）。

【形态】木质藤本。小枝圆柱形，几无毛或微被疏柔毛。卷须5～9分枝，相隔2节间断与叶对生。卷须顶端嫩时膨大成圆珠形，后遇附着物扩大成吸盘。叶为单叶，通常着生在短枝上为3浅裂，时有着生在长枝上者小型不裂，叶片通常倒卵圆形，长4.5～17厘米，宽4～16厘米，顶端裂片急尖，基部心形，边缘有粗锯齿，上面绿色，无毛，下面浅绿色，无毛或中脉上疏生短柔毛，基出脉5，中央脉有侧脉3～5对，网脉上面不明显，下面微突出；叶柄长4～12厘米，无毛或疏生短柔毛。花序着生在短枝上，基部分枝，形成多歧聚伞花序，长2.5～12.5厘米，主轴不明显；花序梗长1～3.5厘米，几无毛；花梗长2～3毫米，无毛；花蕾倒卵状椭圆形，高2～3毫米，顶端圆形；萼碟形，边缘全缘或呈波状，无毛；花瓣5，长椭圆形，高1.8～2.7毫米，无毛；雄蕊5，花丝长1.5～2.4毫米，花药长椭圆状卵形，长0.7～1.4毫米，花盘不明显；子房椭球形，花柱明显，基部粗，柱头不扩大。果实球形，直径1～1.5厘米，有种子1～3颗；种子倒卵圆形，顶端圆形，基部急尖成短喙，种脐在背面中部呈圆形，腹部中棱脊突出，两侧洼穴呈沟状，从种子基部向上达种子顶端。花期5—8月，果期9—10月。

【生境】生于山坡崖石壁或灌丛，海

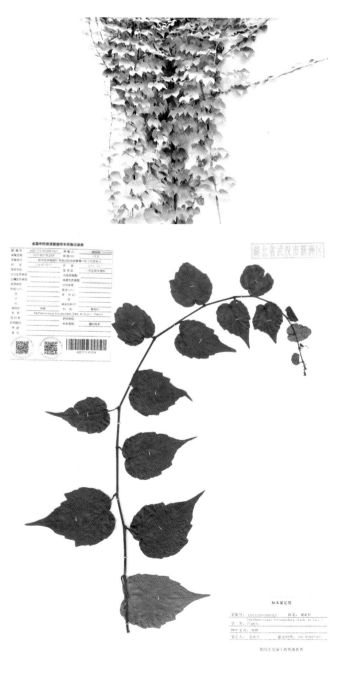

拔 10 ～ 1200 米。

【分布】产于新洲东部山区，多地有栽培。分布于吉林、辽宁、河北、河南、山东、安徽、江苏、浙江、福建、台湾等地。

【药用部位及药材名】藤茎或根（地锦）。

【采收加工】藤茎于秋季采收，去掉叶片，切段。根部于冬季采挖，切片，晒干或鲜用。

【性味与归经】辛、微涩，温。

【功能主治】祛风止痛，活血通络。用于风湿痹痛，中风半身不遂，偏正头痛，产后瘀血，跌打损伤，痈肿疮毒，蛇咬伤，带状疱疹，溃疡不敛。

【用法用量】内服：煎汤，6 ～ 15 克；或浸酒。

【验方】①治风湿性关节炎：爬山虎藤茎或根一两，石吊兰一两。炖猪脚爪连服三至四次。或爬山虎藤茎、卫矛、高粱根各一两，水煎，用黄酒冲服。（《浙江民间常用草药》）②治关节炎：爬山虎藤二两，山豆根二两，锦鸡儿根二两，茜草根一两，水煎服。③治半身不遂：爬山虎藤五钱，锦鸡儿根二两，大血藤根五钱，千斤拔根一两，冰糖少许，水煎服。④治偏头痛，筋骨痛：爬山虎藤一两，当归三钱，川芎二钱，大枣三枚，水煎服。（②～④出自《江西草药》）⑤治偏头痛：爬山虎根一两，防风三钱，川芎二钱，水煎服，连服三至四剂。⑥治便血：爬山虎藤茎、黄酒各一斤，加适量水煎，一日服四次，分两日服完。⑦治带状疱疹：爬山虎根磨汁外搽。（⑤～⑦出自《浙江民间常用草药》）

170. 蘡薁 *Vitis bryoniifolia* Bunge

【别名】山蒲桃（《本草拾遗》），烟黑（《救荒本草》），野葡萄（《植物名实图考》），华北葡萄（《中国高等植物图鉴》），猫眼睛（《民间常用草药汇编》）。

【形态】木质藤本。小枝圆柱形，有棱纹，嫩枝密被蛛丝状茸毛或柔毛，以后脱落变稀疏。卷须 2 叉分枝，每隔 2 节间断与叶对生。叶长圆状卵形，长 2.5 ～ 8 厘米，宽 2 ～ 5 厘米，叶片 3 ～ 5(7) 深裂或浅裂，稀混生有不裂叶者，中裂片顶端急尖至渐尖，基部常缢缩凹成圆形，边缘每侧有 9 ～ 16 缺刻粗齿或成羽状分裂，基部心形或深心形，基缺凹成圆形，下面密被蛛丝状茸毛和柔毛，以后脱落变稀疏；基生脉五出，中脉有侧脉 4 ～ 6 对，上面网脉不明显或微突出，下面有时茸毛脱落后柔毛明显可见；叶柄长 0.5 ～ 4.5 厘米，初时密被蛛丝状茸毛或茸毛和柔毛，以后脱落变稀疏；托叶卵状长圆形或长圆状披针形，膜质，褐色，长 3.5 ～ 8 毫米，宽 2.5 ～ 4 毫米，顶端钝，边缘全缘，无毛或近无毛。花杂性异株，圆锥花序与叶对生，基部分枝发达或有时退化成一卷须，稀狭窄而基部分枝不发达；花序梗长 0.5 ～ 2.5 厘米，初时被蛛丝状茸毛，以后变稀疏；花梗长 1.5 ～ 3 毫米，无毛；花蕾倒卵状

椭圆形或近球形，高 1.5 ～ 2.2 毫米，顶端圆形；萼碟形，高约 0.2 毫米，近全缘，无毛；花瓣 5，呈帽状黏合脱落；雄蕊 5，花丝丝状，长 1.5 ～ 1.8 毫米，花药黄色，椭圆形，长 0.4 ～ 0.5 毫米，在雌花内雄蕊短而不发达，败育；花盘发达，5 裂；雌蕊 1，子房椭圆状卵形，花柱细短，柱头扩大。果实球形，成熟时紫红色，直径 0.5 ～ 0.8 厘米；种子倒卵形，顶端微凹，基部有短喙，种脐在种子背面中部呈圆形或椭圆形，腹面中棱脊突出，两侧洼穴狭窄，向上达种子 3/4 处。花期 4—8 月，果期 6—10 月。

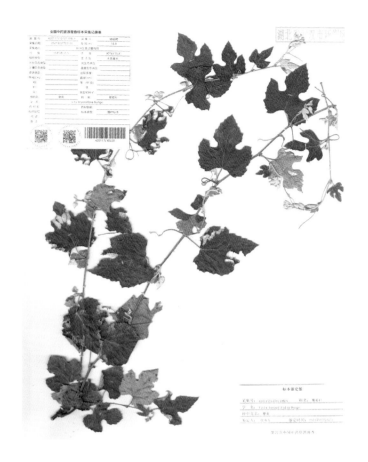

【生境】 生于山谷林中、灌丛、沟边或田埂，海拔 15 ～ 2500 米。

【分布】 产于新洲各地。分布于河北、陕西、山西、山东、江苏、安徽、浙江、湖北、湖南、江西、福建、广东、广西、四川、云南等地。

【药用部位及药材名】 果实（蘡薁）；根（蘡薁根）；茎叶（蘡薁藤）。

【采收加工】 果实（蘡薁）：7—8 月果实成熟时采收，鲜用或晒干。根（蘡薁根）：全年可采挖，切片或段，鲜用或晒干。茎叶（蘡薁藤）：7—9 月采收，茎切片或段，鲜用或晒干。

【性味与归经】 蘡薁：甘、酸，平。蘡薁根：甘，平。归肝、膀胱经。蘡薁藤：甘、淡，凉。

【功能主治】 蘡薁：生津止渴。用于暑热津伤口渴。蘡薁根：清热利湿，解毒消肿。用于湿热，黄疸，热淋，痢疾，痈疮肿毒，瘰疬，跌打损伤。蘡薁藤：清热利湿，解毒消肿。用于淋证，痢疾，崩漏，哕逆，风湿痹痛，跌打损伤，瘰疬，湿疹，痈疮肿毒。

【用法用量】 蘡薁：煎服，15 ～ 30 克；或捣汁。外用适量，捣敷或取汁点眼、滴耳。蘡薁藤：煎服，15 ～ 30 克；或捣汁。外用适量，捣敷；或取汁点眼、滴耳。蘡薁根：煎服，15 ～ 30 克（鲜品 30 ～ 60 克）。外用适量，捣敷或研末调敷。

【验方】 ①治血淋：蘡薁藤五钱，车前草五钱，凤尾草三钱，小蓟三钱，藕节五钱，水煎服。（《三年来的中医药实验研究》）②治痢疾：蘡薁茎一两，水煎。红痢加白糖，白痢加红糖一两调服。③治风湿性关节痛：蘡薁藤一两五钱，酒、水各半煎两次，分服。（《江西民间草药》）④治瘰疬：蘡薁茎及根一两，水煎两次，每日饭后各服一次。（《江西民间草药》）⑤治跌打损伤：蘡薁全草二两，水、酒各半煎服。⑥治皮肤湿疹：鲜蘡薁叶，捣绞汁抹患处。（⑤⑥出自《泉州本草》）

六十一、锦葵科 Malvaceae

171. 咖啡黄葵 *Abelmoschus esculentus*（L.）Moench

【别名】 黄秋葵、补肾菜、秋葵、糊麻、羊角豆（《中国植物志》）。

【形态】 一年生草本，高 1～2 米；茎圆柱形，疏生散刺。叶掌状 3～7 裂，直径 10～30 厘米，裂片阔至狭，边缘具粗齿及凹缺，两面均被疏硬毛；叶柄长 7～15 厘米，被长硬毛；托叶线形，长 7～10 毫米，被疏硬毛。花单生于叶腋间，花梗长 1～2 厘米，疏被糙硬毛；小苞片 8～10，线形，长约 1.5 厘米，疏被硬毛；花萼钟形，较长于小苞片，密被星状短茸毛；花黄色，内面基部紫色，直径 5～7 厘米，花瓣倒卵形，长 4～5 厘米。蒴果筒状尖塔形，长 10～25 厘米，直径 1.5～2 厘米，顶端具长喙，疏被糙硬毛；种子球形，多数，直径 4～5 毫米，具毛脉纹。花期 5—9 月。

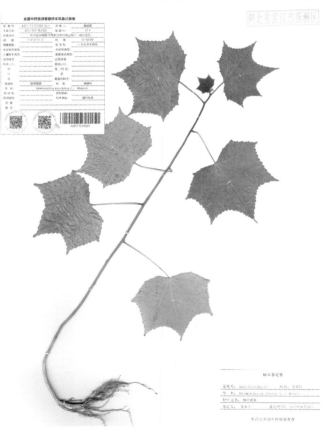

【生境】 广泛栽培于热带和亚热带地区。

【分布】 产于新洲各地，均系栽培。分布于我国河北、山东、江苏、浙江、湖南、湖北、云南和广东等地。

【药用部位及药材名】 根、叶、花或种子（秋葵）。

【采收加工】 根于 11 月到第 2 年 2 月挖取，抖去泥土，晒干或烘干。叶于 9—10 月采收，晒干。花于 6—8 月采摘，晒干。种子于 9—10 月果成熟时采摘，脱粒，晒干。

【性味与归经】 淡，寒。

【功能主治】 利咽，通淋，下乳，调经。用于咽喉肿痛，小便淋涩，产后乳汁稀少，月经不调。

【用法用量】 内服：煎汤，9～15 克。

【验方】①治腹水：桐麻根（即黄秋葵根）、蜂蜜各一两，煨水服。泻水后，另用槲寄生五钱，煨水服，可防复发。（《贵州草药》）②治尿路感染，水肿：黄秋葵根三至五钱，煎服；或用干根粉，每次五分至一钱，开水吞服。（《云南中草药选》）

172. 苘麻 *Abutilon theophrasti* Medicus

【别名】白麻（《本草纲目》），椿麻（《中国植物志》），青麻（《中国药用植物志》），野苘、野麻（《新华本草纲要》）。

【形态】一年生亚灌木状草本，高1～2米，茎枝被柔毛。叶互生，圆心形，长5～10厘米，先端长渐尖，基部心形，边缘具细圆锯齿，两面均密被星状柔毛；叶柄长3～12厘米，被星状细柔毛；托叶早落。花单生于叶腋，花梗长1～13厘米，被柔毛，近顶端具节；花萼杯状，密被短茸毛，裂片5，卵形，长约6毫米；花黄色，花瓣倒卵形，长约1厘米；雄蕊柱平滑无毛，心皮15～20，长1～1.5厘米，顶端平截，具扩展、被毛的长芒2，排列成轮状，密被软毛。蒴果半球形，直径约2厘米，长约1.2厘米，分果爿15～20，被粗毛，顶端具长芒2；种子肾形，褐色，被星状柔毛。花期7—8月。

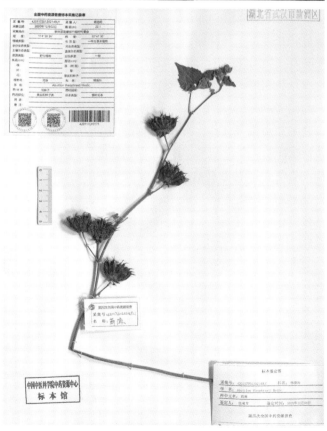

【生境】常见于路旁、荒地和田野间。

【分布】产于新洲各地。我国除青藏高原外，其他地区均有分布，东北各地有栽培。

【药用部位及药材名】干燥成熟种子（苘麻子）；全草或叶（苘麻）。

【采收加工】秋季采收成熟果实，晒干，打下种子，除去杂质。

【性味与归经】苘麻子：苦，平。归大肠、小肠、膀胱经。苘麻：苦，平。归脾、胃经。

【功能主治】苘麻子：清热解毒，利湿，退翳。用于赤白痢疾，淋证涩痛，痈肿疮毒，目生翳膜。苘麻：清热利湿，解毒开窍。用于痢疾，中耳炎，耳鸣，耳聋，睾丸炎，化脓性扁桃体炎，痈疽肿毒。

【用法用量】苘麻子：内服，煎汤，6～9克；或入散剂。苘麻：内服，煎汤，10～30克。外用适量，捣敷。

【验方】①治瘰疬：苘麻果实连壳研末，每用二至三钱（小儿减量），以豆腐干一块切开，将药末夹置豆腐干内，水煎，以汤内服，以豆腐干贴患处。如无果实，可用苘麻幼苗（约五寸高）二至三株，作为一剂，同豆腐煮，用法同上。（《江西民间草药》）②治麻疹：苘麻子二至三钱，水煎服。（《湖南药物志》）

173. 蜀葵 *Alcea rosea* L.

【别名】戎葵（《尔雅》），胡葵（《千金方》），一丈红（《草木记》），麻杆花、斗蓬花（《中国植物志》）。

【形态】二年生直立草本，高达2米，茎枝密被刺毛。叶近圆心形，直径6～16厘米，掌状5～7浅裂或波状棱角，裂片三角形或圆形，中裂片长约3厘米，宽4～6厘米，上面疏被星状柔毛，粗糙，下面被星状长硬毛或茸毛；叶柄长5～15厘米，被星状长硬毛；托叶卵形，长约8毫米，先端具3尖。花腋生，单生或近簇生，排列成总状花序式，具叶状苞片，花梗长约5毫米，果时延长至1～2.5厘米，被星状长硬毛；小苞片杯状，常6～7裂，裂片卵状披针形，长10毫米，密被星状粗硬毛，基部合生；萼钟状，直径2～3厘米，5齿裂，裂片卵状三角形，长1.2～1.5厘米，密被星状粗硬毛；花大，直径6～10厘米，有红、紫、白、粉红、黄和黑紫等色，单瓣或重瓣，花瓣倒卵状三角形，长约4厘米，先端凹缺，基部狭，爪被长毛；雄蕊柱无毛，长约2厘米，花丝纤细，长约2毫米，花药黄色；花柱分枝多数，微被细毛。果盘状，直径约2厘米，被短柔毛，分果爿近圆形，多数，背部厚达1毫米，具纵槽。花期2—8月。

本种原产于我国西南地区，全国各地

广泛栽培，供园林观赏用。

【生境】　喜阳光，耐半阴，忌涝。耐盐碱能力强，在含盐 0.6% 的土壤中仍能生长。耐寒冷，在华北地区可以安全露地越冬。在疏松肥沃、排水良好、富含有机质的沙壤土中生长良好。

【分布】　产于新洲各地，均系栽培。在中国分布很广，华东、华中、华北、华南地区均有分布。世界各地广泛栽培。

【药用部位及药材名】　种子（蜀葵子）；花（蜀葵花）；茎叶（蜀葵苗）；根（蜀葵根）。

【采收加工】　种子（蜀葵子）：9—11 月果实成熟后摘取果实，晒干，打下种子，再晒干。花（蜀葵花）：3—8 月花开放时采收，鲜用或晒干。茎叶（蜀葵苗）：6—10 月采收，鲜用或晒干。根（蜀葵根）：冬季挖取，刮去栓皮，切片，晒干。

【性味与归经】　蜀葵子：凉。无毒。蜀葵花：甘、咸，凉。蜀葵苗：甘，凉。蜀葵根：甘、咸，微寒。

【功能主治】　蜀葵子：利水通淋，解毒排脓。用于水肿，淋证，带下，乳汁不通，疔疮，无名肿毒。蜀葵花：和血止血，通便，解毒。用于吐血衄血，月经过多或不调，赤白带下，二便不调，小儿风疹，疟疾，痈疽疔肿，蜂蝎蜇伤，烫火伤。

【用法用量】　蜀葵子：内服，煎汤，6～9 克；或入散剂。外用适量，研末调敷。蜀葵苗：内服，煎汤，2～6 钱；煮食或捣汁。外用适量，捣敷或烧存性研末调敷。蜀葵花：内服，煎汤，3～6 克；或研末。外用适量，研末调敷。蜀葵根：内服，煎汤，1～2 两；或入丸、散。外用适量，捣敷。

174. 木槿 *Hibiscus syriacus* L.

【别名】　朝天暮落花（《本草纲目》），荆条、木棉、白饭花、篱障花（《中国植物志》）。

【形态】　落叶灌木，高 3～4 米，小枝密被黄色星状茸毛。叶菱形至三角状卵形，长 3～10 厘米，宽 2～4 厘米，具深浅不同的 3 裂或不裂，先端钝，基部楔形，边缘具不整齐齿缺，下面沿叶脉微被毛或近无毛；叶柄长 5～25 毫米，上面被星状柔毛；托叶线形，长约 6 毫米，疏被柔毛。花单生于枝端叶腋间，花梗长 4～14 毫米，被星状短茸毛；小苞片 6～8，线形，长 6～15 毫米，宽 1～2 毫米，密被星状疏茸毛；花萼钟形，长 14～20 毫米，密被星状短茸毛，裂片 5，三角形；花钟形，淡紫色，直径 5～6 厘米，花瓣倒卵形，长 3.5～4.5 厘米，外面疏被纤毛和星状长柔毛；雄蕊柱长约 3 厘米；花柱枝无毛。蒴果卵圆形，直径约 12 毫米，密被黄色星状茸毛；种子肾形，背部被黄白色长柔毛。花期 7—10 月。

【生境】　多生于向阳山坡、路旁。

【分布】　产于新洲各地，多地有栽培。分布于台湾、福建、广东、广西、云南、贵州、四川、湖南、湖北、安徽、江西、浙江、江苏、山东、河北、河南、陕西等地。

【药用部位及药材名】 果实（木槿子）；叶（木槿叶）；茎皮或根皮（木槿皮）；花（木槿花）；根（木槿根）。

【采收加工】 果实（木槿子）：9—10月果实呈黄绿色时采收，晒干。叶（木槿叶）：6—10月采摘，鲜用或晒干。茎皮或根皮（木槿皮）：4—5月剥取茎皮，9—10月剥取根皮，晒干。花（木槿花）：7月中下旬选晴天早晨花半开时采摘，晒干。根（木槿根）：全年均可采挖，切片，鲜用或晒干。

【性味与归经】 木槿子：甘，寒。归肺经。木槿叶：苦，寒。木槿皮：甘、苦，微寒。归大肠、肝、脾经。木槿花：甘、苦，凉。归脾、肺、肝经。木槿根：甘，凉。

【功能主治】 木槿子：清肺化痰，止痛，解毒。用于咳嗽痰多，支气管炎，偏正头痛，黄水疮，湿疹。木槿叶：清热解毒。用于赤白痢疾，肠风，痈肿疮毒。

木槿皮：清热利湿，杀虫止痒。用于湿热痢疾，肠风便血，脱肛，痔疮，赤白带下，皮肤疥癣，阴囊湿疹。木槿花：清热凉血，解毒消肿。用于肠风便血，赤白痢疾，肺热咳嗽，咯血，带下，疮疖痈肿，烫伤。木槿根：清热解毒。用于肠风便血，痢疾，肺痈，肠痈，痔疮肿痛，赤白带下，疥癣，肺结核。

【用法用量】 木槿子：内服，煎汤，9～15克。外用，烧烟熏、煎汤洗或研末调敷。木槿叶：内服，煎汤，鲜品30～60克。外用，捣敷。木槿花：内服，煎汤，3～9克（鲜品30～60克）；研末，1.5～3克。木槿皮：内服，煎汤，3～9克。外用，酒浸涂擦或煎水熏洗。木槿根：内服，煎汤，鲜品30～60克。外用，煎水熏洗。

【验方】 ①治消渴：木槿根一至二两。水煎，代茶常饮。（《福建民间草药》）②治痔疮肿痛：木槿根煎汤，先熏后洗。（《仁斋直指方》）③治水肿：鲜木槿根一两，灯心草一两。水煎，食前服，每日两次。（《福建民间草药》）④治疗疮疖肿：木槿花（鲜）适量，甜酒少许，捣烂外敷。（《江西草药》）

175. 白背黄花稔 *Sida rhombifolia* L.

【别名】 大地丁草（《广西中药志》），乏力草（《福建中草药》），黄花猛、地膏药（《文山中草药》），菱叶拔毒散（《中国经济植物志》）。

【形态】 直立亚灌木，高约1米，分枝多，枝被星状绵毛。叶菱形或长圆状披针形，长25～45毫米，宽6～20毫米，先端浑圆至短尖，基部宽楔形，边缘具锯齿，上面疏被星状柔毛至近无毛，下面被灰白色星状柔毛；叶柄长3～5毫米，被星状柔毛；托叶纤细，刺毛状，与叶柄近等长。花单生于叶腋，花梗长1～2厘米，密被星状柔毛，中部以上有节；萼杯形，长4～5毫米，被星状短绵毛，裂片5，三角形；花黄色，直径约1厘米，花瓣倒卵形，长约8毫米，先端圆，基部狭；雄蕊柱无毛，疏被腺状乳突，长约5毫米，花柱分枝8～10。果半球形，直径6～7毫米，分果爿8～10，被星状柔毛，顶端具2短芒。花期秋、冬季。

【生境】 常生于山坡灌丛间、旷野和沟谷两岸。

【分布】 产于新洲各地。分布于台湾、福建、广东、广西、贵州、云南、四川和湖北等地。

【药用部位及药材名】 干燥全草（黄花母）。

【采收加工】 7—10月采收，晒干。

【性味与归经】 甘、辛，凉。归肝、胃、大肠经。

【功能主治】 清热利湿，解毒消肿。用于感冒发热，咽喉肿痛，湿热泻痢，黄疸，带下，淋证，痔血，痈疽疔疮，劳倦乏力，腰腿痛。

【用法用量】 内服：煎汤，15～30克（鲜品30～90克）。外用：适量，捣敷。

【验方】 ①治关节筋骨痛风：干黄花母，每次二两，水煎服。（《泉州本草》）②治湿疹：黄花母加水炖服。（《闽东本草》）③治痔疮肿毒，骨折（复位后，小夹板固定）：黄花母鲜叶捣烂外敷患处。（《文山中草药》）

六十二、椴树科 Tiliaceae

176. 田麻 *Corchoropsis crenata* Siebold & Zuccarini

【别名】 黄花喉草、白喉草（《福建药物志》），野络麻（《浙江药用植物志》），毛果田麻（《江苏植物志》）。

【形态】 一年生草本，高 40～60 厘米；分枝有星状短柔毛。叶卵形或狭卵形，长 2.5～6 厘米，宽 1～3 厘米，边缘有钝齿，两面均密生星状短柔毛，基出脉 3 条；叶柄长 0.2～2.3 厘米；托叶钻形，长 2～4 毫米，脱落。花有细柄，单生于叶腋，直径 1.5～2 厘米；萼片 5 片，狭披针形，长约 5 毫米；花瓣 5 片，黄色，倒卵形；发育雄蕊 15 枚，每 3 枚成一束，退化雄蕊 5 枚，与萼片对生，匙状条形，长约 1 厘米；子房被短茸毛。蒴果角状圆筒形，长 1.7～3 厘米，有星状柔毛。果期秋季。

【生境】 生于丘陵或低山干燥山坡或多石处。

【分布】 产于新洲各地。分布于东北、华北、华东、华中、华南及西南等地。

【药用部位及药材名】 全草（田麻）。

【采收加工】 8—10 月采收，切段，鲜用或晒干。

【性味与归经】 苦，凉。

【功能主治】 利湿，解毒，止血。用于痈疖肿毒，咽喉肿痛，白喉，疥疮，小儿疳积，带下，外伤出血。

【用法用量】 内服：煎汤，9～15 克；大剂量可用至 30～60 克。外用：适量，鲜品捣敷。

177. 扁担杆 *Grewia biloba* G. Don

【别名】扁担木、孩儿拳头（《中国植物志》），光叶扁担杆（《浙江药用植物志》），拗山皮（《贵州草药》）。

【形态】灌木或小乔木，高1～4米，多分枝；嫩枝被粗毛。叶薄革质，椭圆形或倒卵状椭圆形，长4～9厘米，宽2.5～4厘米，先端锐尖，基部楔形或钝，两面有稀疏星状粗毛，基出脉3条，两侧脉上行过半，中脉有侧脉3～5对，边缘有细锯齿；叶柄长4～8毫米，被粗毛；托叶钻形，长3～4毫米。聚伞花序腋生，多花，花序柄长不到1厘米；花柄长3～6毫米；苞片钻形，长3～5毫米；萼片狭长圆形，长4～7毫米，外面被毛，内面无毛；花瓣长1～1.5毫米；雌雄蕊柄长0.5毫米，有毛；雄蕊长2毫米；子房有毛，花柱与萼片平齐，柱头扩大，盘状，有浅裂。核果红色，有2～4颗分核。花期5～7月。

【生境】生于丘陵或低山路边草地、灌丛或疏林中。

【分布】产于新洲北部、东部丘陵及山区。分布于江西、湖南、浙江、广东、台湾、安徽、四川等地。

【药用部位及药材名】全株（娃娃拳）。

【采收加工】7—10月采收，晒干或鲜用。

【性味与归经】甘、苦，温。归肺、脾经。

【功能主治】健脾，祛风除湿，固涩。用于脾虚食少，久泻脱肛，气疝，小儿疳积，久病虚弱，小儿营养不良，蛔虫病，风湿痹痛，遗尿，遗精，崩漏，带下，子宫脱垂，睾丸肿痛。

【用法用量】内服：煎汤，3～5钱。

【厌烦】①治气疝（胸痞胀满）：拗山皮枝、叶各一两五钱，煨水服。（《贵州草药》）②治风湿：拗山皮枝、叶各一两，煨水服。（《贵州草药》）

六十三、梧桐科 Sterculiaceae

178. 梧桐 *Firmiana simplex*（L.）W. Wight

【别名】青梧（《本草品汇精要》），桐麻、瓢羹树（《草木便方》），耳桐、青桐（《中国树木分类学》）。

【形态】落叶乔木，高达16米；树皮青绿色，平滑。叶心形，掌状3～5裂，直径15～30厘米，裂片三角形，顶端渐尖，基部心形，两面均无毛或略被短柔毛，基生脉7条，叶柄与叶片等长。圆锥花序顶生，长20～50厘米，下部分枝长达12厘米，花淡黄绿色；萼5深裂几至基部，萼片条形，向外卷曲，长7～9毫米，外面被淡黄色短柔毛，内面仅在基部被柔毛；花梗与花几等长；雄花的雌雄蕊柄与萼等长，下半部较粗，无毛，花药15个不规则地聚集在雌雄蕊柄的顶端，退化子房梨形且甚小；雌花的子房圆球形，被毛。蓇葖果膜质，有柄，成熟前开裂成叶状，长6～11厘米，宽1.5～2.5厘米，外面被短茸毛或几无毛，每蓇葖果有种子2～4个；种子圆球形，表面有皱纹，直径约7毫米。花期6月。

【生境】多栽培于庭园、房前屋后或道旁。

【分布】产于新洲各地，均系栽培。分布于河北、山西、山东、江西、江苏、福建、台湾、湖北、湖南、广东、广西、四川、贵州及云南等地。

【药用部位及药材名】种子（梧桐子）；叶（梧桐叶）；花（梧桐花）；根（梧桐根）；去掉栓皮的树皮（梧桐白皮）。

【采收加工】梧桐子：10—11月种子成熟时将果枝采下，打落种子，晒干。梧桐叶：7—10月采集，随采随用，或晒干。

梧桐花：6 月采收，晒干。梧桐根：全年均可采挖，切片，鲜用或晒干。梧桐白皮：全年均可采，剥取韧皮部，晒干。

【性味与归经】梧桐子：甘，平。归脾、肺、肾经。梧桐叶：苦，寒。无毒。梧桐花：甘，平。梧桐根：淡，平。无毒。梧桐白皮：甘、苦，凉。

【功能主治】梧桐子：健脾消食，益肾固精，止血。用于伤食腹痛腹泻，哮喘，疝气，须发早白，鼻衄。梧桐叶：祛风除湿，解毒消肿，降压。用于风湿痹痛麻木，泻痢，跌打损伤，痈疮肿毒，痔疮，高血压。梧桐花：利水消肿，清热解毒。用于水肿，小便不利，创伤红肿，头癣，烫火伤。梧桐根：祛风除湿，活血通经，杀虫。用于风湿性关节痛，淋证，带下，月经不调，跌打损伤，血丝虫病，蛔虫病。梧桐白皮：祛风除湿，活血通经。用于风湿痹痛，痔疮，脱肛，丹毒，恶疮，月经不调，跌打损伤。

【用法用量】梧桐子：内服，煎汤，3～9 克；或研末，2～3 克。外用，适量，煅存性研末敷。梧桐叶：内服，煎汤，0.5～1 两。外用，鲜叶敷贴，煎水洗或研末调敷。梧桐花：内服，煎汤，9～15 克。外用，研末调涂。梧桐根：内服，煎汤，鲜品 30～60 克；或捣汁。外用，捣敷。

【验方】①治风湿骨痛，跌打骨折，哮喘：梧桐叶五钱至一两，水煎服。（《常用中草药手册》广州部队后勤卫生部编）②治痔疮：梧桐叶七张，硫黄五分。以水、醋各半煎汤，先熏后洗。（《验方汇集》）③治哮喘：梧桐根五钱至一两，水煎服。（《常用中草药手册》广州部队后勤卫生部编）

六十四、瑞香科 Thymelaeaceae

179. 芫花 *Daphne genkwa* Sieb. et Zucc.

【别名】头痛花（《本草纲目》），闷头花（《群芳谱》），老鼠花、药鱼草（《中国植物志》），闹鱼花（《中国树木分类学》）。

【形态】落叶灌木，高 0.3～1 米，多分枝；树皮褐色，无毛；小枝圆柱形，细瘦，干燥后多具皱纹，幼枝黄绿色或紫褐色，密被淡黄色丝状柔毛，老枝紫褐色或紫红色，无毛。叶对生，稀互生，纸质，卵形或卵状披针形至椭圆状长圆形，长 3～4 厘米，宽 1～2 厘米，先端急尖

或短渐尖，基部宽楔形或钝圆形，边缘全缘，上面绿色，干燥后黑褐色，下面淡绿色，干燥后黄褐色，幼时密被绢状黄色柔毛，老时则仅叶脉基部散生绢状黄色柔毛，侧脉 5～7 对，在下面较上面显著；叶柄短或几无，长约 2 毫米，具灰色柔毛。花比叶先开放，紫色或淡紫蓝色，无香味，常 3～6 朵簇生于叶腋或侧生，花梗短，具灰黄色柔毛；花萼筒细瘦，筒状，长 6～10 毫米，外面具丝状柔毛，裂片 4，

卵形或长圆形，长 5 ～ 6 毫米，宽 4 毫米，顶端圆形，外面疏生短柔毛；雄蕊 8，2 轮，分别着生于花萼筒的上部和中部，花丝短，长约 0.5 毫米，花药黄色，卵状椭圆形，长约 1 毫米，伸出喉部，顶端钝尖；花盘环状，不发达；子房长倒卵形，长 2 毫米，密被淡黄色柔毛，花柱短或无，柱头头状，橘红色。果实肉质，白色，椭圆形，长约 4 毫米，包藏于宿存的花萼筒的下部，具 1 颗种子。花期 3—5 月，果期 6—7 月。

【生境】　生于海拔 80 ～ 1000 米的路旁、山坡或栽培于庭园。

【分布】　产于新洲北部、东部丘陵及山区。分布于河北、山西、陕西、甘肃、山东、江苏、安徽、浙江、江西、福建、台湾、河南、湖北、湖南、四川、贵州等地。

【药用部位及药材名】　干燥花蕾（芫花）；根（芫花根）。

【采收加工】　春季花未开放时采收，除去杂质，干燥。

【性味与归经】　芫花：苦、辛，温；有毒。归肺、脾、肾经。芫花根：辛、苦，平；有毒。

【功能主治】　芫花：泻水逐饮，解毒杀虫。用于水肿胀满，胸腹积水，痰饮积聚，气逆喘咳，二便不利；外用于疥癣秃疮，冻疮。芫花根：消肿解毒，活血止痛。用于急性乳腺炎，痈疖肿毒，淋巴结结核，腹水，风湿痛，牙痛，跌打损伤。

【用法用量】芫花：内服，煎汤，1.5 ～ 3 克。醋芫花研末吞服，1 次 0.6 ～ 0.9 克，每日 1 次。外用适量。芫花根：内服，煎汤，1.5 ～ 4.5 克；捣汁或入丸、散。外用，研末调敷、熬膏涂或制药线系痔瘤。

【验方】　治神经性皮炎：芫花根皮，晒干，研末，用醋或酒调敷。（《兄弟省市中草药单方验方新医疗法选编》）

六十五、堇菜科 Violaceae

180. 七星莲 *Viola diffusa* Ging.

【别名】　蔓茎堇菜（《静生生物调查所汇报》），光蔓茎堇菜（《中国植物志》），地白菜、石白菜、雪里青（《全国中草药汇编》），白地黄瓜、狗儿草（《四川中药志》），冷毒草（《云南中草药选》），匍伏堇（《湖南药物志》）。

【形态】 一年生草本，全体被糙毛或白色柔毛，或近无毛，花期生出地上匍匐枝。匍匐枝先端具莲座状叶丛，通常生不定根。根状茎短，具多条白色细根及纤维状根。基生叶多数，丛生呈莲座状，或于匍匐枝上互生；叶片卵形或卵状长圆形，长 1.5～3.5 厘米，宽 1～2 厘米，先端钝或稍尖，基部宽楔形或截形，稀浅心形，明显下延于叶柄，边缘具钝齿及缘毛，幼叶两面密被白色柔毛，后渐变稀疏，但叶脉上及两侧边缘仍被较密的毛；叶柄长 2～4.5 厘米，具明显的翅，通常有毛；托叶基部与叶柄合生，2/3 离生，线状披针形，长 4～12 毫米，先端渐尖，边缘具稀疏的细齿或疏生流苏状齿。花较小，淡紫色或浅黄色，具长梗，生于基生叶或匍匐枝叶丛的叶腋间；花梗纤细，长 1.5～8.5 厘米，无毛或被疏柔毛，中部有 1 对线形苞片；萼片披针形，长 4～5.5 毫米，先端尖，基部附属物短，末端圆或具稀疏细齿，边缘疏生毛；侧方花瓣倒卵形或长圆状倒卵形，长 6～8 毫米，无须毛，下方花瓣连距长约 6 毫米，较其他花瓣显著短；距极短，长仅 1.5 毫米，稍露出萼片附属物之外；下方 2 枚雄蕊背部的距短而宽，呈三角形；子房无毛，花柱棍棒状，基部稍膝曲，上部渐增粗，柱头两侧及后方具肥厚的缘边，中央部分稍隆起，前方具短喙。蒴果长圆形，直径约 3 毫米，长约 1 厘米，无毛，顶端常具宿存的花柱。花期 3—5 月，果期 5—8 月。

【生境】 生于山地林下、林缘、草坡、溪谷旁、岩石缝隙中。

【分布】 产于新洲北部、东部丘陵及山区。分布于浙江、台湾、四川、云南、西藏等地。

【药用部位及药材名】 全草（地白草）。

【采收加工】 5—9 月挖取全草，晒干或鲜用。

【性味与归经】 苦、辛，寒。归肺、肝经。

【功能主治】 清热解毒，消肿，止咳。用于疮疡肿毒，结膜炎，肺热咳嗽，肺痈，百日咳，小儿久咳声嘶，黄疸，带状疱疹，烫伤，跌打骨折，毒蛇咬伤。

【用法用量】 内服：煎汤，3～5 钱（鲜品 1～2 两）。外用：适量，捣敷。

【验方】 ①治淋浊：鲜白地黄瓜八钱至

一两，和水煎成半碗，饭前服，日服二次。（《福建民间草药》）②治疗疮，背痈，眼红赤肿（热火所致）：鲜白地黄瓜一握，用冷开水洗净，和冬蜜捣烂后贴患处，日换两次。（《福建民间草药》）③治眼睑炎：鲜冷毒草一两，煎服；或同鸡蛋一至二个煮食，一日一次。（《云南中草药选》）④治刀伤及打伤：白地黄瓜、柏树尖、牛筋条尖共和生捣，敷患处。（《四川中药志》）⑤治蛇咬伤：鲜白地黄瓜一握，洗净，和雄黄一钱，共捣烂，贴患处。（《福建民间草药》）⑥治烫伤：匍伏堇、连钱草，共捣烂加鸡蛋清调敷。（《湖南药物志》）

181. 犁头叶堇菜 *Viola magnifica* C. J. Wang et X. D. Wang

【别名】紫金锁、小甜水茄（《植物名实图考》），瘩背草（《南京民间药草》），三角草、犁头尖、烙铁草（《江西民间草药》），地丁草、紫地丁（《浙江民间常用草药》）。

【形态】多年生草本，高约 28 厘米，无地上茎。根状茎粗壮，长 1～2.5 厘米，粗可达 0.5 厘米，向下发出多条圆柱状支根及纤维状细根。叶均基生，通常 5～7枚，叶片果期较大，三角形、三角状卵形或长卵形，长 7～15 厘米，宽 4～8 厘米，在基部处最宽，先端渐尖，基部宽心形或深心形，两侧垂片大而开展，边缘具粗锯齿，齿端钝而稍内曲，上面深绿色，两面无毛或下面沿脉疏生短毛；叶柄长可达 20厘米，上部有极窄的翅，无毛；托叶大型，1/2～2/3 与叶柄合生，分离部分线形或狭披针形，边缘近全缘或疏生细齿。花未见。蒴果椭圆形，长 1.2～2 厘米，直径约 5 毫米，无毛，果梗长 4～15 厘米，在近中部和中部以下有两枚小苞片；小苞片线形或线状披针形，长 7～10 毫米；宿存萼片狭卵形，长 4～7 毫米，基部附属物长 3～5 毫米，末端齿裂。果期 7—9 月。

【生境】生于海拔 40～1900 米的山坡林下或林缘、谷地的阴湿处。

【分布】产于新洲北部、东部丘陵及山区。分布于安徽、浙江、江西、湖北、湖南、

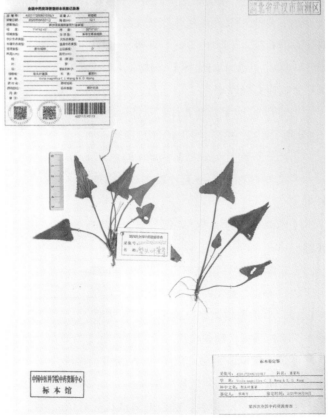

四川等地。

【药用部位及药材名】全草（犁头草）。

【采收加工】花盛时节采挖。

【性味与归经】苦、微辛，寒。归肝、脾经。

【功能主治】清热解毒。用于疮疖，肿毒。

【用法用量】内服：煎汤，9～15克（鲜品1～2两）；捣汁或入丸剂。外用：适量，捣敷或研末调敷。

【验方】①治痈疽疔疮，无名肿毒：鲜犁头草、鲜野菊花叶各等量。同捣烂，敷患处；或鲜犁头草全草，加白糖少许，捣敷亦可，每日换1次。同时捣汁一酒杯内服。《浙江民间常用草药》）②治毒蛇咬伤：鲜犁头草捣烂敷患处，每日换1～2次。（《江西民间草药》）

182. 紫花地丁 *Viola philippica* Cav.

【别名】箭头草（《救荒本草》），独行虎（《本草纲目》），地丁草（《本草再新》），宝剑草（《植物名实图考》）。

【形态】多年生草本，无地上茎，高4～14厘米，果期高可达20厘米。根状茎短，垂直，淡褐色，长4～13毫米，粗2～7毫米，节密生，有数条淡褐色或近白色的细根。叶多数，基生，莲座状；叶片下部者通常较小，呈三角状卵形或狭卵形，上部者较长，呈长圆形、狭卵状披针形或长圆状卵形，长1.5～4厘米，宽0.5～1厘米，先端圆钝，基部截形或楔形，稀微心形，边缘具较平的圆齿，两面无毛或被细短毛，有时仅下面沿叶脉被短毛，果期叶片增大，长可达10厘米，宽可达4厘米；叶柄在花期通常长于叶片1～2倍，上部具极狭的翅，果期长可达10厘米，上部具较宽之翅，无毛或被细短毛；托叶膜质，苍白色或淡绿色，长1.5～2.5厘米，2/3～4/5与叶柄合生，离生部分线状披针形，边缘疏生具腺体的流苏状细齿或近全缘。花中等大，紫堇色或淡紫色，稀呈白色，喉部色较淡并带有紫色条纹；花梗通常多数，细弱，与叶片等长或高出叶片，无毛或有短毛，中部附近有2枚线形小苞片；萼片卵状披针形或披针形，长5～7毫米，先端渐尖，基部附属物短，长1～1.5毫米，末端圆形或截形，边缘具膜质白边，无毛或有短毛；花瓣倒卵形或长圆状倒卵形，侧方花瓣长1～1.2厘米，里面无毛或有须毛，下方花瓣连距长1.3～2厘米，里面有紫色脉纹；距细管状，长4～8毫米，末端圆；花药长约2毫米，药隔顶部的附属物长约1.5毫米，下方2枚雄蕊背部的距细管状，长4～6毫米，末端稍细；子房卵形，无毛，花柱棍棒状，比子房稍长，基部稍膝曲，柱头三角形，两侧及后方稍增厚成微隆起的缘边，顶部略平，前方具短喙。蒴果长圆形，长5～12毫米，无毛；种子卵球形，长1.8毫米，淡黄色。花果期4月中下旬至9月。

【生境】 生于田间、荒地、山坡草丛、林缘或灌丛中。在庭园较湿润处常形成小群落。

【分布】 产于新洲各地。分布于黑龙江、吉林、辽宁、内蒙古、河北、山西、陕西、甘肃、山东、江苏、安徽、浙江、江西、福建、台湾、河南、湖北、湖南、广西、四川、贵州、云南等地。

【药用部位及药材名】 干燥全草（紫花地丁）。

【采收加工】 春、秋二季采收，除去杂质，晒干。

【性味与归经】 苦、辛，寒。归心、肝经。

【功能主治】 清热解毒，凉血消肿。用于疔疮肿毒，痈疽发背，丹毒，毒蛇咬伤。

【用法用量】 内服：煎汤，15～30 克（鲜品 60～90 克）；捣汁或研末。外用：捣敷或熬膏摊贴。

【验方】 ①治一切化脓性感染，淋巴结结核：紫花地丁、蒲公英、半边莲各五钱，煎服，药渣外敷。鲜紫花地丁、鲜野菊花各二两，共捣汁，分两次服。药渣外敷。鲜紫花地丁、鲜芙蓉花各等量，加食盐少许，共捣烂敷患处。同时用紫花地丁二至三两，煎服。（《中草药手册》）②治实热肠痈下血：鲜紫花地丁八钱至一两（干品五至八钱），和水煎成半碗，饭前服，每日两次。（《福建民间草药》）

六十六、葫芦科 Cucurbitaceae

183. 盒子草 *Actinostemma tenerum* Griff.

【别名】 鸳鸯木鳖（《百草镜》），天球草、龟儿草（《本草纲目拾遗》），野苦瓜（《新华本草纲要》）。

【形态】 柔弱草本；枝纤细，疏被长柔毛，后变无毛。叶柄细，长 2～6 厘米，被短柔毛；叶形变异大，心状戟形、心状狭卵形或披针状三角形，不分裂或 3～5 裂或仅在基部分裂，边缘波状或具小圆齿或具疏齿，基部弯缺半圆形、长圆形、深心形，裂片顶端狭三角形，先端稍钝或渐尖，顶端有小尖头，两面具疏散疣状突起，长 3～12 厘米，宽 2～8 厘米。卷须细，2 歧。雄花总状，有时圆锥状，小花序基部具长

6 毫米的叶状 3 裂总苞片，罕 1～3 花生于短缩的总梗上。花序轴细弱，长 1～13 厘米，被短柔毛；苞片线形，长约 3 毫米，密被短柔毛，长 3～12 毫米；花萼裂片线状披针形，边缘有疏小齿，长 2～3 毫米，宽 0.5～1 毫米；花冠裂片披针形，先端尾状钻形，具 1 脉或稀 3 脉，疏生短柔毛，长 3～7 毫米，宽 1～1.5 毫米；雄蕊 5，花丝被柔毛或无毛，长 0.5 毫米，花药长 0.3 毫米，药隔稍伸出花药成乳头状。雌花单生、双生或雌雄同序；雌花梗具关节，长 4～8 厘米，花萼和花冠同雄花；子房卵状，有疣状突起。

果实绿色，卵形、阔卵形、长圆状椭圆形，长 1.6～2.5 厘米，直径 1～2 厘米，疏生暗绿色鳞片状突起，自近中部盖裂，果盖锥形，具种子 2～4 枚。种子表面有不规则雕纹，长 11～13 毫米，宽 8～9 毫米，厚 3～4 毫米。花期 7—9 月，果期 9—11 月。

【生境】多生于水边草丛中。

【分布】产于新洲多地。分布于辽宁、河北、河南、山东、江苏、浙江、安徽、湖南、四川、西藏南部、云南西部、广西、江西、福建、台湾等地。

【药用部位及药材名】全草或种子（盒子草）。

【采收加工】7—10 月采收全草，晒干。秋季采收成熟果实，收集种子，晒干。

【性味与归经】苦，寒。

【功能主治】利水消肿，清热解毒。用于水肿，臌胀，疳积，湿疹，疮疡，毒蛇咬伤。

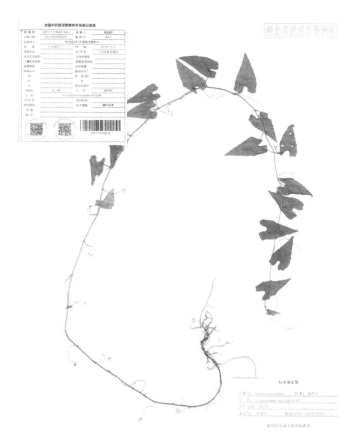

【用法用量】内服：煎汤，15～30 克。外用：适量，捣敷或煎水熏洗。

【验方】①治湿疹：鲜盒子草适量，煎水熏洗患处。②治疮疡肿毒：鲜盒子草适量，捣烂外敷患处。

184. 冬瓜 *Benincasa hispida*（Thunb.）Cogn.

【别名】广瓜、枕瓜、白瓜、扁蒲（《中国植物志》）。

【形态】一年生蔓生或架生草本；茎被黄褐色硬毛及长柔毛，有棱沟。叶柄粗壮，长 5～20 厘米，被黄褐色的硬毛和长柔毛；叶片肾状近圆形，宽 15～30 厘米，5～7 浅裂或有时中裂，裂片宽三角形或卵形，先端急尖，边缘有小齿，基部深心形，弯缺张开，近圆形，深、宽均为 2.5～3.5 厘米，表面深绿色，稍粗糙，有疏柔毛，老后渐脱落，变近无毛；背面粗糙，灰白色，有粗硬毛，叶脉在叶背面稍隆起，密被毛。卷须 2～3 歧，被粗硬毛和长柔毛。雌雄同株；花单生。雄花梗长 5～15 厘米，密被黄褐色短刚毛和长柔毛，常在花梗的基部具一苞片，苞片卵形或宽长圆形，长 6～10 毫米，先端急尖，有短柔毛；花萼

筒宽钟形，宽 12 ～ 15 毫米，密生刚毛状长柔毛，裂片披针形，长 8 ～ 12 毫米，有锯齿，反折；花冠黄色，辐状，裂片宽倒卵形，长 3 ～ 6 厘米，宽 2.5 ～ 3.5 厘米，两面有稀疏的柔毛，先端钝圆，具 5 脉；雄蕊 3，离生，花丝长 2 ～ 3 毫米，基部膨大，被毛，花药长 5 毫米，宽 7 ～ 10 毫米，药室三回折曲，雌花梗长不及 5 厘米，密生黄褐色硬毛和长柔毛；子房卵形或圆筒形，密生黄褐色茸毛状硬毛，长 2 ～ 4 厘米；花柱长 2 ～ 3 毫米，柱头 3，长 12 ～ 15 毫米，2 裂。果实长圆柱状或近球状，大型，有硬毛和白霜，长 25 ～ 60 厘米，直径 10 ～ 25 厘米。种子卵形，白色或淡黄色，压扁，有边缘，长 10 ～ 11 毫米，宽 5 ～ 7 毫米，厚 2 毫米。

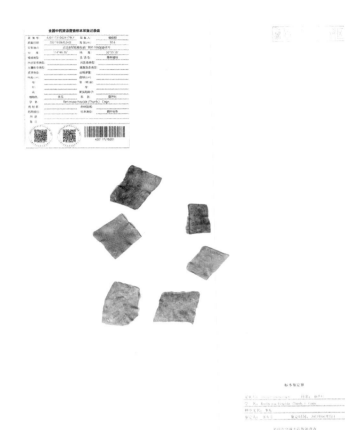

【生境】 生于园地，多为栽培。

【分布】 产于新洲各地，均系栽培。我国各地有栽培。云南南部（西双版纳）有野生者，果实较小。

【药用部位及药材名】 干燥外层果皮（冬瓜皮）；种子（冬瓜子）。

【采收加工】 食用冬瓜时，洗净，削取外层果皮，晒干。

【性味与归经】 冬瓜皮：甘，凉。归脾、小肠经。冬瓜子：甘，微寒。归肺、大肠经。

【功能主治】冬瓜皮：利尿消肿。用于水肿胀满，小便不利，暑热口渴，小便短赤。冬瓜子：清肺化痰，消痈排脓，利湿。用于痰热咳嗽，肺痈，肠痈，白浊，带下，脚气，水肿，淋证。

【用法用量】 冬瓜皮：内服，煎汤，9 ～ 30 克；或入散剂。外用，适量，煎水洗或研末调敷。冬瓜子：内服，煎汤，10 ～ 15 克；或研末。外用，适量，研膏涂敷。

【验方】①治肾炎，小便不利，全身水肿：冬瓜皮六钱，西瓜皮六钱，白茅根六钱，玉蜀黍蕊四钱，赤豆三两。水煎，一日三回分服。（《现代实用中药》）②治损伤腰痛：冬瓜皮烧研，酒服一钱。③治荨麻疹：冬瓜皮水煎，当茶喝。（《草医草药简便验方汇编》）

185. 南瓜 *Cucurbita moschata*（Duch. ex Lam.）Duch. ex Poiret

【别名】北瓜（《广州植物志》），番南瓜（《群芳谱》），饭瓜（《中国药用植物图鉴》），番瓜（《本草求原》），倭瓜（《植物名汇》）。

【形态】一年生蔓生草本；茎常节部生根，伸长达 2 ～ 5 米，密被白色短刚毛。叶柄粗壮，长 8 ～ 19 厘米，被短刚毛；叶片宽卵形或卵圆形，质稍柔软，有 5 角或 5 浅裂，稀钝，长 12 ～ 25 厘

米，宽 20～30 厘米，侧裂片较小，中间裂片较大，三角形，上面密被黄白色刚毛和茸毛，常有白斑，叶脉隆起，各裂片之中脉常延伸至顶端，成一小尖头，背面色较淡，毛更明显，边缘有小而密的细齿，顶端稍钝。卷须稍粗壮，与叶柄一样被短刚毛和茸毛，3～5 歧。雌雄同株。雄花单生；花萼筒钟形，长 5～6 毫米，裂片条形，长 1～1.5 厘米，被柔毛，上部扩大成叶状；花冠黄色，钟状，长 8 厘米，直径 6 厘米，5 中裂，裂片边缘反卷，具皱褶，先端急尖；雄蕊 3，花丝腺体状，长 5～8 毫米，花药靠合，长 15 毫米，药室折曲。雌花单生；子房 1 室，花柱短，柱头 3，膨大，顶端 2 裂。果梗粗壮，有棱和槽，长 5～7 厘米，瓜蒂扩大成喇叭状；瓠果形状多样，因品种而异，外面常有数条纵沟或无。种子多数，长卵形或长圆形，灰白色，边缘薄，长 10～15 毫米，宽 7～10 毫米。

【生境】栽培于屋边、园地及河滩边。喜温暖气候。不耐高温、不耐低温、喜光。对土壤要求不严格，宜选择土层深厚、保水保肥力强的土壤栽培。

【分布】产于新洲各地，均系栽培。全国各地普遍栽培。

【药用部位及药材名】种子（南瓜子）；叶（南瓜叶）；花（南瓜花）；卷须（南瓜须）；根（南瓜根）；瓜蒂（南瓜蒂）；茎（南瓜藤）；果瓤（南瓜瓤）。

【采收加工】种子（南瓜子）：食用南瓜时，收集成熟种子，除去瓤膜，晒干。叶（南瓜叶）：6—10 月采收，晒干或鲜用。花（南瓜花）：6—7 月开花时采收，鲜用或晒干。卷须（南瓜须）：6—10 月采收，鲜用。根（南瓜根）：6—10 月采挖，晒干或鲜用。瓜蒂（南瓜蒂）：采收果实时，切取瓜蒂，晒干。茎（南瓜藤）：6—10 月采收，鲜用或晒干备用。果瓤（南瓜瓤）：将成熟的南瓜剖开，取出瓜瓤，除去种子，鲜用。

【性味与归经】南瓜子：甘，平。归大肠经。南瓜叶：甘、微苦，凉。南瓜花：甘，凉。归脾、胃经。南瓜须：微苦，平。归肝经。南瓜根：甘、淡，平。归肝、膀胱经。南瓜藤：甘、苦，凉。归肝、胃、肺经。

南瓜瓤：甘，平。归脾经。

【功能主治】南瓜子：杀虫，下乳，利水消肿。用于绦虫病，蛔虫病，血吸虫病，钩虫病，蛲虫病，产后缺乳，产后手足水肿，百日咳，痔疮。南瓜叶：清热，解暑，止血。用于暑热口渴，热痢，外伤出血。南瓜花：清湿热，消肿毒。用于黄疸，痢疾，咳嗽，痈疽肿毒。南瓜根：利湿热，通乳汁。用于湿热淋证，黄疸，痢疾，乳汁不通。南瓜蒂：解毒，利水，安胎。用于痈疽肿毒，疔疮，烫伤，疮溃不敛，水肿腹水，胎动不安。南瓜藤：清肺，平肝，和胃，通络。用于肺痨低热，肝胃气痛，月经不调，火眼赤痛，水火烫伤。南瓜瓤：解毒，敛疮。用于痈肿疮毒，烫伤，创伤。

【用法用量】南瓜子：内服，煎汤，30～60克；研末或制成乳剂。外用，煎水熏洗。南瓜叶：内服，煎汤，60～90克。南瓜花：内服，煎汤，9～15克。外用，捣敷或研末调敷；或入散剂。南瓜藤：内服，煎汤，15～30克；或切断滴汁。外用，捣汁涂。南瓜根：内服，煎汤，15～30克。

【验方】①治胃痛：南瓜藤汁，冲红酒服。（《闽东本草》）②治蛔虫病：南瓜子（去壳留仁）一至二两，研碎，加开水、蜜或糖成为糊状，空心服。（《闽东本草》）③治营养不良，面色萎黄：南瓜子、花生仁、胡桃仁同服。（《四川中药志》）④治百日咳：南瓜子，瓦上炙焦，研细粉。赤砂糖汤调服少许，一日数回。（《江西中医药》）

186. 丝瓜 *Luffa aegyptiaca* Miller

【别名】天丝瓜（《本事方》），天罗瓜（《普济方》），虞刺、洗锅罗瓜（《本草纲目》），纯阳瓜（《滇南本草》）。

【形态】一年生攀援藤本；茎、枝粗糙，有棱沟，被微柔毛。卷须稍粗壮，被短柔毛，通常2～4歧。叶柄粗糙，长10～12厘米，具不明显的沟，近无毛；叶片三角形或近圆形，长、宽为10～20厘米，通常掌状5～7裂，裂片三角形，中间的较长，长8～12厘米，顶端急尖或渐尖，边缘有锯齿，基部深心形，弯缺深2～3厘米，宽2～2.5厘米，上面深绿色，粗糙，有疣点，下面浅绿色，有短柔毛，脉掌状，具白色的短柔毛。雌雄同株。雄花：通常15～20朵花，生于总状花序上部，花序梗稍粗壮，

长12～14厘米，被柔毛；花梗长1～2厘米，花萼筒宽钟形，直径0.5～0.9厘米，被短柔毛，裂片卵状披针形或近三角形，上端向外反折，长0.8～1.3厘米，宽0.4～0.7厘米，里面密被短柔毛，边缘尤为明显，外面毛被较少，先端渐尖，具3脉；花冠黄色，辐状，开展时直径5～9厘米，裂片长圆形，长2～4厘米，宽2～2.8厘米，里面基部密被黄白色长柔毛，外面具3～5条凸起的脉，脉上密被短柔毛，顶端钝圆，基部狭窄；雄蕊通常5，稀3，花丝长6～8毫米，基部有白色短柔毛，花初开放时稍靠合，最后完全分离，药室多回折曲。雌花：单生，花梗长2～10厘米；子房长圆柱状，有柔毛，柱头3，膨大。果实圆柱状，直或稍弯，长15～30厘米，直径5～8厘米，表面平滑，通常有深色纵条纹，未熟时肉质，

成熟后干燥，里面呈网状纤维，由顶端盖裂。种子多数，黑色，卵形，扁，平滑，边缘狭翼状。花果期夏、秋季。

【生境】 性喜温暖气候，耐高温、高湿，忌低温。对土壤适应性广，宜选择土层深厚、潮湿、富含有机质的沙壤土，不宜选择瘠薄的土壤。

【分布】 产于新洲各地，均系栽培。我国南、北各地普遍栽培。广泛栽培于世界温带、热带地区。云南南部有野生，但果较短小。

【药用部位及药材名】 干燥成熟果实的维管束（丝瓜络）。

【采收加工】 夏、秋二季果实成熟、果皮变黄、内部干枯时采摘，除去外皮和果肉，洗净，晒干，除去种子。

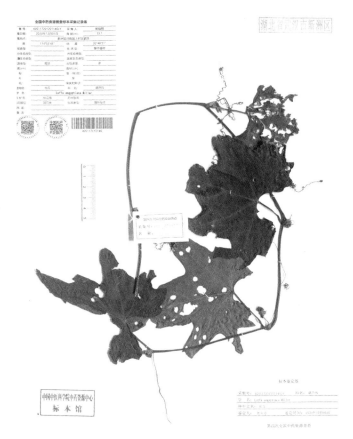

【性味与归经】 丝瓜络：甘，平。归肺、胃、肝经。丝瓜花：甘、微苦，寒。丝瓜根：甘，平。

【功能主治】 丝瓜络：祛风，通络，活血，下乳。用于痹痛拘挛，胸胁胀痛，乳汁不通，乳痈肿痛。丝瓜花：清热解毒，化痰止咳。用于肺热咳嗽，咽痛，鼻窦炎，疔疮肿毒，痔疮。丝瓜根：活血通络，清热解毒。用于偏头痛，腰痛，痹证，乳腺炎，鼻炎，鼻窦炎，喉风肿痛，肠风下血，痔漏。

【用法用量】 丝瓜络：内服，煎汤，4.5～9克。丝瓜花：内服，煎汤，6～9克。外用，适量，捣敷。丝瓜根：内服，煎汤，3～9克（鲜品30～60克）；或烧存性研末。外用，适量，煎水洗；或捣汁涂。

【验方】 ①治偏头痛：鲜丝瓜根三两，鸭蛋两个，水煮服。（《草药手册》）②治腰痛不止：丝瓜根烧存性，为末。每温酒服二钱。③治喉风肿痛：丝瓜根，以瓦瓶盛水浸饮之。④治乳腺炎：丝瓜根、黄花根、三叶木通根，水煎配酒服。（《草药手册》）⑤治慢性咽炎：取新鲜丝瓜花20克，洗净、撕成碎片，放入茶杯中，用沸水冲泡，加盖5～10分钟，待水温降至60℃以下时，再加入蜂蜜2匙（约20克）调匀，即可服用，每日1～2次。

187. 双边栝楼 *Trichosanthes rosthornii* Harms

【别名】 栝楼、中华栝楼（《中国植物志》）。

【形态】 攀援藤本；块根条状，肥厚，淡灰黄色，具横瘤状突起。茎具纵棱及槽，疏被短柔毛，有时具鳞片状白色斑点。叶片纸质，轮廓阔卵形至近圆形，长（6）8～12（20）厘米，宽（5）7～11（16）厘米，3～7深裂，通常5深裂，几达基部，裂片线状披针形、披针形至倒披针形，先端渐尖，边缘具短尖头状细齿，或偶尔具1～2粗齿，叶基心形，弯缺深1～2厘米，上表面深绿色，疏被短硬毛，背面淡绿色，无毛，密具颗粒状突起，掌状脉 5 ～ 7 条，上面凹陷，被短柔毛，背面凸起，侧脉弧曲，网结，细脉网状；叶柄长 2.5 ～ 4 厘米，具纵条纹，疏被微柔毛。卷须 2 ～ 3 歧。花雌雄异株。雄花或单生，或为总状花序，或两者并生；单花花梗长可达 7 厘米，总花梗长 8 ～ 10 厘米，顶端具 5 ～ 10 花；小苞片菱状倒卵形，长 6 ～ 14 毫米，宽 5 ～ 11 毫米，先端渐尖，中部以上具不规则的钝齿，基部渐狭，被微柔毛；小花梗长 5 ～ 8 毫米；花萼筒狭喇叭形，长 2.5 ～ 3（3.5）厘米，顶端直径约 7 毫米，中下部直径约 3 毫米，被短柔毛，裂片线形，长约 10 毫米，基部宽 1.5 ～ 2 毫米，先端尾状渐尖，全缘，被短柔毛；花冠白色，裂片倒卵形，长约 15 毫米，宽约 10 毫米，被短柔毛，顶端具丝状长流苏；花药柱长圆形，长 5 毫米，直径 3 毫米，花丝长 2 毫米，被柔毛。雌花单生，花梗长 5 ～ 8 厘米，被微柔毛；花萼筒圆筒形，长 2 ～ 2.5 厘米，直径 5 ～ 8 毫米，被微柔毛，裂片和花冠同雄花；子房椭圆形，长 1 ～ 2 厘米，直径 5 ～ 10 毫米，被微柔毛。果实球形或椭圆形，长 8 ～ 11 厘米，直径 7 ～ 10 厘米，光滑无毛，成熟时果皮及果瓤均橙黄色；果梗长 4.5 ～ 8 厘米。种子卵状椭圆形，扁平，长 15 ～ 18 毫米，宽 8 ～ 9 毫米，厚 2 ～ 3 毫米，褐色，距边缘稍远处具一圈明显的棱线。花期 6—8 月，果期 8—10 月。

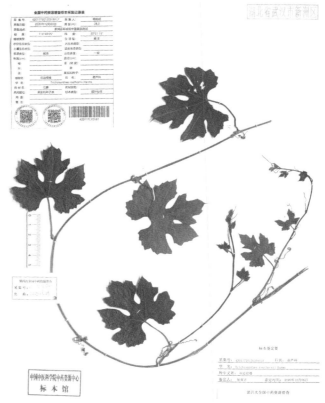

【生境】 生于海拔 25 ～ 1850 米的山谷密林、山坡灌丛及草丛中。

【分布】 产于新洲各地，多为栽培。分布于甘肃东南部、陕西南部、湖北西南部、四川东部、贵州、云南东北部、江西（寻乌）等地。

【药用部位及药材名】 干燥成熟果实（瓜蒌）；干燥成熟种子（瓜蒌子）；干燥成熟果皮（瓜蒌皮）；根（天花粉）。

【采收加工】 干燥成熟果实（瓜蒌）：秋季果实成熟时，连果梗剪下，置通风处阴干。干燥成熟种子（瓜蒌子）：秋季采摘成熟果实，剖开，取出种子，洗净，晒干。干燥成熟果皮（瓜蒌皮）：秋季采摘成熟果实，剖开，除去果瓤及种子，阴干。

【性味与归经】瓜蒌：甘、微苦，寒。归肺、胃、大肠经。瓜蒌子：甘、寒。归肺、胃、大肠经。瓜蒌皮：甘，寒。归肺、胃经。天花粉：甘、微苦，微寒。归肺、胃经。

【功能主治】瓜蒌：清热涤痰，宽胸散结，润燥滑肠。用于肺热咳嗽，痰浊黄稠，胸痹心痛，结胸痞满，乳痈，肺痈，肠痈，大便秘结。瓜蒌子：润肺化痰，滑肠通便。用于燥咳痰黏，肠燥便秘。瓜蒌皮：清热化痰，利气宽胸。用于痰热咳嗽，胸闷胁痛。天花粉：清热生津，消肿排脓。用于热病烦渴，肺热燥咳，内热消渴，疮疡肿毒。

【用法用量】瓜蒌：内服，煎汤，3～4钱；捣汁或入丸、散。外用，捣敷。瓜蒌子：内服，煎汤，9～12克；或入丸、散。外用，研末调敷。瓜蒌皮：内服，煎汤，3～4钱；或入散剂。外用，烧存性研末调敷。天花粉：内服，煎汤，10～15克。

【验方】①治肺热咳嗽、咳吐黄痰或浓痰，肺痈：瓜蒌皮二至四钱，大青叶三钱，冬瓜子四钱，生薏苡仁五钱，前胡一钱五分。煎汤服。②治胸痛，胁痛：瓜蒌皮四钱（胸痛配薤白头五钱，胁痛配丝瓜络三钱，枳壳一钱五分），煎汤服。③治乳痈肿痛：瓜蒌皮四钱，蒲公英五钱，煎汤服。（《上海常用中草药》）④治鼻咽炎：天花粉20克，鱼腥草15克，桔梗10克，薏苡仁20克，皂角刺10克。将上药研细末混匀，制成水丸，每次6克，每日两次。⑤治带状疱疹：天花粉50克，冰片5克，研末混匀，以生理盐水调成糊状敷患处，每日两次。⑥治老年口干症：天花粉12克，乌梅10克，玉竹30克，黄精15克，五味子5克。水煎，每日一剂，7日为一个疗程。⑦治糖尿病：天花粉、麦冬、葛根、生地黄、知母各15克，石膏50克，水煎服。每日两次，每日一剂，连服20～30剂。

【附注】脾胃虚寒、食少便溏及寒痰、湿痰者慎服。不宜与乌头类药材同用。

六十七、菱科 Trapaceae

188. 菱 *Trapa* bispinosa Roxb.

【别名】风菱、乌菱、菱实。

【形态】一年生浮水水生草本。根二型：着泥根细铁丝状，着生于水底水中；同化根，羽状细裂，裂片丝状。茎柔弱分枝。叶二型：浮水叶互生，聚生于主茎或分枝茎的顶端，呈旋叠状镶嵌排列在水面成莲座状的菱盘，叶片菱圆形或三角状菱圆形，长3.5～4厘米，宽4.2～5厘米，表面深亮绿色，无毛，背面灰褐色或绿色，主侧

脉在背面稍凸起，密被淡灰色或棕褐色短毛，脉间有棕色斑块，叶边缘中上部具不整齐的圆凹齿或锯齿，边缘中下部全缘，基部楔形或近圆形；叶柄中上部膨大不明显，长5～17厘米，被棕色或淡灰色短毛；

沉水叶小，早落。花小，单生于叶腋两性；萼筒4深裂，外面被淡黄色短毛；花瓣4，白色；雄蕊4；雌蕊，具半下位子房，2心皮，2室，每室具1倒生胚珠，仅1室胚珠发育；花盘鸡冠状。果三角状菱形，高2厘米，宽2.5厘米，表面具淡灰色长毛，2肩角直伸或斜举，肩角长约1.5厘米，刺角基部不明显粗大，腰角位置无刺角，丘状突起不明显，果喙不明显，果颈高1毫米，直径4～5毫米，内具1白色种子。花期5—10月，果期7—11月。

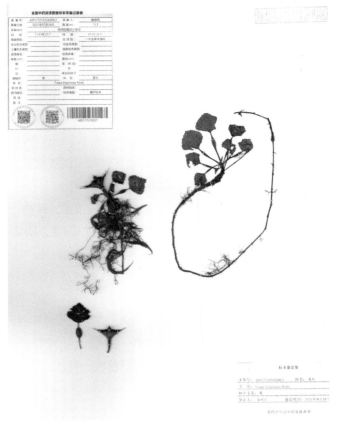

【生境】　生于湖湾、池塘、河湾。

【分布】　产于新洲各湖泊。分布于黑龙江、吉林、辽宁、陕西、河北、河南、山东、江苏、浙江、安徽、湖北、湖南、江西、福建、广东、广西等地水域。

【药用部位及药材名】　果肉（菱）；叶（菱叶）；果皮（菱壳）；茎（菱茎）；果肉捣汁澄出的淀粉（菱粉）；果柄（菱蒂）。

【采收加工】　果肉（菱）：8—9月采收，鲜用或晒干。叶（菱叶）：6—7月采收，鲜用或晒干。果皮（菱壳）：8—9月收集果皮，鲜用或晒干。茎（菱茎）：6—7月开花时采收，鲜用或晒干。果肉捣汁澄出的淀粉（菱粉）：果实成熟后采收，去壳，取其果肉，捣汁澄出淀粉，晒干。果柄（菱蒂）：采果时取其果柄，鲜用或晒干。

【性味与归经】　菱：甘，凉。归脾、胃经。菱叶：甘，凉。菱壳：甘、涩，平。菱茎：甘，凉。

【功能主治】　菱：健脾益胃，除烦止渴，解毒。用于脾虚泄泻，暑热烦渴，消渴，饮酒过度，痢疾。菱叶：清热利湿。用于小儿走马牙疳，疮肿。菱壳：涩肠止泻，止血，敛疮，解毒。用于泄泻，痢疾，胃溃疡，便血，脱肛，痔疮，疔疮。菱茎：清热利湿。用于胃溃疡，赘疣，疮毒。菱粉：补脾胃，强脚膝，健力益气，耐饥，行水，祛暑解毒。菱蒂：解毒散结。用于胃溃疡，赘疣。

【用法用量】　菱：内服，煎汤，9～15克，大剂量可用至60克；或生食。清暑热、除烦渴，宜生用；补脾益胃，宜熟用。菱壳：内服，煎汤，15～30克，大剂量可用至60克。外用，适量，烧存性研末调敷；或煎水洗。菱蒂：内服，煎汤，鲜品30～45克。外用，适量，鲜品擦拭或捣汁涂。菱茎：内服，煎汤，鲜品30～45克。外用，适量，捣烂敷、搽。

【验方】　①治子宫癌，胃癌：生菱，每日20～30个，加水适量，文火煮成浓褐色汤，分2～3次饮服。②治慢性泄泻，营养不良：菱（研粉）30～60克，大米100克，红糖适量，同煮粥佐膳。③治酒精中毒，口苦，烦渴，咽痛：鲜菱250克，连壳捣碎，加白糖60克，水煎后滤取汁液，1次服完。④治痔疮出血：鲜菱90克，捣烂后水煎服。⑤用于食管癌，胃癌，肠癌，乳腺癌，子宫癌食疗：菱50克，红枣20克，粳米100克，加清水适量，文火煮成稠粥，每日早、晚温热服之。⑥治小儿头部疮毒，亦可解酒：鲜菱茎（去叶及须根）120 克，水煎服。⑦治痢疾：红菱晒干研末，空腹服 10 克，红痢用老酒送下，白痢用米汤送下。⑧治赘疣（青年性扁平疣、多发性寻常疣）：鲜菱蒂（菱柄），涂擦患处，一日数次。

六十八、石榴科　Punicaceae

189. 石榴 *Punica granatum* L.

【别名】 安石榴（《博物志》），丹若（《酉阳杂俎》），金罂（《本草纲目》），花石榴、若榴木（《中国植物志》）。

【形态】 落叶灌木或乔木，高通常 3 ～ 5 米，稀达 10 米，枝顶常成尖锐长刺，幼枝具棱角，无毛，老枝近圆柱形。叶通常对生，纸质，矩圆状披针形，长 2 ～ 9 厘米，顶端短尖、钝尖或微凹，基部短尖至稍钝形，上面光亮，侧脉稍细密；叶柄短。花大，1 ～ 5 朵生于枝顶；萼筒长 2 ～ 3 厘米，通常红色或淡黄色，裂片略外展，卵状三角形，长 8 ～ 13 毫米，外面近顶端有 1 黄绿色腺体，边缘有小乳突；花瓣通常大，红色、黄色或白色，长 1.5 ～ 3 厘米，宽 1 ～ 2 厘米，顶端圆形；花丝无毛，长达 13 毫米；花柱长超过雄蕊。浆果近球形，直径 5 ～ 12 厘米，通常为淡黄褐色或淡黄绿色，有时白色，稀暗紫色。种子多数，钝角形，红色至乳白色，肉质的外种皮供食用。

【生境】 生于向阳山坡或栽培于庭园等处。

【分布】 产于新洲各地，多为栽培。原产于巴尔干半岛至伊朗及其邻近地区，全世界的温带和热带都有种植。我国栽培石榴的历史，可上溯至汉代，陆玑记载，石榴是张骞引入的。我国大部分地区有

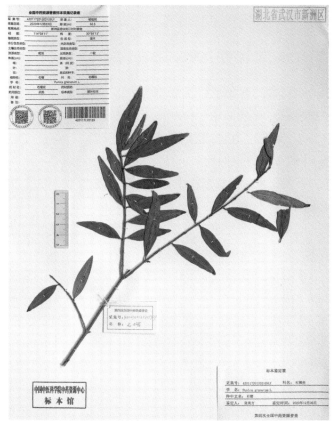

分布。

【药用部位及药材名】干燥果皮（石榴皮）。

【采收加工】秋季果实成熟后收集果皮，晒干。

【性味与归经】酸、涩，温。归大肠经。

【功能主治】涩肠止泻，止血，驱虫。用于久泻，久痢，便血，脱肛，崩漏，带下，虫积腹痛。

【用法用量】内服：煎汤，3～10克；或入丸、散。外用：适量，煎水熏洗，研末撒或调敷。

【验方】①治黄水疮：石榴皮10克，黄柏、枯矾各5克，将上药焙干研细末，混匀。以香油调成糊状，均匀涂于患处，每日1次。②治消化不良：鲜石榴皮50克，鲜山药30克，鸡内金10克，捣烂为泥状，敷于神阙穴，纱布覆盖，胶布固定，24小时换药1次。③治腹泻：石榴皮30克，赤石脂20克，肉豆蔻10克，麻黄10克，研末混匀。以醋调成糊状，敷于肚脐，胶布固定，每日1次。④治口舌生疮：石榴皮煅炭研末，冰片适量混匀，香油调涂患处，每日2次。⑤治痔疮：石榴皮、槐角煅炭，研成细末混匀，水泛为丸。每次用开水送服6克，每日2次。⑥治脱肛：石榴皮30克，五倍子20克，升麻12克，明矾15克，水煎，熏洗患处。早、晚各1次，每次20分钟。⑦治烧烫伤：石榴皮、藕节炭研细末，混匀。以麻油调成糊状，涂患处，每日2～3次。

六十九、野牡丹科 Melastomataceae

190. 金锦香 *Osbeckia chinensis* L. ex Walp.

【别名】紫金钟（《证治准绳》），大香炉（《生草药性备要》），杯子草、天香炉、朝天罐子（《中国植物志》），金石榴（《湖南药物志》）。

【形态】直立草本或亚灌木，高20～60厘米；茎四棱形，具紧贴的糙伏毛。叶片坚纸质，线形或线状披针形，极稀卵状披针形，顶端急尖，基部钝或几圆形，长2～4（5）厘米，宽3～8（15）毫米，全缘，两面被糙伏毛，3～5基出脉，于背面隆起，细脉不明显；叶柄短或几无，被糙伏毛。头状花序，顶生，有花2～8（10）朵，基部具叶状总苞2～6枚，苞片卵形，

被毛或背面无毛，无花梗，萼管长约6毫米，通常带红色，无毛或具1～5枚刺毛突起，裂片4，三角状披针形，与萼管等长，具缘毛，各裂片间外缘具1刺毛突起，果时随萼片脱落；花瓣4，淡紫红色或粉红色，倒卵形，长约1厘米，具缘毛；雄蕊常偏向1侧，花丝与花药等长，花药顶部具长喙，喙长为花药的1/2，药隔基部微膨大成盘状；子房近球形，顶端有刚毛16条。蒴果紫红色，卵状球形，4纵裂，宿存

萼坛状，长约 6 毫米，直径约 4 毫米，外面无毛或具少数刺毛突起。花期 7—9 月，果期 9—11 月。

【生境】　生于海拔 1100 米以下的荒山草坡、路旁、田地边或疏林下。

【分布】　产于新洲北部、东部丘陵及山区。分布于广西以东、长江流域以南各地。

【药用部位及药材名】　全草或根（天香炉）。

【采收加工】　8—11 月采收，切段，晒干。

【性味与归经】　辛、淡，平。归肺、脾、肝、大肠经。

【功能主治】　化痰利湿，祛瘀止血，解毒消肿。用于咳嗽哮喘，各种出血，痛经闭经，产后瘀滞腹痛，牙痛，小儿疳积，泄泻痢疾，风湿痹痛，脱肛，跌打肿痛，毒蛇咬伤。

【用法用量】　内服：煎汤，三钱至一两；捣汁、浸酒或研末。外用：适量，研末调敷、煎水洗或漱口。

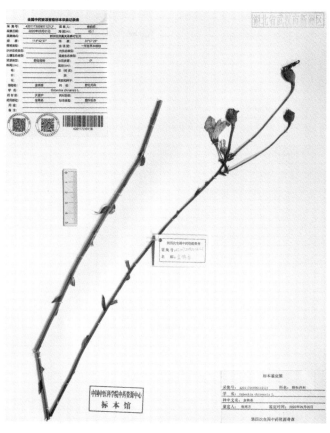

【验方】　①治赤白痢，泄泻：金石榴全草五钱至一两，水煎服。（《湖南药物志》）②治吐血：鲜金锦香一两，当归二钱，水煎服。（《泉州本草》）③治便血，下痢：金锦香、木槿花炖服。一方以金锦香一两，冰糖五钱，开水适量冲炖服。（《闽东本草》）④治脱肛：金锦香二至五钱，水煎服。（《闽东本草》）⑤治月经不调：金锦香干根一至二两，益母草三钱，水煎调酒、糖服。（《福建中草药》）

七十、柳叶菜科 Onagraceae

191. 柳叶菜 *Epilobium hirsutum* L.

【别名】　水朝阳花（《植物名实图考》），鸡脚参（《中国植物志》），绒棒紫花草、长角草、光明草（《全国中草药汇编》）。

【形态】　多年生粗壮草本，有时近基部木质化，在秋季自根颈常平卧生出长可达 1 米的粗壮地下匍匐根状茎，茎上疏生鳞片状叶，先端常生莲座状叶芽。茎高 25～120（250）厘米，粗 3～12（22）毫米，常在中上部分枝，周围密被伸展长柔毛，常混生较短而直的腺毛，尤花序上如此，稀密被白色绵毛。叶草质，对生，茎上部的互生，无柄，并多少抱茎；茎生叶披针状椭圆形至狭倒卵形或椭圆形，稀狭披针形，长 4～12（20）厘米，宽 0.3～3.5（5）厘米，先端锐尖至渐尖，基部近楔形，边缘每侧具 20～50 枚细锯齿，两面被长柔毛，有时在背面混生短腺毛，稀背面密被绵毛或近无毛，侧脉常不明显，每侧 7～9 条。总状花序直立；苞片叶状。花直立，花蕾卵状长圆形，长 4.5～9 毫米，直径 2.5～5 毫米；子房灰绿色至紫色，长 2～5 厘米，密被长柔毛与短腺毛，有时主要被腺毛，稀被绵毛并无腺毛；花梗长 0.3～1.5 厘米；花管长 1.3～2 毫米，直径 2～3 毫米，在喉部有一圈长白毛；萼片长圆状线形，长 6～12 毫米，宽 1～2 毫米，背面隆起成龙骨状，被毛如子房上的；花瓣常玫瑰红色，或粉红色、紫红色，宽倒心形，长 9～20 毫米，宽 7～15 毫米，先端凹缺，深 1～2 毫米；花药乳黄色，长圆形，长 1.5～2.5 毫米，宽 0.6～1 毫米；花丝外轮的长 5～10 毫米，内轮的长 3～6 毫米；花柱直立，长 5～12 毫米，白色或粉红色，无毛，稀疏生长柔毛；柱头白色，4 深裂，裂片长圆形，长 2～3.5 毫米，初时直立，彼此合生，开放时展开，不久下弯，外面无毛或有稀疏的毛，长稍高过雄蕊。蒴果长 2.5～9 厘米，被毛同子房上的；果梗长 0.5～2 厘米。种子倒卵状，长 0.8～1.2 毫米，直径 0.35～0.6 毫米，顶端具很短的喙，深褐色，表面具粗乳突；种缨长 7～10 毫米，黄褐色或灰白色，易脱落。花期 6—8 月，果期 7—9 月。

【生境】北京、南京、广州等许多城市有栽培；在黄河流域以北生于海拔（150）500～2000 米，在西南生于海拔（150）700～2800（3500）米河谷、溪流河床沙地或石砾地或沟边、湖边向阳湿处，也生

于灌丛、荒坡、路旁，常成片生长。

【分布】产于新洲东部山区。广布于我国温带与热带地区，吉林、辽宁、内蒙古、河北、山西、山东、河南、陕西、宁夏南部、青海东部、甘肃、新疆、安徽、江苏、浙江、江西、广东、湖南、湖北、四川、贵州、云南和西藏东部等地均有分布。

【药用部位及药材名】全草（柳叶菜）。

【采收加工】全年均可采，鲜用或晒干。

【性味与归经】柳叶菜：苦、淡，寒。归肝、胃经。柳叶菜根：苦，凉。归肝、胃经。柳叶菜花：苦，微甘，凉。归肝、胃经。

【功能主治】柳叶菜：清热解毒，利湿止泻，消食理气，活血接骨。用于湿热泻痢，食积，脘腹胀痛，牙痛，月经不调，闭经，带下，跌打骨折，疮肿，烫火伤，疥疮。柳叶菜根：疏风清热，解毒利咽，止咳，利湿。用于风热感冒，喑哑，咽喉肿痛，肺热咳嗽，水肿，淋痛，湿热泻痢，风湿热痹，疮痈，毒虫咬伤。柳叶菜花：清热止痛，调经止带。用于牙痛，咽喉肿痛，目赤肿痛，月经不调，带下。

【用法用量】柳叶菜：内服，煎汤，6～15克；或鲜品捣汁。外用，适量，捣敷。柳叶菜根：内服，煎汤，6～15克。柳叶菜花：内服，煎汤，9～15克。

【验方】①治肠炎：柳叶菜30克，水煎服。②治跌打损伤：鲜柳叶菜，捣烂敷患处或研粉调敷。③治疮疹瘙痒：鲜柳叶菜，捣烂绞汁，洗患处或煎水洗。

七十一、五加科 Araliaceae

192. 细柱五加 *Acanthopanax gracilistylus* W. W. Smith

【别名】五叶木、白刺尖、五叶路刺、白簕树（《中国植物志》）。

【形态】落叶灌木，有时蔓生状，高2～3米。茎直立或攀援，枝无刺或在叶柄基部单生扁平的刺。叶互生或簇生于短枝上；叶柄长4～9厘米，光滑或疏生小刺，小叶无柄；掌状复叶，小叶5枚，稀3～4枚，中央1枚较大，两侧小叶渐次较小，倒卵形至披针形，长3～8厘米，宽1.5～4厘米，先端尖或短渐尖，基部楔形，边缘有钝细锯齿，两面无毛或仅沿脉上有锈色茸毛。伞形花序，腋生或单生于短枝末梢，花序柄长1～3厘米，果时伸长；花多数，黄绿色，直径约2厘米，花柄柔细，光滑，长6～10毫米；萼边缘有5齿，裂片三角形，直立或平展；花瓣5，着生于肉质花盘的周围，卵状三角形，顶端尖，开放后

反卷；雄蕊 5；子房下位，2 室（稀 3 室）；花柱 2（稀 3），丝状，分离，开展。核果浆果状，扁球形，侧向压扁，直径约 5 毫米，成熟时黑色。种子 2 粒，半圆形，扁平细小，淡褐色。花期 5—7 月，果期 7—10 月。

【生境】 生于林缘、路边或灌丛中。

【分布】 产于新洲东部山区。分布于陕西、河南、山东、安徽、江苏、浙江、江西、湖北、湖南、四川、云南、贵州、广西和广东等地。

【药用部位及药材名】 干燥根皮（五加皮）。

【采收加工】 夏、秋二季采挖根部，洗净，剥取根皮，晒干。

【性味与归经】 辛、苦，温。归肝、肾经。

【功能主治】 祛风除湿，补益肝肾，强筋壮骨，利水消肿。用于风湿痹病，筋骨痿软，小儿行迟，体虚乏力，水肿，脚气。

【用法用量】 内服：煎汤，4.5 ～ 9 克；浸酒或入丸、散。外用：适量，捣敷。

【验方】 ①治水肿，小便不利：五加皮、陈皮、生姜皮、茯苓皮、大腹皮各 9 克，水煎服。（《陕甘宁青中草药选》）②治皮肤、阴部湿痒：五加皮适量，煎汤外洗。（《青岛中草药手册》）③治一切风湿痿痹，壮筋骨，填精髓：五加皮，洗刮去骨，煎汁和曲米酿成饮之；或切碎袋盛，浸酒煮饮，或加当归、牛膝、地榆诸药。（《本草纲目》五加皮酒）

193. 楤木 *Aralia elata*（Miq.）Seem.

【别名】 鹊不踏（《本草纲目》），刺老鸦、刺龙牙、湖北楤木（《中国植物志》），鸟不宿（《北方常用中草药手册》）。

【形态】 灌木或小乔木，高 1.5 ～ 6 米，树皮灰色；小枝灰棕色，疏生多数细刺；刺长 1 ～ 3 毫米，基部膨大；嫩枝上常有长达 1.5 厘米的细长直刺。叶为二回或三回羽状复叶，长 40 ～ 80 厘米；叶柄长 20 ～ 40 厘米，无毛；托叶和叶柄基部合生，先端离生部分线形，长约 3 毫米，

边缘有纤毛；叶轴和羽片轴基部通常有短刺；羽片有小叶 7～11，基部有小叶 1 对；小叶片薄纸质或膜质，阔卵形、卵形至椭圆状卵形，长 5～15 厘米，宽 2.5～8 厘米，先端渐尖，基部圆形至心形，稀阔楔形，上面绿色，下面灰绿色，无毛或两面脉上有短柔毛和细刺毛，边缘疏生锯齿，有时为粗大齿或细锯齿，稀为波状，侧脉 6～8 对，两面明显，网脉不明显；小叶柄长 3～5 毫米，稀长达 1.2 厘米，顶生小叶柄长达 3 厘米。圆锥花序长 30～45 厘米，伞房状；主轴短，长 2～5 厘米，分枝在主轴顶端指状排列，密生灰色短柔毛；伞形花序直径 1～1.5 厘米，有花多数或少数；总花梗长 0.8～4 厘米，花梗长 6～7 毫米，均密生短柔毛；苞片和小苞片披针形，膜质，边缘有纤毛，前者长 5 毫米，后者长 2 毫米；花黄白色；萼无毛，长 1.5 毫米，边缘有 5 个卵状三角形小齿；花

瓣 5，长 1.5 毫米，卵状三角形，开花时反曲；子房 5 室；花柱 5，离生或基部合生。果实球形，黑色，直径 4 毫米，有 5 棱。花期 6—8 月，果期 9—10 月。

【生境】 生于森林、灌丛或林缘路边，垂直分布于海滨至海拔 2700 米处。

【分布】 产于新洲东部山区。我国分布广，北自甘肃南部（天水），陕西南部（秦岭南坡），山西南部（垣曲、阳城），河北中部（小五台山、阜平）起，南至云南西北部（宾川）、中部（昆明、嵩明），广西西北部（凌云）、东北部（兴安），广东北部（新丰）和福建西南部（龙岩）、东部（福州），西起云南西北部（贡山），东至海滨的广大区域，均有分布。

【药用部位及药材名】 茎皮或茎（楤木）；根及根皮（楤木根）；楤木树皮的韧皮部（楤木白皮）；嫩叶（楤木叶）；花（楤木花）。

【采收加工】 茎皮或茎（楤木）：栽植 2～3 年幼苗成林后采收，晒干或鲜用；根及根皮（楤木根）：9—10 月挖根，或剥取根皮晒干。楤木树皮的韧皮部（楤木白皮）：全年可采。嫩叶（楤木叶）：4—7 月采收，鲜用或晒干。花（楤木花）：7—9 月花开时采收，阴干。

【性味与归经】 楤木：辛、苦，平。归肝、胃、肾经。楤木根：辛、苦，平。归脾、肾经。楤木白皮：微咸，温。归肝、心、肾经。楤木叶：甘、微苦，平。楤木花：苦、涩，平。

【功能主治】 楤木：祛风除湿、活血散瘀。用于风湿痹痛，水肿，胃脘痛，胃、十二指肠溃疡，跌打损伤。楤木根：祛风除湿，散瘀消肿。用于感冒，咳嗽，风湿痹痛，淋证，水肿，臌胀，黄疸，痢疾，带下，跌打损伤，阴疽，瘰疬，瘀血闭经，崩漏，牙疳，痔疮。楤木白皮：补腰肾，壮筋骨，舒筋活血，散瘀止痛。用于风湿痹痛，跌打损伤。楤木叶：利水消肿。用于水肿，臌胀。楤木花：止血。用于吐血。

【用法用量】楤木根：内服，煎汤，15～30克；或浸酒。外用，适量，捣敷。楤木白皮：内服，煎汤，9～15克。外用，适量，捣敷。楤木叶：内服，煎汤，15～30克。外用，适量，捣烂敷。楤木花：内服，煎汤，9～15克。

【验方】①治风湿性关节痛：楤木白皮五钱，加水一碗，黄酒半碗，煎成一碗，早、晚各服一剂，连服数日，痛止后再服三日。（《浙江民间常用草药》）②治肾炎水肿：楤木根一至二两，酌加水煎，日服两次。（《福建民间草药》）③治肝硬化腹水：楤木根四两，瘦猪肉四两。水炖，服汤食肉。（《江西草药》）④治虚肿：楤木根皮一两，炖肉，不放盐食。（《云南中草药》）⑤治胃痛，胃溃疡，糖尿病：楤木根皮三至五钱，水煎，连服数日。（《南京地区常用中草药》）⑥治遗精：楤木根皮一两，水煎去渣，加猪瘦肉炖服。（《江西草药》）⑦治淋浊：刺老包根（楤木根）一两，煮水服。（《贵阳民间药草》）

194. 常春藤 *Hedera nepalensis* var. *sinensis*（Tobl.）Rehd.

【别名】土鼓藤（《本草拾遗》），三角藤（《履巉岩本草》），爬树藤、爬崖藤、中华常春藤（《中国植物志》）。

【形态】常绿攀援灌木；茎长3～20米，灰棕色或黑棕色，有气生根；一年生枝疏生锈色鳞片，鳞片通常有10～20条辐射肋。叶片革质，在不育枝上通常为三角状卵形或三角状长圆形，稀三角形或箭形，长5～12厘米，宽3～10厘米，先端短渐尖，基部截形，稀心形，边缘全缘或3裂；花枝上的叶片通常为椭圆状卵形至椭圆状披针形，略歪斜而带菱形，稀卵形或披针形，极稀为阔卵形、圆卵形或箭

形，长5～16厘米，宽1.5～10.5厘米，先端渐尖或长渐尖，基部楔形或阔楔形，稀圆形，全缘或有1～3浅裂，上面深绿色，有光泽，下面淡绿色或淡黄绿色，无毛或疏生鳞片，侧脉和网脉两面均明显；叶柄细长，长2～9厘米，有鳞片，无托叶。伞形花序单个顶生，或2～7个总状排列或伞房状排列成圆锥花序，直径1.5～2.5厘米，有花5～40朵；总花梗长1～3.5厘米，通常有鳞片；苞片小，三角形，长1～2毫米；花梗长0.4～1.2厘米；花淡黄白色或淡绿白色，芳香；萼密生棕色鳞片，长2毫米，边缘近全缘；花瓣5，三角状卵形，长3～3.5毫米，外面有鳞片；雄蕊5，花丝长2～3毫米，花药紫色；子房5室；花盘隆起，黄色；花柱全部合生成柱状。果实球形，红色或黄色，直径7～13毫米；宿存花柱长1～1.5毫米。花期9—11月，果期次年3—5月。

【生境】常攀援于林缘树木上、林下路旁、岩石和房屋墙壁上，庭园中也常栽培。垂直分布于海拔数十米至3500米处（四川大凉山、云南贡山）。

【分布】产于新洲东部山区，庭园有栽培。我国分布广，北自甘肃东南部、陕西南部、河南、山东，南至广东（海南岛除外）、江西、福建，西自西藏波密，东至江苏、浙江的广大区域内均有生长。

【药用部位及药材名】茎叶（常春藤）；果实（常春藤子）。

【采收加工】茎叶（常春藤）：9—11 月采收，晒干。果实（常春藤子）：果实成熟时采收，晒干。

【性味与归经】常春藤：辛、苦，平。归肝、脾、肺经。常春藤子：甘、苦，温。

【功能主治】常春藤：祛风，利湿，和血，解毒。用于风湿痹痛，头痛，头晕，肝炎，跌打损伤，咽喉肿痛，痈肿流注，蛇虫咬伤。常春藤子：补肝肾，强腰膝，解毒消肿。用于体虚羸弱，腰膝酸软，脘腹冷痛，肿毒。

【用法用量】常春藤：内服，煎汤，3～9 克；浸酒或捣汁。外用，煎水洗或捣敷。常春藤子：内服，煎汤，3～9 克；或浸酒。

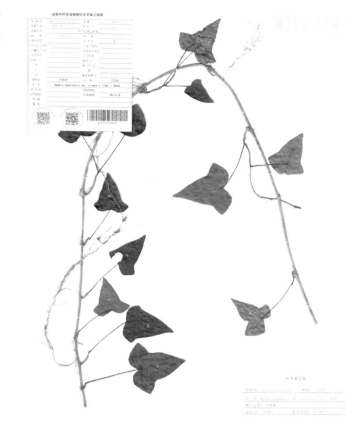

【验方】①治肝炎：常春藤、败酱草，水煎服。（《草药手册》）②治风湿性关节痛及腰部酸痛：常春藤茎及根三至四钱，黄酒、水各半煎服；并用水煎汁洗患处。（《浙江民间常用草药》）③治口眼歪斜：常春藤五钱，白风藤五钱，钩藤七个，泡酒一斤。每服药酒五钱，或蒸酒适量服用。（《贵阳民间药草》）

七十二、伞形科 Umbelliferae

195. 旱芹 *Apium graveolens* L.

【别名】香芹、蒲芹（《本草推陈》），药芹、水英（《中国药用植物图鉴》），芹菜（《滇南本草》）。

【形态】二年生或多年生草本，高15～150 厘米，有强烈香气。根圆锥形，支根多数，褐色。茎直立，光滑，有少数分枝，并有棱角和直槽。根生叶有柄，柄长2～26 厘米，基部略扩大成膜质叶鞘；

叶片轮廓为长圆形至倒卵形，长 7～18 厘米，宽 3.5～8 厘米，通常 3 裂达中部或 3 全裂，裂片近菱形，边缘有圆锯齿或锯齿，叶脉两面隆起；较上部的茎生叶有短柄，叶片轮廓为阔三角形，通常分裂为 3 小叶，小叶倒卵形，中部以上边缘疏生钝锯齿至缺刻。复伞形花序顶生或与叶对生，花序梗长短不一，有时缺少，通常无总苞片和小总苞片；伞辐细弱，3～16，长 0.5～2.5 厘米；小伞形花序有花 7～29，花柄长 1～1.5 毫米，萼齿小或不明显；花瓣白色或黄绿色，卵圆形，长约 1 毫米，宽 0.8 毫米，顶端有内折的小舌片；花丝与花瓣等长或稍长于花瓣，花药卵圆形，长约 0.4 毫米；花柱基扁压，花柱幼时极短，成熟时长约 0.2 毫米，向外反曲。分生果圆形或长椭圆形，长约 1.5 毫米，宽 1.5～2 毫米，果棱尖锐，合生面略收缩；每棱槽内有油管 1，合生面有油管 2，胚乳腹面平直。花期 4—7 月。

【生境】　多为栽培。

【分布】　新洲多地有栽培。我国南北各地均有栽培。

【药用部位及药材名】　带根全草（旱芹）。

【采收加工】　4—7 月采收，多为鲜用。

【性味与归经】　甘、辛、微苦，凉。归肝、胃、肺经。

【功能主治】　平肝，清热，祛风，利水，止血，解毒。用于肝阳眩晕，风热头痛，咳嗽，黄疸，小便淋痛，尿血，崩漏，带下，疮疡肿毒。

【用法用量】　内服：煎汤，9～15 克（鲜品 30～60 克）；或绞汁，或入丸剂。外用：捣汁；或煎水洗。

【验方】　①治早期原发性高血压：鲜芹菜四两，马兜铃三钱，大、小蓟各五钱。制成流浸膏，每次 10 毫升，日服三次。（《陕西草药》）②治痈肿：鲜芹菜一至二两，散血草、红泽兰、铧头草各适量。共捣烂，敷痈肿处。（《陕西草药》）

196. 柴胡 *Bupleurum chinense* DC.

【别名】　竹叶柴胡（《植物名实图考》），韭叶柴胡、烟台柴胡、硬苗柴胡（《中国植物志》）。

【形态】　多年生草本，高 50～85 厘米。主根较粗大，棕褐色，质坚硬。茎单一或数茎，表面有细纵槽纹，实心，上部多回分枝，微作"之"字形曲折。基生叶倒披针形或狭椭圆形，长 4～7 厘米，宽 6～8 毫米，顶端渐尖，基部收缩成柄，早枯落；茎中部叶倒披针形或广线状披针形，长 4～12 厘米，宽 6～18 毫米，有时达 3 厘米，顶端渐尖或急尖，有短芒尖头，基部收缩成叶鞘抱茎，脉 7～9，叶表面鲜绿色，背面淡绿色，常有白霜；茎顶部叶同型，但更小。复伞形花序很多，花序梗细，常水平伸出，形成疏松的圆锥状；总苞片 2～3，或无，甚小，狭披针形，长 1～5 毫米，宽 0.5～1 毫米，3 脉，很少 1 或 5 脉；伞辐 3～8，纤细，不等长，长 1～3 厘米；小总苞片 5，披针形，长 3～3.5 毫米，宽 0.6～1 毫米，顶端尖锐，3 脉，向叶背凸出；小伞直径 4～6 毫米，花 5～10；花柄长 1 毫米；花直径 1.2～1.8 毫米；花瓣鲜黄色，上部向内折，中肋隆起，小舌片矩圆形，顶端 2 浅裂；花柱基深黄色，宽于子房。果广椭圆形，棕色，两侧略扁，长约 3 毫米，宽约 2 毫米，棱狭翼状，淡棕色，每棱槽有油管 3，很少 4，合生面有油管 4。花期 9 月，果期 10 月。

【生境】 生于向阳山坡路边、岸旁或草丛中。

【分布】 产于新洲东部山区。分布于我国东北、华北、西北、华东和华中各地。

【药用部位及药材名】干燥根（柴胡）。

【采收加工】 春、秋二季采挖，除去茎叶和泥沙，干燥。

【性味与归经】辛、苦，微寒。归肝、胆、肺经。

【功能主治】 疏散退热，疏肝解郁，升举阳气。用于感冒发热，寒热往来，胸胁胀痛，月经不调，子宫脱垂，脱肛。

【用法用量】内服：煎汤，3～9 克。

【验方】①治感冒发热：柴胡 24 克，金银花、黄芩、连翘各 15 克，生石膏（打碎）30 克，知母、生甘草各 10 克。每日 1 剂，水煎服（即水煎 2 次取汁混匀，分早、晚 2 次温服。下同）。②治风寒感冒：柴胡 5～15 克，陈皮 8 克，芍药 10 克，防风、甘草各 5 克，生姜 3～5 片。每日 1 剂，水煎热服。③治流行性感冒：柴胡 12 克，黄芩、半夏各 10 克，太子参、炙甘草各 5 克，生姜 6 克，大枣 3 枚（去核），板蓝根 15 克。每日 1 剂，水煎服。④治急、慢性胆囊炎：柴胡 24 克，黄芩、半夏、党参、白芍、延胡索、郁金各 15 克，枳实 12 克，川楝子 9 克，大枣 10 克。每日 1 剂，水煎服。

197. 积雪草 *Centella asiatica*（L.）Urban

【别名】 地钱草（《新修本草》），落得打（《本草纲目拾遗》），地棠草（《植物名实图考》），铁灯盏、铜钱草（《中国植物志》）。

【形态】 多年生草本，茎匍匐，细长，节上生根。叶片膜质至草质，圆形、肾形或马蹄形，长1～2.8厘米，宽1.5～5厘米，边缘有钝锯齿，基部阔心形，两面无毛或在背面脉上疏生柔毛；掌状脉5～7，两面隆起，脉上部分叉；叶柄长1.5～2.7厘米，无毛或上部有柔毛，基部叶鞘透明，膜质。伞形花序梗2～4个，聚生于叶腋，长0.2～1.5厘米，有或无毛；苞片通常2，很少3，卵形，膜质，长3～4毫米，宽2.1～3毫米；每一伞形花序有花3～4，聚集呈头状，花无柄或有1毫米长的短柄；花瓣卵形，紫红色或乳白色，膜质，长1.2～1.5毫米，宽1.1～1.2毫米；花柱长约0.6毫米；花丝短于花瓣，与花柱等长。果实两侧扁压，圆球形，基部心形至平截形，长2.1～3毫米，宽2.2～3.6毫米，每侧有纵棱数条，棱间有明显的小横脉，网状，表面有毛或平滑。花果期4—10月。

【生境】 喜生于阴湿的草地或水沟边，海拔1900米以下。

【分布】 产于新洲北部、东部丘陵及山区。分布于陕西、江苏、安徽、浙江、江西、湖南、湖北、福建、台湾、广东、广西、四川、云南等地。

【药用部位及药材名】 干燥全草（积雪草）。

【采收加工】 夏、秋二季采收，除去泥沙，晒干。

【性味与归经】 苦、辛，寒。归肝、脾、肾经。

【功能主治】 清热利湿，解毒消肿。用于湿热黄疸，中暑腹泻，石淋血淋，痈肿疮毒，跌扑损伤。

【用法用量】 内服：煎汤，15～30克；鲜品加倍。

【验方】 ①治湿热黄疸：积雪草一两，冰糖一两，水煎服。（《江西民间草药》）

②治中暑腹泻：积雪草鲜叶搓成小团，嚼细，开水吞服一至二团。（《浙江民间常用草药》）③治石淋：积雪草一两，第二次的淘米水煎服。（《江西民间草药验方》）④治血淋：积雪草、益母草根各一把。捣烂绞汁，和冰糖一两，一次炖服。（《闽东本草》）⑤治小便不通：鲜积雪草一两，捣烂贴肚脐，小便通即去药。（《闽东本草》）⑥治肝脏肿大：积雪草每次八两至一斤，水煎服。（《岭南草药志》）⑦治麻疹：积雪草一至二两，水煎服。（《常用中草药手册》广州部队后勤部卫生部编）

198. 蛇床 *Cnidium monnieri*（L.）Cuss.

【别名】马床（《广雅》），思益（《名医别录》），山胡萝卜、蛇米、蛇粟（《中国植物志》）。

【形态】一年生草本，高 10～60 厘米。根圆锥状，较细长。茎直立或斜上，多分枝，中空，表面具深条棱，粗糙。下部叶具短柄，叶鞘短宽，边缘膜质，上部叶柄全部鞘状；叶片轮廓卵形至三角状卵形，长 3～8 厘米，宽 2～5 厘米，二至三回三出式羽状全裂，羽片轮廓卵形至卵状披针形，长 1～3 厘米，宽 0.5～1 厘米，先端常略呈尾状，末回裂片线形至线状披针形，长 3～10 毫米，宽 1～1.5 毫米，具小尖头，边缘及脉上粗糙。复伞形花序直径 2～3 厘米；总苞片 6～10，线形至线状披针形，长约 5 毫米，边缘膜质，具细毛；伞辐 8～20，不等长，长 0.5～2 厘米，棱上粗糙；小总苞片多数，线形，长 3～5 毫米，边缘具细毛；小伞形花序具花 15～20，萼齿无；花瓣白色，先端具内折小舌片；花柱基略隆起，花柱长 1～1.5 毫米，向下反曲。分生果长圆状，长 1.5～3 毫米，宽 1～2 毫米，横剖面近五角形，主棱 5，均扩大成翅；每棱槽内有油管 1，合生面有油管 2；胚乳腹面平直。花期 4—7 月，果期 6—10 月。

【生境】生于田边、路旁、草地及河边湿地。

【分布】产于新洲各地。分布于华东、

中南、西南、西北、华北、东北地区。

【药用部位及药材名】　干燥成熟果实（蛇床子）。

【采收加工】　夏、秋二季果实成熟时采收，除去杂质，晒干。

【性味与归经】　辛、苦，温；有小毒。归肾经。

【功能主治】　燥湿祛风，杀虫止痒，温肾壮阳。用于阴痒带下，湿疹瘙痒，湿痹腰痛，肾虚阳痿，宫冷不孕。

【用法用量】　内服：煎汤，3～9克。外用：适量，多煎汤熏洗，或研末调敷。

【验方】　①治阳痿：菟丝子、蛇床子、五味子各等份。上三味，末之，蜜丸如梧子。饮服三十丸，日三。（《千金方》）②治滴虫性阴道炎：a.蛇床子五钱，煎水灌洗阴道。（《草药手册》）b.蛇床子一两，黄柏三钱。以甘油明胶为基质做成（2克重）栓剂，每日阴道内放置一枚。（《中草药新医疗法资料选编》）③治阴囊湿疹：蛇床子五钱，煎水洗阴部。（《草药手册》）

199. 芫荽 *Coriandrum sativum* L.

【别名】　香菜（《中国植物志》），香荽（《本草拾遗》），莞荽（《普济方》），满天星（《湖南药物志》）。

【形态】　一年生或二年生，有强烈气味的草本，高20～100厘米。根纺锤形，细长，有多数纤细的支根。茎圆柱形，直立，多分枝，有条纹，通常光滑。根生叶有柄，柄长2～8厘米；叶片一或二回羽状全裂，羽片广卵形或扇形半裂，长1～2厘米，宽1～1.5厘米，边缘有钝锯齿、缺刻或深裂，上部的茎生叶三回至多回羽状分裂，末回裂片狭线形，长5～10毫米，宽0.5～1毫米，顶端钝，全缘。伞形花

序顶生或与叶对生，花序梗长2～8厘米；伞辐3～7，长1～2.5厘米；小总苞片2～5，线形，全缘；小伞形花序有孕花3～9，花白色或带淡紫色；萼齿通常大小不等，小的卵状三角形，大的长卵形；花瓣倒卵形，长1～1.2毫米，宽约1毫米，顶端有内凹的小舌片，辐射瓣长2～3.5毫米，宽1～2毫米，通常全缘，有3～5脉；花丝长1～2毫米，花药卵形，长约0.7毫米；花柱幼时直立，果熟时向外反曲。果实圆球形，背面主棱及相邻的次棱明显。胚乳腹面内凹。油管不明显，或有1个位于次棱的下方。花果期4—11月。

【生境】　生于土壤结构好、保肥保水性能强、有机质含量高的土壤。

【分布】　新洲各地有栽培。原分布于欧洲地中海地区，我国西汉（公元前1世纪）时张骞从西域带回。现我国河北、山东、安徽、江苏、浙江、江西、湖南、广东、广西、陕西、四川、贵州、云南、西藏等地均有栽培。

【药用部位及药材名】　带根全草（胡荽）。

【采收加工】 3—5 月采收，晒干。

【性味与归经】 辛，温。归肺、脾、肝经。

【功能主治】 发表透疹，消食开胃，止痛解毒。用于风寒感冒，麻疹透发不畅，食积，脘腹胀痛，呕恶，头痛，牙痛，脱肛，丹毒，疮肿初起，蛇咬伤。

【用法用量】 内服：煎汤，9 ～ 15 克（鲜品 15 ～ 30 克）；或捣汁。外用：煎汤洗；或捣敷。

【验方】 ①治风寒感冒，头痛鼻塞：紫苏叶 6 克，生姜 6 克，芫荽 9 克，水煎服。（《甘肃中草药手册》）②治咯血：芫荽、海藻等量洗净泥沙，加适量油盐煮 3 ～ 4 小时，每日吃 3 次，每次 1 碗。（《湖南药物志》）③治消化不良，腹胀：鲜芫荽全草 30 克，水煎服。④治虚寒胃痛：鲜芫荽 15 ～ 24 克，酒水煎服。（③④出自《福建中草药》）⑤治胃寒胀痛：芫荽 15 克，胡椒 15 克，艾叶 6 克，水煎服。（《四川中药志》）

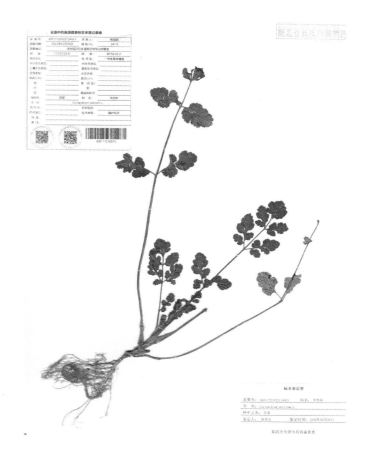

200. 野胡萝卜 *Daucus carota* L.

【别名】 鹤虱草（《中国植物志》）。

【形态】 二年生草本，高 15 ～ 120 厘米。茎单生，全体有白色粗硬毛。基生叶薄膜质，长圆形，二至三回羽状全裂，末回裂片线形或披针形，长 2 ～ 15 毫米，宽 0.5 ～ 4 毫米，顶端尖锐，有小尖头，光滑或有糙硬毛；叶柄长 3 ～ 12 厘米；茎生叶近无柄，有叶鞘，末回裂片小或细长。复伞形花序，花序梗长 10 ～ 55 厘米，有糙硬毛；总苞有多数苞片，呈叶状，羽状分裂，少有不裂的，裂片线形，长 3 ～ 30 毫米；伞辐多数，长 2 ～ 7.5 厘米，结果时外缘的伞辐向内弯曲；小总苞片 5 ～ 7，线形，不分裂或 2 ～ 3 裂，边缘膜质，具纤毛；花通常白色，有时带淡红色；花柄不等长，长 3 ～ 10 毫米。果实卵圆形，长 3 ～ 4 毫米，宽 2 毫米，棱上有白色刺毛。花期 5—7 月。

【生境】 生于山坡路旁、旷野或田间。

【分布】 产于新洲各地。分布于四川、贵州、湖北、江西、安徽、江苏、浙江等地。

【药用部位及药材名】 干燥成熟果实（南鹤虱）。

【采收加工】 秋季果实成熟时割取果枝，晒干，打下果实，除去杂质。

【性味与归经】 苦、辛，平；有小毒。归脾、胃经。

【功能主治】　杀虫消积。用于蛔虫病，蛲虫病，绦虫病，虫积腹痛，小儿疳积。

【用法用量】　内服：煎汤，3～9克。

201. 水芹 *Oenanthe javanica*（Bl.）DC.

【别名】　楚葵（《尔雅》），水英（《神农本草经》），野芹菜（《中国植物志》），水芹菜（《滇南本草》）。

【形态】　多年生草本，高 15～80 厘米，茎直立或基部匍匐。基生叶有柄，柄长达 10 厘米，基部有叶鞘；叶片轮廓三角形，一至二回羽状分裂，末回裂片卵形至菱状披针形，长 2～5 厘米，宽 1～2 厘米，边缘有齿或圆齿状锯齿；茎上部叶无柄，裂片和基生叶的裂片相似，较小。复伞形花序顶生，花序梗长 2～16 厘米；无总苞；伞辐 6～16，不等长，长 1～3 厘米，直立和展开；小总苞片 2～8，线形，长 2～4 毫米；小伞形花序有花 20 余朵，花柄长 2～4 毫米；萼齿线状披针形，长与花柱基相等；花瓣白色，倒卵形，长 1 毫米，宽 0.7 毫米，有一长而内折的小舌片；花柱基圆锥形，花柱直立或两侧分开，长 2 毫米。果实近于四角状椭圆形或筒状长圆形，长 2.5～3 毫米，宽 2 毫米，侧棱较背棱和中棱隆起，木栓质，分生果横剖面近

于五边状的半圆形；每棱槽内有油管 1，合生面有油管 2。花期 6—7 月，果期 8—9 月。

【生境】多生于浅水低洼地方或池沼、水沟旁。

【分布】产于新洲各地。我国各地有分布。

【药用部位及药材名】全草（水芹）。

【采收加工】9—10 月采割地上部分，鲜用或晒干。

【性味与归经】辛、甘，凉。归肺、肝、膀胱经。

【功能主治】清热解毒，利尿，止血。用于感冒，烦渴，水肿，小便不利，淋痛，尿血便血，吐血衄血，崩漏，目赤，咽痛，口疮牙疳，乳痈，瘰疬，疖腮，带状疱疹，麻疹不透，痔疮，跌打伤肿。

【用法用量】内服：煎汤，30 ～ 60克；或捣汁。外用：捣敷；或捣汁涂。

【验方】①治感冒发热，咳嗽，神经痛，高血压：鲜水芹菜 15 ～ 30 克，煎服或捣汁服。（《红河中草药》）②治小儿霍乱吐痢：水芹叶细切，煮熟饮汁。（《子母秘录》）③治带状疱疹：鲜水芹全草捣汁，和鸡蛋白拌匀搽患处。（《浙江民间常用草药》）④治痔疮：鲜水芹 30 克，猪肠 250 克，水炖服。（《福建药物志》）

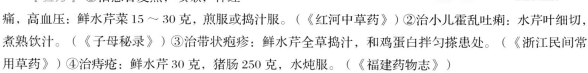

202. 紫花前胡 *Peucedanum decursivum*（Miq.）Maxim.

【别名】土当归（《植物名实图考》），鸭脚前胡、鸭脚当归、野当归、老虎爪（《中国植物志》）。

【形态】多年生草本。根圆锥状，有少数分枝，直径 1 ～ 2 厘米，外表棕黄色至棕褐色，有强烈气味。茎高 1 ～ 2 米，直立，单一，中空，光滑，常为紫色，无毛，有纵沟纹。根生叶和茎生叶有长柄，柄长 13 ～ 36 厘米，基部膨大成圆形的紫色叶鞘，抱茎，外面无毛；叶片三角形至卵圆形，坚纸质，长 10 ～ 25 厘米，一回三全裂或一至二回羽状分裂；第一回裂片的小叶柄翅状延长，侧方裂片和顶端裂片的基

部连合，沿叶轴呈翅状延长，翅边缘有锯齿；末回裂片卵形或长圆状披针形，长 5 ～ 15 厘米，宽 2 ～ 5 厘米，顶端锐尖，边缘有白色软骨质锯齿，齿端有尖头，表面深绿色，背面绿白色，主脉常带紫色，表面脉上有短糙毛，背面无毛；茎上部叶简化成囊状膨大的紫色叶鞘。复伞形花序顶生和侧生，花序梗长 3 ～ 8 厘米，有柔毛；伞辐 10 ～ 22，长 2 ～ 4 厘米；总苞片 1 ～ 3，卵圆形，阔鞘状，宿存，反折，紫色；小总苞片 3 ～ 8，线形至披针形，绿色或紫色，无毛；伞辐及花柄有毛；花深紫色，萼齿明显，线状锥形或三角状锥形，花瓣倒卵形或椭圆状披针形，顶端通常不内折成凹头状，花药暗紫色。果实长圆形至卵状圆形，长 4 ～ 7 毫米，宽 3 ～ 5 毫米，无毛，背棱线形隆起，尖锐，侧棱有较厚的狭翅，与果体近等宽，棱槽内有油管 1 ～ 3，合生面有油管 4 ～ 6，胚乳腹面稍凹入。花期 8—9 月，果期 9—11 月。

【生境】 生于山坡林缘、溪沟边或杂木林灌丛中。

【分布】 产于新洲东部山区。分布于辽宁、河北、陕西、河南、四川、湖北、安徽、江苏、浙江、江西、广西、广东、台湾等地。

【药用部位及药材名】 干燥根（紫花前胡）。

【采收加工】 秋、冬二季地上部分枯萎时采挖，除去须根，晒干。

【性味与归经】 苦、辛，微寒。归肺经。

【功能主治】 降气化痰，散风清热。用于痰热喘满，咳痰黄稠，风热咳嗽痰多。

【用法用量】 内服：煎汤，3 ～ 9 克；或入丸、散。

【验方】 ①治咳嗽涕唾稠黏，心胸不利，时有烦热：紫花前胡 30 克（去芦头）、麦冬（去心）45 克，贝母（煨微黄）30 克，桑根白皮（锉）30 克，杏仁（汤浸，去皮、尖，麸炒微黄）15 克，甘草（炙微赤，锉）0.3 克，上药捣筛为散。每服 12 克，以水一中盏，入生姜 0.15 克，煎至六分，去滓，不计时候，温服。（《太平圣惠方》前胡散）②治肺喘，毒壅滞心膈，昏闷：紫花前胡（去芦头）、紫菀（洗，去苗土）、诃子皮、枳实（麸炒微黄）各 30 克。上为散。每服 3 克，不计时候，以温水调下。（《普济方》前胡汤）③治妊娠伤寒，头痛壮热：紫花前胡（去芦头）、黄芩（去黑心）、石膏（碎）、阿胶（炙，焙）各 30 克。粗捣筛，每服 9 克，水一盏，煎至七分去滓，不计时温服。（《普济方》前胡汤）④治骨蒸潮热：紫花前胡 3 克，柴胡 6 克，胡黄连 3 克，猪脊髓一条，猪胆一个，水煎，入猪胆汁服之。（《四海同春 国医宗旨》）

203. 变豆菜 *Sanicula chinensis* Bunge

【别名】 山芹菜、山芹（《青岛中草药手册》），五指疳（《广西药用植物名录》），鸭脚板（《贵州中草药名录》），蓝布正（《中国植物志》）。

【形态】 多年生草本，高达1米。根茎粗而短，斜生或近直立，有许多细长的支根。茎粗壮或细弱，直立，无毛，有纵沟纹，下部不分枝，上部重复叉式分枝。基生叶少数，近圆形、圆肾形至圆心形，通常3裂，少至5裂，中间裂片倒卵形，基部近楔形，长3～10厘米，宽4～13厘米，主脉1，无柄或有1～2毫米长的短柄，两侧裂片通常各有1深裂，很少不裂，裂口深达基部1/3～3/4，内裂片的形状、大小同中间裂片，外裂片披针形，大小约为内裂片的一半，所有裂片表面绿色，背面淡绿色，边缘有大小不等的重锯齿；叶柄长7～30厘米，稍扁平，基部有透明的膜质鞘；茎生叶逐渐变小，有柄或近无柄，通常3裂，裂片边缘有大小不等的重锯齿。花序二至三回叉式分枝，侧枝向两边开展而伸长，中间的分枝较短，长1～2.5厘米，总苞片叶状，通常3深裂；伞形花序二至三出；小总苞片8～10，卵状披针形或线形，长1.5～2毫米，宽约1毫米，顶端尖；小伞形花序有花6～10，雄花3～7，稍短于两性花，花柄长1～1.5毫米；萼齿窄线形，长约1.2毫米，宽0.5毫米，顶端渐尖；花瓣白色或绿白色，倒卵形至长倒卵形，长1毫米，宽0.5毫米，顶端内折；花丝与萼齿等长或稍长；两性花3～4，无柄；萼齿和花瓣的形状、大小同雄花；花柱与萼齿同长，很少超过。果实圆卵形，长4～5毫米，宽3～4毫米，顶端萼齿成喙状凸出，皮刺直立，顶端钩状，基部膨大；果实的横剖面近圆形，胚乳的腹面略凹陷。油管5，中型，合生面通常2，大而显著。花果期4—10月。

【生境】 生于阴湿的山坡路旁、杂木林下、竹园边、溪边等草丛中；海拔200～2300米。

【分布】 产于新洲东部山区。分布于东北、华东、中南、西北和西南各地。

【药用部位及药材名】 全草（变豆菜）。

【采收加工】 6—10 月采收，鲜用或晒干。

【性味与归经】 甘、辛，凉。

【功能主治】 解毒，止血。用于咽痛，咳嗽，月经过多，尿血，外伤出血，疮痈肿毒。

【用法用量】 内服：煎汤，6 ～ 15 克。外用：适量，捣敷。

204. 窃衣 *Torilis scabra*（Thunb.）DC.

【别名】 华南鹤虱、水防风。

【形态】 一年生或多年生草本，高
20 ～ 120 厘米。主根细长，圆锥形，棕
黄色，支根多数。茎有纵条纹及刺毛。叶
柄长 2 ～ 7 厘米，下部有窄膜质的叶鞘；
叶片长卵形，一至二回羽状分裂，两面疏
生紧贴的粗毛，第一回羽片卵状披针形，
长 2 ～ 6 厘米，宽 1 ～ 2.5 厘米，先端渐
窄，边缘羽状深裂至全缘，有 0.5 ～ 2 厘
米长的短柄，末回裂片披针形至长圆形，
边缘有条裂状的粗齿至缺刻或分裂。复伞
形花序顶生或腋生，花序梗长 3 ～ 25 厘
米，有倒生的刺毛；总苞片通常无；伞辐
2 ～ 4，长 1 ～ 5 厘米，粗壮，有纵棱及
向上紧贴的粗毛；很少有 1 钻形或线形的
小总苞片；小伞形花序有花 4 ～ 12，花柄
长 1 ～ 4 毫米，短于小总苞片；萼齿细小，
三角形或三角状披针形；花瓣白色、紫红
色或蓝紫色，倒卵圆形，顶端内折，长与
宽均 0.8 ～ 1.2 毫米，外面中间至基部有
紧贴的粗毛；花丝长约 1 毫米，花药卵圆
形，长约 0.2 毫米；花柱基部平压状或圆
锥形，花柱幼时直立，果熟时向外反曲。
果实长圆形，长 4 ～ 7 毫米，宽 2 ～ 3 毫米，
通常有内弯或呈钩状的皮刺；皮刺基部阔
展，粗糙；胚乳腹面凹陷，每棱槽有油管 1。
花果期 4—11 月。

【生境】 生于山坡、林下、路旁、河
边及空旷草地上。

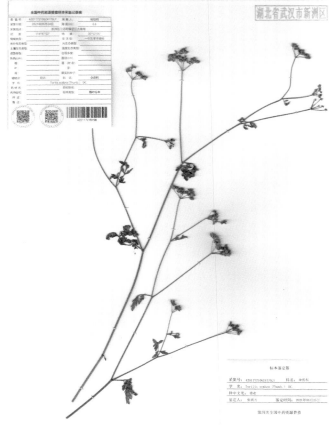

【分布】产于新洲各地。分布于安徽、江苏、浙江、江西、福建、湖北、湖南、广东、广西、四川、贵州、陕西、甘肃等地。

【药用部位及药材名】果实或全草（窃衣）。

【采收加工】8—9月采收，晒干或鲜用。

【性味与归经】苦、辛、平。归脾、大肠经。

【功能主治】杀虫止泻，收涩止痒。用于虫积腹痛，泻痢，疮疡溃烂，阴痒带下，风湿疹，皮肤瘙痒。

【用法用量】内服：煎汤，6～9克。外用：适量，捣汁涂；或煎水洗。

七十三、杜鹃花科 Ericaceae

205. 杜鹃 *Rhododendron simsii* Planch.

【别名】山踯躅、山石榴、映山红（《本草纲目》），满山红、清明花（《江西民间草药验方》）。

【形态】落叶灌木，高2～5米；分枝多而纤细，密被亮棕褐色扁平糙伏毛。叶革质，常集生于枝端，卵形、椭圆状卵形或倒卵形或倒卵形至倒披针形，长1.5～5厘米，宽0.5～3厘米，先端短渐尖，基部楔形或宽楔形，边缘微反卷，具细齿，上面深绿色，疏被糙伏毛，下面淡白色，密被褐色糙伏毛，中脉在上面凹陷，下面凸出；叶柄长2～6毫米，密被亮棕褐色扁平糙伏毛。花芽卵球形，鳞片外面中部以上被糙伏毛，边缘具毛。花2～3（6）朵簇生于枝顶；花梗长8毫米，密被亮棕褐色糙伏毛；花萼5深裂，裂片三角状长卵形，长5毫米，被糙伏毛，边缘具毛；花冠阔漏斗形，玫瑰色、鲜红色或暗红色，长3.5～4厘米，宽1.5～2厘米，裂片5，倒卵形，长2.5～3厘米，上部裂片具深红色斑点；雄蕊10，长约与花冠相等，花丝线状，中部以下被微柔毛；子房卵球形，10室，密被亮棕褐色糙伏毛，花柱伸出花冠外，无毛。蒴果卵球形，长达1厘米，密被糙伏毛；花萼宿存。花期4—5月，果期6—8月。

【生境】生于海拔400～1200（2500）米的山地疏灌丛或松林下，为我国中南及西南地区典型的酸性土指示植物。

【分布】产于新洲东部山区。分布于江苏、安徽、浙江、江西、福建、台湾、湖北、湖南、广东、广西、四川、贵州和云南等地。

【药用部位及药材名】花（杜鹃花）；叶（杜鹃花叶）；根（杜鹃花根）；果实（杜鹃花果实）。

【采收加工】花（杜鹃花）：4—5月花盛开时采收，烘干。叶（杜鹃花叶）：春、秋间采收，鲜用或晒干。根（杜鹃花根）：9—10月采挖，鲜用或切片，晒干。果实（杜鹃花果实）：果实成熟时采收，晒干。

【性味与归经】杜鹃花：甘、酸，平。杜鹃花叶：酸，平。杜鹃花根：酸、甘，温。杜鹃花果实：甘、辛，温。

【功能主治】杜鹃花：活血，调经，止血，祛风湿，解疮毒。用于吐血，衄血，崩漏，月经不调，带下，咳嗽，风湿痹痛，痈疖疮毒，头癣。杜鹃花叶：清热解毒，止血，化痰止咳。用于痈肿疮毒，荨麻疹，外伤出血，支气管炎。杜鹃花根：活血止血，祛风止痛。用于月经不调，吐血，衄血，便血，崩漏，痢疾，脘腹疼痛，风湿痹痛，跌打损伤。杜鹃花果实：止伤痛。用于跌打疼痛。

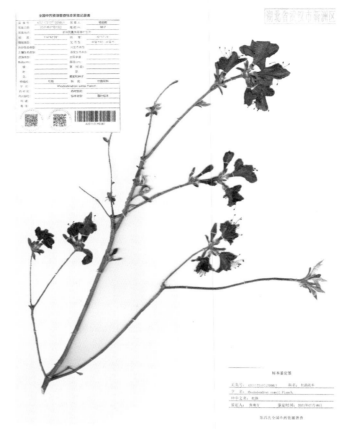

【用法用量】杜鹃花：内服，煎汤，15～30克；外用，适量，鲜品捣敷；或煎水洗。杜鹃花叶：内服，煎汤，10～15克。杜鹃花果实：内服，研末，1～2克。杜鹃花根：内服，煎汤，0.5～1两；或浸酒。外用，适量，捣敷。

【验方】①治月经不调：杜鹃花根、香茶菜根、益母草各五钱，月月红花三钱，水煎服。（《浙江民间常用草药》）②治崩漏：杜鹃花根一两，金樱根一两，绵毛旋覆花根八钱，茜草根五钱，粉干葛四钱，水煎服。（《江西民间草药验方》）③治跌打疼痛：映山红子（研末）五分，用酒吞服。（《贵州草药》）④治带下：杜鹃花（用白花）五钱，和猪脚爪适量同煮，喝汤吃肉。（《浙江民间常用草药》）

七十四、报春花科 Primulaceae

206. 星宿菜 *Lysimachia fortunei* Maxim.

【别名】红根草、假辣蓼（《植物名实图考》），散血草（《全国中草药汇编》）。

【形态】多年生草本，全株无毛。根状茎横走，紫红色。茎直立，高 30 ～ 70 厘米，圆柱形，有黑色腺点，基部紫红色，通常不分枝，嫩梢和花序轴具褐色腺体。叶互生，近于无柄，叶片长圆状披针形至狭椭圆形，长 4 ～ 11 厘米，宽 1 ～ 2.5 厘米，先端渐尖或短渐尖，基部渐狭，两面均有黑色腺点，干后成粒状突起。总状花序顶生，细瘦，长 10 ～ 20 厘米；苞片披针形，长 2 ～ 3 毫米；花梗与苞片近等长或稍短；花萼长约 1.5 毫米，分裂近达基部，裂片卵状椭圆形，先端钝，周边膜质，有腺状缘毛，背面有黑色腺点；花冠白色，长约 3 毫米，基部合生部分长约 1.5 毫米，裂片椭圆形或卵状椭圆形，先端圆钝，有黑色腺点；雄蕊比花冠短，花丝贴生于花冠裂片的下部，分离部分长约 1 毫米；花药卵圆形，长约 0.5 毫米；花粉粒具 3 孔沟，长球形 [（22 ～ 24）微米 ×（15 ～ 16）微米]，表面近于平滑；子房卵圆形，花柱粗短，长约 1 毫米。蒴果球形，直径为 2 ～ 2.5 毫米。花期 6—8 月，果期 8—11 月。

【生境】生于沟边、田边等低湿处。

【分布】产于新洲各地。分布于我国中南、华南、华东各地。

【药用部位及药材名】全草或带根全草（星宿菜）。

【采收加工】4—8 月采收，鲜用或晒干。

【性味与归经】苦、涩，平。归心、肾经。

【功能主治】活血散瘀，利水化湿，和中止痢。用于跌打损伤，风湿性关节痛，妇女闭经，乳痈，瘰疬，目赤肿痛，水肿，黄疸，疟疾，小儿疳积，痢疾。

【用法用量】内服：煎汤，9 ～ 15 克（鲜品 30 ～ 60 克）。外用：适量，捣敷或煎水熏洗。

【验方】①治水肿：星宿菜、爵床、丁香蓼各 15 克，地胆草、葫芦茶各 12 克，水煎服。②治感冒、喉痛：干星宿菜 15 ～ 30 克，垂盆草、岗梅各 20 克，水煎服。③治带下、淋证：星宿菜鲜草 30 ～ 60 克，爵床 30 克，水煎服。④治风湿性腰膝酸痛：星宿菜鲜根 60 克，淡水鳗 1 尾，炖服。⑤治疝气、睾丸炎：

星宿菜干全草 60 克，炖鸡蛋服。⑥治跌打损伤：星宿菜鲜全草 60 克，捣烂加酒 250 毫升，炖服，渣敷伤处。（①～⑥出自《草药验方治百病》）

七十五、柿科 Ebenaceae

207. 柿 *Diospyros kaki* **Thunb.**

【别名】镇头迦（《本草纲目》），柿子（《中国植物志》）。

【形态】落叶大乔木，通常高 10 米以上，胸高直径达 65 厘米，高龄老树有高达 27 米的；树皮深灰色至灰黑色，或者黄灰褐色至褐色，沟纹较密，裂成长方块状；树冠球形或长圆球形，老树冠直径 10～13 米，有达 18 米的。枝开展，带绿色至褐色，无毛，散生纵裂的长圆形或狭长圆形皮孔；嫩枝初时有棱，有棕色柔毛或茸毛或无毛。冬芽小，卵形，长 2～3 毫米，先端钝。叶纸质，卵状椭圆形至倒卵形或近圆形，通常较大，长 5～18 厘米，宽 2.8～9 厘米，先端渐尖或钝，基部楔形、圆形或近截形，很少为心形，新叶疏生柔毛，老叶上面有光泽，深绿色，无毛，下面绿色，有柔毛或无毛，中脉在上面凹下，有微柔毛，在下面凸起，侧脉每边 5～7 条，上面平坦或稍凹下，下面略凸起，下部的脉较长，上部的较短，向上斜生，稍弯，将近叶缘网结，小脉纤细，在上面平坦或微凹下，联结成小网状；叶柄长 8～20 毫米，变无毛，上面有浅槽。花雌雄异株，但间或有雄株中有少数雌花，雌株中有少数雄花的，花序腋生，为聚伞花序；雄花序小，长 1～1.5 厘米，弯垂，有短柔毛或茸毛，有花 3～5 朵，通常有花 3 朵；

总花梗长约5毫米，有微小苞片；雄花小，长5～10毫米；花萼钟状，两面有毛，深4裂，裂片卵形，长约3毫米，有毛；花冠钟状，不长过花萼的两倍，黄白色，外面或两面有毛，长约7毫米，4裂，裂片卵形或心形，开展，两面有绢毛或外面脊上有长伏柔毛，里面近无毛，先端钝，雄蕊16～24枚，着生在花冠管的基部，连生成对，腹面1枚较短，花丝短，先端有柔毛，花药椭圆状长圆形，顶端渐尖，药隔背部有柔毛，退化子房微小；花梗长约3毫米。雌花单生于叶腋，长约2厘米，花萼绿色，有光泽，直径约3厘米或更大，深4裂，萼管近球状钟形，肉质，长约5毫米，直径7～10毫米，外面密生伏柔毛，里面有绢毛，裂片开展，阔卵形或半圆形，有脉，长约1.5厘米，两面疏生伏柔毛或近无毛，先端钝或急尖，两端略向背后弯卷；花冠淡黄白色或黄白色而带紫红色，壶形或近钟形，较花萼短小，长和直径各1.2～1.5厘米，4裂，花冠管近四棱形，直径6～10毫米，裂片阔卵形，长5～10毫米，宽4～8毫米，上部向外弯曲；退化雄蕊8枚，着生在花冠管的基部，带白色，有长柔毛；子房近扁球形，直径约6毫米，多少具4棱，无毛或有短柔毛，8室，每室有胚珠1颗；花柱4深裂，柱头2浅裂；花梗长6～20毫米，密生短柔毛。果形种种，有球形、扁球形、球形而略呈方形、卵形等，直径3.5～8.5厘米，基部通常有棱，嫩时绿色，后变黄色、橙黄色，果肉较脆硬，老熟时果肉柔软多汁，呈橙红色或大红色等，有种子数颗；种子褐色，椭圆状，长约2厘米，宽约1厘米，侧扁，在栽培品种中通常无种子或有少数种子；宿存萼在花后增大增厚，宽3～4厘米，4裂，方形或近圆形，近平扁，厚革质或干时近木质，外面有伏柔毛，后变无毛，里面密被棕色绢毛，裂片革质，宽1.5～2厘米，长1～1.5厘米，两面无毛，有光泽；果柄粗壮，长6～12毫米。花期5—6月，果期9—10月。柿树多数品种在嫁接后3～4年开始结果，10～12年达盛果期，实生树则5～7年开始结果，结果年限在100年以上。

【生境】柿树是深根性树种，又是阳性树种，喜温暖气候，充足阳光和深厚、肥沃、湿润、排水良好的土壤，适生于中性土壤，较能耐寒，较能耐瘠薄，抗旱性强，不耐盐碱土。

【分布】产于新洲各地，多系栽培。原分布于我国长江流域，现在在辽宁西部、长城一线经甘肃南部，折入四川、云南，在此线以南，东至我国台湾地区，各地多有栽培。

【药用部位及药材名】干燥宿萼（柿蒂）；果实经加工而成的饼状食品（柿饼）；柿饼的白霜（柿霜）；干燥树叶（柿叶）。

【采收加工】冬季果实成熟时采摘，食用时收集，洗净，晒干。

【性味与归经】柿蒂：苦、涩，平。归胃经。柿饼：甘，微温。柿霜：甘，凉。归心、肺、胃经。柿叶：苦，寒。归肺经。

【功能主治】降逆止呃。用于呃逆。柿饼：润肺，止血，健脾，涩肠。用于咯血，吐血，便血，尿血，脾虚消化不良，泄泻，痢疾，喉干嗌哑，颜面黑斑。柿霜：清热，润燥，化痰。用于肺热燥咳，咽干喉痛，口舌生疮，吐血，咯血，消渴。柿叶：止咳定喘，生津止渴，活血止血。用于咳喘，消渴及各种内出血。

【用法用量】柿蒂：内服，煎汤，4.5～9克。柿饼：适量，嚼食；或煎汤；或烧存性入散剂。柿霜：冲服，3～9克；或配合他药作丸含化。外用，撒敷。柿叶：内服，煎汤，3～9克；或适量泡茶。外用，适量，研末敷。

【验方】①治呃逆：柿钱（即柿蒂）、丁香、人参各等份。为细末，水煎，食后服。（《洁古家珍》柿钱散）②治咽喉嗽痛：柿霜、硼砂、天冬、麦冬各二钱，元参一钱，乌梅肉五分。蜜丸含化。

（《杂病源流犀烛》柿霜丸）③治慢性支气管炎，干咳喉痛：柿霜12～18克，每日分2次温水化服。（《全国中草药汇编》）

七十六、安息香科 Styracaceae

208. 垂珠花 *Styrax dasyanthus* Perk.

【别名】 小叶硬田螺（《中国植物志》）。

【形态】 乔木，高3～20米，胸径达24厘米；树皮暗灰色或灰褐色；嫩枝圆柱形，密被灰黄色星状微柔毛，成长后无毛，紫红色。叶革质或近革质，倒卵形、倒卵状椭圆形或椭圆形，长7～14(16)厘米，宽3.5～6.5(8)厘米，顶端急尖或钝渐尖，尖头常稍弯，基部楔形或宽楔形，边缘上部有稍内弯角质细锯齿，两面疏被星状柔毛，以后渐脱落而仅叶脉上被毛，侧脉每边5～7条，常近基部两条相距较近，上面平坦，下面凸起，第三级小脉网状，两面均明显隆起；叶柄长3～7毫米，上面具沟槽，密被星状短柔毛。圆锥花序或总状花序顶生或腋生，具多花，长4～8厘米，下部常2至多花聚生于叶腋；花序梗和花梗均密被灰黄色星状细柔毛；花白色，长9～16毫米；花梗长6～10(12)毫米；小苞片钻形，长约2毫米，生于花梗近基部，密被星状茸毛和星状长柔毛；花萼杯状，高4～5毫米，宽3～4毫米，外面密被黄褐色星状茸毛和星状长柔毛，萼齿5，钻形或三角形；花冠裂片长圆形至长圆状披针形，长6～8.5毫米，宽1.5～2.5(3)毫米，外面密被白色星状短柔毛，内面无毛，边缘稍狭内褶或有时重叠覆盖，花蕾时作镊合状排列或稍内向覆瓦状排列，花冠管长

2.5～3毫米，无毛；花丝扁平，下部连合成管，上部分离，分离部分的下部密被白色长柔毛，花药长圆形，长4～5毫米；花柱较花冠长，无毛。果实卵形或球形，长9～13毫米，直径5～7毫米，顶端具短尖头，密被灰黄色星状短茸毛，平滑或稍具皱纹，果皮厚不及1毫米；种子褐色，平滑。花期3—5月，果期9—12月。

【生境】 生于海拔100～1700米的丘陵、山地、山坡及溪边杂木林中。

【分布】 产于新洲东部山区。分布于山东、河南、安徽、江苏、浙江、湖南、江西、湖北、四川、贵州、福建、广西和云南等地。

【药用部位及药材名】 叶（垂珠花）。

【采收加工】 叶茂盛时采收，鲜用或晒干。

【性味与归经】 甘、苦，寒。

【功能主治】 止咳润肺。用于咳嗽，肺燥。

【用法用量】 内服：煎汤，9～15克。

七十七、山矾科 Symplocaceae

209. 白檀 *Symplocos paniculata*（Thunb.）Miq.

【别名】 乌子树、碎米子树（《中国高等植物图鉴》），十里香、华山矾、土常山（《中国植物志》）。

【形态】 落叶灌木或小乔木；嫩枝有灰白色柔毛，老枝无毛。叶膜质或薄纸质，阔倒卵形、椭圆状倒卵形或卵形，长3～11厘米，宽2～4厘米，先端急尖或渐尖，基部阔楔形或近圆形，边缘有细尖锯齿，叶面无毛或有柔毛，叶背通常有柔毛或仅脉上有柔毛；中脉在叶面凹下，侧脉在叶面平坦或微凸起，

每边4～8条；叶柄长3～5毫米。圆锥花序长5～8厘米，通常有柔毛；苞片早落，通常条形，有褐色腺点；花萼长2～3毫米，萼筒褐色，无毛或有疏柔毛，裂片半圆形或卵形，稍长于萼筒，淡黄色，有纵脉纹，边缘有毛；花冠白色，长4～5毫米，5深裂几达基部；雄蕊40～60枚，子房2室，花盘具5凸起的腺点。核果熟时蓝色，卵状球形，稍偏斜，长5～8毫米，顶端宿萼裂片直立。

【生境】 生于海拔 70 ～ 2500 米的山坡、路边、疏林或密林中。

【分布】 产于新洲北部、东部丘陵及山区。分布于东北、华北、华中、华南、西南各地。

【药用部位及药材名】 根、叶、花或种子（白檀）。

【采收加工】 9—12 月挖根，4—6 月采叶，5—7 月花果期采收花或种子，晒干。

【性味与归经】 苦，微寒。

【功能主治】 清热解毒，调气散结，祛风止痒。用于乳腺炎，淋巴腺炎，肠痈疮疖，疝气，荨麻疹。

【用法用量】内服：煎汤，9 ～ 15 克。单用根可至 30 ～ 45 克。外用：适量，煎水洗；或研末调敷。

七十八、木犀科 Oleaceae

210. 金钟花 *Forsythia viridissima* Lindl.

【别名】土连翘（《新华本草纲要》），迎春柳、迎春条、金梅花、金玲花（《中国植物志》）。

【形态】落叶灌木，高可达 3 米，全株除花萼裂片边缘具毛外，其余均无毛。枝棕褐色或红棕色，直立，小枝绿色或黄绿色，呈四棱形，皮孔明显，具片状髓。叶片长椭圆形至披针形，或倒卵状长椭圆形，长 3.5 ～ 15 厘米，宽 1 ～ 4 厘米，先端锐尖，基部楔形，通常上半部具不规则

锐锯齿或粗锯齿，稀近全缘，上面深绿色，下面淡绿色，两面无毛，中脉和侧脉在上面凹入，下面凸起；叶柄长 6 ～ 12 毫米。花 1 ～ 3（4）朵着生于叶腋，先于叶开放；花梗长 3 ～ 7 毫米；花萼长 3.5 ～ 5 毫米，裂片绿色、卵形、宽卵形或宽长圆形，长 2 ～ 4 毫米，具毛；花冠深黄色，长 1.1 ～ 2.5 厘米，花冠管长 5 ～ 6 毫米，裂片狭长圆形至长圆形，长 0.6 ～ 1.8 厘米，宽 3 ～ 8 毫米，内面基部具橘黄色条纹，反卷；在雄蕊长 3.5 ～ 5 毫米花中，雌蕊长 5.5 ～ 7 毫米，在雄蕊长 6 ～ 7 毫米的花中，雌蕊长约 3 毫米。果卵形或宽卵形，长 1 ～ 1.5 厘米，宽 0.6 ～ 1 厘米，基部稍圆，先端喙状渐尖，具皮孔，果梗长 3 ～ 7 毫米。花期 3—4 月，果期 8—11 月。

【生境】 生于山地、谷地或河谷边林缘，溪沟边或山坡路旁灌丛中，海拔 70 ～ 2600 米。除华南地区外，全国各地有栽培，尤以长江流域一带栽培较为普遍。

【分布】 产于新洲东部山区。分布于江苏、安徽、浙江、江西、福建、湖北、湖南、云南西北部等地。

【药用部位及药材名】 果壳、根或叶（金钟花）。

【采收加工】 8—11 月采收果实，晒干；全年可挖根，切段，鲜用或晒干；4—11 月可采叶，鲜用或晒干。

【性味与归经】 苦、凉。

【功能主治】 清热解毒，祛湿泻火。用于流行性感冒，颈淋巴结结核，目赤肿痛，筋骨酸痛，肠痈，丹毒，疥疮。

【用法用量】 内服：煎汤，10 ～ 15 克；鲜品加倍。外用：适量，煎水洗。

211. 迎春花 *Jasminum nudiflorum* Lindl.

【别名】 重瓣迎春（《中国植物志》）。

【形态】 落叶灌木，直立或匍匐，高 0.3 ～ 5 米，枝条下垂。枝稍扭曲，光滑无毛，小枝四棱形，棱上多少具狭翼。叶对生，三出复叶，小枝基部常具单叶；叶轴具狭翼，叶柄长 3 ～ 10 毫米，无毛；叶片和小叶片幼时两面稍被毛，老时仅叶缘具毛；小叶片卵形、长卵形或椭圆形、狭椭圆形，稀倒卵形，先端锐尖或钝，具短尖头，基部楔形，叶缘反卷，中脉在上面微凹入，下面凸起，侧脉不明显；顶生小叶片较大，长 1 ～ 3 厘米，宽 0.3 ～ 1.1 厘米，无柄或基部延伸成短柄，侧生小叶片长 0.6 ～ 2.3 厘米，宽 0.2 ～ 11 厘米，无柄；单叶为卵形或椭圆形，有时近圆形，长 0.7 ～ 2.2 厘米，宽 0.4 ～ 1.3 厘米。花单生于去年生小枝的叶腋，稀生于小枝顶端；苞片小叶状，披针形、卵形或椭圆形，长 3 ～ 8 毫米，宽 1.5 ～ 4 毫米；花梗长 2 ～ 3 毫米；花萼绿色，裂片 5 ～ 6 枚，窄披针形，长 4 ～ 6 毫米，宽 1.5 ～ 2.5 毫米，先端锐尖；花冠黄色，直径 2 ～ 2.5 厘米，花冠管长 0.8 ～ 2 厘米，基部直径 1.5 ～ 2 毫米，向上渐扩大，裂片 5 ～ 6 枚，长圆形或椭圆形，长 0.8 ～ 1.3 厘米，宽 3 ～ 6 毫米，先端锐尖或圆钝。花期 6 月。

【生境】 生于山坡灌丛中，海拔 2000 米以下。世界各地普遍栽培。该种植物首先发现栽种于我国长江流域一带的庭园中。

【分布】 产于新洲各地，多为栽培。分布于甘肃、陕西、四川、云南西北部、西藏东南部。

【药用部位及药材名】 干燥花（迎春花）；干燥叶（迎春花叶）。

【采收加工】 4—5 月开花时采收，鲜用或晾干。

【性味与归经】 迎春花：苦、微辛，平。归肾、膀胱经。迎春花叶：苦，寒。归肺、肝、胃经。

【功能主治】 迎春花：清热解毒，活血消肿。用于发热头痛，咽喉肿痛，小便热痛，恶疮肿毒，跌打损伤。迎春花叶：清热，利湿，解毒。用于感冒发热，小便淋痛，外阴瘙痒，肿毒恶疮，跌打损伤，刀伤出血。

【用法用量】 迎春花：内服，煎汤，6 ～ 9 克；或研末。迎春花叶：内服，煎汤，10 ～ 20 克。外用适量，煎水洗；或捣敷。

【验方】①治发热头痛：金腰带花（即迎春花）五钱，水煎服。（《贵州民间药物》）②治小便热痛：金腰带花五钱，车前草五钱，水煎服。（《贵州民间药物》）

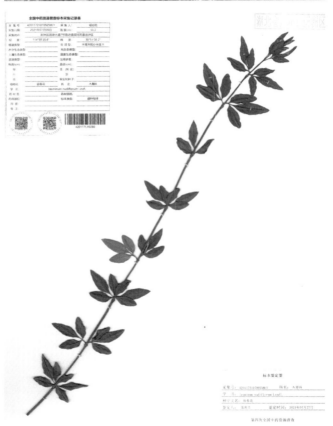

212. 女贞 *Ligustrum lucidum* Ait.

【别名】 蜡树（《本草纲目》），水蜡树（《植物名实图考》），青蜡树、白蜡树、大叶蜡树（《中国植物志》）。

【形态】 灌木或乔木，高可达 25 米；树皮灰褐色。枝黄褐色、灰色或紫红色，圆柱形，疏生圆形或长圆形皮孔。叶片常绿，革质，卵形、长卵形或椭圆形至宽椭圆形，长 6 ～ 17 厘米，宽 3 ～ 8 厘米，先端锐尖至渐尖或钝，基部圆形或近圆形，有时宽楔形或渐狭，叶缘平坦，上面光亮，两面无毛，中脉在上面凹入，下面凸起，侧脉 4～9 对，两面稍凸起或有时不明显；叶柄长 1～3 厘米，上面具沟，无毛。圆锥花序顶生，长 8～20 厘米，宽 8～25 厘米；花序梗长 0～3 厘米；花序轴及分枝轴无毛，紫色或黄棕色，果时具棱；花序基部苞片常与叶同型，小苞片披针形或线形，长 0.5～6 厘米，宽 0.2～1.5 厘米，凋落；花无梗或近无梗，长不超过 1 毫米；花萼无毛，长 1.5～2 毫米，齿不明显或近截形；花冠长 4～5 毫米，花冠管长 1.5～3 毫米，裂片长 2～2.5 毫米，反折；花丝长 1.5～3 毫米，花药长圆形，长 1～1.5 毫米；花柱长 1.5～2 毫米，柱头棒状。果肾形或近肾形，长 7～10 毫米，直径 4～6 毫米，深蓝黑色，成熟时呈红黑色，被白粉；果梗长 0～5 毫米。花期 5—7 月，果期 7 月至翌年 5 月。

【生境】 生于海拔 2900 米以下疏、密林中。

【分布】 产于新洲各地，多为栽培。分布于长江以南至华南、西南各地，向西北分布至陕西、甘肃。

【药用部位及药材名】 干燥成熟果实（女贞子）。

【采收加工】 冬季果实成熟时采收，除去枝叶，稍蒸或置沸水中略烫后，干燥；或直接干燥。

【性味与归经】 甘、苦，凉。归肝、肾经。

【功能主治】 滋补肝肾，明目乌发。用于肝肾阴虚，眩晕耳鸣，腰膝酸软，须发早白，目暗不明，内热消渴，骨蒸潮热。

【用法用量】 内服：煎汤，6～12 克。

【验方】 ①治神经衰弱：女贞子、鳢肠、桑椹子各五钱至一两，水煎服。或女贞子二斤，浸米酒二斤，每日酌量服。（《浙江民间常用草药》）②治视神经炎：女贞子、草决明、青葙子各一两，水煎服。（《浙江民间常用草药》）

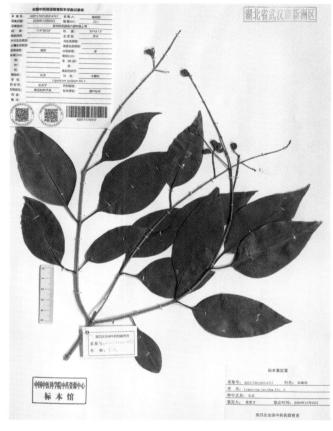

213. 小蜡 *Ligustrum sinense* Lour.

【别名】水冬青、鱼蜡树（《植物名实图考》），山指甲、水黄杨（《新华本草纲要》），花叶女贞（《中国植物志》）。

【形态】落叶灌木或小乔木，高2～4（7）米。小枝圆柱形，幼时被淡黄色短柔毛或柔毛，老时近无毛。叶片纸质或薄革质，卵形、椭圆状卵形、长圆形、长圆状椭圆形至披针形，或近圆形，长2～7（9）厘米，宽1～3（3.5）厘米，先端锐尖、短渐尖至渐尖，或钝而微凹，基部宽楔形至近圆形，或为楔形，上面深绿色，疏被短柔毛或无毛，或仅沿中脉被短柔毛，下面淡绿色，疏被短柔毛或无毛，常沿中脉被短柔毛，侧脉4～8对，上面微凹入，下面略凸起；叶柄长2～8毫米，被短柔毛。圆锥花序顶生或腋生，塔形，长4～11厘米，宽3～8厘米；花序轴被较密淡黄色短柔毛或柔毛以至近无毛；花梗长1～3毫米，被短柔毛或无毛；花萼无毛，长1～1.5毫米，先端呈截形或呈浅波状齿；花冠长3.5～5.5毫米，花冠管长1.5～2.5毫米，裂片长圆状椭圆形或卵状椭圆形，长2～4毫米；花丝与裂片近等长或长于裂片，花药长圆形，长约1毫米。果近球形，直径5～8毫米。花期3—6月，果期9—12月。

【生境】生于山坡、山谷、溪边、河旁、路边的密林、疏林或混交林中，海拔120～2600米。

【分布】产于新洲东部山区。分布于江苏、浙江、安徽、江西、福建、台湾、湖北、湖南、广东、广西、贵州、四川、云南等地。

【药用部位及药材名】树皮及枝叶（小蜡树）。

【采收加工】7—9月采树皮及枝叶，鲜用或晒干。

【性味与归经】苦，凉。

【功能主治】清热利湿，解毒消肿。用于感冒发热，肺热咳嗽，咽喉肿痛，口舌生疮，湿热黄疸，痢疾，跌打肿痛，疮疡肿毒，湿疹，烫伤。

【用法用量】内服：煎汤，10～15克，鲜品加倍。外用：适量，煎水含漱；或熬膏涂；捣烂或绞汁涂敷。

七十九、夹竹桃科 Apocynaceae

214. 长春花 *Catharanthus roseus*（L.）G. Don

【别名】 雁来红、日日草、日日新、三万花（《中国植物志》）。

【形态】 半灌木，略有分枝，高达60厘米，有水液，全株无毛或仅有微毛；茎近方形，有条纹，灰绿色；节间长1～3.5厘米。叶膜质，倒卵状长圆形，长3～4厘米，宽1.5～2.5厘米，先端浑圆，有短尖头，基部广楔形至楔形，渐狭而成叶柄；叶脉在叶面扁平，在叶背略隆起，侧脉约8对。聚伞花序腋生或顶生，有花2～3朵；花萼5深裂，内面无腺体或腺体不明显，萼片披针形或钻状渐尖，长约3毫米；花冠红色，高脚碟状，花冠筒圆筒状，长约2.6厘米，内面具疏柔毛，喉部紧缩，具刚毛；花冠裂片宽倒卵形，长和宽约1.5厘米；雄蕊着生于花冠筒的上半部，但花药隐藏于花喉之内，与柱头离生；子房和花盘与属的特征相同。蓇葖双生，直立，平行或略叉开，长约2.5厘米，直径3毫米；外果皮厚纸质，有条纹，被柔毛；种子黑色，长圆状圆筒形，两端截形，具有颗粒状小瘤。花期、果期几乎全年。

【生境】 喜温暖和稍干燥的气候，能耐干旱，但怕涝和严寒。

【分布】 产于新洲多地，均系栽培。我国栽培于西南、中南及华东等地区。原产于非洲东部，现栽培于各热带和亚热带地区。

【药用部位及药材名】 全草（长春花）。

【采收加工】 当年9月下旬至10月上旬采收，选晴天收割地上部分，先切除植株茎部木质化硬茎，再切成6厘米的小

段，晒干。

【性味与归经】 苦，寒。有毒。

【功能主治】 解毒抗癌，清热平肝。用于多种癌症，高血压，痈肿疮毒，烫伤。

【用法用量】 内服：煎汤，6～15克。

215. 夹竹桃 *Nerium indicum* Mill.

【别名】枸那异（《植物名实图考》），叫出冬（《中国树木分类学》），水甘草、红花夹竹桃（《全国中草药汇编》），洋桃（《中国植物志》）。

【形态】常绿直立大灌木，高达5米，枝条灰绿色，含水液；嫩枝条具棱，被微毛，老时毛脱落。叶3～4枚轮生，下枝为对生，窄披针形，顶端急尖，基部楔形，叶缘反卷，长11～15厘米，宽2～2.5厘米，叶面深绿色，无毛，叶背浅绿色，有多数洼点，幼时被疏微毛，老时毛渐脱落；中脉在叶面陷入，在叶背凸起，侧脉两面扁平，纤细，密生而平行，每边达120条，直达叶缘；叶柄扁平，基部稍宽，长5～8毫米，幼时被微毛，老时毛脱落；叶柄内具腺体。聚伞花序顶生，着花数朵；总花梗长约3厘米，被微毛；花梗长7～10毫米；苞片披针形，长7毫米，宽1.5毫米；花芳香；花萼5深裂，红色，披针形，长3～4毫米，宽1.5～2毫米，外面无毛，内面基部具腺体；花冠深红色或粉红色，栽培演变为白色或黄色，花冠为单瓣呈5裂时，其花冠为漏斗状，长和直径约3厘米，其花冠筒圆筒形，上部扩大成钟形，长1.6～2厘米，花冠筒内面被长柔毛，花冠喉部具5片宽鳞片状副花冠，每片的顶端撕裂，并伸出花冠喉部之外，花冠裂片倒卵形，顶端圆形，长1.5厘米，宽1厘米；花冠为重瓣呈15～18枚时，裂片组成三轮，内轮为漏斗状，外面二轮为辐状，分裂至基部或每2～3片基部连合，裂片长2～3.5厘米，宽1～2厘米，每

花冠裂片基部具长圆形而顶端撕裂的鳞片；雄蕊着生在花冠筒中部以上，花丝短，被长柔毛，花药箭头状，内藏，与柱头连生，基部具耳，顶端渐尖，药隔延长呈丝状，被柔毛；无花盘；心皮2，离生，被柔毛，花柱丝状，长7～8毫米，柱头近圆球形，顶端突尖；每心皮有胚珠多颗。蓇葖2，离生，平行或并连，长圆形，两端较窄，长10～23厘米，直径6～10毫米，绿色，无毛，具细纵条纹；种子长圆形，基部较窄，顶端钝、褐色，种皮被锈色短柔毛，顶端具黄褐色绢质种毛；种毛长约1厘米。花期几乎全年，夏、秋季为盛；果期一般在冬、春季，栽培者很少结果。

【生境】　常在公园、风景区、道路旁或河旁、湖旁周围栽培；长江以北栽培者须在温室越冬。野生于伊朗、印度、尼泊尔；现广植于世界热带地区。

【分布】　产于新洲各地，均系栽培。全国各地有栽培，尤以南方地区为多。

【药用部位及药材名】　叶及枝皮（夹竹桃）。

【采收加工】　对二年生以上的植株，结合整枝修剪，采集叶片及枝皮，晒干或烘干。

【性味与归经】　苦，寒。有大毒。归心经。

【功能主治】　强心利尿，祛痰定喘，镇痛，祛瘀。用于心力衰竭，喘咳，癫痫，跌打肿痛，血瘀闭经。

【用法用量】　内服：煎汤，0.3～0.9克；研末，0.01～0.15克。外用：适量，捣敷。

216. 络石 *Trachelospermum jasminoides*（Lindl.）Lem.

【别名】　白花藤（《植物名实图考》），络石藤、扒墙虎、石盘藤、墙络藤（《中国植物志》）。

【形态】　常绿木质藤本，长达10米，具乳汁；茎赤褐色，圆柱形，有皮孔；小枝被黄色柔毛，老时渐无毛。叶革质或近革质，椭圆形至卵状椭圆形或宽倒卵形，长2～10厘米，宽1～4.5厘米，顶端锐尖至渐尖或钝，有时微凹或有小突尖，基部渐狭至钝，叶面无毛，叶背被疏短柔毛，老渐无毛；叶面中脉微凹，侧脉扁平，叶背中脉凸起，侧脉每边6～12条，扁平或稍凸起；叶柄短，被短柔毛，

老渐无毛；叶柄内和叶腋外腺体钻形，长约1毫米。二歧聚伞花序腋生或顶生，花多朵组成圆锥状，与叶等长或较长；花白色，芳香；总花梗长2～5厘米，被柔毛，老时渐无毛；苞片及小苞片狭披针形，长1～2毫米；花萼5深裂，裂片线状披针形，顶部反卷，长2～5毫米，外面被长柔毛及缘毛，内面无毛，基部具10枚鳞片状腺体；花蕾顶端钝，花冠筒圆筒形，中部膨大，外面无毛，内面在喉部及雄蕊着生处被短柔毛，长5～10毫米，花冠裂片长5～10毫米，无毛；雄蕊着生在花冠筒中部，腹部黏生在柱头上，花药箭头状，基部具耳，隐藏在花喉内；花盘环状5裂与子房等长；子房由2个离生心皮组成，无毛，花柱圆柱状，柱头卵圆形，顶端全缘；每心皮有胚珠多颗，着生于2个并生的侧膜胎座上。蓇葖双生，叉开，无毛，线状披针形，向先端渐尖，长10～20厘米，宽3～10毫米；

种子多颗，褐色，线形，长 1.5～2 厘米，直径约 2 毫米，顶端具白色绢质种毛；种毛长 1.5～3 厘米。花期 3—7 月，果期 7—12 月。

【生境】 生于山野、溪边、路旁、林缘或杂木林中，常缠绕于树上或攀援于墙壁、岩石上，亦有移栽于园圃者，供观赏。

【分布】 产于新洲北部、东部丘陵及山区。本种分布很广，山东、安徽、江苏、浙江、福建、台湾、江西、河北、河南、湖北、湖南、广东、广西、云南、贵州、四川、陕西等地都有分布。

【药用部位及药材名】 干燥带叶藤茎（络石藤）。

【采收加工】 冬季至次春采割，除去杂质，晒干。

【性味与归经】 苦，微寒。归心、肝、肾经。

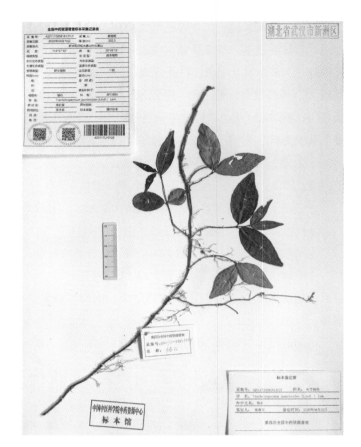

【功能主治】 祛风通络，凉血消肿。用于风湿热痹，筋脉拘挛，腰膝酸痛，喉痹，痈肿，跌扑损伤。

【用法用量】 内服：煎汤，6～12 克。外用：鲜品适量，捣敷患处。

【验方】 ①治筋骨痛：络石藤一至二两，浸酒服。（《湖南药物志》）②治关节炎：络石藤、五加根皮各一两，牛膝根五钱。水煎服，白酒引。③治肺结核：络石藤一两，地苍一两，猪肺四两。同炖，服汤食肺，每日一剂。④治吐血：络石藤叶一两，雪见草、乌韭各五钱，水煎服。（②～④出自《江西草药》）

八十、萝藦科 Asclepiadaceae

217. 柳叶白前 *Cynanchum stauntonii*（Decne.）Schltr. ex Levl.

【别名】 水杨柳（《种痘新书》），江杨柳、西河柳、鹅管白前、草白前（《中国植物志》）。

【形态】 直立半灌木，高约 1 米，无毛，分枝或不分枝；须根纤细、节上丛生。叶对生，纸质，狭披针形，长 6～13 厘米，宽 3～5 毫米，两端渐尖；中脉在叶背显著，侧脉约 6 对；叶柄长约 5 毫米。

伞形聚伞花序腋生；花序梗长达 1 厘米，小苞片众多；花萼 5 深裂，内面基部腺体不多；花冠紫红色，辐状，内面具长柔毛；副花冠裂片盾状，比花药为短；花粉块每室 1 个，长圆形，下垂；柱头微凸，包在花药的薄膜内。蓇葖单生，长披针形，长达 9 厘米，直径 6 毫米。花期 5—8 月，果期 9—10 月。

【生境】生于低海拔的山谷湿地、水旁至半浸在水中。

【分布】产于新洲东部山区，多为栽培。分布于甘肃、安徽、江苏、浙江、湖南、江西、福建、广东、广西和贵州等地。

【药用部位及药材名】干燥根茎和根（白前）。

【采收加工】秋季采挖，洗净，晒干。

【性味与归经】辛、苦，微温。归肺经。

【功能主治】降气，消痰，止咳。用于肺气壅实，咳嗽痰多，胸满喘急。

【用法用量】内服：煎汤，3～9克。

【验方】①治肝炎：白前鲜根30克，白英30克，阴行草15克，水煎服。（《草药手册》）②治水肿：白前鲜根30克，星宿菜根、地菍根、灯心草各15克。水煎，酌加红糖调服。（《草药手册》）③治胃痛：白前根、威灵仙根各15克，梵天花根24克，水煎服。（《福建药物志》）

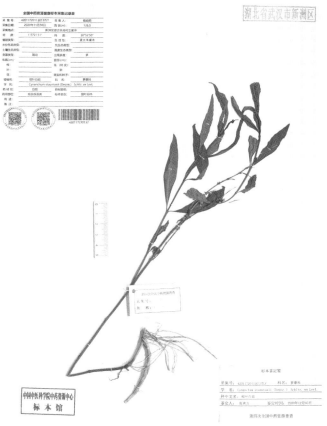

218. 萝藦 *Metaplexis japonica*（Thunb.）Makino

【别名】苦丸（《本草经集注》），白环藤（《本草拾遗》），羊角菜（《救荒本草》），奶浆藤（《民间常用草药汇编》），老鸹瓢（《中国植物志》）。

【形态】多年生草质藤本，长达 8 米，具乳汁；茎圆柱状，下部木质化，上部较柔韧，表面淡绿色，有纵条纹，幼时密被短柔毛，老时被毛渐脱落。叶膜质，卵状心形，长 5～12 厘米，宽 4～7 厘米，顶端短渐尖，基部心形，叶耳圆，长 1～2 厘米，两叶耳展开或紧接，叶面绿色，叶背粉绿色，两面无毛，或幼时被微毛，老时被毛脱落；侧脉每边 10～12 条，在叶背略明显；叶柄长，长 3～6

厘米，顶端具丛生腺体。总状式聚伞花序腋生或腋外生，具长总花梗；总花梗长6～12厘米，被短柔毛；花梗长8毫米，被短柔毛，着花通常13～15朵；小苞片膜质，披针形，长3毫米，顶端渐尖；花蕾圆锥状，顶端尖；花萼裂片披针形，长5～7毫米，宽2毫米，外面被微毛；花冠白色，有淡紫红色斑纹，近辐状，花冠筒短，花冠裂片披针形，张开，顶端反折，基部向左覆盖，内面被柔毛；副花冠环状，着生于合蕊冠上，短5裂，裂片兜状；雄蕊连生成圆锥状，并包围雌蕊在其中，花药顶端具白色膜片；花粉块卵圆形，下垂；子房无毛，柱头延伸成1长喙，顶端2裂。蓇葖叉生，纺锤形，平滑无毛，长8～9厘米，直径2厘米，顶端急尖，基部膨大。种子扁平，卵圆形，长5毫米，宽3毫米，有膜质边缘，褐色，顶端具白色绢质种毛；种毛长1.5厘米。花期7—8月，果期9—12月。

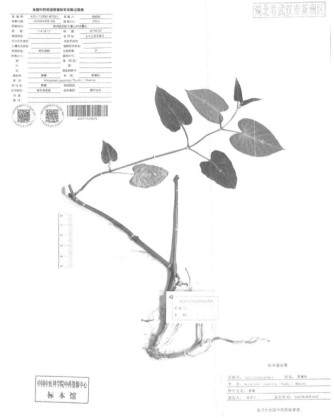

【生境】生于林边荒地、山脚、河边、路旁灌丛中。

【分布】产于新洲多地。分布于东北、华北、华东及甘肃、陕西、贵州、河南、湖北等地。

【药用部位及药材名】全草或根（萝藦）。

【采收加工】7—8月采收全草，鲜用或晒干；7—10月挖根，晒干。

【性味与归经】甘、辛，平。

【功能主治】补益精气，解毒消肿。用于虚损劳伤，阳痿，遗精带下，乳汁不足，丹毒，瘰疬，疔疮，蛇虫咬伤。

【用法用量】内服：煎汤，15～60克。外用：适量，捣敷。

【验方】①治阳痿：萝藦根、淫羊藿根、仙茅根各三钱。水煎服，每日一剂。（《江西草药》）②治肾炎水肿：萝藦根一两，水煎服。每日一剂。（《单方验方新医疗法选编》）③治劳伤：奶浆藤根，炖鸡服。（《四川中药志》）④治瘰疬：萝藦根七钱至一两，水煎服，甜酒为引，每日一剂。（《江西草药》）

⑤下乳：奶浆藤三至五钱，水煎服；炖肉服可用一至二两。（《民间常用草药汇编》）⑥治小儿疳积：萝藦茎叶适量，研末。每服一至二钱，白糖调服。（《江西草药》）

八十一、茜草科 Rubiaceae

219. 猪殃殃 *Galium spurium* L.

【别名】拉拉藤（《植物名实图考》），爬拉殃、光果拉拉藤（《中国植物志》），八仙草、锯子草（《滇南本草》）。

【形态】多枝、蔓生或攀援状草本，通常高 30～90 厘米；茎有 4 棱角；棱上、叶缘、叶脉上均有倒生的小刺毛。叶纸质或近膜质，6～8 片轮生，稀为 4～5 片，带状倒披针形或长圆状倒披针形，长 1～5.5 厘米，宽 1～7 毫米，顶端有针状突尖头，基部渐狭，两面常有紧贴的刺状毛，常萎软状，干时常卷缩，1 脉，近无柄。聚伞花序腋生或顶生，少至多花，花小，4 数，有纤细的花梗；花萼被钩毛，萼檐近截平；花冠黄绿色或白色，辐状，裂片长圆形，长不及 1 毫米，镊合状排列；子房被毛，花柱 2 裂至中部，柱头头状。果干燥，有 1 或 2 个近球状的分果爿，直径达 5.5 毫米，肿胀，密被钩毛，果柄直，长可达 2.5 厘米，较粗，每一爿有 1 颗平凸的种子。花期 3—7 月，果期 4—11 月。

【生境】生于海拔 20～4600 米的山坡、旷野、沟边、河滩、田中、林缘、草地。

【分布】产于新洲各地。我国除海南及南海诸岛外，其余地区均有分布。

【药用部位及药材名】全草（八仙草）。

【采收加工】7—9 月采收，鲜用或

晒干。

【性味与归经】 辛、微苦，微寒。

【功能主治】 清热解毒，利尿通淋，消肿止痛。用于痈疽肿毒，乳腺炎，阑尾炎，水肿，感冒发热，痢疾，尿路感染，尿血，牙龈出血，刀伤出血。

【用法用量】 内服：煎汤，6～15克；或捣汁饮。外用：适量，捣敷或捣汁滴耳。

【验方】 ①治五淋：八仙草三钱，滑石二钱，甘草一钱，双果草二钱。水煎，点水酒服。（《滇南本草》）②治妇女闭经：猪殃殃二钱，水煎服。（《湖南药物志》）③治跌打损伤：鲜猪殃殃根、马兰根各四钱。水、酒各半煎服。另以鲜猪殃殃全草、酢浆草各等份，捣烂外敷。④治感冒：鲜猪殃殃一两，姜三片，擂汁冲开水服。⑤治疔肿初起：鲜猪殃殃适量，加甜酒捣烂外敷，日换两次。⑥治急性阑尾炎：鲜猪殃殃三两，水煎服。⑦治乳腺癌：鲜猪殃殃四两，捣汁，和猪油敷于癌症溃烂处，亦可水煎服。

220. 栀子 *Gardenia jasminoides* Ellis

【别名】 越桃（《名医别录》），支子（《本草经集注》），山栀子（《药性论》），枝子（《新修本草》），黄栀子（《江苏药材志》）。

【形态】 灌木，高0.3～3米；嫩枝常被短毛，枝圆柱形，灰色。叶对生，革质，稀为纸质，少为3枚轮生，叶形多样，通常为长圆状披针形、倒卵状长圆形、倒卵形或椭圆形，长3～25厘米，宽1.5～8厘米，顶端渐尖、骤然长渐尖或短尖而钝，基部楔形或短尖，两面常无毛，上面亮绿色，下面色较暗；侧脉8～15对，在下面凸起，在上面平；叶柄长0.2～1厘米；托叶膜质。

花芳香，通常单朵生于枝顶，花梗长3～5毫米；萼管倒圆锥形或卵形，长8～25毫米，有纵棱，萼檐管形，膨大，顶部5～8裂，通常6裂，裂片披针形或线状披针形，长10～30毫米，宽1～4毫米，结果时增长，宿存；花冠白色或乳黄色，高脚碟状，喉部有疏柔毛，冠管狭圆筒形，长3～5厘米，宽4～6毫米，顶部5～8裂，通常6裂，裂片广展，倒卵形或倒卵状长圆形，长1.5～4厘米，宽0.6～2.8厘米；花丝极短，花药线形，长1.5～2.2厘米，伸出；花柱粗厚，长约4.5厘米，柱头纺锤形，伸出，长1～1.5厘米，宽3～7毫米，子房直径约3毫米，黄色，平滑。果卵形、近球形、椭圆形或长圆形，黄色或橙红色，长1.5～7厘米，直径1.2～2厘米，有翅状纵棱5～9条，顶部的宿存萼片长达4厘米，宽达6毫米；种子多数，扁，近圆形而稍有棱角，长约3.5毫米，宽约3毫米。花期3—7月，果期5月至翌年2月。

【生境】 生于海拔10～1500米处的旷野、丘陵、山谷、山坡、溪边的灌丛或林中。

【分布】 产于新洲各地，多为栽培。分布于山东、江苏、安徽、浙江、江西、福建、台湾、湖北、湖南、广东、香港、广西、海南、四川、贵州和云南等地，河北、陕西和甘肃有栽培。

【药用部位及药材名】 干燥成熟果实（栀子）；根（栀子根）。

【采收加工】 9—11月果实成熟呈红黄色时采收，除去果梗和杂质，蒸至上汽或置沸水中略烫，取出，干燥。

【性味与归经】栀子：苦，寒。归心、肺、三焦经。栀子根：甘、苦，寒。归肝、胆、胃经。

【功能主治】栀子：泻火除烦，清热利湿，凉血解毒，消肿止痛。用于热病心烦，湿热黄疸，淋证涩痛，血热吐衄，目赤肿痛，火毒疮疡，扭挫伤痛。栀子根：泻火解毒，清热利湿，凉血散瘀。用于传染性肝炎，跌打损伤，风火牙痛。

【用法用量】栀子：内服，煎汤，6～9克。外用生品适量，研末调敷。栀子根：内服，煎汤，15～30克。外用，适量，捣敷。

【验方】①治湿热黄疸：栀子四钱，鸡骨草、田基黄各一两。水煎，日分三次服。（《广西中草药》）②治尿淋，血淋：鲜栀子二两，冰糖一两，煎服。（《闽东本草》）③治折伤肿痛：栀子、白面同捣，涂之。（《濒湖集简方》）

221. 伞房花耳草 *Hedyotis corymbosa*（L.）Lam.

【别名】水线草（《中国植物志》）。

【形态】一年生柔弱披散草本，高10～40厘米；茎和枝方柱形，无毛或棱上疏被短柔毛，分枝多，直立或蔓生。叶对生，近无柄，膜质，线形，罕有狭披针形，长1～2厘米，宽1～3毫米，顶端短尖，基部楔形，干时边缘背卷，两面略粗糙或上面的中脉上有极稀疏短柔毛；中脉在上面下陷，在下面平坦或微凸；托叶膜质，鞘状，长1～1.5毫米，顶端有数条短刺。花序腋生，伞房花序式排列，有花2～4朵，罕有退化为单花者，具纤细如丝、长5～10毫米的总花梗；苞片微小，钻形，长1～1.2毫米；花4数，有纤细、长2～5毫米的花梗；萼管球形，被极稀疏柔毛，基部稍狭，直径1～1.2毫米，萼檐裂片狭三角形，长约1毫米，具缘毛；花冠白色或粉红色，管形，长2.2～2.5毫米，喉部无毛，花冠裂片长圆

形，短于冠管；雄蕊生于冠管内，花丝极短，花药内藏，长圆形，长 0.6 毫米，两端截平；花柱长 1.3 毫米，中部被疏毛，柱头 2 裂，裂片略阔，粗糙。蒴果膜质，球形，直径 1.2～1.8 毫米，有不明显纵棱数条，顶部平，宿存萼檐裂片长 1～1.2 毫米，成熟时顶部室背开裂；种子每室 10 粒以上，有棱，种皮平滑，干后深褐色。花果期几乎全年。

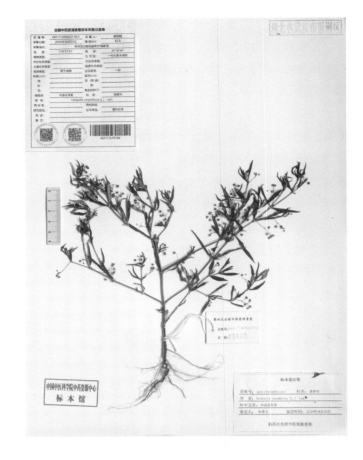

【生境】 多见于水田和田埂或湿润的草地上。

【分布】 产于新洲各地。分布于广东、广西、海南、福建、浙江、贵州和四川等地。

【药用部位及药材名】全草（水线草）。

【采收加工】 夏、秋二季采收，鲜用或晒干。

【性味与归经】 苦，寒。归肺、大肠经。

【功能主治】 清热解毒。用于疟疾，肠痈，肿毒，烫伤。

【用法用量】内服：煎汤，15～30 克。外用：适量，煎水洗。

【验方】 治烫伤：水线草煎洗。（《中国药用植物志》）

222. 白花蛇舌草 *Hedyotis diffusa* Willd.

【别名】 蛇针草、白花十字草（《全国中草药汇编》），蛇总管（《福建中草药》），蛇舌草（《广西中药志》），二叶葎（《浙江民间常用草药》）。

【形态】 一年生无毛纤细披散草本，高 20～50 厘米；茎稍扁，从基部开始分枝。叶对生，无柄，膜质，线形，长 1～3 厘米，宽 1～3 毫米，顶端短尖，边缘干后常背卷，上面光滑，下面有时粗糙；中脉在上面下陷，侧脉不明显；托叶长 1～2 毫米，基部合生，顶部芒尖。花 4 数，单生或双生于叶腋；花梗略粗壮，长 2～5 毫米，罕无梗或偶有长达 10 毫米的花梗；萼管球形，长 1.5 毫米，萼檐裂片长圆状披针形，长 1.5～2 毫米，顶部渐尖，具缘毛；花冠白色，管形，长 3.5～4 毫米，冠管长 1.5～2

毫米，喉部无毛，花冠裂片卵状长圆形，长约2毫米，顶端钝；雄蕊生于冠管喉部，花丝长0.8～1毫米，花药凸出，长圆形，与花丝等长或略长；花柱长2～3毫米，柱头2裂，裂片广展，有乳头状突起。蒴果膜质，扁球形，直径2～2.5毫米，宿存萼檐裂片长1.5～2毫米，成熟时顶部室背开裂；种子每室约10粒，具棱，干后深褐色，有深而粗的窝孔。花期春季。

【生境】 多见于水田、田埂和湿润的旷地。

【分布】 产于新洲各地。分布于广东、香港、广西、海南、安徽、云南等地。

【药用部位及药材名】 全草（白花蛇舌草）。

【采收加工】 6—7月开花时采收，以木棒将茎砸扁、晾干。

【性味与归经】 苦、辛，寒。归肝经。

【功能主治】 清热解毒，利湿。用于肺热喘咳，咽喉肿痛，肠痛，疖肿疮疡，毒蛇咬伤，热淋涩痛，水肿，痢疾，肠炎，湿热黄疸，癌肿。

【用法用量】 内服：煎汤，15～60克。外用：适量，捣烂敷患处。

【验方】 ①治痢疾、尿道炎：白花蛇舌草一两，水煎服。（《福建中草药》）②治黄疸：白花蛇舌草一至二两，取汁和蜂蜜服。③治急性阑尾炎：白花蛇舌草二至四两，羊蹄草一至二两，两面针根三钱，水煎服。（《中草药处方选编》）④治小儿惊热，不能入睡：鲜蛇舌癀（即白花蛇舌草）打汁一汤匙服。（《闽南民间草药》）⑤治疮肿热痛：鲜蛇舌癀洗净，捣烂敷之，干即更换。（《闽南民间草药》）⑥治毒蛇咬伤：鲜白花蛇舌草一至二两，捣烂绞汁或水煎服，渣敷伤口。（《福建中草药》）

223. 鸡矢藤 *Paederia foetida* L.

【别名】 鸡屎藤（《生草药性备要》），女青（《质问本草》），皆治藤（《本草纲目拾遗》），牛皮冻（《植物名实图考》），臭藤（《天宝本草》）。

【形态】 藤状灌木，无毛或被柔毛。叶对生，膜质，卵形或披针形，长5～10厘米，宽2～4厘米，顶端短尖或削尖，基部浑圆，有时心形，叶上面无毛，在

下面脉上被微毛；侧脉每边 4～5 条，在上面柔弱，在下面凸起；叶柄长 1～3 厘米；托叶卵状披针形，长 2～3 毫米，顶部 2 裂。圆锥花序腋生或顶生，长 6～18 厘米，扩展；小苞片微小，卵形或锥形，有小毛；花有小梗，生于柔弱的三歧常呈蝎尾状的聚伞花序上；花萼钟形，萼檐裂片钝齿形；花冠紫蓝色，长 12～16 毫米，通常被茸毛，裂片短。果阔椭圆形，压扁，长、宽各 6～8 毫米，光亮，顶部冠以圆锥形的花盘和微小宿存的萼檐裂片；小坚果浅黑色，具 1 阔翅。花期 5—6 月。

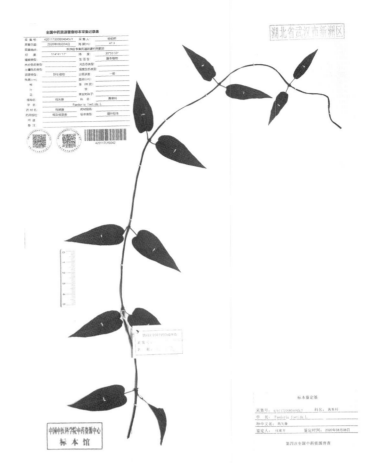

【生境】 生于溪边、河边、路边、林旁及灌木林中，常攀援于其他植物或岩石上。喜温暖湿润的环境。土壤以肥沃、深厚、湿润的沙壤土较好。

【分布】 产于新洲各地。分布于山东、安徽、江苏、浙江、江西、福建、台湾、广东、广西、湖北、湖南等地。

【药用部位及药材名】 全草或根（鸡矢藤）。

【采收加工】 9—10 月割取地上部分，晒干或晾干；或挖根，切片，晒干。

【性味与归经】 甘、微苦，平。

【功能主治】 祛暑利湿，消积，解毒。用于中暑，风湿痹痛，食积，小儿疳积，痢疾，黄疸，肝脾肿大，瘰疬，肠痈，脚气，烫伤，湿疹，皮炎，跌打损伤，蛇蝎咬蜇。

【用法用量】 内服：煎汤，15～30 克。外用：适量，捣烂敷患处。

【验方】 ①治胃痛：鸡矢藤末 1 克，开水冲服。②治风湿性关节痛：鸡矢藤根或藤 30 克，酒水煎服。③治小儿疳积：鸡矢藤水煎加糖服。④治百日咳：鸡矢藤根 15 克，水煎调蜂蜜，分 3 次服。

224. 茜草 *Rubia cordifolia* L.

【别名】 茜根（《神农本草经》），地苏木、活血丹（《本草纲目拾遗》），入骨丹（《中药志》）。

【形态】 草质攀援藤木，长通常为 1.5～3.5 米；根状茎和其节上的须根均红色；茎数至多条，从根状茎的节上发出，细长，方柱形，有 4 棱，棱上有倒生皮刺，中部以上多分枝。叶通常 4 片轮生，纸质，披针形或长圆状披针形，长 0.7～3.5 厘米，顶端渐尖，有时钝尖，基部心形，边缘有齿状皮刺，两面粗糙，脉上有微小皮刺；基出脉 3 条，极少外侧有 1 对很小的基出脉。叶柄长通常为 1～2.5 厘米，有倒生皮刺。聚伞花序腋生和顶生，多回分枝，有花 10 余朵至数十朵，花序和分枝均细瘦，有微小皮刺；花冠淡黄色，干时淡褐色，盛开时花冠檐部直径为 3 ～ 3.5 毫米，花冠裂片近卵形，微伸展，长约 1.5 毫米，外面无毛。果球形，直径通常为 4 ～ 5 毫米，成熟时橘黄色。花期 8—9 月，果期 10—11 月。

【生境】　常生于疏林、林缘、灌丛或草地上。

【分布】　产于新洲东部山区。分布于东北、华北、西北及四川（北部）、西藏（昌都）等地。

【药用部位及药材名】　干燥根和根茎（茜草）。

【采收加工】　春、秋二季采挖，除去泥沙，干燥。

【性味与归经】　苦，寒。归肝经。

【功能主治】　凉血，祛瘀，止血，通经。用于吐血，衄血，崩漏，外伤出血，瘀阻闭经，关节痹痛，跌扑肿痛。

【用法用量】　内服：煎汤，6 ～ 9 克；或入丸、散；或浸酒。

【验方】　①治吐血：茜根一两，捣成末。每服二钱，水煎，冷服，用水调末二钱服亦可。②治妇女闭经：茜根一两，煎酒服。③治脱肛：茜根、石榴皮各一把，加酒一碗，煎至七成，温服。

225. 六月雪 *Serissa japonica*（Thunb.）Thunb. Nov. Gen.

【别名】　满天星、白马骨、路边荆（《中国植物志》）。

【形态】　小灌木，高 60 ～ 90 厘米，有臭气。叶革质，卵形至倒披针形，长 6 ～ 22 毫米，宽 3 ～ 6 毫米，顶端短尖至长尖，边全缘，无毛；叶柄短。花单生或数朵丛生于小枝顶部或腋生，有被毛、边缘浅波状的苞片；萼檐裂片细小，锥形，被毛；花冠淡红色或白色，长 6 ～ 12 毫米，裂片扩展，顶端 3 裂；雄蕊凸出冠管喉部外；花柱长凸出，柱头 2，直，略分开。花期 5—7 月。

【生境】　生于河溪边或丘陵的杂木林内。

【分布】产于新洲北部、东部丘陵及山区。分布于江苏、安徽、江西、浙江、福建、广东、香港、广西、四川、云南等地。

【药用部位及药材名】全株（白马骨）。

【采收加工】4—6月采收茎叶，9—10月挖根，切段，鲜用或晒干。

【性味与归经】淡、苦、微辛，凉。

【功能主治】祛风利湿，清热解毒。用于感冒头痛，咽喉肿痛，目赤，牙痛，湿热黄疸，水肿，泄泻痢疾，腰腿疼痛，咯血，吐血，尿血，妇人带下，小儿疳积，惊风，痈疽肿毒，跌打损伤。

【用法用量】内服：煎汤，9～15克（鲜品30～60克）。外用：烧灰淋汁涂，煎水洗或捣敷。

【验方】①治肝炎：六月雪二两，过路黄一两，水煎服。（《浙江民间常用草药》）②治骨蒸劳热，小儿疳积：六月雪一至二两，水煎服。（《浙江民间常用草药》）③治目赤肿痛：路边荆茎叶一至二两，水煎服，渣再煎熏洗。（《三年来的中医药实验研究》）④治偏头痛：鲜白马骨一至二两，水煎，泡少许食盐服。（《泉州本草》）⑤治咽喉炎：六月雪三至五钱，水煎，每日一剂，分两次服。（《中草药新医疗法处方集》）⑥治牙痛：白马骨一两半，加乌贼干炖服。（《泉州本草》）

八十二、旋花科 Convolvulaceae

226. 菟丝子 *Cuscuta chinensis* Lam.

【别名】黄丝、豆寄生、无叶藤、无根草、金丝藤（《中国植物志》）。

【形态】 一年生寄生草本。茎缠绕，黄色，纤细，直径约1毫米，无叶。花序侧生，少花或多花簇生成小伞形或小团伞花序，近于无总花序梗；苞片及小苞片小，鳞片状；花梗稍粗壮，长仅约1毫米；花萼杯状，中部以下连合，裂片三角状，长约1.5毫米，顶端钝；花冠白色，壶形，长约3毫米，裂片三角状卵形，顶端锐尖或钝，向外反折，宿存；雄蕊着生于花冠裂片弯缺微下处；鳞片长圆形，边缘长流苏状；子房近球形，花柱2，等长或不等长，柱头球形。蒴果球形，直径约3毫米，几乎全为宿存的花冠所包围，成熟时整齐周裂。种子2～49，淡褐色，卵形，长约1毫米，表面粗糙。

【生境】 生于海拔100～3000米的田边、山坡阳处、路边灌丛或海边沙丘，通常寄生于豆科、菊科、蒺藜科等多种植物上。

【分布】 产于新洲东部山区。分布于黑龙江、吉林、辽宁、河北、山西、陕西、宁夏、甘肃、内蒙古、新疆、山东、江苏、安徽、河南、浙江、福建、四川、云南等地。

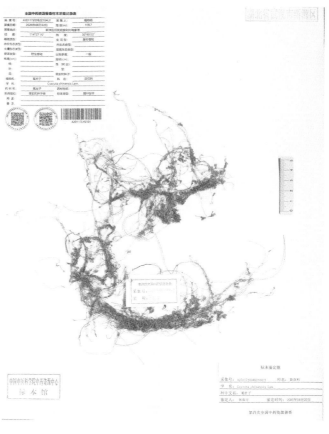

【药用部位及药材名】 干燥成熟种子（菟丝子）。

【采收加工】 秋季果实成熟时采收植株，晒干，打下种子，除去杂质。

【性味与归经】 辛、甘，平。归肝、肾、脾经。

【功能主治】 补益肝肾，固精缩尿，安胎，明目，止泻；外用于消风祛斑。用于肝肾不足，腰膝酸软，阳痿遗精，遗尿尿频，肾虚胎漏，胎动不安，目昏耳鸣，脾肾虚泻；外用于白癜风。

【用法用量】 内服：煎汤，6～12克。外用：适量，炒研调敷。

【验方】 ①治腰痛：菟丝子（酒浸）、杜仲（去皮，炒断丝）各等份。为细末，以山药糊丸如梧子大。每服五十丸，盐酒或盐汤下。（《百一选方》）②治肝肾不足，视物昏花：菟丝子与枸杞子水煎，或盛碗内加适量水蒸食。③治脾虚泄泻：菟丝子15克，生白术10克，水煎服。④治肾阳虚衰，精液不化：菟丝子炒黄为末，加适量白面，蒸饼食，每日3次，每次70克。

227. 圆叶牵牛 *Ipomoea purpurea*

【别名】 喇叭花、牵牛花、二牛子、二丑（《中国植物志》），紫花牵牛（《广州植物志》）。

【形态】 一年生缠绕草本，茎上被倒向的短柔毛及杂有倒向或开展的长硬毛。叶宽卵形或近圆形，深或浅3裂，偶5裂，长4～15厘米，宽4.5～14厘米，基部圆，心形，中裂片长圆形或卵圆形，渐尖或骤尖，侧裂片较短，三角形，裂口锐或圆，叶面或疏或密被微硬的柔毛；叶柄长2～15厘米，毛被同茎。花腋生，单一或通常2朵着生于花序梗顶，花序梗长短不一，长1.5～18.5厘米，通常短于叶柄，有时较长，毛被同茎；苞片线形或叶状，被开展的微硬毛；花梗长2～7毫米；小苞片线形；萼片近等长，长2～2.5厘米，披针状线形，内面2片稍狭，外面被开展的刚毛，基部更密，有时也杂有短柔毛；花冠漏斗状，长5～8（10）厘米，蓝紫色或紫红色，花冠管色淡；雄蕊及花柱内藏；雄蕊不等长；花丝基部被柔毛；子房无毛，柱头头状。蒴果近球形，直径0.8～1.3厘米，3瓣裂。种子卵状三棱形，长约6毫米，黑褐色或米黄色，被褐色短茸毛。

【生境】 生于海拔40～200（1600）米的山坡灌丛、干燥河谷路边、园边宅旁、山地路边，或为栽培。

【分布】 产于新洲北部、东部丘陵及山区，有栽培。我国除西北和东北的一些地区外，大部分地区有分布。本种原产于热带美洲，现已广泛种植于热带和亚热带地区。

【药用部位及药材名】 干燥成熟种子（牵牛子）。

【采收加工】 秋末果实成熟、果壳未开裂时采割植株，晒干，打下种子，除去杂质。

【性味与归经】 苦，寒；有毒。归肺、肾、大肠经。

【功能主治】 泻水通便，消痰涤饮，杀虫攻积。用于水肿胀满，二便不通，痰饮积聚，气逆喘咳，虫积腹痛。

【用法用量】 内服：入丸、散，0.3～0.9克；煎汤，4.5～6克。

【验方】 治水肿：取本品3～9克（生、炒各半），共研细末，每以温开水送服1～2克，每日1次或隔日服。

八十三、紫草科 Boraginaceae

228. 附地菜 *Trigonotis peduncularis*（Trev.）Benth. ex Baker et Moore

【别名】 鸡肠（《本草经集注》），伏地菜（《全国中草药汇编》），地胡椒《（贵州草药》），山苦菜（《福建药物志》），地瓜香（《长白山植物药志》），鸡肠草（《名医别录》）。

【形态】 一年生或二年生草本。茎通常多条丛生，稀单一，密集，铺散，高 5～30 厘米，基部多分枝，被短糙伏毛。基生叶呈莲座状，有叶柄，叶片匙形，长 2～5 厘米，先端圆钝，基部楔形或渐狭，两面被糙伏毛，茎上部叶长圆形或椭圆形，无叶柄或具短柄。花序生于茎顶，幼时卷曲，后渐次伸长，长 5～20 厘米，通常占全茎的 1/2～4/5，只在基部具 2～3 个叶状苞片，其余部分无苞片；花梗短，花后伸长，长 3～5 毫米，顶端与花萼连接部分变粗呈棒状；花萼裂片卵形，长 1～3 毫米，先端急尖；花冠淡蓝色或粉色，筒部甚短，檐部直径 1.5～2.5 毫米，裂片平展，倒卵形，先端圆钝，喉部附属 5，白色或带黄色；花药卵形，长 0.3 毫米，先端具短尖。小坚果 4，斜三棱锥状四面体形，长 0.8～1 毫米，有短毛或平滑无毛，背面三角状卵形，具 3 锐棱，腹面的 2 个侧面近等大而基底面略小，凸起，具短柄，柄长约 1 毫米，向一侧弯曲。早春开花，花期甚长。

【生境】 生于平原、丘陵草地、林缘、田间及荒地。

【分布】 产于新洲各地。分布于华北、东北、华东、西南及广东、广西、陕西、新疆等地。

【药用部位及药材名】 全草（附地菜）。

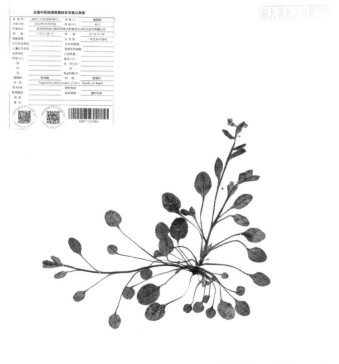

【采收加工】 6 月采收，鲜用或晒干。

【性味与归经】 苦、辛，平。

【功能主治】 健胃止痛，解毒消肿，收摄小便。用于胃痛吐酸，手脚麻木，遗尿，热毒痈肿，湿疮。

【用法用量】 内服：煎汤，15 ～ 30 克，或研末。外用：适量，捣敷；或研末擦。

【验方】 ①止小便利：鸡肠草一斤，于豆豉汁中煮，调和什羹食之，作粥亦得。（《食医心鉴》）②治气淋，小腹胀，满闷：石韦（去毛）一两，鸡肠草一两。上药捣碎，煎取一盏半，去滓，食前分为三服。（《太平圣惠方》）③治热肿：鸡肠草敷。（《补辑肘后方》）④治漆疮瘙痒：鸡肠草捣涂之。（《肘后方》）⑤治手脚麻木：地胡椒二两，泡酒服。（《贵州草药》）⑥治胸胁骨痛：地胡椒一两，水煎服。（《贵州草药》）⑦治反花恶疮：鸡肠草研汁拂之，或为末，猪脂调搽。（《医林正宗》）⑧治风热牙痛，水肿，五脏气虚，小儿疳积：鸡肠草、旱莲草、细辛各等份。为末，每日擦三次。（《普济方》祛痛散）

八十四、马鞭草科 Verbenaceae

229. 白棠子树 *Callicarpa dichotoma*（Lour.）K. Koch

【别名】 细亚锡饭（《植物名实图考》），小叶紫珠（《广西药用植物名录》）。

【形态】 多分枝的小灌木，高 1 ～ 3 米；小枝纤细，幼嫩部分有星状毛。叶倒卵形或披针形，长 2 ～ 6 厘米，宽 1 ～ 3 厘米，顶端急尖或尾状尖，基部楔形，边缘仅上半部具数个粗锯齿，表面稍粗糙，背面无毛，密生细小黄色腺点；侧脉 5 ～ 6 对；叶柄长不超过 5 毫米。聚伞花序在叶腋的上方着生，细弱，宽 1 ～ 2.5 厘米，2 ～ 3 次分歧，花序梗长约 1 厘米，略有星状毛，至结果时无毛；苞片线形；花萼杯状，无毛，顶端有不明显的 4 齿或近截头状；花冠紫色，长 1.5 ～ 2 毫米，无毛；花丝长约为花冠的 2 倍，花药卵形，细小，药室纵裂；子房无毛，具黄色腺点。果实球形，紫色，直径约 2 毫米。花期 5—6 月，果期 7—11 月。

【生境】 生于海拔 600 米以下的低山丘陵灌丛中。

【分布】 产于新洲东部山区。分布于山东、河北、河南、江苏、安徽、浙江、江西、湖北、湖南、福建、台湾、广东、广西、贵州等地。

【药用部位及药材名】 叶（紫珠）。

【采收加工】 7—8 月采收，晒干。

【性味与归经】 苦、涩，凉。

【功能主治】 收敛止血，清热解毒。用于咯血，呕血，衄血，牙龈出血，尿血，便血，崩漏，紫癜，外伤出血，痈疽肿毒，毒蛇咬伤，烧伤。

【用法用量】 内服：煎汤，10 ～ 15 克；研末，每次 1.5 ～ 3 克。外用：适量，捣敷。

【验方】 ①治咯血：干紫珠末 1.5 ～ 2.1 克，调鸡蛋清，每 4 小时服 1 次，继用干紫珠末 6 克，水煎，代茶常饮。（《福建民间草药》）②治肺结核咯血，胃十二指肠溃疡出血：紫珠、白及各等量，共研细粉。每服 6 克，每日 3 次。（《全国中草药汇编》）③治衄血：干紫珠 6 克，调鸡蛋清服；外用消毒棉花蘸叶末塞鼻。（《福建民间草药》）④治功能性子宫出血：紫珠、地菍、梵天花根各 30 克。水煎，加红糖 30 克。在出血的第 1 日服下，连服数日。（《浙江药用植物志》）⑤治血小板减少性紫癜：紫珠、猪殃殃、细毛鹿茸草各 15 克，地菍、栀子根各 30 克。水煎服。（《浙江药用植物志》）⑥治创伤出血：鲜紫珠，用冷开水洗净，捣匀后敷创口；或用干紫珠研末撒敷，外用消毒纱布包扎之。（《福建民间草药》）⑦治上呼吸道感染，扁桃体炎，肺炎，支气管炎：紫珠、紫金牛各 15 克，秦皮 9 克。水煎服，每日 1 剂。（《全国中草药汇编》）

230. 臭牡丹 *Clerodendrum bungei* Steud.

【别名】 臭枫根、大红袍（《植物名实图考》），臭八宝、臭梧桐、矮桐子（《中国植物志》）。

【形态】 灌木，高 1 ～ 2 米，植株有臭味；花序轴、叶柄密被褐色、黄褐色或紫色脱落性的柔毛；小枝近圆形，皮孔显著。叶片纸质，宽卵形或卵形，长 8 ～ 20 厘米，宽 5 ～ 15 厘米，顶端尖或渐尖，基部宽楔形、截形或心形，边缘具粗或细锯齿，侧脉 4 ～ 6 对，表面散生短柔毛，背面疏生短柔毛和散生腺点或无毛，基部脉腋有数个盘状腺体；叶柄长 4 ～ 17 厘米。伞房状聚伞花序顶生，密集；苞片叶状，

披针形或卵状披针形，长约 3 厘米，早落或花时不落，早落后在花序梗上残留凸起的痕迹，小苞片披针形，长约 1.8 厘米；花萼钟状，长 2 ～ 6 毫米，被短柔毛及少数盘状腺体，萼齿三角形或狭三角形，长 1 ～ 3 毫米；花冠淡红色、红色或紫红色，花冠管长 2 ～ 3 厘米，裂片倒卵形，长 5 ～ 8 毫米；雄蕊及花柱均凸出花冠外；花柱短于、等于或稍长于雄蕊；柱头 2 裂，子房 4 室。核果近球形，直径 0.6 ～ 1.2 厘米，成熟时蓝黑色。花果期 5—11 月。

【生境】　生于海拔 2500 米以下的山坡、林缘、沟谷、路旁、灌丛润湿处。

【分布】产于新洲各地。分布于华北、西北、西南及江苏、安徽、浙江、江西、湖南、湖北、广西等地。

【药用部位及药材名】　茎叶（臭牡丹）。

【采收加工】　7—11 月采收茎叶，鲜用或切段晒干。

【性味与归经】　辛、微苦，平。

【功能主治】　解毒消肿，祛风湿，降血压。用于痈疽，疔疮，发背，乳痈，痔疮，湿疹，丹毒，风湿痹痛，高血压。

【用法用量】　内服：煎汤，9 ～ 15 克（鲜品 30 ～ 60 克）；捣汁或入丸、散。外用：捣敷、研末调敷或煎水熏洗。

【验方】　①治痈肿发背：臭牡丹叶晒干，研极细末，蜂蜜调敷。未成脓者能内消，溃后局部红热不退，疮口作痛者，用蜂蜜或麻油调敷，至红退痛止为度（阴疽忌用）。（《江西民间草药》）②治乳腺炎：鲜臭牡丹叶半斤，蒲公英三钱，麦冬全草四两。水煎冲黄酒、红糖服。③治肺脓疡，多发性疖肿：臭牡丹全草三两，鱼腥草一两，水煎服。④治关节炎：臭牡丹鲜叶绞汁，冲黄酒服，每日两次，每次一杯，连服二十日，如有好转，续服至痊愈。⑤治头痛：臭牡丹叶三钱，川芎二钱，千金藤根一钱，水煎服。（《浙江民间常用草药》）⑥治内、外痔：臭牡丹叶四两，煎水，加食盐少许，放桶内，趁热熏患处，至水凉为度，渣再煎再熏，每日两次。（《江西民间草药》）

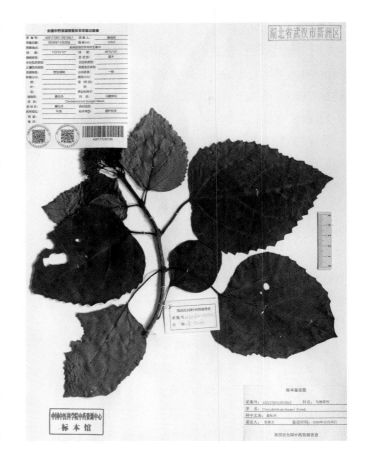

231. 马鞭草 *Verbena officinalis* L.

【别名】马鞭（《新修本草》），凤颈草（《本草纲目》），铁马鞭（《草木便方》），狗牙草（《中国药用植物志》）。

【形态】 多年生草本，高30～120厘米。茎四方形，近基部可为圆形，节和棱上有硬毛。叶片卵圆形至倒卵形或长圆状披针形，长2～8厘米，宽1～5厘米，基生叶的边缘通常有粗锯齿和缺刻，茎生叶多数3深裂，裂片边缘有不整齐锯齿，两面均有硬毛，背面脉上尤多。穗状花序顶生和腋生，细弱，结果时长达25厘米；花小，无柄，最初密集，结果时疏离；苞片稍短于花萼，具硬毛；花萼长约2毫米，有硬毛，有5脉，脉间凹穴处质薄而色淡；花冠淡紫色至蓝色，长4～8毫米，外面有微毛，裂片5；雄蕊4，着生于花冠管的中部，花丝短；子房无毛。果长圆形，长约2毫米，外果皮薄，成熟时4瓣裂。花期6—8月，果期7—10月。

【生境】 常生于低至高海拔的路边、山坡、溪边或林旁。

【分布】 产于新洲各地。分布于山西、陕西、甘肃、江苏、安徽、浙江、福建、江西、湖北、湖南、广东、广西、四川、贵州、云南、新疆、西藏。全世界的温带至热带地区均有分布。

【药用部位及药材名】 干燥地上部分（马鞭草）。

【采收加工】 6—8月花开时采割，除去杂质，晒干。

【性味与归经】 苦，凉。归肝、脾经。

【功能主治】 活血散瘀，解毒，利水，退黄，截疟。用于癥瘕积聚，痛经闭经，喉痹，痈肿，水肿，黄疸，疟疾。

【用法用量】 内服：煎汤，15～30克（鲜品30～60克）；或入丸、散。外用：适量，捣敷；或煎水洗。

【验方】 ①治伤风感冒、流感：鲜马鞭草一两五钱，羌活五钱，青蒿一两。上药煎汤两小碗，一日两次分服，连服二至三日。咽痛者加鲜桔梗五钱。（《江苏验方草药选编》）②治痢疾：马鞭草二两，土牛膝五钱。将两药洗净，水煎服。每日一剂，一般服二至五剂。③治黄疸：马鞭草鲜根（或全草）二两，水煎调糖服。肝肿痛者加山楂根或山楂三钱。（《草药手册》）

232. 单叶蔓荆 *Vitex trifolia* L. var. *simplicifolia* Cham.

【别名】 荆条子、沙荆（《山东经济植物》）。

【形态】 落叶灌木，茎匍匐，节处常生不定根，有香味；小枝四棱形，密生细柔毛。单叶对生，叶片倒卵形或近圆形，顶端通常钝圆或有短尖头，基部楔形，全缘，长 2.5～5 厘米，宽 1.5～3 厘米，表面绿色，无毛或被微柔毛，背面密被灰白色茸毛，侧脉约 8 对，两面稍隆起。圆锥花序顶生，长 3～15 厘米，花序梗密被灰白色茸毛；花萼钟形，顶端 5 浅裂，外面有茸毛；花冠淡紫色或蓝紫色，长 6～10 毫米，外面及喉部有毛，花冠管内有较密的长柔毛，顶端 5 裂，二唇形，下唇中间裂片较大；雄蕊 4，伸出花冠外；子房无毛，密生腺点；花柱无毛，柱头 2 裂。核果近圆形，直径约 5 毫米，成熟时黑色；果萼宿存，外被灰白色茸毛。花期 7—8 月，果期 8—10 月。

【生境】 生于平原、河滩、湖畔、疏林及村寨附近。

【分布】 产于新洲东部山区。分布于辽宁、河北、山东、江苏、安徽、浙江、江西、福建、台湾、广东等地。

【药用部位及药材名】 干燥成熟果实（蔓荆子）。

【采收加工】 秋季果实成熟时采收，除去杂质，晒干。

【性味与归经】 辛、苦，微寒。归膀胱、肝、胃经。

【功能主治】 疏散风热，清利头目。用于风热感冒头痛，齿龈肿痛，目赤多泪，目暗不明，头晕目眩。

【用法用量】 内服：煎汤，6～9 克；浸酒或入丸、散。外用：适量，捣敷。

【验方】 ①治风热头痛：蔓荆子、桑叶、菊花、薄荷、白芷、荆芥各 9 克。水煎，取药液，分 3 次服，每日 1 剂，连服 3～5 剂。②治偏头痛：蔓荆子 10 克，白菊花 8 克，川芎 6 克，白芷、细辛各 3 克，甘草 4 克。水煎，分 3 次服，每日 1 剂，连服 5 剂。③治感冒后头痛：蔓荆子、紫苏叶、薄荷、白芷、菊花各 9 克。水煎，取药液，分 3 次服，每日 1 剂，连服 3 ～ 5 剂。

233. 黄荆 *Vitex negundo* L.

【别名】 五指柑（《生草药性备要》），山黄荆、黄荆条（《本草纲目拾遗》）。

【形态】 灌木或小乔木；小枝四棱形，密生灰白色茸毛。掌状复叶，小叶 5，少有 3；小叶片长圆状披针形至披针形，顶端渐尖，基部楔形，全缘或每边有少数粗锯齿，表面绿色，背面密生灰白色茸毛；中间小叶长 4 ～ 13 厘米，宽 1 ～ 4 厘米，两侧小叶依次递小，具 5 小叶时，中间 3 片小叶有柄，最外侧的 2 片小叶无柄或近于无柄。聚伞花序排成圆锥花序式，顶生，长 10 ～ 27 厘米，花序梗密生灰白色茸毛；花萼钟状，顶端有 5 裂齿，外有灰白色茸毛；花冠淡紫色，外有微柔毛，顶端 5 裂，二唇形；雄蕊伸出花冠管外；子房近无毛。核果近球形，直径约 2 毫米；宿萼接近果实的长度。花期 4—6 月，果期 7—10 月。

【生境】 生于山坡路旁或灌丛中。

【分布】 产于新洲北部、东部丘陵及山区。主要分布于长江以南各省，北达秦岭淮河。

【药用部位及药材名】果实（黄荆子）；叶（黄荆叶）；茎用火烤流出的汁液（黄荆沥）；枝（黄荆枝）；根（黄荆根）。

【采收加工】 果实（黄荆子）：8—9 月采摘果实，晾晒干燥。叶（黄荆叶）：6—7 月开花时采叶，鲜用或堆叠踏实，使其发汗，倒出晒至半干，再堆叠踏实，待绿色变黑润，再晒至足干。茎用火烤流出的汁液（黄荆沥）：夏、秋二季采收新鲜黄荆粗茎切段，一头放火中烤，从另一头收取汁液即得。枝（黄荆枝）：5—10 月均可采收，切段晒干。根（黄荆根）：2 月或 8 月采根，鲜用或切片晒干。

【性味与归经】黄荆子：辛、苦，温。归肺、胃、肝经。黄荆叶：辛、苦，凉。黄荆沥：甘，平。黄荆枝：微苦、辛，平。黄荆根：微辛、苦，平。

【功能主治】黄荆子：理气消食，祛痰镇咳，祛风止痛。用于肝胃气痛，食积，便秘，疝气，咳嗽，哮喘，感冒发热，风湿痹痛。黄荆叶：解表散热，化湿和中，杀虫止痒。用于感冒发热，伤暑吐泻，痧证，腹痛，肠炎，痢疾，疟疾，湿疹，疥癣，蛇虫咬伤。黄荆沥：除痰涎，去烦热。用于小儿惊风，痰壅气促。黄荆枝：祛风解表，消肿止痛。用于感冒发热，咳嗽，喉痹肿痛，风湿骨痛，牙痛，烫伤。黄荆根：祛风解表，理气止痛。用于感冒，慢性支气管炎，风湿痹痛，胃痛，痧证，腹痛。

【用法用量】黄荆子：内服，煎汤，3 ～ 9 克（大剂量可用至 15 ～ 30 克）；或研末。黄荆叶：内服，煎汤，鲜品 15 ～ 60 克。外用，捣敷或煎水洗。黄荆沥：内服，50 ～ 100 毫升，小儿酌减。黄荆枝：内服，煎汤，6 ～ 9 克。外用，捣敷或煅存性研末调敷。黄荆根：内服，煎汤，6 ～ 12 克。

【验方】①治关节炎：黄荆条五钱，水煎服，每日一剂，分两次服。（《单方验方新医疗法选编》）②治哮喘：黄荆子二至五钱，研粉加白糖适量，每日两次，水冲服。（《常用中草药》）③治牙痛：黄荆枝、荆芥、胡椒各适量，水煎服。（《民间常用草药汇编》）④治胃溃疡，慢性胃炎：干黄荆子一两，煎服或研末吞服。（《常用中草药》）⑤治火烫伤成疮：黄荆枝煅灰调香油涂。（《民间常用草药汇编》）

八十五、唇形科 Labiatae

234. 风轮菜 *Clinopodium chinense*（Benth.）O. Ktze.

【别名】野薄荷、山薄荷（《中国植物志》），九层塔（《广西药用植物名录》），蜂窝草、节节草（《贵州民间药物》）。

【形态】多年生草本。茎基部匍匐生根，上部上升，多分枝，高可达 1 米，四棱形，具细条纹，密被短柔毛及腺微柔毛。叶卵圆形，不偏斜，长 2 ～ 4 厘米，宽 1.3 ～ 2.6 厘米，先端急尖或钝，基部圆形或呈阔楔形，边缘具大小均匀的圆齿状锯齿，坚纸质，上面橄榄绿，密被平伏短硬毛，下面灰白色，被疏柔毛，脉上尤密，侧脉 5 ～ 7 对，与中肋在上面微凹陷下面隆起，网脉在下面清晰可见；叶柄长 3 ～ 8 毫米，腹凹背凸，密被疏柔毛。轮伞花序多花密集，半球状，位于下部者直径达 3 厘米，最上部者直径

1.5 厘米，彼此远隔；苞叶叶状，向上渐小至苞片状，苞片针状，极细，无明显中肋，长 3～6 毫米，多数，被柔毛状缘毛及微柔毛；总梗长 1～2 毫米，分枝多数；花梗长约 2.5 毫米，与总梗及序轴被柔毛状缘毛及微柔毛。花萼狭管状，常染紫红色，长约 6 毫米，具 13 脉，外面主要沿脉上被疏柔毛及腺微柔毛，内面在齿上被疏柔毛，果时基部稍一边膨胀，上唇 3 齿，齿近外反，长三角形，先端具硬尖，下唇 2 齿，齿稍长，直伸，先端芒尖。花冠紫红色，长约 9 毫米，外面被微柔毛，内面在下唇下方喉部具 2 列毛茸，冠筒伸出，向上渐扩大，至喉部宽近 2 毫米，冠檐二唇形，上唇直伸，先端微缺，下唇 3 裂，中裂片稍大。雄蕊 4，前对稍长，均内藏或前对微露出，花药 2 室，室近水平叉开。花柱微露出，先端不相等 2 浅裂，裂片扁平。花盘平顶。子房无毛。小坚果倒卵形，长约 1.2 毫米，宽约 0.9 毫米，黄褐色。花期 5—8 月，果期 8—10 月。

【生境】 生于山坡、草丛、路边、沟边、灌丛、林下，海拔 1000 米以下。

【分布】 产于新洲北部、东部丘陵及山区。分布于山东、浙江、江苏、安徽、江西、福建、台湾、湖南、湖北、广东、广西等地。

【药用部位及药材名】 干燥地上部分（断血流）。

【采收加工】 夏季开花前采收，除去泥沙，晒干。

【性味与归经】 微苦、涩，凉。归肝经。

【功能主治】 收敛止血。用于崩漏，尿血，鼻衄，牙龈出血，创伤出血。

【用法用量】 内服：煎汤，9～15 克。外用：适量，研末或取鲜品捣烂敷患处。

【验方】①治感冒头痛：光风轮（即风轮菜）三钱，生姜两片，葱白两个。水煎服，每日一剂。（《江西草药》）②治中暑腹痛：光风轮五钱，青木香根二钱。水煎服，每日一剂。（《江西草药》）③治痢疾：鲜瘦风轮菜（即风轮菜）一两，水煎服，赤痢者加白糖，白痢者加红糖。④治乳痈：鲜瘦风轮菜一两，红糖一两，酌加开水炖服。另用鲜叶一握，加红糖捣烂外敷。⑤治跌打损伤，积瘀疼痛：a.鲜瘦风轮菜绞汁泡酒服。b.鲜瘦风轮菜，用甜酒酿糟捣烂，敷伤处。（《江西民间草药验方》）⑥治妇人血崩（属血热者）：瘦风轮菜一两，生地黄、侧柏叶各五钱，入冰糖少许。水煎服，每日两次。（《泉州本草》）⑦治小儿食积：瘦风轮菜、公母草各二钱，隔山消一钱半，槟榔、甘草各一钱。水煎服，每日三次。（《湖南药物志》）⑧治荨麻疹、过敏性皮炎：光风轮适量，煎汁洗。（《浙江民间常用草药》）

235. 灯笼草 *Clinopodium polycephalum*（Vaniot）C. Y. Wu et Hsuan ex P. S. Hsu

【别名】 大叶香薷（《植物名实图考》），山藿香（《贵州草药》），多头风轮菜（《全国中草药汇编》），楼台草、绣球草（《中国植物志》）。

【形态】 直立多年生草本，高 0.5～1 米，多分枝，基部有时匍匐生根。茎四棱形，具槽，被平展糙硬毛及腺毛。叶卵形，长 2～5 厘米，宽 1.5～3.2 厘米，先端钝或急尖，基部阔楔形至近圆形，边缘具疏圆齿，上面橄榄绿，下面略淡，两面被糙硬毛，尤其是下面脉上，侧脉约 5 对，与中脉在上面微下陷下面明显隆起。轮伞花序多花，圆球状，花时直径达 2 厘米，沿茎及分枝形成宽而多头的圆锥花序；

苞叶叶状，较小，生于茎及分枝近顶部者退化成苞片状；苞片针状，长 3～5 毫米，被具节长柔毛及腺柔毛；花梗长 2～5 毫米，密被腺柔毛。花萼圆筒形，花时长约 6 毫米，宽约 1 毫米，具 13 脉，脉上被具节长柔毛及腺微柔毛，萼内喉部具疏刚毛，果时基部一边膨胀，宽至 2 毫米，上唇 3 齿，齿三角形，具尾尖，下唇 2 齿，先端芒尖。花冠紫红色，长约 8 毫米，冠筒伸出于花萼，外面被微柔毛，冠檐二唇形，上唇直伸，先端微缺，下唇 3 裂。雄蕊不露出，后对雄蕊短且花药小，在上唇穹隆下，直伸，前雄蕊长超过下唇，花药正常。花盘平顶。子房无毛。小坚果卵形，长约 1 毫米，褐色，光滑。花期 7—8 月，果期 9 月。

【生境】 生于山坡、路边、林下、灌丛中，海拔至 3400 米。

【分布】 产于新洲北部、东部丘陵及山区。分布于陕西、甘肃、山西、河北、河南、山东、浙江、江苏、安徽、福建、江西、湖南、湖北、广西、贵州、四川、云南及西藏东部等地。

【药用部位及药材名】 干燥地上部分（断血流）。

【采收加工】 夏季开花前采收，除去泥沙，晒干。

【性味与归经】 微苦、涩，凉。归肝经。

【功能主治】 收敛止血。用于崩漏，

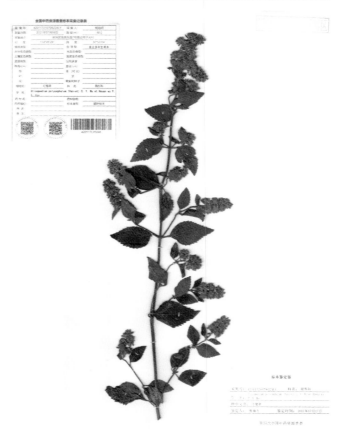

尿血，鼻衄，牙龈出血，创伤出血。

【用法用量】内服：煎汤，9～15克。外用：适量，研末或取鲜品捣烂敷患处。

【验方】①治流行性腮腺炎：鲜灯笼草100克，大青叶30克，冰糖适量。水煎，分3次服。②治睾丸炎：灯笼草30克，荔枝核（盐火炒）10枚，水煎服。③治热咳咽痛：取灯笼草的果实晒干，研细末，每次3克，开水送服。④治细菌性痢疾：鲜灯笼草50克，水煎，分2次服，每日1剂，连服3日。亦可取全草晒干，研末，每次6克，开水送服。

236. 海州香薷 *Elsholtzia splendens* Nakai ex F. Maekawa

【别名】香草、铜草、紫花香菜。

【形态】直立草本，高30～50厘米。茎直立，污黄紫色，被近2列疏柔毛，基部以上多分枝，分枝劲直开展，先端具花序，节间伸长，长2～12厘米。叶卵状三角形、卵状长圆形至长圆状披针形或披针形，长3～6厘米，宽0.8～2.5厘米，先端渐尖，基部或阔或狭楔形，下延至叶柄，边缘疏生锯齿，锯齿整齐，锐或稍钝，上面绿色，疏被小纤毛，脉上较密，下面较淡，沿脉上被小纤毛，密布凹陷腺点；叶柄在茎中部叶上较长，向上变短，长0.5～1.5厘米，腹凹背凸，腹面被短柔毛。穗状花序顶生，偏向一侧，长3.5～4.5厘米，由多数轮伞花序组成；苞片近圆形或宽卵圆形，长约5毫米，宽6～7毫米，先端具尾状骤尖，尖头长1～1.5毫米，除边缘被小缘毛外余部无毛，极疏生腺点，染紫色；花梗长不及1毫米，近无毛，序轴被短柔毛。花萼钟形，长2～2.5毫米，外面被白色短硬毛，具腺点，萼齿5，三角形，近相等，先端刺芒尖头，边缘具缘毛。花冠玫瑰红紫色，长6～7毫米，微内弯，近漏斗形，外面密被柔毛，内面有毛环，冠筒基部宽约0.5毫米，向上渐宽，至喉部宽不及2毫米，冠檐二唇形，上唇直立，先端微缺，下唇开展，3裂，中裂片圆形，全缘，侧裂片截形或近圆形。雄蕊4，前

对较长，均伸出，花丝无毛。花柱超出雄蕊，先端近相等 2 浅裂，裂片钻形。小坚果长圆形，长 1.5 毫米，黑棕色，具小疣。花果期 9—11 月。

【生境】　生于山坡路旁或草丛中，海拔 200 ～ 300 米。

【分布】　产于新洲东部山区。分布于辽宁、河北、山东、河南、江苏、江西、浙江、广东等地。

【药用部位及药材名】　全草（香薷）。

【采收加工】　当生长到半籽半花时收获，将全株拔下，抖净泥土，晒干，捆成小捆放通风干燥处。

【性味归经】　辛，微温。

【功能主治】　发表解暑，散湿行水。用于夏月乘凉饮冷伤暑，头痛，发热，恶寒，无汗，腹痛，吐泻，水肿，脚气。

【用法用量】　内服：煎汤，3 ～ 9 克，或研末。

237. 活血丹 *Glechoma longituba*（Nakai）Kupr.

【别名】　钹儿草、佛耳草（《本草纲目拾遗》），连钱草、铜钱草、破铜钱（《中国植物志》）。

【形态】　多年生草本，具匍匐茎，上升，逐节生根。茎高 10 ～ 20（30）厘米，四棱形，基部通常呈淡紫红色，几无毛，幼嫩部分被疏长柔毛。叶草质，下部者较小，叶片心形或近肾形，叶柄长为叶片的 1 ～ 2 倍；上部者较大，叶片心形，长 1.8 ～ 2.6 厘米，宽 2 ～ 3 厘米，先端急尖或钝三角形，

基部心形，边缘具圆齿或粗锯齿状圆齿，上面被疏粗伏毛或微柔毛，叶脉不明显，下面常带紫色，被疏柔毛或长硬毛，常仅限于脉上，脉隆起，叶柄长为叶片的 1.5 倍，被长柔毛。轮伞花序通常 2 花，稀具 4 ～ 6 花；苞片及小苞片线形，长达 4 毫米，被缘毛。花萼管状，长 9 ～ 11 毫米，外面被长柔毛，尤沿肋上为多，内面多少被微柔毛，齿 5，上唇 3 齿，较长，下唇 2 齿，略短，齿卵状三角形，长为萼长 1/2，先端芒状，边缘具缘毛。花冠淡蓝色、蓝色至紫色，下唇具深色斑点，冠筒直立，上部渐膨大成钟形，有长筒与短筒两型，长筒者长 1.7 ～ 2.2 厘米，短筒者通常藏于花萼内，长 1 ～ 1.4 厘米，外面多少被长柔毛及微柔毛，内面仅下唇喉部被疏柔毛或几无毛，冠檐二唇形。上唇直立，2 裂，裂片近肾形，下唇伸长，斜展，3 裂，中裂片最大，肾形，较上唇片大 1 ～ 2 倍，先端凹入，两侧裂片长圆形，宽为中裂片之半。雄蕊 4，内藏，无毛，后对着生于上唇下，较长，前对着生于两侧裂片下方花冠筒中部，较短；花药 2 室，略叉开。子房 4 裂，无毛。花盘杯状，微斜，前方呈指状膨大。花柱细长，无毛，略伸出，先端近相等 2 裂。成熟小坚果深褐色，长圆状卵形，长约 1.5 毫米，宽约 1 毫米，顶端圆，基部略成三棱形，无毛，果脐不明显。花期 4—5 月，果期 5—6 月。

【生境】　生于林缘、疏林、草地、溪边等阴湿处，海拔 50 ～ 2000 米。

【分布】　产于新洲北部、东部丘陵及山区。除青海、甘肃、新疆及西藏外，全国其余地区均有分布。

【药用部位及药材名】 干燥地上部分（连钱草）。

【采收加工】 春至秋季采收，除去杂质，晒干。

【性味与归经】 辛、微苦，微寒。归肝、肾、膀胱经。

【功能主治】 利湿通淋，清热解毒，散瘀消肿。用于热淋，石淋，湿热黄疸，疮痈肿痛，跌打损伤。

【用法用量】内服：煎汤，15～30克；或浸酒，或捣汁。外用：适量，捣敷或绞汁涂敷。

【验方】①治黄疸，膨胀：连钱草七至八钱，白茅根、车前草各四至五钱，荷包草五钱，共煎服。（《浙江民间草药》）②治肾炎水肿：连钱草、萹蓄各一两，荠菜花五钱，煎服。（《上海常用中草药》）③利小便，治膀胱结石：连钱草、龙须草、车前草各五钱，煎服。（《浙江民间草药》）④治伤风咳嗽：鲜连钱草五至八钱（干品三至五钱）（洗净），冰糖半两。酌加开水，炖一小时，每日服两次。（《福建民间草药》）⑤治月经不调，小腹作胀：团经药（即连钱草）、对叶莲各三钱，大叶艾二钱，泡酒吃。⑥治风湿性关节炎：团经药，捶绒酒炒热，外敷。（《贵阳民间药草》）⑦治疮疖，腮腺炎，皮肤撞伤青肿：鲜连钱草捣烂外敷。（《上海常用中草药》）⑧治湿疹，脓疱疮，稻田皮炎：鲜连钱草、野菊花各半斤，加水煮沸，趁热反复擦洗患处（有脓疱者必须挑破脓疱），再用痱子粉撒布溃破处，每日一次。如三次见效不显，可加木槿皮或叶半斤同煎洗。（《江苏省中草药新医疗法展览资料选编》）⑨治蛇咬伤：连钱草生药鲜吃，并捣烂敷伤口。（《浙江民间草药》）

238. 宝盖草 *Lamium amplexicaule* L.

【别名】 珍珠莲（《植物名实图考》），佛座（《植物学大辞典》），莲台夏枯草、接骨草（《滇南本草》）。

【形态】 一年生或二年生植物。茎高10～30厘米，基部多分枝，上升，四棱形，具浅槽，常为深蓝色，几无毛，中空。茎下部叶具长柄，柄与叶片等长或超过之，上部叶无柄，叶片均圆形或肾形，长1～2厘米，宽0.7～1.5厘米，先端圆，基部截形或截状阔楔形，半抱茎，边缘具极深的圆齿，顶部的齿通常较其余的为大，上面暗橄榄绿，下面稍淡，两面均疏生小糙伏毛。轮伞花序6～10花，其中常有闭花受精的花；苞片披针状钻形，长约4毫米，宽约0.3毫米，具缘毛。花萼管状钟形，长4～5毫米，宽1.7～2

毫米，外面密被白色直伸的长柔毛，内面除萼上被白色直伸长柔毛外，余部无毛，萼齿5，披针状锥形，长1.5～2毫米，边缘具缘毛。花冠紫红或粉红色，长1.7厘米，外面除上唇被较密带紫红色的短柔毛外，余部均被微柔毛，内面无毛环，冠筒细长，长约1.3厘米，直径约1毫米，筒口宽约3毫米，冠檐二唇形，上唇直伸，长圆形，长约4毫米，先端微弯，下唇稍长，3裂，中裂片倒心形，先端深凹，基部收缩，侧裂片浅圆裂片状。雄蕊花丝无毛，花药被长硬毛。花柱丝状，先端不相等2浅裂。花盘杯状，具圆齿。子房无毛。小坚果倒卵圆形，具三棱，先端近截状，基部收缩，长约2毫米，宽约1毫米，淡灰黄色，表面有白色大疣状突起。花期3—5月，果期7—8月。

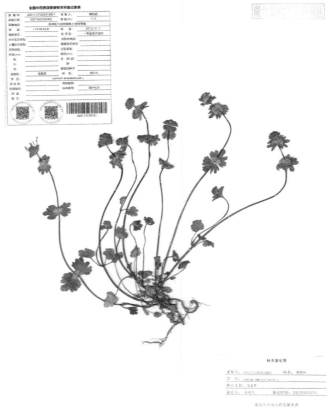

【生境】生于路旁、林缘、沼泽草地及宅旁等地，海拔可高达4000米。

【分布】产于新洲各地。分布于江苏、安徽、浙江、福建、湖南、湖北、河南、陕西、甘肃、青海、新疆、四川、贵州、云南及西藏等地。

【药用部位及药材名】全草（宝盖草）。

【采收加工】6—8月采收全草，鲜用或晒干。

【性味与归经】辛、苦，微温。

【功能主治】活血通络，解毒消肿。用于跌打损伤，筋骨疼痛，四肢麻木，半身不遂，面瘫，黄疸，鼻渊，瘰疬，肿毒，黄水疮。

【用法用量】内服：煎汤，9～15克；或入散剂。外用：适量，捣敷。

【验方】治跌打损伤，足伤，红肿不能履地：接骨草、苎麻根、大蓟，各适量，用鸡蛋清、蜂蜜共捣烂敷患处，一宿一换，若日久疼痛，加葱、姜再包。

239. 益母草 *Leonurus japonicus* Houtt.

【别名】郁臭草（《本草纲目拾遗》），益母艾（《生草药性备要》），益母蒿（《中国植物志》），

扒骨风（《分类草药性》），坤草（《青
海药材》）。

【形态】　一年生或二年生草本，有
于其上密生须根的主根。茎直立，通常高
30～120厘米，钝四棱形，微具槽，有倒
向糙伏毛，在节及棱上尤为密集，在基部
有时近于无毛，多分枝，或仅于茎中部以
上有能育的小枝条。叶轮廓变化很大，茎
下部叶轮廓为卵形，基部宽楔形，掌状3
裂，裂片呈长圆状菱形至卵圆形，通常长
2.5～6厘米，宽1.5～4厘米，裂片上再
分裂，上面绿色，有糙伏毛，叶脉稍下陷，
下面淡绿色，被疏柔毛及腺点，叶脉凸出，
叶柄纤细，长2～3厘米，由于叶基下延
而在上部略具翅，腹面具槽，背面圆形，
被糙伏毛；茎中部叶轮廓为菱形，较小，
通常分裂成3个或偶有多个长圆状线形的
裂片，基部狭楔形，叶柄长0.5～2厘米；
花序最上部的苞叶近于无柄，线形或线状
披针形，长3～12厘米，宽2～8毫米，
全缘或具稀少齿。轮伞花序腋生，具8～15
花，轮廓为圆球形，直径2～2.5厘米，
多数远离而组成长穗状花序；小苞片刺
状，向上伸出，基部略弯曲，比萼筒短，
长约5毫米，有贴生的微柔毛；花梗无。
花萼管状钟形，长6～8毫米，外面有贴
生微柔毛，内面于离基部1/3以上被微柔
毛，5脉，显著，齿5，前2齿靠合，长约
3毫米，后3齿较短，等长，长约2毫米，
齿均宽三角形，先端刺尖。花冠粉红色至
淡紫红色，长1～1.2厘米，外面于伸出
萼筒部分被柔毛，冠筒长约6毫米，等大，
内面在离基部1/3处有近水平向的不明显
鳞毛毛环，毛环在背面间断，其上部多少
有鳞状毛，冠檐二唇形，上唇直伸，内凹，
长圆形，长约7毫米，宽4毫米，全缘，
内面无毛，边缘具纤毛，下唇略短于上唇，

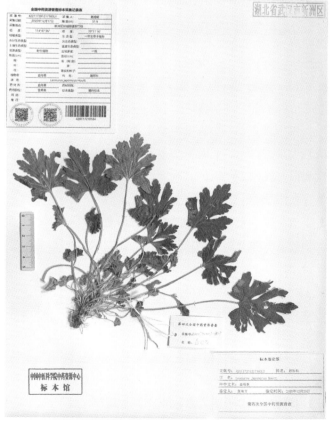

内面在基部疏被鳞状毛，3 裂，中裂片倒心形，先端微缺，边缘薄膜质，基部收缩，侧裂片卵圆形，细小。雄蕊 4，均延伸至上唇片之下，平行，前对较长，花丝丝状，扁平，疏被鳞状毛，花药卵圆形，二室。花柱丝状，略超出于雄蕊而与上唇片等长，无毛，先端相等 2 浅裂，裂片钻形。花盘平顶。子房褐色，无毛。小坚果长圆状三棱形，长 2.5 毫米，顶端截平而略宽大，基部楔形，淡褐色，光滑。花期通常在 6—9 月，果期 9—10 月。

【生境】 生于山野、河滩草丛中及溪边湿润处。

【分布】 产于新洲各地。分布于全国各地，生于多种生境，尤以阳处为多，海拔可高达 3400 米。

【药用部位及药材名】 新鲜或干燥地上部分（益母草）；干燥成熟果实（茺蔚子）。

【采收加工】 新鲜或干燥地上部分（益母草）：鲜品春季幼苗期至初夏花前期采割；干品夏季茎叶茂盛、花未开或初开时采割，晒干，或切段晒干。干燥成熟果实（茺蔚子）：秋季果实成熟时采割地上部分，晒干，打下果实，除去杂质。

【性味与归经】 益母草：苦、辛，微寒。归肝、心包、膀胱经。茺蔚子：辛、苦，微寒。归心包、肝经。

【功能主治】 益母草：活血调经，利尿消肿，清热解毒。用于月经不调，痛经闭经，恶露不净，水肿尿少，疮疡肿毒。茺蔚子：活血调经，清肝明目。用于月经不调，经闭痛经，目赤翳障，头晕胀痛。

【用法用量】 内服：煎汤，9～30 克（鲜品 12～40 克）。

【验方】 ①治痛经：益母草五钱，延胡索二钱，水煎服。②治闭经：益母草、乌豆、红糖、老酒各一两，炖服，连服一周。③治瘀血块结：益母草一两，水、酒各半煎服。（《闽东本草》）④治肾炎水肿：益母草一两，水煎服。（《福建省中草药、新医疗法资料选编》）

240. 毛叶地瓜儿苗 *Lycopus lucidus* Turcz. var. *hirtus* Regel

【别名】 虎兰、龙枣（《神农本草经》），小泽兰（《雷公炮炙论》），红梗草（《滇南本草》），蛇王草（《岭南采药录》）。

【形态】 多年生草本，高 0.6～1.7 米；根茎横走，具节，节上密生须根，先端肥大呈圆柱形，此时于节上具鳞叶及少数须根，或侧生肥大的具鳞叶的地下枝。茎直立，通常不分枝，四棱形，具槽，绿色，常于节上多少带紫红色，茎棱上被白色向上小硬毛。叶具极短柄或近无柄，长圆状披针形，多少弧弯，通常长 4～8 厘米，宽 1.2～2.5 厘米，先端渐尖，基部渐狭，边缘具锐尖粗牙齿状锯齿并具缘毛，两面

或上面具光泽，亮绿色，上面密被细刚毛状硬毛，下面具凹陷的腺点，侧脉 6～7 对，与中脉在上面不显著下面凸出，下面主要在肋及脉上被刚毛状硬毛。轮伞花序无梗，轮廓圆球形，花时直径 1.2～1.5 厘米，多花密集，其下承以小苞片；小苞片卵圆形至披针形，先端刺尖，位于外方者超过花萼，长达 5 毫米，具 3 脉，位于内方者，长 2～3 毫米，短于或等于花萼，具 1 脉，边缘均具小纤毛。花萼钟形，长

3 毫米，两面无毛，外面具腺点，萼齿 5，
披针状三角形，长 2 毫米，具刺尖头，边
缘具小缘毛。花冠白色，长 5 毫米，外面
在冠檐上具腺点，内面在喉部具白色短柔
毛，冠筒长约 3 毫米，冠檐不明显二唇形，
上唇近圆形，下唇 3 裂，中裂片较大。雄
蕊仅前对能育，超出于花冠，先端略下弯，
花丝丝状，无毛，花药卵圆形，2 室，室
略叉开，后对雄蕊退化，丝状，先端棍棒状。
花柱伸出花冠，先端相等 2 浅裂，裂片线形。
花盘平顶。小坚果倒卵圆状四边形，基部
略狭，长 1.6 毫米，宽 1.2 毫米，褐色，边
缘加厚，背面平，腹面具棱，有腺点。花
期 6—9 月，果期 8—11 月。

【生境】 生于沼泽地、水边、沟边等
潮湿处，海拔 2100 米以下。

【分布】 产于新洲多地，均系栽培。
分布于黑龙江、吉林、辽宁、河北、陕西、
四川、贵州、云南等地。

【药用部位及药材名】 地上部分（泽兰）。

【采收加工】 夏、秋二季茎叶茂盛时采割，晒干。

【性味与归经】 苦、辛，微温。归肝、脾经。

【功能主治】活血调经，祛瘀消痈，利水消肿。用于月经不调，闭经，痛经，产后瘀血腹痛，疮痈肿毒，
水肿腹水。

【用法用量】 内服：煎汤，6 ～ 12 克；或入丸、散。外用：适量，捣敷或煎水熏洗。

【验方】①治闭经腹痛：泽兰、铁刺苓各三钱，马鞭草、益母草各五钱，土牛膝一钱，同煎服。（《浙
江民间草药》）②治产后水肿，血虚水肿：泽兰、防己各等份，为末。每服二钱，酸汤下。（《随身备急方》）
③治疮肿初起，损伤瘀肿：泽兰捣封之。（《濒湖集简方》）④治痈疽发背：泽兰全草二至四两，煎服；
另取鲜叶一握，调冬蜜捣烂敷贴，日换两次。（《福建民间草药》）⑤治蛇咬伤：泽兰全草二至四两，
加水适量煎服；另取叶一握捣烂，敷贴伤口。（《福建民间草药》）

241. 薄荷 *Mentha haplocalyx* Briq.

【别名】 蕃荷菜（《千金方》），南薄荷（《本草衍义》），野薄荷（《滇南本草》），鱼香草、
土薄荷（《中国植物志》）。

【形态】 多年生草本。茎直立，高 30 ～ 60 厘米，下部数节具纤细的须根及水平匍匐根状茎，锐四
棱形，具四槽，上部被倒向微柔毛，下部仅沿棱上被微柔毛，多分枝。叶片长圆状披针形、披针形、椭

圆形或卵状披针形，稀长圆形，长 3～5
（7）厘米，宽 0.8～3 厘米，先端锐尖，
基部楔形至近圆形，边缘在基部以上疏生
粗大的牙齿状锯齿，侧脉 5～6 对，与中
肋在上面微凹陷下面显著，上面绿色；沿
脉上密生余部疏生微柔毛，或除脉外余部
近于无毛，上面淡绿色，通常沿脉上密生
微柔毛；叶柄长 2～10 毫米，腹凹背凸，
被微柔毛。轮伞花序腋生，轮廓球形，花
时直径约 18 毫米，具梗或无梗，具梗时梗
可长达 3 毫米，被微柔毛；花梗纤细，长 2.5
毫米，被微柔毛或近于无毛。花萼管状钟形，
长约 2.5 毫米，外被微柔毛及腺点，内面
无毛，10 脉，不明显，萼齿 5，狭三角状
钻形，先端长锐尖，长 1 毫米。花冠淡紫
色，长 4 毫米，外面略被微柔毛，内面在
喉部以下被微柔毛，冠檐 4 裂，上裂片先
端 2 裂，较大，其余 3 裂片近等大，长圆形，
先端钝。雄蕊 4，前对较长，长约 5 毫米，
均伸出花冠之外，花丝丝状，无毛，花药
卵圆形，2 室，室平行。花柱略超出雄蕊，
先端近相等 2 浅裂，裂片钻形。花盘平顶。
小坚果卵珠形，黄褐色，具小腺窝。花期 7—
9 月，果期 10 月。

【生境】 生于溪沟旁、路边及山野湿
地，海拔可高达 3500 米。

【分布】 产于新洲各地，多为栽培。
分布于我国南北各地。

【药用部位及药材名】 干燥地上部分
（薄荷）。

【采收加工】 夏、秋二季茎叶茂盛或花开至三轮时，选晴天，分次采割，晒干或阴干。

【性味与归经】 辛，凉。归肺、肝经。

【功能主治】 疏散风热，清利头目，利咽，透疹，疏肝行气。用于风热感冒，风温初起，头痛，目赤，
喉痹，口疮，风疹，麻疹，胸胁胀闷。

【用法用量】 内服：煎汤，3～6 克，入煎剂宜后下。

【验方】 ①薄荷茶：用于外感风热，头痛目赤，食滞腹胀。制法：薄荷 3 克，茶叶 5 克，用开水冲服，
适量加糖，频服。②薄荷粥：用于外感风热，发热头痛，咽喉肿痛，以及麻疹初起时透发不畅等。制法：

鲜薄荷 15 克，加 100 毫升水捣烂，用纱布绞汁备用。粳米 50 克加水煮粥，粥成后，加入薄荷汁及白糖适量，再煮开，调匀即可，1 次服完。③薄荷露：用于口臭。制法：薄荷 500 克，切碎，加水适量，用蒸馏法，收集饱和芳香水，每次饮 15 毫升，每日 2 次。④薄荷荷叶汤：用于预防中暑。制法：薄荷 10 克，鲜荷叶 10 克，绿豆衣 10 克，西瓜皮 30 克，熬水喝。⑤薄荷菊花煎：用于红眼病。制法：薄荷 10 克，夏枯草 10 克，菊花 10 克，黄连 5 克，鱼腥草 10 克，水煎服。⑥薄荷可用于预防和治疗痱子、疖疮。制法：薄荷 50 克，艾叶 50 克，煎水洗澡。

242. 石香薷 *Mosla chinensis* Maxim.

【别名】香茹草、满山香、香草、香薷草（《中国植物志》）。

【形态】直立草本。茎高 9～40 厘米，纤细，自基部多分枝，或植株矮小不分枝，被白色疏柔毛。叶线状长圆形至线状披针形，长 1.3～2.8（3.3）厘米，宽 2～4（7）毫米，先端渐尖或急尖，基部渐狭或楔形，边缘具疏而不明显的浅锯齿，上面橄榄绿，下面较淡，两面均被疏短柔毛及棕色凹陷腺点；叶柄长 3～5 毫米，被疏短柔毛。总状花序头状，长 1～3 厘米；苞片覆瓦状排列，偶见稀疏排列，圆倒卵形，长 4～7 毫米，宽 3～5 毫米，先端短尾尖，全缘，两面被疏柔毛，下面具凹陷腺点，边缘具毛，5 脉，自基部掌状生出；花梗短，被疏短柔毛。花萼钟形，长约 3 毫米，宽约 1.6 毫米，外面被白色绵毛及腺体，内面在喉部以上被白色绵毛，下部无毛，萼齿 5，钻形，长约为花萼长之 2/3，果时花萼增大。花冠紫红色、淡红色至白色，长约 5 毫米，略伸出于苞片，外面被微柔毛，内面在下唇之下方冠筒上略被微柔毛，余部无毛。雄蕊及雌蕊内藏。花盘前方呈指状膨大。小坚果球形，直径约 1.2 毫米，灰褐色，具深雕纹，无毛。花期 6—9 月，果期 7—11 月。

【生境】生于草坡或林下，海拔至 1400 米。

【分布】产于新洲北部、东部丘陵及

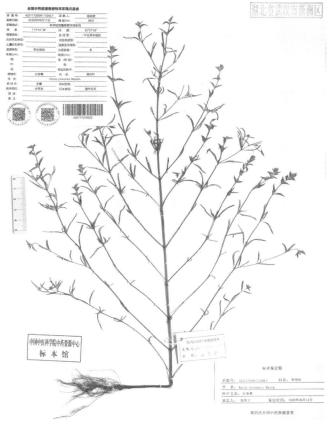

山区。分布于山东、江苏、浙江、安徽、江西、湖南、湖北、贵州、四川、广西、广东、福建及台湾等地。

【药用部位及药材名】 干燥地上部分（香薷）。

【采收加工】 夏季茎叶茂盛，花盛时择晴天采割，除去杂质，阴干。

【性味与归经】 辛，微温。归肺、胃经。

【功能主治】 发汗解表，化湿和中。用于暑湿感冒，恶寒发热，头痛无汗，腹痛吐泻，水肿，小便不利。

【用法用量】 内服：煎汤，3 ～ 9 克。

243. 小鱼仙草 *Mosla dianthera*（Buch. -Ham. ex Roxburgh）Maxim.

【别名】 野香薷、野荆芥、痱子草、臭草（《中国植物志》）。

【形态】 一年生草本。茎高至 1 米，四棱形，具浅槽，近无毛，多分枝。叶卵状披针形或菱状披针形，有时卵形，长1.2 ～ 3.5 厘米，宽 0.5 ～ 1.8 厘米，先端渐尖或急尖，基部渐狭，边缘具锐尖的疏齿，近基部全缘，纸质，上面橄榄绿，无毛或近无毛，下面灰白色，无毛，散布凹陷腺点；叶柄长 3 ～ 18 毫米，腹凹背凸，腹面被微柔毛。总状花序生于主茎及分枝的顶部，通常多数，长 3 ～ 15 厘米，密花或疏花；苞片针状或线状披针形，先端渐尖，基部阔楔形，具肋，近无毛，与花梗等长或略超过，至果时则较之为短，稀与之等长；花梗长 1 毫米，果时伸长至 4 毫米，被极细的微柔毛，序轴近无毛。花萼钟形，长约 2 毫米，宽 2 ～ 2.6 毫米，外面脉上被短硬毛，二唇形，上唇 3 齿，卵状三角形，中齿较短，下唇 2 齿，披针形，与上唇近等长或微超过之，果时花萼增大，长约 3.5毫米，宽约 4 毫米，上唇反向上，下唇直伸。花冠淡紫色，长 4 ～ 5 毫米，外面被微柔毛，内面具不明显的毛环或无毛环，冠檐二唇形，上唇微缺，下唇 3 裂，中裂片较大。雄蕊 4，后对能育，药室 2，叉开，前对退化，药室极不明显。花柱先端相等 2 浅裂。小坚果灰褐色，近球形，直径 1 ～ 1.6 毫米，

具疏网纹。花果期 5—11 月。

【生境】 生于山坡、路旁或水边，海拔 175 ～ 2300 米。

【分布】产于新洲东部山区。分布于江苏、浙江、江西、福建、台湾、湖南、湖北、广东、广西、云南、贵州、四川及陕西等地。

【药用部位及药材名】 全草（小鱼仙草）。

【采收加工】 夏、秋二季采收，洗净，鲜用或晒干。

【性味与归经】 辛，温。

【功能主治】 祛风发表，利湿止痒。用于感冒头痛，扁桃体炎，中暑，溃疡病，痢疾；外用于湿疹，痱子，皮肤瘙痒，疮疖，蜈蚣咬伤。

【用法用量】 内服：煎汤，9 ～ 15 克。外用：适量，煎水洗患处，或用鲜品适量，捣烂敷患处。

244. 石荠苎 *Mosla scabra*（Thunb.）C. Y. Wu et H. W. Li

【别名】 水苋菜、母鸡窝、野荆芥、野薄荷（《中国植物志》）。

【形态】 一年生草本。茎高 20 ～ 100 厘米，多分枝，分枝纤细，茎、枝均四棱形，具细条纹，密被短柔毛。叶卵形或卵状披针形，长 1.5 ～ 3.5 厘米，宽 0.9 ～ 1.7 厘米，先端急尖或钝，基部圆形或宽楔形，边缘近基部全缘，自基部以上为锯齿状，纸质，上面橄榄绿，被灰色微柔毛，下面灰白色，密布凹陷腺点，近无毛或被极疏短柔毛；

叶柄长 3 ～ 16（20）毫米，被短柔毛。总状花序生于主茎及侧枝上，长 2.5 ～ 15 厘米；苞片卵形，长 2.7 ～ 3.5 毫米，先端尾状渐尖，花时及果时均超过花梗；花梗花时长约 1 毫米，果时长至 3 毫米，与序轴密被灰白色小疏柔毛。花萼钟形，长约 2.5 毫米，宽约 2 毫米，外面被疏柔毛，二唇形，上唇 3 齿呈卵状披针形，先端渐尖，中齿略小，下唇 2 齿，线形，先端锐尖，果时花萼长至 4 毫米，宽至 3 毫米，脉纹显著。花冠粉红色，长 4 ～ 5 毫米，外面被微柔毛，内面基部具毛环，冠筒向上渐扩大，冠檐二唇形，上唇直立，扁平，先端微凹，下唇 3 裂，中裂片较大，边缘具齿。雄蕊 4，后对能育，药室 2，叉开，前对退化，药室不明显。花柱先端相等 2 浅裂。花盘前方呈指状膨大。小坚果黄褐色，球形，直径约 1 毫米，具深雕纹。花期 5—11 月，果期 9—11 月。

【生境】 生于山坡、路旁或灌丛下，海拔 50 ～ 1150 米。

【分布】产于新洲北部、东部丘陵及山区。分布于辽宁、陕西、甘肃、河南、江苏、安徽、浙江、江西、湖南、湖北、四川、福建、台湾、广东、广西等地。

【药用部位及药材名】 全草（石荠苎）。

【采收加工】 7—8 月采收全草，晒干或鲜用。

【性味与归经】 辛、苦，凉。

【功能主治】 疏风解表，清暑除湿，解毒止痒。用于感冒头痛，咳嗽，中暑，风疹，痢疾，痔血，血崩，热痱，湿疹，肢癣，蛇虫咬伤。

【用法用量】 内服：煎汤，3～9克。外用：适量，鲜品捣烂敷，或煎水洗患处。

【验方】 ①治伤暑高热：石荠苧、苦蒿、水灯心水煎加白糖服。（《四川中药志》）②治感冒，中暑：石荠苧五钱，水煎服。（《浙江民间常用草药》）③治风疹：石荠苧全草三至五钱，白菊花三至五朵，酌冲开水炖服。（《福建民间草药》）④治痈疽（在未成脓阶段）：石荠苧叶适量，加红糖半两。共捣烂，遍贴患处，日换一至二次。（《福建民间草药》）⑤治湿疹瘙痒，脚癣：石荠苧全草一握，煎汤浴洗。（《福建民间草药》）⑥治痱子：鲜石荠苧二斤，煎汤外洗。（《浙江民间常用草药》）

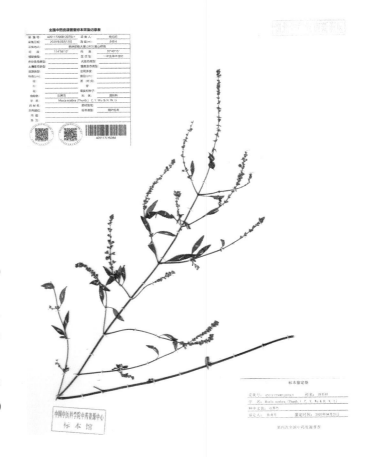

245. 罗勒 *Ocimum basilicum* L.

【别名】零陵香（《植物名实图考》），香草（《开宝本草》），翳子草（《本草纲目》），矮糠（《中国药用植物志》），九重塔（《中国植物志》）。

【形态】 一年生草本，高20～80厘米，具圆锥形主根及自其上生出的密集须根。茎直立，钝四棱形，上部微具槽，基部无毛，上部被倒向微柔毛，绿色，常染有红色，多分枝。叶卵圆形至卵圆状长圆形，长2.5～5厘米，宽1～2.5厘米，先端微钝或急尖，基部渐狭，边缘具不规则齿或近于全缘，两面近无毛，下面具腺点，侧脉3～4对，与中脉在上面平坦下面多少明显；叶柄伸长，长约1.5厘米，近于扁平，向叶基多少具狭翅，被微柔毛。总状花序顶生于茎、枝上，各部均被微柔毛，通常长10～20厘米，由多数具6花交互对生的轮伞花序组成，下部的轮伞花序远离，彼此相距可达2厘米，上部轮伞花序靠近；苞片细小，倒披针形，长5～8毫米，短于轮伞花序，先端锐尖，基部渐狭，无柄，边缘具纤毛，常具色泽；花梗明显，花时长约3毫米，果时伸长，长约5毫米，先端明显下弯。花萼钟形，长4毫米，宽3.5

毫米，外面被短柔毛，内面在喉部被疏柔毛，萼筒长约2毫米，萼齿5，呈二唇形，上唇3齿，中齿最宽大，长2毫米，宽3毫米，近圆形，内凹，具短尖头，边缘下延至萼筒，侧齿宽卵圆形，长1.5毫米，先端锐尖，下唇2齿，披针形，长2毫米，具刺尖头，齿边缘均具缘毛，果时花萼宿存，明显增大，长达8毫米，宽6毫米，明显下倾，脉纹显著。花冠淡紫色，或上唇白色下唇紫红色，伸出花萼，长约6毫米，外面在唇片上被微柔毛，内面无毛，冠筒内藏，长约3毫米，喉部多少增大，冠檐二唇形，上唇宽大，长3毫米，宽4.5毫米，4裂，裂片近相等，近圆形，常具波状皱曲，下唇长圆形，长3毫米，宽1.2毫米，下倾，全缘，近扁平。雄蕊4，分离，略超出花冠，插生于花冠筒中部，花丝丝状，后对花丝基部具齿状附属物，其上有微柔毛，花药卵圆形，汇合成1室。花柱超出雄蕊之上，

先端相等2浅裂。花盘平顶，具4齿，齿不超出子房。小坚果卵珠形，长2.5毫米，宽1毫米，黑褐色，有具腺的穴陷，基部有1白色果脐。花期通常7—9月，果期9—12月。

【生境】多为栽培，南部各省区有逸为野生的。

【分布】产于新洲各地，多为栽培。分布于新疆、吉林、河北、浙江、江苏、安徽、江西、湖北、湖南、广东、广西、福建、台湾、贵州、云南及四川等地。

【药用部位及药材名】全草（罗勒）；根（罗勒根）；种子（罗勒子）。

【采收加工】6—9月开花后割取地上部分，鲜用或晒干。

【性味与归经】罗勒：辛，温。归肺、脾、胃经。罗勒根：苦，平。罗勒子：甘、辛，凉。

【功能主治】罗勒：疏风行气，化湿和中，活血，解毒。用于感冒头痛，发热咳嗽，中暑，食欲不振，脘腹胀痛，呕吐泄泻，风湿痹痛，遗精，月经不调，牙痛口臭，胬肉遮睛，湿疹，隐疹瘙痒，跌打损伤。罗勒根：收湿敛疮。用于脓疱疮。罗勒子：清热，明目，祛翳。用于目赤肿痛，倒睫目翳，走马牙疳。

【用法用量】罗勒：内服，煎汤，5～15克，大剂量可用至30克；或捣汁；或入丸、散。外用，适量，捣敷；或烧存性研末调敷；亦可煎汤洗或含漱。罗勒根：外用，适量，炒炭存性，研末敷。罗勒子：内服，煎汤，3～5克。外用，适量，研末点目。

【验方】①治夏季伤暑：罗勒、藿香各10克，滑石18克，甘草6克，水煎服。②治胃脘疼痛：罗勒、香附、陈皮、延胡索各10克，生姜6克，水煎服。③治消化不良：罗勒、山楂、建曲、白术各10克，水煎服。④治恶心呕吐：罗勒、高良姜、白豆蔻、紫苏叶各10克，水煎服。⑤治牙齿疼痛：罗勒10克，金银花15克，细辛3克，水煎含漱。⑥治毒蛇咬伤：罗勒、一枝蒿、白花蛇舌草适量，均用鲜品，捣烂外敷。

246. 牛至 *Origanum vulgare* L.

【别名】 小叶薄荷（《植物名实图考》），野薄荷、野荆芥（《中国植物志》），小甜草（《全国中草药汇编》），满坡香（《贵州民间药物》）。

【形态】多年生草本或半灌木，芳香；根茎斜生，其节上具纤细的须根，多少木质。茎直立或近基部伏地，通常高25～60厘米，多少带紫色，四棱形，具倒向或微卷曲的短柔毛，多数，从根茎发出，中上部各节有具花的分枝，下部各节有不育的短枝，近基部常无叶。叶具柄，柄长2～7毫米，腹面具槽，背面近圆形，被柔毛，叶片卵圆形或长圆状卵圆形，长1～4厘米，宽0.4～1.5厘米，先端钝或稍钝，基部宽楔形至近圆形或微心形，全缘或有远离的小锯齿，上面亮绿色，常带紫晕，具不明显的柔毛及凹陷的腺点，下面淡绿色，明显被柔毛及凹陷的腺点，侧脉3～5对，与中脉在上面不显著，下面多少凸出；苞叶大多无柄，常带紫色。花序呈伞房状圆锥花序，开张，多花密集，由多数长圆状在果时多少伸长的小穗状花序所组成；苞片长圆状倒卵形至倒卵形或倒披针形，锐尖，绿色或带紫晕，长约5毫米，具平行脉，全缘。花萼钟状，连齿长3毫米，外面被小硬毛或近无毛，内面在喉部有白色柔毛环，13脉，多少显著，萼齿5，三角形，等大，长0.5毫米。花冠紫红色、淡红色至白色，管状钟形，长7毫米，两性花冠筒长5毫米，显著超出花萼，而雌性花冠筒短于花萼，长约3毫米，外面疏被短柔毛，内面在喉部被疏短柔毛，冠檐明显二唇形，上唇直立，卵圆形，长1.5毫米，先端2浅裂，

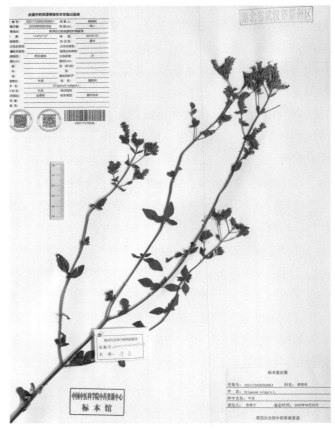

下唇开张，长2毫米，3裂，中裂片较大，侧裂片较小，均长圆状卵圆形。雄蕊4，在两性花中，后对短于上唇，前对略伸出花冠，在雌性花中，前、后对近相等，内藏，花丝丝状，扁平，无毛，花药卵圆形，2室，两性花由三角状楔形的药隔分隔，室叉开，而雌性花中药隔退化，雄蕊的药室近于平行。花盘平顶。花柱略超出雄蕊，先端不相等2浅裂，裂片钻形。小坚果卵圆形，长约0.6毫米，先端圆，基部骤狭，微

具棱，褐色，无毛。花期7—9月，果期10—12月。

【生境】生于路旁、山坡、林下及草地，海拔80～3600米。

【分布】产于新洲北部、东部丘陵及山区。分布于河南、江苏、浙江、安徽、江西、福建、台湾、湖北、湖南、广东、贵州、四川、云南、陕西、甘肃、新疆及西藏等地。

【药用部位及药材名】全草（牛至）。

【采收加工】7—8月开花前割取地上部分，或将全草连根拔起，鲜用或扎把晒干。

【性味与归经】辛、微苦，凉。

【功能主治】解表，理气，消暑，利湿。用于感冒发热，中暑，胸膈胀满，腹痛吐泻，痢疾，黄疸，水肿，带下，小儿疳积，麻疹，皮肤瘙痒，疮疡肿痛，跌打损伤。

【用法用量】内服：煎汤，3～9克，大剂量可用至15～30克；或泡茶。外用：适量，煎水洗；或鲜品捣敷。

【验方】①治伤风发热、呕吐：满坡香9克，紫苏叶、枇杷叶各6克，灯心草3克。水煎服，每日3次。（《贵州民间药物》）②治多发性脓肿：牛至、南蛇藤各30克，水、酒各半，炖豆腐服。（《福建药物志》）

247. 紫苏 *Perilla frutescens*（L.）Britt.

【别名】桂荏（《尔雅》），赤苏（《肘后方》），大紫苏、水升麻、红苏（《中国植物志》）。

【形态】一年生直立草本。茎高0.3～2米，绿色或紫色，钝四棱形，具4槽，密被长柔毛。叶阔卵形或圆形，长7～13厘米，宽4.5～10厘米，先端短尖或突尖，基部圆形或阔楔形，边缘在基部以上有粗锯齿，膜质或草质，两面绿色或紫色，或仅下面紫色，上面被疏柔毛，下面被贴生柔毛，侧脉7～8对，位于下部者稍靠近，斜上升，与中脉在上面微凸起下面明显凸起，色稍淡；叶柄长3～5厘米，背腹扁平，

密被长柔毛。轮伞花序2花，组成长1.5～15厘米、密被长柔毛、偏向一侧的顶生及腋生总状花序；苞片宽卵圆形或近圆形，长、宽约4毫米，先端具短尖，外被红褐色腺点，无毛，边缘膜质；花梗长1.5毫米，密被柔毛。花萼钟形，10脉，长约3毫米，直伸，下部被长柔毛，夹有黄色腺点，内面喉部有疏柔毛环，结果时增大，长至1.1厘米，平伸或下垂，基部一边肿胀，萼檐二唇形，上唇宽大，3齿，中齿较小，下唇比上唇稍长，2齿，齿披针形。花冠白色至紫红色，长3～4毫米，外面略被微柔毛，内面在下唇片基部略被微柔毛，冠筒短，长2～2.5毫米，喉部斜钟形，冠檐近二唇形，上唇微缺，下唇3裂，中裂片较大，侧裂片与上唇相似。雄蕊4，几不伸出，前对稍长，离生，插生喉部，花丝扁平，花药2室，室平行，其后略叉开或极叉开。花柱先端相等2浅裂。花盘前方呈指状膨大。小坚果近球形，灰褐色，直径约1.5毫米，具网纹。花期8—11月，果期8—12月。

【生境】喜温暖、湿润气候。以向阳、土层深厚、疏松肥沃、排水良好的沙壤土为好。

【分布】 产于新洲各地，多系栽培，亦有逸生。全国各地广泛栽培。

【药用部位及药材名】 干燥成熟果实（紫苏子）；干燥叶（或带嫩枝）（紫苏叶）；干燥茎（紫苏梗）。

【采收加工】 干燥成熟果实（紫苏子）：秋季果实成熟时采收，除去杂质，晒干。干燥叶（或带嫩枝）（紫苏叶）：夏季枝叶茂盛时采收，除去杂质，晒干。干燥茎（紫苏梗）：秋季果实成熟后采割，除去杂质，晒干，或趁鲜切片，晒干。

【性味与归经】 紫苏子：辛，温。归肺经。紫苏叶：辛，温。归肺、脾经。紫苏梗：辛，温。归肺、脾经。

【功能主治】 紫苏子：降气化痰，止咳平喘，润肠通便。用于痰壅气逆，咳嗽气喘，肠燥便秘。紫苏叶：解表散寒，行气和胃。用于风寒感冒，咳嗽呕恶，妊娠呕吐，鱼蟹中毒。紫苏梗：理气宽中，止痛，安胎。用于胸膈痞闷，胃脘疼痛，嗳气呕吐，胎动不安。

【用法用量】 紫苏子：内服，煎汤，3～9克。紫苏叶：内服，煎汤，5～9克。紫苏梗：内服，煎汤，5～9克。

【验方】 ①治小儿久咳嗽，喉内痰声如拉锯，老人咳嗽吼喘：紫苏子一钱，巴旦杏仁一两（去皮、尖），年老者加白蜜二钱。共为末，大人每服三钱，小儿服一钱，白滚水送下。（《滇南本草》苏子散）②治气喘咳嗽，食痞兼痰：紫苏子、白芥子、萝卜子，上三味，各洗净，微炒，击碎，看何证多，则以所主者为君，余次之，每剂不过三钱，用生绢小袋盛之，煮作汤饮，代茶水用，不宜煎熬太过。大便素实者，临服加熟蜜少许，若冬寒，加生姜三片。（《韩氏医通》三子养亲汤）③解食鱼、鳖中毒：紫苏叶60克，煎浓汁当茶饮，或加姜汁十滴调服。④治水肿：紫苏梗八钱，大蒜根三钱，老姜皮五钱，冬瓜皮五钱，水煎服。（《湖南药物志》）

248. 夏枯草 *Prunella vulgaris* L.

【别名】 夕句、乃东（《神农本草经》），燕面（《名医别录》），铁色草（《本草纲目》），夏枯花、夏枯头（《中国植物志》）。

【形态】 多年生草本；根茎匍匐，在节上生须根。茎高20～30厘米，上升，下部伏地，自基部多分枝，钝四棱形，具浅槽，紫红色，被稀疏的糙毛或近于无毛。茎叶卵状长圆形或卵圆形，大小不等，长1.5～6厘米，宽0.7～2.5厘米，先端钝，基部圆形、截形至宽楔形，下延至叶柄成狭翅，边缘具不明显的波状

齿或几近全缘，草质，上面橄榄绿，具短硬毛或几无毛，下面淡绿色，几无毛，侧脉3～4对，在下面略凸出，叶柄长0.7～2.5厘米，自下部向上渐变短；花序下方的一对苞叶似茎叶，近卵圆形，无柄或具不明显的短柄。轮伞花序密集组成顶生长2～4厘米的穗状花序，每一轮伞花序下承以苞片；苞片宽心形，通常长约7毫米，宽约11毫米，先端具长1～2毫米的骤尖头，脉纹放射状，外面在中部以下沿脉上疏生刚毛，内面无毛，边缘具毛，膜质，浅紫色。花萼钟形，连齿长约10毫米，筒长4毫米，倒圆锥形，外面疏生刚毛，二唇形，上唇扁平，宽大，近扁圆形，先端几截平，具3个不很明显的短齿，中齿宽大，齿尖均呈刺状微尖，下唇较狭，2深裂，裂片达唇片之半或以下，边缘具缘毛，先端渐尖，尖头微刺状。花冠紫色、蓝紫色或红紫色，长约13毫米，略超出于萼，冠筒长7毫米，基部宽约1.5毫米，其上向前方膨大，至喉部宽约4毫米，外面无毛，内面约近基部1/3处具鳞毛毛环，冠檐二唇形，上唇近圆形，直径约5.5毫米，内凹，多少呈盔状，先端微缺，下唇约为上唇1/2，3裂，中裂片较大，近倒心形，先端边缘具流苏状小裂片，侧裂片长圆形，垂向下方，细小。雄蕊4，前对长很多，均上升至上唇片之下，彼此分离，花丝略扁平，无毛，前对花丝先端2裂，1裂片能育具花药，

另1裂片钻形，长过花药，稍弯曲或近于直立，后对花丝的不育裂片微呈瘤状凸出，花药2室，室极叉开。花柱纤细，先端相等2裂，裂片钻形，外弯。花盘近平顶。子房无毛。小坚果黄褐色，长圆状卵珠形，长1.8毫米，宽约0.9毫米，微具沟纹。花期4—6月，果期7—10月。

　　【生境】　生于荒坡、草地、溪边及路旁等湿润地上，海拔可达3000米。

　　【分布】　产于新洲各地。分布于陕西、甘肃、新疆、河南、湖北、湖南、江西、浙江、福建、台湾、广东、广西、贵州、四川及云南等地。

　　【药用部位及药材名】　干燥果穗（夏枯草）。

　　【采收加工】　夏季果穗呈棕红色时采收，除去杂质，晒干。

【性味与归经】 辛、苦，寒。归肝、胆经。

【功能主治】 清肝泻火，明目，散结消肿。用于目赤肿痛，目珠夜痛，头痛眩晕，瘰疬，瘿瘤，乳痈，乳癖，乳房胀痛。

【用法用量】 内服：煎汤，9～15克；熬膏或入丸、散。外用：适量，煎水洗或捣敷。

【验方】 ①治乳痈初起：夏枯草、蒲公英各等份，酒煎服，或作丸亦可。（《本草汇言》）②治头目眩晕：夏枯草（鲜）二两，冰糖五钱。开水冲炖，饭后服。（《闽东本草》）③治癫痫、高血压：夏枯草（鲜）三两，冬蜜一两，开水冲炖服。（《闽东本草》）④预防麻疹：夏枯草五钱至二两，水煎服，每日一剂，连服三日。（《单方验方新医疗法选编》）

249. 华鼠尾草 *Salvia chinensis* Benth.

【别名】 石见穿（《本草纲目拾遗》），石打穿（《全国中草药新医疗法展览会资料选编》），紫参、月下红（《中国植物志》）。

【形态】 一年生草本；根略肥厚，多分枝，紫褐色。茎直立或基部倾卧，高20～60厘米，单一或分枝，钝四棱形，具槽，被短柔毛或长柔毛。叶全为单叶或下部具3小叶的复叶，叶柄长0.1～7厘米，疏被长柔毛，叶片卵圆形或卵圆状椭圆形，先端钝或锐尖，基部心形或圆形，边缘有圆齿或钝锯齿，两面除叶脉被短柔毛外余部近无毛，单叶叶片长1.3～7厘米，宽0.8～4.5厘米，复叶时顶生小叶片较大，
长2.5～7.5厘米，小叶柄长0.5～1.7厘米，侧生小叶较小，长1.5～3.9厘米，宽0.7～2.5厘米，有极短的小叶柄。轮伞花序6花，在下部的疏离，上部较密集，组成长5～24厘米顶生的总状花序或总状圆锥花序；苞片披针形，长2～8毫米，宽0.8～2.3毫米，先端渐尖，基部宽楔形或近圆形，在边缘及脉上被短柔毛，比花梗稍长；花梗长1.5～2毫米，与花序轴被短柔毛。花萼钟形，长4.5～6毫米，紫色，外面沿脉上被长柔毛，内面喉部密被长硬毛环，萼筒长4～4.5毫米，萼檐二唇形，上唇近半圆形，长1.5毫米，宽3毫米，全缘，先端有3个聚合的短尖头，3脉，两边侧脉有狭翅，下唇略长于上唇，长约2毫米，宽3毫米，半裂成2齿，齿长三角形，先端渐尖。花冠蓝紫色或紫色，长约1厘米，伸出花萼，外被短柔毛，内面离冠筒基部1.8～2.5毫米有斜向的不完全疏柔毛毛环，冠筒长约6.5毫米，基部宽不及1毫米，向上渐宽大，至喉部宽达3毫米，冠檐二唇形，上唇长圆形，长3.5毫米，宽3.3毫米，平展，先端微凹，下唇约5毫米，宽7毫米，3裂，中裂片倒心形，向下弯，长约4毫米，宽约7毫米，顶端微凹，边缘具小圆齿，基部收缩，侧裂片半圆形，直立，宽1.25毫米。能育雄蕊2，近外伸，花丝短，长1.75毫米，药隔长约4.5毫米，关节处有毛，上臂长约3.5毫米，具药室，下臂瘦小，无药室，分离。花柱长1.1厘米，稍外伸，先端不相等2裂，前裂片较长。花盘前方略膨大。小坚果椭圆状卵圆形，长约1.5毫米，直径0.8毫米，褐色，光滑。花期8—10月。

【生境】 生于山坡或平地的林阴处或草丛中，海拔 40 ～ 500 米。

【分布】 产于新洲北部、东部丘陵及山区。分布于山东、江苏南部、安徽南部、浙江、湖北、江西、湖南、福建、台湾、广东北部、广西东北部、四川等地。

【药用部位及药材名】 全草（石见穿）。

【采收加工】 7—8 月采割全草，鲜用或晒干。

【性味与归经】 辛、苦，微寒。

【功能主治】 化瘀散结，清热利湿。用于噎膈，痰喘，瘰疬，痈肿，痛经，闭经，湿热黄疸，痢疾，带下。

【用法用量】 内服：煎汤，15 ～ 30 克；或捣汁服。

【验方】 ①治急、慢性肝炎：石见穿 2 两，或加糯稻草 1 两，水煎两次，煎液合并，加红糖半两，两次分服（儿童减半）。②治赤白带下：石见穿 2 两，水煎服。每日一剂，连服 5 ～ 7 日。

250. 丹参 *Salvia miltiorrhiza* Bunge

【别名】 赤参（《名医别录》），郁蝉草（《神农本草经》），奔马草（《本草纲目》），血参、紫参（《中国植物志》）。

【形态】 多年生直立草本；根肥厚，肉质，外面朱红色，内面白色，长 5 ～ 15 厘米，直径 4 ～ 14 毫米，疏生支根。茎直立，高 40 ～ 80 厘米，四棱形，具槽，密被长柔毛，多分枝。叶常为奇数羽状复叶，叶柄长 1.3 ～ 7.5 厘米，密被向下长柔毛，小叶 3 ～ 5（7），长 1.5 ～ 8 厘米，宽 1 ～ 4 厘米，卵圆形或椭圆状卵圆形或宽披针形，先端锐尖或渐尖，基部圆形或偏斜，边缘具圆齿，草质，两面被疏柔毛，下面较密，

小叶柄长 2 ～ 14 毫米，与叶轴密被长柔毛。轮伞花序 6 花或多花，下部者疏离，上部者密集，组成长 4.5 ～ 17 厘米具长梗的顶生或腋生总状花序；苞片披针形，先端渐尖，基部楔形，全缘，上面无毛，下面略被疏柔毛，比花梗长或短；花梗长 3 ～ 4 毫米，花序轴密被长柔毛或具腺长柔毛。花萼钟形，带紫色，长约 1.1 厘米，花后稍增大，外面被疏长柔毛及具腺长柔毛，具缘毛，内面中部密被白色长硬毛，具 11 脉，二唇形，上唇全缘，三角形，长约 4 毫米，宽约 8 毫米，先端具 3 个小尖头，侧脉外缘具狭翅，下唇与上唇近等长，深裂成 2 齿，齿三角形，先端渐尖。花冠紫蓝色，长 2 ～ 2.7 厘米，外被具腺短柔毛，尤以上唇为密，内面离冠筒基部 2 ～ 3 毫米处有斜生不完全小疏柔毛毛环，冠筒外伸，比冠檐短，基部宽 2 毫米，向上渐宽，至喉部宽达 8 毫米，冠檐二唇形，上唇长 12 ～ 15 毫米，镰刀状，向上竖立，先端微缺，下唇短于上唇，3 裂，中裂片长 5 毫米，宽达 10 毫米，先端 2 裂，裂片顶端具不整齐的尖齿，侧裂片短，顶端圆形，宽约 3 毫米。能育雄蕊 2，伸至上唇片，花丝长 3.5 ～ 4 毫米，药隔长 17 ～ 20 毫米，中部关节处略被小疏柔毛，上臂十分伸长，长 14 ～ 17 毫米，下臂短而增粗，药室不育，顶端连合。退化雄蕊线形，长约 4

毫米。花柱远外伸，长达 40 毫米，先端不相等 2 裂，后裂片极短，前裂片线形。花盘前方稍膨大。小坚果黑色，椭圆形，长约 3.2 厘米，直径 1.5 毫米。花期 4—8 月，花后见果。

【生境】 生于山坡、林下草丛或溪谷旁，海拔 120 ～ 1300 米。

【分布】 产于新洲东部山区。分布于河北、山西、陕西、山东、河南、江苏、浙江、安徽、江西及湖南等地。

【药用部位及药材名】 干燥根和根茎（丹参）。

【采收加工】 春、秋二季采挖，除去泥沙，干燥。

【性味与归经】 苦，微寒。归心、肝经。

【功能主治】 活血祛瘀，通经止痛，清心除烦，凉血消痈。用于胸痹心痛，脘腹胁痛，癥瘕积聚，热痹疼痛，心烦不眠，月经不调，痛经闭经，疮疡肿痛。

【用法用量】 内服：煎汤，6 ～ 9 克；或入丸、散。外用：适量，熬膏涂，或煎水熏洗。

【验方】 ①治经血涩少，产后瘀血腹痛，闭经腹痛：丹参、益母草、香附各三钱，水煎服。②治腹中包块：丹参、三棱、莪术各三钱，皂角刺一钱，水煎服。③治急、慢性肝炎，两胁作痛：茵陈五钱，郁金、丹参、板蓝根各三钱，水煎服。④治神经衰弱：丹参五钱，五味子一两，水煎服。（《陕甘宁青中草药选》）

251. 半枝莲 *Scutellaria barbata* D. Don

【别名】 狭叶韩信草（《广州植物志》），牙刷草（《江苏省植物药材志》），溪边黄芩（《江西民间草药验方》），赶山鞭（《中国植物志》）。

【形态】 根茎短粗，生出簇生的须状根。茎直立，高 12 ～ 35（55）厘米，四棱形，基部粗 1 ～ 2 毫米，无毛或在序轴上部疏被紧贴的小毛，不分枝或具或多或少的分枝。叶具短柄或近无柄，柄长 1 ～ 3 毫米，腹凹背凸，疏被小毛；叶片三角状卵圆形或卵圆状披针形，有时卵圆形，长 1.3 ～ 3.2 厘米，宽 0.5 ～ 1（1.4）厘米，先端急尖，基部宽楔形或近截形，边缘生有疏而钝的浅齿，上面橄榄绿，下面淡绿色，有时带紫色，两面沿脉上疏被紧贴的小毛或几无毛，侧脉 2 ～ 3 对，与中脉在上面凹陷下面凸起。花单生于茎或分枝上部叶腋内，具花的茎部长 4 ～ 11 厘米；苞叶下部者似叶，但较小，长达 8 毫米，上部者更变小，长 2 ～ 4.5 毫米，椭圆形至长椭圆形，全缘，上面散布下面沿脉疏被小毛；花梗长 1 ～ 2 毫米，被微柔毛，中部有一对长约 0.5 毫米具纤毛的针状小苞片。花萼开花时长约 2 毫米，外面沿脉被微柔毛，边缘具短缘毛，盾片高约 1 毫米，果时花萼长 4.5 毫米，盾片高 2 毫米。花冠紫蓝色，长 9 ～ 13 毫米，外被短柔毛，内在喉部被疏柔毛；冠筒基部囊大，宽 1.5 毫米，向上渐宽，至喉部宽达 3.5 毫米；冠檐二唇形，上唇盔状，半圆形，长 1.5 毫米，先端圆，下唇中裂片梯形，全缘，长 2.5 毫米，宽 4 毫米，2 侧裂片三角状卵圆形，宽 1.5 毫米，先端急尖。雄蕊 4，前对较长，微露出，具能育半药，退化半药不明显，后对较短，内藏，具全药，药室裂口具髯毛；花丝扁平，前对内侧后对两侧下部被小疏柔毛。花柱细长，先端锐尖，微裂。花盘盘状，前方隆起，后方延伸成短子房柄。子房 4 裂，裂片等大。小坚果褐色，扁球形，直径约 1 毫米，具小疣状突起。花果期 4—7 月。

【生境】生于水田边、溪边或湿润草地上，海拔 2000 米以下。

【分布】产于新洲各地，亦有栽培。分布于河北、山东、陕西南部、河南、江苏、浙江、台湾、福建、江西、湖北、湖南、广东、广西、四川、贵州、云南等地。

【药用部位及药材名】干燥全草（半枝莲）。

【采收加工】夏、秋二季茎叶茂盛时采挖，洗净，晒干。

【性味与归经】辛、苦，寒。归肺、肝、肾经。

【功能主治】清热解毒，化瘀利尿。用于疔疮肿毒，咽喉肿痛，跌扑伤痛，水肿，黄疸，蛇虫咬伤。

【用法用量】内服：煎汤，15 ～ 30克（鲜品 30 ～ 60 克）。外用：鲜品适量，捣敷患处。

【验方】①治尿道炎，尿血疼痛：鲜狭叶韩信草一两，洗净，煎汤，调冰糖服，每日两次。（《泉州本草》）②治热性血痢：狭叶韩信草二两，水煎服。（《广西药用植物图志》）③治痢疾：鲜狭叶韩信草三

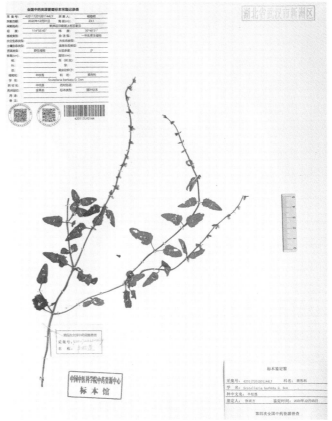

至五两，捣烂绞汁服；或干全草一两，水煎服。（《福建中草药》）④治肝炎：鲜半枝莲五钱，红枣五个，水煎服。（《浙江民间常用草药》）⑤治胃痛：干狭叶韩信草一两，和猪肚或鸡一只（去头、脚尖、内脏），水、酒各半炖热，分二至三次服。（《泉州本草》）⑥治咽喉肿痛：鲜狭叶韩信草八钱，鲜马鞭草八钱，食盐少许，水煎服。（《福建中草药》）⑦治淋巴结结核：半枝莲二两，水煎服。或半枝莲、水龙骨各一两，加猪瘦肉适量，煮熟，吃肉喝汤。⑧治癌症：半枝莲、蛇葡萄根各一两，藤梨根四两，水杨梅根二两，白茅根、凤尾草、半边莲各五钱，水煎服。（《浙江民间常用草药》）

252. 水苏 *Stachys japonica* Miq.

【别名】鸡苏（《植物名实图考》），望江青、还精草、银脚鹭鸶（《本草纲目拾遗》），天芝麻（《百草镜》）。

【形态】多年生草本，高20～80厘米，有在节上生须根的根茎。茎单一，直立，基部多少匍匐，四棱形，具槽，在棱及节上被小刚毛，余部无毛。茎叶长圆状宽披针形，长5～10厘米，宽1～2.3厘米，先端微急尖，基部圆形至微心形，边缘为圆齿状锯齿，上面绿色，下面灰绿色，两面均无毛，叶柄明显，长3～17毫米，近茎基部者最长，向上渐变短；苞叶披针形，无柄，近于全缘，向上渐变小，最下部者超出轮伞花序，上部者等于或短于轮伞花序。轮伞花序6～8花，下部者远离，上部者密集组成长5～13厘米的穗状花序；小苞片刺状，微小，长约1毫米，无毛；花梗短，长约1毫米，疏被微柔毛。花萼钟形，连齿长达7.5毫米，外被具腺微柔毛，肋上杂有疏柔毛，稀毛贴生或近于无毛，内面在齿上疏被微柔毛，余部无毛，10脉，不明显，齿5，等大，三角状披针形，先端具刺尖头，边缘具缘毛。花冠粉红色或淡红紫色，长约1.2厘米，冠筒长约6毫米，几不超出于萼，外面无毛，内面在近基部1/3处有微柔毛毛环及在下唇下方喉部有鳞片状微柔毛，前面紧接在毛环上方呈囊状膨大，冠檐二唇形，上唇直立，倒卵圆形，

长4毫米，宽2.5毫米，外面被微柔毛，内面无毛，下唇开张，长7毫米，宽6毫米，外面疏被微柔毛，内面无毛，3裂，中裂片最大，近圆形，先端微缺，侧裂片卵圆形。雄蕊4，均延伸至上唇片之下，花丝丝状，先端略增大，被微柔毛，花药卵圆形，2室，室极叉开。花柱丝状，稍超出雄蕊，先端相等2浅裂。花盘平顶。子房黑褐色，无毛。小坚果卵珠状，棕褐色，无毛。花期5—7月，果期7月以后。

【生境】 生于水沟、河岸等湿地上，海拔230米以下。

【分布】产于新洲各地。分布于辽宁、内蒙古、河北、河南、山东、江苏、浙江、安徽、江西、福建等地。

【药用部位及药材名】 全草或根（水苏）。

【采收加工】 7—8月采收，鲜用或晒干。

【性味与归经】 辛，凉。归肺、胃经。

【功能主治】 清热解毒，止咳利咽，止血消肿。用于感冒，痧证，肺痿肺痈，头晕目眩，咽痛失音，吐血衄血，崩漏，痢疾，淋证，跌打肿痛。

【用法用量】 内服：煎汤，9～15克（鲜品15～30克）；捣汁或入丸、散。外用：适量，煎水洗、研末撒或捣敷。

【验方】①治感冒：水苏四钱，野薄荷、生姜各二钱，水煎服。（《草药手册》）②治痧证：水苏五钱，水煎服。（《草药手册》）③治肿毒：鲜水苏全草，捣烂，敷患处。（《湖南药物志》）

八十六、茄科 Solanaceae

253. 酸浆 *Alkekengi officinarum* Moench

【别名】醋浆（《神农本草经》），灯笼草（《新修本草》），挂金灯（《救荒本草》），天泡草（《本草纲目》）。

【形态】 多年生草本，基部常匍匐生根。茎高40～80厘米，基部略带木质，分枝稀疏或不分枝，茎节不甚膨大，常被柔毛，尤其以幼嫩部分较密。叶长5～15厘米，宽2～8厘米，长卵形至阔卵形，有时菱状卵形，顶端渐尖，基部不对称狭楔形，下延至叶柄，全缘而波状或者有粗齿，有时每边具少数不等大的三角形大齿，两面被柔毛，沿叶脉较密，上面的毛常不脱落，沿叶脉亦有短硬毛；叶柄长1～3

厘米。花梗长6～16毫米，开花时直立，后来向下弯曲，密生柔毛而果时也不脱落；花萼阔钟状，长约6毫米，密生柔毛，萼齿三角形，边缘有硬毛；花冠辐状，白色，直径15～20毫米，裂片开展，阔而

短，顶端骤然狭窄成三角形尖头，外面有短柔毛，边缘有缘毛；雄蕊及花柱均较花冠为短。果梗长2～3厘米，多少被宿存柔毛；果萼卵状，长2.5～4厘米，直径2～3.5厘米，薄革质，网脉显著，有10纵肋，橙色或火红色，被宿存的柔毛，顶端闭合，基部凹陷；浆果球状，橙红色，直径10～15毫米，柔软多汁。种子肾形，淡黄色，长约2毫米。花期5—9月，果期6—10月。

【生境】常生于空旷地或山坡。

【分布】产于新洲各地。分布于甘肃、陕西、河南、湖北、四川、贵州和云南等地。

【药用部位及药材名】干燥宿萼或带果实的宿萼（锦灯笼）；全草（灯笼草）。

【采收加工】秋季果实成熟、宿萼呈红色或橙红色时采收，干燥。

【性味与归经】锦灯笼：苦，寒。归肺经。灯笼草：苦，凉。

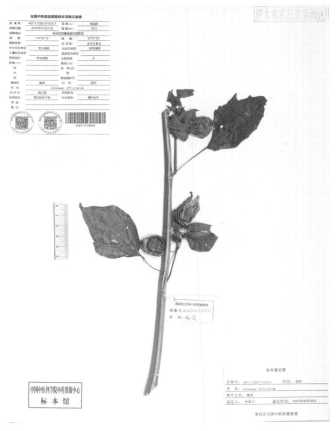

【功能主治】锦灯笼：清热解毒，利咽化痰，利尿通淋。用于咽痛喑哑，痰热咳嗽，小便不利，热淋涩痛；外用于天疱疮，湿疹。灯笼草：清热解毒。用于感冒，疟腮，喉痛，咳嗽，腹胀，疝气，天疱疮。

【用法用量】锦灯笼：内服，煎汤，5～9克。外用适量，捣敷患处。灯笼草：内服，煎汤，9～15克。外用适量，捣敷或煎水洗。

【验方】①治天疱疮：锦灯笼鲜果捣烂外敷，或干果研末调油外敷。②治热咳咽痛：锦灯笼研末，开水送服，同时以醋调药末敷喉外。

254. 枸杞 *Lycium chinense* Miller

【别名】狗奶子、狗牙根、狗牙子、牛右力、红珠仔刺（《中国植物志》）。

【形态】多分枝灌木，高0.5～1米，栽培时可达2米；枝条细弱，弓状弯曲或俯垂，淡灰色，有纵条纹，棘刺长0.5～2厘米，生叶和花的棘刺较长，小枝顶端锐尖成棘刺状。叶纸质或栽培者质稍厚，单叶互生或2～4枚簇生，卵形、卵状菱形、长椭圆形、卵状披针形，顶端急尖，基部

楔形，长 1.5～5 厘米，宽 0.5～2.5 厘米，栽培者较大，长可为 10 厘米以上，宽达 4 厘米；叶柄长 0.4～1 厘米。花在长枝上单生或双生于叶腋，在短枝上则同叶簇生；花梗长 1～2 厘米，向顶端渐增粗。花萼长 3～4 毫米，通常 3 中裂或 4～5 齿裂，裂片多少有缘毛；花冠漏斗状，长 9～12 毫米，淡紫色，筒部向上骤然扩大，稍短于或近等于檐部裂片，5 深裂，裂片卵形，顶端圆钝，平展或稍向外反曲，边缘有缘毛，基部耳显著；雄蕊较花冠稍短，或因花冠裂片外展而伸出花冠，花丝在近基部处密生一圈茸毛并交织成椭圆状的毛丛，与毛丛等高处的花冠筒内壁亦密生一环茸毛；花柱稍伸出雄蕊，上端弓弯，柱头绿色。浆果红色，卵状，栽培者可呈长矩圆状或长椭圆状，顶端尖或钝，长 7～15 毫米，栽培者长可达 2.2 厘米，直径 5～8 毫米。种子扁肾形，长 2.5～3 毫米，黄色。花果期 6—11 月。

【生境】 常生于山坡、荒地、丘陵地、盐碱地、路旁及村边宅旁。在我国除普遍野生外，各地也有作药用、蔬菜或绿化栽培的。

【分布】 产于新洲各地。分布于我国东北、河北、山西、陕西、甘肃南部及西南、华中、华南、华东各地。

【药用部位及药材名】 干燥根皮（地骨皮）。

【采收加工】 春初或秋后采挖根部，洗净，剥取根皮，晒干。

【性味与归经】 甘，寒。归肺、肝、肾经。

【功能主治】 凉血除蒸，清肺降火。用于阴虚潮热，骨蒸盗汗，肺热咳嗽，咯血，衄血，内热消渴。

【用法用量】 内服：煎汤，9～15 克。

【验方】 ①治高血压：a. 地骨皮 60 克，也可加少量白糖或猪肉。水煎，去药渣，喝汤吃猪肉，隔日 1 剂。b. 地骨皮 10 克，豨莶草 30 克，水煎，日服 3 次，每日 1 剂，10 日为 1 个疗程。②治糖尿病：a. 地骨皮 20 克，鲜芦根 60 克，麦冬 15 克。水煎，分 2 次服，每日 1 剂。b. 地骨皮、生地黄各 50 克，加水煎煮后去渣，再将糯米 50 克加入药汁中煮粥，早、晚分食。③治肺结核咳嗽：地骨皮 30 克，兰花参 60 克，百合 50 克，猪肺 100 克。加水炖烂，喝汤吃猪肺（若吃不完猪肺可弃之），每日 1 剂。④治虚劳潮热：a. 地骨皮 50 克，冰糖 20 克，枇杷叶（去毛）12 克。水煎，分 2 次服，每日 1 剂。b. 地骨皮 20 克，青蒿根 10 克，炙鳖甲 6 克，兰花参 15 克。水煎，分 2 次服，每日 1 剂。⑤治虚火牙痛：地骨皮、节节花各

30 克，骨碎补 20 克，水煎，分 2 次服，每日 1 剂。

255. 喀西茄 *Solanum aculeatissimum*

【别名】 添钱果、狗茄子、苦颠茄、苦茄子、刺茄子（《中国植物志》）。

【形态】 直立草本至亚灌木，高 1 ～ 2 米，最高达 3 米，茎、枝、叶及花柄多混生黄白色具节的长硬毛、短硬毛、腺毛，以及淡黄色、基部宽扁的直刺，刺长 2 ～ 15 毫米，宽 1 ～ 5 毫米，基部暗黄色。叶阔卵形，长 6 ～ 12 厘米，宽约与长相等，先端渐尖，基部戟形，5 ～ 7 深裂，裂片边缘又作不规则的齿裂及浅裂；上面深绿色，毛被在叶脉处更密；下面淡绿色，除被与上面相同的毛被外，还被稀疏分散的星状毛；侧脉与裂片数相等，在上面平，在下面略凸出，其上分散着生基部宽扁的直刺，刺长 5 ～ 15 毫米；叶柄粗壮，长约为叶片之半。蝎尾状花序腋外生，短而少花，单生或 2 ～ 4 朵，花梗长约 1 厘米；萼钟状，绿色，直径约 1 厘米，长约 7 毫米，5 裂，裂片长圆状披针形，长约 5 毫米，宽约 1.5 毫米，外面具细小的直刺及纤毛，边缘的纤毛更长而密；花冠筒淡黄色，隐于萼内，长约 1.5 毫米；冠檐白色，5 裂，裂片披针形，长约 14 毫米，宽约 4 毫米，具脉纹，开放时先端反折；花丝长约 1.5 毫米，花药在顶端延长，长约 7 毫米，顶孔向上；子房球形，被微茸毛，花柱纤细，长约 8 毫米，光滑，柱头截形。浆果球状，直径 2 ～ 2.5 厘米，初时绿白色，具绿色花纹，成熟时淡黄色，宿萼上具纤毛及细直刺，后逐渐脱落；种子淡黄色，近倒卵形，扁平，直径约 2.5 毫米。花期春、夏季，果期冬季。

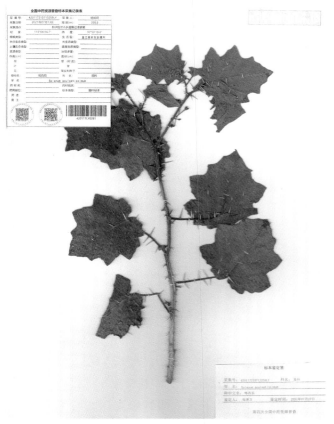

【生境】 生于海拔 180 ～ 1700 米的林下、路边、荒地，在干燥灌丛中有时成片生长。

【分布】 产于新洲东部山区。我国除云南东北及西北部外均有分布。

【药用部位及药材名】 果实（喀西茄）。

【采收加工】 秋季采收，鲜用或晒干。

【性味与归经】 微苦，寒；有小毒。

【功能主治】 祛风止痛，清热解毒。用于风湿痹痛，头痛，牙痛，乳痈，疟腮，跌打疼痛。

256. 白英 *Solanum lyratum* Thunb.

【别名】 毛母猪藤、白毛藤（《中国植物志》），山甜菜、蔓茄、北风藤（《中国高等植物图鉴》）。

【形态】 草质藤本，长 0.5～1 米，茎及小枝均密被具节长柔毛。叶互生，多数为琴形，长 3.5～5.5 厘米，宽 2.5～4.8 厘米，基部常 3～5 深裂，裂片全缘，侧裂片愈近基部的愈小，先端钝，中裂片较大，通常卵形，先端渐尖，两面均被白色发亮的长柔毛，中脉明显，侧脉在下面较清晰，通常每边 5～7 条；少数在小枝上部的为心形，小，长 1～2 厘米；叶柄长 1～3 厘米，被与茎枝相同的毛被。聚伞花序顶生或腋外生，疏花，总花梗长 2～2.5 厘米，被具节的长柔毛，花梗长 0.8～1.5 厘米，无毛，顶端稍膨大，基部具关节；萼环状，直径约 3 毫米，无毛，萼齿 5 枚，圆形，顶端具短尖头；花冠蓝紫色或白色，直径约 1.1 厘米，花冠筒隐于萼内，长约 1 毫米，冠檐长约 6.5 毫米，5 深裂，裂片椭圆状披针形，长约 4.5 毫米，先端被微柔毛；花丝长约 1 毫米，花药长圆形，长约 3 毫米，顶孔略向上；子房卵形，直径不及 1 毫米，花柱丝状，长约 6 毫米，柱头小，头状。浆果球状，成熟时红黑色，直径约 8 毫米；种子近盘状，扁平，直径约 1.5 毫米。花期夏、秋季，果期秋末。

【生境】 喜生于山谷草地或路旁、田边，海拔 250～2800 米。

【分布】 产于新洲东部山区。分布于甘肃、陕西、山西、河南、山东、江苏、浙江、

安徽、江西、福建、台湾、广东、广西、湖南、湖北、四川、云南等地。

【药用部位及药材名】全草（白毛藤）；根（白毛藤根）。

【采收加工】7—10月采收全草，鲜用或晒干。

【性味与归经】白毛藤：甘、苦，寒。有小毒。归肝、胆、肾经。白毛藤根：苦、辛，平。

【功能主治】白毛藤：清热利湿，解毒消肿。用于湿热黄疸，胆囊炎，胆石症，肾炎水肿，风湿性关节痛，妇女湿热带下，小儿高热惊搐，痈肿瘰疬，湿疹瘙痒，带状疱疹。白毛藤根：清热解毒，消肿止痛。用于风火牙痛，头痛，瘰疬，痔漏。

【用法用量】白毛藤：内服，煎汤，15～30克；外用适量，鲜全草捣烂敷患处。白毛藤根：内服，煎汤，15～30克。

【验方】①治火牙虫牙痛：白毛藤根、地骨皮、枸骨根、龙胆草、白牛膝各适量，炖后服。（《四川中药志》）②治痔疮、瘘管：白毛藤根，鲜品一两至一两五钱，干品八钱至一两二钱。和猪大肠（洗净）一斤，清水同煎，饭前分两次吃下。（《福建民间草药》）③治乳痈：白毛藤根一两，酒、水各半煎服，取渣加酒糟调敷患处。（《贵阳民间药草》）④治风湿性关节痛：排风藤（即白毛藤）一两，忍冬藤一两，五加皮一两，好酒一斤泡服。（《贵阳民间药草》）⑤治妇女带下：白毛藤煎汁，烧小公鸡或桂圆，连汁食。（《浙江民间草药》）

257. 龙葵 *Solanum nigrum* L.

【别名】苦菜（《新修本草》），水茄（《本草纲目》），地泡子、灯龙草、黑狗眼（《中国植物志》）。

【形态】一年生直立草本，高0.25～1米，茎无棱或棱不明显，绿色或紫色，近无毛或被微柔毛。叶卵形，长2.5～10厘米，宽1.5～5.5厘米，先端短尖，基部楔形至阔楔形而下延至叶柄，全缘或每边具不规则的波状粗齿，光滑或两面均被稀疏短柔毛，叶脉每边5～6条，叶柄长1～2厘米。蝎尾状花序腋外生，由3～6（10）花组成，总花梗长1～2.5厘米，花梗长约5毫米，近无毛或具短柔毛；萼小，浅杯状，直径1.5～2毫米，齿卵圆形，先端圆，基部两齿间连接处成角度；花冠白色，筒部隐于萼内，长不及1毫米，冠檐长约2.5毫米，5深裂，裂片卵圆形，长约2毫米；花丝短，花药黄色，长约1.2毫米，约为花丝长度的4倍，顶孔向内；子房卵形，直径约0.5毫米，花柱长约1.5毫米，中部以下被白色茸毛，柱头小，头状。浆果球形，直径约8毫米，熟时黑色。种子多数，近卵形，直径1.5～2毫米，两侧压扁。

【生境】喜生于田边、荒地及村庄附近。

【分布】产于新洲各地。我国各地均有分布。

【药用部位及药材名】全草（龙葵）；果实（龙葵子）。

【采收加工】8—10月采收，鲜用或晒干。

【性味与归经】龙葵：苦，寒。归膀胱经。龙葵子：苦，寒。

【功能主治】龙葵：清热解毒，活血消肿。用于疔疮，痈肿，丹毒，跌打扭伤，咳嗽，水肿。龙葵子：清热解毒，化痰止咳。用于咽喉肿痛，疔疮，咳嗽痰喘。

【用法用量】龙葵：内服，煎汤，15～30克。外用，捣敷或煎水洗。龙葵子：内服，煎汤，6～9克；或浸酒。

【验方】①治天疱湿疮：龙葵苗叶捣敷之。（《本草纲目》）②治跌打扭筋肿痛：鲜龙葵叶一握，连须葱白七个。切碎，加酒糟适量，同捣烂敷患处，一日换1～2次。（《江西民间草药》）③治痢疾：龙葵叶八钱至一两（鲜品用量加倍），白糖八钱，水煎服。（《江西民间草药》）④治急性肾炎，水肿，小便少：鲜龙葵、鲜芫花各五钱，木通二钱，水煎服。（《河北中药手册》）

258. 珊瑚樱 *Solanum pseudocapsicum* L.

【别名】吉庆果、假樱桃（《中国植物志》），冬珊瑚、玉珊瑚、红珊瑚（《全国中草药汇编》）。

【形态】直立分枝小灌木，高达2米，全株光滑无毛。叶互生，狭长圆形至披针形，长1～6厘米，宽0.5～1.5厘米，先端尖或钝，基部狭楔形下延成叶柄，边全缘或波状，两面均光滑无毛，中脉在下面凸出，侧脉6～7对，在下面更明显；叶柄长2～5毫米，与叶片不能截然分开。

花多单生，很少成蝎尾状花序，无总花梗或近于无总花梗，腋外生或近对叶生，花梗长3～4毫米；花小，白色，直径0.8～1厘米；萼绿色，直径约4毫米，5裂，裂片长约1.5毫米；花冠筒隐于萼内，长不及1毫米，冠檐长约5毫米，裂片5，卵形，长约3.5毫米，宽约2毫米；花丝长不及1毫米，花药黄色，

矩圆形，长约2毫米；子房近圆形，直径约1毫米，花柱短，长约2毫米，柱头截形。浆果橙红色，直径1～1.5厘米，萼宿存，果柄长约1厘米，顶端膨大。种子盘状，扁平，直径2～3毫米。花期初夏，果期秋末。

【生境】栽培种植，可逸生于路边、沟边和空旷地。

【分布】产于新洲多地，多系种植，亦有逸生。原分布于南美洲，我国安徽、江西、广东、广西、云南等地均有栽培或野生。

【药用部位及药材名】根（玉珊瑚根）。

【采收加工】秋季采挖，晒干。

【性味与归经】咸、微苦，温。有毒。

【功能主治】活血止痛。用于腰肌劳损，闪挫扭伤。

【用法用量】内服：浸酒，1.5～3克。

八十七、玄参科 Scrophulariaceae

259. 通泉草 *Mazus pumilus*（N. L. Burman）Steenis

【别名】汤湿草、野田菜、鹅肠草（《全国中草药汇编》），虎仔草、石淋草（《泉州本草》）。

【形态】一年生草本，高3～30厘米，无毛或疏生短柔毛。主根伸长，垂直向下或短缩，须根纤细，多数，散生或簇生。本种在体态上变化幅度很大，茎1～5支或有时更多，直立，上升或倾卧状上升，着地部分节上常能长出不定根，分枝多而披散，少不分枝。基生叶少到多数，有时

成莲座状或早落，倒卵状匙形至卵状倒披针形，膜质至薄纸质，长 2～6 厘米，顶端全缘或有不明显的疏齿，基部楔形，下延成带翅的叶柄，边缘具不规则的粗齿或基部有 1～2 片浅羽裂；茎生叶对生或互生，少数，与基生叶相似或几乎等大。总状花序生于茎、枝顶端，常在近基部即生花，伸长或上部成束状，通常 3～20 朵，花稀疏；花梗在果期长达 10 毫米，上部的较短；花萼钟状，花期长约 6 毫米，果期多少增大，萼片与萼筒近等长，卵形，先端急尖，脉不明显；花冠白色、紫色或蓝色，长约 10 毫米，上唇裂片卵状三角形，下唇中裂片较小，稍凸出，倒卵圆形；子房无毛。蒴果球形；种子小而多数，黄色，种皮上有不规则的网纹。花果期 4—10 月。

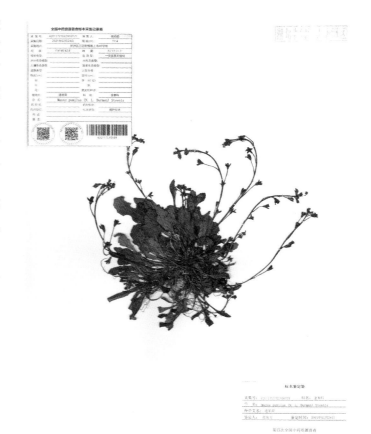

【生境】　生于海拔 2500 米以下的湿润草坡、沟边、路旁及林缘。

【分布】　产于新洲各地。遍布全国，仅内蒙古、宁夏、青海及新疆未见标本。

【药用部位及药材名】　全草（绿兰花）。

【采收加工】　5—10 月均可采收，鲜用或晒干。

【性味与归经】　苦、微甘，凉。

【功能主治】　清热解毒，利湿通淋，健脾消积。用于热毒痈肿，脓疱疮，疔疮，烧烫伤，尿路感染，腹水，黄疸性肝炎，消化不良，小儿疳积。

【用法用量】　内服：煎汤，10～15 克。外用：鲜品适量，外敷。

【验方】　①治痈疽疮肿：干通泉草，研细末，冷水调敷患处，一日一换。②治疔疮：干通泉草、木槿花叶，共捣烂，冲淘米水服。③治烫伤：鲜通泉草，捣绞汁，用净棉花蘸渍患处，频频渍抹效。④治痱疮：干通泉草，研极细末扑身。（《泉州本草》）

260. 阴行草 *Siphonostegia chinensis* Benth.

【别名】　刘寄奴（《中国植物志》）。

【形态】　一年生草本，直立，高 30～60 厘米，有时可达 80 厘米，干时变为黑色，密被锈色短毛。主根不发达或稍伸长，木质，直径约 2 毫米，有的增粗，直径可达 4 毫米，很快即分为多数粗细不等的侧根而消失，侧根长 3～7 厘米，纤维状，常水平开展，须根多数，散生。茎多单条，中空，基部常有少数宿存膜质鳞片，下部常不分枝，而上部多分枝；枝对生，1～6 对，细长，坚挺，多少以 45° 角叉分，稍具棱角，密被无腺短毛。叶对生，全部为茎出，下部者常早枯，上部者茂密，相距很近，仅 1～2 厘米，无柄或有短柄，柄长可达 1 厘米，叶片基部下延，扁平，密被短毛；叶片厚纸质，广卵形，长 8～55 毫米，宽 4～60 毫米，两面皆密被短毛，中肋在上面微凹入，背面明显凸出，缘作疏远的二回羽状全裂，裂片仅约 3 对，仅下方 2 枚羽状开裂，小裂片 1～3 枚，外侧者较长，内侧裂片较短或无，线形或线状披针形，宽 1～2 毫米，锐尖头，全缘。花对生于茎枝上部，或有时假对生，构成稀疏的总状花序；苞片叶状，较萼短，羽状深裂或全裂，密被短毛；花梗短，长 1～2 毫米，纤细，密被短毛，有一对小苞片，线形，长约 10 毫米；花萼管部很长，顶端稍缩紧，长 10～15 毫米，厚膜质，密被短毛，10 条主脉质地厚而粗壮，显著凸出，使处于其间的膜质部分凹下成沟，无网纹，齿 5 枚，绿色，质地较厚，密被短毛，长为萼管的 1/4～1/3，线状披针形或卵状长圆形，近于相等，全缘，或偶有 1～2 锯齿；花冠上唇红紫色，下唇黄色，长 22～25 毫米，外面密被长纤毛，内面被短毛，花管伸直，纤细，长 12～14 毫米，顶端略膨大，稍伸出萼管外，上唇镰状弓曲，顶端截形，额稍圆，前方突然向下前方作斜截形，有时略作啮痕状，其上角有一对短齿，背部密被特长的纤毛，毛长 1～2 毫米；

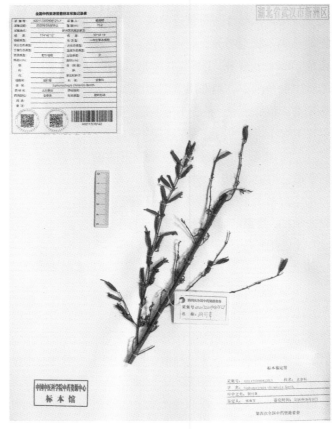

下唇约与上唇等长或稍长，顶端 3 裂，裂片卵形，端均具小突尖，中裂片与侧裂片等宽而较短，向前凸出，褶襞的前部高凸并作袋状伸长，向前伸出与侧裂片等长，向后方渐低而终止于管喉，不被长纤毛，沿褶缝边缘质地较薄，并有啮痕状齿；雄蕊二强，着生于花管的中上部，前方一对花丝较短，着生的部位较高，2 对花丝下部被短纤毛，花药 2 室，长椭圆形，背着，纵裂，开裂后常成新月形弯曲；子房长卵形，长约 4 毫米，柱头头状，常伸出盔外。蒴果被包于宿存的萼内，约与萼管等长，披针状长圆形，长约 15 毫米，直径约 2.5 毫米，顶端稍偏斜，有短尖头，黑褐色，稍具光泽，并有 10 条不十分明显的纵沟纹；种子多数，黑色，长卵圆形，长约 0.8 毫米，具微高的纵横突起，横的 8～12 条，纵的约 8 条，将种皮隔成许多横长的网眼，纵突起中有 5 条突起较高成窄翅，一面有 1 条龙骨状宽厚而肉质半透明之翅，其顶端稍外卷。

花期 6—8 月。

【生境】　生于海拔 70～3400 米的干山坡与草地中。

【分布】　产于新洲北部、东部丘陵及山区。本种在我国分布甚广，东北、华北、华中、华南、西南等地都有。

【药用部位及药材名】　干燥全草（北刘寄奴、铃茵陈）。

【采收加工】　秋季采收，除去杂质，晒干。

【性味与归经】　苦，寒。归脾、胃、肝、胆经。

【功能主治】　活血祛瘀，通经止痛，凉血，止血，清热利湿。用于跌打损伤，外伤出血，瘀血闭经，月经不调，产后瘀痛，癥瘕积聚，血痢，血淋，湿热黄疸，水肿腹胀，带下。

【用法用量】　内服：煎汤，9～15 克（鲜品 30～60 克）；或研末。

【验方】　①治湿热黄疸，小便不利，遍身发黄：阴行草一至二两，水煎服，每日 2 次。（（福建民间草药》）②治热闭小便不利：阴行草一两至一两半，水煎，调冬蜜服，每日 1～2 次。（《福建民间草药》）③治跌打损伤，瘀血作痛：阴行草研末，泡酒服。每次一至二钱，每日 1 次，服 3～4 日。（《泉州本草》）④治血痢：鲜阴行草一至三两，水煎服。（《泉州本草》）⑤治血淋，小腹胀满：阴行草五钱，开水炖，加冬蜜冲，每日 2 次。（《闽东本草》）⑥治带下：阴行草一两，水煎，冲黄酒、红糖服。（《浙江民间常用草药》）⑦治感冒、咳嗽：阴行草三至五钱，水煎服。（《浙江民间常用草药》）

261. 婆婆纳 *Veronica polita* Fries

【别名】　狗卵草（《百草镜》），双珠草（《本草纲目拾遗》），双铜锤、双肾草（《民间常用草药汇编》），菜肾子（《全国中草药汇编》）。

【形态】　铺散多分枝草本，多少被长柔毛，高 10～25 厘米。叶仅 2～4 对（腋间有花的为苞片，见下），具 3～6 毫米长的短柄，叶片心形至卵形，长 5～10 毫米，宽 6～7 毫米，每边有 2～4 个深刻的钝齿，两面被白色长柔毛。总状花序很长；苞片叶状，下部的对生或全部互生；花梗比苞片略短；花萼裂片卵形，顶端急尖，果期稍增大，三出脉，疏被短硬毛；花冠淡紫色、蓝色、粉色或白色，直径 4～5

毫米，裂片圆形至卵形；雄蕊比花冠短。蒴果近于肾形，密被腺毛，略短于花萼，宽 4～5 毫米，凹口约为 90° 角，裂片顶端圆，脉不明显，宿存的花柱与凹口齐或略过之。种子背面具横纹，长约 1.5 毫米。花期 3—10 月。

【生境】　生于荒地。广布于欧亚大陆北部。

【分布】　产于新洲各地。广布于华东、华中、西南、西北及北京等地。

【药用部位及药材名】全草(婆婆纳)。

【采收加工】3—4月采收，晒干或鲜用。

【性味与归经】甘、淡，凉。归肝、肾经。

【功能主治】补肾强腰，解毒消肿。用于肾虚腰痛，疝气，睾丸肿痛，妇女带下，痈肿。

【用法用量】内服：煎汤，15～30克（鲜品60～90克）；或捣汁饮。

【验方】①治疝气：狗卵草鲜者二两，捣取汁，白酒和服，饥时服药尽醉，蒙被暖睡，待发大汗自愈。倘用干者，宜一两，煎白酒，加紫背天葵五钱同煎更妙。②治膀胱疝气带下：即婆婆纳、夜关门各一至二两，用第二道淘米水煎服。（《重庆草药》）③治睾丸肿痛：婆婆纳、黄独各适量，水煎服。（《湖南药物志》）

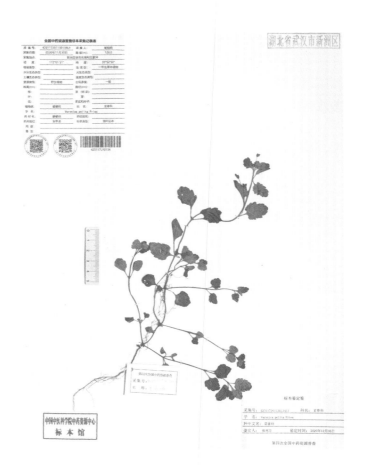

八十八、紫葳科 Bignoniaceae

262. 凌霄 *Campsis grandiflora*（Thunb.）Schum.

【别名】苕华（《神农本草经》），紫葳（《植物名实图考》），过路蜈蚣、接骨丹、紫葳（《中国植物志》）。

【形态】攀援藤本；茎木质，表皮脱落，枯褐色，以气生根攀附于他物之上。叶对生，为奇数羽状复叶；小叶7～9枚，卵形至卵状披针形，顶端尾状渐尖，基部阔楔形，两侧不等大，长3～6（9）厘米，宽1.5～3（5）厘米，侧脉6～7对，两面无毛，边缘有粗锯齿；叶轴长

4～13厘米；小叶柄长5～10毫米。顶生疏散的短圆锥花序，花序轴长15～20厘米。花萼钟状，长3厘米，分裂至中部，裂片披针形，长约1.5厘米。花冠内面鲜红色，外面橙黄色，长约5厘米，裂片半圆形。雄蕊着生于花冠筒近基部，花丝线形，细长，长2～2.5厘米，花药黄色，"个"字形着生。花柱线形，长约3厘米，柱头扁平，2裂。蒴果顶端钝。花期5—8月。

【生境】李时珍云，"附木而上，高达数丈，故曰凌霄"。本种喜温湿环境。生于山谷、小河边、疏林下，攀援于树上、石壁上，亦有庭园栽培。喜温暖湿润环境。对土壤要求不严，沙壤土、黏壤土均能生长。

【分布】产于新洲各地，多为栽培。分布于长江流域各地，以及河北、山东、河南、福建、广东、广西、陕西等地。

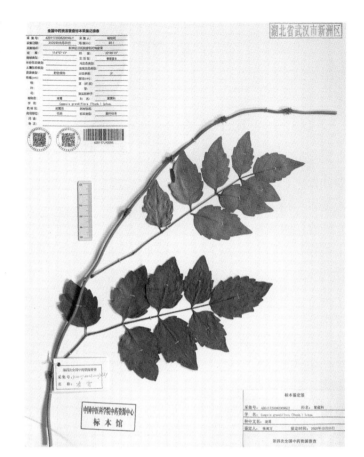

【药用部位及药材名】干燥花（凌霄花）；根（紫葳根）。

【采收加工】夏、秋二季花盛开时采摘，干燥。

【性味与归经】凌霄花：甘、酸，寒。归肝、心包经。紫葳根：甘、辛，寒。归肝、脾、肾经。

【功能主治】凌霄花：活血通经，凉血祛风。用于月经不调，闭经癥瘕，产后乳肿，风疹发红，皮肤瘙痒，痤疮。紫葳根：凉血祛风，活血通络。用于血热生风，身痒，风疹，腰脚不遂，痛风，风湿痹痛，跌打损伤。

【用法用量】凌霄花：内服，煎汤，5～9克。紫葳根：内服，煎汤，10～30克；外用鲜根适量，捣烂敷患处。

【验方】①治大便后下血：凌霄花，浸酒饮服。（《浙江民间草药》）②治皮肤湿癣：凌霄花、羊蹄根各等量，酌加枯矾，研末搽患处。（《上海常用中草药》）③治酒渣鼻：a.凌霄花、山栀子，各等份，为细末。每服二钱，食后茶调下，日进二服。（《百一选方》）b.以凌霄花研末，和密陀僧末，调涂。（《岭南采药录》）④治风湿性关节痛，半身不遂：a.紫葳根三至五钱，煎汤，加红糖、黄酒适量，分两次于早、晚饭前服。b.紫葳根、抱石莲、络石藤、白毛藤各二钱，水煎服。（《中草药手册》）

八十九、爵床科 Acanthaceae

263. 九头狮子草 *Peristrophe japonica*（Thunb.）Bremek.

【别名】 接骨草、土细辛（《植物名实图考》），万年青、铁焊椒、王灵仁（《分类草药性》），辣叶青药（《贵州民间方药集》），尖惊药（《贵阳民间药草》），天青菜、金钗草（《闽南民间草药》），

项开口、蛇舌草（《浙江民间草药》），化痰青、四季青、三面青、菜豆青、铁脚万年青（《四川中药志》），九节篱（《湖南药物志》），咳风尘、晕病药（《贵州草药》），红丝线草、野青仔、肺痨草（《福建中草药》）。

【形态】 草本，高 20～50 厘米。叶卵状矩圆形，长 5～12 厘米，宽 2.5～4 厘米，顶端渐尖或尾尖。基部钝或急尖。花序顶生或腋生于上部叶腋，由 2～8（10）聚伞花序组成，每个聚伞花序下托以 2 枚总苞状苞片，一大一小，卵形，几倒卵形，长 1.5～2.5 厘米，宽 5～12 毫米，顶端急尖，基部宽楔形或平截，全缘，近无毛，羽脉明显，内有 1 至少数花；花萼裂片 5，钻形，长约 3 毫米；花冠粉红色至微紫色，长 2.5～3 厘米，外疏生短柔毛，二唇形，下唇 3 裂；雄蕊 2，花丝细长，伸出，花药被长硬毛，2 室叠生，一上一下，线形纵裂。蒴果长 1～1.2 厘米，疏生短柔毛，开裂时胎座不弹起，上部具 4 粒种子，下部实心；种子有小疣状突起。

【生境】 低海拔广布，生于路边、草地或林下。

【分布】 产于新洲北部、东部丘陵及山区。分布于河南、安徽、江苏、浙江、江西、福建、湖北、广东、广西、湖南、重庆、贵州、云南等地。

【药用部位及药材名】 全草（九头狮

子草）。

【采收加工】7—10 月采收，鲜用或晒干。

【性味与归经】辛，凉。

【功能主治】祛风清热，凉肝定惊，解毒消肿。用于感冒发热，肺热咳嗽，肝热目赤，小儿惊风，咽喉肿痛，痈疖肿毒，瘰疬，痔疮，蛇虫咬伤，跌打损伤。

【用法用量】内服：煎汤，3～15 克。外用：适量，捣敷。

【验方】①治肺热咳嗽：鲜九头狮子草一两，加冰糖适量，水煎服。（《福建中草药》）②治肺炎：鲜九头狮子草二至三两，捣烂绞汁，调少许食盐服。（《福建中草药》）③治小儿惊风：a. 尖惊药二钱，白风藤二钱，金钩藤二钱，防风一钱，朱砂二分，麝香五厘。将朱砂与麝香置于杯中，另将前四味药熬水，药水混合朱砂、麝香，三次服完。（《贵阳民间药草》）b. 辣叶青药五钱，捣绒兑淘米水服。（《贵州草药》）④治小儿吐奶并泄青：尖惊药五钱（根、叶并用），水煎服。（《贵阳民间药草》）⑤治咽喉肿痛：鲜九头狮子草二两，水煎，或捣烂绞汁一至二两，调蜜服。（《福建中草药》）⑥治痔疮：尖惊药二两，槐树根二两，折耳根二两。炖猪大肠，吃五次。（《贵阳民间药草》）⑦治蛇咬伤：鲜九头狮子草、半枝莲、紫花地丁，三种药草加盐卤捣烂，涂敷于咬伤部位。（《浙江民间草药》）

九十、车前科 Plantaginaceae

264. 车前 *Plantago asiatica* L.

【别名】车轮草（《救荒本草》），蛤蟆叶、猪耳朵（《中国植物志》），饭匙草（《福建民间草药》）。

【形态】二年生或多年生草本。须根多数，根茎短，稍粗。叶基生呈莲座状，平卧、斜展或直立；叶片薄纸质或纸质，宽卵形至宽椭圆形，长 4～12 厘米，宽 2.5～6.5 厘米，先端钝圆至急尖，边缘波状、全缘

或中部以下有锯齿或裂齿，基部宽楔形或近圆形，多少下延，两面疏生短柔毛；脉 5～7 条；叶柄长 2～15（27）厘米，基部扩大成鞘，疏生短柔毛。花序 3～10 个，直立或弓曲上升；花序梗长 5～30 厘米，有纵条纹，疏生白色短柔毛；穗状花序细圆柱状，长 3～40 厘米，紧密或稀疏，下部常间断；苞片狭卵状三角形或三角状披针形，长 2～3 毫米，长过于宽，龙骨突宽厚，无毛或先端疏生短毛。花具短梗；花萼长 2～3 毫米，萼片先端钝圆或钝尖，龙骨突不延至顶端，前对萼片椭圆形，龙骨突较宽，两侧片稍不对称，后对萼片宽倒卵状椭圆形或宽倒卵形。花冠白色，无毛，冠筒与萼片约等长，裂片狭三角形，长约 1.5 毫米，先端渐尖或急尖，具明显的中脉，于花后反折。雄蕊着生于冠筒内面近基部，与花柱明显

外伸，花药卵状椭圆形，长 1 ～ 1.2 毫米，顶端具宽三角形突起，白色，干后变淡褐色。胚珠 7 ～ 15（18）。蒴果纺锤状卵形、卵球形或圆锥状卵形，长 3 ～ 4.5 毫米，于基部上方周裂。种子 5 ～ 6（12），卵状椭圆形或椭圆形，长（1.2）1.5 ～ 2 毫米，具角，黑褐色至黑色，背腹面微隆起；子叶背腹向排列。花期 4—8 月，果期 6—9 月。

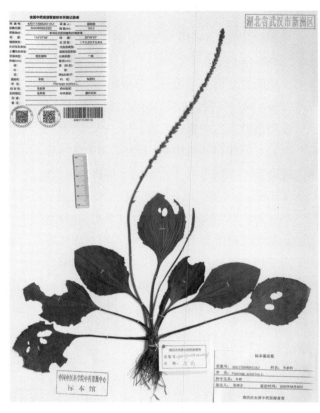

【生境】 生于草地、沟边、河岸湿地、田边、路旁或村边空旷处，海拔 3200 米以下。

【分布】 产于新洲各地。分布于黑龙江、吉林、辽宁、内蒙古、河北、山西、陕西、甘肃、新疆、山东、江苏、安徽、浙江、江西、福建、台湾、河南、湖北、湖南、广东、广西、海南、四川、贵州、云南、西藏等地。

【药用部位及药材名】 干燥全草（车前草）；干燥成熟种子（车前子）。

【采收加工】 干燥全草（车前草）：夏季采挖，除去泥沙，晒干。干燥成熟种子（车前子）：夏、秋二季种子成熟时采收果穗，晒干，搓出种子，除去杂质。

【性味与归经】 车前草：甘，寒。归肝、肾、肺、小肠经。车前子：甘，寒。归肝、肾、肺、小肠经。

【功能主治】 车前草：清热利尿通淋，祛痰，凉血，解毒。用于热淋涩痛，水肿尿少，暑湿泄泻，痰热咳嗽，吐血衄血，痈肿疮毒。车前子：清热利尿通淋，渗湿止泻，明目，祛痰。用于热淋涩痛，水肿胀满，暑湿泄泻，目赤肿痛，痰热咳嗽。

【用法用量】 车前草：内服，煎汤，9 ～ 30 克；鲜品 30 ～ 60 克，煎服或捣汁服。外用鲜品适量，捣敷患处。车前子：内服，煎汤，9 ～ 15 克，入煎剂宜包煎。

【验方】 ①治小便热秘不通：车前子一两，川黄柏五钱，白芍二钱，甘草一钱，水煎徐徐服。（《普济方》）②治白浊：炒车前子四钱，白蒺藜三钱，水煎服。（《湖南药物志》）③治小儿伏暑吐泻，烦渴引饮，小便不通：白茯苓（去皮）、木猪苓（去皮）、车前子、人参（去芦头）、香薷各等份。上药为细末，每服一钱，煎灯心汤调下。（《杨氏家藏方》车前子散）④治久患内障：车前子、干地黄、麦冬各等份为末，加蜜和丸，如梧子大。常服有效。

265. 平车前 *Plantago depressa* Willd.

【别名】 车前草、车串串（《中国植物志》），小车前（《拉汉种子植物名称》）。

【形态】 一年生或二年生草本。直根长，具多数侧根，多少肉质。根茎短。叶基生呈莲座状，平卧、斜展或直立；叶片纸质，椭圆形、椭圆状披针形或卵状披针形，长 3 ～ 12 厘米，宽 1 ～ 3.5 厘米，先端急尖或微钝，边缘具浅波状钝齿、不规则锯齿，基部宽楔形至狭楔形，下延至叶柄，脉 5～7 条，上面略凹陷，于背面明显隆起，两面疏生白色短柔毛；叶柄长 2～6 厘米，基部扩大成鞘状。花序 3～10 个；花序梗长 5～18 厘米，有纵条纹，疏生白色短柔毛；穗状花序细圆柱状，上部密集，基部常间断，长 6～12 厘米；苞片三角状卵形，长 2～3.5 毫米，内凹，无毛，龙骨突宽厚，宽于两侧片，不延至或延至顶端。花萼长 2～2.5 毫米，无毛，龙骨突宽厚，不延至顶端，前对萼片狭倒卵状椭圆形至宽椭圆形，后对萼片倒卵状椭圆形至宽椭圆形。花冠白色，无毛，冠筒等长或略长于萼片，裂片极小，椭圆形或卵形，长 0.5～1 毫米，于花后反折。雄蕊着生于冠筒内面近顶端，同花柱明显外伸，花药卵状椭圆形或宽椭圆形，长 0.6～1.1 毫米，先端具宽三角状小突起，新鲜时白色或绿白色，干后变淡褐色。胚珠 5。蒴果卵状椭圆形至圆锥状卵形，长 4～5 毫米，于基部上方周裂。种子 4～5，椭圆形，腹面平坦，长 1.2～1.8 毫米，黄褐色至黑色；子叶背腹向排列。花期 5—7 月，果期 7—9 月。

【生境】生于草地、河滩、沟边、田间及路旁，海拔 4500 米以下。

【分布】产于新洲各地。分布于黑龙江、吉林、辽宁、内蒙古、河北、山西、陕西、宁夏、甘肃、青海、新疆、山东、江苏、河南、安徽、江西、湖北、四川、云南、西藏等地。

【药用部位及药材名】干燥全草（车前草）；干燥成熟种子（车前子）。

【采收加工】干燥全草（车前草）：夏季采挖，除去泥沙，晒干。干燥成熟种子（车前子）：夏、秋二季种子成熟时采收果穗，晒干，搓出种子，除去杂质。

【性味与归经】车前草：甘，寒。归肝、肾、肺、小肠经。车前子：甘，寒。归肝、肾、肺、小肠经。

【功能主治】车前草：清热利尿通淋，祛痰，凉血，解毒。用于热淋涩痛，水肿尿少，暑湿泄泻，痰热咳嗽，吐血衄血，痈肿疮毒。车前子：清热利尿通淋，渗湿止泻，明目，祛痰。用于热淋涩痛，水肿胀满，暑湿泄泻，目赤肿痛，痰热咳嗽。

【用法用量】车前草：内服，煎汤，9～30 克；鲜品 30～60 克，煎服或捣汁服。外用鲜品适量，捣敷患处。车前子：内服，煎汤，9～15克，入煎剂宜包煎。

九十一、忍冬科 Caprifoliaceae

266. 菰腺忍冬 *Lonicera hypoglauca* Miq.

【别名】山银花、大金银花、大银花（《中国植物志》），红腺忍冬（《中国高等植物图鉴》）。

【形态】落叶藤本；幼枝、叶柄、叶下面和上面中脉及总花梗均密被上端弯曲的淡黄褐色短柔毛，有时还有糙毛。叶纸质，卵形至卵状矩圆形，长6～9（11.5）厘米，顶端渐尖或尖，基部近圆形或带心形，下面有时粉绿色，有无柄或具极短柄的黄色至橘红色蘑菇形腺；叶柄长5～12毫米。双花单生至多朵集生于侧生短枝上，或于小枝顶集合成总状，总花梗比叶柄短或有时较长；苞片条状披针形，与萼筒几等长，外面有短糙毛和缘毛；小苞片圆卵形或卵形，顶端钝，很少卵状披针形而顶渐尖，长约为萼筒的1/3，有缘毛；萼筒无毛或有时略有毛，萼齿三角状披针形，长为筒的1/2～2/3，有缘毛；花冠白色，有时有淡红晕，后变黄色，长3.5～4厘米，唇形，筒比唇瓣稍长，外面疏生倒微伏毛，并常具无柄或有短柄的腺；雄蕊与花柱均稍伸出，无毛。果实熟时黑色，近圆形，有时具白粉，直径7～8毫米；种子淡黑褐色，椭圆形，中部有凹槽及脊状突起，两侧有横沟纹，长约4毫米。花期4—5（6）月，果熟期10—11月。

【生境】生于灌丛或疏林中，海拔

80～700米（西南部可达1500米）。

【分布】产于新洲各地，多系栽培，亦有野生。分布于安徽、浙江、江西、福建、台湾、湖北、湖南、广东、广西、四川、贵州及云南等地。

【药用部位及药材名】干燥花蕾或带初开的花（山银花）。

【采收加工】夏初花开放前采收，干燥。

【性味与归经】甘，寒。归肺、心、胃经。

【功能主治】清热解毒，疏散风热。用于痈肿疔疮，喉痹，丹毒，热毒血痢，风热感冒，温病发热。

【用法用量】内服：煎汤，6～15克。

267. 忍冬 *Lonicera japonica* Thunb.

【别名】金银花（《本草纲目》），双花（《中药材手册》），金银藤、鸳鸯藤（《中国植物志》），老翁须（《常用中草药图谱》）。

【形态】半常绿藤本；幼枝暗红褐色，密被黄褐色、开展的硬直糙毛、腺毛和短柔毛，下部常无毛。叶纸质，卵形至矩圆状卵形，有时卵状披针形，稀圆卵形或倒卵形，极少有1至数个钝缺刻，长3～5（9.5）厘米，顶端尖或渐尖，少有钝、圆

或微凹缺，基部圆形或近心形，有糙缘毛，上面深绿色，下面淡绿色，小枝上部叶通常两面均密被短糙毛，下部叶常平滑无毛而下面多少带青灰色；叶柄长4～8毫米，密被短柔毛。总花梗通常单生于小枝上部叶腋，与叶柄等长或稍较短，下方者则长2～4厘米，密被短柔毛，并夹杂腺毛；苞片大，叶状，卵形至椭圆形，长2～3厘米，两面均有短柔毛或有时近无毛；小苞片顶端圆形或截形，长约1毫米，为萼筒的1/2～4/5，有短糙毛和腺毛；萼筒长约2毫米，无毛，萼齿卵状三角形或长三角形，顶端尖而有长毛，外面和边缘都有密毛；花冠白色，有时基部向阳面呈微红色，后变黄色，长（2）3～4.5（6）厘米，唇形，筒稍长于唇瓣，很少近等长，外被多少倒生的开展或半开展糙毛和长腺毛，上唇裂片顶端钝形，下唇带状而反曲；雄蕊和花柱均高出花冠。果实圆形，直径6～7毫米，熟时蓝黑色，有光泽；种子卵圆形或椭圆形，褐色，长约3毫米，中部有1凸起的脊，两侧有浅的横沟纹。花期4—6月（秋季亦常开花），果期10—11月。

【生境】生于山坡灌丛或疏林中、乱石堆、山脚路旁及村庄篱笆边，海拔最高达1500米。

【分布】产于新洲各地，多为栽培。除黑龙江、内蒙古、宁夏、青海、新疆、海南和西藏无自然生长外，全国各地均有分布。

【药用部位及药材名】干燥花蕾或带初开的花（金银花）；干燥茎枝（忍冬藤）。

【采收加工】金银花：夏初花开放前采收，干燥。忍冬藤：秋、冬二季采割，晒干。

【性味与归经】金银花：甘，寒。归肺、心、胃经。忍冬藤：甘，寒。归肺、胃经。

【功能主治】金银花：清热解毒，疏散风热。用于痈肿疔疮，喉痹，丹毒，热毒血痢，风热感冒，温病发热。忍冬藤：清热解毒，疏风通络。用于温病发热，热毒血痢，痈肿疮疡，风湿热痹，关节红肿热痛。

【用法用量】金银花：内服，煎汤，3～5钱；或入丸、散。外用，研末调敷。忍冬藤：内服，煎汤，9～30克；入丸、散或浸酒。外用，煎水熏洗、熬膏贴或研末调敷。

【验方】①预防乙脑、流脑：金银花、连翘、大青根、芦根、甘草各三钱，水煎代茶饮，每日一剂，连服三至五日。（《江西草药》）②治热淋：金银花、海金沙藤、天胡荽、金樱子根、白茅根各一两，水煎服，每日一剂，五至七日为一个疗程。（《江西草药》）③治深部脓肿：金银花、野菊花、海金沙、马兰、甘草各三钱，大青叶一两，水煎服。亦可治疗痈肿疔疮。（《江西草药》）④治四时外感、发热口渴，或兼肢体酸痛者：忍冬藤（带叶或花，干品）一两（鲜品三两），煎汤代茶频饮。（《泉州本草》）⑤治风湿性关节炎：忍冬藤一两，豨莶草四钱，鸡血藤五钱，老鹳草五钱，白薇四钱，水煎服。（《山东中药》）⑥治毒草中毒：鲜金银花嫩茎叶适量，用冷开水洗净，嚼细服下。（《上海常用中草药》）⑦治气性坏疽，骨髓炎：金银花一两，积雪草二两，一点红一两，野菊花一两，白茅根一两，白花蛇舌草二两，地胆草一两，水煎服。另用女贞子、佛甲草（均鲜品）各适量，捣烂外敷。（《江西草药》）⑧治初期急性乳腺炎：金银花八钱，蒲公英五钱，连翘、陈皮各三钱，青皮、生甘草各二钱。上为一剂量，水煎两次，并分两次服，每日一剂，严重者可一日服两剂。（《中级医刊》）⑨治胆道感染，创口感染：金银花一两，连翘、大青根、黄芩、野菊花各五钱，水煎服，每日一剂。（《江西草药》）

268. 接骨草 *Sambucus chinensis* Lindl.

【别名】蒴藋（《名医别录》），陆英（《神农本草经》），排风藤、铁篱笆（《植物名实图考长编》），英雄草（《分类草药性》）。

【形态】高大草本或半灌木，高1～2米；茎有棱条，髓部白色。羽状复叶的托叶叶状或有时退化成蓝色的腺体；小叶2～3对，互生或对生，狭卵形，长6～13厘米，宽2～3厘米，嫩时上面被疏长柔毛，先端长渐尖，基部钝圆，两侧不等，边缘

具细锯齿，近基部或中部以下边缘常有1或数枚腺齿；顶生小叶卵形或倒卵形，基部楔形，有时与第一对小叶相连，小叶无托叶，基部一对小叶有时有短柄。复伞形花序顶生，大而疏散，总花梗基部托以叶状总苞片，分枝三至五出，纤细，被黄色疏柔毛；杯形不孕性花不脱落，可孕性花小；萼筒杯状，萼齿三角形；花冠白色，仅基部连合，花药黄色或紫色；子房3室，花柱极短或几无，柱头3裂。果实红色，近圆形，直径3～4毫米；核2～3粒，卵形，长2.5毫米，表面有小疣状突起。花期4—5月，果熟期8—

9月。

【生境】 生于海拔40～2600米的山坡、林下、沟边和草丛中，亦有栽种。

【分布】产于新洲各地。分布于陕西、甘肃、江苏、安徽、浙江、江西、福建、台湾、河南、湖北、湖南、广东、广西、四川、贵州、云南、西藏等地。

【药用部位及药材名】茎叶（陆英）。

【采收加工】 7—10月采收，切段，鲜用或晒干。

【性味与归经】 甘、微苦，平。归肝经。

【功能主治】 祛风除湿，舒筋活血。用于风湿痹痛，中风偏枯，水肿，黄疸，癥积，痢疾，跌打损伤，产后恶露不行，风疹，丹毒，疥癣，扁桃体炎，乳痈。

【用法用量】内服：煎汤，9～15克。外用：适量，煎水洗浴。

九十二、败酱科 Valerianaceae

269. 败酱 *Patrinia scabiosifolia* Link

【别名】 黄花龙芽（《植物名实图考》），苦菜、麻鸡婆（《中国植物志》），黄花草、野黄花（《中草药学》）。

【形态】 多年生草本，高30～100（200）厘米；根状茎横卧或斜生，节处生多数细根；茎直立，黄绿色至黄棕色，有时带淡紫色，下部常被脱落性倒生白色粗毛或几无毛，上部常近无毛或被倒生稍弯糙毛，或疏被2列纵向短糙毛。基生叶丛生，花时枯落，卵形、椭圆形或椭圆状

披针形，长（1.8）3～10.5厘米，宽1.2～3厘米，不分裂或羽状分裂或全裂，顶端钝或尖，基部楔形，边缘具粗锯齿，上面暗绿色，背面淡绿色，两面被糙伏毛或几无毛，具缘毛；叶柄长3～12厘米；茎生叶对生，宽卵形至披针形，长5～15厘米，常羽状深裂或全裂，具2～3（5）对侧裂片，顶生裂片卵形、椭圆形或椭圆状披针形，先端渐尖，具粗锯齿，两面密被或疏被白色糙毛，或几无毛，上部叶渐变窄小，无柄。花序为聚伞花序组成的大型伞房花序，顶生，具5～6（7）级分枝；花序梗上方一侧被开展白色粗糙毛；总苞线形，甚小；苞片小；花小，萼齿不明显；花冠钟形，黄色，冠筒长1.5毫米，上部宽1.5毫米，基部一侧囊肿不明显，内具白色长柔毛，花冠裂片卵形，长1.5毫米，宽1～1.3毫米；雄蕊4，稍超出或几不超出花冠，花丝不等长，近蜜囊的2枚长3.5毫米，下部被

柔毛，另2枚长2.7毫米，无毛，花药长圆形，长约1毫米；子房椭圆状长圆形，长约1.5毫米，花柱长2.5毫米，柱头盾状或截头状，直径0.5～0.6毫米。瘦果长圆形，长3～4毫米，具3棱，2不育子室中央稍隆起成上粗下细的棒槌状，能育子室略扁平，向两侧延展成窄边状，内含1椭圆形、扁平种子。花期7—9月。

【生境】　常生于海拔（50）400～2100（2600）米的山坡林下、林缘和灌丛中，以及路边、田埂边的草丛中。

【分布】　产于新洲东部山区。分布很广，除宁夏、青海、新疆、西藏和海南岛外，全国各地均有分布。

【药用部位及药材名】　全草（败酱）。

【采收加工】　7—9月采收全株，切段，晒干。

【性味与归经】　苦、辛，微寒。归肺、大肠、肝经。

【功能主治】　清热解毒，破瘀排脓。用于肠痈，肺痈，痢疾，带下，产后瘀滞腹痛，热毒痈肿。

【用法用量】　内服：煎汤，10～15克（鲜品60～120克）。外用：适量，捣烂敷患处。

【验方】　①治痈疽肿毒，无论已溃未溃：鲜败酱四两，地瓜酒四两，开水适量冲炖服。将渣捣烂，冬蜜调敷患处。②治吐血：败酱煎汤服。③治赤白痢疾：鲜败酱二两，冰糖五钱，开水炖服。④治蛇咬伤：败酱半斤，煎服。另用鲜败酱杵细外敷。（《闽东本草》）

九十三、桔梗科 Campanulaceae

270. 沙参 *Adenophora stricta* Miq.

【别名】 杏叶沙参（《江苏南部种子植物手册》），沙和尚、南沙参（《中国植物志》）。

【形态】 茎高 40～80 厘米，不分枝，常被短硬毛，少无毛的。基生叶心形，大而具长柄；茎生叶无柄，或仅下部的叶有极短而带翅的柄，叶片椭圆形、狭卵形，基部楔形，少近于圆钝的，顶端急尖或短渐尖，边缘有不整齐的锯齿，两面疏生短毛，或近于无毛，长 3～11 厘米，宽 1.5～5 厘米。花序常不分枝而成假总状花序，或有短分枝而成极狭的圆锥花序，极少具长分枝而为圆锥花序的。花梗常极短，长不足 5 毫米；花萼常被硬毛，少完全无毛的，筒部常倒卵状，少为倒卵状圆锥形，裂片狭长，多为钻形，少为条状披针形，长 6～8 毫米，宽至 1.5 毫米；花冠宽钟状，蓝色或紫色，外面有短硬毛，很密或很稀疏，有时仅上部脉上有毛，个别近无毛，长 1.5～2.3 厘米，裂片长为全长的 1/3，三角状卵形；花盘短筒状，长 1～1.8 毫米，无毛；花柱常略长于花冠，少较短的。蒴果椭圆状球形，极少为椭圆状，长 6～10 毫米。种子棕黄色，稍扁，有 1 条棱，长约 1.5 毫米。花期 8—10 月。

【生境】 生于低山草丛和岩石缝中。

【分布】 产于新洲东部山区。分布于江苏、安徽、浙江、江西、湖南、湖北等地。

【药用部位及药材名】 干燥根（南沙参）。

【采收加工】 春、秋二季采挖，除去须根，洗后趁鲜刮去粗皮，洗净，干燥。

【性味与归经】 甘，微寒。归肺、胃经。

【功能主治】 养阴清肺，益胃生津，化痰，益气。用于肺热燥咳，阴虚劳嗽，干咳痰黏，胃阴不足，食少呕吐，气阴不足，烦热口干。

【用法用量】 内服：煎汤，10～15克（鲜品15～30克），或入丸、散。

【验方】①治肺热咳嗽无痰，咽干：沙参、桑叶、麦冬各4钱，杏仁、贝母、枇杷叶各3钱，水煎服。②治暗哑：沙参20克，胖大海20克，金银花20克，木蝴蝶20克，蝉蜕20克。每次适量，当茶频频饮服。③治神经衰弱：沙参15克，牡丹皮10克，山栀10克，白芍、当归、茯神、酸枣仁、合欢皮各10克，远志12克。水煎服，每日一剂。④治舌燥唇干：沙参15克，麦冬12克，生地黄18克，桔梗10克。水煎后加入冰糖10克，当茶频频饮服。⑤治咽喉肿痛：沙参15克，金银花12克，连翘12克，大青叶10克，板蓝根12克，生地黄15克，甘草3克，马勃15克。将上药共研细末混匀，水泛为丸，每次6克，蜂蜜送服。⑥治干眼症：沙参、谷精草、木贼草各15克，元参、花粉各12克，枸杞子、女贞子各10克，草决明10克。水煎，每日一剂，分两次服。⑦治肿瘤：沙参15克，半枝莲、白花蛇舌草各12克，穿山甲（穿山甲现已禁止使用）5克，川芎、三棱、莪术、贝母各10克，丹参12克。水煎服，每日一剂。

271. 半边莲 *Lobelia chinensis* Lour.

【别名】 急解索（《本草纲目》），细米草（《中国药用植物志》），蛇利草（《岭南采药录》），鱼尾花（《江西中药》），瓜仁草（《江西民间草药验方》）。

【形态】 多年生草本。茎细弱，匍匐，节上生根，分枝直立，高6～15厘米，无毛。叶互生，无柄或近无柄，椭圆状披针形至条形，长8～25厘米，宽2～6厘米，先端急尖，基部圆形至阔楔形，全缘或顶部有明显的锯齿，无毛。花通常1朵，生

于分枝的上部叶腋；花梗细，长1.2～2.5（3.5）厘米，基部有长约1毫米的小苞片2枚、1枚或者没有，小苞片无毛；花萼筒倒长锥状，基部渐细而与花梗无明显区分，长3～5毫米，无毛，裂片披针形，约与萼筒等长，全缘或下部有1对小齿；花冠粉红色或白色，长10～15毫米，背面裂至基部，喉部以下生白色柔毛，裂片全部平展于下方，呈一个平面，2侧裂片披针形，较长，中间3枚裂片椭圆状披针形，较短；雄蕊长约8毫米，花丝中部以上连合，花丝筒无毛，未连合部分的花丝侧面生柔毛，花药管长约2毫米，背部无毛或疏生柔毛。蒴果倒锥状，长约6毫米。种子椭圆状，稍扁压，近肉色。花果期5—10月。

【生境】 生于水田边、沟边及潮湿草地上。

【分布】 产于新洲各地。分布于长江中、下游及以南各省区。

【药用部位及药材名】 干燥全草（半边莲）。

【采收加工】 夏季采收，除去泥沙，洗净，晒干。

【性味与归经】 辛，平。归心、小肠、肺经。

【功能主治】 清热解毒，利尿消肿。用于痈肿疔疮，蛇虫咬伤，臌胀水肿，湿热黄疸，湿疹湿疮。

【用法用量】 内服：煎汤，15～30克；或捣汁。外用：捣敷或捣汁调涂。

【验方】 ①治毒蛇咬伤：a. 半边莲浸烧酒搽之。（《岭南草药志》）b. 鲜半边莲一至二两，捣烂绞汁，加甜酒一两调服，服后盖被入睡，以便出微汗。毒重的一日服两次，并用捣烂的鲜半边莲敷于伤口周围。（《江西民间草药验方》）②治疔疮，一切阳性肿毒：鲜半边莲适量，加食盐数粒同捣烂，敷患处，有黄水渗出，渐愈。（《江西民间草药验方》）③治乳腺炎：鲜半边莲适量，捣烂敷患处。（《福建中草药》）

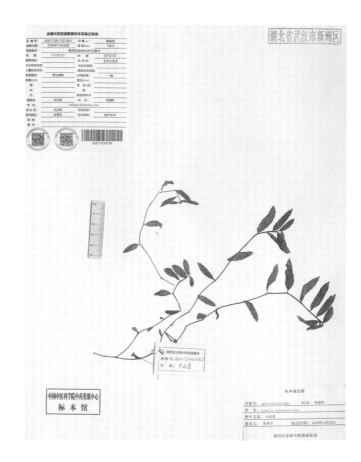

272. 桔梗 *Platycodon grandiflorus*（Jacq.）A. DC.

【别名】 梗草、卢茹（《吴普本草》），苦桔梗（《本草纲目》），铃铛花、包袱花（《中国植物志》）。

【形态】 茎高 20～120 厘米，通常无毛，偶密被短毛，不分枝，极少上部分枝。叶全部轮生，部分轮生至全部互生，无柄或有极短的柄，叶片卵形、卵状椭圆形至披针形，长 2～7 厘米，宽 0.5～3.5 厘米，基部宽楔形至圆钝，顶端急尖，上面无毛而绿色，下面常无毛而有白粉，有时脉上

有短毛或瘤突状毛，边缘具细锯齿。花单朵顶生，或数朵集成假总状花序，或有花序分枝而集成圆锥花序；花萼筒部半圆球状或圆球状倒锥形，被白粉，裂片三角形，或狭三角形，有时齿状；花冠大，长 1.5～4 厘米，蓝色或紫色。蒴果球状，或球状倒圆锥形，或倒卵状，长 1～2.5 厘米，直径约 1 厘米。花期 7—9 月。

【生境】 生于海拔 2000 米以下的阳处草丛、灌丛中，少生于林下。

【分布】 产于新洲北部、东部丘陵及山区。分布于东北、华北、华东、华中各省以及广东、广西（北部）、贵州、云南东南部（蒙自、砚山、文山）、四川（平武、凉山以东）、陕西等地。

【药用部位及药材名】 干燥根（桔梗）。

【采收加工】 春、秋二季采挖，洗净，除去须根，趁鲜剥去外皮或不去外皮，干燥。

【性味与归经】 苦、辛，平。归肺经。

【功能主治】 宣肺，利咽，祛痰，排脓。用于咳嗽痰多，胸闷不畅，咽痛喑哑，肺痈吐脓。

【用法用量】 内服：煎汤，3 ～ 9 克；或入丸、散。

【验方】 ①桔梗粥：桔梗 10 克，大米 100 克，适用于肺热咳嗽、痰黄黏稠等症。②桔梗茶：桔梗 10 克，蜂蜜适量，适用于咽痒不适、干咳等症。③桔梗汤：

桔梗 6 克，桔梗叶、桑叶各 9 克，甘草 3 克，水煎服，适用于咳嗽、痰稠等症。④治急性咽喉炎：桔梗 60 克，放进 200 毫升清水中煎至 100 毫升，每日 1 剂，分早、晚两次服用。通常连续服用 1 ～ 2 剂即能见效。

九十四、菊科 Compositae

273. 香青 *Anaphalis sinica* Hance

【别名】 籁箫、萩（《尔雅》），通肠香、九里香、白四棱风（《浙江药用植物志》）。

【形态】 根状茎细或粗壮，木质，有长达 8 厘米的细匍枝。茎直立，疏散或密集丛生，高 20 ～ 50 厘米，细或粗壮，通常不分枝或在花后及断茎上分枝，被白色或灰白色绵毛，全部有密生的叶。下部叶在下花期枯萎。中部叶长圆形、倒披针状长圆形或线形，长 2.5 ～ 9 厘米，宽 0.2 ～ 1.5 厘米，基部渐狭，沿茎下延成狭或稍宽的翅，边缘平，顶端渐尖或急尖，有短小尖头，上部叶较小，披针状线形或线形，全部叶上面被蛛丝状绵毛，或下面或两面被白色或黄白色厚绵毛，在绵毛下常杂有腺毛，有单脉或具侧脉向上渐消失的离基三出脉。莲座状叶被密绵毛，顶端钝或圆形。头状花序多数或极多数，密集成复伞房状或多次复伞房状；花序梗细。总苞钟状或近倒圆锥状，长4～5毫米（稀达6毫米），宽4～6毫米；总苞片6～7层，外层卵圆形，浅褐色，被蛛丝状毛，长2毫米，内层舌状长圆形，长约3.5毫米，宽1～1.2毫米，乳白色或污白色，顶端钝或圆形；最内层较狭，长椭圆形，有长达全长三分之二的爪部；雄株的总苞片常较钝。雌株头状花序有多层雌花，中央有1～4个雄花；雄株头状花托有缝状短毛。花序全部有雄花。花冠长2.8～3毫米。冠毛常较花冠稍长；雄花冠毛上部渐宽扁，有锯齿。瘦果长0.7～1毫米，被小腺点。花期6—9月，果期8—10月。

【生境】生于低山或亚高山灌丛、草地、山坡和溪岸，海拔300～2000米。

【分布】产于新洲东部山区。分布于我国北部、中部、东部及南部。

【药用部位及药材名】全草（通肠香）。

【采收加工】霜降后采收全草，晒干。

【性味与归经】辛、微苦，微温。

【功能主治】祛风解表，宣肺止咳。用于感冒，支气管炎，肠炎，痢疾。

【用法用量】内服：煎汤，10～30克。

274. 黄花蒿 *Artemisia annua* L.

【别名】草蒿、青蒿（《神农本草经》），臭蒿（《日华子本草》），香蒿（《中国植物志》）。

【形态】一年生草本；植株有浓烈的挥发性香气。根单生，垂直，狭纺锤形；茎单生，高100～200厘米，基部直径可达1厘米，有纵棱，幼时绿色，后变褐色或红褐色，多分枝；茎、枝、叶两面及总苞片背面无毛或初时背面有极稀疏短柔毛，后脱落无毛。叶纸质，绿色；茎下部叶宽卵形或三角状卵形，长3～7厘米，宽2～6厘米，绿色，两面具细小脱落性的白色腺点及细小凹点，三（至四）回栉齿状羽状深裂，每侧有裂片5～8（10）枚，裂片长椭圆状卵形，再次分裂，小裂片边缘具多枚栉齿状三角形或长三角形的深裂齿，裂齿长 1～2 毫米，宽 0.5～1 毫米，中肋明显，在叶面上稍隆起，中轴两侧有狭翅而无小栉齿，稀上部有数枚小栉齿，叶柄长 1～2 厘米，基部有半抱茎的假托叶；中部叶二（至三）回栉齿状的羽状深裂，小裂片栉齿状三角形。稀少为细短狭线形，具短柄；上部叶与苞片叶一（至二）回栉齿状羽状深裂，近无柄。头状花序球形，多数，直径 1.5～2.5 毫米，有短梗，下垂或倾斜，基部有线形的小苞叶，在分枝上排成总状或复总状花序，并在茎上组成开展、尖塔形的圆锥花序；总苞片 3～4 层，内、外层近等长，外层总苞片长卵形或狭长椭圆形，中肋绿色，边膜质，中层、内层总苞片宽卵形或卵形，花序托凸起，半球形；花深黄色，雌花 10～18 朵，花冠狭管状，檐部具 2～3 裂齿，外面有腺点，花柱线形，伸出花冠外，先端 2 叉，叉端钝尖；两性花 10～30 朵，结实或中央少数花不结实，花冠管状，花药线形，上端附属物尖，长三角形，基部具短尖头，花柱近与花冠等长，先端 2 叉，叉端截形，有短毛。瘦果小，椭圆状卵形，略扁。花果期 8—11 月。

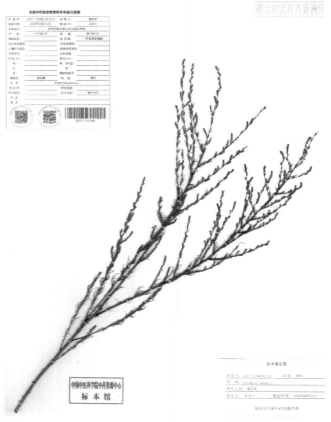

【生境】东半部地区分布在海拔 1500 米以下，西北及西南部地区分布在海拔 2000～3000 米处，西藏分布在海拔 3650 米地区；生境适应性强，东部、南部地区生长在路旁、荒地、山坡、林缘等处；其他地区生长在草原、干河谷、半荒漠及砾质坡地等处，也见于盐渍化的土壤上，局部地区可成为植物群落的优势种或主要伴生种。

【分布】产于新洲各地。遍及全国。

【药用部位及药材名】干燥地上部分（青蒿）。

【采收加工】秋季花盛开时采割，除去老茎，阴干。

【性味与归经】苦、辛，寒。归肝、胆经。

【功能主治】清虚热，除骨蒸，解暑热，截疟，退黄。用于温邪伤阴，夜热早凉，阴虚发热，骨蒸劳热，暑邪发热，疟疾寒热，湿热黄疸。

【用法用量】内服：煎汤，6～12克，入煎剂宜后下；或入丸、散。外用：捣敷或研末调敷。

【验方】①治温病夜热早凉，热退无汗，热自阴来者：青蒿二钱，鳖甲五钱，细生地四钱，知母二钱，牡丹皮三钱。水五杯，煮取二杯，日再服。（《温病条辨》青蒿鳖甲汤）②治阑尾炎、胃痛：青蒿、荜茇等量，将青蒿焙黄，共捣成细末。早、午、晚饭前白开水冲服，每次2克。（《中草药新医疗法资料选编》）③治少阳三焦湿遏热郁，气机不畅，胸痞作呕，寒热如疟者：青蒿脑一钱半至二钱，淡竹茹三钱，仙半夏一钱半，赤茯苓三钱，黄芩一钱半至三钱，生枳壳一钱半，陈广皮一钱半，碧玉散（包）三钱，水煎服。（《通俗伤寒论》蒿芩清胆汤）

275. 艾 *Artemisia argyi* Lévl. et Van.

【别名】艾蒿（《尔雅》《本草纲目》），医草（《名医别录》），灸草（《埤雅》），祈艾、端阳蒿（《中国植物志》）。

【形态】多年生草本或略成半灌木状，植株有浓烈香气。主根明显，略粗长，直径达1.5厘米，侧根多；常有横卧地下根状茎及营养枝。茎单生或少数，高80～150（250）厘米，有明显纵棱，褐色或灰黄褐色，基部稍木质化，上部草质，并有少数短的分枝，枝长3～5厘米；茎、枝均被灰色蛛丝状柔毛。叶厚纸质，上面被灰白色短柔毛，并有白色腺点与小凹点，背面密被灰白色蛛丝状密茸毛；基生叶具长柄，花期萎谢；茎下部叶近圆形或宽卵形，羽状深裂，每侧具裂片2～3枚，裂片椭圆形或倒卵状长椭圆形，每裂片有2～3枚小裂齿，干后背面主、侧脉多为深褐色或锈色，叶柄长0.5～0.8厘米；中部叶卵形、三角状卵形或近菱形，长5～8厘米，宽4～7厘米，一（至二）回羽状深裂至半裂，每侧裂片2～3枚，裂片卵形、卵状披针形或披针形，长2.5～5厘米，宽1.5～2厘米，不再分裂或每侧有1～2枚缺齿，叶基部宽楔形渐狭成短柄，叶脉明显，在背面凸起，干时锈色，叶柄长0.2～0.5厘米，基部通常无假托叶或极小的假托叶；上部叶与苞片叶羽状半裂、浅裂或3深裂或3浅裂，或不分裂，而为椭圆形、长椭圆状披针形、披针形或线状披针形。头状花序椭圆形，直径2.5～3（3.5）毫米，无梗或近无梗，每数枚至10余枚在分枝上排成小型的穗状花序或复穗状花序，并在茎上通常再组成狭窄、尖塔形的圆锥花序，花后头状花序下倾；总

苞片 3～4 层，覆瓦状排列，外层总苞片小，草质，卵形或狭卵形，背面密被灰白色蛛丝状绵毛，边缘膜质，中层总苞片较外层长，长卵形，背面被蛛丝状绵毛，内层总苞片质薄，背面近无毛；花序托小；雌花 6～10 朵，花冠狭管状，檐部具 2 裂齿，紫色，花柱细长，伸出花冠外甚长，先端 2 叉；两性花 8～12 朵，花冠管状或高脚杯状，外面有腺点，檐部紫色，花药狭线形，先端附属物尖，长三角形，基部有不明显的小尖头，花柱与花冠近等长或略长于花冠，先端 2 叉，花后向外弯曲，叉端截形，并有毛。瘦果长卵形或长圆形。花果期 7—10 月。

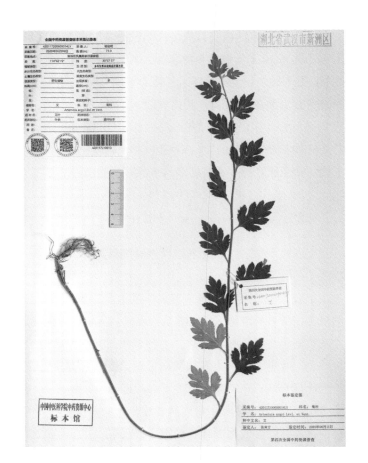

【生境】 生于低海拔至中海拔地区的荒地、路旁河边及山坡等地，也见于森林草原等地，局部地区为植物群落的优势种。

【分布】 产于新洲各地。分布广，除极干旱与高寒地区外，几遍及全国。

【药用部位及药材名】 干燥叶（艾叶）。

【采收加工】 夏季花未开时采摘，除去杂质，晒干。

【性味与归经】 辛，苦，温；有小毒。归肝、脾、肾经。

【功能主治】 温经止血，散寒止痛；外用祛湿止痒。用于吐血，衄血，崩漏，月经过多，胎漏下血，少腹冷痛，经寒不调，宫冷不孕；外用于皮肤瘙痒。醋艾炭温经止血，用于虚寒性出血。

【用法用量】 内服：煎汤，3～9 克；入丸、散或捣汁。外用：捣绒作炷或制成艾条熏灸，捣敷、煎水熏洗或炒热温熨。

【验方】 ①治脾胃冷痛：白艾末煎汤，服二钱。（《卫生易简方》）②治湿疹：艾叶炭、枯矾、黄柏各等份。共研细末，用香油调膏，外敷。（《中草药新医疗法资料选编》）③治肠炎、急性尿道感染、膀胱炎：艾叶二钱，辣蓼二钱，车前一两六钱。水煎，每日一剂，早、晚各服一次。（《单方验方新医疗法选编》）

276. 茵陈蒿 *Artemisia capillaris* Thunb.

【别名】 因尘（《吴普本草》），茵蒿（《雷公炮炙论》），绵茵陈（《本经逢原》），绒蒿（《广西中兽医药用植物》），臭蒿（《江苏省植物药材志》）。

【形态】 半灌木状草本，植株有浓烈的香气。主根明显木质，垂直或斜向下伸长；根茎直径 5～8

毫米，直立，稀少斜上展或横卧，常有细的营养枝。茎单生或少数，高 40～120 厘米或更长，红褐色或褐色，有不明显的纵棱，基部木质，上部分枝多，向上斜伸展；茎、枝初时密生灰白色或灰黄色绢质柔毛，后渐稀疏或脱落无毛。营养枝先端有密集叶丛，基生叶密集着生，常呈莲座状；基生叶、茎下部叶与营养枝叶两面均被棕黄色或灰黄色绢质柔毛，后期茎下部叶被毛脱落，叶卵圆形或卵状椭圆形，长 2～4（5）厘米，宽 1.5～3.5 厘米，二（至三）回羽状全裂，每侧有裂片 2～3（4）枚，每裂片再 3～5 全裂，小裂片狭线形或狭线状披针形，通常细直，不弧曲，长 5～10 毫米，宽 0.5～1.5（2）毫米，叶柄长 3～7 毫米，花期上述叶均萎谢；中部叶宽卵形、近圆形或卵圆形，长 2～3 厘米，宽 1.5～2.5 厘米，（一至）二回羽状全裂，小裂片狭线形或丝线形，通常细直、不弧曲，长 8～12 毫米，宽 0.3～1 毫米，近无毛，顶端微尖，基部裂片常半抱茎，近无叶柄；上部叶与苞片叶羽状 5 全裂或 3 全裂，基部裂片半抱茎。头状花序卵球形，稀近球形，多数，直径 1.5～2 毫米，有短梗及线形的小苞叶，在分枝的上端或小枝端偏向外侧生长，常排成复总状花序，并在茎上端组成大型、开展的圆锥花序；总苞片 3～4 层，外层总苞片草质，卵形或椭圆形，背面淡黄色，有绿色中肋，无毛，边膜质，中、内层总

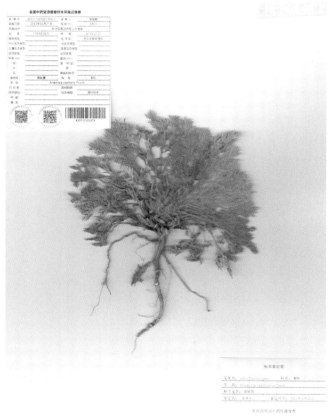

苞片椭圆形，近膜质或膜质；花序托小，凸起；雌花 6～10 朵，花冠狭管状或狭圆锥状，檐部具 2～3 裂齿，花柱细长，伸出花冠外，先端 2 叉，叉端尖锐；两性花 3～7 朵，不孕育，花冠管状，花药线形，先端附属物尖，长三角形，基部圆钝，花柱短，上端棒状，2 裂，不叉开，退化子房极小。瘦果长圆形或长卵形。花果期 7—10 月。

　　【生境】 生于低海拔河岸、海岸附近的湿润沙地、路旁及低山坡地区。

　　【分布】 产于新洲各地。分布于辽宁、河北、陕西（东部、南部）、山东、江苏、安徽、浙江、江西、福建、台湾、河南（东部、南部）、湖北、湖南、广东、广西及四川等地。

　　【药用部位及药材名】 干燥地上部分（茵陈）。

【采收加工】 春季幼苗高 6～10 厘米时采收或秋季花蕾长成至花初开时采割，除去杂质和老茎，晒干。春季采收的习称"绵茵陈"，秋季采割的称"花茵陈"。

【性味与归经】 苦、辛，微寒。归脾、胃、肝、胆经。

【功能主治】 清利湿热，利胆退黄。用于黄疸尿少，暑湿，湿疮瘙痒。

【用法用量】 内服：煎汤，6～15 克。外用：适量，煎汤熏洗。

277. 野艾蒿 *Artemisia lavandulifolia* Candolle

【别名】 野艾、小叶艾、狭叶艾、苦艾（《中国植物志》），荫地蒿（《内蒙古植物志》）。

【形态】 多年生草本，有时为半灌木状，植株有香气。主根稍明显，侧根多；根状茎稍粗，直径 4～6 毫米，常匍地，有细而短的营养枝。茎少数，成小丛，稀少单生，高 50～120 厘米，具纵棱，分枝多，长 5～10 厘米，斜向上伸展；茎、枝被灰白色蛛丝状短柔毛。叶纸质，上面绿色，具密集白色腺点及小凹点，初时疏被灰白色蛛丝状柔毛，后毛稀疏或近无毛，背面除中脉外密被灰白色密绵毛；基生叶与茎下部叶宽卵形或近圆形，长 8～13 厘米，宽 7～8 厘米，二回羽状全裂或第一回全裂，第二回深裂，具长柄，花期叶萎谢；中部叶卵形、长圆形或近圆形，长 6～8 厘米，宽 5～7厘米，（一至）二回羽状全裂或第二回为深裂，每侧有裂片 2～3 枚，裂片椭圆形或长卵形，长 3～5（7）厘米，宽

5～7（9）毫米，每裂片具 2～3 枚线状披针形或披针形的小裂片或深裂齿，长 3～7 毫米，宽 2～3（5）毫米，先端尖，边缘反卷，叶柄长 1～2（3）厘米，基部有小型羽状分裂的假托叶；上部叶羽状全裂，具短柄或近无柄；苞片叶 3 全裂或不分裂，裂片或不分裂的苞片叶为线状披针形或披针形，先端尖，边反卷。头状花序极多数，椭圆形或长圆形，直径 2～2.5 毫米，有短梗或近无梗，具小苞叶，在分枝的上半部排成密穗状或复穗状花序，并在茎上组成狭长或中等开展，稀为开展的圆锥花序，花后头状花序多下倾；总苞片 3～4 层，外层总苞片略小，卵形或狭卵形，背面密被灰白色或灰黄色蛛丝状柔毛，边缘狭膜质，中层总苞片长卵形，背面疏被蛛丝状柔毛，边缘宽膜质，内层总苞片长圆形或椭圆形，半膜质，背面近无毛，花序托小，凸起；雌花 4～9 朵，花冠狭管状，檐部具 2 裂齿，紫

红色，花柱线形，伸出花冠外，先端 2 叉，叉端尖；两性花 10 ～ 20 朵，花冠管状，檐部紫红色；花药线形，先端附属物尖，长三角形，基部具短尖头，花柱与花冠等长或略长于花冠，先端 2 叉，叉端扁，扇形。瘦果长卵形或倒卵形。花果期 8—10 月。

【生境】 多生于低或中海拔地区的路旁、林缘、山坡、草地、山谷、灌丛等。

【分布】 产于新洲各地。分布于黑龙江、吉林、辽宁、内蒙古、河北、山西、陕西、甘肃、山东、江苏、安徽、江西、河南、湖北、湖南、广东（北部）、广西（北部）、四川、贵州、云南等地。

【药用部位及药材名】 全草（野艾）。

【采收加工】 夏、秋二季采收，鲜用或晒干。

【性味与归经】 苦、辛，温。归脾、肝、肾经。

【功能主治】 理气血，逐寒湿；温经，止血，安胎。用于心腹冷痛，泄泻，久痢，吐衄，月经不调，崩漏，带下，胎动不安，痈疡，疥癣。

【用法用量】 内服：煎汤，3 ～ 9 克；入丸、散或捣汁。外用：捣绒作炷或制成艾条熏灸，捣敷、煎水熏洗或炒热温熨。

278. 蒌蒿 *Artemisia selengensis* Turcz. ex Bess.

【别名】 白蒿（《本草纲目》），间蒿（《救荒本草》），水蒿（《中国植物志》），柳叶蒿（《东北植物检索表》），狭叶艾（《江苏南部种子植物手册》）。

【形态】 多年生草本；植株具清香气味。主根不明显或稍明显，具多数侧根与纤维状须根；根状茎稍粗，直立或斜向上，直径 4 ～ 10 毫米，有匍匐地下茎。茎少数或单一，高 60 ～ 150 厘米，初时绿褐色，后为紫红色，无毛，有明显纵棱，下部通常半木质化，上部有着生头状花序的分枝，枝长 6 ～ 10（12）厘米，稀更长，

斜向上。叶纸质或薄纸质，上面绿色，无毛或近无毛，背面密被灰白色蛛丝状平贴的绵毛；茎下部叶宽卵形或卵形，长8～12厘米，宽6～10厘米，近成掌状或指状，5或3全裂或深裂，稀间有7裂或不分裂的叶，分裂叶的裂片线形或线状披针形，长5～7（8）厘米，宽3～5毫米，不分裂的叶片为长椭圆形、椭圆状披针形或线状披针形，长6～12厘米，宽5～20毫米，先端锐尖，边缘通常具细锯齿，偶有少数短裂齿，叶基部渐狭成柄，叶柄长0.5～2（5）厘米，无假托叶，花期下部叶通常凋谢；中部叶近成掌状，5深裂或为指状3深裂，稀间有不分裂之叶，分裂叶之裂片长椭圆形、椭圆状披针形或线状披针形，长3～5厘米，宽2.5～4毫米，不分裂之叶为椭圆形、长椭圆形或椭圆状披针形，宽可达1.5厘米，先端通常锐尖，叶缘或裂片边缘有锯齿，基部楔形，渐狭

成柄状；上部叶与苞片叶指状3深裂，2裂或不分裂，裂片或不分裂的苞片叶为线状披针形，边缘具疏锯齿。头状花序多数，长圆形或宽卵形，直径2～2.5毫米，近无梗，直立或稍倾斜，在分枝上排成密穗状花序，并在茎上组成狭而伸长的圆锥花序；总苞片3～4层，外层总苞片略短，卵形或近圆形，背面初时疏被灰白色蛛丝状短绵毛，后渐脱落，边狭膜质，中、内层总苞片略长，长卵形或卵状匙形，黄褐色，背面初时微被蛛丝状绵毛，后脱落无毛，边宽膜质或全为半膜质；花序托小，凸起；雌花8～12朵，花冠狭管状，檐部具一浅裂，花柱细长，伸出花冠外甚长，先端长，2叉，叉端尖；两性花10～15朵，花冠管状，花药线形，先端附属物尖，长三角形，基部圆钝或微尖，花柱与花冠近等长，先端微叉开，叉端截形，有毛。瘦果卵形，略扁，上端偶有不对称的花冠着生面。花果期7—10月。

　　【生境】　多生于低海拔地区的河湖岸边与沼泽地，在沼泽化草甸地区常形成小区域植物群落的优势种与主要伴生种；可在水中生长，也可见于湿润的疏林、山坡、路旁、荒地。

　　【分布】　产于新洲各地。分布于黑龙江、吉林、辽宁、内蒙古（南部）、河北、山西、陕西（南部）、甘肃（南部）、山东、江苏、安徽、江西、河南、湖北、湖南、广东（北部）、四川、云南及贵州等地。

　　【药用部位及药材名】　全草（蒌蒿）。

　　【采收加工】　春季采取嫩根苗，鲜用。

　　【性味与归经】　苦、辛，温。

　　【功能主治】　利膈开胃。用于食欲不振。

【用法用量】内服：煎汤，5～10克。

279. 全叶马兰 *Aster pekinensis*

【别名】全叶鸡儿肠（《江苏南部种子植物手册》），全缘叶马兰（《浙江药用植物志》），野粉团花（《中国高等植物图鉴》）。

【形态】多年生草本，有长纺锤状直根。茎直立，高30～70厘米，单生或数个丛生，被细硬毛，中部以上有近直立的帚状分枝。下部叶在花期枯萎；中部叶多而密，条状披针形、倒披针形或矩圆形，长2.5～4厘米，宽0.4～0.6厘米，顶端钝或渐尖，常有小尖头，基部渐狭无柄，全缘，边缘稍反卷；上部叶较小，条形；全部叶下面灰绿色，两面密被粉状短茸毛；中脉在下面凸起。头状花序单生于枝端且排成疏伞房状。总苞半球形，直径7～8毫米，长4毫米；总苞片3层，覆瓦状排列，外层近条形，长1.5毫米，内层矩圆状披针形，长几达4毫米，顶端尖，上部单质，有短粗毛及腺点。舌状花1层，20余个，管部长1毫米，有毛；舌片淡紫色，长11毫米，宽2.5毫米。管状花花冠长3毫米，管部长1毫米，有毛。瘦果倒卵形，长1.8～2毫米，宽1.5毫米，浅褐色，扁，有浅色边肋，或一面有肋而果呈三棱形，上部有短毛及腺。冠毛带褐色，长0.3～0.5毫米，不等长，弱而易脱落。花期6—10月，果期7—11月。

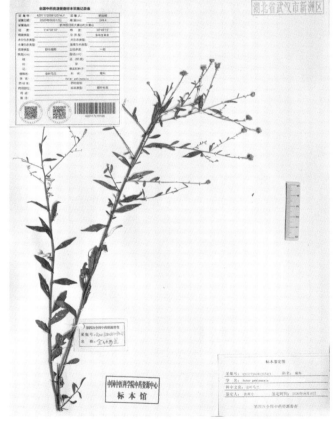

【生境】生于山坡、林缘、灌丛、路旁。

【分布】产于新洲东部山区。广泛分布于四川、陕西南部、湖北、湖南、安徽、浙江、江苏、山东、河南、山西、河北、辽宁、吉林、黑龙江及内蒙古东部等地。

【药用部位及药材名】全草（全叶马兰）。

【采收加工】8—9月采收，洗净，晒干。

【性味与归经】 苦，寒。

【功能主治】 清热解毒，化痰止咳。用于感冒发热，咳嗽，咽炎。

【用法用量】 内服：煎汤，15～30克。

280. 钻叶紫菀 *Aster subulatus* Michx.

【别名】 白菊花、土柴胡、九龙箭（《湖南药物志》）。

【形态】 一年生草本，高（8）20～100（150）厘米。主根圆柱状，向下渐狭，长5～17厘米，粗2～5毫米，具多数侧根和纤维状细根。茎单一，直立，基部粗1～6毫米，自基部或中部或上部具多分枝，茎和分枝具粗棱，光滑无毛，基部或下部或有时整个带紫红色。基生叶在花期凋落；茎生叶多数，叶片披针状线形，极稀狭披针形，长2～10（15）厘米，宽0.2～1.2（2.3）厘米，先端锐尖或急尖，基部渐狭，边缘通常全缘，稀有疏离的小尖头状齿，两面绿色，光滑无毛，中脉在背面凸起，侧脉数对，不明显或有时明显，上部叶渐小，近线形，全部叶无柄。头状花序极多数，直径7～10毫米，于茎和枝先端排列成疏圆锥状花序；花序梗纤细、光滑，具4～8枚钻形、长2～3毫米的苞叶；总苞钟形，直径7～10毫米；总苞片3～4层，外层披针状线形，长2～2.5毫米，内层线形，长5～6毫米，全部总苞片绿色或先端带紫色，先端尖，边缘膜质，光滑无毛。雌花花冠舌状，舌片淡红色、红色、紫红色或紫色，线形，长1.5～2毫米，先端2浅齿，常卷曲，管部极细，长1.5～2毫米；两性花花冠管状，长3～4毫米，冠檐狭钟状筒形，先端5齿裂，冠管细，长1.5～2毫米。瘦果线状长圆形，长1.5～2毫米，稍扁，具边肋，两面各具1肋，疏被白色微毛；冠毛1层，细而软，长3～4毫米。花果期6—10月。

【生境】 生于山坡灌丛、林缘、草坡、沟边、路旁或荒地。

【分布】 产于新洲各地。分布于江苏、浙江、江西、湖北、湖南、四川、贵州等地。

【药用部位及药材名】 全草（瑞连草）。

【采收加工】 8—10月采收，切段，鲜用或晒干。

【性味与归经】 苦、酸，凉。

【功能主治】 解毒，消肿止痛。用于疮疡，乳痈，痛风。

【用法用量】 内服：煎汤，10～30克。外用：适量，捣敷。

281. 三脉紫菀 *Aster trinervius* subsp. *ageratoides*

【别名】 野白菊花（《植物名实图考》），鸡儿肠（《中国植物志》），红管药（《全国中草药汇编》），三脉叶马兰（《中国植物图鉴》）、山白菊（《贵州民间药物》）。

【形态】 多年生草本，根状茎粗壮。茎直立，高40～100厘米，细或粗壮，有棱及沟，被柔毛或粗毛，上部有时曲折，有上升或开展的分枝。下部叶在花期枯落，叶片宽卵圆形，急狭成长柄；中部叶椭圆形或长圆状披针形，长5～15厘米，宽1～5厘米，中部以上急狭成楔形具宽翅的柄，顶端渐尖，边缘有3～7对浅或深锯齿；上部叶渐小，有浅齿或全缘，全部叶纸质，上面被短糙毛，下面浅色被短柔毛常有腺点，或两面被短茸毛而下面沿脉有粗毛，有离基（有时长达7厘米）三出脉，侧脉3～4对，网脉常明显。头状花序直径1.5～2厘米，排列成伞房状或圆锥伞房状，花序梗长0.5～3厘米。总苞倒锥状或半球状，直径4～10毫米，长3～7毫米；总苞片3层，覆瓦状排列，线状长圆形，下部近革质或干膜质，上部绿色或紫褐色，外层长达2毫米，内层长约4毫米，有短缘毛。舌状花十余个，管部长2毫米，舌片线状长圆形，长达11毫米，宽2毫米，紫色、浅红色或白色，管状花黄色，

长 4.5～5.5 毫米，管部长 1.5 毫米，裂片长 1～2 毫米；花柱附片长达 1 毫米。冠毛浅红褐色或污白色，长 3～4 毫米。瘦果倒卵状长圆形，灰褐色，长 2～2.5 毫米，有边肋，一面常有肋，被短粗毛。花果期 7—12 月。

【生境】 生于林下、林缘、灌丛及山谷湿地，海拔 50～3350 米。

【分布】 产于新洲北部、东部丘陵及山区。广泛分布于我国东北部、北部、东部、南部至西部、西南部等地。

【药用部位及药材名】 全草或根（山白菊）。

【采收加工】 7—10 月采收，鲜用或扎把晾干。

【性味与归经】 苦、辛，凉。

【功能主治】 清热解毒，祛痰凉血。用于感冒发热，扁桃体炎，支气管炎，肝炎，肠炎，痢疾，热淋，血热吐衄，痈肿疔毒，蛇虫咬伤。

【用法用量】 内服：煎汤，15～60 克；或捣汁饮。外用：适量，捣敷。

【验方】 ①治支气管炎、扁桃体炎：山白菊一两，水煎服。②治感冒发热：山白菊根、一枝黄花各三钱，水煎服。③治鼻衄：鲜山白菊根、白茅根、万年青根、球子草各三钱，水煎服。④治乳腺炎：山白菊根一两，水煎服。⑤治蕲蛇、蝮蛇咬伤：小槐花鲜根、山白菊鲜根各一两，捣烂绞汁服，另取上药捣烂外敷伤口，每日两次。（《浙江民间常用草药》）

282. 茅苍术 *Atractylodes lancea*（Thunb.）DC.

【别名】 赤术（《名医别录》），茅术、南苍术（《浙江药用植物志》），术（《江苏南部种子植物手册》）。

【形态】 多年生草本，高 30～60 厘米。茎直立或上部少分枝。叶互生，革质，卵状披针形或椭圆形，边缘具刺状齿，上部叶多不裂，无柄；下部叶常 3 裂，有柄或无柄。头状花序顶生，下有羽裂叶状总苞一轮；总苞圆柱形，总苞片 6～8 层；花两性与单性，多异株；两性花有羽状长冠毛；花冠白色，细长管状。瘦果被黄白色毛。花期 8—10 月，果期 9—10 月。

【生境】 适宜生长在丘陵山区，草地、林下、灌丛及岩缝中。各地药圃广有栽培。

【分布】 产于新洲东部山区。主要分布于江苏、湖北和河南等地，江苏茅山地区是茅苍术道地药材的产区。

【药用部位及药材名】 干燥根茎（苍术）。

【采收加工】 春、秋二季采挖，除去泥沙，晒干，撞去须根。

【性味与归经】 辛、苦，温。归脾、胃、肝经。

【功能主治】燥湿健脾，祛风散寒，明目。用于湿阻中焦，脘腹胀满，泄泻，水肿，脚气痿躄，风湿痹痛，风寒感冒，夜盲症，眼目昏涩。

【用法用量】内服：煎汤，3～9克；熬膏或入丸、散。

【验方】①治夜盲症：苍术30克，石决明、夜明砂各15克，猪肝（分2次）100克。将前3味药入500毫升水中，煎成药液200毫升，分早、晚煮肝食用，一般2～6剂显效。②治外阴瘙痒：苍术15克，大青叶15克，土茯苓30克，仙灵脾15克，防风12克，百部30克，水煎，坐浴30分钟，每日1剂，早、晚各1次，10日为1个疗程。③治急性痛风：苍术、黄柏、桂枝、龙胆草、桃仁、红花各10克，威灵仙、茯苓各15克，萆薢12克，水煎服，每日1剂，早、晚各1次，连服7剂。

283. 婆婆针 *Bidens bipinnata* L.

【别名】刺针草、鬼针草（《中国植物志》）。

【形态】一年生草本。茎直立，高30～120厘米，下部略具四棱，无毛或上部被稀疏柔毛，基部直径2～7厘米。叶对生，具柄，柄长2～6厘米，背面微凸或扁平，腹面具沟槽，槽内及边缘具疏柔毛，叶片长5～14厘米，二回羽状分裂，第一次分裂深达中肋，裂片再次羽状分裂，小裂片三角状或菱状披针形，具1～2对缺刻或深裂，顶生裂片狭，先端渐尖，边缘有稀疏不规整的粗齿，两面均被疏柔毛。头状花序直径6～10毫米；花序梗长1～5厘米（果时长2～10厘米）。总苞杯形，基部有柔毛，外层苞片5～7枚，条形，开花时长2.5毫米，果时长达5毫米，草质，先端钝，被稍密的短柔毛，内层苞片膜质，椭圆形，长3.5～4毫米，花后伸长为狭披针形，及果时长6～8毫米，背面褐色，被短柔毛，具黄色边缘；托片狭披针形，长约5毫米，果时长可达12毫米。舌状花通常1～3朵，不育，舌片黄色，椭圆形或倒卵状披针形，长4～5毫米，宽2.5～3.2毫米，先端全缘或具2～3齿，盘花筒状，黄色，长约4.5毫米，冠檐5齿裂。

瘦果条形，略扁，具3～4棱，长12～18毫米，宽约1毫米，具瘤状突起及小刚毛，顶端芒刺3～4枚，很少2枚的，长3～4毫米，具倒刺毛。

【生境】　生于路边荒地、山坡及田间。

【分布】　产于新洲各地。分布于东北、华北、华中、华东、华南、西南等地。

【药用部位及药材名】　全草（鬼针草）。

【采收加工】　8—9月开花盛期收割地上部分，鲜用或晒干。

【性味与归经】　苦，微寒。

【功能主治】　清热解毒，祛风，活血。用于咽喉肿痛，泄泻，痢疾，黄疸，肠痈，疔疮，蛇虫咬伤，风湿痹痛，跌打损伤，烫火伤。

【用法用量】　内服：煎汤，15～30克（鲜品30～60克）；或捣汁。外用：捣敷或煎水熏洗。

【验方】　①治急性胃肠炎：婆婆针30克，大枣3枚，水煎服。②治风湿性关节痛，跌打损伤，咽痛，肠炎，腹泻：婆婆针30克，水煎服。③治痔疮：婆婆针15克，水煎服；另取婆婆针30克，煎汤熏洗患处。

284. 鬼针草 *Bidens pilosa* L.

【别名】　三叶鬼针草、一包针、对叉草、铁包针（《中国植物志》）。

【形态】　一年生草本，茎直立，高30～100厘米，钝四棱形，无毛或上部被极稀疏的柔毛，基部直径可达6毫米。茎下部叶较小，3裂或不分裂，通常在开花前枯萎，中部叶具长1.5～5厘米无翅的柄，三出，小叶3枚，很少为具5～7小叶的羽状复叶，两侧小叶椭圆形或卵状椭圆形，长2～4.5厘米，宽1.5～2.5厘米，先端锐尖，基部近圆形或阔楔形，有时偏斜，不对称，具短柄，边缘有锯齿，顶生小叶较大，长椭圆形或卵状长圆形，长3.5～7厘米，先端渐尖，基部渐狭或近圆形，具长1～2厘米的柄，边缘有锯齿，无毛或被极稀疏的短柔毛，上部叶小，3裂或不分裂，条状披针形。头状花序直径8～9毫米，有长1～6厘米（果时长3～10厘米）的花序梗。总苞基部被短柔毛，苞片7～8枚，条状匙形，上部稍宽，开花时长3～4毫米，果时长至5毫米，草质，边缘疏被短柔毛或几无毛，外层托片披针形，果时长5～6毫米，干膜质，背面褐色，具黄色边缘，内层较狭，

条状披针形。无舌状花，盘花筒状，长约4.5毫米，冠檐5齿裂。瘦果黑色，条形，略扁，具棱，长7～13毫米，宽约1毫米，上部具稀疏瘤状突起及刚毛，顶端芒刺3～4枚，长1.5～2.5毫米，具倒刺毛。

【生境】　生于村旁、路边及荒地中。

【分布】　产于新洲各地。分布于华东、华中、华南、西南各地。

【药用部位及药材名】　全草（鬼针草）。

【采收加工】　8—9月开花盛期收割地上部分，鲜用或晒干。

【性味与归经】　苦，微寒。

【功能主治】　清热解毒，祛风，活血。用于咽喉肿痛，泄泻，痢疾，黄疸，肠痈，疔疮，蛇虫咬伤，风湿痹痛，跌打损伤，烫火伤。

【用法用量】　内服：煎汤，15～30克（鲜品30～60克）；或捣汁。外用：捣敷或煎水熏洗。

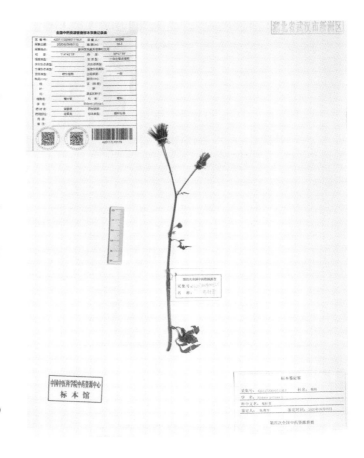

【验方】　①治痢疾：鬼针草柔芽一把，水煎，白痢者配红糖，红痢者配白糖，连服三次。（《泉州本草》）②治黄疸：鬼针草、柞木叶各五钱，青松针一两，水煎服。（《浙江民间草药》）③治肝炎：鬼针草、黄花棉各一两五钱至二两，加水1000毫升，煎至500毫升。一日多次服，服完为止。（《中草药新医疗法处方集》）④治急性肾炎：鬼针草叶五钱（切细），煎汤，和鸡蛋一个，加适量麻油或茶油煮熟食之，每日一次。（《福建中医药》）⑤治偏头痛：鬼针草一两，大枣三枚，水煎温服。（《江西草药》）⑥治跌打损伤：鲜鬼针草一至二两（干品减半），水煎，另加黄酒一两，温服，每日一次，一般连服三次。（《福建民间草药》）⑦治蛇虫咬伤：鲜鬼针草二两，酌加水，煎成半碗，温服；渣捣烂涂贴伤口，每日两次。（《福建民间草药》）

285. 烟管头草 *Carpesium cernuum* L.

【别名】　杓儿菜（《救荒本草》），烟袋草（《中国植物志》），挖耳草（《滇南本草》），倒提壶（《中药形性经验鉴别法》）。

【形态】　多年生草本。茎高50～100厘米，下部密被白色长柔毛及卷曲的短柔毛，基部及叶腋尤密，常成绵毛状，上部被疏柔毛，后渐脱落稀疏，有明显的纵条纹，多分枝。基生叶于开花前凋萎，稀宿存，茎下部叶较大，具长柄，柄长约为叶片的2/3或近等长，下部具狭翅，向叶基渐宽，叶片长椭圆形或匙状长椭圆形，长6～12厘米，宽4～6厘米，先端锐尖或钝，基部长渐狭下延，上面绿色，被稍密的倒伏柔毛，下面淡绿色，被白色长柔毛，沿叶脉较密，在中肋及叶柄上常密集成绒毛状，两面均有腺点，边缘具稍不规整具胼胝尖的锯齿，中部叶椭圆形至长椭圆形，长 8 ～ 11 厘米，宽 3 ～ 4 厘米，先端渐尖或锐尖，基部楔形，具短柄，上部叶渐小，椭圆形至椭圆状披针形，近全缘。头状花序单生于茎端及枝端，开花时下垂；苞叶多枚，大小不等，其中 2 ～ 3 枚较大，椭圆状披针形，长 2 ～ 5 厘米，两端渐狭，

具短柄，密被柔毛及腺点，其余较小，条状披针形或条状匙形，稍长于总苞。总苞壳斗状，直径 1 ～ 2 厘米，长 7 ～ 8 毫米；苞片 4 层，外层苞片叶状，披针形，与内层苞片等长或稍长，草质或基部干膜质，密被长柔毛，先端钝，通常反折，中层及内层干膜质，狭矩圆形至条形，先端钝，有不规整的微齿。雌花狭筒状，长约 1.5 毫米，中部较宽，两端稍收缩，两性花筒状，向上增宽，冠檐 5 齿裂。瘦果长 4 ～ 4.5 毫米。

【生境】 生于路边荒地及山坡、沟边等处。

【分布】 产于新洲北部、东部丘陵及山区。分布于东北、华北、华中、华东、华南、西南各省及西北陕西、甘肃等地。

【药用部位及药材名】 全草（杓儿菜）。

【采收加工】 秋季初开花时采收，鲜用或切段晒干。

【性味与归经】 苦、辛，寒。

【功能主治】 清热解毒，消肿止痛。用于感冒发热，高热惊风，咽喉肿痛，疟腮，牙痛，尿路感染，淋巴结结核，疮疡疔肿，乳腺炎，蛇咬伤。

【用法用量】 内服：煎汤，6 ～ 15 克（鲜品 15 ～ 30 克）；或鲜品捣汁。外用：适量，鲜品捣敷；煎水含漱或洗。

286. 鹅不食草 *Centipeda minima*（L.）A. Br. et Aschers.

【别名】 石胡荽（《中国植物志》），野园荽（《濒湖集简方》），鸡肠草（《本草纲目》），鹅不食（《生草药性备要》）。

【形态】 一年生草本。茎枝铺散或匍匐状，长 6 ～ 20 厘米，直径 2 ～ 3 毫米，基部多分枝，有细沟纹，无毛或被疏粗毛，节间长约 1 厘米。叶无柄或有长 5 ～ 7 毫米的短柄，叶片倒卵形或倒卵状长圆形，长 1.5 ～ 3 厘米，宽 5 ～ 11 毫米，基部长渐狭，顶端钝，稀有短尖，边缘有不规则

的粗锯齿，无毛或被疏柔毛，中脉在上面明显，在下面略凸起，侧脉2～3对，极细弱，网脉不明显。头状花序多数，扁球形，直径约5毫米，无或有短花序梗，侧生、单生或双生；总苞半球形，直径5～6毫米，长约3毫米；总苞片4层，绿色，干膜质，无毛；外层卵圆形，长1.5毫米，顶端浑圆，内层倒卵形至倒卵状长圆形，长约2毫米，顶端钝或略尖；花托稍凸，无毛。雌花多数，长约1毫米，檐部3齿裂，有疏腺点。两性花约20朵，长约2毫米，花冠圆筒形，檐部4裂，裂片三角形，顶端略钝，有腺点；雄蕊4个。瘦果近圆柱形，有10条棱，长约1毫米，有疣状突起，顶端截形，基部常收缩，且被疏短柔毛。无冠毛。花果期6—10月。

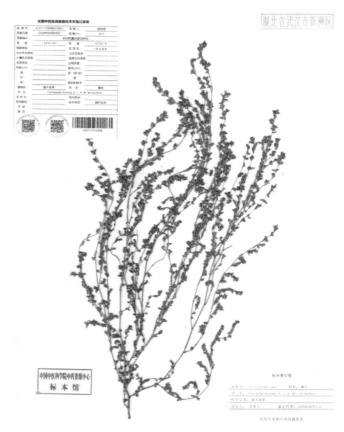

【生境】　生于路旁荒野、田埂及阴湿草地上。喜温暖湿润环境，适宜沙壤土栽培。

【分布】　产于新洲各地。分布于华北、东北、华中、华东、华南、西南等地。

【药用部位及药材名】　干燥全草（鹅不食草）。

【采收加工】　夏、秋二季花开时采收，洗去泥沙，晒干。

【性味与归经】　辛，温。归肺经。

【功能主治】　发散风寒，通鼻窍，止咳。用于风寒头痛，咳嗽痰多，鼻塞不通，鼻渊。

【用法用量】　内服：煎汤，6～9克。外用：适量，捣敷。

【验方】　①治伤风头痛，鼻塞，目翳：鹅不食草搓揉，嗅其气，即打喷嚏，每日两次。（《贵阳民间药草》）②治脑漏：鲜石胡荽捣烂，塞鼻孔内。（《浙江民间草药》）③治单双喉蛾：鹅不食草一两，糯米一两。将鹅不食草捣烂，取汁浸糯米磨浆，给患者徐徐含咽。（《广西民间常用草药》）④治胬肉攀睛：鲜鹅不食草二两，捣烂，取汁煮沸澄清，加梅片一分调匀，点入眼内。（《广西民间常用草药》）⑤治疳积腹泻：鲜石胡荽三钱，水煎服。（《湖南药物志》）⑥治痧证腹痛：球子草（即鹅不食草）花序捣碎，以鼻闻之，使打喷嚏。（《浙江民间草药》）

287. 野菊 *Chrysanthemum indicum* L.

【别名】　苦薏（《本草经集注》），野山菊（《植物名实图考》），路边菊（《岭南采药录》），野黄菊（《江苏省植物药材志》），黄菊仔（《中国药用植物志》）。

【形态】　多年生草本，高0.25～1米，有地下长或短匍匐茎。茎直立或铺散，分枝或仅在茎顶有伞房状花序分枝。茎枝被稀疏的毛，上部及花序枝上的毛稍多或较多。基生叶和下部叶花期脱落。中部茎叶卵形、长卵形或椭圆状卵形，长 3～7（10）厘米，宽 2～4（7）厘米，羽状半裂、浅裂或分裂不明显而边缘有浅锯齿。基部截形或稍心形或宽楔形，叶柄长 1～2 厘米，柄基无耳或有分裂的叶耳。两面同色或几同色，淡绿色，或干后两面成橄榄绿，有稀疏的短柔毛，或下面的毛稍多。头状花序直径 1.5～2.5 厘米，多数在茎枝顶端排成疏松的伞房圆锥花序或少数在茎顶排成伞房花序。总苞片约 5 层，外层卵形或卵状三角形，长 2.5～3 毫米，中层卵形，内层长椭圆形，长 11 毫米。全部苞片边缘白色或褐色宽膜质，顶端钝或圆。舌状花黄色，舌片长 10～13 毫米，顶端全缘或 2～3 齿。瘦果长 1.5～1.8 毫米。花期 6—11 月。

【生境】 生于山坡草地、灌丛、河边水湿地、田边及路旁。

【分布】 产于新洲各地，亦有栽培。广布于东北、华北、华中、华南及西南各地。

【药用部位及药材名】 干燥头状花序（野菊花）；根或全草（野菊）。

【采收加工】 秋、冬二季花初开放时采摘，晒干，或蒸后晒干。

【性味与归经】 野菊花：苦、辛，微寒。归肝、心经。野菊：苦、辛，寒。

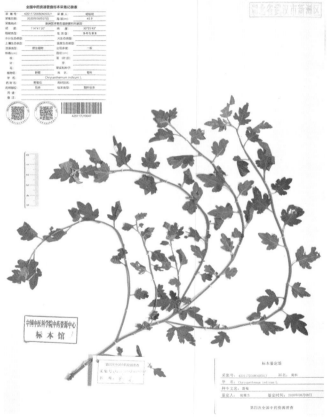

【功能主治】 野菊花：清热解毒，泻火平肝。用于疔疮痈肿，目赤肿痛，头痛眩晕。野菊：清热解毒。用于痈肿，疔疮，目赤，瘰疬，天疱疮，湿疹。

【用法用量】 野菊花：内服，煎汤，9～15 克。外用适量，煎汤外洗或制膏外涂。野菊：内服，煎汤，6～12 钱（鲜品 30～60 克）；或捣汁。外用，捣敷或煎水洗，或塞鼻。

【验方】 ①治疔疮：野菊花和黄糖捣烂贴患处。如生于发际，加梅片、生地龙同敷。（《岭南草药志》）②治痈疽脓疡：野菊花一两六钱，蒲公英一两六钱，紫花地丁一两，连翘一两，石斛一两，水煎，一日三回分服。③治皮肤湿疮溃烂：野菊花或茎叶煎浓汤洗涤，并以药棉或纱布浸药汤掩敷，一日数回。④治胃肠炎，肠鸣泄泻腹痛：干野菊花三四钱，煎汤，一日二三回内服。（《本草推陈》）⑤治大、小叶性肺炎，支气管炎，阑尾炎及一般急性炎症疾病：野菊花一两，一点红五钱，金银花藤叶一两，积雪草五钱，犁头草五钱，白茅根五钱，水煎服，每日一至二剂。⑥治尿路感染：野菊花一两，海金沙一两，水煎服，每日两剂。⑦治瘰疬疮肿不破者：野菊花根，捣烂煎酒服之，仍将煎过野菊花根为末敷贴。（《瑞竹堂经验方》）⑧治妇人乳痈：路边菊叶加黄糖捣烂，敷患处。（《岭南草药志》）⑨治蜈蚣咬伤：野菊花根，研末或捣烂敷伤口周围。（《岭南草药志》）

288. 菊 *Chrysanthemum morifolium* Ramat.

【别名】 小白菊、小汤黄、杭白菊、滁菊、白菊花（《中国植物志》）。

【形态】 多年生草本，高 60 ～ 150厘米。茎直立，分枝或不分枝，被柔毛。叶卵形至披针形，长 5 ～ 15 厘米，羽状浅裂或半裂，有短柄，叶下面被白色短柔毛。头状花序直径 2.5 ～ 20 厘米，大小不一。总苞片多层，外层外面被柔毛。舌状花颜色各种。管状花黄色。

【生境】 菊的适应性强，对气候和土壤条件要求不严，我国各地均有栽培，在微酸性、微碱性土壤中都能生长。

【分布】 产于新洲各地，均系栽培。品种遍布中国各城镇与农村，多系栽培。

【药用部位及药材名】 干燥头状花序（菊花）。

【采收加工】 9—11 月花盛开时分批采收，阴干或焙干，或熏、蒸后晒干。

【性味与归经】 甘、苦，微寒。归肺、肝经。

【功能主治】 散风清热，平肝明目，清热解毒。用于风热感冒，头痛眩晕，目赤肿痛，视物昏花，疮痈肿毒。

【用法用量】 内服：煎汤，5 ～ 9 克。

【验方】 ①治风热头痛：菊花、石膏、川芎各三钱，为末。每服一钱半，茶调下。（《简便单方》）②治小儿痄子、疮肿：菊花 6 克，金银花 6 克，水煎取液，内服外洗。③治口腔溃疡：菊花叶 5 ～ 7 片，捣烂绞汁，加冰片末 0.3～0.6 克，拌匀，用棉花蘸药涂于患处。④治眼目赤肿，昏暗羞明：菊花 50 克，木贼 20 克，蝉蜕 20 克，白蒺藜 50 克，共研为细末。每次 9 克，每日 3 次。⑤治牙龈炎：鲜菊花叶一把，捣细，绞汁，加水代茶饮用；或用菊花叶一把，糖 30 克，捣碎抹于红肿疼痛处。⑥治肝阳上亢之头痛目胀、心烦易怒：菊花 3 克，槐花 3 克，绿茶 3 克，放入杯中，用沸水冲泡，代茶饮，每日数次。⑦治高血压：菊花 25 克，葛粉 25 克，蜂蜜适量。将菊花焙干研末，葛粉加水熬成糊状，加入菊花末和蜂蜜，可经常服用。

289. 蓟 *Cirsium japonicum* Fisch. ex DC.

【别名】虎蓟（《本草经集注》），刺蓟（《日华子本草》），鸡项草（《本草图经》），野红花（《本草纲目》），刺萝卜（《民间常用草药汇编》）。

【形态】多年生草本，块根纺锤状或萝卜状，直径达 7 毫米。茎直立，30（100）～80（150）厘米，分枝或不分枝，全部茎枝有条棱，被稠密或稀疏的多细胞长节毛，接头状花序下部灰白色，被稠密茸毛及多细胞节毛。基生叶较大，全形卵形、长倒卵形、椭圆形或长椭圆形，长 8～20 厘米，宽 2.5～8 厘米，羽状深裂或几全裂，基部渐狭成短或长翼柄，翼柄边缘有针刺及刺齿；侧裂片 6～12 对，中部侧裂片较大，

向下及向下的侧裂片渐小，全部侧裂片排列稀疏或紧密，卵状披针形、半椭圆形、斜三角形、长三角形或三角状披针形，宽狭变化极大，或宽达 3 厘米，或狭至 0.5 厘米，边缘有稀疏大小不等小锯齿，或锯齿较大而使整个叶片呈现较为明显的二回分裂状态，齿顶针刺长可达 6 毫米，短可至 2 毫米，齿缘针刺小而密或几无针刺；顶裂片披针形或长三角形。自基部向上的叶渐小，与基生叶同型并等样分裂，但无柄，基部扩大半抱茎。全部茎叶两面同色，绿色，两面沿脉有稀疏的多细胞长或短节毛或几无毛。头状花序直立，少有下垂的，少数生于茎端而花序极短，不呈明显的花序式排列，少有头状花序单生于茎端的。总苞钟状，直径 3 厘米。总苞片约 6 层，覆瓦状排列，向内层渐长，外层与中层卵状三角形至长三角形，长 0.8～1.3 厘米，宽 3～3.5 毫米，顶端长渐尖，有长 1～2 毫米的针刺；内层披针形或线状披针形，长 1.5～2 厘米，宽 2～3 毫米，顶端渐尖成软针刺状。全部苞片外面有微糙毛并沿中肋有黏腺。瘦果压扁，偏斜楔状倒披针形，长 4 毫米，宽 2.5 毫米，顶端斜截形。小花红色或紫色，长 2.1 厘米，檐部长 1.2 厘米，不等 5 浅裂，细管部长 9 毫米。冠毛浅褐色，多层，基部连合成环，整体脱落；冠毛刚毛长羽毛状，长达 2 厘米，内层向顶端纺锤状扩大或渐细。花果期 4—11 月。

【生境】生于山坡林中、林缘、灌丛中、草地、荒地、田间、路旁或溪旁。

【分布】产于新洲各地。分布于浙江、江西、湖南、湖北、四川、贵州、云南、广西、广东、福建和台湾等地。

【药用部位及药材名】干燥地上部分或根（大蓟）。

【采收加工】 夏、秋二季花开时采割地上部分，除去杂质，晒干。

【性味与归经】 甘、苦，凉。归心、肝经。

【功能主治】 凉血止血，散瘀解毒消痈。用于衄血，吐血，尿血，便血，崩漏，外伤出血，痈肿疮毒。

【用法用量】 内服：煎汤，5～15克（鲜品30～60克）；捣汁或研末。外用：捣敷或捣汁涂。

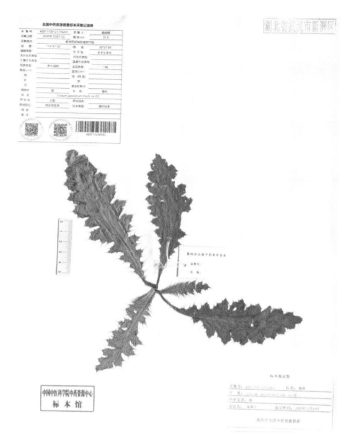

【验方】 ①治肺热咯血：大蓟鲜根一两，洗净后杵碎，酌加冰糖半两，和水煎成半碗，温服，每日两次。（《福建民间草药》）②治热结血淋：大蓟鲜根一至三两，洗净捣碎，酌冲开水炖一小时，饭前服，每日三次。（《福建民间草药》）③治妇人红崩下血，带下：大蓟五钱，土艾叶三钱，白鸡冠花子二钱，木耳二钱，炒黄柏五钱（如带下，则不用黄柏），引水酒煨服。（《滇南本草》）④治肠痈、内疽诸证：大蓟根叶、地榆、牛膝、金银花捣汁，和热酒服。如无生鲜，以干叶煎饮亦可。（《本草汇言》）⑤治肺痈：鲜大蓟四两，煎汤，早、晚饭后服。（《闽东本草》）⑥治疔疖疮疡，灼热赤肿：大蓟鲜根和冬蜜捣匀贴患处，日换两次。（《福建民间草药》）

290. 刺儿菜 *Cirsium setosum*（Willd.）MB.

【别名】 猫蓟（《本草经集注》），青刺蓟、千针草（《本草图经》），刺蓟菜（《救荒本草》），小蓟（《中国植物志》）。

【形态】 多年生草本。茎直立，高30～80（100～120）厘米，基部直径3～5毫米，有时可达1厘米，上部有分枝，花序分枝无毛或有薄茸毛。基生叶和中部茎叶椭圆形、长椭圆形或椭圆状倒披针形，顶端钝或圆形，基部楔形，有时有极短的叶柄，通常无叶柄，长7～15厘米，宽1.5～10厘米，上部茎叶渐小，椭圆形或披针形或线状披针形，或全部茎叶不分裂，叶缘有细密的针刺，针刺紧贴叶缘。或叶

缘有刺齿,齿顶针刺大小不等,针刺长达3.5毫米，或大部茎叶羽状浅裂或半裂或边缘具粗大圆锯齿，裂片或锯齿斜三角形，顶端钝，齿顶及裂片顶端有较长的针刺，齿缘及裂片边缘的针刺较短且贴伏。全部茎叶两面同色，绿色或下面色淡，两面无毛，极少两面异色，上面绿色，无毛，下面被稀疏或稠密的茸毛而呈现灰色的，亦极少两面同色，灰绿色，两面被薄茸毛。头状花序单生于茎端，或植株含少数或多数头状花序在茎枝顶端排成伞房花序。总苞卵形、长卵形或卵圆形，直径 1.5 ～ 2 厘米。总苞片约 6 层，覆瓦状排列，向内层渐长，外层与中层宽 1.5 ～ 2 毫米，包括顶端针刺长 5 ～ 8 毫米；内层及最内层长椭圆形至线形，长 1.1 ～ 2 厘米，宽 1 ～ 1.8 毫米；中外层苞片顶端有长不足 0.5 毫米的短针刺，内层及最内层渐尖，膜质，短针刺。小花紫红色或白色，雌花花冠长 2.4 厘米，檐部长 6 毫米，细管部细丝状，长 18 毫米，

两性花花冠长 1.8 厘米，檐部长 6 毫米，细管部细丝状，长 1.2 毫米。瘦果淡黄色，椭圆形或偏斜椭圆形，压扁，长 3 毫米，宽 1.5 毫米，顶端斜截形。冠毛污白色，多层，整体脱落；冠毛刚毛长羽毛状，长 3.5 厘米，顶端渐细。花果期 5—9 月。

【生境】　生于山坡、河旁或荒地、田间。

【分布】　产于新洲各地。除西藏、云南、广东、广西外，几遍全国各地。分布于平原、丘陵和山地。

【药用部位及药材名】　干燥地上部分或根（小蓟）。

【采收加工】　夏、秋二季花开时采割，除去杂质，晒干。

【性味与归经】　甘、苦，凉。归心、肝经。

【功能主治】　凉血止血，散瘀解毒消痈。用于衄血，吐血，尿血，血淋，便血，崩漏，外伤出血，痈肿疮毒。

【用法用量】　内服：煎汤，5 ～ 10 克；鲜品可用 30 ～ 60 克，或捣汁。外用：适量，捣敷。

【验方】　①治尿血：小蓟 15 克，生地黄 10 克，栀子 10 克（炒焦），滑石 15 克，蒲黄 6 克（炒），水煎服。②治乳痈：鲜小蓟适量，蜜糖少许，共捣烂敷患处。③治月经不调：小蓟花 15 克，月季花 12 克，水煎去渣，加米酒适量服。④治吐血：小蓟 10 克，大蓟 10 克，仙鹤草 15 克，栀子 15 克（炒焦），侧柏叶 10 克，水煎服。⑤治尿血、小便不利：鲜小蓟根 30 克，海金沙藤 20 克，水煎服，每日 1 剂，连服 3 ～ 5 日。

291. 野茼蒿 *Crassocephalum crepidioides*（Benth.）S. Moore

【别名】 冬风菜（《广西药用植物名录》），假茼蒿（《南宁市药物志》），飞机菜（《常用中草药手册》广州部队后勤卫生部编），满天飞（《全国中草药汇编》）。

【形态】直立草本，高 20～120 厘米，茎有纵条棱，无毛叶膜质，椭圆形或长圆状椭圆形，长 7～12 厘米，宽 4～5 厘米，顶端渐尖，基部楔形，边缘有不规则锯齿或重锯齿，或有时基部羽状裂，两面无或近无毛；叶柄长 2～2.5 厘米。头状花序数个在茎端排成伞房状，直径约 3 厘米，总苞钟状，长 1～1.2 厘米，基部截形，有数枚不等长的线形小苞片；总苞片 1 层，线状披针形，等长，宽约 1.5 毫米，具狭膜质边缘，顶端有簇状毛，小花全部管状，两性，花冠红褐色或橙红色，檐部 5 齿裂，花柱基部呈小球状，分枝，顶端尖，被乳头状毛。瘦果狭圆柱形，赤红色，有肋，被毛；冠毛极多数，白色，绢毛状，易脱落。花期 7—12 月。

【生境】 山坡路旁、水边、灌丛中常见，海拔 300～1800 米。

【分布】 产于新洲北部、东部丘陵及山区。分布于江西、福建、湖南、湖北、广东、广西、贵州、云南、四川、西藏等地。

【药用部位及药材名】 全草（野木耳菜）。

【采收加工】 6—7 月采收，鲜用或晒干。

【性味与归经】 微苦、辛，平。

【功能主治】 清热解毒，调和脾胃。用于感冒，腹泻，痢疾，口腔炎，乳腺炎，消化不良。

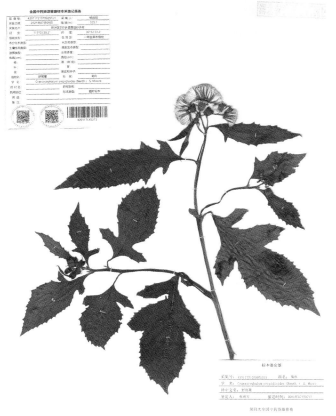

【用法用量】内服：煎汤，30～60克；或绞汁。外用：适量，捣敷。

292. 鳢肠 *Eclipta prostrata*（L.）L.

【别名】金陵草（《千金方》），莲子草（《新修本草》），旱莲草（《本草图经》），白旱莲（《履巉岩本草》），墨汁草（《江西民间草药验方》）。

【形态】一年生草本。茎直立，斜升或平卧，高达60厘米，通常自基部分枝，被贴生糙毛。叶长圆状披针形或披针形，无柄或有极短的柄，长3～10厘米，宽0.5～2.5厘米，顶端尖或渐尖，边缘有细锯齿或有时仅波状，两面被密硬糙毛。头状花序直径6～8毫米，有长2～4厘米的细花序梗；总苞球状钟形，总苞片绿色，草质，5～6个排成2层，长圆形或长圆状披针形，外层较内层稍短，背面及边缘被白色短伏毛；外围的雌花2层，舌状，长2～3毫米，舌片短，顶端2浅裂或全缘，中央的两性花多数，花冠管状，白色，长约1.5毫米，顶端4齿裂；花柱分枝钝，有乳头状突起；花托凸，有披针形或线形的托片。托片中部以上有微毛；瘦果暗褐色，长2.8毫米，雌花的瘦果三棱形，两性花的瘦果扁四棱形，顶端截形，具1～3个细齿，基部稍缩小，边缘具白色的肋，表面有小瘤状突起，无毛。花期6—9月。

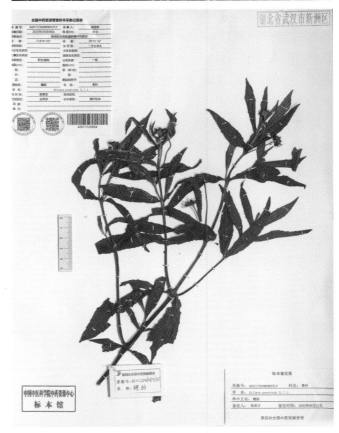

【生境】生于河边、田边或路旁。

【分布】产于新洲各地。分布于全国各地。

【药用部位及药材名】干燥地上部分（墨旱莲）。

【采收加工】花开时采割，晒干。

【性味与归经】甘、酸，寒。归肾、肝经。

【功能主治】滋补肝肾，凉血止血。用于肝肾阴虚，牙齿松动，须发早白，眩晕耳鸣，腰膝酸软，阴虚血热吐血、衄血、尿血，血痢，崩漏下血，外伤出血。

【用法用量】内服：煎汤，6～12克。外用：鲜品适量，捣敷。

【验方】①治吐血：鲜旱莲草四两，捣烂冲童便服；或加生柏叶同用尤效。（《岭南采药录》）②治咳嗽咯血：鲜旱莲草二两，捣绞汁，开水冲服。（《江西民间草药验方》）③治鼻衄：鲜旱莲草一握，洗净后捣烂绞汁，每次取五酒杯炖热，饭后温服，每日两次。（《福建民间草药》）④治热痢：旱莲草一两，水煎服。（《湖南药物志》）⑤治刀伤出血：鲜旱莲草捣烂，敷伤处；干者研末，撒伤处。（《湖南药物志》）⑥补腰膝，壮筋骨，强肾阴，乌髭发：冬青子（即女贞子，冬至日采）不拘多少，阴干，蜜、酒拌蒸，过一夜，粗袋擦去皮，晒干为末，瓦瓶收贮，旱莲草（夏至日采）不拘多少，捣汁熬膏，和前药为丸。临卧酒服。（《医方集解》二至丸）⑦治妇女阴道痒：旱莲草四两，水煎服；或另加钩藤根少许，煎汁，加白矾少许外洗。（《重庆草药》）

293. 一年蓬 *Erigeron annuus*（L.）Pers.

【别名】治疟草、千层塔（《中国植物志》），野蒿（《中国药用植物志》），千张草（《浙江民间常用草药》）。

【形态】一年生或二年生草本，茎粗壮，高30～100厘米，基部直径6毫米，直立，上部有分枝，绿色，下部被开展的长硬毛，上部被较密的上弯的短硬毛。基部叶花期枯萎，长圆形或宽卵形，少有近圆形，长4～17厘米，宽1.5～4厘米，或更宽，顶端尖或钝，基部狭成具翅的长柄，边缘具粗齿，下部叶与基部叶同型，但叶柄较短，中部和上部叶较小，长圆状披针形或披针形，长1～9厘米，宽0.5～2厘米，顶端尖，具短柄或无柄，边缘有不规则的齿或近全缘，最上部叶线形，全部叶边缘被短硬毛，两面被疏短硬毛，或有时近无毛。头状花序数个或多数，排列成疏圆锥花序，长6～8毫米，宽10～15毫米，总苞半球形，总苞片3层，草质，披针形，长3～5毫米，宽0.5～1毫米，近等长或外层稍短，淡绿色或多少褐色，背面密被腺毛和疏长节毛；外围的雌花舌状，2层，长6～8毫米，管部长1～1.5毫米，上部被疏微毛，舌片平展，白色，或有时淡天蓝色，线形，宽0.6毫米，顶端具2小齿，花柱分枝线形；中央的两性花管状，黄色，管部长约0.5毫米，檐部近倒锥形，裂片无毛；瘦果披针形，长约1.2毫米，扁压，被疏贴柔毛；冠毛异形，雌花的冠毛极短，膜片状连成小冠，两性花的冠毛2层，外层鳞片状，内层为10～15条长约2毫米的刚毛。花期6—9月。

【生境】常生于路边旷野或山坡荒地。

【分布】产于新洲各地。广泛分布于吉林、河北、河南、山东、江苏、安徽、江西、福建、湖南、湖北、四川和西藏等地。

【药用部位及药材名】全草（一年蓬）。

【采收加工】5—8月采收，鲜用或晒干。

【性味与归经】甘、苦，凉。

【功能主治】解毒，止血，消食，截疟。用于淋巴结炎，牙龈炎，毒蛇咬伤，尿血，消化不良，肠胃炎，疟疾。

【用法用量】内服：煎汤，30～60克。

【验方】①治消化不良：一年蓬五至六

钱，水煎服。②治肠胃炎：一年蓬二两，鱼腥草、龙芽草各一两。水煎，冲蜜糖服，早、晚各一次。③治淋巴结炎：一年蓬基生叶三至四两，加黄酒一至二两，水煎服。④治尿血：一年蓬鲜全草或根一两，加蜜糖和水适量煎服，连服三日。（《浙江民间常用草药》）

294. 林泽兰 *Eupatorium lindleyanum* DC.

【别名】 尖佩兰（《中国药用植物志》），白鼓钉（《江苏南部种子植物手册》），化食草（《杭州药用植物志》），毛泽兰（《内蒙古植物志》）。

【形态】 多年生草本，高 30～150 厘米。根茎短，有多数细根。茎直立，下部及中部红色或淡紫红色，基部直径达 2 厘米，常自基部分枝或不分枝而上部仅有伞房状花序分枝；全部茎枝被稠密的白色长或短柔毛。下部茎叶花期脱落；中部茎叶长椭圆状披针形或线状披针形，长 3～12 厘米，宽 0.5～3 厘米，不分裂或三全裂，质厚，基部楔形，顶端急尖，两面粗糙，被白色长或短粗毛及黄色腺点，上面及沿脉的毛密；自中部向上与向下的叶渐小，与中部茎叶同型同质；全部茎叶基出三脉，边缘有深或浅齿，无柄或几乎无柄。头状花序多数在茎顶或枝端排成紧密的伞房花序，花序直径 2.5～6 厘米，或排成大型的复伞房花序，花序直径达 20 厘米；花序枝及花梗紫红色或绿色，被白色密集的短柔毛。总苞钟状，含 5 个小花；总苞片覆瓦状排列，约 3 层；外层苞片短，长 1～2 毫米，披针形或宽披针形，中层及内层苞片渐长，长 5～6 毫米，长椭圆形或长椭圆状披针形；全部苞片绿色或紫红色，顶端急尖。花白色、粉红色或淡紫红色，花冠长 4.5 毫米，外面散生黄色腺点。瘦果黑褐色，长 3 毫米，椭圆状，5 棱，散生黄色腺点；冠毛白色，与花冠等长或稍长。花果期 5—12 月。

【生境】 生于山谷阴湿地、林下湿地或草原上，海拔 200～2600 米。

【分布】 产于新洲东部山区。除新疆未见记录外，遍布于全国各地。

【药用部位及药材名】 全草（野马追）。

【采收加工】 9—10 月采收，晒干。

【性味与归经】 苦，平。

【功能主治】 清肺止咳，化痰平喘。用于支气管炎，咳喘痰多。

【用法用量】 内服：煎汤，30 ～ 60 克。

295. 菊三七 *Gynura japonica*（Thunb.）Juel.

【别名】 见肿消（《本草纲目拾遗》），土三七（《中国植物志》），菊叶三七（《全国中草药汇编》），三七草（《湖南药物志》）。

【形态】 高大多年生草本，高 60 ～ 150 厘米，或更高。根粗大成块状，直径 3 ～ 4 厘米，有多数纤维状根茎直立，中空，基部木质，直径达 15 毫米，有明显的沟棱，幼时被卷柔毛，后变无毛，多分枝，小枝斜升。基部叶在花期常枯萎。基部和下部叶较小，椭圆形，不分裂至大头羽状，顶裂片大，中部叶大，具长或短柄，叶柄基部有圆形、具齿或羽状裂的叶耳，多少抱茎；叶片椭圆形或长圆状椭圆形，长 10 ～ 30 厘米，宽 8 ～ 15 厘米，羽状深裂，顶裂片大，倒卵形、长圆形至长圆状披针形，侧生裂片（2）3 ～ 6 对，椭圆形、长圆形至长圆状线形，长 1.5 ～ 5 厘米，宽 0.5 ～ 2（2.5）厘米，顶端尖或渐尖，边缘有大小不等的粗齿或锐锯齿、缺刻，稀全缘。上面绿色，下面绿色或变紫色，两面被贴生短毛或近无毛。上部叶较小，羽状分裂，渐变成苞叶。头状花序多数，直径 1.5 ～ 1.8 厘米，花茎枝端排成伞房状圆锥花序；每一花序枝有 3 ～ 8 个头状花序；花序梗细，长 1 ～ 3（6）厘米，被短柔毛，有 1 ～ 3 线形的苞片；总苞狭钟状或钟状，长 10 ～ 15 毫米，宽 8 ～ 15 毫米，基部有 9 ～ 11 线形小苞片；总苞

片 1 层，13 个，线状披针形，长 10 ～ 15 毫米，宽 1 ～ 1.5 毫米，顶端渐尖，边缘干膜质，背面无毛或被疏毛。小花 50 ～ 100 个，花冠黄色或橙黄色，长 13 ～ 15 毫米，管部细，长 10 ～ 12 毫米，上部扩大，裂片卵形，顶端尖；花药基部钝；花柱分枝有钻形附器，被乳头状毛。瘦果圆柱形，棕褐色，长 4 ～ 5 毫米，具 10 肋，肋间被微毛。冠毛丰富，白色，绢毛状，易脱落。花果期 8—10 月。

【生境】　常生于山谷、山坡草地、林下或林缘。

【分布】　产于新洲东部山区。分布于四川、云南、贵州、湖北、陕西、安徽、浙江、江西、福建、台湾、广西等地。

【药用部位及药材名】　根或全草（土三七）。

【采收加工】　7—8 月生长茂盛时采，或随用随采。

【性味与归经】　甘、微苦，温。

【功能主治】　止血，散瘀，消肿止痛，清热解毒。用于跌打肿痛，外伤出血，瘀血吐血，衄血，咯血，便血，崩漏，痛经，产后瘀滞腹痛，风湿痛，疔疮痈疽，虫蛇咬伤。

【用法用量】　内服：煎汤，根 3 ～ 15 克；或研末，1.5 ～ 3 克；全草或叶 10 ～ 30 克。外用：适量，鲜品捣敷；或研末敷。

296. 向日葵 *Helianthus annuus* L.

【别名】　丈菊（《植物名实图考》），太阳花、草天葵（《中药大辞典》），望日葵、朝阳花（《全国中草药汇编》）。

【形态】　一年生高大草本。茎直立，高 1 ～ 3 米，粗壮，被白色粗硬毛，不分枝或有时上部分枝。叶互生，心状卵圆形或卵圆形，顶端急尖或渐尖，有三基出脉，边缘有粗锯齿，两面被短糙毛，有长柄。头状花序极大，直径 10 ～ 30 厘米，单生于茎端或枝端，常下倾。总苞片多层，叶质，覆瓦状排列，卵形至卵状披针形，顶端尾状渐尖，被长硬毛或纤毛。花托平或稍凸，有半膜质托片。舌状花多数，黄色，

舌片开展，长圆状卵形或长圆形，不结实。管状花极多数，棕色或紫色，有披针形裂片，结实。瘦果倒卵形或卵状长圆形，稍扁压，长 10 ～ 15 毫米，有细肋，常被白色短柔毛，上端有 2 个膜片状早落的冠毛。花期 7—9 月，果期 8—9 月。

【生境】　田地栽培。

【分布】　产于新洲各地，均系栽培。原分布于北美，现我国各地均有栽培。

【药用部位及药材名】　果实（向日葵子）；叶（向日葵叶）；花（向日葵花）；根（向日葵根）。

【采收加工】　果实（向日葵子）：9—11 月果实成熟后，割取花盘，晒干，打下果实，再晒干。叶（向日葵叶）：5—9 月采收，鲜用或晒干。花（向日葵花）：6—7 月开花时采摘，鲜用或晒干。根（向日葵根）：

7—10 月采挖，鲜用或晒干。

【性味与归经】向日葵子：甘，平。向日葵叶：甘、微苦，平。向日葵花：微甘，平。向日葵根：甘、淡，微寒。归胃、膀胱经。

【功能主治】向日葵子：透疹，止痢，透痈脓。用于疹发不透，血痢，慢性骨髓炎。向日葵叶：降压，截疟，解毒。用于高血压，疟疾，疔疮。向日葵花：用于肝肾虚头晕。向日葵根：清热利湿，行气止痛。用于淋浊，水肿，疝气，脘腹胀痛，带下，跌打损伤。

【用法用量】向日葵子：内服，煎汤，15～30克。外用，捣敷或榨油涂。向日葵叶：内服，煎汤，25～30克，鲜品加量。外用，适量，捣敷。向日葵花：内服，煎汤，15～30克。向日葵根：内服，煎汤，鲜品15～30克；或研末。外用，捣敷。

【验方】①治胃脘滞痛：向日葵根、芫荽子、小茴香，煎汤服。（《四川中药志》）②治二便不通：鲜向日葵根捣绞汁，调蜜服，每次五钱至一两。（《泉州本草》）③治淋病阴茎涩痛：鲜向日葵根一两，水煎数沸（不要久煎）服。（《草药手册》）④治血痢：向日葵子一两，开水炖一小时，加冰糖服。（《福建民间草药》）⑤治高血压：向日葵叶一两（鲜品二两），土牛膝一两（鲜品加倍），水煎服。（《草药手册》）⑥治肝肾虚头晕：鲜向日葵花30克，炖鸡服。（《宁夏中草药手册》）⑦治疝气：鲜向日葵根一两，和红糖水煎服。（《草药手册》）

297. 泥胡菜 *Hemisteptia lyrata*（Bunge）Fischer & C. A. Meyer

【别名】苦马菜（《质问本草》），剪刀草（《全国中草药汇编》），石灰菜（《江苏野生食用植物》），糯米菜（《贵州草药》），石灰青（《浙江药用植物志》）。

【形态】二年生草本，高30～80厘米。根圆锥形，肉质。茎直立，具纵沟纹，无毛或具白色蛛丝状毛。基生叶莲座状，具柄，倒披针形或倒披针状椭圆形，长7～21厘米，提琴状羽状分裂，顶裂片三角形，较大，有时3裂，侧裂片7～8对，长椭圆状披针形，下面被白色蛛丝状毛；中部叶椭圆形，无柄，羽状分裂；上部叶条状披针形至条形。头状花序多数，有长梗；总苞球形，长12～14毫米，宽18～22毫米；总苞片5～8层，外层较短，卵形，中层椭圆形，内层条状披针形，各层总苞片背面先端下具1紫红色鸡冠状附片；花紫色。瘦果椭圆形，长约2.5mm，具15条纵肋；冠毛白色，2列，羽毛状。花期5—6月。

【生境】生于路旁、荒草丛中或水沟边。

【分布】产于新洲各地。我国南北各地有分布。

【药用部位及药材名】全草或根（泥胡菜）。

【采收加工】7—10月采集，鲜用或晒干。

【性味与归经】辛、苦，寒。

【功能主治】清热解毒，散结消肿。

用于痔漏，痈肿疔疮，乳痈，淋巴结炎，风疹瘙痒，外伤出血，骨折。

【用法用量】内服：煎汤，9～15克。外用：适量，捣敷；或煎水洗。

【验方】①治各种疮疡：泥胡菜、蒲公英各30克，水煎服。(《河北中草药》)②治疗疮：糯米菜根、苎麻根、折耳根各适量，捣绒敷患处。(《贵州草药》)③治乳痈：糯米菜叶、蒲公英各适量，捣绒外敷。(《贵州草药》)④治颈淋巴结炎：鲜（泥胡菜）全草或鲜叶适量，或加食盐少许，捣烂敷患处。(《浙江药用植物志》)⑤治刀伤出血：糯米菜叶适量，捣绒敷伤处。(《贵州草药》)⑥治骨折：糯米菜叶适量，捣绒包骨折处。(《贵州草药》)⑦治牙痛，牙龈炎：泥胡菜9克，水煎漱口，每日数次。(《青岛中草药手册》)

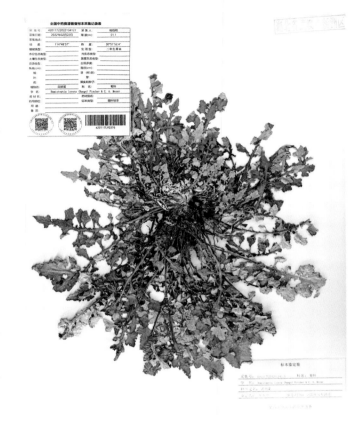

298. 条叶旋覆花 *Inula linariifolia* Turcz.

【别名】线叶旋覆花、驴耳朵（《中国植物志》），窄叶旋覆花（《江苏南部种子植物手册》），金佛草、白芷胡（《分类草药性》）。

【形态】多年生草本，基部常有不定根。茎直立，单生或2～3个簇生，高30～80厘米，多少粗壮，有细沟，被短柔毛，上部常被长毛，杂有腺体，中部以上或上部有多数细长常稍直立的分枝，全部有稍密的叶，节间长1～4厘米。基部叶和下部叶在花期常生存，线状披针形，有时椭圆状披针形，长5～15厘米，宽0.7～1.5厘米，下部渐狭成长柄，边缘常反卷，有不明显的小锯齿，顶端渐尖，质较厚，上面无毛，下面有腺点，被蛛丝状短柔毛或长伏毛；中脉在上面稍下陷，网脉有时明显；中部叶渐无柄，上部叶渐狭小，线状披针形至线形。头状花序直径1.5～2.5厘米，在枝端单生或3～5个排列成伞房状；花序梗短或细长。总苞半球形，长5～6毫米；总苞片约4层，多少等长或外层较短，线状披针形，上部叶质，被腺和短柔毛，下部革质，但有时最外层叶状，较总苞稍长；内层较狭，顶端尖，除中脉外干膜质，

有缘毛。舌状花较总苞长 2 倍；舌片黄色，长圆状线形，长达 10 毫米。管状花长 3.5 ～ 4 毫米，有尖三角形裂片。冠毛 1 层，白色，与管状花花冠等长，有多数微糙毛。子房和瘦果圆柱形，有细沟，被短粗毛。花期 7—9 月，果期 8—10 月。

【生境】 生于山坡、荒地、路旁、河岸，极常见。

【分布】 产于新洲北部、东部丘陵及山区。广布于我国东北部、北部、中部和东部各地。

【药用部位及药材名】 干燥地上部分（金沸草）。

【采收加工】 夏、秋二季采割，晒干。

【性味与归经】 苦、辛、咸，温。归肺、大肠经。

【功能主治】 降气，消痰，行水。用于外感风寒，痰饮蓄结，咳喘痰多，胸膈痞满。

【用法用量】 内服：煎汤，4.5 ～ 9 克。外用：鲜品适量，捣汁涂患处。

299. 稻槎菜 *Lapsana apogonoides* Maxim.

【别名】 鹅里腌、回荠（《浙江药用植物志》）。

【形态】 一年生矮小草本，高 7 ～ 20 厘米。茎细，自基部发出多数或少数的簇生分枝及莲座状叶丛；全部茎枝柔软，被细柔毛或无毛。基生叶全形椭圆形、长椭圆状匙形或长匙形，长 3 ～ 7 厘米，宽 1 ～ 2.5 厘米，大头羽状全裂或几全裂，有长 1 ～ 4 厘米的叶柄，顶裂片卵形、菱形或椭圆形，边缘有极稀疏的小尖头，或长椭圆形而边缘有大锯齿，齿顶有小尖头，侧裂片 2 ～ 3 对，椭圆形，边缘全缘或有极稀疏针刺状小尖头；茎生叶少数，与基生叶同型并等样分裂，向上茎叶渐小，不裂。全部叶质地柔软，两面同色，绿色，或下面色淡，淡绿色，几无毛。头状花序小，果期下垂或歪斜，少数（6 ～ 8 枚）在茎枝顶端排列成疏松的伞房状圆锥花序，花序梗纤细，总苞椭圆形或长圆形，长约 5 毫米；总苞片 2 层，外层卵状披针形，

长达 1 毫米，宽 0.5 毫米，内层椭圆状披针形，长 5 毫米，宽 1～1.2 毫米，先端喙状；全部总苞片草质，外面无毛。舌状小花黄色，两性。瘦果淡黄色，稍压扁，长椭圆形或长椭圆状倒披针形，长 4.5 毫米，宽 1 毫米，有 12 条粗细不等细纵肋，肋上有微粗毛，顶端两侧各有 1 枚下垂的长钩刺，无冠毛。花果期 1—6 月。

【生境】生于田野、荒地及路边。

【分布】产于新洲各地。分布于陕西、江苏、安徽、浙江、福建、江西、湖北、湖南、广东、广西、云南等地。

【药用部位及药材名】全草（稻槎菜）。

【采收加工】春、夏二季采收，鲜用或晒干。

【性味与归经】苦，平。

【功能主治】清热解毒，透疹。用于咽喉肿痛，痢疾，疮疡肿毒，蛇咬伤，麻疹透发不畅。

【用法用量】内服：煎汤，15～30 克；或捣汁。外用：鲜品捣敷。

【验方】①治喉炎：（稻槎菜）全草 60 克，捣烂绞汁冲蜂蜜服，每日 3～4 次。②治痢疾：（稻槎菜）鲜全草捣烂，酌加米泔水，布包绞汁 1 杯，煮沸，冲蜂蜜服。③治乳痈初起：（稻槎菜）全草 30 克，鸭蛋 1 个，加水煮熟，食蛋服汁；另取鲜全草适量，加米饭捣烂外敷。（①～③出自《浙江药用植物志》）④治小儿麻疹：（稻槎菜）全草 6～9 克，水煎代茶饮。能促使早透，防止并发症。（《食物中药与便方》）

300. 翅果菊 *Lactuca indica*

【别名】苦莴苣、山莴苣、山马草（《中国植物志》），野莴苣（《海南植物志》）。

【形态】一年生或二年生草本，根粗厚，分枝成萝卜状。茎单生，直立，粗壮，高 0.6～2 米，上部圆锥状花序分枝，全部茎枝无毛。中下部茎叶全形倒披针形、椭圆形或长椭圆形，规则或不规则二回羽状深裂，长达 30 厘米，宽达 17 厘米，无柄，基部宽大，顶端片狭线形，一回侧裂片 5 对或更多，中上部的侧裂片较大，向下的侧裂片渐小，二回侧裂片线形或三角形，长短不等，全部茎叶或中下部茎叶极少一回羽状深裂，全形披针形、倒披针形或长椭圆形，长 14～30 厘米，宽 4.5～8 厘米，侧裂片 1～6 对，镰刀形、长椭圆形或披针形，顶裂片线形、披针形、线状长椭圆形或宽线形；向上的茎叶渐小，与中下部茎叶同型并等样分裂或不裂而为线形。头状花序多数，在茎枝顶端排成圆锥花序。总苞果期卵球形，长 1.6 厘米，宽 9 毫米；总苞片 4～5 层，外层卵形、宽卵形或卵状椭圆形，长 4～9 毫米，宽 2～3 毫米，中内层长披针形，长 1.4 厘米，宽 3 毫米，全部总苞片顶端急尖或钝，边缘或上部边缘染红紫色。舌状小花 21 枚，黄色。瘦果椭圆形，压扁，棕黑色，长 5 毫米，宽 2 毫米，边缘有宽翅，每面有 1 条高起的细脉纹，顶端急尖成长 0.5 毫米的粗喙。冠毛 2 层，白色，长 8 层，几为单毛状。花果期 7—10 月。

【生境】 生于山谷、山坡林缘、灌丛、草地及荒地。

【分布】 产于新洲各地。分布于北京、黑龙江、河北、陕西、山东、江苏、安徽、浙江、江西、福建、河南、湖南、广东、四川、云南等地。

【药用部位及药材名】 全草或根（山莴苣）。

【采收加工】 9—10 月采收，切段，鲜用或晒干。

【性味与归经】 苦，寒。

【功能主治】 清热解毒，活血止血。用于咽喉肿痛，肠痈，宫颈炎，产后瘀血腹痛，崩漏，疮疖肿毒，痔疮出血。

【用法用量】 内服：煎汤，9 ～ 15 克。外用：适量，鲜品捣敷。

301. 鼠曲草 *Pseudognaphalium affine*

【别名】 鼠耳（《名医别录》），毛耳朵（《本草纲目》），鼠耳草、绵絮头草（《本草纲目拾遗》），黄花白艾（《履巉岩本草》）。

【形态】 一年生草本。茎直立或基部发出的枝下部斜升，高 10 ～ 40 厘米或更高，基部直径约 3 毫米，上部不分枝，有沟纹，被白色厚绵毛，节间长 8 ～ 20 毫米，上部节间罕达 5 厘米。叶无柄，匙状倒披针形或倒卵状匙形，长 5 ～ 7 厘米，宽 11 ～ 14 毫米，上部叶长 15 ～ 20 毫米，宽 2 ～ 5 毫米，基部渐狭，稍下延，顶端圆，具刺尖头，两面被白色绵毛，上面常较薄，叶脉 1 条，在下面不明显。头状花序较多或较少数，直径 2～3 毫米，近无柄，在枝顶密集成伞房花序，花黄色至淡黄色；总苞钟形，直径 2～3 毫米；总苞片 2～3 层，金黄色或柠檬黄色，膜质，有光泽，外层倒卵形或匙状倒卵形，背面基部被绵毛，顶端圆，基部渐狭，长约 2 毫米，内层长匙形，背面通常无毛，顶端钝，长 2.5～3 毫米；花托中央稍凹入，无毛。雌花多数，花冠细管状，长约 2 毫米，花冠顶端扩大，3 齿裂，裂片无毛。两性花较少，管状，长约 3 毫米，向上渐扩大，檐部 5 浅裂，裂片三角状渐尖，无毛。瘦果倒卵形或倒卵状圆柱形，长约 0.5 毫米，有乳头状突起。冠毛粗糙，污白色，易脱落，长约 1.5 毫米，基部连合成 2 束。花期 1—4 月，8—11 月。

【生境】生于低海拔干地或湿润草地上，尤以稻田常见。

【分布】产于新洲各地。分布于我国华东、华南、华中、华北、西北及西南各地。

【药用部位及药材名】全草（鼠曲草）。

【采收加工】4—6 月开花时采收，晒干，储藏于干燥处。或随采随用。

【性味与归经】甘、微酸，平。归肺经。

【功能主治】化痰止咳，祛风除湿。用于咳喘痰多，风湿痹痛，泄泻，水肿，蚕豆病，赤白带下，痈肿疔疮，阴囊湿疹，外伤出血，荨麻疹，高血压。

【用法用量】内服：煎汤，6～15 克；或研末；或浸酒。外用：适量，煎水洗；或捣敷。

【验方】①治咳嗽痰多：鼠曲草五至六钱，冰糖五至六钱，同煎服。（《江西民间草药》）②治支气管炎，寒喘：鼠曲草、黄荆子各五钱，前胡、云雾草各三钱，天竺子四钱，荠苨根一两。水煎服，连服五日。

一般需服一个月。（《浙江民间常用草药》）③治风寒感冒：鼠曲草五至六钱，水煎服。（《江西民间草药》）④治蚕豆病：鼠曲草二两，车前草、凤尾草各一两，茵陈半两。加水 1200 毫升，煎成 800 毫升，加白糖当茶饮。（《广东省医药卫生科技资料选编》）⑤治筋骨病，脚膝肿痛，跌打损伤：鼠曲草一至二两，水煎服。（《湖南药物志》）⑥治带下：鼠曲草、凤尾草、灯心草各五钱，土牛膝三钱，水煎服。（《浙江民间常用草药》）⑦治脾虚水肿：鲜鼠曲草二两，水煎服。（《福建中草药》）

302. 千里光 *Senecio scandens* Buch.-Ham. ex D. Don

【别名】眼明草（《履巉岩本草》），九里明（《生草药性备要》），黄花草（《本草纲目拾遗》），一扫光（《分类草药性》）。

【形态】多年生攀援草本，根状茎木质，粗，直径达 1.5 厘米。茎伸长，弯曲，长 2～5 米，多分枝，被柔毛或无毛，老时变木质，皮淡色。叶具柄，叶片卵状披针形至长三角形，长 2.5～12 厘米，宽 2～4.5 厘米，顶端渐尖，基部宽楔形、截形、戟形或稀心形，通常具浅齿或深齿，稀全缘，有时具细裂或羽状浅裂，至少向基部具 1 对较小的侧裂片，两面被短柔毛至无毛；羽状脉，侧脉 7～9 对，弧状，叶脉明显；叶柄长 0.5～1（2）厘米，具柔毛或近无毛，无耳或基部有小耳；上部叶变小，披针形或线状披针形，长渐尖。头状花序有舌状花，多数，在茎枝端排列成顶生复聚伞圆锥花序；分枝和花序梗被密至疏短柔毛；花序梗长 1～2 厘米，具苞片，小苞片通常 1～10，线状钻形。总苞圆柱状钟形，长 5～8 毫米，宽 3～6 毫米，具外层苞片；苞片约 8，线状钻形，长 2～3 毫米。总苞片 12～13，线状披针形，渐尖，上端和上部边缘有缘毛状短柔毛，草质，边缘宽干膜质，背面有短柔毛或无毛，具 3 脉。舌状花 8～10，管部长 4.5 毫米；舌片黄色，长圆形，长 9～10 毫米，宽 2 毫米，钝，具 3 细齿，具 4 脉；

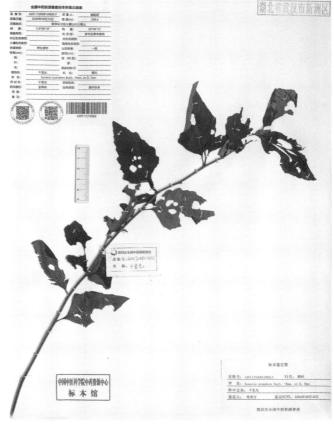

管状花多数；花冠黄色，长 7.5 毫米，管部长 3.5 毫米，檐部漏斗状；裂片卵状长圆形，尖，上端有乳头状毛。花药长 2.3 毫米，基部有钝耳；耳长约为花药颈部 1/7；附片卵状披针形；花药颈部伸长，向基部略膨大；花柱分枝长 1.8 毫米，顶端截形，有乳头状毛。瘦果圆柱形，长 3 毫米，被柔毛；冠毛白色，长 7.5 毫米。

【生境】 常生于森林、灌丛中，攀援于灌木、岩石上或溪边，海拔 50 ～ 3200 米。

【分布】 产于新洲东部山区。分布于西藏、陕西、湖北、四川、贵州、云南、安徽、浙江、江西、福建、湖南、广东、广西、台湾等地。

【药用部位及药材名】 干燥地上部分（千里光）。

【采收加工】 全年均可采收，除去杂质，阴干。

【性味与归经】 苦，寒。归肺、肝经。

【功能主治】 清热解毒，明目，利湿。用于痈肿疮毒，感冒发热，目赤肿痛，泄泻痢疾，皮肤湿疹。

【用法用量】 内服：煎汤，9 ～ 15 克（鲜品 30 克）。外用：煎水洗、捣敷或熬膏涂。

【验方】 ①治风火眼痛：千里光二两，煎水熏洗。（《江西民间草药》）②治夜盲症：千里光一两，鸡肝一个，同炖服。（《江西民间草药》）③治痈疽疮毒：千里光（鲜）一两，水煎服；另用千里光（鲜）适量，煎水外洗；再用千里光（鲜）适量，捣烂外敷。（《江西草药》）④治干湿癣疮，湿疹日久不愈者：千里光，水煎两次，过滤，再将两次煎成之汁混合，文火浓缩成膏，用时稍加开水或麻油，稀释如稀糊状，涂擦患处，一日两次；婴儿胎癣勿用。（《江西民间草药》）⑤治脚趾间湿痒，肛门痒，阴道痒：千里光适量，煎水洗患处。（《江西民间草药》）⑥治阴囊皮肤流水奇痒：千里光捣烂，水煎去渣，再用文火煎成稠膏状，调乌桕油，涂患处。（《浙江民间常用草药》）⑦治烫火伤：千里光八份，白及二份，水煎浓汁外搽。（《江西草药》）⑧治流感：千里光鲜全草一至二两，水煎服。（《草药手册》）⑨治菌痢，毒血症，败血症，轻度肠伤寒，铜绿假单胞菌感染：千里光、蒲公英、二叶葎、积雪草、白茅根、叶下珠、金银花藤叶各五钱，水煎服，每六小时一次。（《草药手册》）

303. 豨莶 *Sigesbeckia orientalis* L.

【别名】 火莶、猪膏莓（《新修本草》），黏糊菜（《救荒本草》），铜锤草（《广西中药志》）。

【形态】 一年生草本。茎直立，高 30 ～ 100 厘米，分枝斜升，上部的分枝常成复二歧状；全部分枝被灰白色短柔毛。基部叶花期枯萎；中部叶三角状卵圆形或卵状披针形，长 4 ～ 10 厘米，宽 1.8 ～ 6.5 厘米，基部阔楔形，下延成具翼的柄，顶端渐尖，边缘有规则的浅裂或粗齿，纸质，上面绿色，下面淡绿色，具腺点，两面被毛，三出基脉，侧脉及网脉明显；上部叶渐小，卵状长圆形，边缘浅波状或全缘，近无柄。头状花序直径 15 ～ 20 毫米，多数聚生于枝端，排列成具叶的圆锥花序；花梗长 1.5 ～ 4 厘米，密生短柔毛；总苞阔钟状；总苞片 2 层，叶质，背面被紫褐色头状具柄的腺毛；外层苞片 5 ～ 6 枚，线状匙形或匙形，开展，长 8 ～ 11 毫米，宽约 1.2 毫米；内层苞片卵状长圆形或卵圆形，长约 5 毫米，宽 1.5 ～ 2.2 毫米。外层托片长圆形，内弯，内层托片倒卵状长圆形。花黄色；雌花花冠的管部长 0.7 毫米；两性管状花上部钟状，上端有 4 ～ 5 卵圆形裂片。瘦果倒卵圆形，有 4 棱，顶端有灰褐色环状突起，长 3 ～ 3.5 毫米，宽 1 ～ 1.5 毫米。花期 4—9 月，果期 6—11 月。

【生境】 生于山野、荒草地、灌丛、林缘及林下，也常见于耕地中，海拔40～2700米。

【分布】 产于新洲北部、东部丘陵及山区。分布于陕西、甘肃、江苏、浙江、安徽、江西、湖南、四川、贵州、福建、广东、台湾、广西、云南等地。

【药用部位及药材名】 干燥地上部分（豨莶草）。

【采收加工】 夏、秋二季花开前和花期均可采割，除去杂质，晒干。

【性味与归经】 辛、苦，寒。归肝、肾经。

【功能主治】 祛风湿，利关节，解毒。用于风湿痹痛，筋骨无力，腰膝酸软，四肢麻痹，半身不遂，风疹湿疮。

【用法用量】 内服：煎汤，9～12克。

【验方】 ①治鼻衄：豨莶草100克，仙鹤草50克，生地黄20克。水煎，早、晚分两次服，连服5日。②治化脓性关节炎：豨莶草100克，白鲜皮50克，黄柏30克，牛膝20克。将上药加水约2000毫升，煮沸20分钟后，置患处熏洗一小时，每日两次，每日一剂。③治白癜风：豨莶草150克，研细末，蜂蜜为丸。每丸9克，分两次以黄酒或白开水空腹送服。④治风湿性关节炎：豨莶草30克，海桐皮20克，忍冬藤30克。每日一剂，水煎服。⑤治急性黄疸性肝炎：豨莶草、茵陈各15克，栀子10克。每日一剂，水煎服。⑥治四肢麻木：豨莶草15克，木瓜15克，防风10克，五加皮10克，红花3克。每日一剂，水煎服。⑦治高血压：豨莶草30克，天麻10克，钩藤15克。水煎，分两次服。每日一剂，30日为一个疗程。⑧治肛门瘙痒：豨莶草、马齿苋、紫草、鱼腥草、地肤子各12克，蛇床子15克，白蔹9克，白矾10克。水煎，

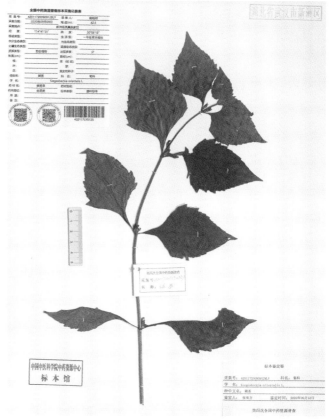

取汁坐浴，每日两次，每次 20 分钟，每日一剂。

304. 一枝黄花 *Solidago decurrens* Lour.

【别名】 千斤癀、兴安一枝黄花（《中国植物志》），野黄菊（《南宁市药物志》），黄花细辛、黄花一枝香（《广西中药志》）。

【形态】 多年生草本，高（9）35 ～ 100 厘米。茎直立，通常细弱，单生或少数簇生，不分枝或中部以上有分枝。中部茎叶椭圆形、长椭圆形、卵形或宽披针形，长 2 ～ 5 厘米，宽 1 ～ 1.5（2）厘米，下部楔形渐窄，有具翅的柄，仅中部以上边缘有细齿或全缘；向上叶渐小；下部叶与中部茎叶同型，有长 2 ～ 4 厘米或更长的翅柄。全部叶质地较厚，叶两面、沿脉及叶缘有短柔毛或下面无毛。头状花序较小，长 6 ～ 8 毫米，宽 6 ～ 9 毫米，多数在茎上部排列成紧密或疏松的长 6 ～ 25 厘米的总状花序或伞房圆锥花序，少有排列成复头状花序的。总苞片 4 ～ 6 层，披针形或狭披针形，顶端急尖或渐尖，中内层长 5 ～ 6 毫米。舌状花舌片椭圆形，长 6 毫米。瘦果长 3 毫米，无毛，极少有在顶端被稀疏柔毛的。花果期 4—11 月。

【生境】 生于阔叶林缘、林下、灌丛中及山坡草地上，海拔 285 ～ 2850 米。

【分布】产于新洲东部山区。在江苏、浙江、安徽、江西、四川、贵州、湖南、湖北、广东、广西、云南及陕西南部、台湾等地广为分布。

【药用部位及药材名】 干燥全草（一枝黄花）。

【采收加工】 秋季花果期采挖，除去泥沙，晒干。

【性味与归经】 辛、苦，凉。归肺、肝经。

【功能主治】 清热解毒，疏散风热。用于喉痹，乳蛾，咽喉肿痛，疮疖肿毒，风热感冒。

【用法用量】 内服：煎汤，9 ～ 18

克（鲜品 21 ～ 30 克）。外用：捣敷或煎水洗。

【验方】①治感冒，咽喉肿痛，扁桃体炎：一枝黄花三钱至一两，水煎服。（《上海常用中草药》）②治头风：一枝黄花根三钱，水煎服。（《湖南药物志》）③治黄疸：一枝黄花一两五钱，水丁香五钱，水煎，一次服。（《闽东本草》）④治小儿急惊风：鲜一枝黄花一两，生姜一片，同捣烂取汁，开水冲服。（《闽东本草》）⑤治跌打损伤：一枝黄花根三至五钱，水煎，分两次服。⑥治发背，乳痈，腹股沟淋巴结肿大：一枝黄花七钱至一两，捣烂，酒煎服，渣捣烂敷患处。⑦治毒蛇咬伤：一枝黄花一两，水煎，加蜂蜜一两调服。外用全草同酒糟杵烂敷。（《江西民间草药》）⑧治鹅掌风，灰指甲，脚癣：一枝黄花，每日用一至二两，煎取浓汁，浸洗患部，每次半小时，每日 1 ～ 2 次，七日为一个疗程。（《上海常用中草药》）

305. 蒲公英 *Taraxacum mongolicum* Hand. -Mazz.

【别名】 奶汁草（《本经逢原》），黄花地丁、狗乳草（《本草纲目》），婆婆丁（《滇南本草》）。

【形态】 多年生草本。根圆柱状，黑褐色，粗壮。叶倒卵状披针形、倒披针形或长圆状披针形，长 4 ～ 20 厘米，宽 1 ～ 5 厘米，先端钝或急尖，边缘有时具波状齿或羽状深裂，有时倒向羽状深裂或大头羽状深裂，顶端裂片较大，三角形或三角状戟形，全缘或具齿，每侧裂片 3 ～ 5 片，裂片三角形或三角状披针形，通常具齿，平展或倒向，裂片间常夹生小齿，基部渐狭成叶柄，叶柄及主脉常带红紫色，疏被蛛丝状白色柔毛或几无毛。花葶 1 至数个，与叶等长或稍长，高 10 ～ 25 厘米，上部紫红色，密被蛛丝状白色长柔毛；头状花序直径 30 ～ 40 毫米；总苞钟状，长 12 ～ 14 毫米，淡绿色；总苞片 2 ～ 3 层，外层总苞片卵状披针形或披针形，长 8 ～ 10 毫米，宽 1 ～ 2 毫米，边缘宽膜质，基部淡绿色，上部紫红色，先端增厚或具小到中等的角状突起；内层总苞片线状披针形，长 10 ～ 16 毫米，宽 2 ～ 3 毫米，先端紫红色，具小角状突起；舌状花黄色，舌片长约 8 毫米，宽约 1.5 毫米，边缘花舌片背面具紫红色条纹，花药和柱头暗绿色。瘦果倒卵状披针形，暗褐色，长 4 ～ 5 毫米，宽 1 ～ 1.5 毫米，上部具小刺，下部具成行排列的小瘤，顶端逐渐收缩为长约 1 毫米的圆锥至圆柱形喙基，喙长 6 ～ 10 毫米，纤细；冠毛白色，长约 6 毫米。花期 4—9 月，果期 5—10 月。

【生境】 广泛生于中、低海拔地区的山坡草地、路边、田野、河滩。

【分布】 产于新洲各地。分布于黑龙江、吉林、辽宁、内蒙古、河北、山西、陕西、甘肃、青海、山东、江苏、安徽、浙江、福建北部、台湾、河南、湖北、湖南、广东北部、四川、贵州、云南等地。

【药用部位及药材名】 干燥全草（蒲公英）。

【采收加工】 春至秋季花初开时采挖，除去杂质，洗净，晒干。

【性味与归经】 苦、甘，寒。归肝、胃经。

【功能主治】 清热解毒，消肿散结，利尿通淋。用于疗疮肿毒，乳痈，瘰疬，目赤，咽痛，肺痈，肠痈，湿热黄疸，热淋涩痛。

【用法用量】 内服：煎汤，9～15克。外用：鲜品适量捣敷或煎汤熏洗患处。

【验方】 ①治急性乳腺炎：蒲公英二两，香附一两。每日一剂，煎服两次。（《中草药新医疗法资料选编》）②治产后不自乳儿，蓄积乳汁，结作痈：蒲公英捣敷肿上，日三四度易之。③治疗疮疔毒：蒲公英捣烂覆之，和酒煎服，取汗。（《本草纲目》）④治急性结膜炎：蒲公英、金银花，分别水煎，制成两种滴眼水。每日滴眼三至四次，每次二至三滴。⑤治急性化脓性感染：蒲公英、乳香、没药、甘草，煎服。（《中医杂志》）⑥治多年恶疮：蒲公英捣烂，贴。（《救急方》）⑦治肝炎：蒲公英干根六钱，茵陈四钱，柴胡、生山栀、郁金、

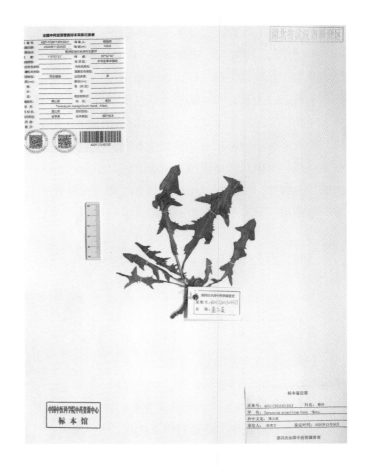

茯苓各三钱，煎服。或用干根、天名精各一两，煎服。⑧治胆囊炎：蒲公英一两，煎服。⑨治慢性胃炎、胃溃疡：蒲公英干根、地榆根各等份，研末，每服二钱，一日三次，生姜汤送服。（《南京地区常用中草药》）

306. 苍耳 *Xanthium strumarium*

【别名】 羊负来（《本草经集注》），道人头（《本草图经》），粘头婆、野茄子（《中国植物志》）。

【形态】 一年生草本，高 20～90 厘米。根纺锤状，分枝或不分枝。茎直立不分枝或少有分枝，下部圆柱形，直径 4～10 毫米，上部有纵沟，被灰白色糙伏毛。叶三角状卵形或心形，长 4～9 厘米，宽 5～10 厘米，近全缘，或有 3～5 不明显浅裂，顶端尖或钝，基部稍心形或截形，与叶柄连接处成相等的楔形，边缘有不规则的粗锯齿，有三基出脉，侧脉弧形，直达叶缘，脉上密被糙伏毛，上面绿

色，下面苍白色，被糙伏毛；叶柄长 3 ～ 11 厘米。雄性的头状花序球形，直径 4 ～ 6 毫米，有或无花序梗，总苞片长圆状披针形，长 1 ～ 1.5 毫米，被短柔毛，花托柱状，托片倒披针形，长约 2 毫米，顶端尖，有微毛，有多数的雄花，花冠钟形，管部上端有 5 宽裂片；花药长圆状线形；雌性的头状花序椭圆形，外层总苞片小，披针形，长约 3 毫米，被短柔毛，内层总苞片结合成囊状，宽卵形或椭圆形，绿色、淡黄绿色或有时带红褐色，在瘦果成熟时变坚硬，连同喙部长 12 ～ 15 毫米，宽 4 ～ 7 毫米，外面有疏生的具钩状的刺，刺极细而直，基部微增粗或几不增粗，长 1 ～ 1.5 毫米，基部被柔毛，常有腺点，或全部无毛；喙坚硬，锥形，上端略呈镰刀状，长 1.5 ～ 2.5 毫米，常不等长，少有结合而成 1 个喙。瘦果 2，倒卵形。花期 7—8 月，果期 9—10 月。

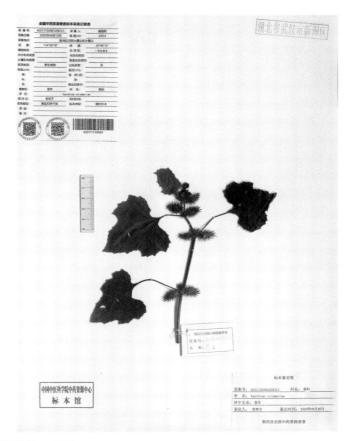

【生境】 常生于平原、丘陵、低山、荒野路边、田边。

【分布】 产于新洲各地。广泛分布于东北、华北、华东、华南、西北及西南各地。

【药用部位及药材名】 干燥成熟带总苞的果实（苍耳子）；茎叶（苍耳）。

【采收加工】 秋季果实成熟时采收，干燥，除去梗、叶等杂质。

【性味与归经】 苍耳子：辛、苦，温；有毒。归肺经。苍耳：苦、辛，微寒；有小毒；归肺、脾、肝经。

【功能主治】 苍耳子：散风寒，通鼻窍，祛风湿。用于风寒头痛，鼻塞流涕，风疹瘙痒，湿痹拘挛。苍耳：祛风散热，解毒杀虫。用于头风，头晕，湿痹拘挛，目赤、目翳，风癞，疔肿，热毒疮疡，皮肤瘙痒。

【用法用量】 苍耳子：内服，煎汤，3 ～ 9 克。苍耳：内服，煎汤，6 ～ 12 克；捣汁、熬膏或入丸、散。外用，捣敷、烧存性研末调敷或煎水洗。

【验方】 ①治中耳炎：鲜苍耳全草五钱（干品三钱），冲开水半碗服。（《福建民间草药》）②治疥疮痔漏：苍耳全草煎汤熏洗。（《闽东本草》）③治风疹和遍身湿痒：苍耳全草煎汤外洗。（《闽东本草》）④治慢性鼻炎：苍耳子 160 克，辛夷 16 克，麻油 1000 毫升。将麻油温热后，加入已打碎的苍耳子和辛夷，浸泡 24 小时，再用文火熬煮至沸，待麻油熬至 800 毫升左右，冷却、过滤，装瓶备用。每日滴鼻 3 次，每次 2 滴。⑤治急性乳腺炎：苍耳子 7 ～ 8 粒，放于碗内，倒入烧开的黄豆汁一碗，喝汤。⑥治牙痛：苍耳子 6 克，焙焦去壳，研成细末，与一个鸡蛋和匀，不放油盐，炒熟食之。每日 1 剂，连服 3 剂。⑦治下肢溃疡：苍耳子 60 ～ 120 克，炒黄研末，加入生猪板油 120 ～ 180 克，共捣至泥糊状，洗净疮面，擦干后涂药糊，外用绷带包扎。

307. 黄鹌菜 *Youngia japonica*（L.）DC.

【别名】黄瓜菜（《食物本草》），黄花菜（《本草纲目》），黄鸡婆（《中国植物志》）。

【形态】一年生草本，高 10 ～ 100 厘米。根垂直直伸，生多数须根。茎直立，单生或少数茎成簇生，粗壮或细，顶端伞房花序状分枝或下部有长分枝，下部被稀疏的皱波状长或短柔毛。基生叶全形倒披针形、椭圆形、长椭圆形或宽线形，长 2.5 ～ 13 厘米，宽 1 ～ 4.5 厘米，大头羽状深裂或全裂，极少有不裂的，叶柄长 1 ～ 7 厘米，有狭或宽翼或无翼，顶裂片卵形、倒卵形或卵状披针形，顶端圆形或急尖，边缘有锯齿或几全缘，侧裂片 3 ～ 7 对，椭圆形，向下渐小，最下方的侧裂片耳状，全部侧裂片边缘有锯齿或细锯齿或边缘有小尖头，极少边缘全缘；无茎叶或极少有 1 ～ 2 枚茎生叶，且与基生叶同型并等样分裂；全部叶及叶柄被皱波状长或短柔毛。头状花序含 10 ～ 20 枚舌状小花，少数或多数在茎枝顶端排成伞房花序，花序梗细。总苞圆柱状，长 4 ～ 5 毫米，极少长 3.5 ～ 4 毫米；总苞片 4 层，外层及最外层极短，宽卵形或宽形，长、宽不足 0.6 毫米，顶端急尖，内层及最内层长，长 4 ～ 5 毫米，极少长 3.5 ～ 4 毫米，宽 1 ～ 1.3 毫米，披针形，顶端急尖，边缘白色宽膜质，内面有贴伏的短糙毛；全部总苞片外面无毛。舌状小花黄色，花冠管外面有短柔毛。

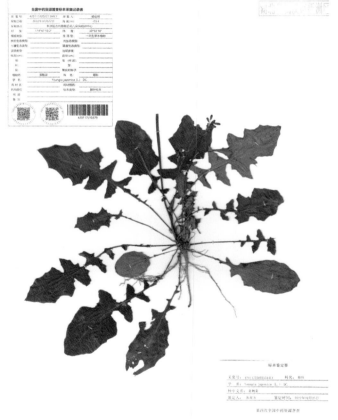

瘦果纺锤形，压扁，褐色或红褐色，长 1.5 ～ 2 毫米，向顶端有收缢，顶端无喙，有 11 ～ 13 条粗细不等的纵肋，肋上有小刺毛。冠毛长 2.5 ～ 3.5 毫米，糙毛状。花果期 4—10 月。

【生境】生于山坡、山谷及山沟林缘、林下、林间草地及潮湿地、河边沼泽地、田间与荒地上。

【分布】产于新洲各地。分布于北京、陕西、甘肃、山东、江苏、安徽、浙江、江西、福建、河南、湖北、湖南、广东、广西、四川、云南、西藏等地。

【药用部位及药材名】根或全草（黄鹌菜）。

【采收加工】 5—6 月采收全草，秋季采根，鲜用或切段晒干。

【性味与归经】 甘、微苦，凉。

【功能主治】 清热解毒，利尿消肿。用于感冒，咽痛，结膜炎，乳痈，疮疖肿毒，毒蛇咬伤，痢疾，肝硬化腹水，急性肾炎，淋浊，尿血，带下，风湿性关节炎，跌打损伤。

【用法用量】 内服：煎汤 9 ～ 15 克（鲜品 30 ～ 60 克）；或捣汁。外用：鲜品捣敷；或捣汁含漱。

【验方】 ①治咽喉炎症：鲜黄鹌菜，洗净，捣汁，加醋适量含漱（治疗期间忌吃油腻食物）。②治乳腺炎：鲜黄鹌菜一至二两，水煎酌加酒服，渣捣烂加热外敷患处。③治肝硬化腹水：鲜黄鹌菜根四至六钱，水煎服。④治胼胝：鲜黄鹌菜一至二两，水、酒各半煎服，渣外敷。⑤治狂犬咬伤：鲜黄鹌菜一至二两，绞汁泡开水服，渣外敷。

九十五、百合科 Liliaceae

308. 薤 *Allium chinense* G. Don

【别名】 薤根（《肘后方》），藠头（《中国植物志》），野蒜、小独蒜（《中药形性经验鉴别法》）。

【形态】 鳞茎近球状，粗 0.7 ～ 1.5（2）厘米，基部常具小鳞茎（因其易脱落，故在标本上不常见）；鳞茎外皮带黑色，纸质或膜质，不破裂，但在标本上多因脱落而仅存白色的内皮。叶 3 ～ 5 枚，半圆柱状，或因背部纵棱发达而为三棱状半圆柱形，中空，上面具沟槽，比花葶短。花葶圆柱状，高 30 ～ 70 厘米，1/4 ～ 1/3 被叶鞘；总苞 2 裂，比花序短；伞形花序半球状至球状，具多而密集的花，或间具珠

芽或有时全为珠芽；小花梗近等长，比花被片长 3 ～ 5 倍，基部具小苞片；珠芽暗紫色，基部亦具小苞片；花淡紫色或淡红色；花被片矩圆状卵形至矩圆状披针形，长 4 ～ 5.5 毫米，宽 1.2 ～ 2 毫米，内轮的常较狭；花丝等长，比花被片稍长直到比其长 1/3，在基部合生并与花被片贴生，分离部分的基部呈狭三角形扩大，向上收狭成锥形，内轮的基部约为外轮基部宽的 1.5 倍；子房近球状，腹缝线基部具有帘的凹陷蜜穴；花柱伸出花被外。花果期 5—7 月。

【生境】 生于海拔 1500 米以下的山坡、丘陵、山谷或草地上，极少数地区（云南和西藏）在海拔 3000 米的山坡上也有。

【分布】 产于新洲东部山区。除新疆、青海外，全国各地均有分布。

【药用部位及药材名】 干燥鳞茎（薤白）。

【采收加工】 夏、秋二季采挖，洗净，除去须根，蒸透或置沸水中烫透，晒干。

【性味与归经】 辛、苦，温。归心、肺、胃、大肠经。

【功能主治】 通阳散结，行气导滞。用于胸痹心痛，脘腹痞满胀痛，泻痢后重。

【用法用量】 内服：煎汤，5～9克（鲜品30～60克）；或入丸、散。外用：捣敷或捣汁涂。

【验方】 ①治赤白痢疾：薤白60克，糯米60克，煮稀饭食。②治小儿疳痢（包括慢性肠炎）：鲜薤白洗净，捣烂如泥，用米粉和蜜糖适量拌和做饼，烤熟食之。③治胸痹心痛：薤白10克，瓜蒌仁10克，半夏5克，水煎去渣，黄酒冲服，每日2次。④薤白粥：薤白10～15克（鲜品30～45克），与粳米100克共煮粥。煮熟后油盐调味食用。有宽胸行气止痛的作用，适用于冠心病之胸闷不舒或心绞痛，老年人慢性肠炎、菌痢。

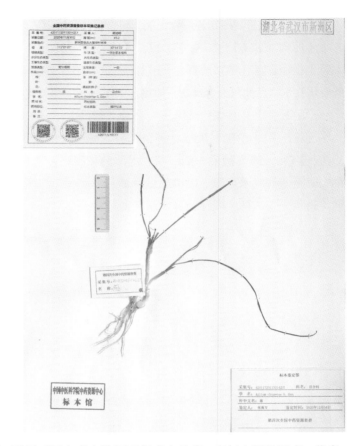

309. 葱 *Allium fistulosum* L.

【别名】 和事草（《清异录》），芤、菜伯（《本草纲目》），火葱（《草木便方》），北葱（《中国植物志》）。

【形态】 鳞茎单生，圆柱状，稀为基部膨大的卵状圆柱形，粗1～2厘米，有时可达4.5厘米；鳞茎外皮白色，稀淡红褐色，膜质至薄革质，不破裂。叶圆筒状，中空，向顶端渐狭，约与花葶等长，粗在0.5厘米以上。花葶圆柱状，中空，高30～50（100）厘米，中部以下膨大，向顶端渐狭，约在1/3以下被叶鞘；总苞膜质，2裂；伞形花序球状，多花，较疏散；小花梗纤细，与花被片等长，或为其2～3倍长，基部无小苞片；花白色；花被片长6～8.5毫米，近卵形，先端渐尖，具反折的尖头，外轮的稍短；

花丝为花被片长度的1.5～2倍，锥形，在基部合生并与花被片贴生；子房倒卵状，腹缝线基部具不明显

的蜜穴；花柱细长，伸出花被外。花果期4—7月。

【生境】　各地有栽培。

【分布】　产于新洲各地，均系栽培。分布于全国各地，均系栽培。

【药用部位及药材名】　叶（葱叶）；鳞茎（葱白）；茎或全株捣之取汁（葱汁）；花（葱花）；种子（葱实）；须根（葱须）。

【采收加工】　葱叶：全年均可采收，鲜用或晒干。葱白：7—9月采挖，除去须根、叶及外膜，鲜用。葱汁：全年采茎或全株，捣汁，鲜用。葱花：花开时采收，阴干。葱实：花开时采收，晒干，搓取种子，簸去杂质。葱须：全年均可采收，鲜用或晒干。

【性味与归经】　葱叶：辛，温。归肺经。葱白：辛，温。归肺、胃经。葱汁：辛，温。归肝经。葱花：辛，温。归脾、胃经。葱实：辛，温。归肝、肾经。葱须：辛，平。归肺经。

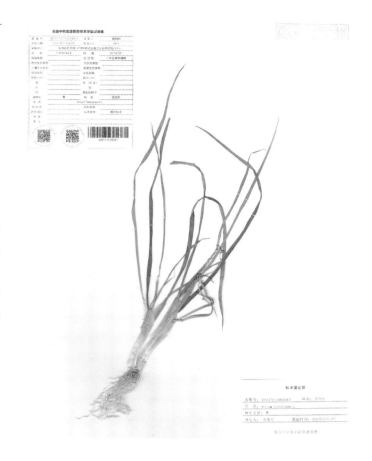

【功能主治】　葱叶：发汗解表，解毒散肿。用于风寒感冒，水肿，疮痈肿痛，跌打损伤。葱白：发表，通阳，解毒。用于风寒感冒，阴寒腹痛，二便不通，痢疾，疮痈肿痛，虫积腹痛。葱汁：散瘀止血，通窍，解毒。用于衄血，尿血，头痛，耳聋，虫积，跌打损伤，疮疡肿痛。葱花：散寒通阳。用于脘腹冷痛，胀满。葱实：温肾，明目，解毒。用于肾虚阳毒，遗精，目眩，视物昏暗，疮痈，药食中毒。葱须：祛风散寒，通气散瘀。用于风寒头痛，喉疮，痔疮，冻伤。

【用法用量】　内服：煎汤，6～12克；或入丸、散，煮粥。外用：适量，熬膏敷贴，煎水洗。

310. 大蒜 *Allium sativum* L.

【别名】　胡蒜（《古今注》），独头蒜（《肘后方》），独蒜（《普济方》），蒜头、蒜（《中国植物志》）。

【形态】　鳞茎球状至扁球状，通常由多数肉质、瓣状的小鳞茎紧密地排列而成，外面被数层白色至带紫色的膜质鳞茎外皮。叶宽条形至条状披针形，扁平，先端长渐尖，比花葶短，宽可达2.5厘米。花

葶实心，圆柱状，高可达 60 厘米，中部以下被叶鞘；总苞具长 7～20 厘米的长喙，早落；伞形花序密具珠芽，间有数花；小花梗纤细；小苞片大，卵形，膜质，具短尖；花常为淡红色；花被片披针形至卵状披针形，长 3～4 毫米，内轮的较短；花丝比花被片短，基部合生并与花被片贴生，内轮的基部扩大，扩大部分每侧各具 1 齿，齿端成长丝状，长超过花被片，外轮的锥形；子房球状；花柱不伸出花被外。花期 7 月。

【生境】 适应性较强，耐寒，喜光。以肥沃、排水良好的沙壤土栽培为宜。

【分布】 产于新洲各地，均系栽培。全国各地均有栽培。

【药用部位及药材名】 鳞茎（大蒜）。

【采收加工】 夏季叶枯时采挖，除去须根和泥沙，通风晾晒至外皮干燥。

【性味与归经】 辛，温。归脾、胃、肺经。

【功能主治】 解毒消肿，杀虫，止痢。用于痈肿疮疡，疥癣，肺痨，顿咳，泄泻，痢疾。

【用法用量】 内服：煎汤，4.5～9 克；生食、煨食或捣泥为丸。外用：捣敷、作栓剂或切片灸。

【验方】 ①醋泡蒜姜，治疗风寒：醋 500 毫升，大蒜、姜各 150 克，将大蒜、姜切片，放入醋中密封浸泡 1 个月以上。食用时可佐餐，对治疗风寒有益。②大蒜塞鼻，解热又祛风：以大蒜一瓣，塞入鼻孔中约 20 分钟，可治流感，解热祛表，非常见效。③红糖醋汁腌大蒜，治疗慢性支气管炎：红糖 100 克，醋 250 克，大蒜 250 克。将红糖、醋和捣碎的大蒜一起浸泡 7 日。每日 3 次，每次 10 毫升。

311. 韭 *Allium tuberosum* Rottl. ex Spreng.

【别名】 草钟乳（《本草拾遗》），壮阳草（《本草述》），久菜（《中国植物志》），韭菜（《滇南本草》），扁菜（《广西药用植物志》）。

【形态】 具倾斜的横生根状茎。鳞茎簇生，近圆柱状；鳞茎外皮暗黄色至黄褐色，破裂成纤维状，呈网状或近网状。叶条形，扁平，实心，比花葶短，宽 1.5～8 毫米，边缘平滑。花葶圆柱状，常具 2 纵棱，高 25～60 厘米，下部被叶鞘；总苞单侧开裂，或 2～3 裂，宿存；伞形花序半球状或近球状，具多但较稀疏的花；小花梗近等长，比花被片长 2～4 倍，基部具小苞片，且数枚小花梗的基部又为 1 枚共同的苞片所包围；花白色；花被片常具绿色或黄绿色的中脉，内轮的矩圆状倒卵形，稀为矩圆状卵形，先端具短尖头或钝圆，长 4 ～ 7（8）毫米，宽 2.1 ～ 3.5 毫米，外轮的常较窄，矩圆状卵形至矩圆状披针形，先端具短尖头，长 4 ～ 7（8）毫米，宽 1.8 ～ 3 毫米；花丝等长，为花被片长度的 2/3 ～ 4/5，基部合生并与花被片贴生，合生部分高 0.5 ～ 1 毫米，分离部分狭三角形，内轮的稍宽；子房倒圆锥状球形，具 3 圆棱，外壁具细的疣状突起。花果期 7—9 月。

【生境】 抗寒，耐热，适应性强，全国各地普遍栽培，对土壤要求不严，但以耕作层深厚、富含有机质、保水力强、透气性好的壤土为宜。若土壤过分黏重，排水不良，遇到雨季容易死苗；沙壤土容易脱肥，生长一般较瘦弱。

【分布】 产于新洲各地，均系栽培。全国广泛栽培，亦有野生植株，但北方的为野化植株。原产于亚洲东南部。现已普遍栽培。

【药用部位及药材名】 干燥成熟种子（韭菜子）。

【采收加工】 秋季果实成熟时采收果序，晒干，搓出种子，除去杂质。

【性味与归经】 辛、甘，温。归肝、肾经。

【功能主治】 温补肝肾，壮阳固精。用于肝肾亏虚，腰膝酸痛，阳痿遗精，遗尿尿频，白浊带下。

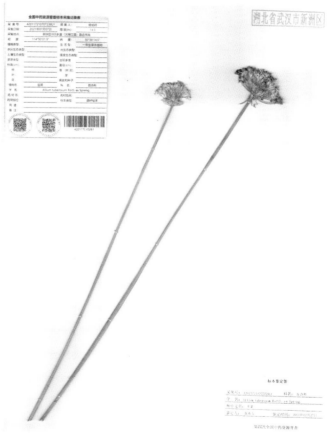

【验方】 ①治梦遗：韭菜子、桑螵蛸、煅龙骨各 10 克。水煎，每日一剂，早、晚服用。②治神经痛：韭菜子少许，磨成粉后，拿老姜汁调匀涂抹太阳穴，每日 7 ～ 8 次。③治妇女腰酸：韭菜子醋炒，焙干研末，每次用开水加适量黄酒吞服 5 克，每日 2 次。④治精子活力低下：韭菜子、车前子、仙灵脾、何首乌、桑寄生、黄精、阿胶（烊化）、龟板胶（烊化）、鹿角胶（烊化）各 15 克，菟丝子、枸杞子、覆盆子、五味子、女贞子各 18 克，山羊睾丸一具。水煎服，每日一剂，分早、晚两次服，一个月为一个疗程。服药期间禁房事，戒烟酒。

312. 天冬 *Asparagus cochinchinensis*（Lour.）Merr.

【别名】 天门冬（《神农本草经》），万岁藤（《救荒本草》），天棘（《本草纲目》），野鸡食、老虎尾巴根（《中国植物志》）。

【形态】 攀援植物。根在中部或近末端成纺锤状膨大，膨大部分长 3～5 厘米，粗 1～2 厘米。茎平滑，常弯曲或扭曲，长可达 2 米，分枝具棱或狭翅。叶状枝通常每 3 枚成簇，扁平或由于中脉龙骨状而略呈锐三棱形，稍镰刀状，长 0.5～8 厘米，宽 1～2 毫米；茎上的鳞片状叶基部延伸为长 2.5～3.5 毫米的硬刺，在分枝上的刺较短或不明显。花通常每 2 朵腋生，淡绿色；花梗长 2～6 毫米，关节一般位于中部，有时位置有变化。雄花：花被长 2.5～3 毫米；花丝不贴生于花被片上。雌花大小和雄花相似。浆果直径 6～7 毫米，熟时红色，有 1 颗种子。花期 5—6 月，果期 8—10 月。

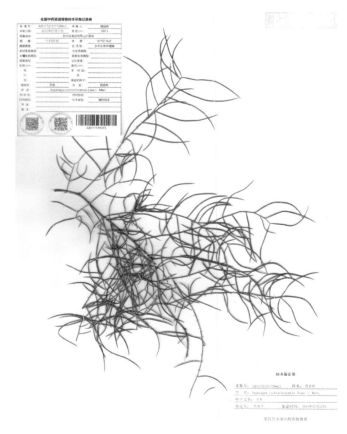

【生境】 生于海拔 1750 米以下的山坡、路旁、疏林下、山谷或荒地上。

【分布】 产于新洲东部山区。从河北、山西、陕西、甘肃等地的南部至华东、中南、西南各地都有分布。

【药用部位及药材名】 干燥块根（天冬）。

【采收加工】 秋、冬二季采挖，洗净，除去茎基和须根，置沸水中煮或蒸至透心，趁热除去外皮，洗净，干燥。

【性味与归经】 甘、苦，寒。归肺、肾经。

【功能主治】 养阴润燥，清肺生津。用于肺燥干咳，顿咳痰黏，腰膝酸痛，骨蒸潮热，内热消渴，热病津伤，咽干口渴，肠燥便秘。

【用法用量】 内服：煎汤，6～12 克。

【验方】 ①治扁桃体炎，咽喉肿痛：天冬、麦冬、板蓝根、桔梗、山豆根各三钱，甘草二钱，水煎服。（《山东中草药手册》）②治老人大肠燥结不通：天冬八两，麦冬、当归、麻子仁、生地黄各四两。

熬膏，炼蜜收。每日早、晚白汤调服十茶匙。（《方氏家珍》）③治疝气：鲜天冬五钱至一两（去皮），水煎服，点酒为引。（《云南中草药》）

313. 萱草 *Hemerocallis fulva*（L.）L.

【别名】疗愁（《本草纲目》），忘忧草（《古今注》），黄花菜（《中国植物志》），鹿剑（《土宿本草》），芦葱（《滇南本草》）。

【形态】多年生草本，根状茎粗短，具肉质纤维根，多数膨大成窄长纺锤形。叶基生成丛，条状披针形，长 30～60 厘米，宽约 2.5 厘米，背面被白粉。夏季开橘黄色大花，花葶长于叶，高达 1 米以上；圆锥花序顶生，有花 6～12 朵，花梗长约 1 厘米，有小的披针形苞片；花长 7～12 厘米，花被基部粗短漏斗状，长达 2.5 厘米，花被 6 片，开展，向外反卷，外轮 3 片，宽 1～2 厘米，内轮 3 片宽达 2.5 厘米，边缘稍作波状；雄蕊 6，花丝长，着生花被喉部；子房上位，花柱细长。花果期 5—7 月。

【生境】性强健，耐寒，在华北地区可露地越冬，适应性强，喜湿润也耐旱，喜阳光又耐半阴。对土壤选择性不强，但以富含腐殖质、排水良好的湿润土壤为宜。适宜在海拔 300～2500 米处生长。

【分布】产于新洲各地，多为栽培。原分布于中国、西伯利亚、日本和东南亚。国内以栽培为主。

【药用部位及药材名】根（萱草根）；花（金针菜）。

【采收加工】花前期挖根，晒干。

【性味与归经】萱草：甘，凉。有毒。归脾、肝、膀胱经。金针菜：甘，凉。

【功能主治】萱草：清热利湿，凉血止血，解毒消肿。用于黄疸，水肿，淋浊，带下，衄血，便血，崩漏，瘰疬，乳痈，乳汁不通。金针菜：清热利湿，宽胸解郁，凉血解毒。用于小便短赤，黄疸，胸闷心烦，少寐，痔疮便血，疮痈。

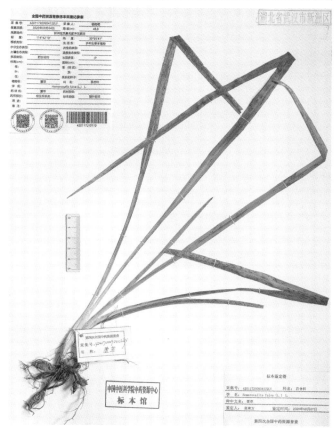

【用法用量】萱草：内服，煎汤，6～9克；或捣汁。外用，捣敷。金针菜：内服，煎汤，15～30克。

【验方】①治黄疸：鲜萱草根二两（洗净），母鸡一只（去头脚与内脏）。水炖三小时服，一至二日服一次。（《闽东本草》）②治乳痈肿痛：萱草根（鲜品）捣烂，外用作罨包剂。（《现代实用中药》）③治腰痛：萱草根适量，猪腰子一个。以上二味，水煎服三次。（《滇南本草》）④治忧愁太过，忽忽不乐，洒淅寒热，痰气不清：桂枝五分，白芍一钱五分，甘草五分，郁金二钱，合欢花二钱，广皮一钱，贝母二钱，半夏一钱，茯神二钱，柏仁二钱，金针菜一两，煎汤代水。（《医醇剩义》萱草忘忧汤）⑤治内痔出血：金针菜一两，水煎。加红糖适量，早饭前一小时服，连服三至四日。（《中草药新医疗法资料选编》）

314. 卷丹 *Lilium lancifolium* Thunb.

【别名】卷丹百合、河花（《中国植物志》），山百合（《新华本草纲要》）。

【形态】鳞茎近宽球形，高约3.5厘米，直径4～8厘米；鳞片宽卵形，长2.5～3厘米，宽1.4～2.5厘米，白色。茎高0.8～1.5米，带紫色条纹，具白色绵毛。叶散生，矩圆状披针形或披针形，长6.5～9厘米，宽1～1.8厘米，两面近无毛，先端有白毛，边缘有乳头状突起，有5～7条脉，上部叶腋有珠芽。花3～6朵或更多；苞片叶状，卵状披针形，长1.5～2厘米，宽2～5毫米，先端钝，有白色绵毛；花梗长6.5～9厘米，紫色，有白色绵毛；花下垂，花被片披针形，反卷，橙红色，有紫黑色斑点；外轮花被片长6～10厘米，宽1～2厘米；内轮花被片稍宽，蜜腺两边有乳头状突起，尚有流苏状突起；雄蕊四面张开；花丝长5～7厘米，淡红色，无毛，花药矩圆形，长约2厘米；子房圆柱形，长1.5～2厘米，宽2～3毫米；花柱长4.5～6.5厘米，柱头稍膨大，3裂。蒴果狭长卵形，长3～4厘米。花期7—8月，果期9—10月。

【生境】生于山坡灌木林下、草地、路边或水旁，海拔300～2500米。各地有栽培。

【分布】产于新洲东部山区。分布于江苏、浙江、安徽、江西、湖南、湖北、广西、四川、青海、西藏、甘肃、陕西、山西、河南、河北、山东和吉林等地。

【药用部位及药材名】干燥肉质鳞叶（百合）。

【采收加工】秋季采挖，洗净，剥取鳞叶，置沸水中略烫，干燥。

【性味与归经】甘，寒。归心、肺经。

【功能主治】养阴润肺，清心安神。用于阴虚燥咳，劳嗽咯血，虚烦惊悸，失眠多梦，精神恍惚。

【用法用量】内服：煎汤，6～12克。

【验方】①治咳嗽不已，或痰中有血：款冬花、百合（焙，蒸）各等份。上为细末，炼蜜为丸，如龙眼大。每服一丸，食后临卧细嚼，姜汤咽下，含化尤佳。（《济生方》百花膏）②治支气管扩张，咯血：百合二两，白及四两，蛤粉二两，百部一两。共为细末，炼蜜为丸，每丸重二钱，每次一丸，每日三次。（《新疆中草药手册》）③百合汤：百合 30 克，乌药 10 克，水煎服，可治日久不愈的胃痛。④治干咳，口干咽燥：百合 50 克，北沙参 15 克，冰糖 15 克，水煎服。⑤治肺阴虚有热引起的咯血：百合、莲藕节各 20 克，水煎，汤水冲入白及粉 10 克服下。⑥治咳喘，痰少，咽干，气短乏力：百合 15 克，麦冬 10 克，五味子 10 克，冬虫夏草 1 克（打粉），川贝 3 克（打粉），水煎服，每日一剂。⑦百合蜜：百合 100 克，蜂蜜 50 克拌匀蒸熟，于睡前食用。适用于神经衰弱，睡眠欠佳，久咳，口干等症。

⑧清蒸百合：鲜百合洗净，蒸熟食用，可连续服用，对肝炎、胃病、贫血、体虚者有良好的疗效。⑨百合粥：百合 50 克，粳米 100 克，同煮粥，加冰糖调味食用。有润肺止咳、养心安神的作用。适用于慢性支气管炎，肺热或肺燥所致的干咳，以及肺结核，久咳不愈，睡眠不好，烦躁不安，肺气肿，咯血，妇女更年期综合征，神经衰弱等。脾胃虚弱或风寒感冒咳嗽者不宜食用。⑩百合粥：百合、莲子、薏苡仁各适量，同煮粥，加冰糖或白糖调味食用。有滋补、安神、益胃、润肺的作用。适用于虚弱，心悸，便溏，脚气病等症。

315. 湖北麦冬 *Liriope spicata*（Thunb.）Lour. var. *prolifera* Y. T. Ma

【别名】土麦冬、山麦冬（中国医药信息查询平台）。

【形态】多年生草本，植株有时丛生；根稍粗，近末端处常膨大成矩圆形或纺锤形小块根；根状茎短，具地下走茎。叶基生，禾叶状，长 20 ～ 45 厘米，宽 4 ～ 6 毫米；先端急尖或钝，具 5 条脉，边缘具细锯齿。花葶通常长于或近等长于叶，长 20 ～ 50 厘米；总状花序长 6 ～ 10 厘米，具多数花，

花 2 ～ 5 朵簇生于苞片腋内；总状花序在花后于苞片腋内长出叶簇或小苗；苞片小，披针形；花梗长约 4 毫米；花被片矩圆状披针形，紫色；花丝长约 2 毫米；花药长约 2 毫米；子房近球形，花柱长约 2 毫米；柱头不明显。种子近球形。花期 5—7 月，果期 8—10 月。

【生境】 生于山坡林下，多为栽培，供药用。

【分布】 产于新洲多地，均系栽培。主要分布于湖北及周边地区。

【药用部位及药材名】 干燥块根（山麦冬）。

【采收加工】 夏初采挖，洗净，反复暴晒、堆置，至近干，除去须根，干燥。

【性味与归经】 甘、微苦，微寒。归心、肺、胃经。

【功能主治】 养阴生津，润肺清心。用于肺燥干咳，阴虚，喉痹咽痛，津伤口渴，内热消渴，心烦失眠，肠燥便秘。

【用法用量】 内服：煎汤，10 ～ 15 克。

316. 麦冬 *Ophiopogon japonicus*（L. f.）Ker-Gawl.

【别名】 羊韭（《吴普本草》），阶前草（《本草纲目》），沿阶草、矮麦冬、狭叶麦冬（《中国植物志》）。

【形态】 根较粗，中间或近末端常膨大成椭圆形或纺锤形的小块根；小块根长 1 ～ 1.5 厘米，或更长，宽 5 ～ 10 毫米，淡褐黄色；地下茎细长，直径 1 ～ 2 毫米，节上具膜质的鞘。茎很短，叶基生成丛，禾叶状，长 10 ～ 50 厘米，少数更长些，宽 1.5 ～ 3.5 毫米，具 3 ～ 7 条脉，边缘具细锯齿。花葶长 6 ～ 15（27）厘米，通常比叶短得多，总状花序长 2 ～ 5 厘米，或有时更长些，具几朵至十几朵花；花单生或成对着生于苞片腋内；苞片披针形，先端渐尖，最下面的长可达 8 毫米；花梗长 3 ～ 4 毫米，

关节位于中部以上或近中部；花被片常稍下垂而不展开，披针形，长约 5 毫米，白色或淡紫色；花药三角状披针形，长 2.5～3 毫米；花柱长约 4 毫米，较粗，宽约 1 毫米，基部宽阔，向上渐狭。种子球形，直径 7～8 毫米。花期 5—8 月，果期 8—9 月。

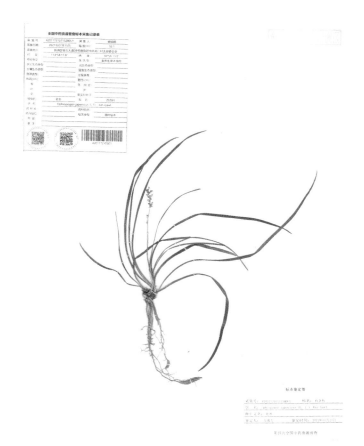

【生境】 生于海拔 2000 米以下的山坡阴湿处、林下或溪旁。浙江、四川、广西等地均有栽培。

【分布】 产于新洲各地，亦有栽培。分布于广东、广西、福建、台湾、浙江、江苏、江西、湖南、湖北、四川、云南、贵州、安徽、河南、陕西（南部）和河北等地。

【药用部位及药材名】 干燥块根（麦冬）。

【采收加工】 夏季采挖，洗净，反复暴晒、堆置，至七八成干，除去须根，干燥。

【性味与归经】 甘、微苦，微寒。归心、肺、胃经。

【功能主治】 养阴生津，润肺清心。用于肺燥干咳，阴虚，喉痹咽痛，津伤口渴，内热消渴，心烦失眠，肠燥便秘。

【用法用量】 内服：煎汤，6～12 克；或入丸、散。

【验方】 ①治燥伤肺胃阴分，或热或咳者：沙参三钱，麦冬三钱，玉竹二钱，生甘草一钱，冬桑叶一钱五分，扁豆一钱五分，花粉一钱五分。水五杯，煮取两杯，日再服。（《温病条辨》沙参麦冬汤）②治患热消渴：黄连一升（去毛），麦冬五两（去心）。上二味，捣筛，以生地黄汁、栝楼根汁、牛乳相和，丸如梧子，一服二十五丸，日再服，渐渐加至三十丸。（《外台秘要方》）

317. 多花黄精 *Polygonatum cyrtonema* Hua

【别名】 山姜、姜状黄精（《中国植物志》），长叶黄精（《中药志》）。

【形态】 根状茎肥厚，通常连珠状或结节成块，少有近圆柱形，直径 1～2 厘米。茎高 50～100 厘米，通常具 10～15 枚叶。叶互生，椭圆形、卵状披针形至矩圆状披针形，少有稍作镰状弯曲，长 10～18 厘米，宽 2～7 厘米，先端尖至渐尖。花序具（1）2～7（14）花，伞形，总花梗长 1～4（6）厘米，花梗长 0.5～1.5（3）厘米；苞片微小，位于花梗中部以下，或不存在；花被黄绿色，全长 18～25 毫米，裂片长约 3 毫米；花丝长 3～4 毫米，两侧扁或稍扁，具乳头状突起至具短绵毛，顶端稍膨大乃至具囊状突起，花药长 3.5～4 毫米；子房长 3～6 毫米，花柱长 12～15 毫米。浆果黑色，直径约 1 厘米，具 3 ～ 9 颗种子。花期 5—6 月，果期 8—10 月。

【生境】生于林下、灌丛或山坡阴处，海拔 430 ～ 2100 米。

【分布】产于新洲东部山区。分布于四川、贵州、湖南、湖北、河南、江西、安徽、江苏、浙江、福建、广东、广西等地。

【药用部位及药材名】干燥根茎（黄精）。

【采收加工】春、秋二季采挖，除去须根，洗净，置沸水中略烫或蒸至透心，干燥。

【性味与归经】甘，平。归脾、肺、肾经。

【功能主治】补气养阴，健脾，润肺，益肾。用于脾胃气虚，体倦乏力，胃阴不足，口干食少，肺虚燥咳，咯血，精血不足，腰膝酸软，须发早白，内热消渴。

【用法用量】内服：煎汤，9 ～ 15 克。

【验方】①补精气：枸杞子（冬采者佳）、黄精各等份。为细末，二味相和，捣成块，捏作饼子，复捣为末，炼蜜为丸，如梧桐子大。每服五十丸，空心温水送下。②治脾胃虚弱，体倦无力：黄精、党参、淮山药各一两，蒸鸡食。（《湖南农村常用中草药手册》）③治肺痨咯血，赤白带下：鲜黄精根二两，冰糖一两，开水炖服。（《闽东本草》）④治肺结核，病后体虚：黄精五钱至一两，水煎服或炖猪肉食。（《湖南农村常用中草药手册》）⑤治小儿下肢痿软：黄精一两，冬蜜一两，开水炖服。（《闽东本草》）⑥治胃热口渴：黄精六钱，熟地黄、山药各五钱，天花粉、麦冬各四钱，水煎服。（《山东中草药手册》）

318. 绵枣儿 *Scilla scilloides*（Lindl.）Druce

【别名】石枣儿（《救荒本草》），天蒜（《生草药性备要》），地兰（《岭南采药录》），山大蒜（《江苏省植物药材志》），独叶芹（《东北药用植物志》）。

【形态】鳞茎卵形或近球形，高 2 ～ 5 厘米，宽 1 ～ 3 厘米，鳞茎皮黑褐色。基生叶通常 2 ～ 5 枚，狭带状，长 15～40 厘米，宽 2～9 毫米，柔软。花葶通常比叶长；总状花序长 2～20 厘米，具多数花；花紫红色、粉红色至白色，小，直径 4～5 毫米，在花梗顶端脱落；花梗长 5～12 毫米，基部有 1～2 枚较小的、狭披针形苞片；花被片近椭圆形、倒卵形或狭椭圆形，长 2.5～4 毫米，宽约 1.2 毫米，基部稍合生而成盘状，先端钝而且增厚；雄蕊生于花被片基部，稍短于花被片；花丝近披针形，边缘和背面常多少具小乳突，基部稍合生，中部以上骤然变窄，变窄部分长约 1 毫米；子房长 1.5～2 毫米，基部有短柄，表面多少有小乳突，3 室，每室 1 个胚珠；花柱长为子房的 1/2～2/3。果近倒卵形，长 3～6 毫米，宽 2～4 毫米。种子 1～3 颗，黑色，矩圆状狭倒卵形，长 2.5～5 毫米。花果期 7—11 月。

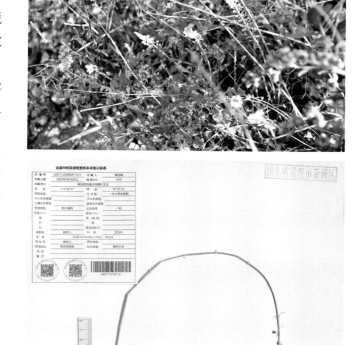

【生境】 生于海拔 2600 米以下的山坡、草地、路旁或林缘。

【分布】 产于新洲北部、东部丘陵及山区。分布于东北、华北、华中以及四川（木里）、云南（洱源、中甸）、广东（北部）、江西、江苏、浙江和台湾等地。

【药用部位及药材名】 鳞茎或全草（绵枣儿）。

【采收加工】 6—7 月采收，鲜用或晒干。

【性味与归经】 苦、甘，寒。有小毒。

【功能主治】 活血止痛，解毒消肿，强心利尿。用于跌打损伤，筋骨疼痛，疮痈肿痛，乳痈，心脏病水肿。

【用法用量】 内服：煎汤，3～9 克。外用：捣敷。

319. 菝葜 *Smilax china* L.

【别名】 王瓜草（《日华子本草》），金刚藤（《履巉岩本草》），金刚树（《救荒本草》），金刚兜、金刚刺（《中国植物志》）。

【形态】 攀援灌木；根状茎粗厚，坚硬，为不规则的块状，粗 2～3 厘米。茎长 1～3 米，少数可达 5 米，疏生刺。叶薄革质或坚纸质，干后通常红褐色或近古铜色，圆形、卵形或其他形状，长 3 ～ 10 厘米，宽 1.5 ～ 6（10）厘米，下面通常淡绿色，较少苍白色；叶柄长 5 ～ 15 毫米，占全长的 1/2 ～ 2/3，具宽 0.5 ～ 1 毫米（一侧）的鞘，几乎都有卷须，少有例外，脱落点位于靠近卷须处。伞形花序生于叶尚幼嫩的小枝上，具十几朵或更多的花，常呈球形；总花梗长 1 ～ 2 厘米；花序托稍膨大，近球形，较少稍延长，具小苞片；花绿黄色，外花被片长 3.5 ～ 4.5 毫米，宽 1.5 ～ 2 毫米，内花被片稍狭；雄花中花药比花丝稍宽，常弯曲；雌花与雄花大小相似，有 6 枚退化雄蕊。浆果直径 6 ～ 15 毫米，熟时红色，有粉霜。花期 2—5 月，果期 9—11 月。

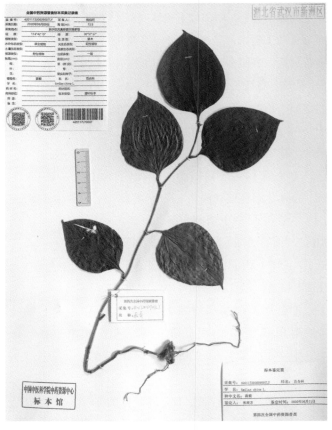

【生境】 生于海拔 2000 米以下的林下、灌丛中、路旁、河谷或山坡上。

【分布】 产于新洲北部、东部丘陵及山区。分布于山东（山东半岛）、江苏、浙江、福建、台湾、江西、安徽（南部）、河南、湖北、四川（中部至东部）、云南（南部）、贵州、湖南、广西和广东等地。

【药用部位及药材名】 干燥根茎（菝葜）。

【采收加工】 秋末至次年春采挖，除去须根，洗净，晒干或趁鲜切片，干燥。

【性味与归经】 甘、微苦、涩，平。归肝、肾经。

【功能主治】 利湿去浊，祛风除痹，解毒散瘀。用于小便淋浊，带下量多，风湿痹痛，疔疮痈肿。

【用法用量】 内服：煎汤，9 ～ 15 克，大剂量可用至 30 ～ 90 克；浸酒或入丸、散。外用：煎水熏洗。

【验方】 ①治风湿性关节痛：菝葜、活血龙、山楂根各三钱至五钱，煎服。（《浙江民间草药》）②治筋骨麻木：菝葜浸酒服。（《南京民间药草》）③治乳糜尿：楤木根、菝葜根茎各一两，水煎，分早、晚两次服。④治食管癌：鲜菝葜一斤，用冷水三斤，浓缩成一斤时，去渣，加猪肥肉二两，待肥肉熟后即可。此系一日量，分三次服完。（《中草药治肿瘤资料选编》）⑤治赤白带下：菝葜半斤，捣碎煎汤，加糖二两，每日服。（《江苏药材志》）⑥治流火：菝葜煎汁与猪脚煮食，或配土牛膝二

钱煎服。（《浙江民间草药》）

320. 老鸦瓣 *Tulipa edulis*（Miq.）Baker

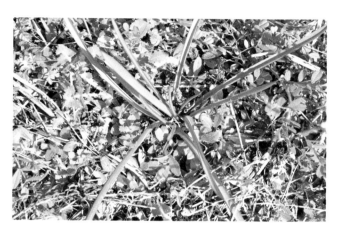

【别名】　光慈姑（《中国中草药汇编》），老鸦头（《植物名实图考》），毛地梨（《中国药用植物志》），光菇（《中药形性经验鉴别法》），山蛋（《山西中药志》）。

【形态】　鳞茎皮纸质，内面密被长柔毛。茎长 10～25 厘米，通常不分枝，无毛。叶 2 枚，长条形，长 10～25 厘米，远比花长，通常宽 5～9 毫米，少数可窄到 2 毫米或宽达 12 毫米，上面无毛。花单朵顶生，靠近花的基部具 2 枚对生（较少 3 枚轮生）的苞片，苞片狭条形，长 2～3 厘米；花被片狭椭圆状披针形，长 20～30 毫米，宽 4～7 毫米，白色，背面有紫红色纵条纹；雄蕊 3 长 3 短，花丝无毛，中部稍扩大，向两端逐渐变窄或从基部向上逐渐变窄；子房长椭圆形；花柱长约 4 毫米。蒴果近球形，有长喙，长 5～7 毫米。花期 3—4 月，果期 4—5 月。

【生境】　生于山坡草地及路旁。

【分布】　产于新洲北部丘陵及东部山区。分布于辽宁（安东）、山东、江苏、浙江、安徽、江西、湖北、湖南和陕西（太白山）等地。

【药用部位及药材名】　鳞茎（光慈姑）。

【采收加工】　春、秋、冬二季均可采收。挖取鳞茎，除去须根及外皮，晒干或鲜用。

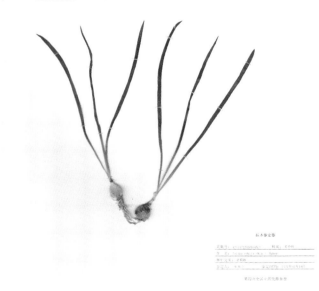

【性味与归经】　甘、辛，寒。有小毒。

【功能主治】　清热解毒，散结消肿。用于咽喉肿痛，瘰疬结核，瘀滞疼痛，痈疽肿毒，蛇虫咬伤。

【用法用量】　内服：煎汤，3～6 克。外用：研末，醋调敷；或捣汁涂。

【验方】　①治咽喉肿痛：光慈姑五钱，水煎服。②治无名肿毒：光慈姑，捣敷。③治脸上起小疔疮：光慈姑，磨汁搽。（《湖南药物志》）

九十六、石蒜科 Amaryllidaceae

321. 朱顶红 *Hippeastrum rutilum*（Ker-Gawl.）Herb.

【别名】 对红、百枝莲（《中国植物志》），华胄兰（《华北经济植物志要》），红花莲（《海南植物志》）。

【形态】 多年生草本。鳞茎近球形，直径 5～7.5 厘米，并有匍匐枝。叶 6～8 枚，花后抽出，鲜绿色，带形，长约 30 厘米，基部宽约 2.5 厘米。花茎中空，稍扁，高约 40 厘米，宽约 2 厘米，具白粉；花 2～4 朵；佛焰苞状总苞片披针形，长约 3.5 厘米；花梗纤细，长约 3.5 厘米；花被管绿色，圆筒状，长约 2 厘米，花被裂片长圆形，顶端尖，长约 12 厘米，宽约 5 厘米，洋红色，略带绿色，喉部有小鳞片；雄蕊 6，长约 8 厘米，花丝红色，花药线状长圆形，长约 6 毫米，宽约 2 毫米；子房长约 1.5 厘米，花柱长约 10 厘米，柱头 3 裂。花期夏季。

【生境】 性喜温暖、湿润气候，生长适宜温度为 18～25℃，不喜酷热，阳光不宜过于强烈，怕水涝；喜富含腐殖质、排水良好的沙壤土。

【分布】 产于新洲多地，均系栽培。全国多地有栽培。

【药用部位及药材名】 鳞茎（朱顶红）。

【采收加工】 秋季采挖鳞茎，洗去泥沙，鲜用或切片晒干。

【性味与归经】 辛，温。

【功能主治】 解毒消肿。用于痈疮肿毒。

【用量与用法】 外用：适量，捣敷。禁内服。

322. 韭莲 *Zephyranthes carinata* Herbert

【别名】 菖蒲莲、风雨花（《华北习见观赏植物》），旱水仙、空心韭菜（《贵州草药》），独蒜（《广西药用植物名录》）。

【形态】 多年生草本。鳞茎卵球形，直径 2～3 厘米。基生叶常数枚簇生，线形，扁平，长 15～30 厘米，宽 6～8 毫米。花单生于花茎顶端，下有佛焰苞状总苞，总苞片常带淡紫红色，长 4～5 厘米，下部合生成管；花梗长 2～3 厘米；花玫瑰红色或粉红色；花被管长 1～2.5 厘米，花被裂片 6，裂片倒卵形，顶端略尖，长 3～6 厘米；雄蕊 6，长为花被的 2/3～4/5，花药 "丁" 字形着生；子房下位，3 室，胚珠多数，花柱细长，柱头深 3 裂。蒴果近球形；种子黑色。花期夏、秋季。

【生境】 我国各地庭园有栽培。原产于南美洲。

【分布】 产于新洲多地，均系栽培。遍及全国。

【药用部位及药材名】 全草（赛番红花）。

【采收加工】 夏、秋二季可采收全草，晒干。

【性味与归经】 苦，寒。归心、脾经。

【功能主治】 凉血止血，解毒消肿。用于吐血，便血，崩漏，跌伤红肿，疮痈红肿，毒蛇咬伤。

【用法用量】 内服：煎汤，15～30 克。外用：适量，捣敷。

九十七、薯蓣科 Dioscoreaceae

323. 黄独 *Dioscorea bulbifera* L.

【别名】 黄药（《本草原始》），山慈姑（《植物名实图考》），雷公薯（《中国高等植物图鉴》），零余薯（《广州植物志》）。

【形态】 缠绕草质藤本。块茎卵圆形或梨形，直径 4～10 厘米，通常单生，每年由去年的块茎顶端抽出，很少分枝，外皮棕黑色，表面密生须根。茎左旋，浅绿色稍带红紫色，光滑无毛。叶腋内有紫棕色、球形或卵圆形珠芽，大小不一，最重者可达 300 克，表面有圆形斑点。单叶互生；叶片宽卵状心形或卵状心形，长 15～26 厘米，宽 2～14（26）厘米，顶端尾状渐尖，边缘全缘或微波状，两面无毛。雄花序穗状，下垂，常数个丛生于叶腋，有时分枝呈圆锥状；雄花单生，密集，基部有卵形苞片 2 枚；

花被片披针形，新鲜时紫色；雄蕊 6 枚，着生于花被基部，花丝与花药近等长。雌花序与雄花序相似，常 2 至数个丛生于叶腋，长 20～50 厘米；退化雄蕊 6 枚，长仅为花被片 1/4。蒴果反折下垂，三棱状长圆形，长 1.5～3 厘米，宽 0.5～1.5 厘米，两端浑圆，成熟时草黄色，表面密被紫色小斑点，无毛；种子深褐色，扁卵形，通常两两着生于每室中轴顶部，种翅栗褐色，向种子基部延伸呈长圆形。花期 7—10 月，果期 8—11 月。

【生境】 本种适应性较大，在海拔几十米至 2000 米的高山地区都能生长，多生于河谷边、山谷阴沟或杂木林边缘，有时房前屋后或路旁的树阴下也能生长。

【分布】 产于新洲东部山区。分布于河南南部、安徽南部、江苏南部、浙江、江西、福建、台湾、湖北、湖南、广东、广西、陕西南部、甘肃南部、四川、贵州、云南、西藏等地。

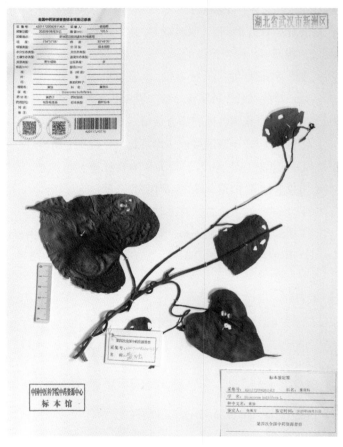

【药用部位及药材名】 块茎（黄药子）。

【采收加工】 栽种 2 年后在冬季采挖，选茎粗在 3 厘米以上的块茎，洗去泥土，剪去须根后，横切成厚 1 厘米的片，晒干或烘干，或鲜用。

【性味与归经】 苦，寒。有小毒。归肺、肝经。

【功能主治】 散结消瘿，清热解毒，凉血止血。用于瘿瘤，喉痹痛肿疮毒，毒蛇咬伤，吐血，衄血，咯血，百日咳，肺热咳喘。

【用法用量】 内服：煎汤，4.5～9 克。外用：捣敷或研末调敷。

【验方】 ①降气治胃痛：黄药子（炒过）、陈皮、苍术、金钱草各二钱，土青木香一钱五分，研粉服或煎服。（《浙江民间草药》）②治鱼口，腰膝疼痛：黄独根五至八钱，水煎服。（《湖南药物志》）③治睾丸炎：黄独根三至五钱，猪瘦肉四两。水炖，服汤食肉，每日一剂。（《江西草药》）④治扭伤：黄独根、七叶一枝花（均鲜用）各等量，捣烂外敷。（《江西草药》）⑤治疝气，甲状腺肿，化脓性炎症：

黄药子五钱至一两，水煎服。（《云南中草药》）⑥治瘰疬：黄独鲜块茎二至三两，鸭蛋 1 枚。水煎，调酒服。（《福建中草药》）

九十八、鸢尾科 Iridaceae

324. 射干 *Belamcanda chinensis*（L.）Redouté

【别名】乌扇（《神农本草经》），夜干（《本草经集注》），野萱花（《本草纲目》），交剪草（《中国植物志》）。

【形态】多年生草本。根状茎为不规则的块状，斜伸，黄色或黄褐色；须根多数，带黄色。茎高 1～1.5 米，实心。叶互生，嵌迭状排列，剑形，长 20～60 厘米，宽 2～4 厘米，基部鞘状抱茎，顶端渐尖，无中脉。花序顶生，叉状分枝，每分枝的顶端聚生数朵花；花梗细，长约 1.5 厘米；花梗及花序的分枝处均包有膜质的苞片，苞片披针形或卵圆形；花橙红色，散生紫褐色的斑点，直径 4～5 厘米；花被裂片 6，2 轮排列，外轮花被裂片倒卵形或长椭圆形，长约 2.5 厘米，宽约 1 厘米，顶端钝圆或微凹，基部楔形，内轮较外轮花被裂片略短而狭；雄蕊 3，长 1.8～2 厘米，着生于外花被裂片的基部，花药条形，外向开裂，花丝近圆柱形，基部稍扁而宽；花柱上部稍扁，顶端 3 裂，裂片边缘略向外卷，有细而短的毛，子房下位，倒卵形，3 室，中轴胎座，胚珠多数。蒴果倒卵形或长椭圆形，长 2.5～3 厘米，直径 1.5～2.5 厘米，顶端无喙，常残存有凋萎的花被，成熟时室背开裂，果瓣外翻，中央有直立的果轴；种子圆球形，黑紫色，有光泽，直径约 5 毫米，着生在果轴上。花期 6—8 月，果期 7—9 月。

【生境】生于林缘或山坡草地，大部分生于海拔较低的地方，在西南山区，海拔 2000～2200 米处也可生长。

【分布】产于新洲北部、东部丘陵及山区，多为栽培。分布于吉林、辽宁、河北、山西、山东、河南、安徽、江苏、浙江、福建、台湾、湖北、湖南、江西、广东、广西、陕西、甘肃、四川、贵州、云南、西藏等地。

【药用部位及药材名】 干燥根茎（射干）。

【采收加工】 春初刚发芽或秋末茎叶枯萎时采挖，除去须根和泥沙，干燥。

【性味与归经】 苦，寒。归肺经。

【功能主治】 清热解毒，消痰，利咽。用于热毒痰火郁结，咽喉肿痛，痰涎壅盛，咳嗽气喘。

【用法用量】 内服：煎汤，3～9克。

【验方】 ①治腮腺炎：射干鲜根三至五钱，酌加水煎，饭后服，日服两次。（《福建民间草药》）②治瘰疬结核，因热气结聚者：射干、连翘、夏枯草各等份，为丸。每服二钱，饭后白汤下。（《本草汇言》）③治咽喉肿痛：射干根、山豆根，阴干为末，吹喉部，有特效。④治喉痹不通：射干一片，口含咽汁。

325. 鸢尾 *Iris tectorum* Maxim.

【别名】 乌园（《名医别录》），乌鸢（《本草纲目》），紫蝴蝶（《植物名实图考》），屋顶鸢尾、老鸹蒜（《中国植物志》）。

【形态】 多年生草本，植株基部围有老叶残留的膜质叶鞘及纤维。根状茎粗壮，二歧分枝，直径约1厘米，斜伸；须根较细而短。叶基生，黄绿色，稍弯曲，中部略宽，宽剑形，长15～50厘米，宽1.5～3.5厘米，顶端渐尖或短渐尖，基部鞘状，有数条不明显的纵脉。花茎光滑，高20～40厘米，顶部常有1～2个短侧枝，中、下部有1～2枚茎生叶；苞片2～3枚，绿色，草质，边缘膜质，色淡，披针形或长卵圆形，长5～7.5厘米，宽2～2.5厘米，顶端渐尖或长渐尖，内含1～2朵花；花蓝紫色，直径约10厘米；花梗甚短；花被管细长，长约3厘米，上端膨大成喇叭形，外花被裂片圆形或宽卵形，长5～6厘米，

宽约 4 厘米，顶端微凹，爪部狭楔形，中脉上有不规则的鸡冠状附属物，成不整齐的繸状裂，内花被裂片椭圆形，长 4.5 ～ 5 厘米，宽约 3 厘米，花盛开时向外平展，爪部突然变细；雄蕊长约 2.5 厘米，花药鲜黄色，花丝细长，白色；花柱分枝扁平，淡蓝色，长约 3.5 厘米，顶端裂片近四方形，有疏齿，子房纺锤状圆柱形，长 1.8 ～ 2 厘米。蒴果长椭圆形或倒卵形，长 4.5 ～ 6 厘米，直径 2 ～ 2.5 厘米，有 6 条明显的肋，成熟时自上而下 3 瓣裂；种子黑褐色，梨形，无附属物。花期 4—5 月，果期 6—8 月。

【生境】 生于向阳坡地、林缘及水边湿地。

【分布】 产于新洲各地，多为栽培。分布于山西、安徽、江苏、浙江、福建、湖北、湖南、江西、广西、陕西、甘肃、四川、贵州、云南、西藏等地。

【药用部位及药材名】 干燥根茎（川射干）。

【采收加工】 全年均可采挖，除去须根及泥沙，干燥。

【性味与归经】 苦，寒。归肺经。

【功能主治】 清热解毒，祛痰，利咽。用于热毒痰火郁结，咽喉肿痛，痰涎壅盛，咳嗽气喘。

【用法用量】 内服：煎汤，6 ～ 15 克；或绞汁，或研末。外用：适量，捣敷；或煎汤洗。

【验方】 ①治食积饱胀：鸢尾根一钱，研细，用白开水或兑酒吞服。（《贵阳民间药草》）②治喉症、食积、血积：鸢尾根一至三钱，煎服。（《中草药学》）③治水道不通：鸢尾根（水边生，紫花者为佳）研汁一盏服，通即止药。（《普济方》）④治跌打损伤：鸢尾根一至三钱，研末或磨汁，冷水送服，故又名"冷水丹"。（《中草药学》）

九十九、鸭跖草科 Commelinaceae

326. 鸭跖草 *Commelina communis* L.

【别名】 鸡舌草、碧竹子（《本草拾遗》），鸭趾草、鸭儿草、竹芹菜（《中国植物志》）。

【形态】一年生披散草本。茎匍匐生根，多分枝，长可达 1 米，下部无毛，上部被短毛。叶披针形至卵状披针形，长 3～9 厘米，宽 1.5～2 厘米。总苞片佛焰苞状，有长 1.5～4 厘米的柄，与叶对生，折叠状，展开后为心形，顶端短急尖，基部心形，长 1.2～2.5 厘米，边缘常有硬毛；聚伞花序，下面一枝仅有花 1 朵，具长 8 毫米的梗，不孕；上面一枝具花 3～4 朵，具短梗，几乎不伸出佛焰苞。花梗花期长仅 3 毫米，果期弯曲，长不超过 6 毫米；萼片膜质，长约 5 毫米，内面 2 枚常靠近或合生；花瓣深蓝色；内面 2 枚具爪，长近 1 厘米。蒴果椭圆形，长 5～7 毫米，2 室，2 片裂，有种子 4 颗。种子长 2～3 毫米，棕黄色，一端平截、腹面平，有不规则窝孔。

【生境】生于海拔 2400 米以下的湿润阴处，喜温暖湿润气候，耐寒，在沟边、路边、田埂、荒地、宅旁墙角、山坡及林缘草丛中常见。

【分布】产于新洲各地。分布于云南、四川、甘肃以东的南北各地。

【药用部位及药材名】干燥地上部分（鸭跖草）。

【采收加工】夏、秋二季采收，晒干。

【性味与归经】甘、淡，寒。归肺、胃、小肠经。

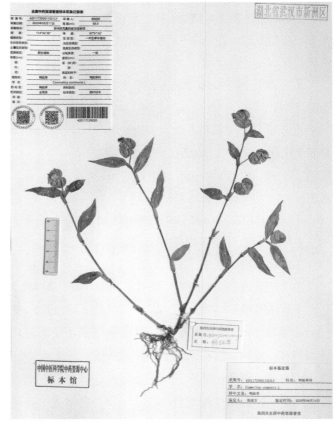

【功能主治】清热泻火，解毒，利水消肿。用于感冒发热，热病烦渴，咽喉肿痛，水肿尿少，热淋涩痛，痈肿疔毒。

【用法用量】内服：煎汤，15～30 克（鲜品 60～90 克）。外用：适量，捣敷。

【验方】①治五淋，小便刺痛：鲜鸭跖草枝端嫩叶四两。捣烂，加开水一杯，绞汁调蜜服，每日三次。体质虚弱者，药量酌减。（《泉州本草》）②治黄疸性肝炎：鸭跖草四两，猪瘦肉二两。水炖，服汤食肉，每日一剂。（《江西草药》）③治高血压：鸭跖草一两，蚕豆花三钱。水煎，当茶饮。（《江西草药》）④治水肿、腹水：鲜鸭跖草二至三两，水煎，连服数日。（《浙江民间常用草药》）⑤治喉痹肿痛：a. 鸭跖草汁点之。(《袖珍方》) b. 鸭跖草二两，洗净捣汁，频频含服。(《江西草药》) ⑥治小儿丹毒，热痢，以及作急性热病的退热用：鲜鸭跖草二至三两(干品一两)，重症者可用五至七两。水煎服或捣汁服。(《浙江民间常用草药》)

327. 水竹叶 *Murdannia triquetra*（Wall. ex C. B. Clarke）Bruckn.

【别名】 细竹叶高草、肉草(《中国植物志》)，水金钗、分节草(《浙江药用植物志》)，水叶草(《贵州中草药名录》)。

【形态】 多年生草本，具长而横走根状茎。根状茎具叶鞘，节间长约6厘米，节上具细长须状根。茎肉质，下部匍匐，节上生根，上部上升，通常多分枝，长达40厘米，节间长8厘米，密生一列白色硬毛，这一列毛与下一个叶鞘的一列毛相连续。叶无柄，仅叶片下部有毛和叶鞘合缝处有一列毛，这一列毛与上一个节上的衔接而成一个系列，叶的他处无毛；叶片竹叶形，平展或稍折叠，长2～6厘米，宽5～8毫米，顶端渐尖而

头钝。花序通常仅有单朵花，顶生兼腋生，花序梗长1～4厘米，顶生者梗长，腋生者短，花序梗中部有一个条状的苞片，有时苞片腋中生一朵花；萼片绿色，狭长圆形，浅舟状，长4～6毫米，无毛，果期宿存；花瓣粉红色、紫红色或蓝紫色，倒卵圆形，稍长于萼片；花丝密生长须毛。蒴果卵圆状三棱形，长5～7毫米，直径3～4毫米，两端钝或短急尖，每室有种子3颗，有时仅1～2颗。种子短柱状，不扁，红灰色。花期9—10月(但在云南也有5月开花的)，果期10—11月。

【生境】 生于海拔1600米以下的水稻田边或湿地上。

【分布】 产于新洲各地。分布于云南南部、四川、贵州、广西、海南、广东、湖南、湖北、陕西、河南南部、山东、江苏、安徽、江西、浙江、福建、台湾等地。

【药用部位及药材名】 全草(水竹叶)。

【采收加工】 7—9月采收，鲜用或晒干。

【性味与归经】 甘，寒。有微毒。

【功能主治】 清热凉血，利尿，解毒。用于肺炎，咯血，热淋，无名肿毒。

【用法用量】 内服：煎汤，9～15克(鲜品30～60克)。外用：适量，捣敷。

【验方】 ①治肺炎高热喘咳：鲜水竹叶五至八钱，酌加水煎，调蜜服，每日两次。②治肠热下痢赤白：鲜水竹叶一两，洗净，煎汤，调乌糖少许内服。③治小便不利：鲜水竹叶一至二两，酌加水煎，调冰糖内服，每日两次。(《泉州本草》)④治口疮舌烂：鲜水竹叶二两，捣汁，开水一杯，漱口，五至六分钟，每日数次。(《验方汇集》)

一〇〇、禾本科 Grameneae

328. 荩草 *Arthraxon hispidus*（Trin.）Makino

【别名】黄草（《吴普本草》），绿竹、光亮荩草、匿芒荩草（《中国植物志》）。

【形态】一年生。秆细弱，无毛，基部倾斜，高30～60厘米，具多节，常分枝，基部节着地易生根。叶鞘短于节间，生短硬疣毛；叶舌膜质，长0.5～1毫米，边缘具纤毛；叶片卵状披针形，长2～4厘米，宽0.8～1.5厘米，基部心形，抱茎，除下部边缘生疣基毛外余均无毛。总状花序细弱，长1.5～4厘米，2～10枚呈指状排列或簇生于秆顶；总状花序轴节间无毛，长为小穗的2/3～3/4。无柄小穗卵状披针形，呈两侧压扁，长3～5毫米，灰绿色或带紫色；第一颖草质，边缘膜质，包住第二颖2/3，具7～9脉，脉上粗糙至生疣基硬毛，尤以顶端及边缘为多，先端锐尖；第二颖近膜质，与第一颖等长，舟形，脊上粗糙，具3脉而2侧脉不明显，先端尖；第一外稃长圆形，透明膜质，先端尖，长为第一颖的2/3；第二外稃与第一外稃等长，透明膜质，近基部伸出一膝曲的芒；芒长6～9毫米，下部扭转；雄蕊2；花药黄色或带紫色，长0.7～1毫米。颖果长圆形，与稃体等长。有柄小穗退化仅剩针状刺，柄长0.2～1毫米。花果期9—11月。

【生境】生于山坡草地阴湿处。

【分布】产于新洲各地。遍布全国各地及旧大陆的温暖区域，变异性较大。

【药用部位及药材名】全草（荩草）。

【采收加工】7—9月割取全草，晒干。

【性味与归经】苦，平。

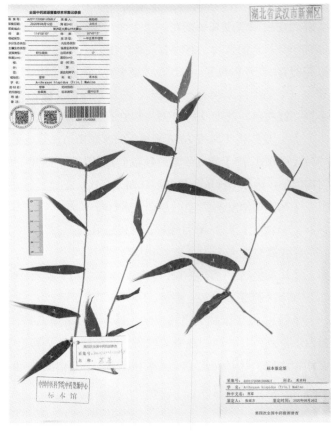

【功能主治】止咳定喘，解毒杀虫。用于久咳气喘，肝炎，咽喉炎，口腔炎，鼻炎，淋巴结炎，乳腺炎，疮疡疥癣。

【用法用量】内服：煎汤，6～12克。外用：适量，煎水洗或捣敷。

【验方】①治气喘上气：荩草四钱，水煎，日服两次。（《吉林中草药》）②治恶疮疥癣：荩草捣烂敷患处。（《吉林中草药》）

329. 雀麦 *Bromus japonicus* Thunb. ex Murr.

【别名】爵麦（《说文》），燕麦（《尔雅》），杜姥草（《千金方》），牡姓草（《广济方》），野麦（《湖南药物志》）。

【形态】一年生。秆直立，高40～90厘米。叶鞘闭合，被柔毛；叶舌先端近圆形，长1～2.5毫米；叶片长12～30厘米，宽4～8毫米，两面生柔毛。圆锥花序疏展，长20～30厘米，宽5～10厘米，具2～8分枝，向下弯垂；分枝细，长5～10厘米，上部着生1～4枚小穗；小穗黄绿色，密生7～11小花，长12～20毫米，宽约5毫米；颖近等长，脊粗糙，边缘膜质，第一颖长5～7毫米，具3～5脉，第二颖长5～7.5毫米，具7～9脉；外稃椭圆形，草质，边缘膜质，长8～10毫米，一侧宽约2毫米，具9脉，微粗糙，顶端钝三角形，芒自先端下部伸出，长5～10毫米，基部稍扁平，成熟后外弯；内稃长7～8毫米，宽约1毫米，两脊疏生细纤毛；小穗轴短棒状，长约2毫米；花药长1毫米。颖果长7～8毫米。花果期5—7月。

【生境】生于山坡林缘、荒野路旁、河滩湿地，海拔15～2500（3500）米。

【分布】产于新洲各地。分布于辽宁、内蒙古、河北、山西、山东、河南、陕西、甘肃、安徽、江苏、江西、湖南、湖北、新疆、西藏、四川、云南、台湾等地。

【药用部位及药材名】全草（雀麦）。

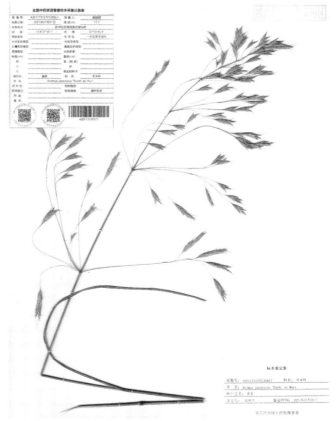

【采收加工】 4—6 月采收，晒干。

【性味与归经】 甘，平。

【功能主治】 止汗，催产。用于汗出不止，难产。

【用法用量】 内服：煎汤，15 ～ 30 克。

【验方】 ①治汗出不止：雀麦 30 克，水煎服。（《湖南药物志》）②治妊娠胎死腹中，胞衣不下，上抢心：雀麦一把，水五升，煮二升，服汁。（《子母秘录》）

330. 薏苡 *Coix lacryma-jobi* L.

【别名】 菩提子（《本草纲目》），五谷子、草珠子、大薏苡、念珠薏苡（《中国植物志》）。

【形态】 一年生粗壮草本，须根黄白色，海绵质，直径约 3 毫米。秆直立丛生，高 1 ～ 2 米，具 10 多节，节多分枝。叶鞘短于其节间，无毛；叶舌干膜质，长约 1 毫米；叶片扁平宽大，开展，长 10 ～ 40 厘米，宽 1.5 ～ 3 厘米，基部圆形或近心形，中脉粗厚，在下面隆起，边缘粗糙，通常无毛。总状花序腋生成束，长 4 ～ 10 厘米，直立或下垂，具长梗。雌小穗位于花序之下部，外面包以骨质念珠状总苞，总苞卵圆形，长 7 ～ 10 毫米，直径 6 ～ 8 毫米，珐琅质，坚硬，有光泽；第一颖卵圆形，顶端渐尖呈喙状，具 10 余脉，包围着第二颖及第一外稃；第二外稃短于颖，具 3 脉，第二内稃较小；雄蕊常退化；雌蕊具细长之柱头，从总苞之顶端伸出。颖果小，含淀粉少，常不饱满。雄小穗 2 ～ 3 对，着生于总状花序上部，长 1 ～ 2 厘米；无柄雄小穗长 6 ～ 7 毫米，第一颖草质，边缘内折成脊，具有不等宽之翼，顶端钝，具多数脉，第二颖舟形；外稃与内稃膜质；第一及第二小花常具雄蕊 3 枚，花药橘黄色，长 4 ～ 5 毫米；有柄雄小穗与无柄者相似，或较小而呈不同程度的退化。花果期 6—12 月。

【生境】 多生于湿润的屋旁、池塘、河沟、山谷、溪涧或易受涝的农田等地，海拔 60 ～ 2000 米，野生或栽培。

【分布】 产于新洲各地，多为栽培。分布于辽宁、河北、山西、山东、河南、陕西、江苏、安徽、浙江、江西、湖北、湖南、福建、台湾、广东、广西、海南、四川、贵州、云南等地。

【药用部位及药材名】 干燥成熟种仁（薏苡仁）。

【采收加工】 秋季果实成熟时采割植株，晒干，打下果实，再晒干，除去外壳、黄褐色种皮和杂质，收集种仁。

【性味与归经】 甘、淡，凉。归脾、胃、肺经。

【功能主治】 利水渗湿，健脾止泻，除痹，排脓，解毒散结。用于水肿，脚气，

小便不利，脾虚泄泻，湿痹拘挛，肺痈，肠痈，赘疣，癌肿。

【用法用量】内服：煎汤，9～30克。

【验方】①治湿热带下：薏苡仁30克，黄柏10克，黄连10克，黄芩10克，栀子10克，苦参20克，金银花15克，蒲公英15克，白术10克，苍术6克，茯苓10克，陈皮10克，车前子10克，甘草10克。水煎服，每日1剂，早、晚分服。②治慢性胃炎：薏苡仁30克，黄芪15克，党参10克，白术10克，茯苓10克，砂仁10克，白芍12克，川楝子10克，延胡索10克，金银花15克，桂枝10克，生姜10克，甘草10克。水煎服，每日1剂，早、晚分服。③治阑尾炎：薏苡仁30克，败酱草15克，金银花30克，连翘10克，紫花地丁12克，蒲公英15克，乳香10克，没药10克，牡丹皮10克，枳实10克，延胡索10克，大黄10克，甘草10克。水煎服，每日1剂，早、晚分服。④治脾虚泄泻：薏苡仁30克，黄

芪15克，党参10克，茯苓10克，白术10克，苍术6克，砂仁10克，山药15克，桂枝10克，白芍10克，干姜10克，甘草10克。水煎服，每日1剂，早、晚分服。⑤治热痹：薏苡仁30克，秦艽10克，防风10克，石膏15克，知母10克，忍冬藤15克，连翘10克，黄连10克，黄柏10克，栀子10克，牡丹皮10克，茯苓10克，白术10克，桃仁10克，红花10克，甘草10克。水煎服，每日1剂，早、晚分服。

331. 白茅 *Imperata cylindrica* Beauv. var. *major*（Nees）C. E. Hubb.

【别名】丝茅（《本草纲目》），毛启莲、红色男爵白茅（《中国植物志》），万根草（《铁岭县志》）。

【形态】多年生，具粗壮的长根状茎。秆直立，高30～80厘米，具1～3节，节无毛。叶鞘聚集于秆基，甚长于其节间，质地较厚，老后破碎呈纤维状；叶舌膜质，长约2毫米，紧贴其背部或鞘口具柔毛，分蘖叶片长约20厘米，宽约8毫米，扁平，质地较薄；秆生叶片长1～3厘米，窄线形，通常内卷，顶端渐尖呈刺状，下部渐窄，或具柄，质硬，被白粉，基部上面具柔毛。圆锥花序稠密，长20厘米，宽达3厘米，小穗长4.5～5（6）毫米，基盘具长12～16毫米的丝状柔毛；两颖草质及边缘膜质，近相等，具5～9脉，顶端渐尖或稍钝，常具纤毛，脉间疏生长丝状毛，第一外稃卵状披针形，长为颖片的2/3，透明膜质，无脉，顶端尖或齿裂，第二外稃与其内稃近相等，长约为颖之半，卵圆形，顶端具齿裂及纤毛；雄蕊2枚，花药长3～4毫米；花柱细长，基部多少连合，柱头2，紫黑色，羽状，

长约 4 毫米，自小穗顶端伸出。颖果椭圆形，长约 1 毫米，胚长为颖果之半。花果期 4—6 月。

【生境】 生于路旁向阳干草地或山坡上。

【分布】 产于新洲各地。分布于华北、东北、华东、中南、西南及陕西、甘肃等地。

【药用部位及药材名】 干燥根茎（白茅根）。

【采收加工】 春、秋二季采挖，洗净，晒干，除去须根和膜质叶鞘，捆成小把。

【性味与归经】 甘，寒。归肺、胃、膀胱经。

【功能主治】 凉血止血，清热利尿。用于血热吐血，衄血，尿血，热病烦渴，湿热黄疸，水肿尿少，热淋涩痛。

【用法用量】 内服：煎汤，9 ～ 30 克（鲜品 30 ～ 60 克）。

【验方】 ①治尿血：白茅根、车前子各一两，白糖五钱，水煎服。（《中草药新医疗法资料选编》）②治乳糜尿：鲜白茅根半斤，加水 2000 毫升煎成约 1200 毫升，加糖适量。每日分三次服，或代茶饮，连服五至十五日为一个疗程。（《江苏省中草药新医疗法展览资料选编》）③治肾炎：白茅根一两，一枝黄花一两，葫芦壳五钱，白酒药一钱。水煎，分两次服，每日一剂，忌盐。（《单方验方调查资料选编》）

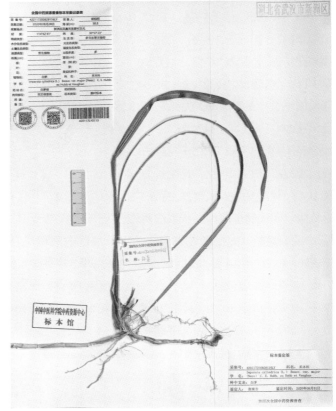

332. 芦苇 *Phragmites australis*（Cav.）Trin. ex Steud.

【别名】 芦、苇、葭（《名医别录》），芦竹（《药对》），苇子草（《救荒本草》）。

【形态】 多年生，根状茎十分发达。秆直立，高 1 ～ 3（8）米，直径 1 ～ 4 厘米，具 20 多节，基部和上部的节间较短，最长节间位于下部第 4 ～ 6 节，长 20 ～ 25（40）厘米，节下被蜡粉。叶鞘下部者短于其上部者，长于其节间；叶舌边缘密生一圈长约 1 毫米的短纤毛，两侧缘毛长 3 ～ 5 毫米，易脱落；叶片披针状线形，长 30 厘米，宽 2 厘米，无毛，顶端长渐尖成丝形。圆锥花序大型，长 20 ～ 40 厘米，宽约 10 厘米，分枝多数，长 5～20 厘米，着生稠密下垂的小穗；小穗柄长 2～4 毫米，无毛；小穗长约 12 毫米，含 4 花；颖具 3 脉，第一颖长 4 毫米；第二颖长约 7 毫米；第一不孕外稃雄性，长约 12 毫米，第二外稃长 11 毫米，具 3 脉，顶端长渐尖，基盘延长，两侧密生等长于外稃的丝状柔毛，与无毛的小穗轴相连接处具明显关节，成熟后易自关节上脱落；内稃长约 3 毫米，两脊粗糙；雄蕊 3，花药长 1.5～2 毫米，黄色；颖果长约 1.5 毫米。

【生境】 生于江河湖泽、池塘沟渠沿岸和低湿地。为全球广泛分布的多型种。除森林生境不生长外，在各种有水源的空旷地带，其常以迅速扩展的繁殖能力，形成连片的芦苇群落。

【分布】 产于新洲各水域。分布于全国各地水域。

【药用部位及药材名】 新鲜或干燥根茎（芦根）；嫩茎（芦茎）。

【采收加工】 全年均可采挖，除去芽、须根及膜状叶，鲜用或晒干。

【性味与归经】 芦根：甘，寒。归肺、胃经。芦茎：甘，寒。归心、肺经。

【功能主治】 芦根：清热泻火，生津止渴，除烦，止呕，利尿。用于热病烦渴，肺热咳嗽，肺痈吐脓，胃热呕哕，热淋涩痛。芦茎：清肺解毒，止咳排脓。用于肺痈吐脓，肺热咳嗽，痈疽。

【用法用量】 芦根：内服，煎汤，15～30 克；鲜品用量加倍，或捣汁。芦茎：内服，煎汤，15～30 克，鲜品可用至 60～120 克。外用，适量，烧灰淋汁；熬膏敷。

【验方】 ①治消渴：芦根 15 克，麦冬、地骨皮、茯苓各 9 克，陈皮 4.5 克，煎服。（《安徽中草药》）②治大叶性肺炎，高热烦渴，喘咳：芦根 30 克，麻黄 3 克，甘草 6

克，杏仁 9 克，石膏 15 克，水煎服。（《宁夏中草药手册》）③治肺痈咳嗽吐腥臭脓痰：芦根 30 克，薏苡仁、冬瓜子各 15 克，桃仁、桔梗各 9 克，水煎服。（《宁夏中草药手册》）④治胃痛吐酸水：芦根 15 克，香樟根 9 克。煨水服，每日 2 次。（《贵州草药》）⑤治咽喉肿痛：鲜芦根，捣绞汁，调蜜服。（《泉州本草》）⑥治口疮：芦根 200 克，黄柏、升麻各 150 克，生地黄五两。上四味切，以水四升，煮取二升，去滓含，取瘥。含极冷吐却，更含之。（《外台秘要方》引《集验方》）⑦治牙龈出血：（芦根）水煎，代茶饮。（《湖南药物志》）⑧治风火虫牙：鲜芦根 60 克，柳树根 60 克，黄荆根、路边姜各 30 克，二月泡根、薅秧泡根各 18 克，水煎服。（《重庆草药》）

333. 毛竹 *Phyllostachys edulis*

【别名】 楠竹、猫头竹、龟甲竹（《中国植物志》）。

【形态】 竿高 20 余米，粗者可为 20 余厘米，幼竿密被细柔毛及厚白粉，箨环有毛，老竿无毛，并由绿色渐变为绿黄色；基部节间甚短而向上则逐节较长，中部节间长达 40 厘米或更长，壁厚约 1 厘米（但有变异）；竿环不明显，低于箨环或在细竿中隆起。箨鞘背面黄褐色或紫褐色，具黑褐色斑点及密生棕色刺毛；箨耳微小，繸毛发达；箨舌宽短，强隆起至尖拱形，边缘具粗长纤毛；箨片较短，长三角形至披针形，有波状弯曲，绿色，初时直立，以后外翻。末级小枝具 2 ～ 4 叶；叶耳不明显，鞘口繸毛存在而为脱落性；叶舌隆起；叶片较小较薄，披针形，长 4 ～ 11 厘米，宽 0.5 ～ 1.2 厘米，下表面在沿中脉基部具柔毛，次脉 3 ～ 6 对，再次脉 9 条。花枝穗状，长 5 ～ 7 厘米，基部托以 4 ～ 6 片逐渐较大的微小鳞片状苞片，有时花枝下方尚有 1 ～ 3 片近于正常发达的叶，此时花枝呈顶生状；佛焰苞通常在 10 片以上，常偏于一侧，呈整齐的覆瓦状排列，下部数片不孕而早落，致使花枝下部露出而类似花枝之柄，上部的边缘生纤毛及微毛，无叶耳，具易落的鞘口繸毛，

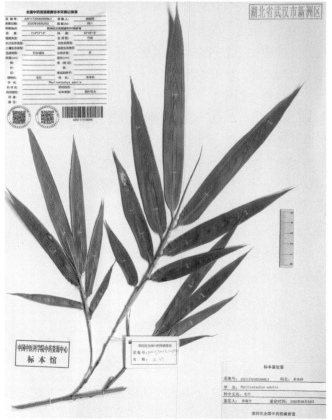

缩小叶小，披针形至锥状，每片孕性佛焰苞内具 1 ～ 3 枚假小穗。小穗仅有 1 朵小花；小穗轴延伸于最上方小花的内稃之背部，呈针状，节间具短柔毛；颖 1 片，长 15 ～ 28 毫米，顶端常具锥状缩小叶如佛焰苞，下部、上部以及边缘常生毛茸；外稃长 22 ～ 24 毫米，上部及边缘被毛；内稃稍短于其外稃，中部以上生有毛茸；鳞被披针形，长约 5 毫米，宽约 1 毫米；花丝长 4 厘米，花药长约 12 毫米；柱头 3，羽毛状。颖果长椭圆形，长 4.5 ～ 6 毫米，直径 1.5 ～ 1.8 毫米，顶端有宿存的花柱基部。笋期 4 月，花期 5—8 月。

【生境】 生于山地、山坡、疏林。

【分布】 产于新洲各地，亦有栽培。分布自秦岭、汉水流域至长江流域以南和台湾地区，黄河流域也有多处栽培。

【药用部位及药材名】 叶（毛竹）。

【采收加工】 夏、秋二季叶盛时采收。

【性味与归经】 甘、辛，凉。

【功能主治】 凉心缓脾，化痰止渴，清热散郁，解毒清胃。用于上焦风邪烦热，咳逆喘促，呕哕吐血和一切中风惊痛等症。

【用法用量】 内服：煎汤，6 ～ 12 克。

334. 狗尾草 *Setaria viridis*（L.）Beauv.

【别名】 莠草子（《救荒本草》），光明草（《本草纲目》），狗尾半支（《本草纲目拾遗》），毛毛草（《新华本草纲要》），谷莠子（《植物名汇》）。

【形态】 一年生。根为须状，高大植株具支持根。秆直立或基部膝曲，高 10 ～ 100 厘米，基部直径 3 ～ 7 毫米。叶鞘松弛，无毛或疏具柔毛或疣毛，边缘具较长的密绵毛状纤毛；叶舌极短，缘有长 1 ～ 2 毫米的纤毛；叶片扁平，长三角状狭披针形或线状披针形，先端长渐尖或渐尖，基部钝圆形，几呈截状或渐窄，长 4 ～ 30 厘米，宽 2 ～ 18 毫米，通常无毛或疏被疣毛，边缘粗糙。圆锥花序紧密呈圆柱状或

基部稍疏离，直立或稍弯垂，主轴被较长柔毛，长 2 ～ 15 厘米，宽 4 ～ 13 毫米（除刚毛外），刚毛长 4 ～ 12 毫米，粗糙或微粗糙，直或稍扭曲，通常绿色或褐黄色至紫红色或紫色；小穗 2 ～ 5 个簇生于主轴上或更多的小穗着生在短小枝上，椭圆形，先端钝，长 2 ～ 2.5 毫米，铅绿色；第一颖卵形、宽卵形，长约为小穗的 1/3，先端钝或稍尖，具 3 脉；第二颖几与小穗等长，椭圆形，具 5 ～ 7 脉；第一外稃与小穗等长，具 5 ～ 7 脉，先端钝，其内稃短小狭窄；第二外稃椭圆形，顶端钝，具细点状皱纹，边缘内卷，狭窄；鳞被楔形，顶端微凹；花柱基分离；叶上、下表皮脉间均为微波纹或无波纹的、壁较薄的长细胞。颖果灰白色。花果期 5—10 月。

【生境】 生于海拔 4000 米以下的荒野、道旁。

【分布】 产于新洲各地。分布于全国各地。

【药用部位及药材名】 全草（狗尾草）。

【采收加工】6—9 月采收，晒干或鲜用。

【性味与归经】 甘、淡，凉。

【功能主治】 清热利湿，祛风明目，解毒，杀虫。用于风热感冒，黄疸，小儿疳积，痢疾，小便涩痛，目赤肿痛，痈肿，寻常疣，疮癣。

【用法用量】 内服：煎汤，6 ～ 12 克（鲜品 30 ～ 60 克）。外用：煎水洗或捣敷。

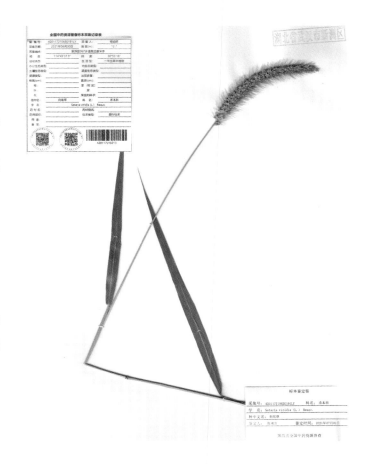

335. 玉蜀黍 *Zea mays* L.

【别名】 苞米、包谷、玉米、包芦（《中国植物志》）。

【形态】 一年生高大草本。秆直立，通常不分枝，高 1 ～ 4 米，基部各节具气生支柱根。叶鞘具横脉；叶舌膜质，长约 2 毫米；叶片扁平宽大，线状披针形，基部圆形呈耳状，无毛或具疣柔毛，中脉粗壮，边缘微粗糙。顶生雄性圆锥花序大型，主轴与总状花序轴及其腋间均被细柔毛；雄性小穗孪生，长达 1 厘米，小穗柄一短一长，分别长 1 ～ 2 毫米及 2 ～ 4 毫米，被细柔毛；两颖近等长，膜质，约具

10 脉，被纤毛；外稃及内稃透明膜质，稍短于颖；花药橙黄色；长约 5 毫米。雌花序被多数宽大的鞘状苞片所包藏；雌小穗孪生，成 16 ～ 30 纵行排列于粗壮之序轴上，两颖等长，宽大，无脉，具纤毛；外稃及内稃透明膜质，雌蕊具极长而细弱的线形花柱。颖果球形或扁球形，成熟后露出颖片和稃片外，其大小随生长条件不同产生差异，一般长 5 ～ 10 毫米，宽略过于其长，胚长为颖果的 1/2 ～ 2/3。花果期秋季。

【生境】　全世界热带和温带地区广泛种植，为重要谷物。

【分布】　产于新洲各地，均系栽培。我国各地均有栽培。

【药用部位及药材名】　花柱和柱头（玉米须）。

【采收加工】　于玉米成熟时采收，摘取花柱，晒干。

【性味与归经】　甘、淡，平。归肾、胃、肝、胆经。

【功能主治】　利尿消肿，清肝利胆。用于水肿，淋证，白浊，消渴，黄疸，胆囊炎，胆石症，高血压，乳痈，乳汁不通。

【用法用量】　内服：煎汤，15 ～ 30克；或烧存性研末。外用：烧烟吸入。

【验方】　①治水肿：玉米须二两，水煎服，忌食盐。②治肾炎，初期肾结石：玉米须，分量不拘，煎浓汤，频服。③治黄疸性肝炎：玉米须、金钱草、满天星、郁金、茵陈，煎服。④治劳伤吐血：玉米须、小蓟，炖五花肉服。⑤治吐血及红崩：玉米须，熬水炖肉服。⑥治风疹块（俗称风丹）和热毒：玉米须烧灰，兑醪糟服。（《四川中药志》）⑦治糖尿病：玉米须一两，煎服。（《浙江民间草药》）⑧治原发性高血压：玉米须、西瓜皮、香蕉，煎服。（《四川中药志》）

336. 菰 *Zizania latifolia*（Griseb.）Stapf

【别名】　蒋草（《说文》），菰蒋草、茭草（《本草经集注》），茭笋（《救荒本草》），菰菜（《食疗本草》）。

【形态】　多年生，具匍匐根状茎。须根粗壮。秆高大直立，高 1 ～ 2 米，直径约 1 厘米，具多数节，基部节上生不定根。叶鞘长于其节间，肥厚，有小横脉；叶舌膜质，长约 1.5 厘米，顶端尖；叶片扁平宽大，长 50 ～ 90 厘米，宽 15 ～ 30 毫米。圆锥花序长 30 ～ 50 厘米，分枝多数簇生，上升，果期开展；雄小穗长 10 ～ 15 毫米，两侧压扁，着生于花序下部或分枝之上部，

带紫色，外稃具5脉，顶端渐尖具小尖头，内稃具3脉，中脉成脊，具毛，雄蕊6枚，花药长5～10毫米；雌小穗圆筒形，长18～25毫米，宽1.5～2毫米，着生于花序上部和分枝下方与主轴贴生处，外稃之5脉粗糙，芒长20～30毫米，内稃具3脉。颖果圆柱形，长约12毫米，胚小型，为果体之1/8。

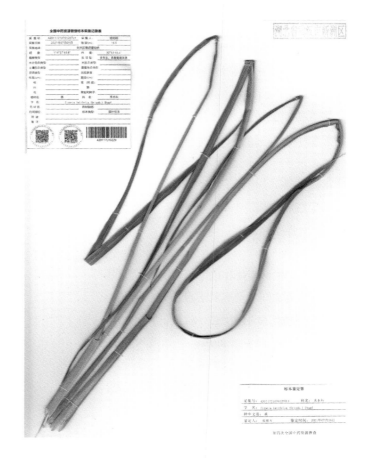

【生境】　水生或沼生，常见栽培。

【分布】　产于新洲多地，均系栽培。分布于黑龙江、吉林、辽宁、内蒙古、河北、甘肃、陕西、四川、湖北、湖南、江西、福建、广东、台湾等地。

【药用部位及药材名】　菰的嫩茎秆被菰黑粉菌刺激而形成的纺锤形肥大部分（茭白）。

【采收加工】　7—9月采收，鲜用或晒干。

【性味与归经】　甘，寒。归肝、脾、肺经。

【功能主治】　解热毒，除烦渴，利二便。用于烦热，消渴，二便不通，黄疸，痢疾，热淋，目赤，乳汁不下，疮疡。

【用法用量】　内服：煎汤，30～60克。

【验方】　催乳：茭白五钱至一两，通草三钱，猪脚煮食。（《湖南药物志》）

一〇一、棕榈科 Palmae

337. 棕榈 *Trachycarpus fortunei*（Hook.）H. Wendl.

【别名】　棕（《山海经》），栟榈（《本草纲目》），棕树（《中国植物志》）。

【形态】　乔木状，高3～10米或更高，树干圆柱形，被不易脱落的老叶柄基部和密集的网状纤维，除非人工剥除，否则不能自行脱落，裸露树干直径10～15厘米甚至更粗。叶片呈3/4圆形或者近圆形，深裂成30～50片具皱褶的线状剑形，宽2.5～4厘米，长60～70厘米的裂片，裂片先端具短2裂或2齿，硬挺甚至顶端下垂；叶柄长75～80厘米甚至更长，两侧具细圆齿，顶端有明显的戟突。花序粗壮，多次分枝，从叶腋抽出，通常是雌雄异株。雄花序长约 40 厘米，具有 2～3 个分枝花序，下部的分枝花序长 15～17 厘米，一般只二回分枝；雄花无梗，每 2～3 朵密集着生于小穗轴上，也有单生的；黄绿色，卵球形，钝三棱；花萼 3 片，卵状急尖，几分离，花冠约 2 倍长于花萼，花瓣阔卵形，雄蕊 6 枚，花药卵状箭头形；雌花序长 80～90 厘米，花序梗长约 40 厘米，其上有 3 个佛焰苞包着，具 4～5 个圆锥状的分枝花序，下部的分枝花序长约 35 厘米，二至三回分枝；雌花淡绿色，通常 2～3 朵聚生；花无梗，球形，着生于短瘤突上，萼片阔卵形，3 裂，基部合生，花瓣卵状近圆形，长于萼片 1/3，退化雄蕊 6 枚，心皮被银色毛。果实阔肾形，有脐，宽 11～12 毫米，高 7～9 毫米，成熟时由黄色变为淡蓝色，有白粉，柱头残留在侧面附近。种子胚乳均匀，角质，胚侧生。花期 4 月，果期 12 月。

【生境】生于村边、庭园、田边、丘陵或山地，罕见野生于疏林中，海拔至 2000 米左右，在长江以北虽可栽培，但冬季茎须裹草防寒。

【分布】产于新洲各地，均系栽培。分布于长江以南各地。

【药用部位及药材名】干燥叶鞘纤维经煅炭入药（棕榈炭）；本植物的根（棕树根）、心材（棕树心）、叶（棕榈叶）、花（棕榈花）、果实（棕榈子）等亦供药用。

【采收加工】采棕时割取旧叶柄下延部分和鞘片，除去纤维状的棕毛，晒干。

【性味与归经】苦、涩，平。归肺、肝、大肠经。

【功能主治】收敛止血。用于吐血，衄血，尿血，便血，崩漏。

【用法用量】内服：煎汤，3～5 钱；研末，3～6 克。外用：研末撒。

一〇二、天南星科 Araceae

338. 菖蒲 *Acorus calamus* L.

【别名】泥菖蒲（《本草纲目》），剑菖蒲（《中国植物志》），蒲剑（《草木便方》），土菖蒲（《四川中药志》）。

【形态】多年生草本。根茎横走，稍扁，分枝，直径 5～10 毫米，外皮黄褐色，芳香，肉质根多数，长 5～6 厘米，具毛发状须根。叶基生，基部两侧膜质叶鞘宽 4～5 毫米，向上渐狭，至叶长 1/3 处渐消失、脱落。叶片剑状线形，长 90～100（150）厘米，中部宽 1～2（3）厘米，基部宽、对褶，中部以上渐狭，草质，绿色，光亮；中肋在两面均明显隆起，侧脉 3～5 对，平行，纤弱，大多伸延至叶尖。花序柄三棱形，长（15）40～50 厘米；叶状佛焰苞剑状线形，长 30～40 厘米；肉穗花序斜向上或近直立，狭锥状圆柱形，长 4.5～6.5（8）厘米，直径 6～12 毫米。花黄绿色，花被片长约 2.5 毫米，宽约 1 毫米；花丝长 2.5 毫米，宽约 1 毫米；子房长圆柱形，长 3 毫米，粗 1.25 毫米。浆果长圆形，红色。花期（2）6—9 月。

【生境】生于海拔 2600 米以下的水边、沼泽湿地或湖泊浮岛上，常为栽培。

【分布】产于新洲多地，有野生，亦有栽培。分布于全国各地。

【药用部位及药材名】根茎（水菖蒲）。

【采收加工】全年均可采收，但以 8—9 月采挖者良，挖取根茎后，晒干。

【性味与归经】辛、苦，温。归心、肝、胃经。

【功能主治】化痰开窍，祛湿健胃，杀虫止痒。用于痰厥昏迷，中风，癫痫，惊悸健忘，耳鸣耳聋，

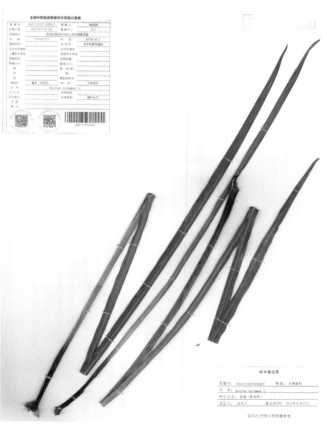

食积腹痛，痢疾泄泻，风湿疼痛，湿疹，疥疮。

【用法用量】内服：煎汤，3 ～ 6 克；或入丸、散。外用：适量，煎水洗或研末调敷。

【验方】①治心悸健忘，失眠多梦，神经官能症：茉莉花、菖蒲各 6 克，青茶 10 克。按上述三味药物用量比例加 10 倍量，研成粗末。每次用 20 ～ 30 克，放入杯中，冲入沸水，盖焖 10 分钟后，代茶随意饮用。②治癫狂惊痫，神昏谵语：菖蒲 120 克，白酒 450 毫升。将菖蒲用白酒浸于净瓶中，封口，3 日后即可开封饮用。每次空腹饮 10 ～ 20 毫升，每日 3 次。③治湿浊阴滞中焦所致的胸脘闷胀，不思饮食，以及热入心包所致的神志错乱或耳鸣、健忘、失眠之症：每次取菖蒲 5 ～ 6 克研末，选用北粳米 50 克，冰糖适量，入砂锅内，加水 450 毫升左右，煮至水开粥稠时，调入菖蒲末。或用鲜菖蒲根 20 克，洗净切碎。煎水取汁，与粳米、冰糖同煮为稠粥。每日 2 次，温热服食。

339. 石菖蒲 *Acorus tatarinowii* Schott

【别名】菖蒲（《神农本草经》），九节菖蒲（《医学正传》），水剑草（《本草纲目》），金钱蒲（《中国植物志》），苦菖蒲（《生草药性备要》）。

【形态】多年生草本，高 20 ～ 30 厘米。根茎较短，长 5 ～ 10 厘米，横走或斜伸，芳香，外皮淡黄色，节间长 1 ～ 5 毫米；根肉质，多数，长可达 15 厘米；须根密集。根茎上部多分枝，呈丛生状。叶基对折，两侧膜质叶鞘棕色，下部宽 2 ～ 3 毫米，上延至叶片中部以下，渐狭，脱落。叶片质地较厚，线形，绿色，长 20 ～ 30 厘米，极狭，宽不足 6 毫米，先端长渐尖，无中肋，平行脉多数。花序柄长 2.5 ～ 9（15）厘米。

叶状佛焰苞短，长 3 ～ 9（14）厘米，为肉穗花序长的 1 ～ 2 倍，稀比肉穗花序短，狭，宽 1 ～ 2 毫米。肉穗花序黄绿色，圆柱形，长 3 ～ 9.5 厘米，粗 3 ～ 5 毫米，果序粗达 1 厘米，果黄绿色。花期 5—6 月，果期 7—8 月。

【生境】生于海拔 1800 米以下的水旁湿地或石上。各地常有栽培。

【分布】产于新洲东部山区。分布于浙江、江西、湖北、湖南、广东、广西、陕西、甘肃、四川、贵州、云南、西藏等地。

【药用部位及药材名】干燥根茎（石菖蒲）。

【采收加工】秋、冬二季采挖，除去须根和泥沙，晒干。

【性味与归经】辛、苦，温。归心、胃经。

【功能主治】开窍豁痰，醒神益智，化湿开胃。用于神昏癫痫，健忘失眠，耳鸣耳聋，脘痞不饥，噤口痢。

【用法用量】内服：煎汤，3 ～ 9 克（鲜品 9 ～ 24 克）；或入丸、散。外用：煎水洗或研末调敷。

【验方】①治神志昏乱，因痰湿蒙蔽清窍所致者：石菖蒲 9 克，远志 12 克，茯苓 12 克，龙齿 15 克，水煎服。②治湿温，见神昏、胸闷、苔腻者：石菖蒲 9 克，郁金 12 克，竹沥 30 克，水煎服。③治中风，因风痰阻络，见语言謇涩、舌暗不语者：石菖蒲 12 克，制南星 6 克，全蝎 9 克，天麻 2 克，木香 9 克，水煎服。④治湿阻脾胃，见胸脘痞闷、腹部胀痛、不思饮食、苔腻者：石菖蒲 9 克，广藿香 12 克，香附 9 克，陈皮 12 克，佩兰 9 克，炒薏苡仁 6 克，水煎服。有食滞者再加山楂、神曲各 12 克。⑤治健忘，因心肾虚损引起者：石菖蒲 9 克，远志 12 克，熟地黄 15 克，菟丝子 12 克，益智仁 9 克，水煎服。⑥治肾虚不纳、气虚窍闭所致耳聋者：可单用石菖蒲 12 克，水煎服。另可用石菖蒲鲜品适量与 1 粒巴豆仁捣烂为丸，绵帛包裹塞耳，每晚使用。⑦治忧愁悲伤、惊恐不卧：石菖蒲 9 克，党参 15 克，茯苓 12 克，龙齿 24 克，琥珀 6 克（细末另包），水煎服。

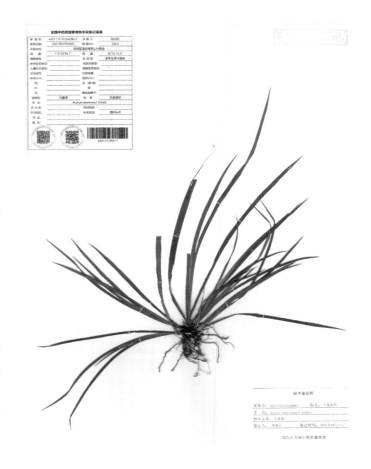

340. 半夏 *Pinellia ternata*（Thunb.）Breit.

【别名】水玉（《神农本草经》），和姑（《吴普本草》），守田（《名医别录》），三叶半夏（《全国中草药汇编》），三步跳（《湖南野生植物》）。

【形态】块茎圆球形，直径 1～2 厘米，具须根。叶 2～5 枚，有时 1 枚。叶柄长 15～20 厘米，基部具鞘，鞘内、鞘部以上或叶片基部（叶柄顶头）有直径 3～5 毫米的珠芽，珠芽在母株上萌发或落地后萌发；幼苗叶片卵状心形至戟形，为全缘单叶，长 2～3 厘米，宽 2～2.5 厘米；老株叶片 3 全裂，裂片绿色，背淡，长圆状椭圆形或披针形，两头锐尖，中裂片长 3～10 厘米，宽 1～3 厘米；侧裂片稍短；全缘或具不明显的浅波状圆齿，侧脉 8～10 对，细弱，细脉网状，密集，集合脉 2 圈。花序柄长 25～30（35）厘米，长于叶柄。佛焰苞绿色或绿白色，管部狭圆柱形，长 1.5～2 厘米；檐部长圆形，绿色，有时边缘青紫色，长 4～5 厘米，宽 1.5 厘米，钝或锐尖。肉穗花序：雌花序长 2 厘米，雄花序长 5～7 毫米，其中间隔 3 毫米；附属器绿色变青紫色，长 6～10 厘米，直立，有时"S"

形弯曲。浆果卵圆形，黄绿色，先端渐狭为明显的花柱。花期5—7月，果期8月。

【生境】 生于海拔2500米以下，常见于草坡、荒地、玉米地、田边或疏林下。

【分布】产于新洲东部山区。除内蒙古、新疆、青海、西藏尚未发现野生的外，全国各地广布。

【药用部位及药材名】 干燥块茎（半夏）。

【采收加工】 夏、秋二季采挖，洗净，除去外皮和须根，晒干。

【性味与归经】 辛、温；有毒。归脾、胃、肺经。

【功能主治】 燥湿化痰，降逆止呕，消痞散结。用于湿痰寒痰，咳喘痰多，痰饮眩悸，风痰眩晕，痰厥头痛，呕吐反胃，胸脘痞闷，梅核气；外用于痈肿痰核。

【用法用量】 内服：煎汤，3～9克；或入丸、散。外用：适量，生品研末，水调敷，或用酒、醋调敷。

【附注】 阴虚燥咳、津伤口渴、血证及燥痰者禁服，孕妇慎服。不宜与川乌、制川乌、制草乌、附子同用，生品内服宜慎。

一○三、浮萍科 Lemnaceae

341. 紫萍 *Spirodela polyrhiza*（L.）Schleid.

【别名】水萍、浮萍、紫背浮萍、萍、浮飘草（《中国植物志》）。

【形态】叶状体，扁平，阔倒卵形，长5～8毫米，宽4～6毫米，先端钝圆，表面绿色，背面紫色，具掌状脉5～11条，背面中央生5～11条根，根长3～5厘米，白绿色，根冠尖，脱落；根基附近的一侧囊内形成圆形新芽，萌发后，幼小叶状体

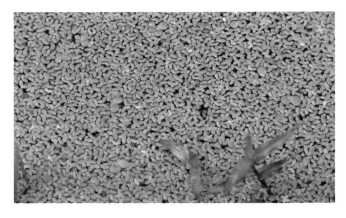

渐从囊内浮出，由一细弱的柄与母体相连。花未见，据记载，肉穗花序有 2 个雄花和 1 个雌花。

【生境】 生于水田、湖湾、水沟，常与浮萍 *Lemna minor* 形成覆盖水面的飘浮植物群落。

【分布】 产于新洲各水域。分布于我国南北各地。

【药用部位及药材名】 干燥全草（浮萍）。

【采收加工】 6—9 月采收，洗净，除去杂质，晒干。

【性味与归经】 辛，寒。归肺经。

【功能主治】 宣散风热，透疹，利尿。用于麻疹不透，风疹瘙痒，水肿尿少。

【用法用量】 内服：煎汤，3 ～ 9 克；或捣汁，或入丸、散。

【验方】 ①治风热感冒：浮萍、防风各 9 克；牛蒡子、薄荷、紫苏叶各 6 克，水煎服。（《全国中草药汇编》）②治身上虚痒：浮萍末 3 克，以黄芩 3 克同四物汤煎汤调下。（《丹溪纂要》）③治小便不利，膀胱水气流滞：浮萍日干为末，饮服方寸匕，日一二服。（《千金翼方》）④治急性肾炎：a.浮萍 60 克，黑豆 30 克，水煎服。（《全国中草药汇编》）b.单用浮萍干品 9 ～ 12 克，为末，白糖调服。（《浙南本草新编》）

一〇四、香蒲科 Typhaceae

342. 水烛 *Typha angustifolia* L.

【别名】 蜡烛草、蒲草、水蜡烛、狭叶香蒲（《中国植物志》）。

【形态】 多年生，水生或沼生草本。根状茎乳黄色、灰黄色，先端白色。地上茎直立，粗壮，高 1.5 ～ 2.5（3）米。叶片长 54 ～ 120 厘米，宽 0.4 ～ 0.9 厘米，上部扁平，中部以下腹面微凹，背面向下逐渐隆起呈凸形，下部横切面呈半圆形，细胞间隙大，呈海绵状；叶鞘抱茎。雌雄花序相距 2.5 ～ 6.9 厘米；雄花序轴具褐色扁柔毛，单出，或分叉；叶状苞片 1 ～ 3 枚，花后脱落；雌花序长 15 ～ 30 厘米，基部

具 1 枚叶状苞片，通常比叶片宽，花后脱落；雄花由 3 枚雄蕊合生，有时 2 枚或 4 枚组成，花药长约 2 毫米，长矩圆形，花粉粒单体，近球形、卵形或三角形，纹饰网状，花丝短，细弱，下部合生成柄，长（1.5）2 ～ 3 毫米，向下渐宽；雌花具小苞片；孕性雌花柱头窄条形或披针形，长 1.3 ～ 1.8 毫米，花柱长 1 ～ 1.5 毫米，子房纺锤形，长约 1 毫米，具褐色斑点，子房柄纤细，长约 5 毫米；不孕雌花子房倒圆锥形，长 1 ～ 1.2 毫米，具褐色斑点，先端黄褐色，不育柱头短尖；白色丝状毛着生于子房柄基部，并向上延伸，

与小苞片近等长，均短于柱头。小坚果长椭圆形，长约 1.5 毫米，具褐色斑点，纵裂。种子深褐色，长 1～1.2 毫米。花果期 6—9 月。

【生境】 生于湖泊、河流、池塘浅水处，水深稀达 1 米或更深，沼泽、沟渠亦常见，当水体干枯时可生于湿地及地表龟裂环境中。

【分布】 产于新洲各地。分布于黑龙江、吉林、辽宁、内蒙古、河北、山东、河南、陕西、甘肃、新疆、江苏、湖北、云南、台湾等地。

【药用部位及药材名】 干燥花粉（蒲黄）。

【采收加工】 夏季采收蒲棒上部的黄色雄花序，晒干后碾轧，筛取花粉。

【性味与归经】 甘，平。归肝、心包经。

【功能主治】 止血，化瘀，通淋。用于吐血，衄血，咯血，崩漏，外伤出血，闭经痛经，胸腹刺痛，跌扑肿痛，血淋涩痛。

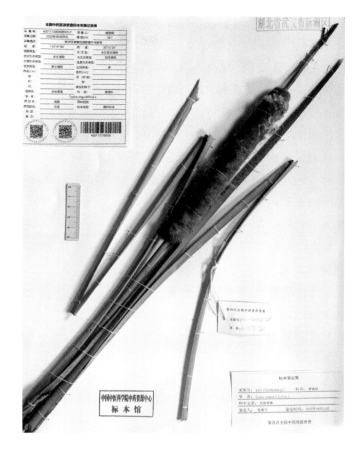

【用法用量】 内服：煎汤，5～9 克，包煎。外用：适量，敷患处。

【验方】 治妇人月经过多，血伤漏下不止：蒲黄三两（微炒），龙骨二两半，艾叶一两。上三味，捣罗为末，炼蜜和丸，梧桐子大。每服二十丸，煎米饮下，艾汤下亦得，日再。（《圣济总录》蒲黄丸）

一〇五、莎草科 Cyperaceae

343. 莎草 *Cyperus rotundus* L.

【别名】 香附、香头草、梭梭草（《中国植物志》）。

【形态】 匍匐根状茎长，具椭圆形块茎。秆稍细弱，高 15～95 厘米，锐三棱形，平滑，基部呈块茎状。叶较多，短于秆，宽 2～5 毫米，平张；鞘棕色，常裂成纤维状。叶状苞片 2～3（5）枚，常长于花序，或有时短于花序；长侧枝聚伞花序简单或复出，具（2）3～10 个辐射枝；辐射枝最长达 12 厘米；

穗状花序轮廓为陀螺形，稍疏松，具 3～10 个小穗；小穗斜展开，线形，长 1～3 厘米，宽约 1.5 毫米，具 8～28 朵花；小穗轴具较宽、白色透明的翅；鳞片稍密地覆瓦状排列，膜质，卵形或长圆状卵形，长约 3 毫米，顶端急尖或钝，无短尖，中间绿色，两侧紫红色或红棕色，具 5～7 条脉；雄蕊 3，花药长，线形，暗血红色，药隔突出于花药顶端；花柱长，柱头 3，细长，伸出鳞片外。小坚果长圆状倒卵形、三棱形，长为鳞片的 1/3～2/5，具细点。花果期 5—11 月。

【生境】 生于山坡荒地草丛中或水边潮湿处。

【分布】 产于新洲多地。广布于全国各地。

【药用部位及药材名】干燥根茎（香附）。

【采收加工】秋季采挖，燎去毛须，置沸水中略煮或蒸透后晒干，或燎后直接晒干。

【性味与归经】辛、微苦、微甘，平。归肝、脾、三焦经。

【功能主治】疏肝解郁，理气宽中，调经止痛。用于肝郁气滞，胸胁胀痛，疝气疼痛，乳房胀痛，脾胃气滞，脘腹痞闷，胀满疼痛，月经不调，闭经痛经。

【用法用量】内服：煎汤，6～9 克。

【验方】 ①治气郁胸腹胀痛：香附 15 克，郁金 10 克，柴胡 10 克，陈皮 10 克，水煎服。②治胃寒痛：香附 30 克，高良姜 15 克。共研细粉，每次服 3 克，日服 2 次，温开水送服。③治扁平疣、寻常疣：香附 30 克，木贼草 30 克，乌梅 30 克。水煎 2 次，去渣取液，摊至不烫手时，浸泡或湿敷患处，每日 2～3 次，每次半小时，连用 5 日。④治胁痛腹胀：香附 10 克，延胡索 10 克，乌药 10 克，莱菔子（炒）10 克，柴胡 6 克，水煎服。⑤治小儿慢性腹泻：制香附 50 克，米酒适量。将制香附研末，加米酒调成糊，外敷脐眼，每次 4～6 小时。⑥治痛经、月经不调：香附 12 克，丹参 15 克，益母草 12 克，白芍 10 克，水煎服。

344. 荸荠 *Eleocharis dulcis*

【别名】田荠、田藕、木贼状荸荠（《中国植物志》），马蹄（《本草求原》）。

【形态】秆多数，丛生，直立，圆柱状，高 15～60 厘米，直径 1.5～3 毫米，有多数横隔膜，干后秆表面现有节，但不明显，灰绿色，光滑无毛。叶缺如，只在秆的基部有 2～3 个叶鞘；鞘近膜质，绿黄色、紫红色或褐色，高 2～20 厘米，鞘口斜，顶端急尖。小穗顶生，圆柱状，长1.5～4 厘米，直径 6～7 毫米，淡绿色，顶端钝或近急尖。有多数花，在小穗基部有两片鳞片中空无花，抱小穗基部一周；其余鳞片全有花，松散地覆瓦状排列，宽长圆形或卵状长圆形，顶端钝圆，长 3～5毫米，宽 2.5～3.5（4）毫米，背部灰绿色，近革质，边缘为微黄色干膜质，全面有淡棕色细点，具 1 条中脉；下位刚毛 7 条；较小坚果长一倍半，有倒刺；柱头 3。小坚果宽倒卵形，双凸状，顶端不缢缩，长约 2.4 毫米，宽 1.8 毫米，成熟时棕色，光滑，稍黄微绿色，表面细胞呈四至六角形；花柱基从宽的基部急骤变狭变扁而呈三角形，不为海绵质，基部具领状的环，环宽与小坚果质地相同，宽约为小坚果的 1/2。花果期 5—10 月。

【生境】喜生于池沼中或栽培在水田里，喜温爱湿怕冻，适宜生长在耕作层松软、底土坚实的壤土中。

【分布】产于新洲各地，均系栽培。广布于世界各地，以热带和亚热带地区为多。

【药用部位及药材名】球茎（荸荠）；地上部分（通天草）。

【采收加工】球茎（荸荠）：10—12 月采挖，洗净，风干或鲜用。地上部分（通天草）：7—8 月采收，捆成把，晒干或鲜用。

【性味与归经】荸荠：甘，寒。归肺、胃经。通天草：苦，凉。

【功能主治】荸荠：清热，化痰，消积。用于温病消渴，黄疸，热淋，痞积，目赤，咽喉肿痛，赘疣。

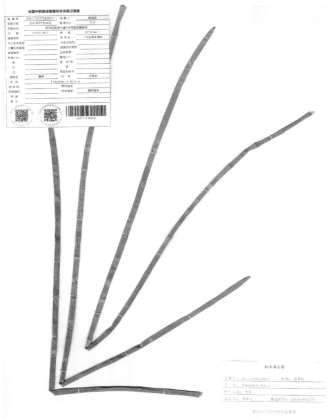

通天草：清热解毒，利尿，降逆。用于热淋，小便不利，水肿，疔疮，呃逆。

【用法用量】荸荠：内服，煎汤，60～120克；捣汁、浸酒或煅存性研末。外用，煅存性研末撒，或生用涂擦。通天草：内服，煎汤，15～30克。外用，适量，捣敷。

【验方】①治太阴温病，口渴甚，吐白沫黏滞不快者：荸荠汁、梨汁、鲜苇根汁、麦冬汁、藕汁（或用蔗浆）。临时斟酌多少，和匀凉服，不甚喜凉者，重汤炖温服。（《温病条辨》五汁饮）②治黄疸湿热，小便不利：荸荠打碎，煎汤代茶饮，每次四两。（《泉州本草》）③治咽喉肿痛：荸荠绞汁冷服，每次四两。（《泉州本草》）④治呃逆：通天草五钱，代赭石一两，煎服。（《中草药手册》）

一〇六、兰科 Orchidaceae

345. 白及 *Bletilla striata*（Thunb.）Rchb. F.

【别名】连及草（《神农本草经》），白芨（《中国植物志》），白乌儿头（《江苏省植物药材志》），羊角七（《湖南药物志》）。

【形态】植株高18～60厘米。假鳞茎扁球形，上面具荸荠似的环带，富黏性。茎粗壮，劲直。叶4～6枚，狭长圆形或披针形，长8～29厘米，宽1.5～4厘米，先端渐尖，基部收狭成鞘并抱茎。花序具3～10朵花，常不分枝或极罕分枝；花序轴或多或少呈"之"字形曲折；花苞片长圆状披针形，长2～2.5厘米，开花时常凋落；花大，紫红色或粉红色；萼片和花瓣近等长，狭长圆形，长25～30毫米，宽6～8毫米，先端急尖；花瓣较萼片稍宽；唇瓣较萼片和花瓣稍短，倒卵状椭圆形，长23～28毫米，白色带紫红色，具紫色脉；唇盘上面具5条纵褶片，从基部伸至中裂片近顶部，仅在中裂片上面为波状；蕊柱长18～20毫米，柱状，具狭翅，稍弓曲。花期4—5月。

【生境】生于海拔100～3200米的常绿阔叶林下、针叶林下、路边草丛或岩缝中，现多地有栽培。

【分布】产于新洲东部山区，多系栽培。分布于陕西南部、甘肃东南部、江苏、安徽、浙江、江西、福建、湖北、湖南、广东、广西、四川和贵州等地。

【药用部位及药材名】干燥块茎（白及）。

【采收加工】夏、秋二季采挖，除去须根，洗净，置沸水中煮或蒸至无白心，晒至半干，除去外皮，晒干。

【性味与归经】苦、甘、涩，微寒。归肺、肝、胃经。

【功能主治】收敛止血，消肿生肌。用于咯血，吐血，外伤出血，疮疡肿毒，皮肤皲裂。

【用法用量】内服：煎汤，3～9克；或入丸、散。外用：研末撒或调涂。

【验方】①治肺痿：白及、阿胶、款冬、紫菀各 10 克，水煎服。②治肺热吐血不止：白及适量，研为细末，每服 6 克，白开水送服。③治咯血：白及 30 克，炙杷叶、藕节各 15 克，共为细末，以阿胶珠与生地黄共炖为汁，和药为丸，每丸重 6 克，每服 1 丸，口中含化。④治结核性瘘管：先用生理盐水清洗伤口，再取白及粉 3 克，敷于瘘管中。敷药时要将白及粉填入瘘管深部并塞满，上敷以消毒纱布。如瘘管口狭小，可先行扩创，清除腐败物。敷药量可根据分泌物的多少而定，每日 1 次或隔日 1 次。分泌物减少后，可改为每周敷药 1～2 次。通常敷药 15 次。

346. 春兰 *Cymbidium goeringii*（Rchb. f.）Rchb. F.

【别名】朵朵香（《植物名实图考》），草兰（《中国植物志》），山兰（《全国中草药汇编》）。

【形态】地生植物；假鳞茎较小，卵球形，长 1～2.5 厘米，宽 1～1.5 厘米，包藏于叶基之内。叶 4～7 枚，带形，通常较短小，长 20～40（60）厘米，宽 5～9 毫米，下部常多少对折而呈"V"形，边缘无齿或具细齿。花葶从假鳞茎基部外侧叶腋中抽出，直立，长 3～15（20）厘米，

极罕更高，明显短于叶；花序具单朵花，极罕2朵；花苞片长而宽，一般长4～5厘米，多少围抱子房；花梗和子房长2～4厘米；花色泽变化较大，通常为绿色或淡黄褐色而有紫褐色脉纹，有香气；萼片近长圆形至长圆状倒卵形，长2.5～4厘米，宽8～12毫米；花瓣倒卵状椭圆形至长圆状卵形，长1.7～3厘米，与萼片近等宽，展开或多少围抱蕊柱；唇瓣近卵形，长1.4～2.8厘米，不明显3裂；侧裂片直立，具小乳突，在内侧靠近纵褶片处各有1个肥厚的皱褶状物；中裂片较大，强烈外弯，上面亦有乳突，边缘略呈波状；唇盘上2条纵褶片从基部上方延伸中裂片基部以上，上部向内倾斜并靠合，多少形成短管状；蕊柱长1.2～1.8厘米，两侧有较宽的翅；花粉团4个，成2对。蒴果狭椭圆形，长6～8厘米，宽2～3厘米。花期1—3月。

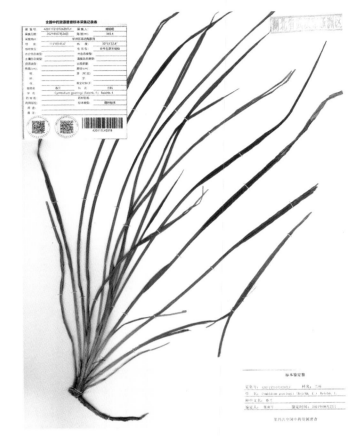

【生境】　生于多石山坡、林缘、林中透光处，海拔300～2200米，在台湾地区可上升到3000米。

【分布】　产于新洲东部山区，亦有栽培。分布于陕西南部、甘肃南部、江苏、安徽、浙江、江西、福建、台湾、河南南部、湖北、湖南、广东、广西、四川、贵州、云南等地。

【药用部位及药材名】　花（兰花）。

【采收加工】　花将开放时采收，鲜用或晒干。

【性味与归经】　辛，平。无毒。

【功能主治】　调气和中，止咳，明目。用于胸闷，腹泻，久咳，青盲内障。

【用法用量】　内服：泡茶或水炖，3～9克。

中文名索引

拉丁名索引

新洲珍稀濒危药用植物

序号	植物名	学名	科名	国家重点保护野生植物名录	中国植物红皮书	国家重点保护药材	湖北省保护品种	建议新洲保护品种	备注
1	银杏	Ginkgo biloba L.	银杏科	I	I				栽培
2	杜仲	Eucommia ulmoides Oliver	杜仲科	II	II	II	√		栽培
3	樟	Cinnamomum camphora (L.) Presl	樟科	II			√		栽培
4	莲	Nelumbo nucifera Gaertn.	睡莲科	II			√		栽培
5	中华猕猴桃	Actinidia chinensis Planch.	猕猴桃科	II					栽培
6	白及	Bletilla striata (Thunb.) Rchb. F.	兰科	II					栽培
7	春兰	Cymbidium goeringii (Rchb. f.) Rchb. F.	兰科	II					野生
8	老鸦瓣	Tulipa edulis (Miq.) Baker	百合科	II					野生
9	梧桐	Firmiana simplex	梧桐科	II					栽培
10	天冬	Asparagus cochinchinensis (Lour.) Merr.	百合科			III			野生
11	单叶蔓荆	Vitex trifolia L. var. simplicifolia Cham.	马鞭草科			III			野生
12	丹参	Salvia miltiorrhiza Bge.	唇形科					√	野生
13	柴胡	Bupleurum chinense DC.	伞形科					√	野生
14	卷丹	Lilium lancifolium Thunb.	百合科					√	栽培
15	茅苍术	Atractylodes lancea (Thunb.) DC.	菊科					√	野生
16	沙参	Adenophora stricta Miq.	桔梗科					√	野生
17	桔梗	Platycodon grandiflorus (Jacq.) A. DC.	桔梗科					√	野生
18	有柄石韦	Pyrrosia petiolosa (Christ) Ching	水龙骨科					√	野生
19	冬青	Ilex chinensis Sims	冬青科					√	栽培
20	多花黄精	Polygonatum cyrtonema Hua	百合科					√	野生
21	皂荚	Gleditsia sinensis Lam.	豆科					√	栽培
22	白蔹	Ampelopsis japonica (Thunb.) Makino	葡萄科					√	野生
23	蘡薁	Vitis bryoniifolia Bunge	葡萄科					√	野生
24	垂珠花	Styrax dasyanthus Perk.	安息香科					√	野生
25	猫乳	Rhamnella franguloides (Maxim.) Weberb.	鼠李科					√	野生
26	冻绿	Rhamnus utilis Decne.	鼠李科					√	栽培
27	马甲子	Paliurus ramosissimus (Lour.) Poir.	鼠李科					√	野生
28	光枝勾儿茶	Berchemia polyphylla var. leioclada Hand.-Mazz.	鼠李科					√	野生

新洲区栽培药用植物资源走访调查表

表格编号： 001 调查地点：湖北省 武汉 市 新洲 区（县） 旧街 街（镇） 团上村戴家楼 55 号 村（垮、组）

访问单位： 武汉团骏兴中药材种植有限公司 访问对象：李维善 职业：经理 联系方式：138****9053

访问人： 张南方、杨焰明等 访问时间： 2020 年 12 月 1 日

序号	药材名	别名	中文名	品种类型	分布范围	栽培历史	栽培面积/亩	抗性	群众评价	资源流失情况	资源流失途径	备注
1	白前		柳叶白前		旧街街团上村及周边	1980 年始	10000	易虫害		少量出口	省外贸	
2	射干		射干		旧街街团上村及周边	1980 年始	200～300	抗虫害				
3	白花蛇舌草		白花蛇舌草		旧街街团上村及周边	1990 年始	250	易虫害				
4	瞿麦		瞿麦		旧街街团上村及周边	1990 年始	500～1000	抗虫害				
5	香薷		石香薷		旧街街团上村及周边	1990 年始	600	抗虫害				
6	半枝莲		半枝莲		旧街街团上村及周边	1990 年始	300	虫害				
7	瓜蒌子、瓜蒌皮、瓜蒌		栝楼		新洲区三店、李集、郑城街、涨渡湖	2016 年开始	10000	虫害				

主要参考文献

[1] 南京中医药大学 . 中药大辞典 [M].2 版 . 上海： 上海科学技术出版社，2006.

[2] 国家药典委员会 . 中华人民共和国药典（2020 年版）[M]. 北京：中国医药科技出版社，2020.

[3] 中国科学院中国植物志编辑委员会 . 中国植物志 [M]. 北京：科学出版社，2004.

[4] 《四川中药志》协作编写组 . 四川中药志（第二卷）[M]. 成都：四川人民出版社，1982.

[5] 国家中医药管理局《中华本草》编委会 . 中华本草 [M]. 上海：上海科学技术出版社，1999.